Elektropneumatische und elektrohydraulische Bauelemente in der Mechatronik

Herbert Bernstein

Elektropneumatische und elektrohydraulische Bauelemente in der Mechatronik

Konstruktion von sicherheitsgerichteten Steuerungen für Industrie 4.0

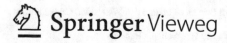

Springer Vieweg

Herbert Bernstein
München, Deutschland

ISBN 978-3-658-34444-3   ISBN 978-3-658-34445-0 (eBook)
https://doi.org/10.1007/978-3-658-34445-0

Die Deutsche Nationalbibliothek verzeichnet diese Publikation in der Deutschen Nationalbibliografie; detaillierte bibliografische Daten sind im Internet über http://dnb.d-nb.de abrufbar.

Springer Vieweg
© Springer Fachmedien Wiesbaden GmbH, ein Teil von Springer Nature 2022

Lektorat: Eric Blaschke
Springer Vieweg ist ein Imprint der eingetragenen Gesellschaft Springer Fachmedien Wiesbaden GmbH und ist ein Teil von Springer Nature.
Die Anschrift der Gesellschaft ist: Abraham-Lincoln-Str. 46, 65189 Wiesbaden, Germany

Vorwort

Der Begriff Mechatronik (engl. Mechatronics) ist ein Kunstwort und das um 1990 in Japan von einem Entwickler aus dem Bereich der Robotertechnik geprägt. Das Wort setzt sich aus den beiden Namen der bekannten Disziplinen der Ingenieurwissenschaften, Mechanik und Maschinenwesen (engl. mechanics) und Elektronik (engl. electronics) zusammen. Die Weiterentwicklung der Mechatronik führte zum Erfolg der Industrie 4.0.

Die Mechatronik ist eine systemübergreifende Zusammenfassung der Mechanik, Elektronik, Informatik, Hydraulik und Pneumatik. Durch die Weiterentwicklung moderner Entwicklungswerkzeuge in allen technischen Bereichen und die Fortschritte in der Elektronik wurde damit eine strukturbedingte Verknüpfung möglich. Die Zielstellungen in der Praxis verändern sich mit den technischen Entscheidungen zur Optimierung einer praxisgerechten Gesamtlösung. Die Qualität eines Produkts wird davon bestimmt, ob im Vordergrund die exakte Einhaltung der einzelnen Kriterien steht oder die Minimierung für den Gesamtaufwand. Ein gutes Ergebnis ist nur durch determiniertes Vorgehen, ausgehend von der Analyse eines technischen Problems, durch die darauf aufbauende Festlegung der Struktur für ein Gesamtsystem und durch die fundierte Auswahl der einzelnen Bauglieder mit ihrer exakten Dimensionierung zu erzielen. Diesem projektierungsgemäßen Ablauf folgt die Gliederung des Buchs.

Das Fachgebiet der Mechatronik hat seine Wurzeln in den verschiedenen technischen Disziplinen. Es ist das Anliegen dieses Buchs, trotz des sich ständig erweiternden Wissensstoffs, den Gesamtkomplex in überschaubaren Grenzen zu halten. Das ist für den Einsatz als Lehrbuch im Ausbildungsprogramm unerlässlich. Deshalb werden die Darstellungen auf die wesentlichen Zusammenhänge begrenzt, jedoch so weit geführt, dass sie sich mit der weiterführenden Literatur vertiefen lassen. Die vielfältigen Strukturen und Bauglieder in der Mechatronik eröffnen die Möglichkeit, meist mehrere Lösungsvarianten anzubieten. Die Entscheidung darüber, ob man mehr Elektronik, Mechanik, Pneumatik oder Hydraulik einsetzen soll, fällt selbst dem erfahrenen Anwender nicht leicht. Das zu verdeutlichen und das Vorgehen zu demonstrieren, ist spezielles Anliegen der praxisorientierten Beispiele.

Im Übrigen bin ich meinen früheren Kollegen, Mitarbeitern und Studierenden an der Technikerschule München dankbar, die mich mit Anregungen, Beispielen und Material zu bestimmten Themen unterstützt haben.

Herrn Blaschke vom Springer-Verlag danke ich für die gute Zusammenarbeit.

Der Autor dankt seiner Frau für die Erstellung der Zeichnungen.

Für Fragen stehe ich unter Bernstein-Herbert@t-online.de zur Verfügung.

München, Deutschland   Herbert Bernstein
Juni 2021

Inhaltsverzeichnis

Grundlagen pneumatischer und hydraulischer Steuerungen

1

Die Automatisierung in der Fertigung erfordert vielfältige Steuer-, Regelungs- und Leiteinrichtungen, deren Entwicklung laufend fortschreitet. Pneumatische und hydraulische Steuerungen weisen innerhalb dieses Gesamtrahmens eine immer größerwerdende Bedeutung auf. Vor allem in der Verbindung mit elektrischen und elektronischen Steuerungen lassen sich viele Vorteile der Pneumatik und Hydraulik optimal nutzen. Dabei hat die Kombination der Fluidtechnik mit der Elektronik in den letzten Jahren einen enormen Schritt nach vorne gemacht, aber auch für die elektromechanische Steuerung hat die Pneumatik und Hydraulik noch große Bedeutung, denn beide dienen zur Erhöhung des qualitätsorientierten Automatisierungsgrades.

Um die Zusammenhänge der pneumatischen bzw. hydraulischen Steuerungen mit der Elektro- und Elektroniktechnik als steuerungstechnische Einheit zu verstehen, sind zuerst die Grundbegriffe der Steuerungs- und Regelungstechnik, die in verschiedenen DIN-Normen und Empfehlungen festgelegt sind, näher zu betrachten.

1.1 Steuerung und Regelung

Im Normblatt DIN 19226, in dem die wichtigsten Begriffe und Benennungen der Steuerungs- und Regelungstechnik zusammengefasst sind, ist die Steuerung folgendermaßen definiert:

Das Steuern – die Steuerung – ist der Vorgang in einem System, bei dem eine oder mehrere Größen als Eingangsgrößen andere Größen als Ausgangsgrößen auf Grund der dem System eigentümlichen Gesetzmäßigkeiten beeinflussen.

Kennzeichen für das Steuern ist der offene Wirkungsablauf über das einzelne Übertragungsglied oder die Steuerkette.

© Springer Fachmedien Wiesbaden GmbH, ein Teil von Springer Nature 2022
H. Bernstein, *Elektropneumatische und elektrohydraulische Bauelemente in der Mechatronik*, https://doi.org/10.1007/978-3-658-34445-0_1

Entlang des Wirkungsweges lassen sich sowohl Steuerungen als auch Regelungen in einzelne Glieder aufteilen. Sie werden entweder als Bauelemente oder als Übertragungsglieder bezeichnet. Wird die Steuerung oder Regelung gerätetechnisch betrachtet, spricht man von Baugliedern. Dabei werden die physikalischen und technischen Eigenschaften sowie Ort und Verwendung der Geräte, Baugruppen usw. in den Vordergrund gestellt. Bei der wirkungsmäßigen Betrachtung, bei der allein der Zusammenhang der Größen und Werte einer Steuerung oder Regelung beschrieben wird, spricht man von Übertragungsgliedern. Sinnbildlich werden diese Übertragungsglieder in einem Rechteck, dem Block, dargestellt, wie Abb. 1.1 zeigt. Die Kettenstruktur einer Steuerung ist in den Abb. 1.2 und 1.3 dargestellt, wobei Gesamtsteuerungen oft komplexe und umfangreiche Kombinationen sind, die aus vielen, miteinander verknüpften Einzelsteuerungen aufgebaut sind. Nach DIN 19226 werden auch diese Gesamtanlagen als Steuerungen bezeichnet.

Die Benennung einer Steuerung wird vielfach nicht nur für den Vorgang des Steuerns, sondern auch für die Gesamtanlage verwendet, in der die Steuerung stattfindet.

Die in Abb. 1.4 dargestellte Steuerung zeigt in der Blockdarstellung die Unterscheidung der Steuerkette in Steuerteil und Steuereinrichtung. Diese Gliederung lässt sich noch weiter differenzieren, wie Abb. 1.5 zeigt, gerätemäßig in Eingabe- oder Signalglied,

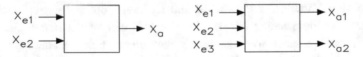

Abb. 1.1 Blockdarstellung eines Übertragungsgliedes
$x_{e1.2.}$ Eingangsgrößen
$x_{a1.2.}$ Ausgangsgrößen

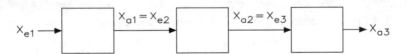

Abb. 1.2 Kettenstruktur eines Wirkungsablaufes

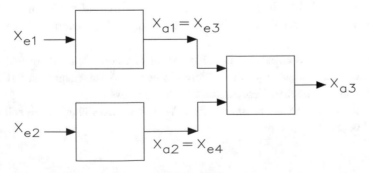

Abb. 1.3 Parallelstruktur eines Wirkungsablaufes

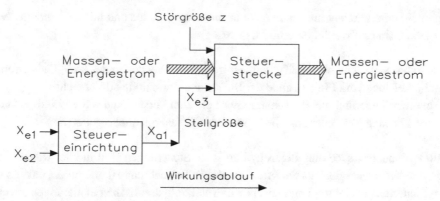

Abb. 1.4 Blockdarstellung einer Steuerung

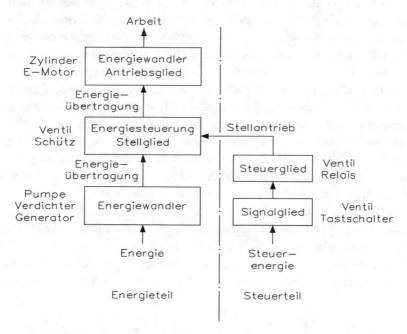

Abb. 1.5 Aufbau einer Steuerkette

Steuer- oder Verarbeitungsglied, Stellglied mit Stellantrieb und Antriebsglied, und nach dem Signalfluss in Signaleingabe, Signalverarbeitung und Signalausgabe.

Dabei wird nur der Steuerteil bzw. die Steuereinrichtung betrachtet, der über den Stellantrieb als Signalausgabe, die Steuerstrecke, also den Energie- oder Arbeitsteil, über das Stellglied steuert. Diese Trennung in Energie- und Steuerteil hat eine Vielzahl von Vorteilen und ist deshalb industriemäßiger Standard. Gleichgültig, ob der Energieteil elektrisch, hydraulisch oder pneumatisch betrieben wird, kann der Steuerteil gleich sein. Er wird bei den vorgenannten Steuerungen je nach Größe und Umfang als verbindungsprogrammierte Relaissteuerung oder als speicherprogrammierbare elektronische Steuerung ausgeführt.

Allgemein unterscheidet man auch noch in Steuerungen ohne und mit Hilfsenergie. Nach DIN 19226 sind sie wie folgt definiert:

- Bei einer Steuerung ohne Hilfsenergie wird die zum Verstellen des Stellglieds erforderliche Leistung vom Eingabeglied der Steuerungseinrichtung aufgebracht.
- Bei einer Steuerung mit Hilfsenergie wird die zum Verstellen des Stellglieds erforderliche Leistung ganz oder zum Teil von einer Hilfsenergiequelle geliefert.

Elektropneumatische und elektrohydraulische Steuerungen sind in aller Regel Steuerungen mit Hilfsenergie. Aus der grundsätzlichen Betrachtung ist erkennbar, dass es sich beim Steuerteil der elektropneumatischen und elektrohydraulischen Steuerungen um elektrische Kontaktsteuerungen oder elektronische Steuerungen handelt. Die Verknüpfung mit dem pneumatischen oder hydraulischen Energieteil erfolgt über den Stellantrieb des Stellglieds, also in der Regel über ein Wegeventil, mit dem die fluidischen Größen Volumenstrom und Durchflussrichtung gesteuert werden. Als Stellantriebe werden fast ausschließlich Magnete verwendet. Aber auch der Druck in einem fluidischen System muss mit Hilfe magnetbetätigter Druckventile dem Arbeitsprozess angepasst werden.

Nach DIN 19226 ist die Regelung wie folgt definiert: Die Regelung oder das Regeln ist ein Vorgang, bei dem eine Größe, die zu regelnde Größe (Regelgröße), fortlaufend erfasst, mit einer anderen Größe, der Führungsgröße verglichen und abhängig vom Ergebnis dieses Vergleichs im Sinne einer Angleichung an die Führungsgröße, beeinflusst wird. Der sich dabei ergebende Wirkungsablauf findet in einem geschlossenen Kreis, dem Regelkreis, statt.

Genau wie bei einer Steuerung wirken bei der Regelung über die Regeleinrichtung die Stellgröße und die Stelleinrichtung auf einen Massen- oder Energiestrom ein, wie Abb. 1.6 zeigt. Allerdings ist die Stellgröße als Ausgangsgröße der Regeleinrichtung abhängig vom Vergleich der Regelgröße mit der Führungsgröße, also dem Sollwert. Daraus ergibt sich vom Wirkungsablauf her eine Kreisstruktur, der Regelkreis.

Im Gegensatz zur Steuerung verursacht die Einwirkung einer oder mehrerer Störgrößen auf die Regelstrecke und die Regeleinrichtung die zu einer Veränderung der Regelgröße zu

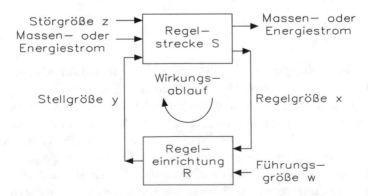

Abb. 1.6 Kreisstruktur eines Regelkreises

einer Regelabweichung führen können, eine Reaktion der Regeleinrichtung. Über die Stellgröße Y bringt die Regeleinrichtung die Regelgröße X wieder auf den durch die Führungsgröße w vorgegebenen Sollwert. Verbleibende Abweichungen sind von der Art der Regelung und von den unterschiedlichen Regelungsverhalten abhängig.

Die Steuerungen sind in der Norm DIN 19237 definiert. Dabei wird nach vier Kriterien unterschieden. Nach der Informationsdarstellung erfolgt die Realisierung in eine analoge, digitale und binäre Steuerung. Nach der Signalverarbeitung erfolgt dann die synchrone bzw. asynchrone Ablaufsteuerung. Nach dem hierarchischen Aufbau ergeben sich Einzel, Gruppen- und Leitsteuerungen. Nach der Art der Programmverwirklichung arbeitet man mit verbindungsorientierten und programmierbaren Steuerungen.

1.1.1   Begriffe und Bezeichnungen

Auf dem Gebiet der Regelungstechnik stehen heute dank der Normung feste Begriffe und Bezeichnungen zur Verfügung. Diese sind in dem bekannten Normblatt DIN 19226 (Regelungstechnik und Steuerungstechnik, Grundlagen, Begriffe und Benennungen) niedergelegt. Die hier verwendeten Begriffe sind in Deutschland üblich. Die internationale Harmonisierung der Bezeichnungsextreme führte dann zum Normblatt DIN 19221 (Formelzeichen der Regelungs- und Steuerungstechnik). Diese Norm lässt die meisten der in den vorausgegangenen Normen festgelegten Bezeichnungen zu, so dass sich dieses Buch weitgehend an die in DIN 19226 niedergelegten Bezeichnungen und Begriffe hält. Abb. 1.7 zeigt die Funktionseinheiten der Steuerungstechnik.

Abb. 1.8 zeigt die Funktionseinheiten der Regelungstechnik.

Die physikalischen Einheiten sind recht unterschiedlich: Regelgröße, Führungsgröße, Störgröße und Regeldifferenz verwenden meist die gleiche physikalische Einheit wie °C, bar, Volt, Umdrehungen/Minute, Füllhöhe in Metern usw. Die Stellgröße kann einem Heizstrom in Ampere oder Gasstrom in m^3/min. proportional sein, vielfach ist es auch ein Druck, der in bar angegeben wird. Der Stellbereich ist die maximale Stellgröße und hat demzufolge die gleiche Einheit.

Tab. 1.1 zeigt die Begriffe der Regelungstechnik.

Abb. 1.7 Funktionseinheiten der Steuerungstechnik

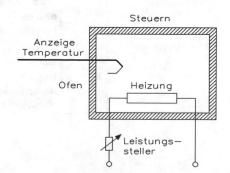

Abb. 1.8 Funktionseinheiten
der Regelungstechnik

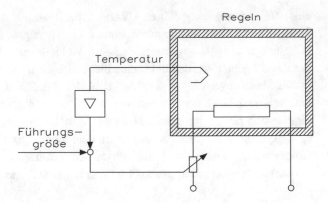

Tab. 1.1 Begriffe der Regelungstechnik

Begriff	Zeichen	Definition
Ausgangsgröße	x_a	Physikalische Größe, die nach festgelegten Regeln beeinflusst werden soll
Analogregler		Verarbeitet wertkontinuierliche, zeitkontinuierliche und/oder wertkontinuierliche, zeitdiskrete Signale
Digitalregler		Verarbeitet wertdiskrete, zeitkontinuierliche und/oder wertdiskrete, zeitdiskrete Signale; Abtastregler
Führungsgröße	w	Eine den Regeleinrichtungen von außen zugeführte und von der Regelung unbeeinflusste Größe, der die Regelgröße in einer vorgegebenen Abhängigkeit folgen soll
Führungsbereich	W_h	Bereich, innerhalb dessen die Führungsgröße liegen kann
Nicht selbsttätige Regelung		Einrichtung, bei der ein Mensch die Funktion der Regeleinrichtung übernimmt (Handregelung)
Regeleinrichtung		Diese Einrichtung wird auch als Regler definiert. Die gesamte Einrichtung, die über das Stellglied aufgabengemäß (meist Konstanthaltung der Regelgröße) auf die Strecke einwirkt
Regelkreis		Alle Glieder des geschlossenen Wirkungsablaufs der Regelung bilden den Regelkreis (Zusammenhaltung von Regelstrecke und Regeleinrichtung)
Regelstrecke		Wird auch als Strecke definiert. Der gesamte Teil der Anlage, in dem die Regelgröße aufgabengemäß (meist Konstanthaltung) beeinflusst wird
Regelgröße	x	Größe, die in der Regelstrecke konstant gehalten oder nach einem vorgegebenen Programm beeinflusst werden soll
Regelbereich	X_h	Bereich, innerhalb dessen die Regelgröße unter Berücksichtigung der zulässigen Grenzen der Störgrößen eingestellt werden kann, ohne die Funktionsfähigkeit der Regelung zu beeinträchtigen

(Fortsetzung)

Tab. 1.1   (Fortsetzung)

Begriff	Zeichen	Definition
Istwert der Regelgröße	x_i	Der tatsächliche Wert der Regelgröße zum betrachteten Zeitpunkt
Regelabweichung	x_w	Die Differenz zwischen Regelgröße und Führungsgröße $x_w =$ $x - w$. Die negative Regelabweichung wird als Regeldifferenz bezeichnet $x_d = w - x = -x_w$
Selbsttätige Regelung		Die Regeldifferenz wird in DIN 19221:1993-5 anstelle der Regelabweichung verwendet. Es handelt sich um eine Regeleinrichtung, die die Regeldifferenz zur Stellgröße selbstständig so verarbeitet, dass das Stellglied in geeigneter Weise verstellt wird
Stellgröße	y	Sie überträgt die steuernde Wirkung der Regeleinrichtung auf die Regelstrecke
Stellbereich	Y_h	Bereich, innerhalb dessen die Stellgröße einstellbar ist
Stellglied		Am Eingang der Strecke liegendes Glied, das dort den Masse- oder Energiestrom entsprechend der Stellgröße beeinflusst
Störgröße	z	Von außen auf den Regelkreis einwirkende Störungen, die die Regelgröße ungewollt beeinträchtigen
Störbereich	Z_h	Bereich, innerhalb dessen die Störgröße liegen darf, ohne dass die Funktionsfähigkeit der Regelung beeinträchtigt wird
Übergangsfunktion		Funktion, die das Verhalten einer Regeleinrichtung bei einem Signalsprung am Eingang beschreibt (Sprungantwort)
Zwei(Drei)-punktregler		Regeleinrichtung mit zwei (drei) Schaltstellungen

1.1.2   Steuern und Regeln

In vielen Prozessen soll ein physikalischer Wert, wie eine Temperatur, ein Druck oder eine Spannung, einen festgelegten Wert annehmen und möglichst genau einhalten. Ein einfaches Beispiel dafür ist ein Ofen, dessen Temperatur konstant gehalten werden soll. Ist die Energiezufuhr z. B. von elektrischer Energie variierbar, so lassen sich dadurch verschiedene Ofentemperaturen realisieren. Nimmt man an, dass sich die äußeren Bedingungen nicht ändern, wird sich zu jedem Grad der Energiezufuhr eine bestimmte Temperatur einstellen.

Ändern sich jedoch die äußeren Bedingungen, wird sich ein anderer Wert als erwartet einstellen. Solche Störungen bzw. Änderungen können sehr unterschiedlicher Natur sein und an unterschiedlichen Orten in den Prozess eingreifen. Sie können in Schwankungen der Außentemperatur oder des Heizstromes bzw. einer geöffneten Ofentür begründet sein. Da bei der erwähnten Steuerung der tatsächliche Temperaturwert des Ofens unbeachtet bleibt, wird ein falscher Wert vom Bediener eventuell nicht bemerkt.

Soll die Ofentemperatur ihren Wert auch dann beibehalten, wenn sich die äußeren Bedingungen ändern, also die Störgrößen nicht konstant und in ihrer Wirkung nicht vorhersehbar sind, so ist eine Regelung erforderlich. Dies kann im einfachsten Fall durch ein Thermometer geschehen mit dem der Temperatur-Ist-Wert des Ofens erfasst wird. Der Bediener kann nun die Ofentemperatur erkennen und bei einer Abweichung die Energiezufuhr entsprechend ändern.

Die Energiezufuhr wird nun nicht mehr starr vorgegeben, sondern ist mit der Temperatur des Ofens verknüpft. Durch diese Maßnahme ist aus der Steuerung eine Regelung geworden, wobei der Bediener als Regler arbeitet.

Zum Zweck der Regelung wird der Istwert mit dem Sollwert verglichen. Eine eventuelle Abweichung vom Sollwert nimmt dann eine Änderung der Energiezufuhr vor. Sie ist daher nicht – wie im Fall einer Steuerung – fest eingestellt, sondern vom tatsächlichen Istwert abhängig. Man spricht von einem geschlossenen Regelkreis.

Wird die Leitung des Temperaturfühlers unterbrochen, ist der Regelkreis offen. Wegen der nun fehlenden Rückmeldung des Istwertes, liegt bei einem offenen Regelkreis nur noch eine Steuerung vor.

Regeln bedeutet, dass von dem Prozess ein Istwertsignal zurückgemeldet wird, welches analog der aktuellen Drehzahl ist. Entsteht eine Differenz zu der geforderten Sollwertvorgabe, wird das System automatisch nachgeregelt bis die gewünschte Drehzahl vorliegt. Abb. 1.9 zeigt einen geschlossenen Regelkreis.

Der Regelkreis hat folgende regelungstechnische Größen mit den nach DIN 19226 verwendeten Abkürzungen:

- Regelgröße (Istwert) x: Die Regelgröße ist die Größe in der Regelstrecke die zum Zweck des Regeln erfasst und dem Regler zugeführt wird. Sie soll durch das Regeln dauernd gleich der Führungsgröße gemacht werden (Beispiel der Ofentemperatur).
- Führungsgröße (Sollwert) w: Vorgegebener Wert, auf dem die Regelgröße durch die Regelung gehalten werden soll (geforderte Ofentemperatur). Sie ist eine von der Regelung nicht beeinflusste Größe und wird von außen zugeführt.

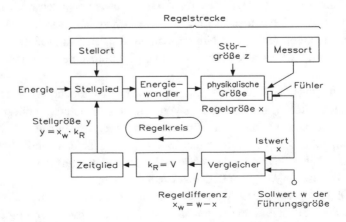

Abb. 1.9 Geschlossener Regelkreis

- Regeldifferenz (Regelabweichung) e: Unterschied zwischen Führungs- und Regel-größe e = w − x (Beispiel: Unterschied zwischen Ofensollwert und Ofenistwert).
- Störgröße z: Größe, deren Änderung die Regelgröße in unerwünschter Weise beein-flusst (Beeinflussung der Regelgröße durch äußere Einflüsse).
- Reglerausgangsgröße v_R: Sie ist die Eingangsgröße der Stelleinrichtung.
- Stellgröße y: Größe, durch welche die Regelgröße in gewünschter Weise beeinflusst werden kann (z. B. Heizleistung des Ofens). Sie ist eine Ausgangsgröße der Regelein-richtung und zugleich Eingangsgröße der Strecke.
- Stellbereich Y_h: Der Bereich, innerhalb dessen die Stellgröße einstellbar ist.
- Regelkreis: Verbindung des Ausgangs der Regelstrecke mit dem Eingang des Reglers und des Reglerausgangs mit dem Regelstrecken-Eingang, sodass ein in sich geschlos-sener Kreis entsteht. Er besteht aus Regler, Stelleinrichtung und Strecke.

1.1.3   Reglereingriff

Der Regler hat grundsätzlich die Aufgabe, die Regelgröße zu erfassen und aufzubereiten, mit der Führungsgröße zu vergleichen und hieraus eine entsprechende Stellgröße zu bil-den. Der Regler muss diesen Ablauf so steuern, dass die dynamischen Eigenschaften des zu regelnden Prozesses gut ausgeglichen werden, d. h. der Istwert sollte den Sollwert mög-lichst rasch erreichen und dann möglichst wenig um ihn schwanken. Der Eingriff des Reglers in den Regelkreis wird durch folgende Größen charakterisiert:

- Überschwingweite: X_m
- die Anregelzeit: T_{an}, die vergeht, bis der Istwert zum ersten Mal den neuen Sollwert erreicht hat
- die Ausregelzeit: t_a
- sowie eine vereinbarte Toleranzgrenze ± Δx

Der Regler hat „ausgeregelt", wenn der Prozess mit einem konstanten Stellgrad gefah-ren wird, und die Regelgröße sich innerhalb der vereinbarten Toleranzgrenze ± Δx be-wegt. Abb. 1.10 zeigt die Kriterien für den Reglereingriff.

Abb. 1.10 Kriterien für den Reglereingriff

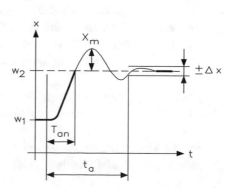

Idealerweise ist die Überschwingweite Null. Dies lässt sich jedoch meist nicht mit einer kurzen Ausregelzeit vereinbaren. Bei einigen Prozessen, wie z. B. Drehzahlregelungen, ist aber eine kurze Ausregelzeit wichtig und ein leichtes Überschwingen über den Sollwert kann hingenommen werden. Andere Prozesse dagegen, wie z. B. bei kunststoffverarbeitenden Maschinen, sind empfindlich gegenüber Temperaturüberschreitungen, da diese das Werkzeug oder das Gut zerstören.

1.1.4   Bauformen von Regelgeräten

Die Wahl eines geeigneten Regelgerätes hängt in erster Linie vom Anwendungsfall ab. Dies betrifft sowohl die mechanischen als auch die elektrischen Eigenschaften. Aus dem vielfältigen Spektrum unterschiedlicher Bauweisen und Ausführungsformen seien hier nur einige aufgeführt. Es handelt sich um elektronische Regler und um keine mechanischen, hydraulischen oder pneumatischen Regeleinrichtungen. Dem Anwender, der vor der Wahl eines Reglers für seine spezielle Aufgabenstellung steht, soll zunächst aufgezeigt werden, welche unterschiedlichen Bauformen existieren. Einen Anspruch auf Vollständigkeit hat diese Aufzählung nicht.

Für die mechanische Unterscheidung:

- Kompaktregler (Prozessregler) enthalten alle erforderlichen Komponenten (z. B. Anzeige, Tastatur, Eingabe für die Führungsgröße usw.) und besitzen ein Gehäuse mit einem Netzteil. Die Gehäusemaße sind meist genormt und weisen Standardabmessungen von 48 · 48 mm, 48 · 96 mm, 96 · 96 mm oder 72 · 144 mm auf.
- Regler im Aufbaugehäuse werden meist im Inneren von Schaltschränken eingesetzt und auf C-Schienen und dergleichen befestigt. Hier fehlen meist die Anzeigeelemente, wie Istwertanzeige oder Schaltmelder über Dioden, da sie dem Bediener normalerweise nicht zugänglich sind.
- Einbauregler sind für den Einbau in Baugruppenträgern, sogenannten 19″-Racks, vorgesehen. Sie besitzen daher nur eine Frontplatte und kein vollständiges Gehäuse.
- Platinenregler bestehen z. B. aus einem Mikroprozessor oder Mikrocontroller mit entsprechender Peripherie und werden in unterschiedlichen Gehäuseformaten eingesetzt. Man findet sie häufig in Großanlagen in Verbindung mit Prozessleitsystemen und speicherprogrammierbaren Steuerungen (SPS). Diesen Geräten fehlen ebenfalls Bedien- und Anzeigeelemente, da sie ihre Prozessdaten über Schnittstellen von der zentralen Leitwarte über Softwareprogramme bekommen.

Funktionelle Unterscheidung: Die hier angesprochenen Begriffe werden in den folgenden Kapiteln eingehend behandelt und erklärt, wie Abb. 1.11 zeigt.

- Stetige Regler: Regler, bei welchen bei einem stetigen Eingangssignal das Reglerausgangssignal ebenfalls stetig ist. Das Stellsignal kann innerhalb des Stellbereichs jeden

Abb. 1.11 Funktionelle
Unterscheidung bei Reglern

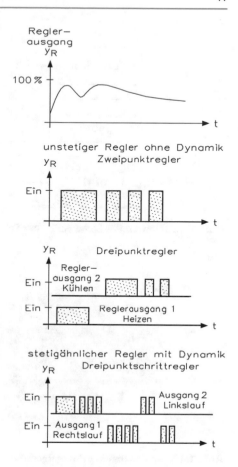

Wert annehmen. Sie liefern meist Ausgangssignale im Bereich von 0 … 20 mA (Stromausgang), 4 … 20 mA (Stromausgang, wobei unter 4 mA ein Drahtbruch vorhanden ist und über 20 mA ein Überlastungsfall z. B. Kurzschluss) auftritt oder 0 … 10 V (Spannungsausgang). Mit ihnen werden z. B. Stellantriebe oder Thyristorsteller angesteuert.

- Unstetige Regler ohne Dynamik (Rückführung): Zweipunktregler mit einem schaltenden Ausgang sind Regler, bei denen bei einem stetigen Eingangssignal der Reglerausgang unstetig ist. Sie können die Stellgröße nur ein- und ausschalten und finden ihren Einsatz z. B. bei Temperaturregelungen, wo die Heizung oder Kühlung lediglich ein- bzw. ausgeschaltet wird.

Abb. 1.12 zeigt ein universelles Steuergerät und Abb. 1.13 eine Platine für ein µP-Regelgerät.

Dreipunktregler mit zwei schaltenden Reglerausgängen entsprechen den Zweipunktreglern, besitzen jedoch zwei Stellgrößenausgänge. Sie ermöglichen Regelungen wie Heizen/Kühlen oder Be-/Entfeuchten usw.

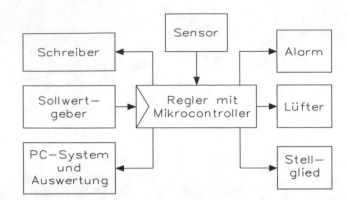

Abb. 1.12 Universelles Steuergerät zum Schalten, Steuern und Visualisieren

Abb. 1.13 Platine für ein µP-Regelgerät

- Stetig sich verändernder Regler mit Dynamik: Zweipunktregler mit Dynamik und einem schaltenden Reglerausgang sind Regler, bei denen durch Hinzufügen einer passenden Dynamik (PD, PI, PID) ein sich stetig veränderndes Verhalten erreicht wird. Der über ein gewähltes Zeitintervall gebildete Mittelwert der Reglerausgangsgröße zeigt angenähert denselben zeitlichen Verlauf wie bei einem stetigen Regler. Einsatzgebiete sind z. B. Temperaturregelungen (Heizen oder Kühlen) mit höheren Anforderungen an die Regelgüte.

Dreipunktregler mit Dynamik können, je nach Stellglied, zwei schaltende oder stetige Ausgänge bzw. eine Kombination aus beidem besitzen. Sie entsprechen den Zweipunktreglern mit Dynamik, besitzen jedoch zwei Stellgrößenausgänge.

Dreipunktschrittregler besitzen zwei schaltende Reglerausgänge und sind speziell für motorgetriebene Stellantriebe konzipiert, mit denen z. B. eine Stellklappe auf- und zugefahren werden kann.

Stellungsregler werden ebenfalls für motorgetriebene Stellantriebe verwendet und besitzen zwei schaltende Reglerausgänge. Im Unterschied zum Dreipunktschrittregler muss hier dem Regler die Stellgradrückmeldung als Information vorliegen.

Abb. 1.14 Charakteristische
Spungantworten von Reglern

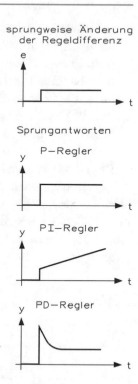

Alle genannten Reglertypen (ausgenommen der unstetige Regler ohne Dynamik) sind mit unterschiedlichem dynamischem Verhalten realisierbar. In diesem Zusammenhang wird auch oft von einer Reglerstruktur gesprochen. Hier findet man Begriffe wie P-, PI-, PD- oder PID-Regler, wie Abb. 1.14 zeigt.

- Unterschiedliche Sollwertvorgabe: Die Sollwertvorgabe kann manuell am Regler durch ein Potenziometer oder über Tasten durch Eingabe von Zahlenwerten erfolgen. Angezeigt wird der Sollwert analog (Zeigerstellung eines Sollwertstellers) oder digital als Ziffernwert.

Eine weitere Möglichkeit ist die externe Sollwertvorgabe. Hier wird der Sollwert als externes elektrisches Signal (z. B. 0 … 20 mA) von anderer Stelle vorgegeben. Neben diesen analogen Signalen können auch digitale Signale zur Sollwertvorgabe dienen. Sie werden dann dem Regler über eine digitale Schnittstelle zugeführt und können von einem anderen digital arbeitenden Gerät oder einem angeschlossenen Rechner stammen. Läuft die externe Sollwertvorgabe nach einem festen zeitlichen Programm ab, so spricht man auch von einer Zeitplanregelung.

- Erfassen des Istwertes: Der Istwert muss als elektrisches Signal für den µP-Regler vorliegen. Die Form hängt vom verwendeten Sensor und der Aufbereitung dieses Signals ab. Eine Möglichkeit besteht darin, dass das Signal des Messwertgebers (Sensor, Fühler) direkt auf den Reglereingang gegeben wird. Dieser muss dann in der Lage sein, dieses Signal zu verarbeiten. Da bei vielen Temperaturfühlern das Ausgangssignal nicht linear zur Temperatur ist, muss der Regler z. B. eine entsprechende Linearisierung besitzen. Die andere Möglichkeit besteht in der Verwendung eines Messumformers. Dieser wandelt das Signal des Sensors in ein Einheitssignal um (0 … 20 mA, 0 … 10 V) und führt meistens auch die Linearisierung des Signals durch. In diesem Fall braucht der verwendete Regler nur einen Eingang für Einheitssignale zu besitzen.

Der Istwert wird am Regler angezeigt. Dies kann über eine digitale Anzeige (Ziffernanzeige) erfolgen, deren Vorteil ein gutes Ablesen auch auf größere Entfernungen ist. Der Vorteil einer analogen Anzeige (Zeigeranzeige) ist, dass sich gut Tendenzen wie Steigen oder Fallen im Istwert-Verlauf und die Position im Regelbereich erkennen lassen. Abb. 1.15 zeigt ein Beispiel für externe Anschlüsse eines μP-Reglers mit seinen Ein- und Ausgängen.

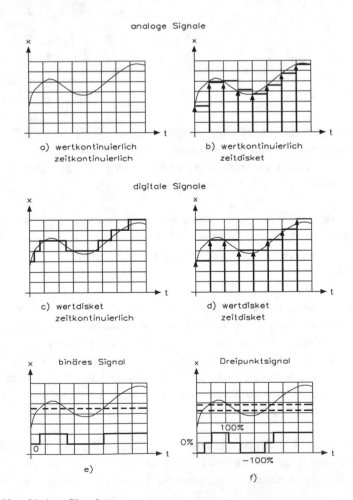

Abb. 1.15 Verschiedene Signalarten

Systeme lassen sich durch die Art der an ihren Ein- und Ausgängen auftretenden Signale klassifizieren. Die Signale unterscheiden sich in ihrer technischen Natur. In Regeleinrichtungen treten häufig die Temperatur, der Druck, der Strom oder die Spannung als Signalträger auf, die zugleich die Dimensionen bestimmen. Die Signale lassen sich aufgrund ihres Wertevorrates und ihres zeitlichen Verhaltens in verschiedene Arten einteilen, wie Abb. 1.15 zeigt.

- Analoge Signale: Die Signalform mit der größten Anzahl möglicher Signalpegel ist das analoge Signal. Die Regelgröße, beispielsweise eine Temperatur, wird von der Messeinrichtung in ein dieser Temperatur entsprechendes Signal umgewandelt. Jedem Wert der Temperatur entspricht ein Wert des elektrischen Signals. Ändert sich die Temperatur nun kontinuierlich, so ändert sich auch die Signalgröße kontinuierlich. Man spricht daher auch von einem wertkontinuierlichen Signal.

Das Wesentliche der Definition analoger Signale liegt darin, dass der Wertebereich kontinuierlich durchlaufen wird.

Da auch der zeitliche Ablauf kontinuierlich ist, denn in jedem Augenblick entspricht der Wert des Signals der gerade herrschenden Temperatur, handelt es sich ebenfalls um ein zeitkontinuierliches Signal (Abb. 1.15a). Würde man nun die Messeinrichtung über einen Messstellenumschalter, bei dem der Abgriff gleichmäßig rotiert, betreiben, so würde das Messsignal nur zu ganz bestimmten diskreten Zeiten abgetastet. Man sagt nun, das Signal ist nicht mehr zeitkontinuierlich, sondern zeitdiskret (Abb. 1.15b). Andererseits sind die Messwerte jedoch noch wertkontinuierlich, da sich in jedem Abtastzeitpunkt das Messsignal eindeutig widerspiegelt.

- Digitale Signale: Digitale Signale gehören zu den diskreten Signalen. Bei ihnen werden die einzelnen Signalpegel durch Zahlwörter (Digits) dargestellt, d. h. diskrete Signale können nur eine begrenzte Menge von Werten annehmen. Der zeitliche Verlauf eines solchen diskreten Signals weist immer Stufen auf.

Ein einfaches Beispiel für ein System mit einem diskreten Signal ist die Regelanlage eines Fahrstuhls, der nur diskrete Höhenwerte annehmen kann. Solche Signale treten auf bei Regelungen mit digitalen Regelgeräten. Wesentlich in diesem Zusammenhang ist, dass die Umwandlung analoger Signale in digitale Signale nur durch Diskretisierung des Signalpegels möglich ist.

Zwischenwerte sind nun nicht mehr möglich, unterstellt man jedoch, dass die Umwandlung beliebig schnell erfolgt, so ist ein zeitkontinuierliches Signal möglich (Abb. 1.15c). Mit denen in der Technik üblichen Verfahren kann die Umwandlung jedoch nur zeitdiskret erfolgen, d. h. die bei der digitalen Regelung verwendeten Analog-Digital-Umsetzer führen den Umwandlungsprozess im Allgemeinen nur zu diskreten Zeitpunkten durch (Abtastzeit). Man erhält daher aus dem analogen Signal ein Ergebnis, das sowohl wertdiskret als auch zeitdiskret ist (Abb. 1.15d).

Man erkennt jedoch deutlich, dass bei der Umsetzung von analogen in digitale Werte Informationen über das Messsignal verloren gehen.

- Binäre Signale: Im einfachsten Fall können die Signale nur zwei Zustände annehmen. Es handelt sich dann um binäre Signale. Die beiden Zustände bezeichnet man normalerweise mit „0" und „1". Jeder Schalter, mit dem man eine Spannung ein- und ausschalten kann, liefert ein binäres Signal als Ausgangsgröße. Man bezeichnet diese Binärsignale auch als logische Signale und ordnet ihnen dann die Werte „wahr" und „falsch" zu. Alle Digitalschaltungen in der Elektrotechnik arbeiten praktisch mit diesen logischen Signalen. So sind auch Mikroprozessoren und Mikrocontroller mit solchen Elementen aufgebaut, die nur diese beiden Signalzustände kennen (Abb. 1.15e).
- Dreipunkt-Signale: Das Signal mit dem nächst höheren Informationswert nach den binären Signalen ist das Dreipunkt-Signal. Man findet es häufig in Verbindung mit Motoren. Ein Motor kann grundsätzlich drei Betriebszustände haben. Der Motor kann stillstehen, er kann sich vorwärts oder rückwärts bewegen. Entsprechende Glieder mit einem Dreipunkt-Verhalten findet man sehr häufig in der Regelungstechnik und sie sind von großem Interesse. Jedes der drei Signalniveaus kann eine beliebige Größe haben, d. h., in speziellen Fällen kann jedes Signalniveau ein positives Signal sein, oder der Betrag des positiven und negativen Signals kann unterschiedlich sein (Abb. 1.15f).

1.1.5 Prinzipielle Unterschiede

Ein Regler stellt einen Bezug zwischen der Regelgröße und der Führungsgröße her und bildet daraus die Stellgröße. Diese Aufgabenstellung kann auf unterschiedlichste Art und Weise gelöst werden: mechanisch, pneumatisch, elektrisch oder mathematisch. Der mechanische Regler z. B. verändert ein Signal durch ein Hebelsystem oder ein elektronisches System mit einem Operationsverstärker. Mit der Einführung leistungsfähiger und preiswerter Mikroprozessoren und Mikrocontroller hat seit einigen Jahren eine weitere Form der elektrischen Regler den Markt erobert, die sogenannten Mikroprozessor- oder Mikrocontroller-Geräte (µP-Regler). Die Messsignale werden nicht mehr analog über Operationsverstärker verstärkt, sondern mittels eines Mikroprozessors errechnet. Die mathematische Beschreibung der unterschiedlichen Strukturen findet in diesen digitalen Reglern direkt Anwendung.

Die Bezeichnung „digital" kommt daher, dass die Eingangsgröße, der Istwert, zunächst digitalisiert, d. h. in einen Zahlenwert umgewandelt werden muss, sodass das Signal vom Mikroprozessor oder Mikrocontroller verarbeitet werden kann. Man verwendet für das Umwandeln einen Analog-Digital-Wandler (ADW). Das errechnete Ausgangssignal (Stellgröße) muss wieder über einen Digital-Analog-Wandler (DAW) in ein analoges Signal umgewandelt werden, das zur Ansteuerung dient, oder kann einem digitalen Stellglied direkt zugeführt werden.

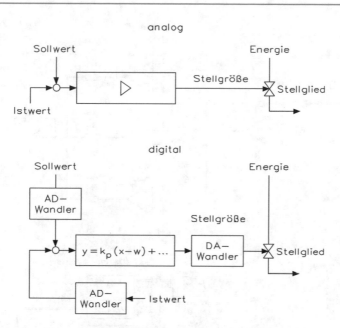

Abb. 1.16   Prinzip analoger und digitaler Regler

Eine digitale Ziffernanzeige allein ist noch kein hinreichendes Kriterium für die Bezeichnung als digitaler Regler, denn es existieren auch Regler, die analog aufgebaut sind und bei denen lediglich die Anzeige digital arbeitet. Sie haben jedoch intern keinen Prozessor zur Berechnung der Signale und werden daher weiter als analoge Regler bezeichnet.

Abb. 1.16 zeigt das Prinzip analoger und digitaler Regler. Der Ist- und der Sollwert liegen analog an dem Eingang des Vergleichers und dieser erstellt die Regeldifferenz. Die Regeldifferenz wird verstärkt und bildet die Stellgröße, die dann auf den Stellantrieb wirkt. Dieser steuert oder regelt dann den Energiefluss.

Beim digitalen Regler befinden sich zwei Analog-Digital-Wandler für den Ist- und Sollwert. Ist- und Sollwert werden digital verglichen und liegen an dem Mikroprozessor oder Mikrocontroller an. Im Mikrocontroller befinden sich mehrere AD-Wandler und man benötigt keine externen ADWs. In dem Mikrocontroller findet die Verarbeitung nach einem bestimmten Algorithmus statt. Am Ausgang hat man einen Digital-Analog-Wandler, der über das Stellglied den Energiefluss steuert oder regelt.

In Abb. 1.17 ist der Aufbau analoger und digitaler Regler gezeigt. Beim analogen Regler hat man in der Praxis fünf Operationsverstärker. Am Eingang befindet sich ein Operationsverstärker, der aus den beiden Eingangsspannungen (Ist- und Sollwert) das Vergleichersignal bildet. Der Ausgang des Vergleichers steuert parallel drei Operationsverstärker für den P-, I- und D-Regler an. Der rechte Operationsverstärker fasst die drei Ausgänge zusammen und bildet den gemeinsamen PID-Ausgang.

Der digitale Regler hat beispielsweise fünf Eingänge, wobei zwei Eingänge mit Tiefpassfilter (TP) ausgestattet sind. Diese Filter begrenzen die Frequenzen für das Eingangs-

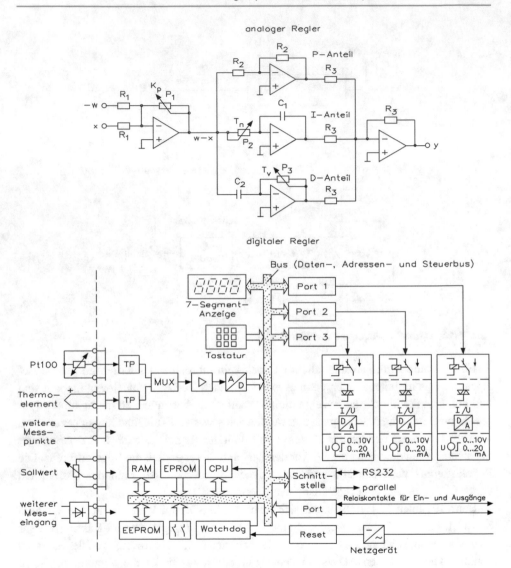

Abb. 1.17 Aufbau von analogen und digitalen Reglern

signal und dann folgt der Multiplexer (MUX). Am Ausgang des Multiplexers befindet sich ein Messverstärker und anschließend der AD-Wandler, der die analogen Eingangsspannungen in digitale Informationen umwandelt. Normalerweise arbeitet man bei einfachen Geräten mit einem 8-Bit-Datenbus, bei leistungsfähigen Geräten mit einem 16 Bit- oder 32 Bit-Bus. Oben befindet sich eine vierstellige Anzeige und darunter das Bedienerfeld mit einer Taste.

Mittelpunkt in der Anlage ist die CPU (Central Processing Unit). Die CPU eines Computers führt die Maschinenbefehle aus und verarbeitet die Daten nach unterschiedlichen Algorithmen ab. Die CPU besteht aus einer Vielzahl von Funktionskomponenten wie

z. B. der Arithmetik-Logik-Einheit, Registern (Indexregister, Adressregister, Befehlszähler u. a.), dem Unterbrechungskontrollsystem (Interrupt), Taktgeber, Treibern usw., sowie einem internen Bussystem für die Kommunikation mit den externen I/O-Einheiten. Eine MPU (Mikrocontroller) beinhaltet zahlreiche Funktionskomponenten für einen µP-Regler.

Der RAM (Random Access Memory) ist ein Speicher mit wahlfreiem Zugriff, aus dem Daten gelesen und in den neue Daten geschrieben werden können. Der Zugriff erfolgt über eindeutige Adressangaben und die Daten lassen sich in den Speicherzellen einschreiben oder zerstörungsfrei auslesen. Zwischen statischen Speichern (Flipflop) und dynamischen (kapazitive Aufladung) wird unterschieden. Bei Abschalten der Spannung gehen die Daten verloren. Der Arbeitsspeicher von Computern ist mit RAMs aufgebaut.

Das EPROM (Erasable Programmable Read Only Memory) ist ein Halbleiterspeicher. Diese programmierbaren Nur-Lesespeicher eignen sich für die Festwertspeicherung. Die Informationen sind mit UV-Licht löschbar und der Speicher kann anschließend neu programmiert werden.

Das EEPROM (Electrically Erasable Read Only Memory) ist im Gegensatz zum ROM-Speicher, der nur lesbar, aber nicht mehr löschbar ist. Das EEPROM lässt sich durch Anlegen eines Impulses löschen und anschließend wieder neu programmieren (beschreiben).

Mit I/O-Port bezeichnet man die seriellen und parallelen Anschlussstellen für Peripheriegeräte an das Bussystem (Daten, Adressen und Steuerung) des Computers oder an bestimmte Bausteine bzw. Einheiten. Über diese Anschlussstellen werden Signale und Daten in den Rechner eingegeben bzw. zu peripheren Geräten ausgegeben.

Vor- und Nachteile digitaler Regler: Analoge Regler sind aus Operationsverstärkern aufgebaut. Sie werden seit längerer Zeit (ab 1955) gebaut und können preiswert hergestellt werden. Die Regelparameter werden meist mit Potenziometern, Trimmern oder Lötbrücken eingestellt. Die Regelstruktur und -eigenschaften liegen konstruktionsbedingt weitgehend fest. Sie werden dort eingesetzt, wo keine höhere Regelgenauigkeit benötigt wird und die notwendigen Eigenschaften des Reglers – wie das Zeitverhalten – bereits bei der Planung bekannt sind. Bei extrem schnellen Regelstrecken besitzt ein analoger Regler bei der Reaktionsgeschwindigkeit geringe Vorteile.

Bei µP-Reglern wandelt ein Mikroprozessor oder Mikrocontroller mit seinen AD-Wandlern alle analogen Eingangsgrößen in Ziffern um und berechnet hieraus die Stellgrößen. Die Ausgabe erfolgt über einen DA-Wandler. µP-Regler bieten gegenüber der analogen Verarbeitung einige Vorteile:

- Je nach Messsignal und verwendeter Technologie (z. B. AD- bzw. DA-Wandler) ergibt sich eine höhere Regelgenauigkeit. Im Gegensatz zu Toleranz und driftbehafteten Bauteilen besitzen die verwendeten mathematischen Zusammenhänge eine konstante Genauigkeit und werden von Alterung, Exemplarstreuung und Temperaturabhängigkeiten nicht beeinflusst.
- Eine hohe Flexibilität hinsichtlich Reglerstruktur und -eigenschaften. Statt, wie bei analogen Reglern, Parameter zu verstellen und Bauteile umzulöten, können bei einem

digitalen Regler durch einfaches Programmieren die Linearisierung, Reglerstruktur usw. durch Eingabe neuer Zahlenwerte geändert werden.

- Die Möglichkeit des Datentransfers. Die Informationen über Prozesszustandsgrößen sollen häufig weiterverarbeitet, gespeichert oder zusätzlich anderweitig verwendet werden, was digital recht einfach ist. Die Ferneinstellung von Kennwerten durch Datensysteme, z. B. Prozessleitsysteme über digitale Schnittstellen, ist ebenfalls einfach möglich.
- Die Optimierung der Regelparameter kann unter bestimmten Voraussetzungen automatisch vorgenommen werden.

µP-Regler besitzen aber auch Nachteile gegenüber den analog arbeitenden Regelgeräten. Tendenzen im Istwertverlauf lassen sich bei digitalen Reglern durch die meist vorhandenen Ziffernanzeigen ungenügend erkennen. Sie sind empfindlicher gegenüber elektromagnetischen Störimpulsen. Da der Prozessor zur Berechnung der Parameter und anderer Aufgaben eine gewisse Zeit benötigt, lassen sich die Istwerte nur in bestimmten Zeitintervallen einlesen. Man bezeichnet diese Zeitspanne zwischen dem Einlesen zweier Istwerte als Abtastzeit T und verwendet auch häufig den Begriff Abtastregler. Typische Werte der Abtastzeit bei Kompaktreglern liegen zwischen 0,5 … 5 ms. Technisch lassen sich aber auch digitale Regler mit Abtastzeiten < 1 ms realisieren. Ist die Regelstrecke vergleichsweise langsam gegenüber der Abtastrate des Reglers, verhält sich ein digitaler Regler ähnlich eines analogen Reglers, da das abtastende Verhalten nicht mehr bemerkbar ist.

1.1.6 Zweipunktregler

Der Zweipunktregler ohne Zeitverhalten besitzt nur zwei Schaltzustände, d. h. das Ausgangssignal wird bei Unter- bzw. Überschreiten einer Führungsgröße bzw. eines Grenzwertes ein- bzw. ausgeschaltet. Man setzt diese Geräte auch häufig als Grenzwertmelder ein, die beim Überschreiten eines Sollwertes eine Alarmmeldung absetzen. Man findet für diese Regler auch häufig die Bezeichnung Grenzwertregler oder auch On/Off-Regler.

Ein einfaches Beispiel für einen mechanischen Zweipunktregler ist der Bimetallschalter eines Bügeleisens, der die Heizwicklung beim Erreichen der eingestellten Temperatur aus- und beim Unterschreiten einer festen Schalthysterese einschaltet. Aber auch Beispiele auf dem Gebiet elektronischer Regler sind nicht selten. So dient ein Widerstandsthermometer (Pt100), das bei der Unterschreitung einer Außentemperatur von z. B. 5 °C eine Heizung einschaltet und als Frostschutz in einer Anlage. Es handelt sich hierbei um eine Regelung, da eine Stellgröße (hier die Heizung) einer Führungsgröße (der Raumtemperatur) nachgeführt wird. Wegen der für das Widerstandsthermometer ohnehin erforderlichen Auswertelektronik und einer möglicherweise gewünschten Anzeige können in derartigen Fällen keine Bimetallschalter, sondern µP-Regler eingesetzt werden.

Das Anpassen an den mittleren Energiebedarf der Regelstrecke bei Zweipunktreglern erfolgt durch Verändern des Tastverhältnisses. Ein statisches Verhalten (Ruhezustand), wie es bei den stetigen Reglern bestimmbar ist, ist hier nicht vorhanden. Zum Beschreiben des sich nach Schließen des Regelkreises einstellenden Bewegungszustandes werden hier die Kennlinie des Reglers und die Sprungantwort verwendet. Sie zeigen die eigentlich unerwünschten, jedoch mit der Arbeitsweise des Zweipunktreglers ohne Dynamik zwangsläufig verbundenen, dauernden Schwankungen der Regelgröße auf.

Schaltet man einen Zweipunktregler, z. B. einen Stabtemperaturregler, an eine Regelstrecke mit 1. Ordnung (ein Temperierbad, bei dem das Wasser umgewälzt wird und über einen Tauchsieder erwärmt wird), so erhält man den in Abb. 1.18 wiedergegebenen zeitlichen Verlauf von Regel- und Stellgröße. Rein theoretisch würde der Regler die Energie beim Erreichen der Führungsgröße abschalten und sobald sie minimal unterschritten würde, sofort wieder einschalten usw. Da eine Strecke 1. Ordnung idealisiert keine Verzugszeit hat, würde das Relais dauernd ein- und ausschalten und in kürzester Zeit zerstört werden.

Ein Zweipunktregler ohne Dynamik besitzt daher meist eine Schaltdifferenz X_{Sd} (Hysterese) um den Sollwert, innerhalb derer sich der Schaltzustand nicht ändert. Bei theoretischen Betrachtungsweisen wird diese Schalthysterese meist symmetrisch um den Sollwert gelegt und gleichgesetzt mit dem oberen (X_o) und unteren (X_u) Wert der Regelgröße, zwischen denen sie hin- und herpendelt. Somit würde sich als Mittelwert der Sollwert w einstellen. In der Praxis ist es häufig so, dass die Schalthysterese einseitig um den Sollwert liegt, unterhalb oder oberhalb. Dies ist bei Reglern mit Mikroprozessor oder Mikrocontroller meist einstellbar.

In Abb. 1.18 ist ein Fall betrachtet, bei dem die Schalthysterese unterhalb des Sollwertes liegt. Der Ausschaltpunkt des Reglers liegt bei der Führungsgröße w. Da es sich in der Praxis meist nicht um ideale Regelstrecken handelt (Regelstrecke ist etwas mit Totzeit behaftet bzw. man hat einen Leistungsüberschuss durch eine überdimensionierte Hei-

Abb. 1.18 Zweipunktregler ohne Dynamik an einer Strecke 1. Ordnung

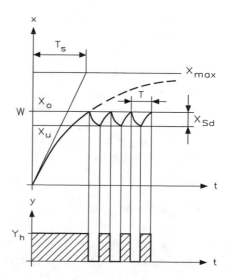

zung), werden sich der obere und untere Wert der Regelgröße nicht exakt mit den Schalt-flanken der Hysterese (X_{Sd}) decken.

Jedoch gilt, der Regler schaltet durch die Schaltdifferenz erst, wenn die Regelgröße das hierdurch festgelegte Band verlassen hat. Die Regelgröße pendelt also dauernd zwischen den Werten X_o und X_u hin und her. Die Schwankungsbreite der Regelgröße wird somit durch die Schaltdifferenz mitbestimmt.

Der Zweipunktregler kann also bei einer Regelstrecke mit einer Verzögerung die Regelgröße nur innerhalb X_o und X_u konstant halten. Das periodische Schalten kommt daher, dass die Stellgröße im eingeschalteten Zustand zu groß, im ausgeschalteten Zustand zu klein ist, um die Regelgröße konstant zu halten.

Bei sehr vielen Regelaufgaben, wo es nur auf ein ungefähres Konstanthalten der Regelgröße ankommt, stören solche periodischen Schwankungen nicht. Als Beispiel sei hier ein elektrisch beheizter Haushaltsbackofen betrachtet, bei dem es nicht stört, wenn bei einer Backtemperatur von 200 °C die tatsächliche Temperatur im Ofen zwischen 196 °C und 204 °C hin- und herschwingt.

Stören die dauernden Schwankungen der Regelgröße, so lassen sich diese etwas minimieren, wenn man eine kleinere Schaltdifferenz X_{Sd} wählt. Damit erhält man jedoch automatisch mehr Schaltungen pro Zeiteinheit, d. h. die Schaltfrequenz wächst. Dies ist jedoch nicht immer erwünscht, weil es auf die Lebensdauer des Relais im Regler einwirkt.

1.2   Physikalische Eigenschaften

Mit den physikalischen Eigenschaften werden die Besonderheiten von pneumatischen und hydraulischen Steuerungen erklärt. Hierzu gehören

- Druck
- Temperatur
- Wärmekapazität
- Arbeit und Leistung
- Thermodynamik
- Gasgesetze
- Wärmeübertragung bzw. -transport
- Zustandsveränderung
- Gasströmung durch Düse und Rohr
- Luft und Feuchtigkeit.

1.2.1   Ruhende Flüssigkeit

Von den festen Körpern unterscheiden sich die Flüssigkeiten durch leichte Verschiebbarkeit der Moleküle. Während bei festen Körpern zum Teil erhebliche Kräfte nötig sind, um ihre Form zu verändern, ist die Formänderung bei Flüssigkeiten ohne Kraftwirkung möglich, wenn hierzu nur hinreichend Zeit zur Verfügung steht. Bei raschem Formwechsel ist auch bei Flüssigkeiten ein Widerstand spürbar und dieser hat seine Ursache in der „Zähigkeit" (Viskosität).

Da man jedoch in der Lehre vom Gleichgewicht der Flüssigkeiten nur für Ruhezustände bzw. sehr langsame Bewegungen arbeitet, darf man den Widerstand der Formänderung gleich Null setzen.

Der widerstandslosen Formänderung der Flüssigkeiten steht der große Widerstand bei Volumenänderung gegenüber. Es wird nicht gelingen, 1 Liter Wasser in ein Gefäß von 1/2 Liter Inhalt hineinzufüllen, ebenso wenig ist es möglich, 1/2 Liter Wasser auf ein Volumen von 1 Liter auszudehnen. Erst bei sehr hohen Drücken ist eine kleine Volumenänderung messbar. Wasser drückt sich bei ca. 100 bar um 5 % zusammen. Stöße und Drücke werden daher in unverminderter Stärke übertragen, z. B. Wasserschläge in Rohrleitungen und Drücke in hydraulischen Pressen.

Das Wort „Fluid" kommt aus dem Lateinischen: „fluidus". Hiermit bezeichnet man Substanzen, die sich unter dem Einfluss von Scherkräften verformen, d. h. sie fließen. Der Schubmodul von idealen Fluiden ist Null. In der Physik hat man die Begriffe von Gasen und Flüssigkeiten zusammengefasst und viele physikalische Gesetze gelten für Gase und Flüssigkeiten gleichermaßen. Diese Stoffe unterscheiden sich in einigen Eigenschaften quantitativ (in der Größenordnung des Effekts) statt qualitativ. Aufgrund ihrer Oberflächenspannung bilden Flüssigkeiten eine freie Oberfläche und bei Gasen ist dies nicht der Fall.

Das Wort „Hydraulik" kommt aus dem Griechischen: „hydor", das Wasser. Im übertragenen Sinne spricht man von „Hydraulik" auch bei Verwendung anderer Flüssigkeiten, wie z. B. Öl (Ölhydraulik). Die Hydraulik behandelt alle Vorgänge, bei denen Kräfte und Bewegungen durch eine Flüssigkeit übertragen werden. Die Flüssigkeit ist der Energieträger, z. B. im hydraulischen Getriebe, bestehend aus den hydraulischen Elementen Pumpe, Motor und Leitung.

In der Festigkeitslehre bezeichnet man die im Inneren der Körper auftretende Kraft je Flächeneinheit als „Spannung". Die Spannung in einer ruhenden Flüssigkeit bezeichnet man als „hydrostatischen Druck" bzw. kurz „Druck p". Auch Druck ist Kraft je Flächeneinheit:

$$p = \frac{F}{A}$$

$$Druck = \frac{Kraft}{Fläche}$$

$$[p] = \frac{N}{m^2}$$

$$1\frac{N}{m^2} = 1\ Pa\left(Pascal\right)$$

$$\left[F\right] = N$$

$$1\frac{N}{m^2} = 10^{-5}\ bar$$

$$1\ bar = 10\frac{N}{cm^3}$$

$$1\ Pa = 1\frac{N}{m^2} = \frac{kg \cdot m}{m^2} = 1\frac{kg}{m \cdot s^2}$$

Je nach der gewählten Krafteinheit und Flächeneinheit sind sehr verschiedene Druckmaße möglich. In der Technik verwendete man früher meist die technische Atmosphäre „at". Die Bezeichnungen „atü" für den Atmosphärenüberdruck, „atu" für den Atmosphärenunterdruck und „ata" für den absoluten Druck sind nicht mehr zulässig.

Wie Abb. 1.19 zeigt, ist der Druck die Kraft in Flächeneinheiten. Es gelten noch weitere Formeln:

$$1\ bar = 10\frac{N}{cm^2}$$

$$1\ bar = 1000\ mbar$$

$$1\ mbar = 1\ hPa$$

Beispiel: Welche Kraft ergibt sich, wenn ein Druck mit p = 8 bar auf eine Fläche von A = 10 cm² wirkt?

$$F = p \cdot A = 8\frac{N}{cm^2} \cdot 10\ cm^2 = 80\ N$$

Aus der Statik weiß man, dass berührende feste Körper bei Reibungslosigkeit nur Normalkräfte übertragen können, also solche Kräfte, die senkrecht zur jeweiligen Berüh-

Abb. 1.19 Druck ist die Kraft in Flächeneinheiten

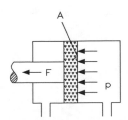

Abb. 1.20 Wirkungsweise des hydrostatischen Drucks

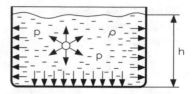

rungsfläche stehen. In ähnlicher Weise – wegen Widerstandslosigkeit gegen Formänderung – überträgt eine Flüssigkeit auf eine Fläche beliebiger Lage stets nur Normalkräfte. Der Druck – als Normalkraft je Flächeneinheit – steht demnach immer senkrecht auf der betrachteten Fläche.

Jede Flüssigkeit hat ein bestimmtes Gewicht. In vielen Fällen kommt man jedoch ohne Berücksichtigung des Eigengewichtes der Flüssigkeit aus, insbesondere wenn es sich um hohe Drücke handelt.

Abb. 1.20 zeigt die Wirkungsweise des hydrostatischen Drucks. Mit zunehmender Höhe der Flüssigkeit steigt der innere Druck einer Flüssigkeit an und er wirkt nach allen Seiten gleich. Es gilt:

$$p = g \cdot \rho \cdot h$$

p hydrostatischer Druck [N/m^2]
ρ Dichte der Flüssigkeit [kg/m^3]
g Fallbeschleunigung 9,807 [m/s^2] ($\approx$10 m/s^2)
h Höhe der Flüssigkeit [m]

Beispiel: Welcher Druck herrscht in 10 m Wassertiefe?

$$\text{Umrechnung}: \rho = 1 \text{ kg/dm}^3 = 1000 \text{ kg/m}^3$$

$$p = g \cdot \rho \cdot h = 10 \text{ m/s}^2 \cdot 1000 \text{ kg/m}^3 \cdot 10 \text{ m} = 10 \text{ kg/m} \cdot \text{s}^2 = 100.000 \text{ Pa} \approx 10 \text{ bar}$$

Man kann den hydrostatischen Druck berechnen mit $p_H = g \cdot \rho \cdot h_x$
den Bodendruck mit $p_B = g \cdot \rho \cdot h$
Seitendruck mit $p_s = g \cdot \rho \cdot h_y$

Beispiel: Wie groß ist der Bodendruck bei p_B = 2 m bei Wasser?

$$p_B = g \cdot \rho \cdot h = 10 \text{ m/s}^2 \cdot 1000 \text{ kg/m}^3 \cdot 2 \text{ m} = 10 \text{ kg/m} \cdot \text{s}^2 = 20.000 \text{ Pa} \approx 2 \text{ bar}$$

Der Druck breitet sich in abgeschlossenen Flüssigkeiten oder Gasen gleichmäßig aus. Abb. 1.21 zeigt eine Flüssigkeitspresse (hydraulische Presse).
Die Formeln lauten:

$$\frac{F_1}{F_2} = \frac{A_1}{A_2}$$

Abb. 1.21 Funktionsweise
der Flüssigkeitspresse
(hydraulische Presse)

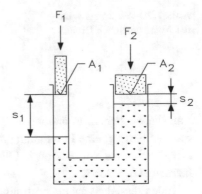

$$\frac{s_1}{s_2} = \frac{A_2}{A_1}$$

F_1 Kraft am Pumpenkolben [N] F_2 Kraft am Arbeitskolben [N]
A_1 Fläche am Pumpenkolben [cm²] A_2 Fläche am Arbeitskolben [cm²]
s_1 Strecke am Pumpenkolben [cm] s_2 Strecke am Arbeitskolben [cm]

Beispiel: In der hydraulischen Presse wirkt der Pumpenzylinder mit der Fläche $A_1 = 5$ cm² mit einer Kraft von $F_1 = 200$ N auf einen Arbeitskolben mit $s_2 = 30$ mm und $A_2 = 500$ cm². Wie groß ist F_2 und s_1?

$$F_2 = \frac{F_1 \cdot A_2}{A_1} = \frac{200 \ N \cdot 500 \ cm^2}{5 \ cm^2} = 20.000 \ N = 20 \ kN$$

$$s_1 = \frac{A_2 \cdot s_2}{A_1} = \frac{500 \ cm^2 \cdot 30 \ mm}{5 \ cm^2} = 3000 \ mm = 3 \ m$$

Für das hydraulische Übersetzungsverhältnis gilt:

$$i_{hyd} = \frac{A_1}{A_2} = \frac{F_1}{F_2}$$

Beispiel: Der Pumpenkolben einer Presse hat einen Kolbendurchmesser von $d = 5$ cm und der Arbeitskolben von $d = 60$ cm. Am Pumpenkolben wird eine Kraft von 120 N benötigt. Wie groß ist der Flüssigkeitsdruck, das hydraulische Übersetzungsverhältnis und die erforderliche Kraft am Arbeitskolben?

$$A_1 = \frac{\pi \cdot d_1^2}{4} = \frac{\pi \cdot (5 \ cm)^2}{4} = 19,63 \ cm^2$$

$$A_2 = \frac{\pi \cdot d_2^2}{4} = \frac{\pi \cdot (60\ cm)^2}{4} = 2827\ cm^2$$

$$i_{hyd} = \frac{A_1}{A_2} = \frac{19{,}63\ cm^2}{2827\ cm^2} = 0{,}0069$$

$$p = \frac{F_1}{A_1} = \frac{120\ N}{19{,}63\ cm^2} = 6{,}11\ bar$$

$$F_2 = p \cdot A_2 = 6{,}11 \frac{N}{cm^2} \cdot 2827\ cm^2 = 17272\ N = 172{,}72\ kN$$

1.2.2 Ruhende Gase

Bei Luft und in Gasen ist das Fehlen einer Kohäsion charakteristisch. In der Praxis unterscheidet man zwischen Adhäsion und Kohäsion. Bei der Adhäsion spricht man von einer Oberflächenhaftung und bei der Kohäsion von der Festigkeit der Verbindung innerhalb eines Stoffes. Die Luft oder das Gas ist daher unbestimmt in Gestalt und Volumen. Sie füllen also jedes ihnen gebotene Volumen. Luft und Gas stehen unter bestimmtem Druck und wirken auf alle Seiten gleichmäßig.

Der Druck eines Gases ist bei konstanter Temperatur proportional der im Raum anwesenden Anzahl von Molekülen, d. h. seiner Masse.

Abb. 1.22 zeigt atmosphärische Druckangaben und es gilt:

$$p_e = p_{abs} - p_{amb} \qquad\qquad p_{amb} \approx 1\ bar$$

p_{abs} Absolutdruck (Druck gegenüber dem Druck null im leeren Raum) [bar]
p_{amb} Aabsoluter Atmosphärendruck [bar]
Δp, $p_{1,2}$ Druckdifferenz, Differenzdruck [bar]
p_e Aatmosphärische Druckdifferenz, Überdruck (positiv oder negativ) [bar]

Beispiel: Wie groß ist der Reifendruck, wenn der Überdruck $p_e = 2{,}5$ bar und der absolute Druck $p_{amb} = 1$ bar ist?

Abb. 1.22 Atmosphärische Druckangaben

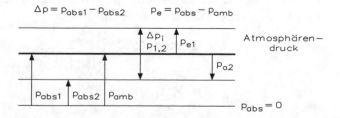

Abb. 1.23 Zustandsänderung
bei Luft und Gas

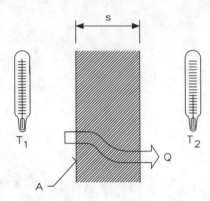

$$p_{abs} = p_e + p_{amb} = 2,5 \ bar + 1 \ bar = 3,5 \ bar$$

Der Überdruck ist positiv, wenn p_e größer p_{amb} und negativ, wenn p_{abs} kleiner; p_{amb} ist (Unterdruck).

Luft und Gase lassen sich verdichten. Das Verdichten kann durch Raumverkleinerung bei gleichbleibender Masse oder durch Einpressen von Luft oder Gas in einem gleichbleibendem Raum durchgeführt werden, d. h., in beiden Fällen steigt der Druck an.

Wie Abb. 1.23 zeigt, ändert sich der Zustand einer abgeschlossenen Gasmenge und wird durch deren Druck, Volumen und Temperatur bestimmt.

$$\frac{p_1 \cdot V_1}{T_1} = \frac{p_2 \cdot V_2}{T_2} \qquad p_1 \cdot V_1 = p_2 \cdot V_2$$

Es ergeben sich zwei Zustände.

Zustand 1:		Zustand 2:	
p_1	absoluter Druck [n]	p_2	absoluter Druck [n]
V_1	Volumen [kg]	V_2	Volumen [kg]
T_1	absolute Temperatur [K]	T_2	absolute Temperatur [K]

Bleibt die Temperatur bei der Zustandsänderung unverändert, hat man das Boyle-Mariottesche Gesetz, d. h. das Produkt aus Druck und Volumen ist konstant, wobei mit dem absoluten Druck gerechnet werden muss.

Beispiel: Ein Kompressor saugt Luft mit den Werten V_1 = 30 m³, p_1 = 1 bar und T_1 = 15 °C an. Die Temperatur steigt auf T_2 = 150 °C und das Volumen verringert sich auf V_2 = 3,5 m³. Welcher Druck wird erreicht?

$$\text{Umrechnung}: 15^\circ C = (15 + 273) \ K = 288 \ K$$
$$150^\circ C = (150 + 273) \ K = 423 \ K$$

$$p_2 = \frac{p_1 \cdot V_1 \cdot T_2}{T_1 \cdot V_2} = \frac{1 \ bar \cdot 30 \ m^3 \cdot 423 \ K}{288 \ K \cdot 3,5 \ m^3} = 12,6 \ bar$$

Es ergibt sich ein Verdichtungsdruck von $p_2 = 12,6$ bar.

Beispiel: In einer Sauerstoffflasche mit einem Inhalt von 10 l fällt der Druck von 20 bar auf 10 bar ab. Wieviel Liter Sauerstoff wurden entnommen?

$$V = \Delta p \cdot V_{Beh} = 10 \text{ bar} \cdot 10 l = 100 l$$

Beispiel: Der Hubraum eines Zylinders beträgt $V_1 = 500$ cm^3 und der Verdichtungsraum $V_2 = 75$ cm^3. Der Motor saugt Luft von atmosphärischem Druck an und die Ansaugtemperatur beträgt 75 °C. Beim Verdichten steigt die Temperatur auf 500 °C. Wie groß ist der Verdichtungsenddruck?

$$V_{h1} = V_1 + V_2 = 500 \text{ cm}^3 + 75 \text{ cm}^3 = 575 \text{ cm}^3$$

$p_1 = 1$ bar
$V_2 = V_e = 75$ cm^3
$T_1 = 100$ °C $= 373$ K
$T_2 = 500$ °C $= 773$ K

$$p_2 = \frac{p_1 \cdot V_1 \cdot T_2}{T_1 \cdot V_2} = \frac{1 \; bar \cdot 500 \; cm^3 \cdot 773 \; K}{373 \; K \cdot 75 \; cm^3} = 13,81 \; bar$$

Verdichtungsenddruck: 15,88 bar − 1 bar = 14,88 bar

1.2.3 Wärmetechnik

Die Wärme ist eine Energieform und die Temperatur kennzeichnet den Wärmezustand eines Körpers. Der Längenausdehnungskoeffizient α gibt die Ausdehnung an, welche die Längeneinheit eines Körpers bei einer Temperaturerhöhung um 1 K erfährt.

Der Volumenausdehnungskoeffizient γ gibt die räumliche Ausdehnung an, welche die Raumeinheit eines Körpers bei einer Temperaturerhöhung um 1 K erfährt. Für feste Körper gilt $\gamma \approx 3 \cdot \alpha$.

Die spezifische Wärmekapazität c eines Stoffes ist die Wärmemenge, die notwendig ist, um die Temperatur von 1 kg dieses Stoffes um 1 K zu erhöhen.

Die spezifische Schmelzwärme q_s eines Stoffes ist die Wärmemenge, die notwendig ist, um 1 kg des Stoffes ohne Erhöhung seiner Temperatur bei Schmelztemperatur vom festen in den flüssigen Zustand zu überführen. Umgekehrt wird beim Erstarren die gleiche Wärmemenge frei.

Die spezifische Verdampfungswärme q_v einer Flüssigkeit ist die Wärmemenge, die notwendig ist, um 1 kg der Flüssigkeit von der Siedetemperatur in Dampf von gleicher Temperatur zu verwandeln. Umgekehrt wird beim Kondensieren von Dampf die gleiche Wärmemenge frei.

Die Wärmeleitfähigkeit λ eines Stoffes gibt an, welche Leistung in Watt durch eine 1 m^2 große und 1 m dicke Wand bei 1 K Temperaturunterschied geleitet wird.

Der spezifische Heizwert H eines Brennstoffes ist die Wärmemenge, die bei der vollständigen Verbrennung von 1 kg eines festen oder flüssigen bzw. von 1 m^3 eines gasförmigen Brennstoffes frei wird.

Temperaturen werden in Kelvin (K) oder Grad Celsius (°C) gemessen. Dabei gibt ϑ die Temperatur vom Eispunkt (0 °C) an und T vom absoluten Nullpunkt aus. Die Temperatur über diesen Nullpunkt wird als absolute Temperatur angegeben und in Kelvin gemessen. Tab. 1.2 zeigt die Einheiten für die Temperatur.

Beispiel: In einem Datenblatt steht 20 °F. Welcher Wert ergibt sich in Grad Celsius?

$$\vartheta_C = \left(\vartheta_F - 32°\right)\frac{5}{9} = \left(20°\,F - 32°\right)\frac{5}{9} = -6{,}66°\,C$$

Beispiel: In einem Datenblatt steht 80 °C. Welcher Wert ergibt sich in Fahrenheit? F

$$\vartheta_F = \frac{9}{5}\vartheta_C + 32° = \frac{9}{5}80°\,C + 32°\,C = 176°\,F$$

Bei der Ausdehnung durch Wärme unterscheidet man zwischen der linearen und der kubischen Ausdehnung. Abb. 1.24 zeigt die lineare Ausdehnung.

Tab. 1.2 Einheiten für die Temperatur

Temperatur	tiefste Temperatur: $\vartheta_0 = -273{,}15\ °C = 0\ K$		
Temperatur	Kelvin-Temperatur	Celsius-Temperatur	Fahrenheit-Temperatur
Formelzeichen	T	T, ϑ	T, ϑ
Einheitenzeichen	K (Kelvin)	°C (Grad Celsius)	°F (Grad Fahrenheit)
Einheiten der Temperaturdifferenz	1 K (Kelvin)	1 K (Kelvin)	–
Zusammenhang	0 K = -273 °C 273 K = 0 °C 373 K = 100 °C	$\vartheta_F = \dfrac{9}{5}\vartheta_C + 32°$ $\vartheta_C = \left(\vartheta_F - 32°\right)\dfrac{5}{9}$	

Abb. 1.24 Lineare Ausdehnung

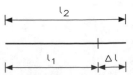

l_1 Länge vor Erwärmung [m]
l_2 Länge nach Erwärmung [m]
α   Längenausdehnungskoeffizient [1/K]
ΔT   Temperaturdifferenz [K[
Δl   Längendifferenz [m]

Die lineare Ausdehnung ist die Längenausdehnung fester Stoffe, denn bei Erwärmung dehnen sich die meisten Stoffe aus und ziehen sich bei Abkühlung zusammen.

$$l_1 = \frac{l_2}{1+\alpha \cdot \Delta T} \qquad \Delta l = \alpha \cdot l_1 \cdot \Delta T \qquad \Delta T = \frac{\Delta l}{l_1 \cdot \alpha}$$

$$l_2 = l_1 + \Delta l \qquad l_2 = l_1 \cdot \left(1+\alpha \cdot \Delta T\right)$$

Beispiel: An einem T-Träger mit l_1 = 120 mm, α = 0,000012 1/K tritt ein Temperaturunterschied von 800 K auf. Wie groß ist Δl?

$$\Delta l = \alpha \cdot l_1 \cdot \Delta T = 0,000012 \, 1/K \cdot 120 \text{ mm} \cdot 800 \text{ K} = 1,15 \text{ mm}$$

Abb. 1.25 zeigt eine Volumenausdehnung für feste und flüssige Stoffe. Es gilt:

$$\Delta V = V_1 \cdot \gamma \cdot \Delta T \qquad \Delta T = \frac{\Delta V}{V_1 \cdot \gamma} \qquad V_2 = V_1 + \Delta V$$

$$\Delta V_2 = V_1 \cdot \left(1+\gamma \cdot \Delta T\right) \qquad V_1 = \frac{V_2}{1+\left(\gamma \cdot \Delta T\right)}$$

ΔV   Differenz für Volumenänderung [dm³]
V_1 Rauminhalt vor der Erwärmung [dm³]
V_2 Rauminhalt nach der Erwärmung [dm³]
α   Volumenausdehnungskoeffizient in 1/K (für feste Stoffe: γ ≈ 3 · α)
ΔT   Temperaturdifferenz [K]

Abb. 1.25 Volumenausdehnung
fester und flüssiger Stoffe

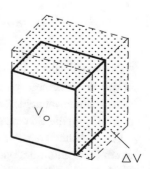

Beispiel: Wie groß ist die Volumenänderung ΔV von Benzin, wenn $V_1 = 50$ l, die Temperaturdifferenz $\Delta T = 30$ K und der Volumenausdehnungskoeffizient $\gamma = 0,001$ 1/K ist?

$$\Delta V = V_1 \cdot \gamma \cdot \Delta T = 50l \cdot 0,0011/K \cdot 30 \ K = 1,5l$$

Die Raumausdehnung γ für Gase ist 1/273 des Volumens, das der Stoff bei 0 °C besitzt. Wenn das Ausgangsvolumen V_1 nicht bei 0 °C liegt, muss auf das Volumen V_0 bei 0 °C umgerechnet werden.

$$V_0 = \frac{V_1}{1+\gamma \cdot \Delta T_1} \qquad V_2 = V_0 \cdot \left(1+\gamma \cdot \Delta T_2\right)$$

Beispiel: 5 dm³ Luft sollen bei gleichbleibendem Druck von 20 °C auf 100 °C erwärmt werden. Wie groß ist das Volumen bei 0 °C, nach der Erwärmung und die Volumendifferenz ΔV?

$$\text{Volumen } 0°C: \quad V_0 = \frac{V_1}{1+\gamma \cdot \Delta T_1} = \frac{5 \ dm^3}{1+\dfrac{1}{273 \ K} \cdot 80 \ K} = 3,86 \ dm^3$$

$$\text{Volumen } 100°C: \ V_2 = V_0 \cdot \left(1+\gamma \cdot \Delta T_2\right) = 3,86 \ dm^3 \cdot \left(1+\frac{1}{273 \ K} \cdot 80 \ K\right) = 5 \ dm^3$$

$$\text{Volumenänderung}: \Delta V = V_2 - V_0 = 5 \ dm^3 - 3,86 \ dm^3 = 1,14 \ dm^3$$

Erwärmt man einen Körper der Masse m und einer spezifischen Wärmekapazität c um die Temperaturdifferenz ΔT, ergibt sich eine dazu nötige Wärmemenge Q:

$$Q = c \cdot m \cdot \Delta T \qquad 1 \ J = 1 \ N \cdot m = 1 \ W \cdot s$$

$$1 \ kcal\left(4187 \ J\right) \approx 4,2 \ kJ$$

Beispiel: Ein Werkstück aus Stahl mit m = 2 kg und einer spezifischen Wärmekapazität von c = 0,481 kJ/(kg · K) wird von 20 °C auf 500 °C erwärmt. Wie groß ist die Wärmemenge Q?

$$Q = c \cdot m \cdot \Delta T = 0,481 \frac{kJ}{kg \cdot K} \cdot 2 \ kg \cdot 480 \ K = 461,72 \ kJ$$

Die spezifische Schmelzwärme q_s ist die Wärmemenge in kJ, die der Stoffmenge 1 kg bei der Schmelztemperatur zugeführt werden muss, um sie vom festen in den flüssigen Zustand umzuwandeln. Beim umgekehrten Vorgang wird diese Wärmemenge wieder frei, der Stoff gibt die Erstarrungswärme ab.

Die SI-Einheit der Wärme ist das Joule (J), bzw. Kilo-Joule (kJ). Die Wärmemenge Q, die ein Stoff aufnimmt oder abgibt, ist abhängig von der Masse m des Stoffes, seiner spezifischen Wärmekapazität c und der Temperaturdifferenz ΔT. Es gilt:

$$Q = m \cdot c \cdot \Delta T \qquad\qquad \Delta T = \frac{Q}{m \cdot c}$$

Q   Wärmemenge [kJ]

m   Masse [kg]

ΔT   Temperaturdifferenz in K

c   Spezifische Wärmekapazität [kJ/(kg · K)]

Beispiel: Eine Stahlschiene mit einer spezifischen Wärmekapazität von 0,490 kJ/(kg · K) und einer Masse von 50 kg wird von 5 °C auf 80 °C erwärmt. Wie groß ist die aufgenommene Wärmemenge?

$$Q = m \cdot c \cdot \Delta T = 50 \ kg \cdot 0,49 \frac{kJ}{kg \cdot K} \cdot 75 \ K = 1837,5 \ kJ$$

Die Wärmemenge Q, die bei der Verbrennung eines Brennstoffes oder eines Kraftstoffes frei wird, ist abhängig von der Masse m des Stoffes und von seinem spezifischen Heizwert H_u.

$$Q = m \cdot H_u \qquad\qquad Q = V \cdot \rho \cdot H_u$$

Q   Wärmemenge [kJ]

m   Masse [kg]

H_u spezifischer Heizwert [kJ/kg]

V   Volumen [dm³]

ρ   Dichte [kg/dm³]

Beispiel: 1,5 kg Normalbenzin mit einem spezifischen Heizwert von 42.700 kJ/kg werden verbrannt. Wie groß ist die Wärmemenge?

$$Q = m \cdot H_u = 1,5 \ kg \cdot 42.700 \ kJ/kg = 64,05 \ kJ$$

$$Q_s = m \cdot q_s \qquad\qquad Q_v = m \cdot q_v$$

m   Masse [kg]

q_s spezifische Schmelzwärme [kJ/kg]

q_v spezifische Verdampfungswärme [kJ/kg]

Q_s Schmelzwärme [kJ]

Q_v Verdampfungswärme [kJ]

Beispiel: 1 kg Eis von 0 °C ist in Dampf von 100 °C umzuwandeln. Wie groß ist die gesamte Wärmemenge?

$$\text{Umwandlung zu Wasser}: Q_s = m \cdot q_s = 1 \ kg \cdot 333 \ kJ/kg = 333 \ kJ$$

Abb. 1.26 Zugeführte oder
abgegebene Wärmemenge

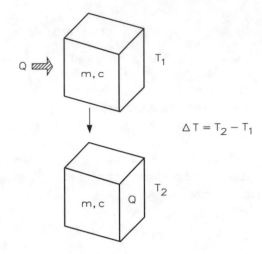

$$\Delta T = T_2 - T_1$$

Erwärmung von $0^\circ C$ auf $100^\circ C : \Delta Q = m \cdot c \cdot \Delta T = 1 \text{ kg} \cdot 4,2 \text{ kJ} (\text{kg} \cdot \text{K}) \cdot 100 \text{ K} = 420 \text{ kJ}$

Umwandlung in Dampf : $Q_v = m \cdot q_v = 1 \text{ kg} \cdot 2258 \text{ kJ/kg} = 2258 \text{ kJ}$

GesamteWärmemenge : $Q_{ges} = Q_s + \Delta Q + Q_v = 333 \text{ kJ} + 420 \text{ kJ} + 2258 \text{ kJ} = 3011 \text{ kJ}$

Die einem Körper zugeführte oder von ihm abgegebene Wärmemenge ist abhängig vom Produkt aus der Masse, der spezifischen Wärmekapazität und der Temperaturänderung, die der Körper erfährt, wie Abb. 1.26 zeigt.

Die Berechnung für zugeführte oder abgegebene Wärmemenge ist

$$\Delta T = \frac{Q}{c \cdot m}$$

ΔT Temperaturdifferenz [K]
m   Masse [kg]
Q   Wärmemenge [kJ]
c   spezifische Wärmekapazität [kJ/(kg · K]

$$\dot{Q} = \frac{\lambda \cdot A \cdot \Delta T}{s}$$

$\dot{Q}$ Wärmestrom [$\Delta Q/\Delta T$]
λ Wärmeleitfähigkeit [J/(m · K)]
d   Wanddicke [m]
A   Fläche [m²]
ΔT Temperaturdifferenz [K]

Beispiel: Der Wärmestrom Q wird durch einen Schaumgummi mit $\lambda = 0{,}05$ J/(m · K), $s = 60$ mm, $A = 3$ m², $\Delta T = 30$ K isoliert. Welchen Wert hat der Wärmestrom Q?

$$\dot{Q} = \frac{\lambda \cdot A \cdot \Delta T}{s} = \frac{0{,}05 \ J/(m \cdot K) \cdot 3 \ m^2 \cdot 30 \ K}{0{,}06 \ m} = 75 \ J$$

Das Volumen eines eingeschlossenen Gases gleichbleibender Temperatur ist seinem Druck umgekehrt proportional oder das Produkt aus Druck und Volumen ist bei einem eingeschlossenen Gas gleichbleibender Temperatur konstant oder bei einem eingeschlossenen Gas konstanter Temperatur sind Druck und Dichte einander proportional:

$$p \approx \rho$$

Der Druck eines Gases ist bei konstanter Temperatur proportional der im Raum anwesenden Anzahl von Molekülen, also seiner Masse. Ferner gilt das Gesetz von Boyle-Mariotte:

Wenn

ρ_1 Anfangsdruck des Gases,
ρ_2 Enddruck des Gases,
V_1 Anfangsvolumen des Gases,
V_2 Endvolumen des Gases,

dann gilt

$$\frac{p_1}{p_2} = \frac{V_2}{V_1} \quad \text{oder} \quad pV = \text{konstant}$$

Gase lassen sich verdichten und das Verdichten erfolgt durch Raumverkleinerung bei gleichbleibender Masse oder durch Einpressen von Gas in einen gleichbleibenden Raum. In beiden Fällen steigt der Gasdruck an, wenn die Temperatur konstant bleibt.

Wenn bei diesen Vorgängen die Temperatur konstant bleibt, gilt das Boyle-Mariottesche Gesetz: das Produkt aus Druck und Volumen ist konstant; dabei muss immer mit dem absoluten Druck gerechnet werden.

$$p_1 = \frac{p_2 \cdot V_2}{V_1} \qquad p_2 = \frac{p_1 \cdot V_1}{V_2} \qquad V_1 = \frac{p_2 \cdot V_2}{p_1} \qquad V_2 = \frac{p_1 \cdot V_1}{p_2}$$

ρ_1 absoluter Druck in bar vor dem Verdichten,
ρ_2 absoluter Druck in bar nach dem Verdichten,
V_1 Volumen in l vor dem Verdichten,
V_2 Volumen in l nach dem Verdichten.

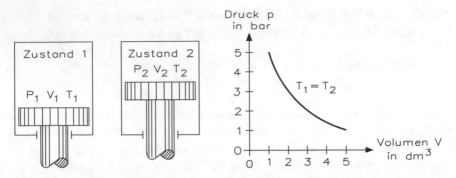

Abb. 1.27 Druck, Volumen und Temperatur von Gasen

Bei der Verdichtung von gasförmigen Stoffen erfolgt neben einer Drucksteigerung auch eine Temperaturerhöhung, wie Abb. 1.27 zeigt. Soll die Temperaturänderung, die auch den Druck beeinflusst, berücksichtigt werden, dann gilt das allgemeine Gasgesetz:

Ausgangszustand	Endzustand
p_1 absoluter Druck in bar	p_2 absoluter Druck in bar
V_1 Volumen in l	V_2 Volumen in l
T_1 Temperatur in K	T_2 Temperatur in K

Es gelten die Bedingungen:

$$V_1 > V_2$$

$$T_1 < T_2$$

$$p_1 < p_2$$

$$p_1 = \frac{p_2 \cdot V_2 \cdot T_1}{V_1 \cdot T_2} \qquad p_2 = \frac{p_1 \cdot V_1 \cdot T_2}{V_2 \cdot T_1} \qquad T_2 = \frac{p_2 \cdot V_2 \cdot T_1}{p_1 \cdot V_1} \qquad V_2 = \frac{p_1 \cdot V_1 \cdot T_2}{p_2 \cdot T_1}$$

1.2.4   Wärmeübertragung

Jeder Wärmeunterschied in einem Körper oder zwischen zwei Körpern führt zu einer Wärmeübertragung, die die Wärmeunterschiede ausgleicht. Diese Wärmeübertragung findet auf drei verschiedene Arten statt:

Wärmeleitung, Konvektion oder Strahlung: Meistens treten in der Realität alle drei Übertragungswege gleichzeitig auf.

- Wärmeleitung findet in einem festen Körper oder zwischen dünnen Schichten von Gasen und Flüssigkeiten statt. Die Moleküle übertragen dabei ihre Bewegungsenergie direkt auf benachbarte Moleküle.

- Konvektion kann als freie oder erzwungene Konvektion auftreten. Freie Konvektion liegt vor, wenn die Bewegung zwischen den Medien natürliche Ursachen hat, während bei der erzwungenen Konvektion die Bewegung von einem Lüfter bzw. von einer Pumpe hervorgerufen wird. Es findet eine besonders intensive Wärmeübertragung statt.
- Alle Körper mit einer Temperatur über dem absoluten Nullpunkt strahlen Wärme ab. Wenn Wärmestrahlung auf einen Körper trifft, wird ein Teil der Strahlung absorbiert und in Wärme verwandelt. Die Strahlen, die nicht absorbiert werden, passieren den Körper oder werden reflektiert. Lediglich ein vollkommen schwarzer Körper könnte theoretisch die gesamte Strahlung absorbieren.

in der Praxis handelt es sich bei einer Wärmeübertragung immer um die Addition aller drei Vorgänge:

$$Q = c \cdot A \cdot \Delta T \cdot t$$

Q   Wärme [J]
c   Wärmeübertragungskoeffizient [W/(m² · K)]
A   Oberfläche [m²]
ΔT   Temperaturunterschied [K]
t   Zeit [s]

In Wärmeübertragern findet ein Wärmeübergang zwischen Medien statt, die durch eine Wand voneinander getrennt sind. Der Gesamtwärmeübertragungskoeffizient hängt dann von dem Wärmeübertragungskoeffizient der Stoffe und des Koeffizienten für die Trennwand ab. Abb. 1.28 zeigt eine Wärmeübertragung mit Gegen- und Gleichstrom, wie diese in Wärmeübertragern auftritt.

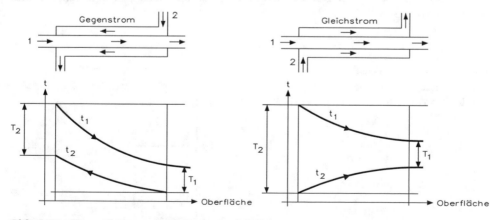

Abb. 1.28 Wärmeübertragung mit Gegen- und Gleichstrom

1.2.5 Zustandsänderungen

Die Zustandsänderung eines Gases kann man im p-V-Diagramm verfolgen. Prinzipiell werden dafür drei Achsen für die Variablen p, V und T benötigt. Bei einer Zustandsänderung würde man sich dann entlang einer Kurve über eine von dieser Kurve im Raum erzeugte Oberfläche bewegen. In der Praxis jedoch projiziert man diese Bewegung auf eine von drei Flächen, gewöhnlich die p-V-Fläche. Grundsätzlich unterscheidet man zwischen fünf verschiedenen Zustandsänderungen:

Isochore Prozesse (konstantes Volumen), isobare Prozesse (konstanter Druck), isotherme Prozesse (konstante Temperatur), isentrope Prozesse (keine Wärmeübertragung an die Umgebung) und polytrope Prozesse (der Wärmeübergang an die Umgebung wird durch eine einfache mathematische Formel beschrieben).

- Isochore Prozesse: Das Erhitzen eines Gases in einem abgeschlossenen Behälter ist ein Beispiel für einen isochoren Prozess, wie Abb. 1.29 zeigt.

  Die Formel für die zugeführte Energiemenge lautet:

$$Q = c_v \cdot m \cdot \Delta T$$

Q   Wärme [J]
c_v Wärmekapazität bei konstantem Volumen [J/(kg · K)]
m   Masse [kg]
ΔT Temperaturunterschied [K]

- Isobare Prozesse: Das Erhitzen eines Gases in einem Zylinder mit einem beweglichen und konstant belasteten Kolben ist ein Beispiel für einen isobaren Prozess, wie Abb. 1.30 zeigt.

Abb. 1.29 Isochore Zustandsänderung bedeutet immer steigenden Druck bei konstantem Volumen

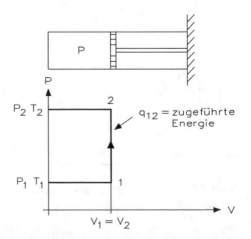

Abb. 1.30 Isobare
Zustandsänderungen bedeuten
zunehmendes Volumen bei
konstantem Druck

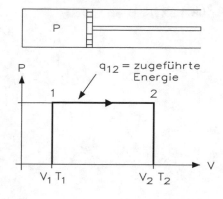

Abb. 1.31 Isotherme
Zustandsänderungen führen zu
veränderbaren Drücken und
Volumen bei konstanter
Temperatur

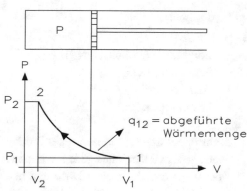

Die Formel für die zugeführte Energiemenge lautet:

$$Q = c_p \cdot m \cdot \Delta T$$

Q   Wärme [J]
c_p Wärmekapazität bei konstantem Druck [J/(kg · K)]
m   Masse [kg]
ΔT Temperaturunterschied [K]

- Isotherme Prozesse: Wenn ein Gas isotherm verdichtet werden soll, müsste die zugeführte Energie sofort als Wärme abgeführt werden. Dies ist in der Praxis nicht zu
  realisieren, da ein solcher Prozess sehr langsam ablaufen würde. Abb. 1.31 zeigt die
  isothermen Zustandsänderungen.

Die Formel für die Energiemenge lautet

$$Q = m \cdot R_s \cdot T \cdot \ln\left(\frac{p_2}{p_1}\right) \quad Q = p_1 \cdot V_1 \cdot \ln\left(\frac{V_2}{V_1}\right)$$

Abb. 1.32 Isentroper Prozess

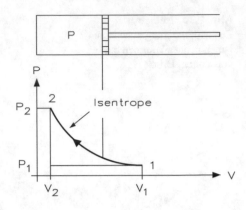

Q   Wärme [J]
m   Masse [kg]
R_S individuelle Gaskonstante [J/(kg · K)]
T   Temperatur [K]
V   Volumen [m³]
p   Absolutdruck [Pa]

- Isentrope Prozesse: Ein isentroper Prozess liegt vor, wenn ein Gas in einem vollständig isolierten Zylinder ohne jeden Wärmeaustausch mit der Umgebung verdichtet wird oder wenn ein Gas in einer Düse so schnell entspannt wird, dass kein Wärmeaustausch mit der Umgebung stattfinden kann. Abb. 1.32 zeigt die Entropie in einem Gas, wenn es entspannt oder verdichtet wird.

Die Formel für einen isentropen Prozess lautet:

$$\frac{p_2}{p_1} = \left(\frac{V_1}{V_2}\right)^{\kappa} \Rightarrow \frac{p_2}{p_1} = \left(\frac{T_2}{T_1}\right)^{\frac{\kappa}{\kappa-1}}$$

p   Absolutdruck [Pa]
V   Volumen [m³]
T   Temperatur [K]

$$\kappa = \frac{c_p}{c_v}$$

c_p = spezifische Wärmekapazität bei konstantem Druck
c_c = spezifische Wärmekapazität bei konstantem Volumen

- Polytrope Prozesse: Der isotherme Prozess erfordert den vollständigen Wärmeaustausch mit der Umgebung, während der isentrope Prozess diesen vollkommen ausschließt. In der Realität liegen alle Prozesse irgendwo zwischen diesen beiden Extremen und werden als polytrope Prozesse bezeichnet.

Die Formel für solche Prozesse lautet:

$$p \cdot V = \text{konstant}$$

p	Absolutdruck [Pa]
V	Volumen [m^3]
n = 0	isobarer Prozess
n = 1	isothermer Prozess
n = κ	isentroper Prozess
n = ∞	isochorer Prozess

1.2.6   Gasströmung durch Düse und Rohre

Die Gasströmung durch eine Düse hängt vom Druckverhältnis der auf den beiden Seiten der Düse vorhandenen Drücke ab. Wird der Druck hinter der Düse gesenkt, nimmt der Volumenstrom zu. Dies geschieht jedoch nur so lange, bis der Druck vor der Düse annähernd doppelt so hoch ist wie der nach der Düse. Eine weitere Druckabsenkung hinter der Düse führt dann nicht mehr zu einer Erhöhung des Volumenstroms.

Diese Grenze wird auch als kritisches Druckverhältnis bezeichnet und hängt vom Isentropenexponenten (κ) des Gases ab. Das kritische Druckverhältnis liegt vor, wenn die Gasgeschwindigkeit in der Düse die Schallgeschwindigkeit erreicht hat.

Abb. 1.33 zeigt einen Querschnitt durch eine Düse.

Die Strömung wird als superkritisch bezeichnet, wenn der Druck hinter der Düse noch weiter reduziert wird.

Abb. 1.33 Querschnitt durch eine Düse

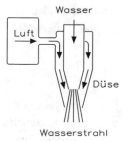

Die Formel für die Strömung durch eine Düse lautet:

$$G = A \cdot \mu \cdot \psi \cdot \left(\frac{\rho_0}{\rho_0 + \rho_D} \cdot \kappa \right) \cdot (\rho_0 + \rho_D) \cdot \sqrt{\frac{2}{R_S \cdot T}}$$

G   Massenstrom [kg/s]
A   kleinster Düsenquerschnitt [m²]
μ   Düsenkoeffizient/Ausflusszahl (gut abgerundet μ = 1, scharfkantig μ = 0,59)
ψ   Strömungskoeffizient
ρ_0 Druck nach der Düse [bar]
ρ_D Überdruck vor der Düse [bar]
κ c_p/c_v = Isentropenexponent
R_S spezielle Gaskonstante [J/(kg · K)]
T   absolute Temperatur vor der Düse [K]

Das Verhalten von Flüssigkeiten und Gasen, die durch eine Rohrleitung mit verschiedenen Querschnitten strömen, ist von der Durchflussmenge und vom Querschnitt und der Strömungsgeschwindigkeit abhängig.

Der für die Berechnung des Strömungswiderstandes bzw. der Strömungsleistung erforderliche Widerstandsbeiwert hängt nicht nur von der Form des umströmten Körpers, sondern auch vom Medium ab. Es zeigt sich, dass der Widerstandsbeiwert c nur eine Funktion der Reynoldsschen Zahl Re ist.

Bei kleinen Geschwindigkeiten, also bei kleiner Reynoldsscher Zahl, ist jede reale Strömung laminar. Wird die Geschwindigkeit vergrößert, so erreicht man schließlich die kritische Geschwindigkeit Re_{krit} und die dazugehörige kritische Reynoldssche Zahl Re, bei der die laminare Strömung in eine turbulente umschlägt, wobei sich der Strömungswiderstand wesentlich vergrößert.

Re_{krit} hängt von der Beschaffenheit der Rohrwandung ab und der Einströmbedingung ab. Für die Strömung in glatten Röhren beträgt dieser Grenzwert $Re_{krit} \approx 1160$. v_{krit} hängt von der Rohrwandung ab kann unter Umständen bis auf 20.000 wachsen.

Bei der Strömung von Gasen und Flüssigkeiten durch Rohre muss man die Reynolds-Zahl verwenden. Der Wert ist eine dimensionslose Zahl, die das Verhältnis zwischen der Trägheit und der Reibung in einem fließenden Medium angibt. Sie ist definiert als:

$$Re = \frac{\rho \cdot d}{\eta} = d \cdot v \cdot v_{kin}$$

Re   Reynolds-Zahl
d   charakteristische Länge [m]
v   durchschnittliche Fließgeschwindigkeit [m/s]
ρ   Dichte des Mediums [kg/m³]
η   dynamische Viskosität des Mediums [Pa · s]
Re_{krit} η/ρ = kinematische Viskosität des Mediums [m²/s]

Im Prinzip können zwei verschiedene Strömungsarten in einem Rohr auftreten, wie Abb. 1.34 zeigt. Bei Reynolds-Zahlen kleiner als 2000 herrschen die viskosen Kräfte in einer Strömung vor und es stellt sich eine laminare Strömung ein, d. h., es treten in der Strömung keine Verwirbelungen auf. Die Geschwindigkeitsverteilung über den Rohrquerschnitt entspricht einer Parabelform. Bei Reynolds-Zahlen größer als 4000 bestimmen die Trägheitskräfte die Art der Strömung, und die Strömung wird turbulent. Die Geschwindigkeitsverteilung ist zufällig.

Bei Reynolds-Zahlen zwischen 2000 und 4000 stellt sich entweder eine laminare oder eine turbulente Strömung oder eine Mischung aus beiden ein. Entscheidenden Einfluss haben hier die Größen von Rauheit der Rohroberfläche oder ähnliche Eigenschaften.

Um eine Strömung in einem Rohr zu erzeugen, ist ein Druckunterschied erforderlich, der die Reibungskräfte im Rohr überwindet. Die Größe des erforderlichen Druckunterschiedes hängt vom Durchmesser des Rohres, von seiner Länge und Form, seinen Oberflächeneigenschaften und von der Reynolds-Zahl des Mediums ab.

Wenn ein ideales Gas mit konstantem Druck durch eine Drossel fließt, bleibt dessen Temperatur theoretisch unverändert. Jedoch stellt sich in der Praxis immer ein Druck- und Temperaturverlust ein, da ein Teil der Druckenergie in kinetische Energie umgewandelt wird und dies die Temperatur des Gases fallen lässt. Bei realen Gasen ist dieser Temperaturverlust selbst dann dauerhaft, wenn der Gesamtenergieinhalt des Gases konstant bleibt. Dies wird als Joule-Thomson-Effekt bezeichnet. Abb. 1.35 zeigt eine Drosselung zwischen zwei Behältern. Wenn ein ideales Gas durch eine kleine Öffnung zwischen den zwei großen Behältern fließt, bleibt der Energieinhalt konstant und es findet kein Wärmeübergang statt. Es tritt jedoch ein Druckverlust beim Durchströmen der Öffnung auf.

Abb. 1.34 Gasströmung durch Rohre

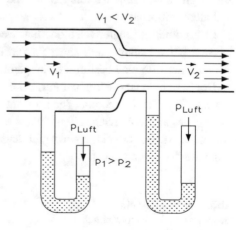

Abb. 1.35 Zwischen zwei Behältern findet eine Drosselung statt

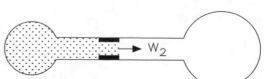

Wenn das fließende Medium eine ausreichend niedrige Temperatur ($\leq$ +329 °C bei Luft) hat, tritt immer ein Temperaturverlust in der Drossel auf. Bei höheren Temperaturen nimmt die Temperatur jedoch sogar zu. Diese Effekte werden in verschiedenen technischen Anwendungen, z. B. bei der Kältetechnologie und bei Luftzerlegung, angewandt.

1.2.7 Allgemeine Luft und Feuchtigkeit

Luft ist ein farb-, geruch- und geschmackloses Gasgemisch. Es besteht aus vielen verschiedenen Gasen. Die Hauptbestandteile sind Stickstoff und Sauerstoff. Luft kann bei den meisten Berechnungen als ideales Gas betrachtet werden. Die Zusammensetzung ist bis zu einer Höhe von 25 km über dem Meeresspiegel relativ konstant. Abb. 1.36 zeigt, dass Luft ein Gasgemisch ist.

Luft enthält immer auch feste Partikel, wie Staub, Sand, Ruß und Salzkristalle. Während die Menge dieser Partikel in bewohnten Gegenden höher ist, nimmt sie in ländlichen Gebieten und in großer Höhe ab.

Luft ist aber keine Chemikalie, sondern lediglich ein Gasgemisch. Dies ist auch der Grund dafür, warum Luft durch eine starke Abkühlung wieder in ihre Bestandteile zerlegt werden kann.

Feuchte Luft kann als Mischung aus trockener Luft und Wasserdampf angesehen werden. Die Luftfeuchtigkeit kann zwischen verschiedenen Grenzen schwanken. Die Extremwerte sind vollständig trockene und vollständig gesättigte Luft.

Die Fähigkeit der Luft, Wasserdampf aufzunehmen, nimmt mit steigender Temperatur zu. Es gibt somit zu jeder Temperatur eine maximale Wasserdampfmenge, die in der Luft enthalten sein kann.

Luft enthält normalerweise deutlich weniger Wasserdampf als maximal möglich ist. Diese relative Feuchtigkeit, angegeben in Prozent, gibt den Sättigungsgrad der Luft mit Wasserdampf für eine bestimmte Temperatur an.

Der Taupunkt ist die Temperatur, bei der die Luft vollständig mit Wasserdampf gesättigt ist. Fällt die Temperatur der Luft unter den Taupunkt, setzt Kondensation ein. Der Begriff des atmosphärischen Taupunktes wird dann verwendet, wenn die Luft vollständig entspannt ist. Der Drucktaupunkt gibt denselben Wert für verdichtete Luft an und es gilt folgender Zusammenhang:

Abb. 1.36 Luft ist ein Gasgemisch, das hauptsächlich aus Stickstoff und Sauerstoff besteht

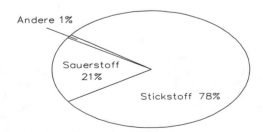

Andere 1%

Sauerstoff 21%

Stickstoff 78%

$$\left(p-\phi-p_s\right)\cdot 10^5 \cdot V = R_a \cdot m_a \cdot T$$

$$\phi \cdot p_s \cdot 10^5 \cdot V = R_v \cdot m_v \cdot T$$

p	Absolutdruck [bar]
p_s	Sättigungsdruck für die jeweilige Temperatur [bar]
ϕ	relativer Dampfdruck
V	Gesamtvolumen der feuchten Luft [m^3]
R_a	Gaskonstante für feuchte Luft [287, J/(kg · K)]
R_v	Gaskonstante für Wasserdampf [461,3 J/(kg · K)]
m_a	Masse der trockenen Luft [kg]
m_v	Masse des Wasserdampfes [kg]
T	Temperatur der feuchten Luft [K]

1.3   Beziehungen zwischen Einheiten

Größe	Einheit	Symbol	Beziehung
Länge	Mikrometer	μm	1 μm = 0,001 mm
	Millimeter	mm	1 mm = 0,1 cm = 0,01 dm = 0,001 m
	Zentimeter	cm	1 cm = 10 mm = 10.000 μm
	Dezimeter	dm	1 dm = 10 cm = 100 mm = 100.000 μm
	Meter	m	1 m = 10 dm = 100 cm = 1000 mm = 1.000.000 μm
	Kilometer	km	1 km = 1000 m = 100.000 cm = 1.000.000 mm
Flächen	Quadratzentimeter	cm^2	1 cm^2 = 100 mm^2
	Quadratdezimeter	dm^2	1 dm^2 = 100 cm^2 = 10.000 mm^2
	Quadratmeter	m^2	1 m^2 = 100 dm^2 = 10.000 cm^2 = 1.000.000 mm^2
	Ar	a	1 a = 100 m^2
	Hektar	ha	1 ha = 100 a = 10.000 m^2
	Quadratkilometer	km^2	1 km^2 = 100 ha = 10.000 a = 1.000.000 m^2
Volumen	Kubikzentimeter	cm^3	1 cm^3 = 1000 mm^3 = 1 ml = 0,001 l
	Kubikdezimeter	dm^3	1 dm^3 = 1000 cm^3 = 1.000.000 mm^3
	Kubikmeter	m^3	1 m^3 =1000 dm^3 = 1.000.000 cm^3
	Milliliter	ml	1 ml = 0,001 l = 1 cm^3
	Liter	l	1 l = 1000 ml = 1 dm^3
	Hektoliter	hl	1 hl = 100 l = 100 dm^3
Dichte	Gramm/ Kubikzentimeter	$\dfrac{g}{cm^3}$	$1\dfrac{g}{cm^3}=1\dfrac{kg}{dm^3}=1\dfrac{t}{m^3}=1\dfrac{g}{ml}$

Größe	Einheit	Symbol	Beziehung
Kraft	Newton	N	$1\,N = 1\dfrac{kg \cdot m}{s^2} = 1\dfrac{J}{m}$
Drehmoment	Newtonmeter	Nm	$1\,\text{Nm} = 1\,\text{J}$
Druck	Pascal	Pa	$1\,\text{Pa} = 1\,\text{N/m}^2 = 0{,}01\,\text{mbar} = 1\dfrac{kg}{m \cdot s^2}$
	Bar	bar	$1\,bar = 10\dfrac{N}{cm^2} = 100.000\dfrac{N}{m^2} = 10^5\,Pa$
Masse	Milligramm	mg	$1\,\text{mg} = 0{,}001\,\text{g}$
	Gramm	g	$1\,\text{g} = 1000\,\text{mg}$
	Kilogramm	kg	$1\,\text{kg} = 1000\,\text{g} = 1.000.000\,\text{mg}$
	Tonne	t	$1\,\text{t} = 1000\,\text{kg} = 1.000.000\,\text{g}$
Beschleunigung	Meter/ Quadratsekunde	$\dfrac{m}{s^2}$	$1\dfrac{m}{s^2} = 1\dfrac{N}{kg}$ $1\,g = 9{,}81\,\text{m/s}^2$
Winkelgeschwindigkeit	Eins/Sekunde	$\dfrac{1}{s}$	$\omega = 2 \cdot \pi \cdot n$　n in 1/s
	Radiant/Sekunde	$\dfrac{rad}{s}$	
Leistung	Watt	W	$1\,W = 1\dfrac{Nm}{s} = 1\dfrac{J}{s} = 1\dfrac{kg \cdot m}{s^2} \cdot \dfrac{m}{s}$
	Newtonmeter/ Sekunde	Nm/s	
	Joule/Sekunde	J/s	
Arbeit/Energie Wärmemenge	Wattsekunde	Ws	$1\,Ws = 1\,Nm = 1\dfrac{kg \cdot m}{s^2} \cdot m = 1\,J$
	Newtonmeter	Nm	
	Joule	J	
	Kilowattstunde	kWh	$1\,\text{kWh} = 1000\,\text{Wh} = 1000 \cdot 3600\,\text{Ws} =$
	Kilojoule	kJ	$3{,}6 \cdot 10^6\,\text{Ws}$
	Megajoule	MJ	$= 3{,}6 \cdot 10^3\,\text{kJ} = 3600\,\text{kJ} = 3{,}6\,\text{MJ}$
Mechanische Spannung	Newton/ Quadratmillimeter	$\dfrac{N}{mm^2}$	$1\dfrac{N}{mm^2} = 10\,\text{bar} = 1\,\text{MPa}$
Ebener Winkel	Sekunde	″	$1'' = 1'/60$
	Minute	′	$1'\,60''$
	Grad	°	$1° = 60' = 3600'' = \dfrac{\pi}{180°}\,rad$
	Radiant	rad	$1\,\text{rad} = 1\,\text{m/m} = 57{,}2957°$ $1\,\text{rad} = 180°/\pi$

Größe	Einheit	Symbol	Beziehung
Drehzahl	Eins/Sekunde Eins/Minute	1/s 1/min	$\dfrac{1}{s} = s^{-1} = 60 \ \text{min}^{-1}$ $\dfrac{1}{\text{min}} = \text{min}^{-1} = \dfrac{1}{60 \ s}$

Bauelemente der Hydraulik

2

Die Praxis der Hydraulik befasst sich mit dem Strömungsverhalten der Flüssigkeiten. Im Maschinenbau geht es bei der Hydraulik um die Übertragung von Signalen, Kräften und Energie. Die Hydraulik ist ein Teilgebiet der Fluidtechnik.

Eine Anlage wird als hydraulisches System bezeichnet, wenn diese nach dem hydraulischen Prinzip arbeitet. Die verwendeten Flüssigkeiten sind Mineralöl, biologisch abbaubare Flüssigkeiten, schwer entflammbare Flüssigkeiten und Wasser.

Die Kräfte, die in einem hydraulischen System übertragen werden, entstehen durch Druck. Bewegungen entstehen durch einen Volumenstrom und die Faktoren aus Druck und Volumenstrom ergeben die zu übertragende hydraulische Leistung. Der notwendige Druck und Volumenstrom wird durch eine Pumpe erzeugt, die mittels eines elektrischen Motors angetrieben wird. Die Hydraulikflüssigkeit bleibt in diesen Systemen immer im Kreislauf, d. h., für die Hydraulikflüssigkeit ist ein Hin- und Rücklauf erforderlich. Beispielsweise kann die Hydraulikflüssigkeit durch eine Pumpe über eine Leitung zum Hydraulikzylinder gefördert und von dort über eine Rücklaufleitung zum Flüssigkeitsbehälter zurück befördert werden. Nur bei der wasserbetriebenen Hydraulik kann hierauf verzichtet werden.

Bei der Pneumatik verwendet man Druckluft als Arbeitsmedium. Die Umgebungsluft wird angesaugt, mittels Kompressor komprimiert, gereinigt und dann entsprechend für verschiedene Zwecke verwendet. Pneumatische Steuerungen sind gegenüber verschiedenen Umwelteinflüssen außerordentlich robust und arbeiten sehr sicher.

Eine pneumatische Steuerung besteht aus einem Steuersystem und einer leistungsführenden Einheit. Innerhalb des Steuerteils werden alle mechanischen, elektronischen und/ oder pneumatischen Vorgänge registriert und weiterverarbeitet. Es werden dabei alle Ausgangssignale geliefert, die für das Verhalten der Antriebsglieder ausschlaggebend sind.

© Springer Fachmedien Wiesbaden GmbH, ein Teil von Springer Nature 2022
H. Bernstein, *Elektropneumatische und elektrohydraulische Bauelemente in der Mechatronik*, https://doi.org/10.1007/978-3-658-34445-0_2

2.1   Bauelemente

Als Beispiel für ein Vorschubsystem in der Hydraulik werden in Abb. 2.1 die verschiedenen Bauelemente mit ihren Funktionen erklärt.

Die Geräteliste von Abb. 2.1 ist in Tab. 2.1 gezeigt.

2.1.1   Leitungen in der Hydraulik

Die Geräte eines Hydrauliksystems werden durch geeignete Verbindungen zu Hydraulik-kreisläufen verknüpft. An diese Verbindungen werden hohe Ansprüche gestellt:

- Sie sollen strömungsgünstig sein, um möglichst wenig Druckverluste zu verursachen
- Die Herstellung, Montage und Wartung soll möglichst einfach sein
- Sie müssen dauerhaft hohen Drücken standhalten
- Sie müssen dauerhaft dicht sein
- Sie müssen Schwingungen der Bauteile standhalten.

Abb. 2.1 Vorschubsystem in
der Hydraulik

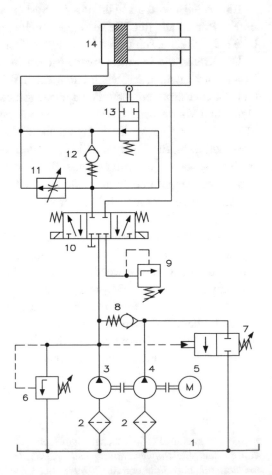

Tab. 2.1 Bauelemente für ein Vorschubsystem in der Hydraulik

Geräteliste

Nr.	Benennung	Funktion, Kenngröße
1	Ölbehälter	50 l
2	Saugfilter	Porenweite 60 μm
3	Zahnradpumpe	Arbeitsvorschub 5 l/min
4	Zahnradpumpe	Eilgang 20 l/min
5	Drehstrommotor	3 kW bei 1450 U/min
6	Druckbegrenzungsventil	Bestimmt den Arbeitsdruck 80 bar
7	2/2-Wegeventil	Schaltet die Eilgangpumpe drucklos
8	Rückschlagventil	Verhindert Rückfluss zu Teil 1
9	Druckbegrenzungsventil	Gegenhaltung 10 bar
10	5/3-Wegeventil	Steuert Zylinder
11	2-Wege-Stromregelventil	Bestimmt Zylindergeschwindigkeit
12	Rückschlagventil	Umgehung von Teil 11
13	2/2-Wegeventil	Umschalten auf Arbeitsvorschub
14	Zylinder	70 x 300

Die große Sorgfalt, mit der Komponenten in Hydrauliksystemen ausgewählt werden, muss auch bei der Auswahl des Hydraulikverbindungsnetzes angewendet werden. Dies gilt sowohl für die Dimensionierungen der Rohrleitungen als auch für die Art des Verbindungssystems und die Trassenführung.

In der Hydraulik werden Schlauchleitungen hauptsächlich für den Ausgleich von Bewegungen und zum Längenausgleich in langen Rohrleitungssystemen verwendet. Richtig dimensioniert, sind die Schlauchleitungen zuverlässige Verbindungen in Hydraulikkreisläufen. Die Auswahl einer Schlauchleitung geschieht im Allgemeinen über die Größen wie Nennweite und Nenndruck und ist abhängig von Volumenstrom und Betriebsdruck der Anlage. Weiter sind für die Auswahl die Medienbeständigkeit, die Betriebstemperatur und sonstige Umwelteinflüsse zu beachten.

In hydraulischen Systemen haben Rohrleitungen die Aufgabe, die Hydroflüssigkeit zu führen und fortzuleiten. Die Rohrleitungen werden dabei mechanisch, korrosiv und/oder thermisch beansprucht. Die Dimensionierung von Rohrleitungen, also Rohrinnendurchmesser, Wanddicke und Werkstoff ist hauptsächlich von den Faktoren Medium, Volumenstrom, Druck und Temperatur abhängig.

Die Dimensionierung des Rohrinnendurchmessers beeinflusst – unter Berücksichtigung des Volumenstroms und der physikalischen Eigenschaften der Hydroflüssigkeit – den Durchflusswiderstand und somit den Druckabfall in den Rohrleitungen. Allgemein gilt, dass bei längeren Rohrleitungen der Querschnitt groß gewählt werden muss, um den Druckabfall so gering wie möglich zu halten.

Die Auswahl des Rohrwerkstoffes erfolgt in erster Linie nach Festigkeitskriterien. Weitere entscheidende Kriterien sind das Herstellungsverfahren – nahtlos oder geschweißt, die spätere Bearbeitbarkeit sowie die Verwendbarkeit für Rohrverbindungen.

Nicht zuletzt ist natürlich auch die Korrosionsbeanspruchung – von innen nach außen – entscheidend für die Werkstoffauswahl.

Üblicherweise werden in der Hydraulik nahtlose Präzisionsrohre verwendet. Längsnaht- und spiralgeschweißte Stahlrohre sind dagegen nicht üblich. Kupferlegierte Rohre werden nur in Ausnahmefällen bei aggressiver Umgebung verwendet.

Faktoren für die Rohrwanddicke sind unter anderem der Betriebsdruck mit eventuellen Zusatzbeanspruchungen und Sicherheitsbeiwerten, innere und äußere Korrosionseinflüsse sowie die Festigkeit des Rohrwerkstoffes.

Stahlrohrleitungen sind üblicherweise in Längen von bis zu 6 m erhältlich und daher ist der Einsatz von Verbindungen unumgänglich. Nach Art der Verbindungen unterscheidet man zwischen

- Schraubverbindungen
- Schneidringverschraubung
- Bördelverschraubung
- Schweißkegelverschraubung
- Verschraubung durch Rohrumformung

Bei Schraubverbindungen wird die Verbindung zwischen Rohr und Verschraubung durch ein auf das Rohr aufgeschnittenes Gewinde realisiert. Die Haltefunktion liegt alleine im Gewinde, weswegen diese Verschraubungsart im Allgemeinen nur für untergeordnete Zwecke im Niederdruckbereich verwendet wird. Abb. 2.2 zeigt solche Schraubverbindungen.

Bei der Schneidringverschraubung wird eine Überwurfmutter durch einen Schneidring auf dem Rohr gehalten. Dieser Schneidring wird mittels einer Vorrichtung auf das Rohr aufgezogen. Der Stutzen des Verschraubungskörpers wird durch Anziehen der Überwurfmutter auf die Mantelfläche des Schneidrings aufgepresst, wodurch sich die scharfe Kante des Schneidrings in die Rohroberfläche einschneidet. Der dadurch entstehende Werk-

Schneidringverschraubungen   Edelstahlverschraubung   Zollgewinde BSP60°   Bördelverschraubung

Flanschverschraubungen   Sonderverschraubungen   Hydraulikrohre   Rohrschellen und Einzelteile

Abb. 2.2 Schraubverbindungen für den Niederdruckbereich

stoffaufwurf führt zu einer sehr guten statischen Abdichtung und bildet einen Halt für die Überwurfmutter.

Die Schneidringverschraubung ist sehr verbreitet, hat aber Nachteile gegenüber anderen Verschraubungsarten. So ist die Funktion der Schneidringverschraubung stark abhängig von den Verarbeitungsbedingungen. Der Schneidring ist bei unzureichendem Einschneiden unter Belastung nicht ausreißsicher. Zudem können dynamische Belastungen auf das Rohr wegen der geringen Abstützbasis des Werkstoffaufwurfes zu Undichtigkeiten führen.

Bei Bördelverschraubung wird der Halt der Überwurfmutter auf dem Rohr durch Aufbördeln (kegeligem Aufweiten) des Rohrendes und einen zusätzlichen Klemmring erreicht. Die Dichtwirkung wird durch einen auf beiden Seiten mit O-Ringen ausgestatteten Zwischenring realisiert. Dieser Zwischenring wird durch Anziehen der Überwurfmutter zwischen der Bördelschräge des Rohres und dem mit einem Innenkonus versehenen Verschraubungskörper eingespannt.

Bei der Bördelverschraubung werden mehrere Teile verbaut und so entstehen mehrere Dichtpfade. Das Einsatzgebiet der Bördelverschraubung ist gering.

Bei Anschweißverschraubungen wird ein Anschweißkegel an das Rohrende geschweißt. Dieser Kegel übernimmt die Haltefunktion der Überwurfmutter und dichtet durch einen O-Ring zwischen Verschraubungskörper und Anschweißkegel die Verbindung ab. Zusätzliche Schweißarbeiten sowie das nachträgliche Ausbohren und Ausschleifen der Schweißstellen führen zu Verunreinigungen der Rohrleitung und die Verarbeitung ist sehr aufwendig.

Bei einer Verschraubung durch Rohrumformung wird das Rohr mit einer Vorrichtung kalt verformt und bildet so den Halt für die Überwurfmutter. Ein eingelegter Elastomerring dichtet nach Anziehen der Überwurfmutter zwischen Verschraubungskörper und Rohr ab. Diese Verschraubungsart hat Vorteile gegenüber den anderen Verschraubungen. Sie garantiert ihre Formschlüssigkeit durch einen sicheren Halt. Im Gegensatz zur Bördelverschraubung entsteht die Verschraubung durch Rohrumformung.

Verschraubungskörper und Elastomerring bestehen aus nur drei Teilen und besitzen nur einen einzigen Leckageweg. Im Vergleich zu Anschweißverschraubungen sind keine Vor- und Nacharbeiten nötig.

Tab. 2.2 zeigt die Symbole für Leitungen in der Hydraulik.

2.1.2 Hydraulikflüssigkeit

Die Anforderungen an die Hydraulikflüssigkeit sind

- gute Schmiereigenschaften
- hohe Alterungsbeständigkeit
- hohes Benetzungs- und Haftvermögen
- hoher Flammpunkt

Tab. 2.2 Symbole der Leitungen in der Hydraulik

	Verbindungsleitungen	Arbeitsleitung
___		Steuerleitung
----		Abfluss- und Leckölleitung
.....		Schlauchleitung
		Leitungsverbindung
		Kreuzung
───×	Verzweigung	geschlossen
─»─		mit angeschlossener Leitung
→×←	Verbindungen	Schnellverbindung
		mit Rückschlagventil

- niedriger Pourpoint (niedrigster Temperaturpunkt, bei dem Öl noch flüssig ist)
- darf Dichtungen nicht angreifen
- harz- und säurefrei
- geringer Einfluss der Temperatur auf die Viskosität (Zähflüssigkeit), sowohl dynamische Viskosität, die üblicherweise bei steigender Temperatur abnimmt, als auch kinematische Viskosität zwischen dynamischer Viskosität und Dichte, und geringe Kompressibilität.

Je nach Verwendungszweck und geforderter Eigenschaft sind Hydraulikflüssigkeiten unterschiedlich aufgebaut. Die am häufigsten eingesetzten Hydraulikflüssigkeiten sind auf Mineralbasis mit entsprechenden Additiven aufgebaut. Die Anforderungen an diese Hydrauliköle mit den Bezeichnungen HL, HM und HV wurden in der ISO 6743-4 festgelegt.

- H und HH: Minerale ohne Wirkstoff und diese werden in der Praxis nicht mehr eingesetzt.
- HL: mit Wirkstoffen zum Erhöhen des Korrosionsschutzes und der Alterungsbeständigkeit.
- HM: mit Wirkstoffen zum Erhöhen des Korrosionsschutzes, der Alterungsbeständigkeit sowie zur Verminderung des Fressverschleißes im Mischreibungsgebiet.
- HLP: zusätzlich zu den HL-Ölen werden weitere Wirkstoffe zur Verschleißminderung und zur Erhöhung der Belastbarkeit im Mischreibungsgebiet verwendet. Diese Öle haben die breiteste Anwendung in der Praxis.
- HV und HVLP: Wie HLP, jedoch mit erhöhter Alterungsbeständigkeit, sowie einem verbesserten Viskositäts-Temperatur-Verhalten.

HLPD: Wie HLP, jedoch mit Zusätzen zur Verbesserung des Partikeltransportes (detergierende Wirkung) und zur Fähigkeit der Dispersion (Wassertragevermögen) sowie mit Wirkstoffen zum Erhöhen des Korrosionsschutzes.

Zu den schwer entflammbaren Flüssigkeiten zählen

- HFAE: Öl in Wasseremulsionen
  - der Wassergehalt liegt über 80 % und ist gemischt mit einem Konzentrat auf Mineralbasis oder auf Basis von löslichen Polyglykolen.
  - bei einem Konzentrat auf Mineralölbasis besteht die Gefahr der Entmischung und des Mikrobenwachstums.
  - einsetzbar für Temperaturen zwischen +5 °C bis +55 °C.
- HFAS: in Wasser gelöste synthetische Konzentrate
  - keine Gefahr der Entmischung, da es sich um echte Lösungen handelt, dafür besteht eine deutlich erhöhte Korrosionsanfälligkeit der Hydraulikkomponenten.
- HFB: Wasser in Öl-Emulsionen
  - der Wassergehalt liegt über 40 % und wird vermischt mit Mineralöl. Diese Emulsion wird in der Praxis nur selten verwendet.
  - einsetzbar für Temperaturen zwischen +5 °C bis +60 °C
  - in Deutschland sind HFB-Öl-Emulsionen nicht zugelassen.
- HFC: Wasserglykole
  - der Wassergehalt beträgt mehr als 35 % in einer Polymer-Lösung
  - einsetzbar für Temperaturen zwischen −20 °C bis +60 °C.
  - Einsetzbar bis zu Drücken von 250 bar.
- HFD: Synthetische Flüssigkeiten
  - HFD-R: Phosphorsäureester
  - HFD-S: wasserfreie chlorierte Kohlenwasserstoffe
  - HFD-T: Mischung aus HFD-R und HFD-S
  - HFD-U: Wasserfreie und weitere Zusammensetzung und diese besteht aus Fettsäureester
  - Synthetische Flüssigkeiten weisen eine höhere Dichte auf als Mineralöl oder Wasser (nicht HFD-U), sie können Probleme beim Ansaugverhalten von Pumpen verursachen und greifen Dichtungswerkstoffe an.
  - einsetzbar für Temperaturen zwischen −20 °C bis +150 °C.

Biologisch abbaubare Hydraulikflüssigkeiten werden auf Basis pflanzlicher Öle (z. B. Rapsbasis) hergestellt und in biologisch kritischer Umgebung (Baumaschinen in Wasserschutzgebieten, Pistengeräte im Gebirge usw.) eingesetzt. Diese Fluide sind Schadstoffe der Schadstoffklasse I.

- HE: Hydraulic Environmental
  - HETG (Basis Triglyceride = pflanzliche Öle)
  - HEES (Basis synthetische Ester)

– HEPG (Basis Polyglycole)
– HEPR (andere Basisflüssigkeiten, in erster Linie Poly-Alpha-Olefine).

Wasser ist als Hydraulikflüssigkeit in jeder Hinsicht unbedenklich, jedoch ohne Korrosionsschutz. Reines Wasser wird in der Leistungshydraulik nicht verwendet und es wird mit Öl zu einer Emulsion gemischt, ähnlich der Schneidöle bei spanabhebenden Maschinen (hierbei ergibt sich teilweise das Problem der Entmischung). Die erste technische Nutzung der Hydraulik erfolgte mit Wasser als Fluid. Wasser hat praktisch eine konstante und niedrige Viskosität. Man unterscheidet zwischen

- Leitungswasser (gefiltert)
- Technisches Wasser (Wasser-Öl-Emulsion)
- See- bzw. Salzwasser (gefiltert, wegen der Aggressivität nicht geeignet).

2.1.3   Hydraulische Pumpen

Die Hydraulikpumpe erzeugt einen nahezu kontinuierlichen Volumenstrom. Dieser ist bei den meist verwendeten Drehkolbenpumpen von der Drehzahl der Pumpe abhängig und bleibt konstant, wenn durch Widerstände, hervorgerufen durch Drosselstellen, Schaltelemente und Abtriebe, im Hydrauliksystem ein Druck entsteht. Tab. 2.3 zeigt die Symbole für hydraulische Pumpen.

Tab. 2.4 zeigt die Bauarten für hydraulische Pumpen.

Im offenen Kreislauf saugt eine hydraulische Pumpe die Hydraulikflüssigkeit aus einem Tank und fördert es in ein Hydrauliksystem. Die unter Druck stehende Hydraulikflüssigkeit kann dann über Leitungen, Schläuche und Ventile zu den Aktoren (Hydraulikzylinder, Hydraulikmotoren usw.) geleitet werden und dort Arbeit verrichten.

Tab. 2.3 Symbole für hydraulische Pumpen

Symbol	Bezeichnung	Beschreibung
a) b)	Konstantpumpe	mit einer Förderrichtung (a) mit zwei Förderrichtungen (b)
a) b)	Verstellpumpe	mit einer Förderrichtung (a) mit zwei Förderrichtungen (b)
	Handpumpe	Handhebelbetrieb

Tab. 2.4 Bauarten für hydraulische Pumpen

Bauart	Flügel	Zahnrad	Kolben	Schrauben
Beispiel	• Flügelzellenpumpe (Drehschieber-pumpe)	• Zahnradpumpe (innen oder außen verzahnt)	• Axialkolbenpumpe (Schrägscheibe) • Radialkolbenpumpe (innen- oder außenbeaufschlagt) • Hubkolbenpumpe	• Schrauben-spindelpumpe
Druckbereich [bar]	70 bis 175	200 bis 300	350 bis 700	

Im geschlossenen Kreislauf besteht der Unterschied, dass die Hydraulikpumpe direkt mit der vom Aktor (Hydraulikmotor) zurückkommenden Hydraulikflüssigkeit gespeist wird. Die Pumpe ist damit von zwei Seiten „eingespannt", d. h. von der Saugseite und von der Druckseite. Die an der Pumpe und den einzelnen Bauteilen auftretende externe Leckage wird durch eine zusätzliche Hydraulikpumpe kompensiert bzw. ergänzt.

Vorteile des geschlossenen Kreislaufs:

- Aufgrund der Einspannung der Hydraulikpumpe wird die Eigenfrequenz des Regelsystems erhöht und dadurch sind größere Verstellgeschwindigkeiten möglich.
- Der Aufbau ist energetisch günstiger, da nur die externe Leckage ergänzt werden muss und durch den Lastdruck am Pumpeneingang (Sauganschluss) das notwendige Antriebsdrehmoment reduziert wird.
- Es ist nur ein kleiner Hydrauliktank für die Hydraulikpumpe erforderlich.

Nachteile des geschlossenen Kreislaufs:

- Der Sauganschluss der Pumpe muss konstruktiv so ausgelegt sein, dass diese dem maximal zulässigen Lastdruck standhält und dadurch ist eine Strömungsoptimierung des Saugkanals nur bedingt möglich.
- Die Entgasung des Hydrauliköls kann durch den kleinen Tank behindert werden.

Sicherlich ist es wichtig, wie viele verschiedene Größen von Gleitringdichtungen ein Pumpenhersteller einsetzt. Ob der Einfluss auf die Kosten durch Beschränkung auf wenige Größen der Gleitringwellenabdichtung positiv ist, kommt auf die Anzahl und die Größen der eingesetzten Pumpen im Betrieb an und kann nicht pauschal beantwortet werden.

Der grundsätzliche Aufbau von Zentrifugal- und Kreiselpumpen wird im Folgenden beschrieben, ebenso wie die Laufradform konkret angeordnet ist, von axial zu radial. Grundsätzlich ist der Aufbau einer Kreiselpumpe fast immer identisch:

- Saugseite (Ansaugen des geförderten Fluids)
- Druckseite (Ablauf des geförderten Fluids)

- Pumpengehäuse
- Laufrad oder Pumpenrad
- Antriebswelle
- Antrieb (mechanisch, manuell, elektrisch usw.).

Je nach konkreter Bauweise handelt es sich um eine durchgehende oder geteilte Antriebswelle. Die durchgehende Antriebswelle muss zum Motor hin abgedichtet werden. Es gibt unter den Kreiselpumpen Nassläufer, bei denen das Laufrad vom Stator ferngehalten wird und befindet sich in einem separaten Gehäuse. Dieser ist mit einer Gleitringdichtung abgedichtet und damit wartungsfrei.

Die gängigste Dichtmethode ist jedoch ein Radial-Wellendichtring, der zwischen Pumpengehäuse und Antriebswelle montiert wird. Dabei handelt es sich um ein Verschleißteil, weshalb Kreiselpumpen mit einem Radial-Wellendichtring nicht wartungsfrei sind. Der Radialdichtring hat die älteste Methode der Antriebswellenabdichtung und ist nahezu vollständig abgelöst von der sogenannten Stopfdichtung oder Stopfbuchse. Dabei wird eine Schnur aus Asbest (früher) oder PTFE (zeitgemäß) um die Welle gewickelt und eingepresst.

Demgegenüber steht noch das antriebsseitig geschlossene Pumpen- bzw. Laufradgehäuse. Diese Gehäuse können jedoch nicht aus magnetischem Metall bestehen, sondern werden vornehmlich aus Kunststoff gefertigt. Die Kraftübertragung erfolgt dann über eine Magnetkupplung, was auch erklärt, weshalb das Gehäuse nicht magnetisch sein darf.

Die einzelnen Parameter stehen in direkter Relation zueinander und können auch einzeln beeinflusst werden. Das Laufrad in der Pumpe setzt das Fluid in Bewegung und drückt gegen die Gehäusewand, weshalb die Kreiselpumpe auch als Zentrifugalpumpe bezeichnet wird. Damit ist neben der Drehzahl auch der Durchmesser von entscheidender Bedeutung und die Durchflussrate wird unter anderem durch die Leitungsquerschnitte definiert.

Eine Vielzahl von Pumpen eignet sich für unterschiedliche Anwendungen, aber auch sehr ähnliche Pumpen lassen sich für verschiedene Anwendungen einsetzen. Die meisten Anwender sind nicht in der Lage, die für eine bestimmte Aufgabe günstigste Pumpe auszuwählen. Meist wird nach Herstellern, d. h. Markennamen oder aber nach dem niedrigsten Anschaffungspreis ausgewählt.

Es gibt keinen realen Anwendungsfall, bei dem die Produktdaten inklusive der Temperatur ebenso konstant wären, wie

- Zulaufhöhe
- Fördervolumen
- Förderdruck.

Je nach Erfahrung des Anlagenbauers wird die für einen einzigen Betriebspunkt ausgewählte Pumpe mehr oder weniger den Anforderungen gerecht. Pumpen sollten zum einen nach den Eigenschaften des zu fördernden Produktes und zum anderen nach den hydraulischen Anforderungen ausgewählt werden.

Über das zu fördernde Produkt sind deshalb folgende Daten wichtig:

- Wie empfindlich ist das Produkt gegenüber Scherkräften, bzw. sind Scherkräfte erwünscht, wenn sich z. B. ganze Früchte, die sich in der Leitung und der Pumpe befinden oder das Lösen von Trockenstoffen erfolgen soll?
- Viskosität
- Dichte
- werden Gasanteile mitgefördert
- Siedepunkt
- Temperatur
- Besondere Produkteigenschaften, wie Abrasivität (Filterhilfsmittel, zu lösende Trockenstoffe) und Neigen zum Auskristallisieren (z. B. hohe Zuckerkonzentrationen), Nicht-Newton-Flüssigkeit (z. B. Xanthan), Explosivität (z. B. in Ethanol gelöstes Limonenöl).

Für die hydraulische Auslegung der Pumpe ist die Anlagenkennlinie wichtig, die sich aus den meist während des Betriebes veränderlichen Parametern zusammensetzt:

- Volumenstrom
- Druckdifferenz
- Zulaufhöhe.

Durch Kenntnis der Betriebsbedingungen und des Produktes kann ermittelt werden, in welchem Bereich der Kennlinie die Pumpe betrieben wird.

Die Zulaufhöhe bzw. mangelnde Zulaufhöhe ist besonders wichtig bei der Auswahl einer Pumpe für die Förderung von siedenden Flüssigkeiten.

Vereinfacht ausgedrückt ist der NPSH-Wert (Net Positive Suction Head) der Unterdruck, den die Pumpe im Saugstutzen erzeugt. Wenn nun bei einer siedenden Flüssigkeit der NPSH-Wert größer ist, als die statische Flüssigkeitssäule am Saugstutzen, bilden sich durch den entstehenden Unterdruck und die damit verbundene Absenkung der Siedetemperatur, bei nahezu konstanter Temperatur des Fördermediums, Dampfblasen. Sowie in der Pumpe die Druckumsetzung erfolgt, kondensieren diese Dampfblasen schlagartig, d. h. die Dampfblasen implodieren, die Pumpe kavitiert. Es kommt zur Hohlraumbildung bei schnell strömenden Flüssigkeiten.

Der auf den Flüssigkeitsspiegel wirkende Luftdruck müsste die Pumpe in die Lage versetzen, Wasser aus einer Tiefe von etwa 10 m zu fördern. Die tatsächlich erreichbare Saughöhe ist jedoch erheblich geringer aus folgenden Gründen:

- Dampfdruck: Flüssigkeiten verdampfen, wenn der von der Temperatur abhängige Dampfdruck p_D erreicht wird. An der höchsten Stelle der angesaugten Flüssigkeit kann der Druck nur auf diesen Wert absinken.

- Strömungsverluste: In der Saugleitung entstehen Verluste H_{VS} durch die Geschwindig-keitserzeugung, Flüssigkeitsreibung, Richtungs- und Querschnittänderungen.
- NPSH-Wert: Beim Eintritt der Flüssigkeit in die Schaufelkanäle wird ein weiterer Druckhöhenverlust verursacht. Zur Vermeidung von Dampfbildung muss die gesamte Energiehöhe im Eintrittsquerschnitt der Pumpe größer sein als die Dampfdruckhöhe des Mediums. Dieser Energieunterschied wird als NPSH-Wert löschen bezeichnet und ist identisch mit dem früheren Begriff „Haltedruckhöhe".
- Statischer Druck im Behälter: Bei offenem Behälter ist für $p_s = 0$ einzusetzen, da hier nur der Luftdruck wirkt. Bei geschlossenen Behältern ist die absolute Druckhöhe im Behälter anzusetzen ($p_s + p_L$). Überdruck ist mit plus (+) zu berücksichtigen und Unter-druck mit minus (−).
- Erforderlicher NPSH-Wert der Pumpe: Der NPSH-Wert der Pumpe ist aus den Unter-lagen des Herstellers zu entnehmen. Der Wert nimmt mit steigendem Volumenstrom stark zu sowie mit steigender Drehzahl. Der NPSH-Wert der Pumpe sollte in diesem Fall geringer sein als der NPSH-Wert der Anlage.
- Luftdruck: Bei Aufstellorten in größeren Höhen ist der geringe Luftdruck zu berück-sichtigen, da dieser erhebliche Auswirkungen auf die Saugfähigkeit hat.

Abb. 2.3 zeigt die Werte zur Ermittlung des NPSH-Wertes einer Pumpe für den Saug- und im Zulaufbetrieb. Es gelten folgende Formeln:

$$NPSH_A = \frac{\left(p_s + p_L - p_D\right)}{\rho \cdot g} + \frac{v_E^2}{2 \cdot g} - H_{VS} - H_{Sgeo}$$

$$H_{VS} = \frac{P_{VS}}{\rho \cdot g}$$

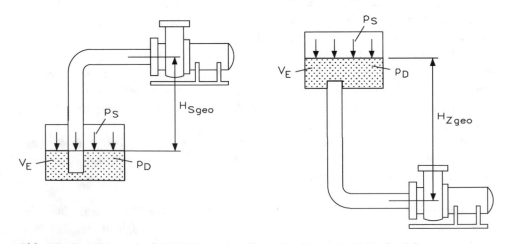

Abb. 2.3 Berechnung des NPSH-Wertes einer Pumpe im Saug- oder Zulaufbetrieb

$NPSH_A$	NPSH-Wert der Anlage [m]
p_s	Überdruck im Behälter [Pa]
p_L	Überdruck am Aufstellungsort [Pa]
p_D	Dampfdruck des Mediums [Pa]
ρ	Dichte [kg/m³]
g	Fallbeschleunigung [9,81 m/s²]
v_E	Strömungsgeschwindigkeit im Behälter [m/s] (vernachlässigbar)
H_{VS}	Verlust in der Saugleitung durch Reibung
H_{Sgeo}	geodätische Saughöhe [m]
P_{VS}	Druckverlust der Saugleitung [Pa]

Wenn man die Werte zur Ermittlung des NPSH-Wertes einer Pumpe im Zulaufbetrieb ermitteln muss, ist der obere Flüssigkeitsspiegel des Behälters höher als die Mitte der Pumpenwelle.

$$NPSH_A = \frac{\left(p_s + p_L - p_D\right)}{\rho \cdot g} + \frac{v_E^2}{2 \cdot g} - H_{VS} + H_{Sgeo}$$

$$H_{VS} = \frac{P_{VS}}{\rho \cdot g}$$

Ein gewisses Maß an Kavitation, vor allem wenn sie nur selten auftritt, übersteht jede Pumpe. Die vom Hersteller angegebenen NPSH-Werte werden üblicherweise ermittelt, wenn bereits Kavitation auftritt, aber der Förderstrom durch die Kavitation nur um max. fünf Prozent verringert wird. Bei starker Kavitation kann die Pumpe beschädigt oder zerstört werden.

Je nach Bauart und Ausführung sind Pumpen mehr oder weniger empfindlich gegenüber Kavitation. Kreiselpumpen bei denen die Druckumsetzung möglichst gleichmäßig in der Nähe des Zentrums erfolgt und speziell Pumpen mit geschmiedeten Gehäusen oder Gehäusen aus Edelstahlfeinguss sind sehr robust und überstehen einen gewissen Grad an Kavitation dauerhaft. Durch den Einsatz geeigneter Inducer (das ist der axiale Einlassteil eines Zentrifugalpumpenmotors, dessen Funktion darin besteht, den Einlasskopf um eine bestimmte Menge zu erhöhen, die ausreicht, um eine signifikante Kavitation in der folgenden Pumpstufe zu verhindern) kann der NPSH-Wert verringert werden, wie Abb. 2.4 zeigt.

Die Pumpe, die am häufigsten für Produkt oder CIP-Flüssigkeiten (Cleaning In Place) eingesetzt wird, ist die Kreiselpumpe in hygienischer Ausführung mit Gleitringwellenabdichtung und offenem Laufrad, entweder in tiefgezogener oder in massiver Bauweise. Gehäuse in Edelstahlfeinguss oder in einer Schmiedeausführung sind aufwendiger in der Herstellung als tiefgezogene Blechgehäuse. Aber auch bei tiefgezogenen Blechgehäusen gibt es deutliche Unterschiede, nicht nur in der Materialstärke, sondern auch in der weiteren Ausführung. Die Standardoberflächenqualitäten von Feingussgehäusen sind vollkommen ausreichend. Nachbearbeitete Oberflächen mit Rautiefen von unter 0,8 µm sind für

Abb. 2.4   Kreiselpumpe mit Inducer zur Reduzierung des NPSH-Wertes

Abb. 2.5   Kreiselpumpe mit Ringgehäuse (links) und mit Spiralgehäuse (rechts)

den Einsatz in der Getränkeindustrie nicht notwendig. Abb. 2.5 zeigt links eine Kreiselpumpe mit Ringgehäuse und rechts eine mit Spiralgehäuse.

Die Auslegung der Pumpe geschieht anhand der Kennlinie. Zunächst fällt auf, dass die
Förderhöhe bei Nullförderung (d. h. der Druck, der erzeugt werden kann, wenn die Pumpe
gegen ein geschlossenes Ventil und somit mit dem Volumenstrom 0 fördert) geringfügig
niedriger ist als bei einem geringen Volumenstrom.

Die Pumpenkennlinien werden zwar real gemessen, dann aber normgerecht auf eine
konstante Drehzahl berechnet. Ein Asynchronmotor dreht unter Belastung etwas langsa-

mer als im Leerlauf, d. h. bei Nullförderung und dem damit verbundenen, geringsten Leistungsbedarf, ist die reale Drehzahl höher als beim maximalen Volumenstrom. Mit zunehmendem Volumenstrom steigen der NPSH-Wert und die Leistungsaufnahme an, d. h. die Förderhöhe fällt ab. Die reale Kennlinie ist wegen der Berechnung auf eine konstante Drehzahl steiler und die NPSH-Werte sind entsprechend höher. Wenn man eine Pumpe nach Kennlinie auslegt, hat man immer eine „Reserve" in der Förderhöhe. Meist wird vom Anlagenbauer bei der Auswahl der Pumpe noch eine zusätzliche Reserve in der Förderhöhe eingeplant. Insbesondere bei flachen Kennlinien muss bei Pumpen mit ungeregelter Drehzahl gerechnet werden, damit keine Störung auftritt.

Es soll von einem Tank mit einer Füllhöhe von 5 m in einen identischen Tank umgepumpt werden. Zwischen den Tanks befindet sich ein Plattenwärmeübertrager mit einem Nenn-Druckverlust von 1,5 bar bei einem Volumenstrom von 40 m³/h. Wenn Tank 1 leer und Tank 2 voll ist, beträgt die Druckdifferenz 0,5 bar. Üblicherweise wird die notwendige Pumpe so ausgelegt, dass man alle bekannten Drücke bzw. Druckverluste addiert und einen Zuschlag für Leitungsverluste, Ventile etc. wählt. In diesem Beispiel würde man sicherlich mit 40 m³/h bei 3 bar beginnen und dann die Pumpe mit dem 155 mm Laufrad wählen, die nach Kennlinie 40 m³/h bei 3,2 bar fördert. Nach der Kennlinie wäre ein 5,5 kW Motor ausreichend.

Plattenwärmeübertrager sind eine spezielle Form der Wärmeübertrager, in denen Energie von einem auf einen anderen Stoff übergeht. Damit das funktioniert, sind sie neben dem Block aus Platten auch mit vier Anschlüssen versehen. Zwei für das wärmere und zwei für das zu erwärmende Medium. Ist die Heizung in Betrieb, strömen die Fluide in gegensätzlicher Richtung aneinander vorbei. Gleichzeitig geht thermische Energie vom wärmeren auf das kältere Medium über, wodurch dessen Temperatur steigt. Um die Wärmeübertragung aufrecht zu erhalten, muss kontinuierlich eine Temperaturdifferenz vorhanden sein. Sinkt diese auf sehr geringe Werte, reduziert sich mit dem Energietransport zwischen den Medien auch die Leistung auf ein Minimum.

Wenn nun der Prozess anläuft, ist der Quelltank voll und der Zieltank leer, der Zuschlag für Rohrleitungen und Ventile war mit einem Druck von beispielsweise 1 bar vermutlich eher großzügig gewählt. Dies bedeutet, dass beim Anfahren des Prozesses bei einem gewünschten Volumenstrom von 40 m/h ein Druck von 1,5 bar vollkommen ausreichen würde. Die Pumpe in dem Beispiel fördert nun wesentlich mehr. Durch den zunehmenden Volumenstrom, steigt natürlich der Druckverlust gemäß Anlagenkennlinie an, sodass 60 bis 70 m3/h gefördert würden und zwar bei einem Druck von etwa 2,5 bar. Der Leistungsbedarf liegt bei nun 7 kW. Am Ende des Umpumpens hat sich die Druckdifferenz durch die veränderten Flüssigkeitssäulen um 1 bar erhöht, da jedoch bei erhöhtem Druck der Volumenstrom abnimmt, verringert sich der Druckverlust im Plattenwärmeübertrager und in der Rohrleitung, sodass bei einer Druckdifferenz von 2,8 bar noch über 50 m³/h gefördert würden.

Normalerweise sind Wärmeübertrager nicht mit solchen Reserven ausgestattet, sodass der Volumenstrom eingeregelt werden muss. Maschinenbauer setzen hierfür bevorzugt Stellventile ein, die den Druck abbauen. Die Kosten für ein hygienisches Stellventil sind in diesem Leistungsbereich höher als für einen Frequenzumformer, mit dem über eine Drehzahleinstellung der Betriebsbereich gewählt werden kann.

Eine Kreiselpumpe ist konstruktiv von der Tiefe des Gehäuses, der Größe der Stutzen vom Volumenstrom und die Umfangsgeschwindigkeit des Laufrades, die den Druck bestimmen, abhängig.

Bei zahlreichen Anwendungsfällen wird ein relativ hoher Druck bei geringem Volumenstrom benötigt. Die technische Lösung besteht hier üblicherweise entweder aus mehrstufigen Kreiselpumpen oder aber in dem Einsatz einer großen einstufigen Kreiselpumpe. Beide Lösungen sind jedoch relativ teure Kompromisse. Die mehrstufige Kreiselpumpe ist durch die interne Umlenkung nicht besonders strömungsgünstig und meist auch schwieriger zu reinigen. Die große, einstufige Pumpe wird in einem ungünstigen Bereich der Kennlinie mit entsprechend schlechtem Wirkungsgrad betrieben.

Kreiselpumpen gelten als pulsationsfrei und diese Verstellung trifft in der Praxis nicht zu. Jedes Mal, wenn eine Laufradschaufel den Druckstutzen passiert, gibt es einen kleinen Druckstoß. Man hat festgestellt, dass Pumpen mit Laufrädern mit einer ungeraden Anzahl von Schaufeln gleichmäßiger fördern als solche mit einer geraden Schaufelzahl. Der Grund könnte im Zusammentreffen einiger Faktoren liegen, die evtl. nicht in Zusammenhang der Schaufelanzahl stehen. Die wahrscheinliche Erklärung ist, dass wenn eine Schaufel den Druckstutzen passiert, die Druckwelle sich auch im Pumpengehäuse ausbreitet und dass das interne Schwingen unterschiedlich ist ob sich wie bei Laufrädern mit gerader Schaufelanzahl zu diesem Zeitpunkt nun eine Schaufel gegenüber dem Druckstutzen befindet oder wie bei ungeraden Schaufelanzahlen sich dort der Raum zwischen zwei Schaufeln befindet. Eine andere mögliche Erklärung ist die Drehmomententfaltung eines Drehstrommotors, die auch nicht vollkommen gleichmäßig ist.

Eine hohe Schaufelanzahl und eine hohe Drehzahl, d. h. eine hohe Pulsationsfrequenz glätten die Druckamplitude. Üblich sind Laufräder mit (drei) vier bis sieben (acht) Schaufeln. Eine deutlich höhere Schaufelanzahl würde wegen der fertigungstechnisch notwendigen Materialstärke der einzelnen Schaufeln, durch eine Verengung im Eintritt das Saugvermögen der Pumpe reduzieren und durch eine erhöhte innere Reibung den Wirkungsgrad verringern.

Es gibt sehr große Unterschiede bezüglich der produktschonenden Eigenschaften von Kreiselpumpen, prinzipiell gilt

- kleine Drehzahl mit entsprechend geringer Beschleunigung des Fördermediums,
- hohe Wirkungsgrade,
- gleichmäßige, möglichst zentrale Druckumsetzung,
- kleine, jedoch nicht kleinste Spaltmaße sowie
- Spiralgehäuse begünstigen eine schonende Förderung. Wirklich produktschonend sind Kreiselpumpen jedoch nicht. Schraubenzentrifugalpumpen sind wesentlich produktschonender und für große Volumenströme bei kleinen Druckdifferenzen verwendbar.

2.1.4 Spezielle hydraulische Pumpen

In der Praxis findet man spezielle hydraulische Pumpen

- Spaltrohrmotorpumpe
- Radialpumpe
- Seitenkanalpumpe
- Peripheralpumpe
- Axialpumpe
- Diagonalpumpe.

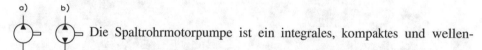 Die Spaltrohrmotorpumpe ist ein integrales, kompaktes und wellen-

dichtungsloses Aggregat. Sie vereint den rotierenden Teil der Pumpenhydraulik mit dem rotierenden Teil des Motors auf einer gemeinsamen Welle. Dieser sogenannte Läufer wird komplett von einem dicht verschweißten – dem namensgebenden – Spaltrohr umgeben, das den Rotorraum vom Stator des Antriebsmotors trennt. Durch dieses Konstruktionsprinzip wird die Notwendigkeit von Wellendichtungen (z. B. Gleitringdichtungen) eliminiert und eine Leckage ist damit ausgeschlossen. Deshalb werden Spaltrohrmotorpumpen auch „dichtungslos" oder „hermetisch" bezeichnet.

Der Rotor wird durch zwei baugleiche, mediumgeschmierte, hydrodynamische Gleitlager (z. B. aus Hochleistungskeramik SiC 30) geführt, die den Läufer im Betrieb berührungsfrei aufschwimmen lassen. Werden zudem die axialen Kräfte durch einen geeigneten Axialschubausgleich neutralisiert, läuft der gesamte Rotor berührungsfrei und dadurch vollkommen verschleißfrei. Abb. 2.6 zeigt einen Querschnitt durch eine Spaltrohrmotorpumpe.

Häufig wird die Spaltrohrmotortechnologie dann eingesetzt, wenn kritische Medien zu fördern sind oder wenn extreme Förderparameter z. B. Niedertemperaturanwendungen bis −160 °C, Hochdruckpumpen bis 1200 bar Systemdruck und Hochtemperaturausführungen bis +450 °C gefordert werden. Der Grund: Zusätzlich zu dem Spaltrohr als hermetisch dichtes Bauteil stellt das spezielle, druckfeste Motorgehäuse eine zweite Sicherheitshülle dar, die das Fördermedium auch im Falle einer Havarie sicher an einem unkontrollierten Entweichen in die Umwelt hindert. Deshalb ist auch die Förderung von flüssigen Gasen mit hohen Dampfdrücken möglich, die sonst komplexe Wellendichtungssysteme benötigen.

Mit der sogenannten „In Tank"-Anwendung erschließt sich dieser hermetischen Pumpe mehr und mehr ein weiteres neues Anwendungsgebiet. Durch ihre absolut dichte Sicherheitshülle (das Motorgehäuse) kann die Pumpe komplett mit dem Motor in einem Tank versenkt werden. Durch das Konstruktionsprinzip entfällt die sonst notwendige lange Welle mit ihren potenziellen Ausfallquellen wie zusätzlichen Gleitlagern und erhöhten Schwingungen. Gleichzeitig sorgen die langen Standzeiten dieser Pumpen für den Wegfall

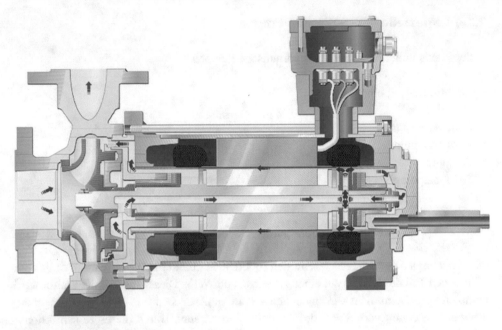

Abb. 2.6 Spaltrohrmotorpumpe im Querschnitt

aufwendiger Wartungs- und Reparaturarbeiten, zu denen die Pumpe aus dem Tank gezogen werden müsste.

Die größte Gruppe innerhalb der Kreiselpumpen bildet die Radialpumpe. Diese zeichnet sich durch den namensgebenden radialen Austritt des Fördermediums aus dem Laufrad aus, das Medium wird senkrecht zur Pumpenwelle gefördert.

Die erreichten Förderdrücke verhalten sich proportional zum Durchmesser des eingesetzten Laufrades. Für höhere Förderdrücke werden mehrere Laufräder nacheinander eingesetzt und man erhält mehrstufige Radialpumpen, wobei die radiale Strömung durch Leiträder immer wieder axial der nächsten Stufe zugeführt wird.

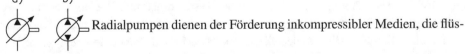

a)   b)

Radialpumpen dienen der Förderung inkompressibler Medien, die flüssig vorliegen und anteilig Gase oder Feststoffe enthalten können. Sie werden für kleine Volumenströme bei verhältnismäßig großen Förderhöhen eingesetzt. Bei Radialpumpen erfolgt die Energieübertragung, wie bei allen Kreiselpumpen, ausschließlich durch strömungstechnische Vorgänge.

Der Strömungsmechanismus in einer Kreiselpumpe lässt sich im Allgemeinen wie folgt beschreiben: Über einen Saugstutzen strömt das Fluid aufgrund eines Energiegefälles durch den Saugmund in das rotierende Laufrad. Das Pumpenaggregat nimmt mechanische Leistung über eine Welle von einem Antriebsmotor auf. Die Schaufeln des fest auf der Welle sitzenden Laufrades üben eine Kraftwirkung auf das Fluid aus und erhöhen dessen

Impulsmoment. Die Konsequenz ist ein steigender Druck und eine Erhöhung der Absolutgeschwindigkeit. Somit wird das Fördermedium übertragen. Der Anteil an Energie, der in
kinetischer Form in der erhöhten Absolutgeschwindigkeit vorliegt, wird üblicherweise
mittels einer Leitvorrichtung in zusätzliche statische Druckenergie umgewandelt. Als
Leitvorrichtung werden heutzutage meist Spiralgehäuse oder beschaufelte Leiträder eingesetzt. Zusammen mit dem Laufrad stellt die Leitvorrichtung die sogenannte Hydraulik
der Pumpe dar. Zur Aufrechterhaltung der Strömung muss analog zum Pumpeneintritt
auch hinter der Pumpe nach Austritt aus dem Druckstutzen ein Energiegefälle vorliegen.
Auftretende Verluste im System, etwa durch Reibung oder Leckageströmungen, bedingen
eine erhöhte Leistungsaufnahme der Pumpe.

Radialpumpen unterscheiden sich in ihren baulichen und funktionellen Merkmalen aufgrund des vorbestimmten Einbauortes und der zu fördernden Flüssigkeit. Für
Pumpen einer Baureihe können unterschiedliche Aufstellungsarten realisiert werden. Die
hydraulischen Eigenschaften und das Förderverhalten bleiben dabei nahezu unverändert.
Hauptmerkmale sind die Anordnung der Welle in horizontaler oder vertikaler Lage, die
Lage des Pumpenstutzens und die Verbindungsart der Pumpe mit der Antriebseinheit
durch eine Kupplung bei direkter Montage auf der Motorwelle (Blockbauweise).

Hermetisch abgedichtete Pumpen kommen heute mehr und mehr zum Einsatz. Diese
Bauart bietet lange Wartungsintervalle und schützt die Umwelt vor Emissionen. Gefährliche Medien sind sicher zu fördern und besonders niedrige oder hohe Temperaturen zuverlässig zu beherrschen. Im Fall von hohen System- und Dampfdrücken kann die hermetische Konstruktion einfacher und preiswerter sein als konventionelle Wellendichtungen.
Um innere, axiale und radiale Kräfte zu beherrschen, besitzen die Pumpen Gleitlager.
Spaltrohrmotorpumpen kommen dabei, konstruktionsbedingt, ohne weitere Lager aus, in
magnetgekuppelten Pumpen kommen zusätzlich zu den Gleitlagern herkömmliche, dynamische Lager wie Kugel- oder Kegellager zum Einsatz. Abb. 2.7 zeigt den Querschnitt
einer Radialpumpe.

Die hermetische Dichtheit der Magnetkupplungspumpen wird durch eine einfach wirkende Sicherheit gewährleistet. Die Abtrennung der Flüssigkeit zur Umwelt erfolgt über
den sogenannten Spalttopf. Für Antriebe der Pumpe wird, wie bei der konventionellen
Kreiselpumpe mit Gleitringdichtung, ein handelsüblicher Normmotor verwendet, der über
eine Kupplung mit dem Magnetantrieb verbunden ist. Auf dem äußeren Rotor sind Dauer-
magnete aufgebracht, die das vom Motor erzeugte Drehmoment über den Spalttopf auf
den inneren Rotor übertragen.

Zur Abführung von entstehender Wärme und zur Schmierung der Gleitlager wird ein
Teilstrom durch die Magnetkupplung geführt. Es haben sich, abhängig von der Art des
Fördermediums, unterschiedliche Teilstromführungen nach Durchströmen durchgesetzt.

- Teilstromrückführung zur Saug- und Druckseite: Das Fördermedium gelangt über den
  Saugraum in das Laufrad und wird durch dieses zum Druckstutzen befördert. Der
  Teilstrom zur Kühlung des Rotorraums und Schmierung der Gleitlager wird an der

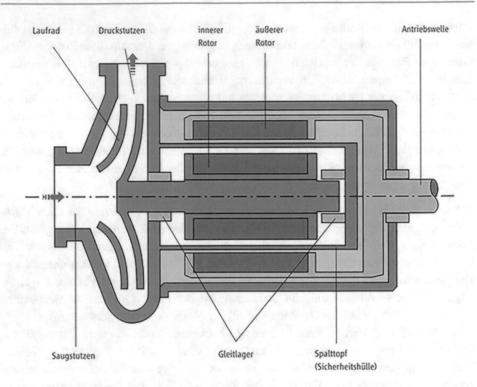

Laufrad   Druckstutzen   innerer   äußerer   Antriebswelle
                                      Rotor   Rotor

Saugstutzen   Gleitlager   Spalttopf
                                                       (Sicherheitshülle)

Abb. 2.7 Querschnitt durch eine einstufige Radialpumpe mit magnetischer Kupplung

Peripherie des Laufrades abgezweigt und nach Durchströmen des Spalttopfs durch die
Hohlwelle zurückgeführt. Hierbei wird ein Anteil des Teilstroms auf die Saugseite des
Teilstroms des Laufrades und ein weiterer Teil durch die Hohlwelle zurückgeführt.
Diese Ausführung ist geeignet zur Förderung unkritischer Flüssigkeiten mit niedrigem
Dampfdruck.

Abb. 2.8 zeigt die verschiedenen Teilstromrückführungen zur Saug- und Druckseite
und den internen Kühl-/Schmierkreislauf

- Teilstromrückführung zur Saugseite: Das Fördermedium gelangt über den Saugraum in
  das Laufrad und wird durch dieses zum Druckstutzen befördert. Der Teilstrom zur
  Kühlung des Rotorraums und Schmierung der Gleitlager wird an der Peripherie des
  Laufrades abgezweigt und nach Durchströmen des Spalttopfs wieder durch die Hohl-
  welle auf die Saugseite des Laufrades zurückgeführt. Diese Ausführung ist geeignet zur
  Förderung unkritischer Flüssigkeiten mit niedrigem Dampfdruck.
- Teilstromrückführung zur Druckseite: Das Fördermedium gelangt über den Saugraum
  in das Laufrad und wird durch dieses zum Druckstutzen gefördert. Der Teilstrom zur
  Kühlung des Rotorraums und Schmierung der Gleitlager wird an der Peripherie des
  Laufrades abgezweigt und nach Durchströmen der Hohlwelle über den Spalttopf wie-

Teilstromrückführung zur Saug- und Druckseite

Teilstromrückführung zur Saugseite

Teilstromrückführung zur Druckseite

Interner Kühl-/Schmierkreislauf

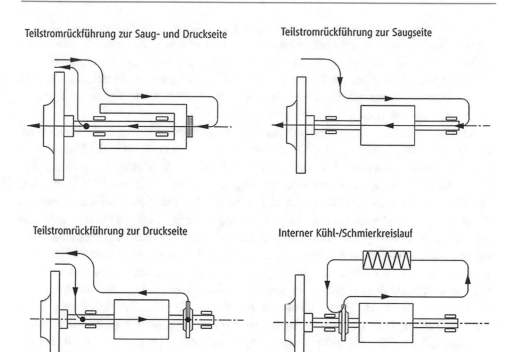

Abb. 2.8 Teilstromrückführungen zur Saug- und Druckseite und interner Kühl-/Schmierkreislauf

der auf die Druckseite zurückgeführt. Zusätzliche Radialbohrungen am Rotorende dienen zur Überwindung der auf diesem Weg anfallenden hydraulischen Druckverluste. Durch die Teilstromrückführung zur Druckseite hat der erwärmte Kühlstrom beim Wiedereintritt in die Pumpe noch genügend Druckreserven über der Siedelinie des Fördermediums. Unter sonst gleichen Bedingungen können daher mit dieser Bauart auch Flüssiggase gefördert werden.

• Teilstromrückführung über externe Kühler: Die Teilstromrückführung wird oft für Fördermedien bei hohen Temperaturen eingesetzt. Die Förderflüssigkeit gelangt durch den Saugraum in das Laufrad und wird durch dieses zum Druckstutzen gefördert. Eine Wärmesperre verhindert den direkten Wärmeübergang vom Pumpen- zum Motorteil. Die Motorverlustwärme wird durch den sekundären Kühl-/Schmierkreislauf in einen getrennt angeordneten Wärmeübertrager abgeführt. Dieser Kühl-/Schmierkreislauf versorgt gleichzeitig die Gleitlager. Damit können pumpenseitig Flüssigkeiten mit einer Temperatur von bis zu 400 °C gefördert werden, während sich der sekundäre Kühlkreis auf einem niedrigen Temperaturniveau befindet. Diese Bauart eignet sich auch zur Förderung verunreinigter oder mit Feststoffen versetzter Flüssigkeiten, gegebenenfalls unter Eindosierung reiner Prozessflüssigkeit in den Motorkreislauf.

Die Seitenkanalpumpe ist ein Nischenprodukt zwischen Verdränger- und Kreisel-pumpe. Seitenkanalpumpen sind selbstansaugende, rotierende Pumpen, die die Lücke zwischen Verdrängerpumpen und radialen Kreiselpumpen schließen und Vorteile beider in sich vereinen. Sie werden zur Förderung von kleinen Mengen mit mittleren bis großen Förderhöhen eingesetzt. Sie können große Gasanteile mitfördern und eignen sich ideal zur Förderung von siedenden Medien mit geringer Viskosität.

Abb. 2.9 zeigt einen Querschnitt durch eine Seitenkanalpumpe. Durch die Saugöffnung tritt die Förderflüssigkeit bzw. das Flüssigkeits-Gas-Gemisch zunächst in der Pumpenstufe in die Laufradzellen und den Seitenkanal ein. Durch die Drehbewegung des Laufrades und die Zentrifugalwirkung muss die Förderflüssigkeit mehrfach zwischen den Zellen des sternförmigen Laufrades und dem Seitenkanal hin und her zirkulieren, während durch die Rotation des Laufrades eine kreisförmige Strömungsrichtung überlagert wird. Es entstehen die typischen Kreisring-Helix-Strömungslinien, auf denen sich das Fördermedium durch die Seitenkanalstufen bewegt. Durch die mehrfache Interaktion der Förderflüssigkeit mit dem Laufrad kann eine sehr intensive Energieübertragung stattfinden. Mit Seitenkanalpum-pen werden Förderhöhen (Drucksteigerungen) erreicht, die das 8- bis 9-fache von mit glei-cher Umfangsgeschwindigkeit rotierenden klassischen Kreiselpumpenlaufrädern – bei gleichem Laufraddurchmesser – betragen. Durch die Zentrifugalwirkung kommt es in der Pumpenstufe zur zeitweiligen Phasentrennung – Luft- oder Gasanteile sammeln sich im inneren Bereich des Laufrades und werden dort zur Gasaustrittsöffnung mittransportiert, wo sie wieder mit dem Flüssigkeitsstrom vermischt werden.

Die sehr niedrigen NPSH-Werte ermöglichen es, siedende Medien nahe der Dampf-druckkurve zu fördern. Selbst bei teilweiser Ausgasung oder kurzzeitigem Lufteintritt reißt der Förderstrom mit Seitenkanalpumpen nicht ab. Es können sehr große Gasanteile (bis 50 Vol. %) permanent mitgefördert werden.

Die Seitenkanalpumpe besteht aus einem Systembaukasten mit sechs Baugrößen und maximal neun Stufen mit oder ohne Wellendichtung und vorgeschalteter Saugstufe zur Erzielung niedrigster NPSH-Werte.

Abb. 2.9 Querschnitt durch eine Seitenkanalpumpe

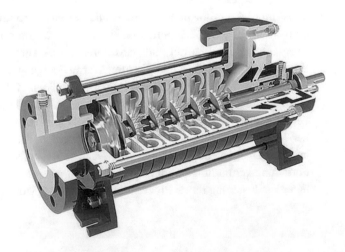

Peripheralpumpen sind Kreiselpumpen zur Förderung reiner Medien. Sie werden dort eingesetzt, wo große Förderhöhen bei kleinen Förderströmen gefordert sind. Peripheralpumpen besitzen außerdem im Vergleich zu anderen Kreiselpumpen die Fähigkeit, große Gasanteile ohne Unterbrechung der Flüssigkeitsströmung mitfördern zu können. Abb. 2.10 zeigt einen Querschnitt durch eine Peripheralpumpe.

Bei Peripheralpumpen, die den Kreiselpumpen zuzuordnen sind, erfolgt die Energieübertragung auf das Fördermedium im Laufrad und dem umliegenden Seitenkanal. Bedingt durch Zentrifugalkräfte rezirkuliert das Fördermedium mehrfach aus dem Seitenkanal zurück in das Laufrad. Dadurch wird die Energieübertragung erhöht und es können große Förderhöhen trotz einer kleinen Baugröße erreicht werden. Das generelle Funktionsprinzip ähnelt dem von Seitenkanalpumpen. Der Unterschied liegt darin, dass sich der Seitenkanal einer Peripheralpumpe auch entlang der Stirnseite des Laufrades erstreckt. Peripheralpumpen besitzen meist über 20 Schaufeln, die sternförmig auf beiden Seiten einer Tragscheibe angeordnet sind.

Axialpumpen dienen der Förderung inkompressibler Medien und werden für große Volumenströme bei verhältnismäßig kleinen Förderhöhen eingesetzt. Bei Axialpumpen erfolgt die Energieübertragung, wie bei allen Kreiselpumpen, ausschließlich durch strömungstechnische Vorgänge. Axialpumpen sind Kreiselpumpen, in denen das Fördermedium axial, d. h. parallel zur Pumpenwelle gefördert wird.

Der Strömungsmechanismus in einer Kreiselpumpe lässt sich im Allgemeinen wie folgt beschreiben: Über einen Saugstutzen strömt das Fluid aufgrund eines Energiegefälles durch den Saugmund in das rotierende Laufrad. Das Pumpenaggregat nimmt mechanische Leistung über eine Welle von einem Antriebsmotor auf. Die Schaufeln des fest auf der Welle sitzenden Laufrades üben eine Kraftwirkung auf das Fluid aus und erhöhen

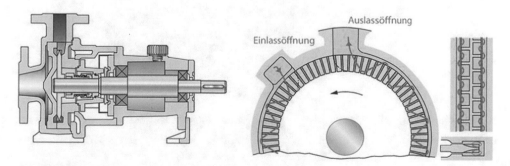

Abb. 2.10 Querschnitt durch eine Peripheralpumpe

dessen Impulsmoment. Als Konsequenz steigen Druck und Absolutgeschwindigkeiten und somit wird auf das Fördermedium Energie übertragen. Diese liegt in kinetischer Form in der erhöhten Absolutgeschwindigkeit vor, kann mittels einer Leitvorrichtung in zusätzliche statische Druckenergie umgewandelt werden. Zur Aufrechterhaltung der Strömung muss analog zum Pumpeneintritt auch hinter der Pumpe nach Austritt aus dem Druckstutzen ein Energiegefälle vorliegen. Auftretende Verluste im System, etwa durch Reibung oder Leckageströmungen, bedingen eine erhöhte Leistungsaufnahme der Pumpe.

Axialpumpen unterscheiden sich in ihren baulichen und funktionellen Merkmalen aufgrund des vorbestimmten Einbauortes und der zu fördernden Flüssigkeiten. Für Pumpen einer Baureihe können unterschiedliche Aufstellungsarten realisiert werden. Die hydraulischen Eigenschaften und das Förderverhalten bleiben dabei nahezu unverändert. Hauptmerkmale sind die Anordnung der Welle in horizontaler oder vertikaler Lage, die Lage der Pumpenstutzen und die Verbindungsart der Pumpe mit der Antriebseinheit durch eine Kupplung oder in direkter Montage auf der Motorwelle (Blockbauweise).

Diagonalpumpen dienen der Förderung inkompressibler Medien und werden für mittlere Volumenströme und Förderhöhen eingesetzt, sodass die jeweiligen Vorteile von Axial- und Radialpumpen vereint werden. Die Energieübertragung erfolgt auch hier wie bei allen Kreiselpumpen ausschließlich durch strömungstechnische Vorgänge. Diagonalpumpen sind Kreiselpumpen, in denen das Fördermedium diagonal zur Pumpenwelle gefördert wird. Abb. 2.11 zeigt einen Querschnitt durch eine Diagonalpumpe.

Diagonalpumpen unterscheiden sich in ihren baulichen und funktionellen Merkmalen aufgrund des vorbestimmten Einbauortes und der zu fördernden Flüssigkeit. Für Pumpen

Abb. 2.11 Querschnitt durch eine Diagonalpumpe

einer Baureihe können unterschiedliche Aufstellungsarten realisiert werden. Die hydraulischen Eigenschaften und das Förderverhalten bleiben dabei nahezu unverändert. Hauptmerkmale sind die Anordnung der Welle in horizontaler oder vertikaler Lage, die Lage der Pumpenstutzen und die Verbindungsart der Pumpen mit der Antriebseinheit durch eine Kupplung oder direkte Montage auf der Motorwelle (Blockweise).

Dosierpumpen stehen für höchste Sicherheit und Genauigkeit. Diese Dosierpumpe wird von oszillierten Bewegungen des Verdrängers in Form eines Kolbens oder einer Membran gesteuert, der den Arbeitsraum abwechselnd vergrößert oder verkleinert. Um den Rückstrom des Fördermediums zu verhindern, muss der Arbeitsraum durch zwei Ventile abgeschlossen sein.

Während der Rückwärtsbewegung des Verdrängers vergrößert sich der Arbeitsraum und es entsteht ein Unterdruck gegenüber dem Druck vor dem selbsttätigen Saugventil. Durch diese Druckdifferenz öffnet das Saugventil und die Förderflüssigkeit wird in den Arbeitsraum gesaugt. Hat der Verdränger seine hintere Totlage erreicht, endet der Saughub. Das Saugventil schließt durch seine Eigenmasse oder durch eine zusätzliche Feder. Während der Vorwärtsbewegung des Verdrängers verkleinert sich der Arbeitsraum. Dadurch steigt der Druck an. Ist dieser geringfügig über den Gegendruck angestiegen, öffnet das selbsttätige Druckventil und das vorher angesaugte Flüssigkeitsvolumen wird ausgestoßen. In der vorderen Totlage schließt das Druckventil und der nächste Hubzyklus beginnt.

Bei den meisten Bauarten der oszillierenden Verdrängerpumpe ist der Förderstrom kaum abhängig vom Förderdruck und man spricht von der „drucksteifen" Kennlinie. Des Weiteren besteht eine lineare Abhängigkeit des Förderstroms von Hublänge und Hubfrequenz. Oszillierende Verdrängerpumpen eignen sich daher zur Förderung und exakten Dosierung von fließfähigen Stoffen in einem weiten Druck- und Volumenstrombereich.

Die außenverzahnte Zahnradpumpe zählt zu den rotierenden Verdrängungspumpen und ist ideal zur Förderung verschiedenster Medien. Sie ist der Förderung von niedrigviskosen Medien wie Alkoholen, Lösungsmitteln sowie mittel- und hochviskosen Medien wie Kunststoffschmelzen, Gumbase oder Gummi geeignet. Feststoffbeladene Medien können allerdings nur mit Einschränkungen gefördert werden. Abb. 2.12 zeigt den Aufbau einer Zahnradpumpe.

Eine Zahnradpumpe besteht aus einem Gehäuse mit zwei Deckeln. Das angetriebene Zahnrad und das getriebene Zahnrad sind in vier Gleitlagern untergebracht. Die herausgeführte Antriebswelle ist durch eine Dichtung abgedichtet. Die miteinander kämmenden

Abb. 2.12 Aufbau einer Zahnradpumpe

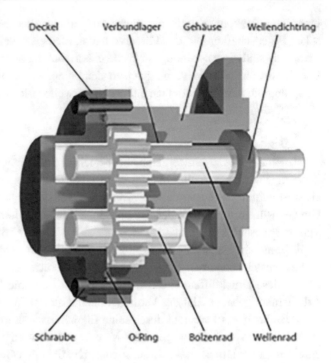

Zahnräder werden durch das Gehäuse eingeschlossen. Das Spiel zwischen dem Zahnkopf und dem Gehäuse ist sehr eng und auf beiden Seiten des Gehäuses sind Öffnungen. Eine Öffnung ist an der Saugseite und die andere Öffnung an der Druckseite der Pumpe. Ein Zahnrad wird durch die aus dem Pumpengehäuse herausgeführte Welle angetrieben. Während der Drehung der Zahnräder wird zwischen zwei Zähnen und dem Gehäuse eine Kammer gebildet, die mit der zu pumpenden Flüssigkeit gefüllt ist. Bei Drehung der Zahnräder wird die Flüssigkeit außen von der Saug- zur Druckseite gefördert. Dort, wo die Zähne wieder zusammentreffen, wird das Fördermedium ausgequetscht. Daher wird eine Zahnradpumpe als Verdrängungspumpe bezeichnet.

Die meisten Zahnradpumpen haben hydrodynamische Gleitlager, die mit der zu pumpenden Flüssigkeit geschmiert werden. In seltenen Fällen werden Kugellager verwendet.

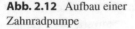 Schraubenspindelpumpen zählen zu den selbstansaugenden, ventillosen und rotierenden Verdrängerpumpen, die sich aufgrund ihres Designs besonders für die Förderung schmierender Medien eignen. Mit ihnen lassen sich bei kompakten Abmessungen hohe Förderleistungen und hohe Drücke erreichen. Einige Bauformen werden aber auch für nicht schmierende oder sogar feststoffbeladene Medien eingesetzt. Abb. 2.13 zeigt den Querschnitt durch eine Schraubenspindelpumpe.

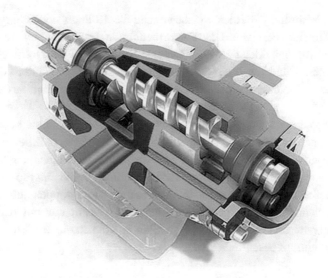

Abb. 2.13   Querschnitt durch eine Schraubenspindelpumpe

Das Förderprinzip basiert auf einer Antriebsspindel, die das Drehmoment über einen dünnen, hydrodynamischen Film überträgt auf eine oder zwei sich drehende, ineineinander greifende Spindeln überträgt.

Bauformen, die auch nicht schmierende Medien fördern bzw. Feststoffe transportieren, benötigen ein zusätzliches Getriebe, über das die Spindeln miteinander synchronisiert werden.

Durch die Rotation der Schrauben werden die Kammern kontinuierlich von der Saugseite zur Druckseite bewegt und es entsteht ein Unterdruck und das Medium wird angesaugt.

Das aufeinander abgestimmte Design von Schrauben und Gehäuse sorgt für einen hydraulischen Ausgleich der auftretenden hohen axialen und radialen Kräfte und für die Langlebigkeit der Pumpe.

Überall dort, wo abrasive, aggressive und toxische Medien gefördert werden, kommen hermetisch dichte, oszillierende Verdrängerpumpen zum Einsatz. Auch für externe Fördertemperaturen und heterogene Mischungen mit hohem Feststoffanteil bietet die Kolbenmembranpumpe dem Kunden für viele Anwendungen das optimale Pumpensystem. Die weiterentwickelte Technologie mit dem hermetisch dichten, redundanten Doppel-Schlauchmembransystem garantiert einen zweifach gesicherten Transport von kritischen und umweltgefährdenden Fluiden.

Bei den Kolbenmembranpumpen handelt es sich um oszillierende Verdrängungspumpen, deren oszillierender Kolben oder Plunger über eine Hydraulikflüssigkeit eine Membran aktiviert. Während der Rückwärtsbewegung des Kolbens oder Plungers (Saughub) strömt bei geöffnetem Saugventil das Fördermedium in das Pumpeninnere. Die Vorwärtsbewegung des Kolbens oder Plungers (Druckhub) führt zu einer vollflächigen Aktivierung der Membran und einer Druckerhöhung. In deren Folge schließt das saugseitige Ventil und das druckseitige Ventil öffnet, sodass das Fördermedium aus der Pumpe gedrückt wird.

Bei der Doppelmembranpumpe als konsequente Weiterentwicklung der Kolbenmembranpumpe handelt es sich um eine hermetisch dichte, leckfreie, oszillierende Verdrängerpumpe mit zweifacher Abdichtung des Medienraumes gegenüber der Umgebung. Im Pumpenkopf sind zwei ineinander liegende Schlauchmembrane eingespannt, die das Medium umschließen und das hydraulische Antriebsende damit doppelt abtrennen. Das Fördermedium durchströmt die Pumpe geradlinig und kommt nur mit dem Inneren der Schlauchmembrane und den Rückschlagventilen in Kontakt, sodass Erosion und Korrosion auf ein Minimum beschränkt sind.

Exzenterschneckenpumpen sind selbstansaugende, ventillose, exzentrisch rotierende Verdrängerpumpen, die aufgrund ihrer hohen Betriebssicherheit und ihres hohen Saugvermögens häufig zur kontinuierlichen und schonenden Förderung sowie drehzahlproportionalen Dosierung schwieriger Medien genutzt werden.

Das Förderprinzip bei einer Exzenterschneckenpumpe basiert auf einem Rotor, der sich oszillierend in einem feststehenden Stator dreht. Durch die aufeinander abgestimmte, gewendete Geometrie beider Komponenten bilden sich dabei Förderkammern, in denen das Medium von der Saug- zur Druckseite transportiert wird. Aufgrund der Ausprägung von Rotor und Stator entstehen kaum Pulsation oder Scherkräfte, welche auf das Fluid einwirken. Stattdessen wird das Medium schonend und kontinuierlich bewegt. Die Konsistenz und insbesondere die Viskosität sind bei dieser Verdrängungstechnologie unerheblich für den Förderstrom, die transportierte Menge wird einzig von der Drehzahl bestimmt und lässt sich so – in Kombination mit einem Frequenzumrichter – bequem und präzise regeln. Die mögliche Genauigkeit beträgt dabei bis drei Prozent, kleine Dispenser erreichen sogar ein Prozent.

Für Medien mit hohem Trockenstoffgehalt eignen sich Trichterpumpen mit speziellen Förderschnecken und Brückenbrechern.

Plungerpumpen werden auch von Nichtkennern als Kolbenpumpen bezeichnet, und sie gehören zu den oszillierenden Verdrängerpumpen. Die Verdränger in Plungerpumpen werden von Kurbelwellen angetrieben, die Teil der Pumpe sind, welche mindestens einen Zylinder hat. Bei diesen Pumpen wird der Verdränger als „Plunger"

(Tauchkolben) definiert. Der Plunger taucht im Gegensatz zu den Kolbenpumpen durch eine feststehende Dichtung in einen abgeschlossenen Arbeitsraum und verdrängt so die Flüssigkeit. Bei Kolbenpumpen hingegen oszilliert die Dichtung zusammen mit dem Verdränger (Kolben). Je ein Rückschlagventil in der Ansaugöffnung und eines in der Auslassöffnung des Zylinders stellen sicher, dass das Fluid in die gewünschte Richtung gefördert wird. Pro Kurbelwellenumdrehung taucht der Verdränger einmal in seinen Zylinder ein. Dadurch verändert sich das Volumen des Zylinders und die Pumpe arbeitet. Um die Pulsation des geförderten Fluids in möglichst engen Grenzen zu halten, sind die Zylinderzahlen ungerade und meist größer als Eins.

Da die dynamischen Hochdruckdichtungen nicht an dem sich bewegenden Verdränger, sondern am Gehäuse der Pumpe befestigt sind, kann das Dichtungssystem sehr aufwendig und in zahllosen Varianten ausgeführt werden. Dadurch kann eine Plungerpumpe an vielfältige Fluide und Umgebungen angepasst werden. Dazu passt, dass die Pumpengehäuse und Innenteile der Plungerpumpen aus fast beliebigen Materialien gefertigt werden können. Durch diese Möglichkeiten können z. B. abrasive, korrosive, heiße, kalte, viskose, toxische und brennbare Fluide verpumpt werden – auch unter höchsten Drücken. Durch die Leckageüberwachung lassen sich fast beliebige Sperrflüssigkeiten verwenden. Weist ein Fluid einen hohen Dampfdruck auf, kann eine Plungerpumpe dieses ebenfalls fördern, indem der Druck der Plungerpumpe erhöht wird. Sogar sterilisierbare Ausführungen von Plungerpumpen sind in allen Druckstufen möglich. Für explosionsgefährdete Umgebungen lassen sich diese Pumpen schützen.

Da die oszillierenden Plungerpumpen von einer Kurbelwelle zwangsangetrieben werden, können höchste Durchflusswiderstände überwunden werden. Eine Plungerpumpe kann also in entsprechend Prozessen mit höchsten Drücken eingesetzt werden, wenn der Antriebsmotor stark genug ist.

Die die Plungerpumpe antreibende Kurbelwelle wird meist mit einer Drehzahl arbeiten, die langsamer als die Drehzahl üblicher Antriebe ist. Daher weisen die meisten Plungerpumpen eine integrierte Getriebeuntersetzung auf. Nur ganz kleine Baugrößen bis 45 kW werden oft über externe Riemenantriebe bewegt. Größere Varianten weisen keine integrierte Untersetzung mehr auf, es werden externe Industriegetriebe zwischen Pumpe und Antrieb verwendet.

Da die Plungerpumpen zu den oszillierenden Verdrängungspumpen gehören, hängt der Förderstrom nur von der Drehzahl der Pumpenkurbelwelle ab. Die Förderkennlinie ist quasi linear und direkt proportional zur Antriebsdrehzahl. Dadurch lassen sich Dosieraufgaben genauso gut erfüllen wie drehzahlabhängige Druckregelungen – bis zu mehreren tausend bar Betriebsdruck.

Bauartbedingt arbeiten Plungerpumpen mit Wirkungsgraden von mehr als 90 %. Damit wird ihr Einsatz überall dort interessant, wo auch Energie eingespart werden soll. Die hohe Energiedichte oder die kleine Bauform derartiger Pumpen erleichtern dabei deren Aufstellung enorm. Aufgrund ihrer Vorteile ist eine Plungerpumpe oft eine wirtschaftlich sinnvolle Alternative.

nach unten Pumpenwand vorbei zur Druckseite gefördert wird. Bei gummierten Rotoren schließt die Pumpe bei Stillstand fast vollständig ab. Bestehen die Drehkolben aus Metall, verhindert das notwendige Untermaß eine vollständige Abdichtung. Eine Ausnahme bilden die geraden Metallkolben. Abb. 2.14 zeigt einen Querschnitt durch eine Drehkolbenpumpe.

Drehkolbenpumpen können sowohl niedrig- als auch hochviskose Medien fördern. Aufgrund ihres großen, freien Kugeldurchgangs und der niedrigen Drehzahl sind sie gegenüber Verstopfungen, Verzopfungen und Fremdkörpern relativ unempfindlich. Unterschiedliche Feststoffgehalte beeinflussen die Fördermenge ebenso wenig wie durch die Feststoffmenge bewirkte Druckänderungen, ihr Wirkungsgrad ist höher als bei vielen anderen Verdrängerpumpen dieser Pumpenart. Da die Energie den größten Anteil an den Lebensdauerkosten einer Pumpe ausmacht, ist dies ein wesentlicher Vorteil.

Aufgrund der hohen Robustheit und langen Standzeit bei minimalem Wartungsaufwand sind die neuen Drehkolbenpumpen für den Einsatz ausgelegt. Grundlage dafür ist eine Werkstoffumkehr. Anstelle von Elastomer-Kolben in einem Metallgehäuse drehen sich gehärtete Stahlkolben in einem einfach austauschbaren Gehäuseeinleger aus Gummi. Da Stahl weniger anfällig für Materialermüdung durch dynamische Kräfte ist, wird eine längere Haltbarkeit der Rotoren erreicht. Zudem verformt sich das Metall unter wechselnden Temperaturen weniger, weshalb die Rotoren mit engeren Toleranzen gefertigt werden können, was sich in einem höheren Wirkungsgrad widerspiegelt und den Vorteil mit sich bringt, dass die Pumpe mit einer niedrigeren Drehzahl komponentenschonend und verschleißreduziert verwendet werden kann.

Die einstufige Verdrängerpumpe ist eine Vakuumpumpe und Verdichter sind rotierende Verdrängerpumpen, die einen großen Einsatzbereich abdecken. Die Anwendungen liegen

Abb. 2.14 Querschnitt durch eine Drehkolbenpumpe

z. B. in der Chemie, Petrochemie, Pharmazie und Lacken wie im Allgemeinen Anlagen-
und Maschinenbau.

Der Arbeitsraum der Flüssigkeitsring-Vakuumpumpen und Verdichter ist
während des Betriebs teilweise mit Betriebsflüssigkeit gefüllt. Gehäuse und Steuerschei-
ben bilden den Arbeitsraum, in dem das exzentrisch angeordnete Laufrad bei Drehung
einen umlaufenden Flüssigkeitsring aufbaut. Der Flüssigkeitsring teilt in den Laufrad-
schaufeln Segmente ab, die sich an der Saugseite beim Drehen vergrößern und dadurch
das zu fördernde Gas durch den Saugschlitz ansaugen. Beim Weiterdrehen werden die
Segmente wieder verkleinert, das Gas verdichtet und durch die druckseitigen Schlitze der
Pumpe ausgeschoben. Dabei wird ein Teil der Betriebsflüssigkeit auf die Druckseite
gefördert und welche im Flüssigkeitsabscheider wieder vom Gas getrennt. Abb. 2.15 zeigt
einen Querschnitt durch eine Flüssigkeitsring-Vakuumpumpe.

Durch einen flexiblen Druckschlitz in der Steuerscheibe arbeitet die Flüssigkeitsring-
Vakuumpumpe im gesamten Ansaugbereich mit maximalem Wirkungsgrad. Die Druck-
schlitzöffnung passt sich dem jeweils anstehenden Druckverhältnis an, sodass Überver-
dichtung des Fördergases vermieden wird.

Flüssigkeitsring-Vakuumpumpen und Verdichter werden vor allem zum Absaugen von
feuchten Gasen und Dämpfen verwendet, die bereits während des Verdichtungsvorganges

Abb. 2.15 Querschnitt durch
eine Flüssigkeitsring-
Vakuumpumpe

kondensiert werden sollen. Da eine nahezu isotherme Verdichtung vorliegt, eignen sich
diese Pumpen besonders zum Fördern von explosiven oder zur Polymerisation neigenden
Gasen oder Dämpfen.

Flüssigkeitsring-Vakuumpumpen und Verdichter sind einstufige Verdrängerpumpen,
die abhängig von der Baugröße mit ein- oder doppelflutigen Laufrädern ausgeführt sind.
Die besonderen Eigenschaften sind hierbei, dass sie keine Schmiermittel benötigen und
sich im Förderraum keine sich berührenden Bauteile befinden. Deshalb zeichnen sich
diese Maschinen durch ihren leisen und vibrationsarmen Betrieb sowie durch einfache und
robuste Bauweise aus.

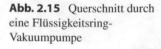 Die Funktionsweise einer Schlauchpumpe basiert auf einem Wechsel
von An- und Entspannung des flexiblen Schlauchs, der durch Rollen oder Gleitschuhe
abgeklemmt wird, die sich an einem Rotor drehen. Dadurch wird das Medium in den
Schlauch gezogen und wieder ausgestoßen.

Charakteristisch für die Schlauchpumpe ist es, dass das Medium im Schlauch eingeschlossen ist und so Verunreinigungen des Mediums durch die Pumpe und umgekehrt ausgeschlossen sind, was Vorteile für die Gesundheit und Sicherheit mit sich bringt. Mit dem geeigneten
Schlauchmaterial ist die Pumpe für eine Vielzahl von Medien geeignet. Generell ist der relativ
kostengünstige Schlauch das einzige Ersatzteil der Schlauchpumpe, das infolge von Materialermüdung oder chemische Einwirkung ersetzt werden muss. Der niedrige Wartungsaufwand
ist möglich, da die geförderte Flüssigkeit nur mit dem Schlauch in Berührung kommt. So
müssen keine anderen Komponenten der Pumpe, z. B. Ventile gereinigt werden.

Schlauchpumpen sind tolerant gegenüber Trockenlauf und sie sind selbstansaugend.
Daher müssen sie nicht permanent mit einem Medium gefüllt sein, können auch leer gestartet werden. Das spart umständliches Befüllen der Pumpe und senkt das Risiko möglicher Unfälle.

2.2   Hydraulische Motoren

Tab. 2.5 zeigt die Symbole für hydraulische Motoren.

Die hydraulischen Systemkomponenten sind Hydropumpe, Hydromotor, Hydromotor variabel, Hydromotor konstant und Hydromotor mit Eigenfrequenzen.

*   Hydropumpe:

$$Q = \frac{V \cdot n \cdot \eta_{vol}}{1000}$$

Q = Volumenstrom [1/min]
V = Nennvolumen [cm³]

$$P_{an} = \frac{p \cdot Q}{600 \cdot \eta_{ges}}$$

n = Antriebsdrehzahl der Pumpe [min⁻¹]
P_{an} = Antriebsleistung [kW]

$$M = \frac{1,59 \cdot V \cdot \Delta p}{100 \cdot \eta_{mh}}$$

Tab. 2.5   Symbole für hydraulische Motoren

Symbol	Bezeichnung	Beschreibung
	Konstantmotor	Hydraulikmotor mit Drehkolbenpumpe
	Verstellmotor	Hydraulikmotor mit Axialkolbenpumpe
	Schwenkmotor	Hydraulikmotor mit begrenztem Drehwinkel

p = Betriebsdruck [bar]
M = Antriebsmoment [Nm]

$$\eta_{ges} = \eta_{vol} \cdot \eta_{mh}$$

η_{ges} = Gesamtwirkungsgrad (0,8 bis 0,85)
η_{vol} = volumetrischer Wirkungsgrad (0,9 bis 0,95)
η_{mh} = hydraulisch-mechanischer Wirkungsgrad (0,9 bis 0,95)

- Hydromotor:

$$Q = \frac{V \cdot n}{1000 \cdot \eta_{vol}}$$

Q = Volumenstrom [1/min]
V = Nennvolumen [cm^3]

$$n = \frac{Q \cdot \eta_{vol} \cdot 1000}{V}$$

n = Antriebsdrehzahl der Pumpe [mm^{-1}]
η_{ges} = Gesamtwirkungsgrad (0,8 bis 0,85)

$$M_{ab} = \frac{\Delta p \cdot \eta_{mh} \cdot V}{200 \cdot \pi} = 1,59 \cdot V \cdot \Delta p \cdot \eta_{mh} \cdot 10^{-3}$$

η_{vol} = volumetrischer Wirkungsgrad (0,9 bis 0,95)
η_{mh} = hydraulisch-mechanischer Wirkungsgrad (0,9 bis 0,95)

$$P_{ab} = \frac{\Delta p \cdot \eta_{ges} \cdot Q}{600}$$

Δp = Druckdifferenz zwischen Eingang und Ausgang des Motors [bar]
P_{ab} = Abtriebsleistung des Motors [kW]
M_{ab} = Abtriebsdrehmoment [Nm]

Abb. 2.16 Variabler
Hydromotor

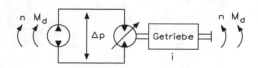

- Variabler Hydromotor wie Abb. 2.16 zeigt:

$$M_d = \frac{30.000}{\pi} \cdot \frac{P}{n}$$

M_d = Drehmoment [Nm]
P = Leistung [kW]

$$P = \frac{\pi}{30.000} \cdot M_d \cdot n$$

n = Drehzahl [$\min^{-1}$]
$M_{d\,max}$ = maximales Drehmoment [Nm]

$$n = \frac{30.000}{\pi} \cdot \frac{P}{M_d}$$

i = Getriebeübersetzung
η_{Getr} = Getriebewirkungsgrad

$$M_d = \frac{M_{d\,max}}{i \cdot \eta_{Getr}}$$

η_{mh} = mechanisch-hydraulischer Wirkungsgrad
η_{vol} = volumetrischer Wirkungsgrad

$$n = \frac{n_{max}}{i}$$

V_g = Fördervolumen [l]

$$\Delta p = 20 \cdot \pi \cdot \frac{M_d}{V_{ges} \cdot \eta_{mh}}$$

$$Q = \frac{V_g \cdot n}{1000 \cdot \eta_{vol}}$$

$$Q = \frac{V_g \cdot n \cdot \eta_{vol}}{1000}$$

$$P = \frac{Q \cdot \Delta p}{600 \cdot \eta_{ges}}$$

- Konstanter Hydromotor wie Abb. 2.17 zeigt.

$$M_d = \frac{30.000}{\pi} \cdot \frac{P}{n}$$

M_d = Drehmoment [Nm]
P = Leistung [kW]

$$P = \frac{\pi}{30.000} \cdot M_d \cdot n$$

n = Drehzahl [min^{-1}]
M_{dmax} = max. Drehmoment [Nm]

$$n = \frac{30.000}{\pi} \cdot \frac{P}{M_d}$$

i = Getriebeübersetzung
η_{Getr} = Getriebewirkungsgrad

$$M_d = \frac{M_{d\,max}}{i \cdot \eta_{Getr}}$$

η_{mh} = mechanischer/hydraulischer Wirkungsgrad
η_{vol} = volumetrischer Wirkungsgrad

Abb. 2.17 Konstanter
Hydromotor

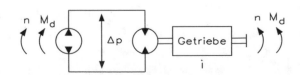

$$n = \frac{n_{max}}{i}$$

V_g = Fördervolumen [l]

$$\Delta p = 20 \cdot \pi \cdot \frac{M_d}{V_g \cdot \eta_{mh}}$$

$$Q = \frac{V_d \cdot n}{1000 \cdot \eta_{vol}}$$

$$Q_p = \frac{V_g \cdot n \cdot \eta_{vol}}{1000}$$

$$P = \frac{Q \cdot \Delta p}{600 \cdot \eta_{ges}}$$

- Hydromotoreigenfrequenz wie Abb. 2.18 zeigt.

$$\omega_0 = \sqrt{\frac{2 \cdot E}{J_{red}} \cdot \frac{\left(\dfrac{V_G}{2 \cdot \pi}\right)^2}{\left(\dfrac{V_G}{2} + V_R\right)}}$$

V_G = Schluckvolumen [l]
ω_0 = Eigenkreisfrequenz [Hz]

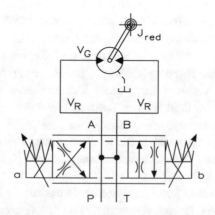

Abb. 2.18 Hydromotoreigenfrequenz

$$f_0 = \frac{\omega_0}{2 \cdot \pi}$$

f_0 = Eigenfrequenz [Hz
J_{red} = Trägheitsmoment [Nm]
$E = 1400 \, N/mm^2$
V_R = Volumen der Leitung [m^3]

Hydraulikmotoren wandeln hydraulische Energie (Druck, Ölstrom) in mechanische Energie (Drehmoment, Drehzahl) um. Hydraulikmotoren sind Hochdrehmomentmotoren mit konstantem Schluckvolumen. Bei einem gegebenen Ölstrom und einem gegebenen Druck bestimmt die Größe des Schluckvolumens (Motorgröße) die Drehzahl und das Drehmoment. Bei einem gegebenen Schluckvolumen (Motorgröße) werden die Drehzahl von dem zugeführten Ölstrom und das Drehmoment vom Druck bestimmt.

2.2.1 Linearmotoren

Der Hydromotor ist ein Modul, welches die Kraft in Bewegung umwandelt. In der Hydraulik bezeichnet man ein solches Modul der verwendeten Kraft entsprechend als „Hydromotor", also hydraulisch betriebene Bewegungsmaschine. Man unterscheidet zwei Arten von Hydromotoren:

• Linearmotoren
• Radialmotoren

Der Linearmotor ist die Art von Hydromotor, für den die Hydraulik am besten bekannt und geeignet ist. Bei Linearmotoren handelt es sich um die Hydraulikzylinder. Sie wandeln eingebrachten hydraulischen Druck in eine lineare Bewegung um. Neben der sehr großen Kraft, mit welcher die Linearmotoren beaufschlagt werden können, ist vor allem ihre präzise Steuerbarkeit ein besonderes Merkmal. Damit unterscheiden sie sich z. B. von den Linearmotoren aus der Pneumatik, die aufgrund der Kompressibilität von Gasen bzw. Druckluft stets eine gewisse abfedernde Wirkung haben. Der erforderliche Druck wird bei einfachen und kleinen Systemen durch einen Geberzylinder aufgebaut. Dieser meist schmale, aber lange Zylinder fährt in einen Tank ein. Der dort entstehende Überdruck wird an den ausfahrenden Nehmerzylinder weitergeleitet, der dann proportional zum Querschnitt des Geberzylinders herausfährt. Die Kraft potenziert sich dabei ebenfalls proportional zur Querschnittsfläche. Diese Bauweise findet sich beispielsweise in hydraulischen, manuell betätigten Wagenhebern.

Bei größeren hydraulischen Systemen wird der Druck für die Linearmotoren über eine Hydraulikpumpe aufgebaut. Je nach verwendeter Druckstufe kommen dazu unterschiedli-

Abb. 2.19 Querschnitt durch
einen Linearmotor
A: Rollenkolben,
B: Kurvenscheibe, C: Rotor,
D: Verteilsystem,
E: Drehdurchführung,
F: Anschlussblock (nicht
rotierend), P: Hochdruck,
T: Niederdruck

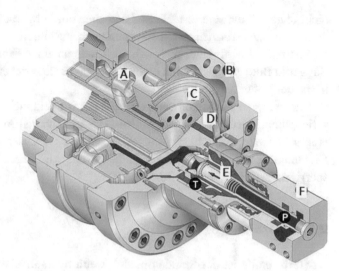

che Bauweisen zum Einsatz. Die einfachsten Hydraulikpumpen für relativ schwache Systeme sind beispielsweise Flügelzellenpumpen. Diese bestehen aus zwei einfachen, ineinander greifenden Rotoren. Die stärksten Hydraulikpumpen sind die Kolbenpumpen. Sie werden als Radial- oder Axialkolbenpumpen angeboten und können Drücke bis zu mehreren tausend Bar generieren. Entsprechend leistungsstark sind die angeschlossenen Linearmotoren. Sie werden beispielsweise für Schrottpressen in der Recyclingindustrie, für schwere Hebebühnen oder als Aktoren in der Schwerindustrie eingesetzt. Abb. 2.19 zeigt den Querschnitt durch einen Linearmotor.

2.2.2   Radialmotoren

Radialmotoren sind Hydromotoren, die durch hydraulischen Druck angetrieben werden. Sie sind in ihrer Bauweise praktisch umgekehrte hydraulische Pumpen. Einfache Radialmotoren verwenden ebenfalls eine Mechanik aus Flügelzellen. Sie werden für unkritische Anwendungen wie beispielsweise den Antrieb eines Lüfterrads eingesetzt. Für ein hohes Drehmoment hat sich die Bauweise des Orbitmotors durchgesetzt. Dieser Hydromotor ist dazu geeignet, den anliegenden Druck im hydraulischen System in ein maximales Drehmoment umzuwandeln. Orbitmotoren sind damit unter anderem als Antriebe für die Fahrwerke und Drehwerke von Baumaschinen im Einsatz.

Jede Form der Energie hat bei ihrer Umwandlung in eine andere Energieform einen Wärmeverlust. Die chemisch gebundene Energie in Treibstoffen kann nur zu 50 bis 70 % durch einen Verbrennungsmotor in mechanische Bewegungsenergie umgewandelt werden. Wird diese mechanische durch den Anschluss eines Generators wiederum in elektrische Energie umgewandelt, geht wieder Wärme verloren. Wird diese elektrische Energie durch einen Elektromotor wieder zurück in mechanische Energie überführt, geht auch das nicht ohne Leistungsverlust. Es ist daher sinnvoll, in hydraulischen Systemen möglichst viele Bewegungsformen durch Hydromotoren ausführen zu lassen. Bei Herstellern für Baumaschinen wird daher praktisch alles, was an einer Umschlagmaschine oder einem Bagger in Bewegung ist, durch einen Hydromotor angetrieben. Das gilt selbst für die Antriebe der Lüfter für die Kühler.

Nachteilig an Radialkolbenpumpen ist ihr, im Vergleich zu Schrauben- oder Flügelzellenpumpen, recht komplexer Aufbau. Die erreichbaren Arbeitsdrücke lassen sich über eine sehr steife Konstruktion mit dickwandigen Gehäusen und großzügig ausgelegten Dichtungen realisieren. Die Radialkolbenpumpe wird durch ihre große Breite zu einem sperrigen Bauteil.

2.2.3 Orbitmotor

Der Orbitmotor ist das Standardmodul, wenn hydraulischer Druck in eine radiale Bewegung umgewandelt werden soll. Er ist in der Lage, die hohen Drücke der hydraulischen Systeme in ein großes Drehmoment umzuwandeln. Man verwendet den Orbitmotor in allen Bereichen, in denen ein Direktantrieb in Frage kommt.

Ein Orbitmotor besteht aus

- Gehäuse
- Innenzahnrad
- Exzenter-Rotor
- zwei Anschlüsse für ein- und abfließendes Hydrauliköl
- optional: Ausgleichkolben

Das Gehäuse ist fest mit dem Innenzahnrad verbunden und häufig handelt es sich um das gleiche Bauteil. Die Flanken der Zahnräder sind stark konvex ausgeformt. Das Innenzahnrad hat dazu passende, konkave Konturen. Es bewegt sich exzenterförmig, also in einer zum Außenzahnrad versetzten Kreisbewegung. Angetrieben wird das Innenzahnrad durch hydraulischen Druck. Es gibt sein Drehmoment über ein weiteres Innenzahnrad und eine angeschlossene Welle nach außen.

Wie bei allen hydraulischen Systemen, liegt der Arbeitsweise von einem Orbitmotor die Inkompressibilität von Flüssigkeiten zu Grunde. Der hydraulische Druck zwingt das Innenzahnrad auf seine Bahn der Bewegung. Dabei wirkt es auf der einlaufenden Seite ebenso stark drückend, wie auf der anderen Seite saugend. Die gleichbleibende und sehr präzise arbeitende Drehung der abgehenden Welle ist damit stets garantiert. Wichtig ist dabei, dass das System stets entlüftet ist und dass die technischen Grenzen des Orbitmotors nicht überschritten werden.

Der Orbitmotor ist der einfachste aller hydraulisch arbeitenden Radialmotoren. Er hat nur wenige Bauteile, die sich zudem in einer gleichmäßigen Weise zueinander bewegen. Das unterscheidet ihn von den Axial- und Radialkolbenmotoren.

Dennoch wird der Orbitmotor nur für kleine bis mittelgroße Anwendungen eingesetzt. Seine technische Aufnahmefähigkeit von hydraulischem Druck ist zu begrenzen. Er kommt leicht bei Überdrücken in Bereiche, in denen Kavitationseffekte drohen können. Unter anderem haben aus diesem Grund die größeren Orbitmotoren statt der konvexen Innenflanken des Innenzahnrads austauschbare Flanken.

Orbitmotoren werden für Förderanlagen, industrielle Antriebe, Schließanlagen und alle anderen Anwendungen eingebaut, bei denen kompakte hydraulische Motoren benötigt werden. Die größeren Varianten des Motors finden sich bei leichten Baufahrzeugen und kleineren Traktoren wieder. Das Schluckvolumen und das übertragbare Drehmoment ist von der Motorbauform abhängig. Bei größeren Baumaschinen werden jedoch mehr die komplexen, aber stärkeren Axialkolbenmotoren eingesetzt.

Der Orbitmotor ist aufgrund seiner wenigen Bauteile sehr preiswert, robust und zuverlässig. Solange er innerhalb seiner technischen Grenzwerte betrieben wird, kann er sehr lange Standzeiten erreichen. Wichtig ist jedoch, dass das Hydrauliköl permanent gefiltert und regelmäßig gewechselt wird.

Der Orbitmotor kann außerdem sehr klein und kompakt hergestellt werden. Zwar erreicht er, wie jeder hydraulische Motor, keine hohen Primärdrehzahlen an seiner Austrittswelle, jedoch sind seine abgegebenen Drehmomente beachtlich. Um hohe Drehgeschwindigkeit umzusetzen, genügt ein einfaches Getriebe.

Aufgrund des hohen Spiels zwischen Treibrad und Innenzahnrad an der Gehäusewand ist der Orbitmotor thermisch hoch belastbar. Ein ausdehnendes Metall durch hohe Temperaturen führt nicht zu Verschleiß oder Verklemmungen. Das trägt ebenfalls zur hohen Standfestigkeit der Orbitmotoren bei. Mehrjährige Laufzeiten sind für diese Motoren normal und im Reparaturfall genügt meistens der Wechsel von Dichtungen.

Das Wirkprinzip des Motors baut auf einem internen Getriebe auf, das aus einem festen Zahnring mit Innenverzahnung und einem darin eingreifenden Zahnrad besteht, über welches das Ausgangsmoment und die Ausgangsdrehzahl übertragen werden. Den Zahnring gibt es in zwei verschiedenen Ausführungen:

• geschlossen
• mit integrierten Rollen.

Abb. 2.20 zeigt einen Zahnradsatz für einen Orbitmotor. Das Verteilerventil wird synchron mit dem Zahnradsatz angetrieben, damit das Füllen und Entleeren der einzelnen Kammern des Motors präzise erfolgen kann, d. h. ohne Verluste. Das Verteilerventil gibt es in drei verschiedenen Ausführungen.

Bei der Steuerung durch ein Trommelventil ist dieser Teil der Abtriebswelle. Die Kardanwelle überträgt die mechanische Energie vom Zahnradsatz auf die Abtriebswelle und übernimmt somit die Ventilsteuerung. Abb. 2.21 zeigt einen Schnitt durch einen Orbitmotor mit Trommelventil.

Der Orbitmotor mit Trommelventil ist eine kompakte Konstruktion. Der feste Zahnring ergibt eine gute Eignung für Dauerbetrieb bei mittlerem Druck oder Kurzzeitbetrieb bei

Abb. 2.20 Zahnradsatz für
den Orbitmotor

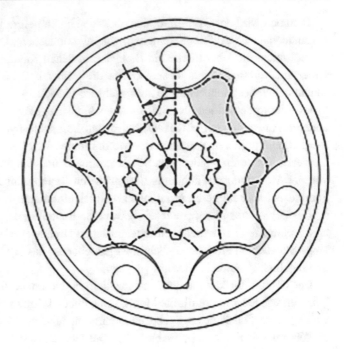

Abb. 2.21 Schnitt durch
einen Orbitmotor mit
Trommelventil.
A: Abtriebswelle,
B: Kardanwelle, C: Zahnradsatz,
D: Ventilkardanwelle

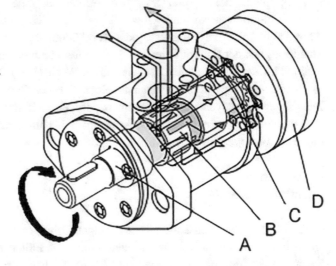

hohem Druck. Durch die Verwendung von Nadellagern ist er besonders für Anwendungen geeignet, bei denen häufiges Reversieren und Anfahren bei radialer Belastung auftritt. Bei Rollen im Zahnring reduziert sich die örtliche Belastung, verteilen die Zahnkraft auf ihre Projektionsfläche und reduzieren die tangentialen Reaktionskräfte auf die Innenverzahnung, womit die Friktion auf ein Minimum herabgesetzt wird. Dadurch werden eine hohe Lebensdauer und ein besserer Wirkungsgrad auch bei hohem Dauerdruck erreicht. Zahnradsätze mit Rollen empfiehlt man bei Betrieb mit niedrigviskosem Öl und unter Betriebsbedingungen mit häufigem Reversieren.

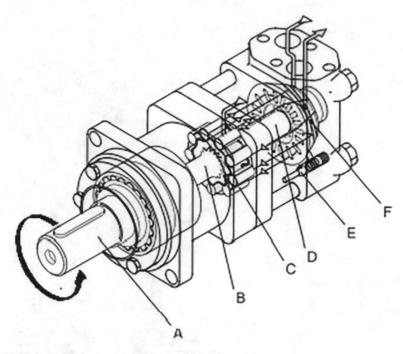

Abb. 2.22 Schnitt durch einen Orbitmotor mit Ventilantrieb
A: Abtriebswelle, B: Kardanwelle, C: Zahnradsatz, D: Ventilkardanwelle, E: Rückschlagventil,
F: Tellerventil

Ein Orbitmotor mit Ventilantrieb wird durch ein Tellerventil gesteuert. Das Tellerventil ist von der Abtriebswelle getrennt und wird von einer kurzen Kardanwelle (Ventilkardanwelle) angetrieben. Eine Balanceplatte gleicht die hydraulischen Kräfte um das Tellerventil aus und garantiert dadurch einen hohen Wirkungsgrad. Abb. 2.22 zeigt einen Schnitt durch einen Orbitmotor mit Ventilantrieb.

Das Tellerventil kann auch auf der Abtriebswelle montiert sein. Die Kardanwelle treibt dann zum einen das Tellerventil an und überführt zum anderen die mechanische Energie vom Zahnrad auf die Abtriebswelle. Die hydraulischen Kräfte werden mittels der Balanceplatte ausgeglichen, sodass auch ein hoher Wirkungsgrad erreicht wird. Abb. 2.23 zeigt einen Schnitt durch einen Orbitmotor.

Wegen der Rollen im Zahnring eignet sich dieser Typ besonders für Dauerbetrieb unter erschwerten Betriebsbedingungen z. B. hoher Druck und niedrigviskosen Öl. Die Nadellager der Abtriebswelle ermöglichen die Aufnahme statischer und dynamischer Radiallasten beim Anfahren und beim Reversieren.

Ist das Tellerventil auf der Abtriebswelle montiert, reduzieren sich die hydraulischen und mechanischen Verluste auf ein Minimum. Diese Orbitmotoren sind mit einer Hochdruckwellendichtung ausgestattet und eine Leckölleitung ist daher nicht erforderlich.

In der Hydraulik ist der Trend zu höheren Betriebsdrücken unverkennbar. Aktuelle Orbitmotoren erfüllen diese Erwartungen und weisen die gleichen vorzüglichen Eigen-

Abb. 2.23 Schnitt durch
einen Orbitmotor mit einem
Tellerventil auf der
Abtriebswelle
A: Abtriebswelle,
B: Tellerventil, C: Kardanwelle,
D: Zahnradsatz

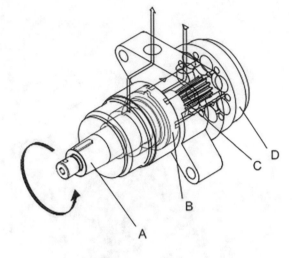

Abb. 2.24 Hydraulikmotoren
mit nicht rostenden
Einbauteilen

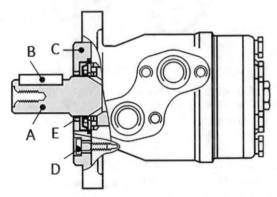

schaften wie die Hydraulikmotoren auf. Ist ein sehr gleichmäßiger Lauf bei niedrigen
Drehzahlen erforderlich, sollte man möglichst einen ventilgesteuerten Motor mit Tellerventil wählen (Abb. 2.24).

Hydraulikmotoren mit rostfreien Einbauteilen sind in dieser Ausführung erhältlich. Die
nicht rostenden Teile sind Einbauteile aus nicht rostendem Stahl.

A: Abtriebswelle, B: Passfeder, C: Zentrierflansch, D: Schrauben.

Der Staubdichtring (E) ist aus Nitril-Gummi mit einer Kappe aus Edelstahl.

Hydraulikmotoren werden auch mit speziellem Staubdichtring angeboten. Diese Motoren eignen sich besonders für Kehrmaschinen, wo die Funktionsfähigkeit bei hohen
Schmutzkonzentrationen erforderlich ist.

Hydraulikmotoren sind auch als „Wheelmotoren" lieferbar. Durch den zurückgesetzten
Montageflansch ist es möglich, eine Radnabe oder eine Windentrommel so zu montieren,
dass die radiale Wellenbelastung in der Mitte zwischen den beiden Wälzlagern angreift.
Dadurch wird die Lagerkapazität am besten ausgenutzt und zugleich eine kompakte Lösung geschaffen.

Für Anwendungen mit besonderen Anforderungen an eine möglichst geringe Leckage können Hydraulikmotoren eingesetzt werden, bei denen Trommelventil und Abtriebswelle getrennt sind und die Abtriebswelle in Nadellagern läuft.

Hydraulikmotoren gibt es mit extrem niedriger Leckage. Dieser Motor ist in einer Spezialausführung erhältlich, bei der Trommelventil und Abtriebswelle getrennt sind, und die Abtriebswelle in Nadellagern gelagert ist. Dieser Motor ist besonders vorteilhaft für solche Anwendungen, in denen besondere Anforderungen an möglichst geringe Leckage des Motors gestellt werden.

Hydraulikmotoren sind ohne Lager und ohne Abtriebswelle als „Shortmotoren" lieferbar. Diese können z. B. mit Getrieben, die ohnehin schon die radialen und axialen Kräfte aufnehmen, kombiniert werden.

Hydraulikmotoren sind mit integrierter statischer positiver Feststellbremse lieferbar, bei der es sich um eine mechanisch betätigte Trommelbremse handelt.

Motoren mit integrierter, statischer negativer Haltebremse werden dagegen mit einer sich mittels hydraulischen Drucks lösenden Lamellenbremse in vier Versionen angeboten. Der Bremsmotor eignet sich für geschlossene oder offene Kreislaufsysteme.

Beim Motoren mit integriertem statisch negativem Spülventil sichern den kontinuierlichen Austausch des Öls im geschlossenen Kreislauf. Die Bremse arbeitet mit Federdruck, die durch Beaufschlagen mit hydraulischem Druck gelöst wird. Dabei wird die Bremse bei hohem Druck gelöst, z. B. mittels Arbeitsdruck durch ein Wechselventil in einem offenen Kreislauf, bei anderen Typen wird die Bremse bei niedrigem Druck gelöst, z. B. pilotgesteuert durch die Füllpumpe in einem geschlossenen Kreislauf. Die Bremse eignet sich besonders für solche Anwendungen, die sehr kurze Einbauabmessungen erfordern, z. B. in Straßenwalzen und Rädern. Das Design dieser Motoren erlaubt auch den Einsatz als Bremsen und diese sind auch als dynamische Notbremsen verwendbar.

Das integrierte Spülventil sichert den kontinuierlichen Austausch des Öls im geschlossenen Kreislauf. Das Spülventil wird von der Hochdruckseite des Motors aufgesteuert und verbindet die Niederdruckseite zum Kühler bzw. zum Tank. Es gibt auch Motoren mit Tachoanschluss.

Bei Motoren mit Drehzahlgeber wird ein elektrisches Signal erzeugt. Das elektrische Ausgangssignal ist ein standardisiertes Spannungssignal, das z. B. zur Geschwindigkeitsregelung des Motors verwendet werden kann. Die Erfassung der Drehzahl erfolgt durch einen Hallsensor. Signalverarbeitung und -verstärkung sind im Gehäuse des Sensors integriert.

2.2.4 Motornenngröße

Wenn man, entsprechend den speziellen Anforderungen einer Anwendung, einen Motortyp ausgewählt hat, kann die Motornenngröße nach dem erforderlichen Drehmoment und der erforderlichen Drehzahl bestimmt werden.

Hierbei bedient man sich des übersichtlichen Säulendiagramms und des Kennfelds für den einzelnen Motor.

Das Kennfeld von Abb. 2.25 zeigt einen Zusammenhang für einen Hydraulikmotor zwischen dem Betriebsmoment M (senkrechte Achse) und der Drehzahl n (waagerechte Achse) bei verschiedenen Druckgefällen Δp und Ölströmen Q.

Die Kurven für konstantes Druckgefälle und konstanten Ölstrom bilden ein Netzwerk im Koordinatensystem. Die Kurven für konstante Leistung N (Hyperbeln) und konstanten Gesamtwirkungsgrad η_t sind ebenfalls eingezeichnet. Letztere sind in Feldlinien angeordnet.

Die Kennfelder sind in einen dunkel hinterlegtem Bereich A und zwei helle Bereiche B eingeteilt. Sie zeigen den Dauerbetrieb und die Spitzenbelastung.

Das dunkle Feld A kennzeichnet den kontinuierlichen Betriebsbereich des Motors. Innerhalb dieses Bereichs kann der Motor im Dauerbetrieb mit optimalem Wirkungsgrad arbeiten und eine hohe Lebensdauer erreichen.

Die beiden hellen Felder B kennzeichnen die intermittierenden Bereiche des Motors. Bei vielen Anwendungen lässt sich der intermittierende Betriebsbereich benutzen, wenn der Hydraulikmotor wechselnder Belastung ausgesetzt ist oder beim Reversieren mit hohen Bremsmomenten arbeitet.

Es ist zulässig, den Motor maximal 10 % jeder Minute mit intermittierender Drehzahl oder intermittierendem Druckgefälle zu betreiben. Der Motor sollte aber nicht gleichzeitig mit intermittierender Drehzahl und intermittierendem Druckgefälle belastet werden.

Die oberen Grenzen für intermittierendes Druckgefälle und Drehmoment dürfen jeweils maximal 1 % je Minute (Spitzenbelastung) überschritten werden. Die Spitzen-

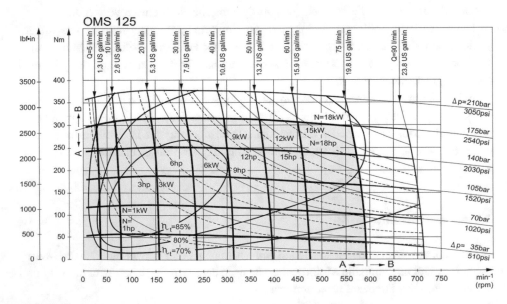

Abb. 2.25 Kennfeld und die Zusammenhänge für einen Hydraulikmotor

belastungswerte gehen aus den technischen Daten der einzelnen Motortypen hervor. Hohe Druckspitzen entstehen z. B., wenn ein Druckbegrenzungsventil öffnet oder ein Wege-ventil geöffnet bzw. geschlossen wird. Druckbegrenzungsventile oder doppelte Schock-ventile sollten so eingestellt werden, dass die Druckspitzen die zulässigen Spitzen-belastungswerte nicht überschreiten. In Systemen mit großen Druckschwankungen sollten die tatsächlichen Druck- und Momentspitzen mit elektronischen Messgeräten ermit-telt werden.

Um einen problemlosen Betrieb zu erreichen, sollte die Motorenngröße nach den zu-lässigen kontinuierlichen und intermittierenden Werten bestimmt werden. Gleichzeitig muss sichergestellt sein, dass die Druckspitzen die zulässigen Spitzenwerte nicht über-schreiten.

Abb. 2.26 zeigt die Neigung der Q-Kennlinie und bestimmt die Größe des volu-metrischen Wirkungsgrads.

Der Gesamtwirkungsgrad η_t ist das Produkt des volumetrischen Wirkungsgrads η_v und des hydraulisch-mechanischen Wirkungsgrads η_{hm}:

$$\eta_t = \eta_v \cdot \eta_{hm}$$

Der volumetrische Wirkungsgrad ist Ausdruck dafür, wie groß der Anteil der zu-geführten Ölmenge (in %) ist, der in Umdrehungen der Abtriebswelle umgesetzt wird. Die restliche Ölmenge (Leckage) wird über Spalten und Dichtflächen geleitet und hat eine wichtige Funktion als Schmier- und Kühlmittel. Bei steigender Belastung (Druckgefälle) erhöht sich die Leckage, die Ölmenge zum Zahnradsatz verringert sich und die Dreh-zahl sinkt.

Abb. 2.26 Neigung der Q-Kennlinie bestimmt die Größe des volumetrischen Wirkungsgrads

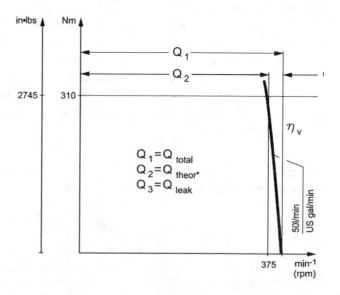

Beispiel: Der Orbitmotor OMS 125 soll eine Welle mit einer Drehzahl von 375 min⁻¹ antreiben und die Welle hat ein Moment von 310 Nm. Würde der volumetrische Wirkungsgrad η = 100 % betragen, wäre die Ölmenge von 125,7 cm³ das Produkt aus geometrischer Verdrängung und Drehzahl. Die theoretisch zugeführte Ölmenge ist

$$Q_{theor} = \frac{Verdr\ddot{a}ngung\left(cm^3\right) \cdot Drehzahl\left(min^{-1}\right)}{1000} = \frac{125,7cm^3 \cdot 375\,min^{-1}}{1000} = 47l/min$$

Zugeführt wird jedoch eine Ölmenge von 50 1/min. Der volumetrische Wirkungsgrad berechnet sich:

$$\eta_v = \frac{47l/min \cdot 100}{50l/min} \approx 94\ \%$$

Der hydraulisch-mechanische Wirkungsgrad ist Ausdruck dafür, wie groß der Anteil des zugeführten Drucks (in Prozent) ist, der in Drehmoment an der Abtriebswelle umgesetzt wird. Der restliche Teil des Drucks ist der Verlust, entweder mechanischer Verlust, wenn niedrige Drehzahlen auftreten oder hydraulischer Verlust bei hohen Drehzahlen, was aus der Momentkennlinie (Druckgefällekennlinie) ersichtlich wird. Der größte mechanische Verlust entsteht beim Starten des Motors, da sich noch kein Schmierfilm zwischen den beweglichen Teilen aufgebaut hat. Abb. 2.27 zeigt den hydraulisch-mechanischen Wirkungsgrad.

Nach wenigen Umdrehungen baut sich der Schmierfilm auf, die Reibung verringert sich und die Kennlinie steigt an. Der hydraulische Verlust ist bei hohen Drehzahlen wegen der größeren Druckverluste in Öffnungen und Kanälen am größten. Daher ist das über dem Zahnradsatz zur Verfügung stehende Druckgefälle kleiner und der Motor erzeugt ein kleineres Moment.

OMS 125 hat ein minimales Startmoment von 260 Nm bei einem Druckgefälle von 175 bar (2540 psi), wie aus der technischen Datenübersicht für den Hydraulikmotor entnommen werden kann, während er, sobald der Schmierfilm aufgebaut ist, bei gleichem Druckgefälle 310 Nm erreicht. Im Kennfeld schneidet das Druckgefälle nicht die Momentachse. Das minimale Startmoment bei maximal kontinuierlichem und maximal intermittierendem Druckgefälle lässt sich aus den technischen Datenblättern der einzelnen Motortypen entnehmen.

Abb. 2.27 Hydraulisch-
mechanischer Wirkungsgrad

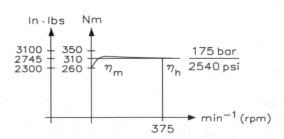

Beispiel: Um den hydraulisch-mechanischen Wirkungsgrad η_{hm} zu berechnen, ist vorerst das Moment M_{mot} des Motors bei einem bestimmten Ölvolumen von 125,7 cm³ und einem bestimmten Druckgefälle von 175 bar abzulesen (zu messen). Dem Kennfeld von Abb. 2.27 lässt sich entnehmen, dass OMS 125 bei einem Druckgefälle von 175 bar und einem Ölstrom von 50 1/min ein Moment von 310 Nm leistet. Anschließend ist das theoretische Moment des Motors bei gleichem Druckgefälle zu berechnen.

$$M_{theo} = \frac{Verdr\ddot{a}ngung\left(cm^3\right) \cdot Druckgef\ddot{a}lle\left(bar\right)}{62,8}\left(Nm\right) = \frac{125,7\ cm^3 \cdot 175\ bar}{62,8} \approx 350\ Nm$$

Durch Dividieren des abgelesenen (gemessenen) Momentes mit dem theoretischen Moment ermittelt man den hydraulisch-mechanischen Wirkungsgrad:

$$\eta_v = \frac{310 Nm \cdot 100}{350 Nm} \approx 89\ \%$$

Jetzt lässt sich der Gesamtwirkungsgrad für OMS 125 bei Δp = 175 bar und Q = 50 1/min berechnen:

$$\eta_t = \frac{\eta_v \cdot \eta_{hm}}{100} = \frac{89 \cdot 94}{100} \approx 84\ \%$$

Der gleiche Gesamtwirkungsgrad lässt sich mit ausreichender Genauigkeit den Wirkungsgradkennlinien im Kennfeld von Abb. 2.25 entnehmen.

Die Kennfelder werden benötigt, um den optimalen Motor und die optimalen Pumpen für den technischen Anwendungsfall zu wählen.

Man nimmt an, dass der Motor folgendes leisten soll:

- Maximale Drehzahl: 425 min⁻¹ (Dauerbetrieb)
- Maximales Drehmoment: 260 Nm (Dauerbetrieb)

In den jeweiligen Katalogen und in der Übersichtsbroschüre lassen sich die maximale Drehzahl und das maximale Drehmoment der verschiedenen Motoren vergleichen. Den kleinsten Motor, der die Forderungen erfüllen kann, findet man in den Datenblättern. Aber nur die Hydraulikmotoren OMR 125, OMS 125 und OMS 160 von Sauer/Danfoss erfüllen die Forderungen hinsichtlich Drehzahl und Drehmoment.

Man benutzt die Kennfelder der Hydraulikmotoren OMR 125, OMS 125 und OMS 160 von Sauer/Danfoss. Suchen Sie den Betriebspunkt: Das Drehmoment auf der senkrechten (M = 260 Nm [2300 lbf · lin]) und die Drehzahl auf der waagerechten Achse n = 425 min¹.

Bezogen auf die Kurven für konstantes Druckgefälle Δp, konstanten Ölstrom Q und konstanten Gesamtwirkungsgrad η_t ergeben sich aus der Position des Betriebspunktes (M, n) die abgeleiteten Werte von Tab. 2.6.

Tab. 2.6 Auswahl für konstantes Druckgefälle Δp, konstanten Ölstrom Q und konstanten Gesamtwirkungsgrad η_t (Sauer/Danfoss)

Motor	Druckgefälle Δp (bar)	Ölstrom Q (l/min)	Wirkungsgrad η_t (%)
OMR 125	158	59	73
OMS 125	145	5	83
OMS 160	119	70	81

Was ist nun bei einer wirtschaftlichen und technischen Beurteilung von größerer Bedeutung: Der Preis des Hydraulikmotors, sein Wirkungsgrad oder seine Lebensdauer?

Ist es der Preis, sollte ein OMR 125 von Sauer/Danfoss gewählt werden. Die Wahl zwischen OMR 125 und OMRW 125 N wird von der Größe und Art der Wellenbelastung abhängen.

Ist es der Wirkungsgrad des Motors, sollte man den OMS 125 wählen. Der etwas höhere Preis des OMS 125 im Vergleich zum OMR 125 könnte eventuell durch eine günstigere Systemgestaltung und damit geringere Kosten für Energieaufwand, Kühlerkapazität, höhere Lebensdauer des Fluids usw. mindestens kompensiert werden.

Ist die Lebensdauer ausschlaggebend, sollte ein OMS 160 gewählt werden. Dieser hat bei sehr guten Wirkungsgraden den niedrigsten Betriebsdruck, und das bewirkt für das ganze System eine längere Lebensdauer.

Wenn die Motorenngröße gewählt ist, kann die Leistung der Pumpe bestimmt werden. Wenn z. B. ein OMS 160 gewählt wurde, muss die Pumpe 70 l/min bei 119 bar liefern können.

Soll der Hydraulikmotor in ein vorhandenes System mit einer gegebenen Pumpe eingebaut werden, wird die Wahl des Motors natürlich dadurch beeinflusst.

Bei sehr niedrigen Drehzahlen muss man mit einem weniger gleichmäßigen Lauf rechnen. Daher wird für jeden Motortyp eine minimale Drehzahl angegeben. In Grenzfällen sollte man den Motor bei den gewünschten Betriebsbedingungen in dem gegebenen System vor der endgültigen Festlegung der Motorgröße und des Motortyps erproben.

Die Leckage des Motors muss möglichst konstant sein, wenn man einen gleichmäßigen Lauf bei sehr niedrigen Drehzahlen erreichen soll. Es wird daher empfohlen, einen Motor mit Tellerventil zu wählen, und die kleinsten Verdrängungen sollten vermieden werden. Das beste Ergebnis wird bei einer konstanten Belastung, einem Rücklaufdruck von 3 bis 5 bar und einer Ölviskosität von minimal 35 mm²/s erreicht werden können.

Bei vielen Anwendungen müssen die Hydraulikmotoren

- externe radiale und axiale Kräfte aufnehmen, die direkt auf die Abtriebswelle des Motors wirken (z. B. vom Gewicht des Fahrzeuges),
- radiale Kräfte aufnehmen, die von der Übertragung des Drehmomentes über Zahnräder, Kettenräder, Riemenscheiben oder Windentrommeln entstehen.

Für solche Anwendungen sind Hydraulikmotoren mit eingebauten Wälzlagern besonders geeignet. In Hydraulikmotoren werden zwei verschiedene Wälzlager-Typen verwendet:

1) Nadellager können große radiale Kräfte aufnehmen. Da die Motoren separate Axiallager verwenden, wird die Lebensdauer der Nadellager nicht durch die axiale Belastung beeinflusst.
2) Die kegeligen Rollenlager können große radiale und axiale Kräfte aufnehmen.

Die größtmögliche Ausnutzung der Lagerkapazität innerhalb der einzelnen Motortypen erreicht man durch einen zurückgesetzten Montageflansch. Abb. 2.28 zeigt einen Hydraulikmotor mit Nadellagern (links) und mit kegeligen Rollenlagern (rechts).

Die Lebensdauer und die Drehzahl verhalten sich umgekehrt proportional, d. h. die Lebensdauer verdoppelt sich, wenn die Drehzahl halbiert wird. Man kann daher die Lebensdauer für andere Drehzahlen als die in den Abschnitten über Wellenbelastung in den jeweiligen Katalogen angegebenen einfach berechnen. Der Zusammenhang ist in folgender Formel ausgedrückt:

$$L_{neu} = L_{ref} \cdot \frac{n_{neu}}{n_{ref}}$$

wobei L_{neu} die Lebensdauer bei der Drehzahl n_{neu} ist, während L_{ref} und n_{ref} die Daten für den jeweiligen Motortyp aus dessen Katalog sind.

Grundsätzlich führt eine geringere Wellenbelastung zu einer längeren Lebensdauer der Lager. Die Beziehung wird durch die nachstehende Formel ausgedrückt:

$$\frac{L_{neu}}{L_{ref}} = \left(\frac{P_{ref}}{P_{neu}} \right)^{3,3}$$

L_{neu} ist die Lebensdauer der Lager bei Wellenbelastung P_{neu}.
L_{ref} und P_{ref} sind die Daten für den jeweiligen Motortyp.

Man beachte:

• Die Formel nimmt keine Rücksicht auf das Verhältnis zwischen axialer und radialer Belastung.
• Für alle anderen Motoren gilt die Formel nur bei einem konstanten Verhältnis zwischen axialer und radialer Belastung.

Unter gewissen Bedingungen muss der Motor mit niedrigen Drehzahlen arbeiten und gleichzeitig große Lagerlasten aufnehmen, z. B. bei hydrostatischem Antrieb von Fahr-

Tab. 2.7 Berechnungen beziehen sich ausschließlich auf die Lebensdauer und die Tragfähigkeit der Lager

$\dfrac{n_{neu}}{\text{min}^{-1}}$	25	50	100	200	300	400	500	600	700
$\dfrac{P_{neu}}{P_{ref}}$	1,88	1,52	1,23	1,00	0,88	0,81	0,75	0,72	0,68

zeugen. Dabei muss man die Beziehung zwischen Drehzahl und Lagerbelastung (bei unveränderter Lebensdauer der Lager) beachten, wie Tab. 2.7 zeigt.

$$\frac{P_{neu}}{P_{ref}} = \sqrt[3,3]{\frac{n_{ref}}{n_{neu}}}$$

P_{neu} ist die Wellenbelastung bei Drehzahl n_{neu}.
P_{ref} und n_{ref} sind die Daten für den jeweiligen Motortyp.

Für $n_{ref} = 200$ min^{-1} ergibt sich Tab. 2.7.

Es gibt jedoch eine Grenze für die Belastung der übrigen Motorteile (Lagergehäuse, Montageflansch und Abtriebswelle). Die maximale Wellenbelastung ist daher begrenzt, um mechanische Schäden zu vermeiden. Die maximale radiale Wellenbelastung geht aus den Diagrammen für die zulässige Wellenbelastung hervor.

Hydraulikmotoren sind mit drei unterschiedlichen Wellendichtungstypen lieferbar:

- Standardwellendichtung (NBR): Die Standardwellendichtung hat eine lange Lebensdauer und bewahrt selbst unter extremen Bedingungen hervorragende Dichtungseigenschaften. Dank optimaler Lippenkonstruktion widersteht die Wellendichtung sowohl hohem Druck als auch hohen Drehzahlen.
- Hochdruckwellendichtung (HPS): Die Hochdruckwellendichtung HPS (High Pressure Shaft Seal) ist eine Weiterentwicklung der Standardwellendichtung. Dank des eingebauten Stützrings ist bei fast allen Betriebsverhältnissen eine externe Leckölleitung nicht erforderlich.
- Viton-Wellendichtung (FPM): Kommen in einem Hydraulikmotor synthetische Flüssigkeiten zur Anwendung, empfiehlt sich der Einsatz einer Viton-Wellendichtung. Tab. 2.8 zeigt die Eigenschaften der Dichtungsmaterialien.

Hydraulikmotoren sind 3-Kammer-Motoren, d. h. der Hochdruck hat keine direkte Verbindung zum Gehäuseinnenraum bzw. zur Wellendichtung. Das erlaubt einen externen

Tab. 2.8 Eigenschaften der Dichtungsmaterialien

Werkstoffe	Temperatur °C	Bemerkungen
NBR	−30 bis +100	Weitet sich bei Kontakt mit den meisten synthetischen Flüssigkeiten auf
FPM	30 bis +150	Ideal gegenüber Mineralölen, synthetischen Flüssigkeiten und Emulsionen

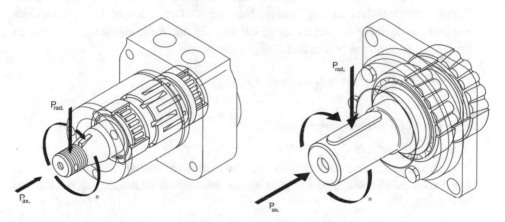

Abb. 2.28 Motoren mit Rückschlagventilen: Die Rückschlagventile sorgen dafür, dass der Druck auf der Wellendichtung den Druck im Rücklauf nicht übersteigt. Sind im Motor Rückschlagventile vorhanden und keine Leckölleitung angeschlossen, muss der Rücklaufdruck des Motors kleiner oder höchstens gleich dem auf der Wellendichtungskennlinie im Datenblatt angeführten maximal zulässigen Druck sein

Leckanschluss und den Betrieb des Motors mit hohem Rücklaufdrücken. Diese Motoren werden in folgenden Ausführungen angeboten (Abb. 2.28):

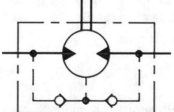

-                        Leckölleitung wird angeschlossen, muss der Rücklaufdruck des Motors kleiner oder höchstens gleich dem auf der Wellendichtungskennlinie im Datenblatt angeführten maximal zulässigen Druck sein.

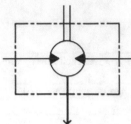

- Motoren mit Leckölleitung: Die Leckölleitung führt den Druck auf der Wellendichtung in einen Behälter ab. Der Druck in der Leckölleitung muss immer kleiner oder höchstens gleich dem auf der Wellendichtungskennlinie im Datenblatt angeführten maximal zulässigen Druck sein.

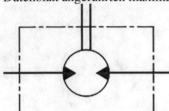

- Motoren ohne Rückschlagventil und Leckölleitung: Der Druck auf der Wellendichtung ist gleich dem Mittelwert aus Eingangsdruck und Rücklaufdruck:

$$P_{Dichtung} = \frac{P_{Eingang} + P_{Rücklauf}}{2}$$

$P_{Dichtung}$ muss kleiner oder höchstens gleich dem auf der Wellendichtungskennlinie im Datenblatt genannten maximal zulässigen Druck sein.

Einige Hydraulikmotoren verfügen über einen 2-Kammer-Rotor mit Hochdruckwellendichtung und ein Leckölanschluss ist nicht möglich. Der OMEW-Motor ist in rechtsdrehender Ausführung (im Uhrzeigersinn) und linksdrehender Ausführung (gegen den Uhrzeigersinn) erhältlich. Abhängig von der Drehrichtung wirken die Drücke auf die Wellendichtung.

Hydraulikmotoren mit Hochdruckwellendichtung. Rechtsdrehende Ausführung CW (clockwise, im Uhrzeigersinn)

1) Bei Drehrichtung im Uhrzeigersinn: Der Wellendichtungsdruck ist gleich dem Rücklaufdruck.
2) Bei Drehrichtung gegen den Uhrzeigersinn: Der Wellendichtungsdruck ist gleich dem Eingangsdruck.

Linksdrehende Ausführung CCW (counter clockwise)

1) Bei Drehrichtung gegen den Uhrzeigersinn: Der Wellendichtungsdruck ist gleich dem Rücklaufdruck.
2) Bei Drehrichtung im Uhrzeigersinn: Der Wellendichtungsdruck ist gleich dem Eingangsdruck.

Für diese Motoren sind die für den Druck auf den Wellendichtungen der angeschlossenen Bauteile (z. B. Getriebe) geltende Werte anzuwenden.

Für Hydraulikmotoren gelten für die Anwendung einer Leckölleitung folgende Grundregeln:

- Eine Leckölleitung wird empfohlen, wenn der maximal zulässige Druck auf der Wellendichtung überschritten wird, da sich sonst die Lebensdauer der Wellendichtung wesentlich verringern kann.
- Eine Leckölleitung empfiehlt sich immer, wenn
  - ein Shortmotor mit einem Getriebe zusammen gebaut wird,
  - der Motor in hydrostatischen Transmissionen ohne separates Spülventil eingesetzt wird.

Um in einem geschlossenen hydraulischen Kreislauf die Größe der Speisepumpe berechnen zu können, muss der maximale Ölstrom in der Leckölleitung bekannt sein. Für Hydraulikmotoren finden sich Angaben über den maximalen Ölstrom durch die Leckölleitung unter den technischen Daten in den Katalogen für die einzelnen Motortypen.

2.2.5 Bremsen von Hydraulikmotoren

Hydraulikmotoren werden häufig zur Bremsung einer Last angewandt. Die Motoren wirken dabei als Pumpen, die die kinetische Energie der Last (Masse, Geschwindigkeit) in hydraulische Energie (Ölstrom, Druck) umsetzen. Beispiele für diese Einsatzart:

- Kranwinden auf Fahrzeugen
- Netzwinden auf Fischereifahrzeugen
- Schwenkung des Oberteils von Kranen und Baggern
- Hydrostatische Transmissionen

Die Verzögerung, mit der die Last gebremst wird, bestimmt sich aus dem Bremsmoment des Motors und dem Öffnungsdruck der Schockventile.

Für einen Motor bedeutet der hydraulisch-mechanische Wirkungsgrad, dass das effektive Moment kleiner als das theoretische ist.

$$M_{\text{Motoreff}} = M_{\text{theoretisch}} \cdot \eta_{\text{hm}} \tag{2.1}$$

Für eine Pumpe bedeutet der hydraulisch-mechanische Wirkungsgrad, dass das der Pumpe zur Erzielung eines gegebenen Drucks zuzuführende effektive Moment größer als das theoretische ist.

$$M_{Pumpeeff} = \frac{M_{theoretisch}}{\eta_{hm}} \tag{2.2}$$

Wird ein hydraulischer Motor als Pumpe (zur Bremsung) benutzt, ist das Verhältnis zwischen Bremsmoment und der effektiven Motorleistung bei einem gegebenen Druckgefälle wie folgt:

$$M_{Bremse} = \frac{M_{theoretisch}}{\eta_{hm}} \left(\text{siehe } 2.2 \right), \text{wobei}$$

$$M_{theoretisch} = \frac{M_{Motoreff}}{\eta_{hm}} \left(\text{siehe } 2.1 \right)$$

$$M_{Bremse} = \frac{M_{Motoreff}}{\left(\eta_{hm} \right)^2}$$

$M_{\text{Motor eff}}$ lässt sich dem Kennfeld für die individuellen Motorgrößen entnehmen. Das Bremsmoment darf nicht größer als das maximale Motormoment sein. Das maximale Moment ist in den technischen Daten der einzelnen Motortypen angegeben.

Das Bremsmoment lässt sich über die Einstellung des Öffnungsdrucks für das Schockventil regeln. Der Öffnungsdruck ist bei maximalem Ölstrom einzustellen, da mit 20 bis 30 % Steigerung des Öffnungsdrucks gerechnet werden muss, wenn sich der Ölstrom von Minimum auf Maximum ändert.

Um zu hohe Druckspitzen zu vermeiden, sollte das Schockventil hochempfindlich sein und in unmittelbarer Nähe des Hydraulikmotors angebracht werden.

Werden Hydraulikmotoren zur Bremsung einer Last eingesetzt, ist ein wirksames Nachfüllen von Bremsflüssigkeit erforderlich. Unzureichendes Nachfüllen führt ggf. zu:

- Kavitation im Zahnradsatz
- Fehlender Bremsleistung

Deshalb muss im Zulauf des Motors immer ein positiver Fülldruck vorhanden sein. Der Fülldruck p_s muss größer als das Druckgefälle in den Ölkanälen zum Zahnradsatz des Motors sein.

Das Druckgefälle in den Ölkanälen ist abhängig von Motortyp, Ölstrom und Viskosität. Die Druckgefällekennlinien der einzelnen Motortypen sind den Datenblättern zu entnehmen. Der Fülldruck sollte der Hälfte des in der Kennlinie angegebenen Druckgefälles p_d entsprechen:

$$p_s = \frac{p_d}{2}$$

Der Fülldruck wird immer am Zulauf des Motors gemessen.

In geschlossenen Kreisläufen ist der Fülldruck immer positiv, falls die Anlage mit einer Speisepumpe ($p_s \approx 10$ bis 15 bar) ausgestattet ist.

In offenen Systemen, in denen der Hydraulikmotor eine Last mit hohem Trägheitsmoment antreibt, ist unbedingt zu gewährleisten, dass das Nachfüllen wie z. B. in Abb. 2.29 dargestellt erfolgt und es gelten besondere Bedingungen.

Wechselt das Wegeventil von I nach II, wird der Ölstrom von der Pumpe zum Motor unterbrochen. Durch das Trägheitsmoment der Last wird der Motorbetrieb fortgesetzt. Deshalb sollte zur Sicherung der Nachfüllung ein Rückschlagventil eingebaut werden, da sonst Gefahr besteht, dass der Motor von Öl leer läuft, wie Abb. 2.30 zeigt.

Der Öffnungsdruck des Rückschlagventils muss größer sein als die Summe von Speisedruck (p_S) und Druckgefälle zwischen Rückschlagventil und Zulauf des Motors.

Um die Bewegung einer Last über einen längeren Zeitraum zu verhindern, sind zwei Umstände zu berücksichtigen:

1. Hat der Motor eine Leckölleitung, ist sicherzustellen, dass ein Nachfüllen erfolgt, da sich sonst der Zahnradsatz des Motors allmählich von Öl entleert und zum freien Fall der Last führt. Eine Möglichkeit dazu wird in Abb. 2.31 dargestellt.
2. Eine Last kann vom Hydraulikmotor nicht sicher in einer bestimmten Position gehalten werden. Die innere Leckage im Motor führt zum Absenken der Last. Daher ist bei hydrostatischen Transmissionen, bei Schwenkbewegungen von Kranen und Winden mit hängenden Lasten ein Hydraulikmotor mit integrierter Haltebremse einzusetzen.

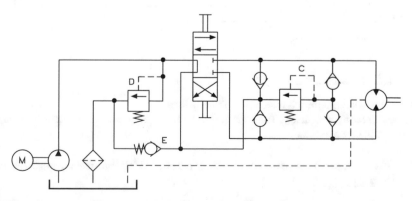

Abb. 2.29 Offene Systeme für Hydraulikmotoren
C: Schockventil, D: Druckbegrenzungsventil, E: Federbelastetes Rückschlagventil

Abb. 2.30 Nachfüllung,
wobei ein Rückschlagventil
vorhanden ist

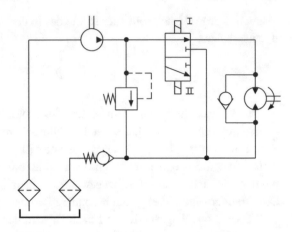

Abb. 2.31 Hydraulikmotor
mit Leckölleitung

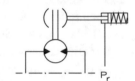

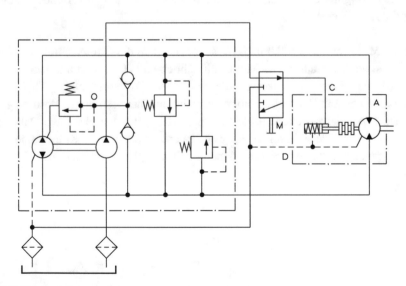

Abb. 2.32 Hydraulikmotor mit integrierter Trommelbremse
A: Bremsmotor für hydrostatische Transmissionen, C: Bremsluftanschluss, D: Leckölanschluss, M:
Richtungsventil, O: Speisepumpe

Alternativ kann die Antriebswelle mit einer externen Haltebremse ausgerüstet werden,
wie Abb. 2.32 zeigt.

Das Wegeventil (M) lässt sich mit der Fahrautomatik des Fahrzeugs koppeln, sodass der
Bremsdruck nach Stoppen des Fahrzeugs automatisch in einem Behälter entlastet wird.

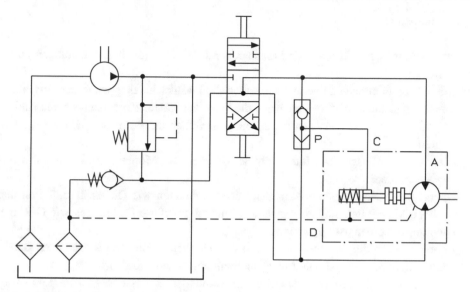

Abb. 2.33 Hydraulikmotor mit gesteuertem Wegeventil
A: Bremsmotor, C: Bremsluüftanschluss, D: Leckölanschluss, P: Wechselventil

Diese Motoren sind für offene Kreisläufe ausgelegt und dürfen in der Bremslüftungsleitung mit maximalem Systemdruck belastet werden, selbst wenn das Lösen der Bremse bei Niederdruck erfolgt. Das Lösen der Bremse lässt sich durch Verbindung des Bremslüfteranschlusses mit der Pumpenleitung steuern.

Zusätzlich können entweder ein Wechselventil zum automatischen Lösen der Bremse oder ein die Lösung der Bremse steuerndes Wegeventil installiert werden, wie Abb. 2.33 zeigt.

Die Bremsmotoren müssen immer einen separaten Leckölanschluss haben.

2.2.6 Montage, Inbetriebnahme und Wartung

Aus den Informationen für die Montage, Inbetriebnahme und Wartung sind folgende Details zu beachten [14]:

Konstruktion:

- Um einen optimalen Betrieb zu gewährleisten, sind alle Hydraulikbauteile entsprechend den individuellen Anleitungen zu installieren.
- Die Pumpenleitung muss einen Manometeranschluss aufweisen.
- Um ausreichenden Kontakt zu gewährleisten und mechanische Verspannungen zu minimieren, müssen alle Montageflansche plan sein. Hydraulische Leitungen sind ordnungsgemäß zu installieren, um Lufteinschlüsse zu vermeiden.

Zusammenbau:

- Die hydraulischen Bauteile sind entsprechend den individuellen Anleitungen zu installieren.
- Um Verunreinigungen zu vermeiden, sollen die Plastikschutzkappen in den Anschlussöffnungen nicht entfernt werden, bevor die Verschraubungen zur Montage bereit sind.
- Der völlige Kontakt zwischen den Montageflanschen an Motor und Gegenpart ist zu sichern.
- Die Zwangsmontage des Motors mittels Anziehen der Montageschrauben sollte vermieden werden.
- Ungeeignete Dichtungsmittel auf den Verschraubungen wie Dichtschnur, Teflon und ähnliche Materialien sind zu vermeiden. Nur mitgelieferte Dichtungen wie O-Ringe, Dichtungsscheiben usw. anwenden.
- Beim Anziehen der Verschraubungen darf kein höheres Moment als das in den Datenblätter angegebene maximale Anzugsmoment angewandt werden.
- Es ist zu kontrollieren, dass das Öl einen Reinheitsgrad besser als 20/16 (ISO 4406) aufweist. Beim Nachfüllen von Öl ist immer ein Filter einzusetzen.

Inbetriebnahme und Einfahren des hydraulischen Systems:

- Den Behälter über einen Feinfilter bis zur oberen Füllstandsmarke auffüllen.
- Den Hydraulikmotor starten und falls möglich mit niedrigster Drehzahl laufen lassen. Hat der Motor eine Entlüftungsschraube, ist diese offen zu lassen, bis luftfreies Öl austritt.
- Man überprüft, ob alle Bauteile korrekt angeschlossen sind (und dass die Pumpe die vorgeschriebene Drehrichtung hat usw.).
- Handelt es sich um ein Load-Sensing-System, ist auch zu kontrollieren, dass sich in den LS-Leitungen keine Luft befindet.

Anzeichen für Luft im hydraulischen System:

- Schaum im Behälter.
- Ruckartiges Bewegen von Motor und Zylinder.

Bei Luft im System:

- Öl nachfüllen.
- Das System an einen separaten Behälter mit Filter (Filterfeinheit maximal 10 μm) anschließen. Die Behälterkapazität muss doppelt so groß sein wie der maximale Ölstrom. Die gesamte Anlage unbelastet (drucklos) ca. 30 Minuten lang laufen lassen.
- Die Anlage nicht belasten, bevor sie gänzlich entlüftet und gereinigt wurde.
- Die Anlage auf Dichtheit kontrollieren (Saugleitungen).
- Ölfilter austauschen und gegebenenfalls Öl nachfüllen.

Für den Betrieb:

- Den Motor nicht Drücken, Druckabfällen oder Drehzahlen aussetzen, die die in den entsprechenden Katalogen angegebenen maximal zulässigen Werte überschreiten.
- Öl- und Ölfilter kontrollieren, um die Verunreinigung auf 20/16 (ISO 4406) oder niedriger zu halten.

Wartung:

- Bei Hydrauliksystemen hat sorgfältige Wartung entscheidenden Einfluss auf Betriebssicherheit und Lebensdauer.
- Öl, Öl- und Luftfilter sind entsprechend den Anweisungen der jeweiligen Hersteller zu erneuern und auszutauschen.
- Der Zustand des Öls ist in regelmäßigen Abständen zu kontrollieren. Die Anlage ist auch regelmäßig auf Dichtheit zu überprüfen und der Ölstand zu kontrollieren.

In einem hydraulischen System ist die vorrangige Aufgabe des Öls, die Energie zu übertragen. Gleichzeitig soll das Öl jedoch auch die beweglichen Teile der hydraulischen Komponenten schmieren, sie vor Korrosion schützen und Verunreinigungen und Wärme aus der Anlage ableiten. Daher ist die Wahl des richtigen Öltyps wichtig, um für die hydraulischen Bauteile einen problemlosen Betrieb und eine lange Lebensdauer zu sichern.

Mineralische Öle: Für Anlagen mit Hydraulikmotoren verwendet man mineralisches Hydrauliköl mit Antiverschleiß-Zusätzen, Typ HLP (DIN 51524) oder HM (ISO 6743/4). Auch mineralische Öle ohne Antiverschleiß-Zusätze oder Motoröle sind anwendbar, vorausgesetzt, dass die zulässigen Funktionsbedingungen dafür vorliegen.

Schwer entflammbare oder biologisch abbaubare Flüssigkeiten: Hydraulikmotoren können auch in Systemen mit schwer entflammbaren oder biologisch abbaubaren Flüssigkeiten eingesetzt werden. Allerdings hängt die Funktion und Lebensdauer der Motoren von Typ und Zustand der gewählten Flüssigkeit ab. Um sicheren Betrieb und lange Lebensdauer zu erzielen, ist es daher notwendig, die Systemgestaltung und die Funktionsbedingungen an die Eigenschaften der Flüssigkeit anzupassen.

Die Umgebungstemperatur sollte zwischen $-30\,°C$ und $+90\,°C$ liegen. Die Öltemperatur sollte bei normalem Betrieb zwischen $+30\,°C$ und $+60\,°C$ liegen. Die Lebensdauer des Öls wird stark reduziert, wenn die Öltemperatur über $+60\,°C$ steigt. Generell gilt, dass sich die Lebensdauer des Öls mit jeweils $8\,°C$ Temperaturanstieg über $+60\,°C$ halbiert.

Viskosität: Im Arbeitstemperaturbereich des Systems sollte die Viskosität des Öls zwischen $20\ mm^2/s$ und $75\ mm^2/s$ liegen.

Filterung: Um den problemlosen Betrieb sicherzustellen, ist es notwendig, den Verschmutzungsgrad des Öls auf einem akzeptablen Niveau zu halten. Der maximal zulässige Verschmutzungsgrad für Hydraulikmotoren ist 20/16 (ISO 4406). Die Erfahrungen zeigen, dass der Verschmutzungsgrad von 20/16 mit einem Rücklauffilter feiner als 40 µm absolut oder 25 µm nominal eingehalten wird. Bei Betrieb in sehr schmutziger Umgebung,

in komplexen Systemen oder in geschlossenen Kreisläufen empfiehlt sich eine Filterfeinheit von 20 μm absolut oder 10 μm nominal. In Systemen mit Schnellverschlusskupplungen
sollte man einen Druckfilter mit einer Feinheit von 40 μm unbedingt direkt vor dem Motor
einsetzen.

2.3   Hydraulikzylinder

Bei typischen Anwendungen von hydraulischen Systemen kommt bei der Umsetzung von
Kraftwirkung ein Hydraulikzylinder zum Einsatz. Dank linearer Hydraulikzylinder sind
moderne Maschinenarme oder bewegliche Brückenteile erst möglich geworden.

Die Verwendung von Hydraulikzylindern hat überwiegend Vorteile und nur wenige
Nachteile. Besonders hervorzuheben ist die immense Kraftübertragung beim Verbraucher,
trotz kleiner Volumen. Die Bewegungsabläufe können auch bei extrem hoher Last aus dem
Stand erfolgen. Trotz großer Kraftübertragung lassen sich Sicherheits- und Notfallsysteme
realisieren. Durch Steuerelemente und je nach Flüssigkeit ist die hydraulische Anlage in
Kraft und Geschwindigkeit stufenlos einstellbar. Da der prinzipielle Aufbau eines
Hydraulikzylinders selbst in den Untergruppen kaum voneinander abweicht, sind
Hydraulikzylinder einfach herzustellen und extrem vielseitig einsetzbar. Da der Wirkungsgrad des Hydraulikzylinders mit der Fläche des Kolbens steigt, aber die Reibungskräfte
bei größeren Zylindern nur linear zunehmen, können durch Sonderformen leistungsfähige
Zylinder realisiert werden, die eine enorme Kraftumsetzung bewirken. Bei der Steuerung
wird zwischen mechanischer und Fernbetätigung unterschieden. Hebel, Pedale, Schalter
und Taster erlauben zwar eine direkte Steuerung der Ventile, sind aber durch die Krafteinwirkung des Benutzers eingeschränkt. Eine mechanische Steuerung ist in der Praxis
schwierig zu realisieren. Demgegenüber erlaubt es die druckgestützte Fernbedienung eine
von der Benutzerkraft unabhängige Steuerung des Hydrauliksystems. Durch die digitale
Steuerelektronik lassen sich hydraulische Systeme automatisieren. Neben diesen Vorteilen
hydraulischer Systeme gibt es dennoch einige wenige Nachteile. Dazu gehören hohe Anforderungen bei der Aufbereitung der Flüssigkeit (Filterung, Sauberkeit, Reinheit),
Temperaturbeeinflussung, Viskositätsabhängigkeit der eingesetzten Fluide, Gefahr von
Leck, Druckverluste durch mangelhafte Dichtungen und die Besonderheiten bei der Kom-
pression von Fluiden. Abb. 2.34 zeigt den Querschnitt durch einen Hydraulikzylinder.

Der Aufbau von Hydraulikzylindern ist trotz verschiedener Untergruppen im Wesentlichen gleich. Zuerst hat man das Zylindergehäuse. In diesem sind Öl oder eine andere
Flüssigkeit in dem Kolben eingelagert. Der Kolben kann sich linear vor- und zurückbewegen.
Am unteren Ende des Kolbens befindet sich der Kolbenkopf, der den gleichen Durchmesser wie der Innenraum des Gehäuses besitzt. Der Rest des Kolbens ist vom Durchmesser schlanker als der Kolbenkopf und wird als Kolbenstange bezeichnet. Der Kopf
dient als Fläche zur Kraftübertragung der linearen Bewegung durch Druckveränderung
und Strömung. Am oberen Ende des Gehäuses, wo die Kolbenstange hinausragt, befindet
sich eine Stangendichtung mit Abstreifungsringen, die verhindern, dass die verwendete

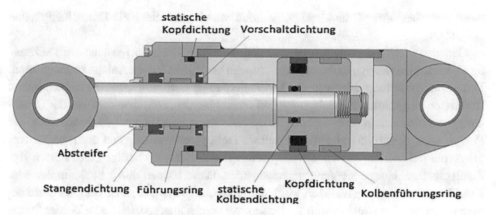

Abb. 2.34 Querschnitt durch einen Hydraulikzylinder

Flüssigkeit bei der Bewegung austritt. Je nach Art des Zylinders findet man an beiden Enden entweder einen oder zwei Anschlüsse zur Einbringung der Flüssigkeit vor. Kommt nun unter Druck Flüssigkeit in den Innenraum des Gehäuses, presst die Flüssigkeit durch den entstandenen Druck den Kolbenkopf von der Anschlussposition weg. Der Druck wirkt dann gegen die Kraft, die auf dem anderen Ende des Kolbens ruht.

Um einen Verschleiß des Hydraulikzylinders bei langer Verwendungszeit zu verhindern, gibt es strenge Auflagen, was zulässige Temperaturen und interne Drücke betrifft. Festgelegt wurde unter anderem eine maximale Betriebstemperatur von 80 °C für Standardhydraulikzylinder. Denn egal welche Flüssigkeit eingesetzt wird, würde sich die Viskosität dahingehend verändern, dass das hydraulische System nicht mehr nach den Vorgaben arbeitet. Ein weiterer Grund für das Einhalten vorgeschriebener Betriebstemperaturen sind die eingesetzten Dichtungen. In modernen Hydraulikanlagen werden häufig organisch-synthetische Polymere eingesetzt, die nur bis zu einem gewissen Maximalwert dicht halten. Vorwiegend werden unter anderem Polytetrafluorethylen (PTFE), Butadien-Kautschuk (NBR) und das bekannte Polyurethan (PU) eingesetzt. Hydrauliksysteme, deren Einsatz in widrigen Umgebungen unerlässlich ist, werden durch spezielle Dichtungen für höhere Betriebstemperaturen gewappnet. Besonders spezielle Kautschukmischungen wie Fluorkautschuk (FKM) erlauben eine Betriebstemperatur bis zu 200 °C. Da aber auch intern die Temperaturen kurzzeitig steigen können, denn die eingesetzte Flüssigkeit ist gerade bei häufigen Bewegungsabläufen vielen Reibungen ausgesetzt, so muss die Temperatur der Hydraulikflüssigkeit stets kontrolliert werden. Letztlich unterscheidet vor allem die eingesetzte Flüssigkeit über die operablen Temperaturbereiche der Hydraulikzylinder.

Die große Gruppe der schwer entflammbaren Druckflüssigkeiten wird schließlich in Anlagen eingesetzt, die eine hohe Temperaturspanne im Betrieb aushalten müssen. Durch Mischen von Wasser, Öl und weiteren Zusätzen werden häufig Betriebstemperaturen zwischen einstelligen Plusgraden und bis zu 80 °C erreicht. Es geht aber noch extremer. Die HFC-Druckflüssigkeit weist eine Toleranz von −20 °C bis +60 °C auf. Für hohe Temperaturen zwischen +20 °C und 150 °C werden vorwiegend die HFD-Druckflüssigkeiten eingesetzt.

Genauso wichtig sind die zulässigen Maximaldrücke. Diese dürfen auch nicht kurzzeitig überschritten werden, da es sonst zum Ausfall der hydraulischen Anlage kommen kann. Druckspitzen dürfen weder von der Hydraulikpumpe noch von externen mechanischen Einflüssen (Einknicken der Schläuche) verursacht werden. Hält man dagegen die Druckauflagen nicht ein, kommt es definitiv zu Beschädigungen an Dichtungen, Schläuchen, der Pumpe oder dem Hydraulikzylinder selbst. Trotz guter Wartung und einer verantwortungsvollen Steuerung können Druckspitzen auftreten, deshalb besitzen die meisten Hydrauliksysteme interne Sicherungsmechanismen. Diese können durch Stoßdämpfer oder eine Endlagendämpfung realisiert werden. Für Hydrauliksysteme, die trotz aller Maßnahmen unumgänglich Druckspitzen vorweisen, verwendet man spezielle Block- oder Stanzblockzylinder, die innerhalb des Systems ein Vielfaches des sonst üblichen Systemdrucks aushalten. Anwendungsbeispiele sind industrielle Stanzmaschinen. Tab. 2.9 zeigt die Symbole für Hydraulikzylinder.

Tab. 2.9 Symbole für Hydraulikzylinder

Symbol	Bezeichnung	Beschreibung
a) b)	Einfach wirkender Zylinder	fremdgesteuerte Einfahrtbewegung (a) Einfahrtbewegung durch Rückstellfeder (b)
a) b)	Doppelt wirkender Zylinder	mit einseitiger Kolbenstange (a) mit beidseitiger Kolbenstange (b)
a) b)	Zylinder mit nicht einstellbarer Endlagendämpfung	einseitige Endlagendämpfung (a) beidseitige Endlagendämpfung (b)
a) b)	Zylinder mit einstellbarer Endlagendämpfung	einseitige Endlagendämpfung (a) beidseitige Endlagendämpfung (b)
a) b)	Teleskopzylinder	einfach wirkend (a) doppelt wirkend (b)
	Doppelt wirkender Tandemzylinder	doppelt wirkend
	Kolbenstangenloser Zylinder mit magnetischer Kupplung	doppelt wirkend

2.3.1 Konstruktionsmerkmale von Zugstangenzylindern

Zugstangenzylinder können bis zu 200 bar an Betriebsdrücken verarbeiten. Abb. 2.35 zeigt die Konstruktionsmerkmale von Zugstangenzylindern.

1) Kolbenstange: Die Kolbenstange besteht aus legiertem Kohlenstoffstahl, fein geschliffen und hartverchromt, auf max. 0,2 µm poliert. Vor der Verchromung wird auf mindestens C54 Rockwell induktionsgehärtet, wodurch eine schlagfeste Oberfläche entsteht, die höchste Lebensdauer von Dichtungen und Dichtungsbüchse ermöglicht.

2) Dichtungsbüchse: Das lange Führungsteil der Büchse liegt innerhalb der Dichtungen und dadurch ergibt sich eine bessere Schmierung und erhöhte Lebensdauer. Die Büchse mit eingebauten Stangenabdichtungen lässt sich ohne Demontage des Zylinders ausbauen, was schnelle und wirtschaftliche Wartungsarbeiten erlaubt.

3) Stangendichtung: Die gerillte Lipseal-Dichtung hat eine Reihe von Dichtungskanten, die bei steigendem Druck nacheinander in Funktion treten und somit eine optimale Dichtwirkung unter allen Betriebsbedingungen gewährleisten. Beim Rückhub verhält sich die Dichtung wie ein Sperrventil, wodurch das an der Stange haftende Öl wieder in den Zylinder zurückfließen kann. Der doppellippige Abstreifer hat eine sekundäre Dichtfunktion und fängt den überschüssigen Schmierölfilm im Raum zwischen Abstreifer und Lipseal-Dichtung ein. Mit der äußeren Lippe wird verhindert, dass Schmutz in den Zylinder eindringen kann, d. h., Büchse und Dichtungen bleiben somit auf lange Zeit funktionstüchtig. Dichtungen aus Lipseal sind standardmäßig aus verstärktem Polyurethan (PU) gefertigt, sodass sie eine wirkungsvolle Rückhaltung des Druckmediums sichern. Standarddichtungen sind für Kolbengeschwindigkeiten bis 0,5 m/s ausgelegt.

4) Zylinderrohr: Die Qualitätssicherung und Präzisionsfertigung erfüllen die strengsten Auflagen an die Zylinderrohre im Hinblick auf Geradheit, Rundheit und Oberflächengüte.

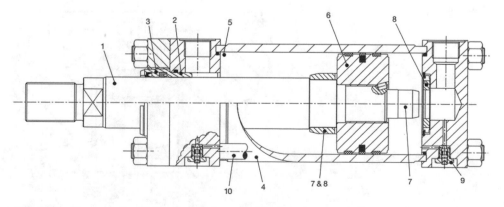

Abb. 2.35 Konstruktionsmerkmale von Zugstangenzylindern

5) Zylinderrohr-Dichtungen: Zur absoluten Leckagefreiheit des Zylinderrohrs, auch bei Druckstößen, baut der Hersteller vorgespannte Dichtungen ein.

6) Einteiliger Kolben: Tragringe vermeiden metallischen Kontakt mit dem Zylinderrohr, auch bei Seitenkräften. Eine lange Gewindeverbindung gewährleistet eine sichere Befestigung des Kolbens an der Kolbenstange. Zur zusätzlichen Sicherung der Kolben dient eine Verklebung im Gewinde und sie stellt einen Sicherungsstift dar. Drei serienmäßige Dichtungskombinationen sind für verschiedenste Anwendungen lieferbar.

7) Endlagendämpfung: Die Endlagendämpfungen an Kopf bzw. Boden sind für eine optimale, gleichförmige Abbremsung gestuft ausgeführt. Die Dämpfung am Zylinderkopf ist selbstzentrierend und der polierte Dämpfungszapfen am Boden ist ein in die Stange integriertes Teil.

8) Selbstzentrierender Dämpfungsring und Dämpfungsbüchse: Dämpfungsring und -büchse in Boden bzw. Kopf sind selbstzentrierend, wodurch enge Durchmessertoleranzen und eine bessere Dämpfungswirkung erzielt werden. Eine speziell konstruierte Dämpfungsbüchse mit Bohrungsdurchmessern bis zu 100 mm dient als Rückschlagventil. Bei größeren Bohrungsdurchmessern wird ein herkömmliches Kugelventil verwendet. Durch den Einsatz eines Rückschlagventils im Kopf und das Anheben des Dämpfungsrings am Zylinderboden wird durch die volle Beaufschlagung des Kolbens ein schneller Anlauf aus den Endlagen ermöglicht. Damit ergeben sich kurze Taktzeiten.

9) Dämpfungseinstellung: An beiden Enden des Zylinders sind Nadelventile zur präzisen Einstellung der Dämpfung vorgesehen. Durch eine Sicherung wird unabsichtliches Herausdrehen verhindert. Abb. 2.36 zeigt ein Cartridge-Nadelventil und es wird in Zylindern mit Bohrungsgrößen bis 125 mm eingebaut.

10) Konstruktion der Zugstange: Die Konstruktion der Zugstangen übt durch die Vorspannung der Zugstangen an der Baugruppe eine Druckkraft auf das Zylinderrohr aus, die den vom Systemdruck erzeugten Zugkräften entgegenwirkt. Das Ergebnis ist ein ermüdungsfreier Zylinder mit einer hohen Lebensdauer und kompakten Abmessungen.

Abb. 2.36 Cartridge-Nadelventil

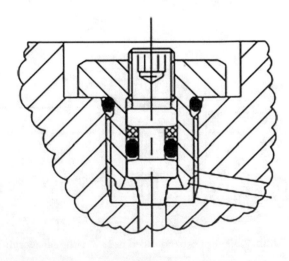

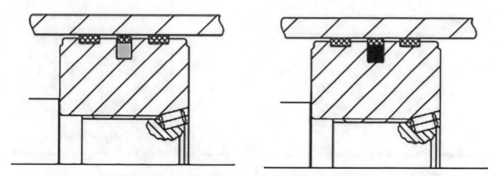

Abb. 2.37 Standardkolbendichtung (links) und LoadMaster-Kolben (rechts)

Standardkolbendichtungen eignen sich für Lasthaltefunktionen, da sie unter normalen Bedingungen einen leckölfreien Kolbenbetrieb sichern. Standardkolbendichtungen sind serienmäßig in den Zylindern eingebaut und für Kolbengeschwindigkeiten von bis zu 0,5 m/s vorgesehen. Abb. 2.37 zeigt eine solche Dichtung (links) und einen LoadMaster-Kolben (rechts).

LoadMaster-Kolben verfügen über spezielle Hochleistungs-Tragringe, um den Seitenkräften entgegenzuwirken. Sie werden für Zylinder mit langem Hub empfohlen, besonders wenn diese gelenkig befestigt sind.

Servozylinder gestatten präzisen Regelbetrieb im Hinblick auf Beschleunigung, Geschwindigkeit und Position des Zylinders in Anwendungen, die geringe Reibung und einen stick-slip-freien Betrieb erfordern. Der Einbau von internen bzw. externen Wegaufnehmern ist möglich. Servozylinder sind mit reibungsarmen Dichtungen am Kolben und in der Dichtungsbüchse ausgerüstet. Diese Servozylinder besitzen speziell ausgewählte Zylinderrohre und Kolbenstangen.

2.3.2 Reibungsarme Kolbendichtungen

Die reibungsarmen Kolbendichtungen werden bei Dichtungen und Tragringen aus PTFE verwendet. Reibungsarme Kolben eignen sich für Anwendungen mit Kolbengeschwindigkeiten von bis zu 1 m/s, aber sie eignen sich nicht für Lasthaltefunktionen. Abb. 2.38 zeigt eine reibungsarme Kolbendichtung und eine Stangendichtung.

Reibungsarme Stangendichtungen setzen sich zusammen aus zwei reibungsarmen PTFE-Dichtringen und einem doppellippigen Abstreifer.

Entlüftung: An den Enden des Zylinders ist wahlweise eine Entlüftungsschraube erhältlich und sie kann in jeder unbelegten Position angeordnet werden. Bei Zylindern mit einer Bohrung von 50 mm und größer kann es erforderlich sein, Entlüftung und Anschlussleitungen in einer Position anzuordnen. Die Standard-Entlüftungsschraube ist im Zylinderkopf bzw. -boden versenkt eingebaut und gegen versehentliches Herausdrehen gesichert, wie Abb. 2.39 zeigt. Zur gezielten Abführung des nachfolgenden Öls steht als Option eine überstehende Entlüftungsschraube (ATE-M8) mit einem Schlauchanschluss zur Verfügung.

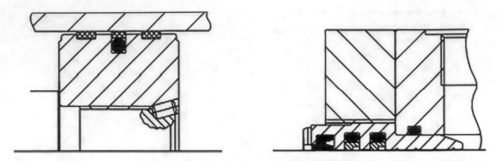

Abb. 2.38 Reibungsarme Kolbendichtung (links) und Stangendichtung (rechts)

Abb. 2.39 Entlüftungsschraube
mit Schlauchanschluss

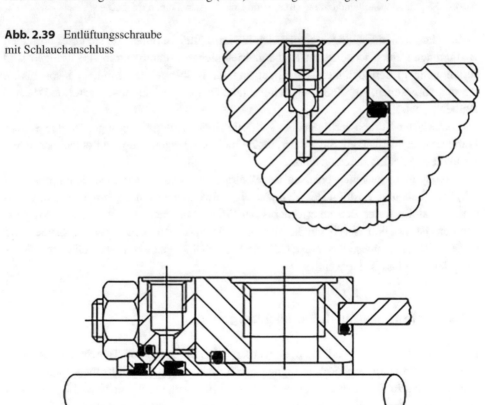

Abb. 2.40 Indikations- und Leckölanschluss

Unter bestimmten Einsatzbedingungen wie z. B. bei Langhubzylindern, Zylindern mit konstantem Gegendruck (Differenzialschaltung) oder bei Zylindern mit einem Verhältnis der Aus- zur Einfahrgeschwindigkeit von größer 2 zu 1, kann die sich zwischen den Dichtungen ansammelnde Hydraulikflüssigkeit über einen Leckölanschluss abgeführt werden. Bei Verwendung einer transparenten Leitung zum Tank kann der Anschluss auch zum frühzeitigen Erkennen von Dichtungsverschleiß verwendet werden. Abb. 2.40 zeigt einen Indikations- und Leckölanschluss.

Bei engen Toleranzen beim Hub kann der Zylinder mit Hubverstellungen in verschiedenen Ausführungen ausgerüstet werden. Die Kolbenstangenklemmeinheit bewirkt die sofortige Klemmung der Kolbenstange bei Druckabfall. Das Lösen erfolgt durch den Wiederaufbau des hydraulischen Drucks. Das Gerät lässt sich für Sicherheitsvorrichtungen einsetzen.

Um den Einbau des Zylinders in beengten Platzverhältnissen zu erleichtern, können anstelle von zwei Schlüsselflächen optional auch vier Anflächungen gewählt werden.

Bei der Verwendung von Zylindern als einfach wirkende Zylinder ist der Einbau einer Feder zur Rückholung des Kolbens nach dem Arbeitshub möglich. Dazu sind die Lastbedingungen und die Reibungsfaktoren sowie die Wirkrichtung des Federrückzugs erforderlich.

Bei Zylindern mit Federrückhub ist es sinnvoll, verlängerte Zugstangen vorzusehen, damit die Feder hierdurch bis zur vollständigen Entspannung abgestützt werden kann. Die Zugstangenmuttern sollten außerdem auf der gegenüberliegenden Seite des Zylinders angeschweißt werden, um die Sicherheit beim Ausbau des Zylinders zusätzlich zu erhöhen.

Für lineare Kraftübertragung mit kontrollierten Stopps in Zwischenstellungen sind verschiedene Konstruktionen lieferbar. Um beispielsweise drei Hubstellungen zu erzielen, ist es üblich, zwei Standardzylinder mit einseitiger Kolbenstange gegeneinander zu montieren bzw. durchgehende Zugstangen zu verwenden. Eine andere Lösung ist ein Tandemzylinder mit separater Stange am Boden.

Kolbenstangenflächen, die mit an der Luft aushärtender Verschmutzung in Berührung kommen, sind besonders zu schützen. Für diese Fälle empfiehlt es sich, einen Faltenbalg zu verwenden. Die Kolbenstange ist zu diesem Zweck um das Balgmaß zu verlängern.

Falls die Kolbenstange haftendem Schmutzbefall ausgesetzt ist und daher vorzeitigen Verschleiß der Dichtungen verursacht, empfiehlt sich der Einbau von Metallabstreifern anstelle des standardmäßig verwendeten Wiperseal-Abstreifers. Maßänderungen treten nicht auf.

Mit der Endlagendämpfung wird die bewegte Masse kontrolliert abgebremst. Sie empfiehlt sich, wenn der volle Hub mit einer Kolbengeschwindigkeit über 0,1 m/s gefahren wird. Außerdem steigert die Endlagendämpfung die Lebensdauer der Zylinder und verringert Betriebsgeräusche sowie Druckstöße.

Dämpfung ist sowohl kopf- als auch bodenseitig möglich, ohne die Abmessungen und Einbaumaße des Zylinders zu verändern.

Wie angegeben, verwendet man HMI- und HMD-Zylinder mit profilierten Endlagendämpfungen, die eine effiziente, progressive Verlangsamung ermöglichen. Die abschließende Geschwindigkeit kann über die Dämpfungsschrauben eingestellt werden.

Man beachte, dass die Dämpfungsleistung durch die Verwendung von Wasser oder wasserbasierten Druckmedien mit hohem Wassergehalt beeinflusst wird.

Die Endlagendämpfung aller HMI/HMD-Zylinder weist Dämpfungsbüchsen und -zapfen im Rahmen der Normzylinderabmessungen auf, ohne die Kolben- und Stangenführungslängen zu reduzieren. Das Dämpfungsverhalten ist über Nadelventile einstellbar.

Diagramme für die Dämpfungsberechnung zeigen das Energieabsorptionsvermögen der einzelnen Bohrungs-/Stangenkombinationen am Kopf (Ring) und am Boden (volle Bohrung). Die Diagramme gelten für Kolbengeschwindigkeiten im Bereich 0,1 bis 0,3 m/s. Im Bereich 0,3 bis 0,5 m/s sind die Energiewerte um 25 % zu vermindern. Bei Geschwindigkeiten unter 0,1 m/s mit hohen Bremsmassen und bei solchen über 0,5 m/s sind ggf. spezielle Dämpfungsprofile erforderlich.

2.3.3 Dämpfungsvermögen und Druckverstärkung

Das Kopfende hat ein geringeres Dämpfungsvermögen als der Zylinderboden. Durch Druckverstärkung am Kolben fällt dieses Dämpfungsvermögen bei hohen Arbeitsdrücken bis auf Null.

Die Fähigkeit zur Energieaufnahme nimmt bei steigendem Verfahrdruck ab, der im normalen Hydraulikkreis dem Einstellwert des Druckbegrenzungsventils entspricht.

Für Berechnungen bei horizontalen Anwendungen gilt die Formel $E = \frac{1}{2} \cdot m \cdot v^2$. Ist die Zylinderachse gegenüber der Horizontalen geneigt, dann gilt:

$$E = 1/2 \cdot m \cdot v^2 + m \cdot g \cdot l \cdot 10^{-3} \cdot \sin\alpha$$

(abwärts bewegte Massen)

$$E = 1/2 \cdot m \cdot v^2 - m \cdot g \cdot l \cdot 10^{-3} \cdot \sin\alpha$$

(abwärts bewegte Massen)

E   aufgenommene Energie in Joule
g   Erdbeschleunigung 9,81 m/s^2
v   Geschwindigkeit in m/s
l   Dämpfungslänge in mm
m   Masse in kg (einschließlich Kolben- und Stangenmasse mit Zubehör)
a   Neigungswinkel zur Horizontalen in ° ($-90° \leq a \leq +90°$)
p   Druck in bar

Beispiel: In Abb. 2.41 wird gezeigt, wie man die linear bewegten Massen und die erzeugte Energie berechnet. Es wird vorausgesetzt, dass die ausgewählten Bohrungs- und Stangendurchmesser der Anwendung entsprechen. Die Reibung auf Zylinder und Masse wird vernachlässigt. Ausgewähltc Bohrung/Stange = 160/70 mm und Dämpfung bodenseitig.

Beispiel: Für einen Druck mit 160 bar, der Masse mit 10.000 kg, der Geschwindigkeit von 0,4 m/s, einer Dämpfungslänge mit 41 mm und einer Winkelangabe von $\sin\alpha = 0,7$ ist die Energie E zu berechnen.

$$E = 1/2 \cdot m \cdot v^2 + m \cdot g \cdot l \cdot 10^{-3} \cdot \sin\alpha$$

Abb. 2.41 Linear bewegte
Massen und Energie

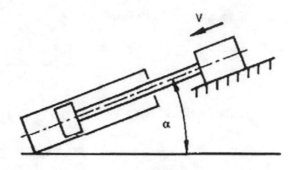

Abb. 2.42 Kriterien für die
Berechnung eines
Hydrozylinders

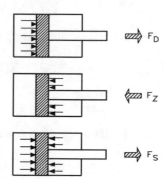

$$E = \left[\left(10.000 \cdot 0,4^2\right)/2 + \left(10.000 \cdot 9,81 \cdot 41 \cdot 10^{-3} \cdot 0,7\right)\right] \text{Joule}$$

$$E = 800 + 2815 = 3615 \text{ Joule}$$

Da die Geschwindigkeit 0,3 m/s übersteigt, muss diese Energie noch entsprechend gewichtet werden. Um mit demselben Diagramm arbeiten zu können, ergibt sich eine Energiebasis von

$$E = 3615/0,75 = 4820 \text{ Joule}$$

Das entsprechende Diagramm zeigt, dass die Dämpfung die Masse sicher abbremsen kann. Falls die errechnete Energie aber über der 160/70-Kurve liegen würde, wäre eine größere Zylinderbohrung auszuwählen und die Berechnung ist zu wiederholen.

Abb. 2.42 zeigt die Kriterien für die Berechnung eines Hydrozylinders.

$$A_k = \frac{d_1^2 \cdot \pi}{400} = \frac{d_1^2 \cdot 0,785}{100}$$

A_k = Kolbenfläche [cm²]

$$A_{St} = \frac{d_2^2 \cdot 0,785}{100}$$

A_{St} = Kolbenstangenfläche [cm²]

$$A_R = \frac{\left(d_K^2 - d_{St}^2\right) \cdot 0{,}785}{100}$$

A_R = Kolbenringfläche [cm²]

$$F_D = \frac{d_K^2 \cdot p \cdot 0{,}785}{10.000}$$

d_K = Kolbendurchmesser [mm]

$$F_Z = \frac{\left(d_K^2 - d_{St}^2\right) \cdot p \cdot 0{,}785}{10.000}$$

d_{St} = Kolbenstangendurchmesser [mm]

$$F_{St} = \frac{d_2^2 \cdot p \cdot 0{,}785}{10.000}$$

F_D = Druckkraft [kN]

$$v = \frac{h}{t \cdot 1000} = \frac{\dot{Q}}{6 \cdot A}$$

F_Z = Zugkraft [kN]

$$\dot{Q}_{th} = \frac{A \cdot v}{10} = \frac{V}{t} \cdot 60$$

F_{St} = Stangenkraft [kN]

$$v = \frac{h}{t \cdot 1000} = \frac{\dot{Q}}{A \cdot 6}$$

$$\dot{Q} = \frac{\dot{Q}_{th}}{\eta_{vol}}$$

p = Betriebsdruck [bar]

$$V = \frac{A \cdot h}{10.000}$$

v = Hubgeschwindigkeit [m/s]

$$t = \frac{A \cdot h \cdot 6}{\dot{Q} \cdot 1000}$$

V = Hubvolumen [l]
$\dot{Q}$ = Volumenstrom mit Berücksichtigung der Leckagen [1/min]
$\dot{Q}_{th}$ = Volumenstrom ohne Berücksichtigung der Leckagen [1/min]
η_{vol} = volumetrischer Wirkungsgrad (ca. 0,95)
h = Hub [mm]
t = Hubzeit [s]

Abb. 2.43 zeigt die Kriterien für die Berechnung eines Differenzialzylinders.

$$d_K = 100 \cdot \sqrt{\frac{4 \cdot F_D}{\pi \cdot p_K}}$$

nach oben

$$p_K = \frac{4 \cdot 10^4 \cdot F_D}{\pi \cdot d_K^2}$$

d_{St} = Stangendurchmesser [mm]

$$P_{St} = \frac{4 \cdot 10^4 \cdot F_Z}{\pi \cdot \left(d_K^2 - d_{St}^2\right)}$$

Abb. 2.43 Kriterien für die
Berechnung eines
Differenzialzylinders

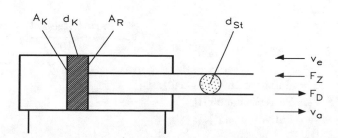

F_D = Druckkraft [kN]

$$\phi = \frac{d_K^2}{\left(d_K^2 - d_{St}^2\right)}$$

F_Z = Zugkraft [kN]

$$\dot{Q}_K = \frac{6 \cdot \pi \cdot v_a \cdot d_K^2}{400}$$

p_K = Druck auf der Kolbenseite [bar]

$$\dot{Q}_{St} = \frac{6 \cdot \pi \cdot v_e \cdot \left(d_K^2 - d_{St}^2\right)}{400}$$

φ = Flächenverhältnis

$$v_e = \frac{\dot{Q}_{St}}{\frac{6 \cdot \pi}{400} \cdot \left(d_K^2 - d_{St}^2\right)}$$

$\dot{Q}_K$ = Volumenstrom Kolbenseite [1/min]

$$v_a = \frac{Q_K}{\frac{6 \cdot \pi \cdot d_K^2}{400}}$$

$\dot{Q}_{St}$ = Volumenstrom Stangenseite [1/min]

$$V_P = \frac{\pi \cdot d_{St}^2 \cdot h}{4 \cdot 10^6}$$

v_a = Ausfahrgeschwindigkeit [m/s]

$$V_F = \frac{\pi \cdot h \cdot \left(d_K^2 - d_{St}^2\right)}{4 \cdot 10^6}$$

v_e = Einfahrgeschwindigkeit [m/s]
V_P = Pendelvolumen [l]
V_F = Füllvolumen [l]

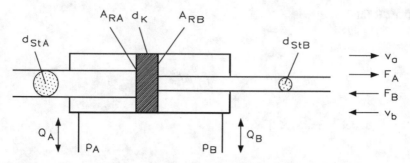

Abb. 2.44 Kriterien für die Berechnung eines Gleichgangzylinders

Abb. 2.44 zeigt die Kriterien für die Berechnung eines Gleichgangzylinders.

$$p_A = \frac{4 \cdot 10^4 \cdot F_A}{\pi \cdot \left(d_K^2 - d_{StA}^2\right)}$$

d_K = Kolbendurchmesser [mm]

$$p_B = \frac{4 \cdot 10^4 \cdot F_B}{\pi \cdot \left(d_K^2 - d_{StB}^2\right)}$$

d_{StA} = Stangendurchmesser A-Seite [mm]

$$\dot{Q}_A = \frac{6 \cdot \pi \cdot v_a \cdot \left(d_K^2 - d_{StA}^2\right)}{400}$$

d_{StB} = Stangendurchmesser B-Seite [mm]

$$\dot{Q}_B = \frac{6 \cdot \pi \cdot v_b \cdot \left(d_K^2 - d_{StB}^2\right)}{400}$$

F_A = Kraft A [kN]

$$v_e = \frac{\dot{Q}_{St}}{\dfrac{6 \cdot \pi \cdot \left(d_K^2 - d_{St}^2\right)}{400}}$$

F_B = Kraft B [kN]

$$v_a = \frac{\dot{Q}_K}{\frac{6 \cdot \pi}{400} \cdot d_K^2}$$

p_A = Druck auf der A-Seite [bar]

$$V_P = \frac{\pi \cdot d_{St}^2 \cdot h}{4 \cdot 10^6}$$

p_B = Druck auf der B-Seite [bar]

$$V_{FA} = \frac{\pi \cdot h \cdot \left(d_K^2 - d_{StA}^2 \right)}{4 \cdot 10^6}$$

$\dot{Q}_A$ = Volumenstrom A-Seite [1/min]

$$V_{FB} = \frac{\pi \cdot h \cdot \left(d_K^2 - d_{StB}^2 \right)}{4 \cdot 10^6}$$

$\dot{Q}_B$ = Volumenstrom B-Seite [1/min]
v_a = Geschwindigkeit a [m/s]
v_b = Geschwindigkeit b [m/s]
V_P = Pendelvolumen [l]
V_{FA} = Füllvolumen A [l]
V_{FB} = Füllvolumen B [l]

Abb. 2.45 zeigt die Berechnung eines Differenzialzylinders.

Abb. 2.45 Berechnung eines
Differenzialzylinders

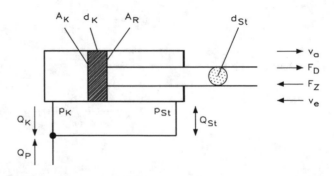

$$d_K = 100 \cdot \sqrt{\frac{4 \cdot F_D}{\pi \cdot p_{St}}}$$

d_K = Kolbendurchmesser [mm]

$$p_K = \frac{4 \cdot 10^4 \cdot F_D}{\pi \cdot d_{St}^2}$$

d_{St} = Stangendurchmesser [mm]

$$p_{St} = \frac{4 \cdot 10^4 \cdot F_Z}{\pi \cdot \left(d_K^2 - d_{St}^2\right)}$$

F_D = Druckkraft [kN]

$$\dot{Q} = \frac{6 \cdot \pi \cdot v_a \cdot d_{St}^2}{400}$$

F_Z = Zugkraft [kN]
Ausfahren: p_K = Druck auf der Kolbenseite [bar]

$$v_a = \frac{\dot{Q}_p}{\dfrac{6 \cdot \pi \cdot d_{Si}^2}{400}}$$

p_{St} = Druck auf der Stangenseite [bar]

$$\dot{Q}_K = \frac{\dot{Q}_p \cdot d_K^2}{d_{St}^2}$$

h = Hub [mm]

$$\dot{Q}_{St} = \frac{\dot{Q}_p \cdot \left(d_K^2 - d_{St}^2\right)}{d_{St}^2}$$

$\dot{Q}_K$ = Volumenstrom Kolbenseite [1/min]

Einfahren: $\dot{Q}_{St}$ = Volumenstrom Stangenseite [1/min]

$$v_e = \frac{\dot{Q}_p}{\dfrac{6 \cdot \pi \cdot \left(d_K^2 - d_{St}^2\right)}{400}}$$

$\dot{Q}_P$ = Pumpenförderstrom [1/min]

$$\dot{Q}_{St} = \dot{Q}_p$$

v_a = Ausfahrgeschwindigkeit [m/s]

$$\dot{Q}_K = \frac{\dot{Q}_p \cdot d_K^2}{\left(d_K^2 - d_{St}^2\right)}$$

$$V_P = \frac{\pi \cdot h \cdot d_{St}^2}{4 \cdot 10^6}$$

v_e = Einfahrgeschwindigkeit [m/s]

$$V_F = \frac{\pi \cdot h \cdot \left(d_K^2 - d_{St}^2\right)}{4 \cdot 10^6}$$

V_P = Pendelvolumen [l]

V_F = Füllvolumen [l]

Abb. 2.46 zeigt die Kriterien für die Berechnung der Eigenfrequenz eines Differenzialzylinders.

$$A_K = \frac{\dfrac{d_K^2 \cdot \pi}{4}}{100}$$

A_K = Kolbenfläche [cm²]

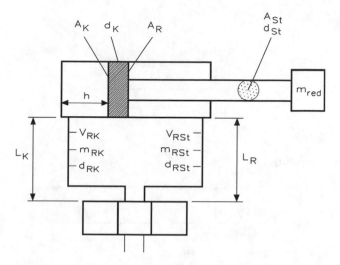

Abb. 2.46 Kriterien für die Berechnung der Eigenfrequenz eines Differenzialzylinders

$$\dot{Q}_K = \frac{\dot{Q}_p \cdot d_K^2}{d_{St}^2}$$

A_R = Kolbenringfläche [cm²]

$$V_{RK} = \frac{\pi \cdot d_{RK}^2 \cdot L_K}{4000}$$

d_K = Kolbendurchmesser [mm]

$$V_{RSt} = \frac{\pi \cdot d_{RSt}^2 \cdot L_{St}}{4000}$$

d_{St} = Kolbenstangendurchmesser [mm]

$$m_{RK} = \frac{V_{RK} \cdot \rho_{Öl}}{1000}$$

d_{RK} = Kolbenseite [mm]

$$m_{RSt} = \frac{V_{RSt} \cdot \rho_{Öl}}{1000}$$

L_K = Länge Kolbenseite [mm]

$$h_K = \frac{\left(\dfrac{A_R \cdot h}{\sqrt{A_R^3}} + \dfrac{A_{RSt}}{\sqrt{A_R^3}} + \dfrac{V_{RK}}{\sqrt{A_K^3}} \right)}{\dfrac{1}{\sqrt{A_R}} + \dfrac{1}{\sqrt{A_K}}}$$

d_{RSt} = Stangenseite [mm]

$$\omega_0 = 100 \cdot \sqrt{\frac{E_{Öl}}{m_{red}} \cdot \left(\frac{A_K^2}{\dfrac{A_K \cdot h_K}{10} + V_{RK}} + \frac{A_R^2}{\dfrac{A_R \cdot h - h_K}{10} + V_{RSt}} \right)}$$

L_{St} = Länge Stangenseite [mm]

$$\omega_{01} = \omega_0 \cdot \sqrt{\frac{m_{red}}{m_{Ölred} + m_{red}}}$$

h = Hub [mm]

$$f_0 = \frac{\omega_0}{2 \cdot \pi}$$

$$f_{01} = \frac{\omega_{01}}{2 \cdot \pi}$$

V_{RK} = Volumen der Leitung Kolbenseite [cm³]

$$m_{Ölred} = m_{RK} \left(\frac{d_K}{d_{RK}} \right)^4 + m_{RSt} \left(\frac{1}{d_{St}} \cdot \sqrt{\frac{400 \cdot A_R}{\pi}} \right)$$

V_{RSt} = Volumen der Leitung Stangenseite [cm³]
m_{RK} = Masse des Öls in der Leitung Kolbenseite [cm³]
m_{RSt} = Masse des Öls in der Leitung Stangenseite [cm³]
h_K = Position bei minimaler Eigenfrequenz [mm]
f_0 = Eigenfrequenz

Abb. 2.47 zeigt die Kriterien für die Berechnung der Eigenfrequenz eines Gleichgang-zylinders.

Abb. 2.47 Kriterien für die Berechnung der Eigenfrequenz eines Gleichgangzylinders

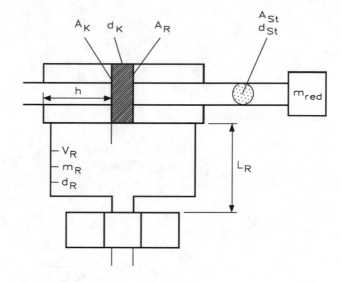

$$A_K = \frac{\left(d_K^2 - d_{St}^2\right) \cdot \pi}{\dfrac{4}{100}}$$

A_K = Kolbenring [cm²]

$$V_R = \frac{d_{RK}^2 \cdot \pi \cdot L_K}{4000}$$

d_K = Kolbendurchmesser [mm]

$$m_R = \frac{V_R \cdot \rho_{\ddot{O}l}}{1000}$$

d_{St} = Kolbenstangendurchmesser [mm]
$\rho_{\ddot{O}l}$ = Dichte der Flüssigkeiten [kg/dm²]

$$\omega_0 = 100 \cdot \sqrt{\frac{2 \cdot E_{\ddot{O}l}}{m_{red}} \cdot \left(\frac{A_R^2}{\dfrac{A_R \cdot h}{10} + V_{RSt}}\right)}$$

d_{RK} = NW [mm]
$E_{\ddot{O}l}$ = Energie [Joule]

$$f_0 = \frac{\omega_0}{2 \cdot \pi}$$

$$f_{01} = \frac{\omega_{01}}{2 \cdot \pi}$$

L_K = Länge Kolbenseite [mm]

$$m_{\ddot{O}lred} = 2 \cdot m_{RK} \cdot \left(\frac{1}{d_R} \cdot \sqrt{\frac{400 \cdot A_R}{\pi}} \right)^4$$

h = Hub [mm]

$$\omega_{01} = \omega_0 \cdot \sqrt{\frac{m_{red}}{m_{\ddot{O}lred} + m_{red}}}$$

V_R = Volumen der Leitung [cm³]
m_R = Masse des Öls in der Leitung [cm³]
f_0 = Eigenfrequenz

Abb. 2.48 zeigt die Kriterien für die Berechnung der Eigenfrequenz eines Plungerzylinders.

$$A_K = \frac{\frac{d_K^2 \cdot \pi}{4}}{100}$$

Abb. 2.48 Kriterien für die
Berechnung der Eigenfrequenz
eines Plungerzylinders

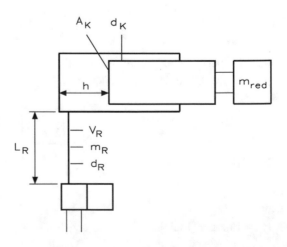

A_K = Kolbenfläche [cm²]

$$V_R = \frac{d_K^2 \cdot \pi \cdot L_K}{4000}$$

d_K = Kolbendurchmesser [mm]

$$m_R = \frac{V_R \cdot \rho_{\ddot{O}l}}{1000}$$

L_K = Länge Kolbenseite [mm]

$$\omega_0 = 100 \cdot \sqrt{\frac{E_{\ddot{O}l}}{m_{red}} \cdot \left(\frac{A_R^2}{A_K \cdot h + V_{RSt}} \right)}$$

L_R = Leitungslänge [mm]

$$f_0 = \frac{\omega_0}{2 \cdot \pi}$$

$$f_{01} = \frac{\omega_{01}}{2 \cdot \pi}$$

h = Hub [mm]

$$m_{\ddot{O}lred} = 2 \cdot m_R \cdot \left(\frac{d_K}{d_R} \right)^4$$

V_R = Volumen der Leitung [cm³]

$$\omega_{01} = \omega_0 \cdot \sqrt{\frac{m_{red}}{m_{\ddot{O}lred} + m_{red}}}$$

m_R = Masse des Öls in der Leitung [cm³]
f_0 = Eigenfrequenz

Tab. 2.10 Unterschied zwischen den Ventilarten

Rückschaltventile			
Standardausführung	mit Vorspannfeder	entsperrbar	entsperrbar, mit Lecköfabfluss

Wegeventile			
2/2-Wegeventile	3/2-Wegeventile	4/2-Wegeventile	4/3-Wegeventile

Betätigungsart			
mechanisch	Taster	Hebel	Fußpedal
Feder	Stössel	elektrisch (Magnet)	elektrohydraulisch
pneumatisch	hydraulisch	elektrisch (proportional)	elektrohydraulisch (proportional)

Druckbegrenzungsventil		Druckzuschaltventil	
direktgesteuert	vorgesteuert	direktgesteuert	vorgesteuert

Druckminderventil		Lasthalteventil	
direktgesteuert	vorgesteuert		

einstellbare Drosselventile		Druckkompensiertes Stromregelventil	
einfaches Drosselventil	Drosselventil mit Umgebungsventil	2-Wege-Stromregelventil	3-Wege-Stromregelventil

2.4 Hydraulische Ventile

Man unterscheidet bei den Ventilen zwischen Wege-, Druckregel- und Drossel- bzw. Stromregelventilen. Tab. 2.10 zeigt den Unterschied zwischen den Ventilarten.

2.4.1 Hydraulische Rückschaltventile

Ein Rückschaltventil ist ein Ventil, das die Strömung des Mediums in lediglich eine Richtung zulässt. Das Medium ist in den meisten Anwendungen durch ein Fluid, eine Hydraulikflüssigkeit oder ein Gas gegeben. In federbelasteten Rückschaltventilen befindet sich ein sogenanntes Schließelement, welches durch eine Feder geschlossen wird. Währenddessen strömt in der Richtung des Schließelements das freigegebene Fluid. Dieser Mechanismus wird durch das Drücken einer Kugel, einer Klappe, einer Membran oder eines Kegels in den entsprechenden Sitz ausgelöst. Das jeweilige dichtende Element wird von seinem Sitz abgehoben und damit ist der Durchfluss frei, wenn ein Druck in der Durchlassrichtung ansteht, welcher die Gegenkraft der Rückstellfeder übersteigt. Abb. 2.49 zeigt einen Querschnitt durch ein Rückschaltventil.

In einem Kugelrückschlagventil stellt eine Kugel das schließende Element dar und wird in vielen Fällen durch die Schwerkraft oder durch eine Feder in eine Verengung des Ventils gedrückt. Ist die Kraft durch das Medium größer als die Kraft der Feder, kann das Medium das Ventil durchströmen. Damit dieser Mechanismus funktioniert, müssen solche Kugelrückschlagventile in der gesperrten Richtung hermetisch dicht sein.

Eine Besonderheit ist das entsperrbare Rückschlagventil, das mithilfe eines Steuersignals ebenso in der gesperrten Fließrichtung geöffnet werden kann. So kann das Me-

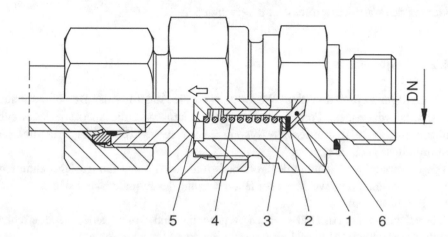

Abb. 2.49 Querschnitt durch ein Rückschaltventil
1) Kegel, 2) Dichtscheibe, 3) Deckscheibe, 4) Feder, 5) Durchlassscheibe mit Führungsstift, 6) Eolastic-Dichtung und DN (Nennweite)

dium das Ventil in beiden Richtungen durchfließen. Der große Vorteil gegenüber einem konventionellen Wegeventil ist hierbei, dass das entsperrbare Rückschlagventil in der gesperrten Stellung vollständig dicht ist. Somit können auf dieser Seite Lasten wie z. B. Hydraulikzylinder gehalten werden. Dieses Ventil findet in jedem hydraulischen Wagenheber Anwendung. Bei dem Wagenheber hält das entsperrbare Rückschlagventil die aufliegende Last, ohne dass der Kolben des Hydrauliksystems herunterfällt.

Eine Feder sorgt bei einem Teilerrückschlagventil für die benötigte Rückstellkraft. Der Körper, mit welchem der Durchfluss verhindert wird, ist in Form eines Teilers oder einer flachen Fläche ausgeführt. Als Führung des Rückschlagkörpers wird ein Bolzen oder ein Stift verwendet. Einfache Anwendungen des Teilerrückschlagventils sind Fahrrad- oder Autoreifenventile.

Die Konvektionssperre ist als Konvektionsbremse oder Schwerkraftbremse bekannt. Diese Anwendungen sind lediglich eine Sonderform des Teilerrückschlagventils. Eine Konvektionssperre wird in einer thermischen Solaranlage verwendet. Dort verhindert sie unerwünschte freie Konvektion in der Solaranlage und somit Wärmeverluste bei ausbleibender Sonneneinstrahlung oder in abgestellten Teilen der Anlage. Konvektionssperren sind so ausgelegt, dass sie nicht vollständig dicht entgegen der Flussrichtung sind. So wird ein Volumenausgleich bei Abkühlen ermöglicht und die Gasblasen können das Ventil passieren.

Einfache, eigengewichtgesteuerte Rückschlagklappen werden für mittlere Nennweiten, flüssige Medien und Druckstufen bis zu 600 bar verwendet. Gefertigt werden sie mit Anschweiß- oder Flanschenden aus Stahlguss, Gusseisen oder geschmiedetem Stahl. Zu finden ist eine Rückschlagklappe z. B. an dem Anschluss eines Hauses zur Kanalisation. Diese Klappe verhindert das Eintreten des Schmutzwassers in die Abwasserleitungen des Hauses, sollte das Niveau der Abwässer im Kanal durch z. B. einen Wolkenbruch extrem ansteigen. Ebenso im Haus werden Rückschlagklappen im Heizungsvorlauf zur Verhinderung des Warmwasserrückstroms verwendet.

2.4.2 Wegeventile

Die grundlegende Funktion eines Wegeventils ist die Änderung der Durchflussrichtung des Arbeitsmediums, die Freigabe des Arbeitsmediums oder die Sperrung des Arbeitsmediums in einem hydraulischen System. Das Wegeventil wird in Druckluft oder Hydraulikflüssigkeit eingesetzt.

Die Änderung der Richtung des Volumenstroms wird durch die Ausfahrrichtung des Zylinders bestimmt. Die Weglänge der Hubbewegung des Zylinders lässt sich durch Start-Stopp-Befehle regeln.

Die verschiedenen Anschlüsse eines Wegeventils sind Druckquelle, Steueranschluss, Entlüftungsanschluss, Abfluss, Leistungsanschluss und Lecköluanschluss.

Wegeventil unterscheiden sich grundsätzlich durch einige Hauptmerkmale. Dazu zählt die Anzahl der Schaltstellungen. Des Weiteren wird nach der Bauart des Steuerelements

Abb. 2.50 Querschnitt durch ein Wegeventil

unterschieden. Eines dieser kann beispielsweise ein Ventilkegel oder ein Schieber sein. Die Art der Betätigung eines Wegeventils wird entweder elektrisch, pneumatisch, mechanisch, hydraulisch oder manuell klassifiziert. Ebenso werden die Anschlüsse des Ventils nach Anzahl, Größe und Art unterschieden. Als letztes Hauptmerkmal ist die Anzahl der Durchflusswege zu nennen.

Ebenso können die Geräte zur Beeinflussung von Start, Stopp und Durchflussrichtung eines Stroms nach der Arbeitsweise abgegrenzt werden. Es ist zwischen einem schaltenden Wegeventil (mit negativer oder positiver Überdeckung) und einem stetigen Wegeventil (mit negativer, null- oder positiver Überdeckung) zu unterscheiden. Die Bauarten eines Wegeventils sind die Kolben- oder Schieberventile und die Sitzventile. Die Unterscheidung nach Aufgabe des Ventils spiegelt sich in der konventionellen Bezeichnung von Wegeventilen wieder. Ein 3/2-Wegeventil ist ein Ventil mit drei gesteuerten Wegen (oder Anschlüssen), sowie zwei einfachen Schaltstellungen zur Steuerung des Verbrauchers im System. Somit ergeben sich die klassischen Schaltungen der 2/2-, 3/2-, 3/3-, 4/2-, 4/3- und 5/3-Wegeventile. Zusätzlich zu diesen Ausführungen werden Sonderausführungen mit mehr Schaltstellungen und/oder Anschlüssen, z. B. 4/4- oder 6/4-Wegeventile, gefertigt. Abb. 2.50 zeigt einen Querschnitt durch ein Wegeventil.

Ein direkt gesteuertes Wegeventil schaltet erst, wenn eine Bewegung im Ventil stattfindet. In den einfachsten Fällen wird die horizontale bzw. vertikale Bewegung durch eine Dichtung durchgeführt. In vielen dieser Anwendungen befinden sich gleich mehrere Dichtungen auf einem Ventilkolben. Die Bewegung der Dichtung sorgt dafür, dass die Luft von einem Kanal in einen anderen Kanal umgeleitet oder freigegeben bzw. abgesperrt wird. Diese Bewegung wird bei direkt gesteuerten Ventilen unmittelbar durch ein Betätigungselement ausgelöst. Übliche Elemente sind dabei eine Magnetspule, ein Fußschalter oder ein simpler Hebel. Diese Schaltung eignet sich besonders für Einsätze im Vakuumbereich, da die Schaltfunktion des Wegeventils unabhängig vom Betriebsdruck abläuft. Die aufzuwendende Kraft steigt bei direkt gesteuerten Ventilen allerdings proportional mit der Größe des Ventils. Beispielsweise kann es bei komplexen, elektrisch betätigten Wegeventilen dazu kommen, dass die Magnetspule zur Auslösung der Bewegung des Dichtrings größer ist als das eigentliche Wegeventil.

Indirekt gesteuerte Wegeventile werden umgangssprachlich als vorgesteuerte Ventile bezeichnet. Im Gegensatz zu direkt gesteuerten Ventilen bewegt das Betätigungselement hier keine Dichtung, sondern es öffnet bzw. schließt lediglich eine kleine Vorsteuerungsöffnung. Die Bewegung des Ventilkolbens wird bei indirekt gesteuerten Wegeventilen durch das Arbeitsmedium übernommen. Dadurch entsteht der wesentliche Vorteil vorgesteuerter Wegeventile. Es reicht bereits eine sehr geringe Kraft aus, um das Ventil zu schalten. So kann z. B. eine kleine Magnetspule mit geringer Leistungsaufnahme ein großes Ventil auslösen. Das funktioniert allerdings nur, wenn ein gewisser Druck am Ventil anliegt.

Wegeventile steuern die Flussrichtung der Druckflüssigkeit und damit die Bewegungsrichtung und das Positionieren der Arbeitsglieder. Wegeventile können manuell, mechanisch, elektrisch, pneumatisch oder hydraulisch betätigt werden. Sie wandeln und verstärken Signale (manuelle, elektrische, pneumatische) und sind damit die Schnittstelle zwischen Signalsteuerteil und Energiesteuerteil.

In der Bezeichnung der Wegeventile wird immer zuerst die Anzahl der Anschlüsse und dann die Anzahl der Schaltstellungen genannt. Wegeventile haben mindestens zwei Anschlüsse und mindestens zwei Schaltstellungen. Die Bezeichnung lautet in diesem Fall 2/2-Wegeventil.

Die Darstellung von Wegeventilen ist nach DIN ISO 1219 genormt. Die Grundlagen der Schaltsymbole:

- Jeder Schaltposition ist je ein Quadrat zugeordnet.
- Die Anzahl der Quadrate ergibt die Anzahl der Funktionspositionen/Schaltstellungen.
- Die Durchflusswege sind mit Linien gekennzeichnet.
- Die Durchflussrichtungen sind mit Pfeilen gekennzeichnet.
- Wenn die Luft in beide Richtungen strömen kann, wird ein Doppelpfeil gezeichnet.
- Geschlossene Anschlüsse sind mit einem T-Symbol dargestellt.
- Die Anschlüsse sind nummeriert, die Nummerierung erfolgt in einem Quadrat, in dem die Grundstellung des Ventils beschrieben wird.
- Die Betätigungsart ist symbolisiert.
- Informationen über Positionsstabilität und Rückstellung sind mit Symbolen gekennzeichnet.

Die Symbole zeigen ausschließlich die Funktion der Ventile, sie beinhalten keine Informationen über die detaillierte Ausführung des Ventils hinsichtlich Bauart, Nennweite etc.

Abb. 2.51 zeigt ein 4/2-Wege-Magnetventil (Symbol).

Für beide Ventile gilt:

P = Druckanschluss
T = Tank-/Rücklaufanschluss
A = Arbeitsanschluss
B = Arbeitsanschluss

Für das 4/2-Wege-Magnetventil mit elektromagnetischer Ansteuerung ist P nach B und A nach T geöffnet. Wird das Ventil durch den Steuermagneten betätigt, ist P nach A und B nach T geöffnet.

In der Ruhestellung des 4/3-Wegeventils sind alle Anschlüsse geschlossen. Bei Betätigung durch die Rolle kann das Ventil in der Überkreuzstellung arbeiten mit P nach B und A nach T geöffnet, in der Parallelstellung gilt P nach A und B nach T als geöffnet. Tab. 2.11 zeigt die Grundsymbole der Wegeventile.

Tab. 2.12 zeigt die Symbole der Wegeventile.

2.4.3 Betätigungsart

Die Betätigungsart für eine hydraulische Anlage kann per Hand, Fuß oder durch eine andere Maßnahme ausgelöst werden. Abb. 2.52 zeigt ein Stösselventil, das monostabil (nach einer stabilen Ruhelage wird eine zeitlich begrenzte, unstabile Arbeitslage eingenommen) arbeitet, mit einer mechanischen Federrückstellung und mit einer universellen Anschlussbelegung.

Tab. 2.13 zeigt die Symbole der Betätigungsarten und Rückstellmöglichkeiten.

Abb. 2.53 zeigt ein Handhebeventil, das monostabil mit einer mechanischen Federrückstellung arbeitet und mit einer universellen Anschlussbelegung ausgestattet ist.

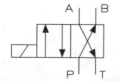 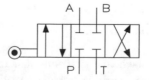

Abb. 2.51 4/2-Wege-Magnetventil (Symbol) mit elektromagnetischer Ansteuerung (links) und ein 4/3-Wege-Magnetventil (Symbol) mit Sperrstellung und Ansteuerung über eine Rolle (rechts)

Tab. 2.11 Grundsymbole der Wegeventile

⊞⊞⊞	Wegeventile mit zwei Schaltstellungen allgemeines Symbol
⊞⊞⊞	Wegeventile mit drei Schaltstellungen allgemeines Symbol
⊞⊞	Wegeventile mit drei Schaltstellungen und vier Anschlüssen allgemeines Symbol
⊞⊟	Wegeventile mit Zwischenstellungen und zwei Endstellungen (Proportionalventil) allgemeines Symbol
⊡	Ein Durchflussweg (einzelne Schaltstellung)
⊡	Zwei gesperrte Anschlüsse (einzelne Schaltstellung)
⊡	Zwei Durchflusswege (einzelne Schaltstellung)
⊠	Zwei Durchflusswege (einzelne Schaltstellung)
⊡	Zwei Durchflusswege und gesperrter Anschluss (einzelne Schaltstellung)
⊡	Zwei Durchflusswege mit Verbindung (einzelne Schaltstellung)
⊡	Ein Durchflussweg in Nebenschlussschaltung (einzelne Schaltstellung)

2.4.4 Druckregelventile

Ein Druckregelventil ist ein hydraulisches Bauteil, welches auch bei großen Druck-schwankungen in seiner Nachtschaltung einen einmal eingestellten Druck konstant hält. Dabei ist es unerheblich, ob der eingehende Druck über oder unter dem ausgehenden Soll-Druck liegt. Ermöglicht wird dies durch einen integrierten Regelkreis. Insgesamt sind folgende Typen erhältlich:

- Druckbegrenzungsventil
- Druckzuschaltventil
- Druckminderventil
- Lasthalteventil
- Drosselventil
- Stromregelventil

Das Regeln unterscheidet sich vom Steuern durch den permanenten Soll-Ist-Abgleich. Bei einem Regelkreis wird die geänderte Stellgröße sowohl mit dem eingehenden Istwert als auch mit dem eingestellten Sollwert verglichen. Bei einem Steuerkreis ist kein Ab-

Tab. 2.12 Symbole der Wegeventile

	2/2-Wegeventil
	3/2-Wegeventil
	4/2-Wegeventil
	5/2-Wegeventil
	3/3-Wegeventil
	4/3-Wegeventil
	5/3-Wegeventil
	4/3-Wegeventil
	4/3-Wegeventil
	4/3-Wegeventil

Abb. 2.52 Stösselventil

Tab. 2.13 Symbole der Betätigungsarten und Rückstellmöglichkeiten

mechanisch, Betätigung durch Stössel		mit Federrückstellung
mechanisch, Betätigung durch Rollenhebel		mit Luftfederrückstellung
mechanisch, Betätigung durch Rollenhebel mit Freirücklauf		mit kombinierter Feder- und Luftfederrückstellung
handbetätigte Ventile, Drucktaste		
handbetätigte Ventile, Handhebel		
Handhebel mit Raste (bistabil)		
fußbetätigt		
pneumatisch betätigt		
elektrisch, direkt gesteuert		
elektrisch, vorgesteuert		
Handhilfsbetätigung		
pneumatisch gesteuerte Differenzialschieberventile, dominant		pneumatisch gesteuerte Differenzialschieberventile

Abb. 2.53 Handhebeventil

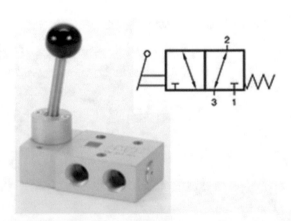

gleich vorgesehen. Ein Regelkreis unterliegt stets einem Automatismus, d. h. dass das regelnde Element durch einen Aktor angetrieben wird und dass eine Sensorik, sowie eine Steuerelektronik die notwendigen Werte ermitteln und die erforderliche Regelgröße ausgeben.

Bei Druckregelventilen bedeutet dies, dass diese stets aus folgenden Komponenten bestehen:

- Beidseitig Druck veränderndes Ventil (sowohl drucksteigernd wie auch druckmindernd)
- Eingangssensor
- Ausgangssensor
- Motorische Verstellung der Druckregeleinheit
- Rechnergestützte Überwachung

An der Eingangsseite des Volumenstroms ist ein Drucksensor angebracht. Dieser misst den Istwert des eingehenden Drucks und dieser Wert wird von der rechnergestützten Überwachung ausgewertet. Dem Aktor wird ein Befehl gegeben, der die Druckregeleinheit öffnet oder schließt. An der Ausgangsseite des Druckregelventils ist ein weiterer Sensor angebracht, welcher den ausgehenden Druck misst. Hat der ausgehende Druck den eingestellten Wert erreicht, stoppt das Steuergerät die Bewegung des Aktors und damit die Druckveränderung.

Ein Druckregelventil unterscheidet sich dahingehend von einem Druckhalteventil, da letzteres den Druck nur steigern, jedoch nicht mindern kann. Ebenso unterscheidet sich das Druckregelventil vom Druckminderventil, da dieses den Druck nur senken, jedoch nicht steigern kann. Außerdem sind beide verändernden Ventile meistens manuell zu betätigende Armaturen, die über keinen internen Regelkreis verfügen.

Trotz ihrer Fähigkeit, einen schwankenden Druck permanent regeln zu können, sind den Einsatzbedingungen von Druckregelventilen gewisse Grenzen gesetzt. Diese sind stark von der Größe und der Bauart des Ventils abhängig. Diese Einsatzgrenzen sind:

- Maximaldruck im hydraulischen System
- Maximaler Volumenstrom bzw. Durchflussgeschwindigkeit
- Umgebungstemperatur außerhalb des hydraulischen Systems
- Temperatur des durchfließenden Mediums
- Viskosität des durchfließenden Mediums
- Verschmutzungsgrad des durchfließenden Mediums
- Nennstrom und anliegende Betriebsspannung für Aktoren und Sensoren
- Anziehdrehmoment, mit dem das Ventil im hydraulischen System verbaut wurde.

Der übliche Bereich, in dem sich die gängigen Druckregelventile bewegen, liegt zwischen 30 bar und 500 bar und einem Volumenstrom von 2 l/min bis 200 l/min. Dies zeigt, dass die Hersteller im normalen Angebot bereits eine große Bandbreite an Druckregelventilen abdecken. Darüber hinaus gibt es immer die Möglichkeit, sich für spezielle Be-

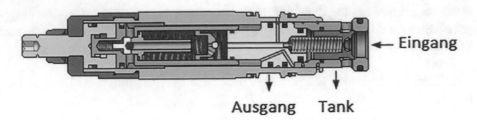

Abb. 2.54 Druckbegrenzungsventil

dürfnisse individuell konstruierte und konfektionierte Druckregelventile herstellen zu lassen. Dieser Weg ist aber recht teuer. Mit geschickter Planung, beispielsweise vorgeschalteten Blenden zur Druckminderung, lässt sich häufig der Einsatz eines Spezialventils vermeiden.

Abb. 2.54 zeigt einen Querschnitt durch ein Druckbegrenzungsventil. Druckbegrenzungsventile (DBV) verhindern die Überfüllung des Kreises. Bei der Pneumatik öffnet sich es und lässt den Überdruck in die Umgebung ab. Bei der Hydraulik begrenzen diese den Eingangsdruck, indem das in Ruhe geschlossene Funktionselement beim Erreichen des eingestellten Drucks in einen Behälter freigibt. Das geschieht durch Öffnen gegen eine Schließkraft, die meistens von einer Feder aufgebracht wird. Druckbegrenzungsventile liegen stets im Nebenschluss. Soweit das Druckbegrenzungsventil zur Absicherung eines Kreislaufs oder einer Anlage gegen Überdruck dient, gehört es zu den wichtigsten Elementen dieser Anlage. Es wird auf den Nenndruck eingestellt. Das Ventil sollte stets in Pumpennähe angeordnet und gegen unbefugte Verstellung gesichert sein. Da Druckbegrenzungsventile stets vom jeweiligen Druck beaufschlagt werden, sollten sie in Ruhestellung hermetisch dicht sein. Ventile, die den Überdruck eines Hydrospeichers absichern müssen, sind als bauteilgeprüfte Sicherheitsventile auszuführen.

Beim direktgesteuerten Druckbegrenzungsventil wird der Öffnungsdruck durch die auf den Kegel bzw. die Kugel wirkende Ventilfeder bestimmt. Überschreitet der Druck die Kraft der Ventilfeder, öffnet sich der Ventilkegel bzw. die Ventilkugel. Der tatsächliche Maximaldruck während des Betriebs ist jedoch abhängig vom jeweiligen Durchflussstrom (Volumenstrom von P nach T), sowie der dabei vorliegenden Ölviskosität. Bei höheren Volumenströmen kann das eine Überschreitung des Einstelldrucks bedeuten, da man einen hohen Durchflusswiderstand hat. Daher werden direktgesteuerte Druckbegrenzungsventile meist nur für kleine/mittlere Volumenströme eingesetzt. Für größere Volumenströme, ab etwa 80 l/min, werden meistens vorgesteuerte Druckbegrenzungsventile verwendet.

Bei vorgesteuerten Druckbegrenzungsventilen wird das Schließelement mit einen Mediumdruck beaufschlagt, der von einem Vorsteuerventil gesteuert wird. Dadurch wird die Druckdifferenz zwischen Öffnungsbeginn und -ende sehr klein. Vorgesteuerte Druckbegrenzungsventile sind daher die gebräuchlichste Bauweise zur Absicherung von Anlagen.

Abb. 2.55 zeigt den mechanischen Aufbau eines direktgesteuerten Druckzuschaltventils. Dieses wird zum druckabhängigen Zuschalten eines zweiten Systems eingesetzt. Die

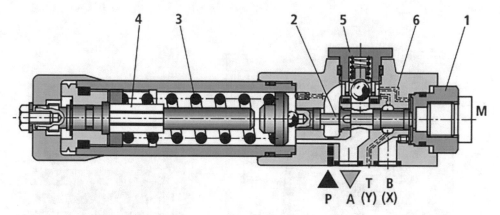

Abb. 2.55 Direktgesteuertes Druckzuschaltventil

Einstellung des Zuschaltdrucks erfolgt über die Verstellungsart (4). Die Druckfeder (3) hält den Steuerkolben (2) in der Ausgangsposition und das Ventil ist gesperrt. Der Druck im Kanal P liegt über die Steuerleitung (6) an der Kolbenfläche des Steuerkolbens gegenüber der Druckfeder an.

Erreicht der Druck in Kanal P den eingestellten Wert der Druckfeder, wird der Steuerkolben nach links verschoben und die Verbindung P nach A geöffnet. Das an Kanal A angeschlossene System wird zugeschaltet, ohne dass der Druck in Kanal P abfällt. Das Steuersignal kommt dabei intern über die Steuerleitung aus dem Kanal P oder extern über Anschluss B (X). Je nach Einsatz des Ventils ist der Leckölablauf extern über Anschluss T (Y) oder intern über A ausgeführt.

Abb. 2.56 zeigt den mechanischen Aufbau eines vorgesteuerten Druckzuschaltventils. Man setzt dieses ebenfalls zum druckabhängigen Zuschalten eines zweiten Systems ein. Das Druckzuschaltventil besteht im Wesentlichen aus dem Hauptventil (1) mit Hauptkolbeneinsatz (7) und Vorsteuerventil (2) mit Verstellungsart sowie wahlweise mit einem Rückschlagventil (3). Entsprechend der Steuerölzu- und -rückführung und damit der Funktion unterscheidet man zwischen vier Druckzuschaltventilen.

- Vorspannventil (Steuerleitungen 4.1, 12 und 13 offen, Steuerleitungen 4.2, 14 und 15 sind geschlossen): Der im Kanal A anstehende Druck wirkt über die Steuerleitung (4.1) auf den Vorsteuerkolben (5) im Vorsteuerventil (2). Gleichzeitig wirkt der Druck im Kanal A über die Düse (6) auf die federbelastete Seite des Hauptkolbens. Steigt der Druck über den an der Feder (8) eingestellten Wert, so wird der Vorsteuerkolben gegen die Feder verschoben. Die Druckflüssigkeit auf der federbelasteten Seite des Hauptkolbens fließt jetzt über die Düse (9), die Steuerkante (10) und die Steuerleitungen (11) und (12) in den Kanal B. Dadurch entsteht ein Druckgefälle am Hauptkolben. Der Hauptkolben bewegt sich nach oben und öffnet die Verbindung von Kanal A nach B. Der Druck im Kanal A ist um den an der Feder eingestellten Wert höher als in Kanal B. Die am Vorsteuerkolben auftretende Leckage wird intern über den Federraum (17)

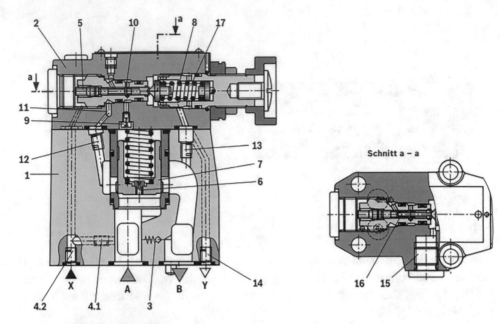

Abb. 2.56 Vorgesteuertes Druckzuschaltventil

des Vorsteuerventils und die Steuerleitung (13) in den Kanal B geführt. Ist der Druck im Sekundärkreis (Kanal B) höher als in Kanal A, kann zum freien Rückströmen wahlweise ein Rückschlagventil (3) eingebaut werden.

- Vorspannventil (Steuerleitungen 4.2, 12 und 13 offen; Steuerleitungen 4.1, 14 und 15 sind geschlossen): Die Funktion dieses Ventils entspricht im Prinzip der Funktion des vorherigen. Bei dieser anderen Ausführung kommt jedoch das Öffnungssignal extern über die Steuerleitung X (4.2).
- Folgeventil (Steuerleitungen 4.1, 12 und 14 oder 15 offen; Steuerleitungen 4.2 und 13 sind geschlossen): Die Funktion dieses Ventils entspricht im Prinzip der Funktion des vorherigen Ventils. Bei der Ausführung Y muss jedoch die am Vorsteuerkolben auftretende Leckage über die Leitung (14) oder (15) drucklos zum Behälter geführt werden. Das Steueröl wird über die Leitungen (11) und (12) in den Kanal B geführt.
- Umlaufventil (Steuerleitungen 4.2, 14 oder 15 offen; Steuerleitungen 4.1, 12 und 13 sind geschlossen): löschen Die Funktion dieses Ventils entspricht im Prinzip der Funktion des vorherigen. Bei der Ausführung XY kommt jedoch das Öffnungssignal extern über die Steuerleitung X (4.2). Das Steueröl am gebohrten Vorsteuerkolben (16) und die auftretende Leckage sind drucklos über die Leitung (14) oder (15) in den Behälter zu führen.

Abb. 2.57 zeigt den Querschnitt eines direktgesteuerten Druckreduzierventils in Zwischen-Bauplatten-Bauweise mit Druckabsicherung des Sekundärkreises. Es wird zur Reduzierung des Systemdrucks eingesetzt.

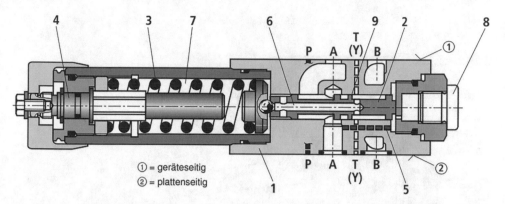

Abb. 2.57 Direktgesteuertes Druckreduzierventil

Das Druckreduzierventil besteht im Wesentlichen aus Gehäuse (1), Steuerkolben (2), einer Druckfeder (3), Verstellungsart (4), sowie einem Rückschlagventil, das wahlweise eingebaut wird. Die Einstellung des Sekundärdrucks erfolgt über die Verstellung.

- Ausführung „A": In Ausgangsstellung ist das Ventil geöffnet. Die Druckflüssigkeit kann ungehindert von Kanal AO1 nach Kanal AO2 strömen. Der Druck im Kanal AO2 steht gleichzeitig über die Steuerleitung (5) an der Kolbenfläche gegenüber der Druckfeder an. Erhöht sich der Druck im Kanal AO2 über den an der Druckfeder eingestellten Wert, bewegt sich der Steuerkolben gegen die Druckfeder in Regelstellung und hält den eingestellten Druck im Kanal AO2 konstant. Steuersignal und Steueröl kommen intern über die Steuerleitung aus dem Kanal AO2.

Steigt der Druck im Kanal AO2 durch äußere Krafteinwirkung am Verbraucher weiter an, verschiebt es den Steuerkolben noch weiter gegen die Druckfeder. Dadurch wird Kanal AO2 über die Steuerkante (9) am Steuerkolben und Gehäuse mit dem Behälter verbunden. Es fließt soviel Druckflüssigkeit zum Behälter ab, dass der Druck nicht weiter ansteigt. Die Leckölrückführung aus dem Federraum (7) erfolgt immer extern über Bohrung (6) und Kanal T(Y). Der Manometeranschluss (8) ermöglicht die Kontrolle des Sekundärdrucks am Ventil.

Bei der Ausführung „A" kann zu dem freien Rückströmen von Kanal AO2 nach AO1 ein Rückschlagventil eingesetzt werden.

- Ausführung „P" und „B": Bei der Ausführung „P" erfolgt die Druckreduzierung im Kanal PO1. Steuersignal und Steueröl kommen intern aus dem Kanal PO1. Bei der Ausführung „B" wird der Druck im Kanal PO1 reduziert, das Steueröl wird jedoch aus dem Kanal B entnommen.

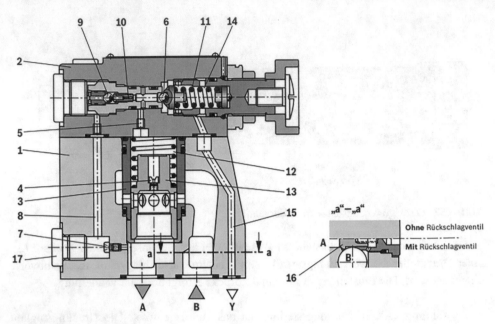

Abb. 2.58 Vorgesteuertes Druckbegrenzungsventil

Steht das Wegeventil in Schaltstellung P nach A, darf der Druck im Kanal B den eingestellten Sekundärdruck nicht überschreiten. Im Kanal A erfolgt sonst eine Druckreduzierung.

Abb. 2.58 zeigt den Aufbau eines vorgesteuerten Druckbegrenzungsventils und dieses
dient zur Begrenzung (DBV) und magnetbetätigten Entlastung (DBW) des Betriebsdrucks.

Die Druckbegrenzungsventile (DBV) bestehen im Wesentlichen aus Hauptventil (1)
mit Hauptkolbeneinsatz (3) und Vorsteuerventil (2) mit Druckeinstellelement.

Der im Kanal P anstehende Druck wirkt auf den Hauptkolben (3). Gleichzeitig steht der
Druck über die mit den Düsen (4) und (5) versehenen Steuerleitungen (6) und (7) auf der
federbelasteten Seite des Hauptkolbens und an Kugel (8) im Vorsteuerventil an. Steigt der
Druck im Kanal P über den an der Feder (9) eingestellten Wert, so öffnet die Kugel gegen
die Feder. Das Signal dazu kommt intern über die Steuerleitungen (10) und (6) aus dem
Kanal P. Die Druckflüssigkeit auf der federbelasteten Seite des Hauptkolbens fließt jetzt
über Steuerleitung (7), Düsenbohrung (11) und Kugel in den Federraum (12). Von hier
wird sie intern bei Typ DBY über die Steuerleitung (13), oder extern bei Typ DBY über
die Steuerleitung (14) in den Behälter geführt. Bedingt durch die Düsen (4) und (5) entsteht ein Druckgefälle am Hauptkolben, die Verbindung von Kanal P nach Kanal T ist frei.
Jetzt fließt die Druckflüssigkeit unter Aufrechterhaltung des eingestellten Betriebsdrucks
von Kanal P nach Kanal T.

Über den Anschluss X (15) ist das Druckbegrenzungsventil entlastbar oder auf einen anderen Druck umschaltbar (zweite Druckstufe).

Das Lasthalteventil ist ein kleiner aber sehr wichtiger Baustein, welcher vor allem bei hydraulisch betriebenen Arbeitsmaschinen eingesetzt wird. Seine Aufgabe ist das, was sein Name aussagt. Eine Last in der definierten Position halten und ein Absacken verhindern. Technisch ist ein Lasthalteventil recht einfach aufgebaut. Seine korrekte Installation ist jedoch eine Herausforderung.

Wenn ein hydraulischer Zylinder eine Last gegen Schwerkraft anhebt, übt die Gewichtskraft immer einen Gegendruck zum hydraulischen Druck aus. Solange die Pumpe einen ausreichend hohen Druck dagegen hält, sind die Kräfte im Gleichgewicht und die Last bleibt an ihrem Ort. Dazu muss jedoch die Hydraulikpumpe permanent in Betrieb sein und es ist nicht nur unwirtschaftlich, es belastet auch das gesamte hydraulische System. Sobald eine Störung auftritt, indem eine Dichtung versagt oder ein Schlauch platzt, sackt die angehobene Last durch und das kann zu gefährlichen Situationen führen.

Das Lasthalteventil sorgt dafür, dass der vorgespannte Druck im Zylinder erhalten bleibt, auch wenn die Pumpe ausgeschaltet ist oder eine Leckage auftritt. Es ist damit bei anspruchsvollen Arbeitsmaschinen ein zentrales Bauteil für die Maschinensicherheit.

Neben seiner Funktion der grundsätzlichen Aufrechterhaltung einer Druckspannung im Zylinder kann das Lasthalteventil noch für einen anderen Zweck eingesetzt werden. Durch ein fein dosiertes Öffnen des Ventils lässt sich sehr genau die Absenkgeschwindigkeit eines mit der Last beaufschlagten Zylinders einstellen. Das Lasthalteventil erfüllt damit nicht nur Sicherheitsaufgaben, es trägt auch wesentlich zur besseren Handhabbarkeit des hydraulischen Systems bei.

Ein Lasthalteventil ist ein einfaches Absperrventil, das mit einer Spiralfeder ausgestattet ist. Die Spiralfeder baut den Gegendruck zur Last auf dem Hydraulikzylinder auf. Solange die Federspannung größer ist als die Druckspannung in der Flüssigkeit, sperrt das Lasthalteventil ab. Wird die Feder mit einer Stellschraube ausgestattet, lässt sich die Federspannung variieren. Je mehr die Feder entspannt wird, desto mehr kann der hydraulische Druck am Lasthalteventil vorbei entweichen. Damit ist die Dosierung der Absenkgeschwindigkeit sehr komfortabel umsetzbar.

Das beschriebene Lasthalteventil bestehend aus Ventilkonus, Feder und Einstellschraube wird auch als „Direkt wirkendes Lasthalteventil" bezeichnet. Neben diesen Standardventilen gibt es noch Differenzialflächenventile. Die direkt wirkenden Lasthalteventile sind konstruktiv sehr einfach und preiswert, und sie haben jedoch einen Nachteil. Wenn die Last den hydraulischen Zylinder zum Einfahren zwingt, wird das Hydrauliköl zurück in den Tank gedrückt. Das Lasthalteventil schließt wieder. Um dem entgegen zu wirken, muss ständig die Federspannung verstellt werden. Es kommt sonst zum Schaukeln und Ruckeln während des Sinkprozesses.

Lasthalteventile sind Standardbauteile bei Kipplastern, Baggern, Hebebühnen und Umschlagmaschinen. Neben ihrer Hauptfunktion, die Sinkbewegung der Last möglichst kontrollierbar zu halten, entlasten sie zudem die schwächeren Komponenten eines Hydrauliksystems. Damit tragen sie erheblich zur Verlängerung der Lebensdauer von Schläuchen und Dichtungen bei.

Durch die Verringerung des Leitungsquerschnitts stellt eine Drossel einen örtlichen Strömungswiderstand dar, den das durchfließende Fluid überwinden muss. Vor der Verengung staut sich das durchfließende Medium auf, sodass der Druck vor dem Drosselventil höher ist als hinter der Drossel. Je höher die Differenz zwischen Eingangs- und Ausgangsdruck ist, desto höher ist der Volumenstrom durch die Drossel.

Der weggedrosselte Anteil des Volumenstroms wird durch ein Ventil (Druckbegrenzungsventil) aus dem unter Druck stehenden Kreislauf abgeführt. Dadurch entstehen hohe Leistungsverluste. Je nach Anwendungsgebiet ist der Aufbau eines Expansionsventils (Drossel) einfach oder komplex. Eine einfache Drossel stellt lediglich eine Reduzierung der Leitung dar. Ein komplexes Drosselventil besitzt beispielsweise eine Regelung.

Ein Drosselrückschlagventil lässt das durchfließende Fluid oder Gas zusätzlich zur Drosselung in die Fließrichtung des Kreislaufs in die entgegengesetzte Richtung ungedrosselt zurückfließen. Dies wird durch ein zusätzliches Rückschlagventil ermöglicht, welches nur in eine Strömungsrichtung öffnet. Strömt das Medium in entgegengesetzter Richtung des Rückschlagventils, schließt dieses und das Medium ist gezwungen, die Drossel zu passieren. Dadurch wird die Durchflussmenge verringert.

Ein Drosselrückschlagventil wird in der Hydraulik beispielsweise dazu verwendet, um die Geschwindigkeit der Bewegung eines Kolbens zu regulieren. Bei dem inkompressiblen Hydrauliköl wird der Zu- und Abstrom so reguliert, dass sowohl das Ein- als auch das Ausfahren des Zylinders getrennt voneinander reguliert werden können. Die Querschnittsverengung innerhalb des Drosselventils kann fest oder regelbar sein. Bei geregelten Drosseln wird der Querschnitt durch eine Führungsgröße bestimmt.

Handelt es sich lediglich um eine statische Verringerung des Strömungsdurchmessers, bezeichnet man das Ventil als ungeregelt.

Die optimale Anpassung an die jeweilige Anwendung wird durch die Variation der verschiedenen Baugrößen bzw. Länge und Durchmesser des Drosselventils erreicht.

Im Gegensatz zu einer Blende ist bei einer Drossel das Verhältnis Länge zu Strömungsdurchmesser wesentlich größer. Wird der Volumenstrom größer, bleibt die Druckdifferenz vor und nach einer Blende ab einem bestimmten Wert des Volumenstroms konstant, während sich bei einer Drossel die Druckdifferenz proportional zum Volumenstrom verhält.

Abb. 2.59 zeigt ein 2-Wege-Stromregelventil. Es hat die Aufgabe, einen Volumenstrom druck- und temperaturunabhängig konstant zu halten. Das Ventil besteht im Wesentlichen aus Gehäuse (1), Drehknopf (2), Blendenbuchse (3), Druckwaage (4) sowie wahlweise einem Rückschlagventil.

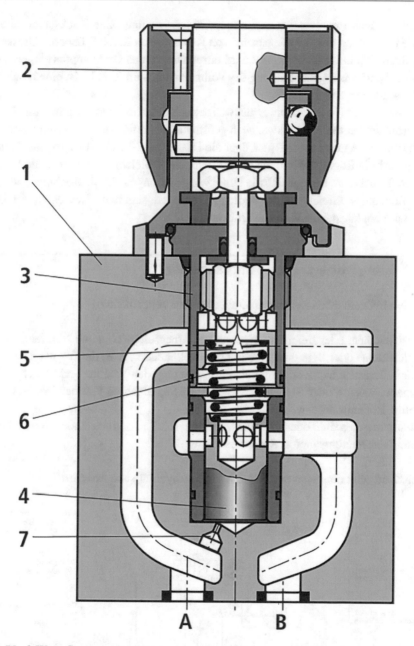

Abb. 2.59 2-Wege-Stromregelventil

Liegt ein Stromregelventil ohne externe Zuhaltung und ohne Rückschlagventil vor, wird die Drosselung des Volumenstroms von Kanal A nach Kanal B über die Drosselstelle (5) erfolgen. Der Drosselquerschnitt wird durch Drehen des Drehknopfes eingestellt. Zur druckunabhängigen Konstanthaltung des Volumenstroms im Kanal 8 ist eine Druckwaage der Drosselstelle nachgeschaltet.

Die Druckfeder (6) drückt die Druckwaage nach unten auf Anschlag und hält bei nicht durchströmtem Ventil die Druckwaage in geöffneter Stellung. Wird das Ventil durchströmt, übt der in Kanal A anstehende Druck über die Düse (7) auf die Druckwaage eine Kraft aus.

Diese geht in Regelposition, bis ein kräftemäßiges Gleichgewicht, vorliegt. Steigt der Druck im Kanal A an, bewegt sich die Druckwaage so lange in Schließrichtung, bis wieder ein kräftemäßiges Gleichgewicht vorliegt. Durch das ständige Nachregeln der Druckwaage wird ein konstanter Volumenstrom erreicht.

2.5   Energieübertragung und Zubehör

Bei einem hydraulischen Systemschaltplan hat man fünf Ebenen:

- Arbeitselement oder Befehlsausführung mit Arbeitselementen und Aktoren.
- Stellelemente oder Signalausgabe mit den Stellgliedern, z. B. die Wegeventile.
- Verarbeitungselemente oder Signalverarbeitung mit den Ventilen und Steuergliedern.
- Eingabeelemente oder Signaleingabe mit den Signalgebern wie handbetätigte Wegeventile, Rollentaster usw.
- Versorgungselemente oder Energieversorgung mit Versorgungseinheiten, wie Elektromotor, Verbrennungsmotor, Kompressor usw.

Abb. 2.60 zeigt den Systemschaltplan für eine hydraulische Anlage.

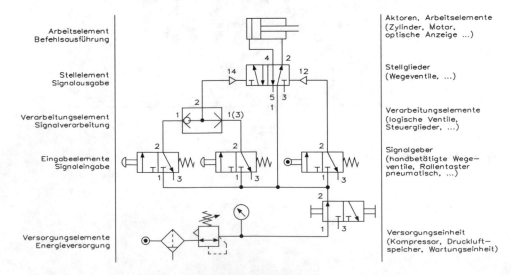

Abb. 2.60 Systemschaltplan für eine hydraulische Anlage

Tab. 2.14 Symbole für Energieübertragung und Zubehör

⊙—	Hydraulische und pneumatische Druckquelle
(M)⊐	Elektromotor
[M]⊐	Verbrennungsmotor
⊥∥	Leitungen über Flüssigkeitspegel
⊥⊥⊥	Leitungen unter Flüssigkeitspegel
⊕	Druckbehälter
∞ ⎍	Entlüftung mit mechanischem Mikroschalter
◇ ⎍	Entlüftung mit Näherungsschalter
⎅	Hydrospeicher
⊂⊃	Druckspeicher
⊖	Blasenspeicher
◇	Filter
◇	Wasserabscheider
◇	Öler
	Aufbereitungseinheit
—⊏⊐▷	Geräuschdämpfer
◈	Heizstab für Wärmeübertragung
◈	Kühler für Wärmeübertragung ohne Angabe der Fließrichtung des Kühlmittels
◈	Flüssigkeitskühler für Wärmeübertragung mit Angabe der Fließrichtung des Kühlmittels

(Fortsetzung)

Tab. 2.14 (Fortsetzung)

	Manometer
	Druckschalter
	eine Drehrichtung
	zwei Drehrichtungen
	Filter mit Verschmutzungsanzeige
	Abscheider mit automatischer Entwässerung
	Lufttrockner mittels Chemikalien oder kurzzeitiger Temperatur- und Druckwechsel
	Heizung
	Temperaturregelung für die Zu- oder Abführung von Wärme

Für eine hydraulische Anlage sind mehrere Formen der Energieübertragung erforderlich. Das gilt auch für das Zubehör. Tab. 2.14 zeigt die Symbole für Energieübertragung
und Zubehör.

Bauelemente der Pneumatik

In der gesamten Technik wird die Nutzung von Luft und neutralen Gasen zur Druckerzeugung als Pneumatik bezeichnet. Mit Druckluft werden an Maschinen und Anlagen mechanische Bewegungen umgesetzt.

Bei der Drucklufterzeugung saugt ein Kompressor Luft aus der Umgebung an und komprimiert diese und erreicht zwischen 6 bar und 40 bar. Dafür erzeugt der Kompressor mit seinem Motor lineare und rotierende Bewegungen, und gibt diese an den Hubkolben oder Verdichtungsschrauben weiter. Wird viel komprimierte Luft gebraucht, können mehrere Kompressoren aneinander gereiht werden. Wird für eine kurze Zeit ein hoher Druck benötigt, sorgt ein Kompressor mit Drehzahlregelung für die nötige Menge an komprimierter Luft.

Bei der Druckluftaufbereitung ist die angesaugte Luft nicht immer wirklich sauber, denn häufig sind Staub, Pollen, Wasser, Öl und andere Partikel in der Luft enthalten. Damit sich die Lebensdauer der per Druckluft betriebenen Maschinen nicht verringert und deren Funktionsfähigkeit nicht beeinträchtigt wird, müssen diese Verunreinigungen mithilfe von Filtern aus der Luft entfernt werden.

Zu den Verbrauchern wird die komprimierte Luft per Rohrnetz geleitet und diese Rohre dürfen weder undicht sein, noch Verunreinigungen enthalten. Nur dann bleiben die Qualität, die Menge und der benötigte Druck erhalten. Die komprimierte Luft kann entweder direkt per Rohrleitung an die Verbraucher abgegeben werden und sie wird gespeichert. Das ist dann sinnvoll, wenn es Spitzenzeiten gibt, zu denen besonders viel komprimierte Luft zur Verfügung stehen muss.

Pneumatische Antriebe können lineare und rotierende Bewegungen ausführen. Die lineare Bewegung durch Druckluftzylinder ist rationell und wird für viele Bereiche der Mechatronik genutzt. Als Druckluftwerkzeugen und -maschinen, gehören auch Rüttelmaschinen und Vibratoren. Auch Schieber, Ventile, Vorschübe, Werkzeuge und Fahrzeuge können mit pneumatischem Antrieb ausgestattet sein.

© Springer Fachmedien Wiesbaden GmbH, ein Teil von Springer Nature 2022   153
H. Bernstein, *Elektropneumatische und elektrohydraulische Bauelemente in der Mechatronik*, https://doi.org/10.1007/978-3-658-34445-0_3

Beim Lackieren dient die komprimierte Luft zum Zerstäuben oder Auftragen von Stoffen. Sobald die Luft durch die Strahldüse austritt, wird Energie frei und kann Materialien oder Flüssigkeiten mit sich reißen. Sprühpistolen für die Lackierung sind nur ein Beispiel für die Nutzung der Pneumatik. Auch die Verfahren zur Oberflächenbehandlung, beispielsweise Sand- oder Kiesstrahlen, aber auch der Auftrag von Spritzbeton und Mörtel geschieht mit Hilfe der Pneumatik. Wird nicht nur komprimierte Luft, sondern gleichzeitig auch Hitze eingesetzt, lassen sich auch flüssige Metalle auftragen, wie beim Lichtbogenspritzen. Flüssigkeiten können mit Hilfe der Pneumatik fein vernebelt werden, wie beispielsweise beim Einsatz von Insektiziden oder Herbiziden in Landwirtschaft und Gartenbau.

Das bekannteste Beispiel für den Transport mit Hilfe von Pneumatik ist die Rohrpost. Komprimierte Luft ist in der Lage, Flüssigkeiten, Granulate, Pulver, Körner und kleine Stückgüter durch Rohre zu befördern. Ebenso wird der Transport mittels Pneumatik in automatisierten Anlagen genutzt. Soll ein Werkstück vor oder nach einem Arbeitsgang transportiert werden, kann das mittels Druckluft geschehen. Sie hilft auch beim Umlenken von Objekten auf Transportbändern und lagert Werkstücke automatisch ein und aus.

Mit Hilfe von Druckveränderungen können Abweichungen bei Gewichten, Formen und Abstände festgestellt werden. Viele Positionier-, Sortier- und Bearbeitungsauflagen verwenden Pneumatik zur Zählung, Positionierung und können gleichzeitig das Vorhandensein der entsprechenden Werkstücke überprüfen.

Luft ist überall verfügbar und lässt sich damit direkt für die pneumatischen Anwendungen nutzen. Die nicht mehr benötigte Abluft braucht weder zurückgeführt noch entsorgt zu werden, sondern sie kann einfach zurück ins Freie geleitet werden. In Leitungen kann die komprimierte Luft auch über größere Entfernungen einfach transportiert werden und ist in großen Anlagen gut nutzbar, denn zentrale Kompressoren erzeugen den nötigen Druck in den Ringleitungen. Da sich dieser Druck leicht konstant halten lässt, werden alle Verbraucher mit einem gleichmäßigen Druck versorgt.

Wird komprimierte Luft als Arbeitsmedium genutzt, können auch dann weder Öltropfen noch andere Flüssigkeiten auslaufen, wenn die Leitung undicht wird. Somit lässt sich die Pneumatik einfach nutzen, in denen es ganz besonders auf Sauberkeit ankommt. Das gilt für die Pharmaindustrie, aber auch für die Textil-, Leder-, Lebensmittel- und Verpackungsindustrie.

In Druckluftbehältern lässt sich die komprimierte Luft einfach speichern. Wird in einem Druckluftnetz ein solcher Speicher eingebunden, hält dieser den Druck konstant und der Kompressor liefert dann nur nötigen Luftdruck nach, wenn dieser unter einen definierten Wert absinkt. Sind weder Rohrleitungsnetz noch Kompressor vorhanden, liefern Druckluftflaschen die komprimierte Arbeitsluft.

Kraft und Geschwindigkeit lässt sich stufenlos regeln. Das gilt sowohl für lineare, als auch für rotierende Bewegungen. Werden Maschinen mit komprimierter Luft betrieben, bringen diese weniger Gewicht auf die Waage als die gleichen Maschinen mit Elektroantrieb.

Pneumatische Antriebe arbeiten unabhängig von Temperaturen und sind bei Hitze und Kälte gleichermaßen gut einsetzbar. Selbst die extreme Hitze von Schmelzöfen oder

Schmieden beeinflusst die Arbeitsweise nicht. Sind Leitungen oder Geräte undicht, wird damit weder die Funktionsfähigkeit noch die Sicherheit einer Anlage gefährdet. Sämtliche Bauteile und Anlagen, die mit Druckluft betrieben werden, verfügen über eine hohe Lebensdauer und der Verschleiß ist sehr gering. Komprimierte Luft ist zudem brand- und explosionssicher. Werden Maschinen und Anlagen mit pneumatischen Antrieben verwendet, können diese in Bereichen arbeiten, die schlagwetter-, feuer- oder explosionsgefährdet sind.

Pneumatisch betriebene Geräte und Maschinen sind robust und einfach aufgebaut. Sämtliche pneumatischen Elemente lassen sich nicht nur leicht montieren, sondern lassen sich im Bedarfsfall anderswo wiederverwenden.

Sämtliche Geräte und Anlagen können belastet werden und sind überlastsicher. Wird beispielsweise aus einem Stromnetz zu viel Leistung bzw. Strom auf einmal entnommen, kommt es zu einer Überlastung des Netzes bis hin zum Totalausfall, wenn die Sicherungen ansprechen. Wird jedoch aus einem Druckluftnetz mehr Luft entnommen, als die Kompressoren an Druck liefern können, kann die entsprechende Arbeit nicht mehr erledigt werden. Es kommt dabei jedoch nicht, wie bei Überlast im Stromnetz, zu Netz- oder Geräteschäden.

Mit Strömungsgeschwindigkeiten von mehr als 20 m/s arbeitet die Pneumatik wesentlich schneller als die Hydraulik, dort sind lediglich 5 m/s möglich. Damit können Vorgänge sehr schnell ablaufen.

Wird die Luft am Kompressor verdichtet, ist dafür Energie notwendig, aber ein Teil dieser Energie wird in Wärme umgewandelt. Wird die Wärme zurückgewonnen, geht trotzdem Energie verloren. Wird mit komprimierter Luft gearbeitet, entsteht Lärm, und Schalldämpfer können diesen nur zum Teil verhindern.

Bevor man Druckluft einsetzen kann, muss diese in der Regel aufbereitet werden. Nur so ist sicher, dass diese weder Feuchtigkeit noch Verunreinigungen enthält.

Werden Motoren und Anlagen von komprimierter Luft durchströmt, kühlen sie spürbar ab und können sogar vereisen. Die Kraft, die ein pneumatischer Kolben übertragen kann, ist begrenzt und hängt vom vorhandenen Betriebsdruck ab.

Viele Abfüllanlagen in der Lebensmittelindustrie funktionieren mit Hilfe von Pneumatik. Damit können Flaschen, Säcke, Container und andere Behältnisse sauber und schnell mit Flüssigkeiten oder Feststoffen befüllt werden.

Druckluftwerkzeuge wie Lackier- und Farbspritzpistolen, aber auch Klammer-, Nagel- und Nietgeräte können wie viele andere Werkzeuge auch mit Druckluft betrieben werden. Viele Autowerkstätten setzen Geräte wie Druckluftschleifer, Ausblaspistolen, Wagenheber, Drehschrauber und Bohrmaschinen ein. Im Vergleich von Druckluftschrauber mit Akkuschrauber zeigt sich, dass der Druckluftschrauber zwar wesentlich lauter ist, dafür aber auch leichter in der Hand liegt.

Werden Systeme pneumatisch gesteuert, sind sie gegenüber Einflüssen aus der Umwelt relativ unempfindlich. Das gilt für extreme Temperaturen, Stöße, Schmutz oder Schwingungen. Ob Strahlenbelastung oder Explosionsgefährdung, mit der Pneumatik sind derartige Steuerungen sicher. Wird in einer Produktionsstätte per Kompressor Druckluft erzeugt und in einem entsprechenden Behälter gespeichert, arbeiten die Maschinen selbst dann weiter, wenn ein Kompressor zur Versorgung ausfallen sollte.

3.1   Pneumatische Antriebe

Es existieren verschiedene Arten von Kompressoren, Verdichtern und Antrieben in der Pneumatik. Zu den Antrieben zählt man Druckluftmotoren und Pneumatikzylinder. Je nach Modell hat man rotatorische und lineare Arbeitsmaschinen. Diese bestimmen den Arbeitsprozess und die Bewegungs- und Stellvorgänge, wie Abb. 3.1 zeigt.

Ventile in der Pneumatik verwendet man grundsätzlich für Steuerfunktionen und diese können auf unterschiedliche Weise betätigt werden:

- mechanische Ventile werden von der Maschine bedient (Feder, Rolle, Stößel)
- elektrische Ventile (Magnetventile) können nur mit elektrischer Spannung arbeiten
- manuelle Ventile werden mit reiner Muskelkraft betrieben (Pedal, Hebel, Knopf)

Abb. 3.2 zeigt die Wirkungsweise eines pneumatischen Systems. An dem 3/2-Ventil A liegt die Druckluft an. Wird der Druckkopf des 3/2-Ventils A betätigt, spannt sich die Feder und es kann Druckluft zum Zweidruckventil D gelangen. Das 4/2-Wegeventil E wird geschaltet und die Luft strömt durch das 4/2-Wegeventil E. Das 4/2-Wegeventil fährt den Zylinderkolben G langsam aus, da das Drosselrückschlagventil F entgegenwirkt. Der Zylinderkolben G fährt aus, das 3/2-Ventil (Rolle B) wird entlastet und das 3/2-Ventil (Rolle B) wird belastet. Das 3/2-Ventil (Rolle B) wird durch die Feder geschaltet. Da das 3/2-Ventil (Rolle B) keine Luft mehr erhält, wird es geschlossen. Der nun über das 3/2-Ventil (Rolle C) kommende Druck verstellt das 4/2-Ventil (Rolle B) und wirkt auf den Zylinderkolben G ein, d. h. der Kolben fährt aus. Durch das Einfahren des Zylinderkolbens G wird das 3/2-Wegeventil (Rolle B) belastet und das 3/2-Wegeventil (Rolle C) entlastet. Solange der Druckknopf von dem 3/2-Ventil (Druckknopf) betätigt wird, wiederholt sich dieser Vorgang.

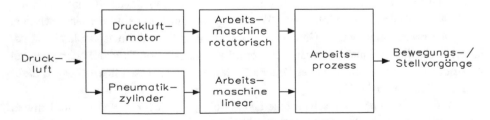

Abb. 3.1 Druckluftmotoren und Pneumatikzylinder bestimmen die Bewegungs- und Stellvorgänge

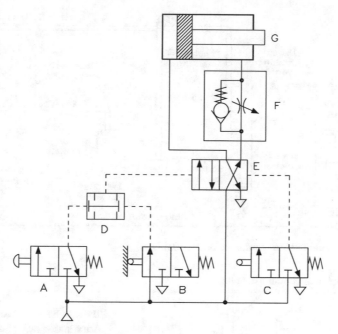

Abb. 3.2 Wirkungsweise eines pneumatischen Systems

3.1.1 Druckluftanlage

Zu einer Druckluftanlage gehören vier Teilsysteme.

- Erzeugung der Druckluft: Die angesaugte Umgebungsluft wird in einem Kompressor komprimiert.
- Aufbereitung: Schmutz-, Staubpartikel und Feuchtigkeit werden aus der Druckluft gefiltert und getrocknet.
- Verteilung: Spezielle Rohre und Schlauchleitungen führen die komprimierte Luft ihrem Bestimmungsort zu.
- Nutzung: Druckluft wird in unterschiedlicher Weise genutzt, als Linearantrieb für Druckmotoren, Ansteuerungen für Ventile usw.

Abb. 3.3 zeigt die Darstellung einer gesamten Druckluftanlage mit ihren Funktionen. Die Höhe des Luftdrucks liegt etwa beim Siebenfachen des normalen Atmosphärendrucks, d. h., der Relativdruck beträgt 6 bar. Hochdrucknetze für die Anwendung mit hohem Kraftbedarf sind so ausgelegt, dass das Druckniveau etwa 18 bar beträgt.

Luft im trockenen Zustand enthält überwiegend die Gase Stickstoff mit etwa 78,08 Volumenprozenten und Sauerstoff mit etwa 20,95 Vol-%. Der Rest sind Argon mit 0,95 Vol-%, Kohlenstoffdioxid mit 0,04 Vol-% und Spuren anderer Gase.

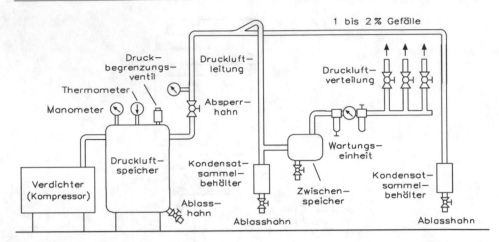

Abb. 3.3 Darstellung einer gesamten Druckluftanlage

Tab. 3.1 Druck-Umrechnungstabelle

	Pa	bar	psi	Torr	Technische Atmosphäre (at)	Physikalische Atmosphäre (atm)
1 Pa	1	$1,0 \cdot 10^{-5}$	$1,4504 \cdot 10^{-4}$	$7,5006 \cdot 10^{-3}$	$1,0197 \cdot 10^{-5}$	$9,8692 \cdot 10^{-6}$
1 bar	$1,0 \cdot 10^{5}$	1	14,504	$7,5006 \cdot 10^{2}$	1,0197	$9,8692 \cdot 10^{-1}$
1 psi	$6,8948 \cdot 10^{3}$	$6,8948 \cdot 10^{-2}$	1	51,715	$7,0307 \cdot 10^{-2}$	$6,8046 \cdot 10^{-2}$
1 Torr	$1,3332 \cdot 10^{2}$	$1,3332 \cdot 10^{-3}$	$1,9337 \cdot 10^{-2}$	1	$1,3595 \cdot 10^{-3}$	$1,3158 \cdot 10^{-3}$
1 at	$9,8067 \cdot 10^{4}$	$9,8067 \cdot 10^{-1}$	14,223	$7,3556 \cdot 10^{2}$	1	$9,6784 \cdot 10^{-1}$
1 atm	$1,0133 \cdot 10^{5}$	1,0133	14,696	$7,600 \cdot 10^{2}$	1,0332	1

Die Maßeinheit für den Luftdruck ist „hPa" (Hektopascal). Früher wurde der Luftdruck in bar angegeben, wobei 1 hPa = 1 mbar entspricht. Es gilt: 1 hPa = 100 Pa = 1 mbar = 100 N/(m · s).

Mit Hilfe der Druck-Umrechnungstabelle 3.1 lassen sich verschiedene Einheiten für Druck in eine andere Einheit umrechnen.

Um die Prozesssicherheit zu gewährleisten, ist es notwendig, bestimmte Anforderungen an die verwendete Luft zu definieren. Die Klassifizierung von Luft wird durch die Norm ISO 8673-1 für Druckluftqualität umgesetzt. Tab. 3.2 zeigt die Klassifizierung.

Die Klassifizierung erfolgt über die Festlegung eines bestimmten Maximalgehalts an Schmutzstoffen, die in der Luft enthalten sein dürfen. Als Schmutzstoffe gelten Partikel, Wasser und Öl. Jede Klasse hat einen definierten Maximalwert für diese drei Stoffe. Die Klassen reichen von 0 bis 9 und hinzu kommt Klasse X. Die geforderte Reinheit nimmt mit aufsteigender Klassennummer ab. Die Klassennummer 0 kann durch den Gerätenutzer selbst festgelegt werden, muss jedoch die strengeren Anforderungen der Klasse 1 erfüllen.

Tab. 3.2 Klassifizierung von Druckluft-Qualitätsklassen nach ISO 8673-1:2010 bei Referenzbedingungen 20 °C, 1 bar(a) und 0 % Luftfeuchte

Feststoffe/Staub			
Klasse	Max. Partikelzahl je m^3 in einer Partikelgröße d in µm		
0	Durch den Nutzer	individuell festgelegte,	strengere Anforderung als Klasse 1
1	$\leq$20.000	$\leq$400	$\leq$10
2	$\leq$400.000	$\leq$6000	$\leq$100
3	-	$\leq$90.000	$\leq$1000
4	-	-	$\leq$10.000
5	-	-	$\leq$100.000
Klasse	Partikel Konzentration	C_p in mg/m^3	
6		$0 < C_p \leq 5$	
7		$5 < C_p \leq 10$	
X		$C_p > 10$	

Wasser	
Klasse	Drucktaupunkt in °C
0	Durch den Nutzer individuell festgelegte, strengere Anforderung als Klasse 1
1	≤ -70 °C
2	≤ -40 °C
3	≤ -20 °C
4	$\leq +3$ °C
5	$\leq +7$ °C
6	$\leq +10$ °C
Klasse	Konzentration flüssiger Wasseranteil C_w in g/m^3
7	$C_w \leq 0,5$
8	$0,5 < C_w \leq 5$
9	$5 < C_w \leq 10$
X	$C_w > 10$

Öl	
Klasse	Gesamtöl-Konzentration (flüssig, aerosol und gasförmig) in mg/m^3
0	Durch den Nutzer individuell festgelegte, strengere Anforderung als Klasse 1
1	$\leq$0,01
2	$\leq$0,1
3	$\leq$1,0
4	$\leq$5,0
X	>5,0

Die Klassifizieren der Druckluft wird unter der Angabe der verschiedenen Verschmutzungsarten wie folgt dargestellt. Es ist zu beachten, dass für Feststoffpartikel, Wasser und Öl eine Klasse separat angegeben ist, wie

ISO 8573-1:2010 [A:B:C]

A Reinheitsklasse für Partikel
B Reinheitsklasse für Feuchtegehalt und Wasser
C Reinheitsklasse für Gesamtöl

Beispiel: ISO 8573-1:2010 [1:4:2]

Partikel = Klasse 1
Wasser = Klasse 4
Öl = Klasse 2

3.1.2 Herstellung von Druckluft

Die Liefermenge eines Kompressors ist die entspannte Luftmenge, die der Kompressor komprimiert in das Druckluftleitungsnetz schickt. Zum Messen der Liefermenge geht man folgendermaßen vor: Zunächst sind am Lufteintritt der Gesamtanlage die Temperatur, der atmosphärische Luftdruck und die Luftfeuchte zu messen. Danach folgt die Messung des maximalen Betriebsdrucks, der Drucklufttemperatur und des geförderten Luftvolumens am Druckluftaustritt der Kompressoranlage. Schließlich wird das am Druckluftaustritt gemessene Volumen V_2 mit Hilfe der Gasgleichung auf die Ansaugbedingung zurückgerechnet.

$$V_1 = \frac{V_2 \cdot P_2 \cdot T_1}{\left[p_1 - \left(p_0 \cdot F_{rel} \right) \right] \cdot T_1}$$

Das Resultat dieser Berechnung ist die Liefermenge der Kompressoranlage. Sie ist nicht zu verwechseln mit der

Liefermenge des Kompressorblocks (Blockliefermenge).

Unter der Motorabgabeleistung versteht man die Leistung, die der Antriebsmotor des Kompressors mechanisch an der Motorwelle abgibt. Der optimale Wert der Motorabgabeleistung ist der Punkt, bei dem ohne Motorüberlastung das optimale Ausschöpfen des elektrischen Wirkungsgrads und des Leistungsfaktors cos φ erreicht wird. Er liegt im Bereich der Motornennleistung und diese ist auf dem Typenschild des Elektromotors eingetragen.

Achtung! Weicht die Motorabgabeleistung zu weit von der Motornennleistung ab, arbeitet der Kompressor unwirtschaftlich und/oder mit erhöhtem Verschleiß. Die elektrische Aufnahmeleistung ist die Leistung, die der Antriebsmotor des Kompressors bei einer bestimmten mechanischen Belastung der Motorwelle (Motorabgabeleistung) dem Netz entnimmt. Sie ist um die Motorverluste höher als die Motorabgabeleistung. Dazu gehören elektrische und mechanische Verluste durch Motorlagerung und -belüftung. Die elektrische Aufnahmeleistung im Nennpunkt lässt sich durch die Formel errechnen:

$$P = U_n \cdot I_n \cdot \sqrt{3} \cdot \cos \varphi$$

Die Werte für Spannung U_n, Strom I_n, und den Leistungsfaktor $\cos \varphi$ stehen auf dem Typenschild des Elektromotors.

Das Verhältnis zwischen der zugeführten elektrischen Aufnahmeleistung und der abgegebenen Luftmenge bei entsprechendem Betriebsdruck heißt spezifische Leistung. Die einem Kompressor zugeführte elektrische Aufnahmeleistung ist die Summe der elektrischen Aufnahmeleistungen aller Antriebe im Kompressor wie z. B. Hauptmotor, Lüftermotor, Ölpumpenmotor, Stillstandsheizung usw.

Wird die spezifische Leistung zur Wirtschaftlichkeitsberechnung benötigt, sollte sie auf die gesamte Kompressoranlage bei maximalen Betriebsdruck bezogen werden. Dazu ist der Wert der elektrischen Gesamtaufnahmeleistung bei Maximaldruck durch den Wert der Anlagenliefermenge bei Maximaldruck zu dividieren:

$$P_{spez} = \frac{elektrische\ Aufnahmeleistung}{Liefermenge}$$

1997 begann in den USA mit dem „Energy Policy A" (EPACT) die Energieeffizienz-Klassifizierung von Drehstrom-Asynchronmotoren und auch in Europa wurde eine Effizienzklassifizierung eingeführt. Seit 2010 gilt für E-Motoren der internationale IEC-Standard. Klassifizierungen und gesetzliche Vorgaben hatten zur Folge, dass sich die Energieeffizienz der Elektromotoren in den Premiumklassen deutlich verbessert. Die effizienteren Motoren bieten wesentliche Vorteile.

Interne Wirkungsgradverluste (Reibung, Erwärmung) können bei kleineren Motoren bis zu 20 % der Leistungsaufnahme bewirken und bei Motoren ab 160 kW sind dies 4 bis 5 %. IE3/IE4-Motoren erzeugen eine deutlich geringere Erwärmung und damit weniger Verluste.

Hat ein konventioneller Motor bei normaler Auslastung eine Betriebstemperaturerhöhung von ca. 80 K bei einer Temperaturreserve von 20 K gegenüber Isolationsklasse F, betragen unter gleichen Bedingungen bei einem IEC-Motor die Temperaturerhöhung nur ca. 65 K und die Temperaturreserve 40 K.

Niedrigere Betriebstemperaturen bedeuten geringere thermische Belastung des Motors, der Lager und des Klemmkastens. Daraus ergibt sich ein weiterer Vorteil für eine längere Lebensdauer.

Weniger Wärmeverluste führen zu erhöhter Wirtschaftlichkeit. So konnte man mit der genaueren Abstimmung der Kompressoren auf die effizienteren Motoren Liefermengen um bis zu 6 % erhöhen und die spezifischen Leistungen um bis zu 5 % verbessern, d. h.

höhere Förderleistung, kürzere Kompressorlaufzeiten und weniger Energieaufwand pro erzeugtem Kubikmeter Druckluft.

Mit welchem Kompressorsystem sich ölfreie Druckluft am besten erzeugen lässt, steht heute unabhängig von Aussagen einzelner Hersteller fest. Hochwertige, ölfreie Druckluftqualität ist sowohl mit ölfrei (trocken) verdichtenden als auch mit öl- oder fluidgekühlten Kompressoren erreichbar. Bei der Systemauswahl sollte daher die Wirtschaftlichkeit den Ausschlag geben.

Nach ISO-Standard 8573-1 kann Druckluft dann als ölfrei bezeichnet werden, wenn ihr Ölgehalt (einschließlich Öldampf) unter 0,01 mg/m^3 liegt. Das sind etwa vier Hundertstel dessen, was in atmosphärischer Luft enthalten ist. Diese Menge ist so gering, dass sie sich kaum noch nachweisen lässt. Wie aber steht es um die Qualität der Kompressoransaugluft?

Sie hängt stark von den Umgebungsbedingungen ab. Schon in normal belasteten Zonen kann der Kohlenwasserstoffgehalt durch industrie- und verkehrsbedingte Emissionen zwischen 4 und 14 mg/m^3 Luft betragen. In Industriegebieten, wo Öle als Schmier-, Kühl- und Prozessmedium eingesetzt werden, kann allein der Mineralölgehalt weit über 10 mg/m^3 liegen. Hinzu kommen weitere Verunreinigungen wie etwa Kohlenwasserstoffe, Schwefeldioxid, Ruß, Metalle und Staub.

Jeder Kompressor wirkt wie ein großer Staubsauger der Verunreinigungen aufnimmt. Bei Verdichten der Luft konzentrieren sich die Verunreinigungen und bei fehlender Aufbereitung werden diese über das Druckluftnetz weitergegeben.

Für „ölfreie" Kompressoren gelten besondere Maßnahmen, damit diese als trocken verdichtende Kompressoren arbeiten können. Wegen der genannten Belastungen ist es nicht möglich, mit einem Kompressor, der nur über ein 3-µm-Staubfilter verfügt, ölfreie Druckluft zu erzeugen. Trocken verdichtende Kompressoren verwenden außer diesen Staubfiltern keine weiteren Aufbereitungskomponenten.

Im Gegensatz dazu werden bei öl- und fluidgekühlten Kompressoren aggressive Stoffe im Kühlfluid (Öl) neutralisiert und Feststoffe teilweise aus der Druckluft herausgewaschen.

Trotz des höheren Reinheitsgrades der erzeugten Druckluft gilt aber auch hier, ohne Aufbereitung geht es nicht. Mit trockener oder ölgekühlter Verdichtung allein lässt sich unter üblichen Ansaugbedingungen und den auftretenden Luftverunreinigungen keine definierte, ölfreie Druckluftqualität gemäß ISO 8573-1 erreichen.

Wie wirtschaftlich die Drucklufterzeugung ist, hängt vom Druck- und Liefermengenbereich ab und davon ist wiederum der erforderliche Kompressortyp abhängig. Grundlage jeder anwendergerechten Druckluftaufbereitung ist eine ausreichende Trocknung und meist ist die energiesparende Kältetrocknung das wirtschaftlichere Verfahren.

Moderne fluid- oder ölgekühlte Schraubenkompressoren weisen einen um ca. 10 % höheren Wirkungsgrad als trocken verdichtende Systeme auf. Das für fluid- oder ölgekühlte und für trocken verdichtende Kompressoren entwickelte Reinstluftsystem ermöglicht weitere Kosteneinsparungen um bis zu 30 %. Der damit erreichte Restölgehalt liegt unter 0,003 mg/m^3, also weit unter dem für Qualitätsklasse 1 von der ISO-Norm festgelegten Grenzwert. Das System umfasst alle Aufbereitungskomponenten zum Erzeugen der erforderlichen Druckluftqualität. Je nach Anwendung kommen Kälte- oder Adsorptionstrockner und verschiedene Filterkombinationen zum Einsatz. So lassen sich von trockener über partikelfreie bis hin zu technisch ölfreier und steriler Druckluft alle gemäß ISO-Standard festgelegten Druckluft-Qualitätsklassen zuverlässig und kostengünstig erzeugen.

Wenn sich atmosphärische Luft abkühlt, wie es nach der Verdichtung im Kompressor der Fall ist, kondensiert Wasserdampf aus. So „produziert" ein Kompressor mit einer Liefermenge von 5 m³/min (bezogen auf +20 °C Umgebungstemperatur, 70 % relative Feuchte und 1 bar$_{abs}$) pro achtstündiger Arbeitsschicht etwa 30 Liter Wasser. Das Kondenswasser muss aus dem Druckluftsystem entfernt werden, um Betriebsstörungen und den Schäden, z. B. durch Korrosion vorzubeugen. Die kostengünstige und umweltgerechte Drucklufttrocknung ist ein wichtiger Bestandteil anwendungsgerechter Aufbereitung.

Saugt ein fluidgekühlter Schraubenkompressor bei 20 °C unter Umgebungsdruck pro Minute 10 m³ Luft mit 60 % relativer Feuchte an, dann enthält diese Luft ca. 100 g Wasserdampf. Wird die Luft im Verdichtungsverhältnis 1:10 auf einen Absolutdruck von 10 bar verdichtet, erhält man einen Betriebskubikmeter. Bei einer Temperatur von 80 °C nach der Verdichtung kann die Luft nun 290 g Wasser pro Kubikmeter aufnehmen. Da aber nur ca. 100 g verhanden sind, ist die Luft mit einer relativen Feuchte von ca. 35 % recht trocken und es entsteht kein Kondensat. Der Nachkühler des Kompressors reduziert die Drucklufttemperatur von 80 °C auf ca. 30 °C.

Danach kann der Kubikmeter Luft nur noch rund 30 g Wasser aufnehmen und der Wasserüberschuss von ca. 710 g/min kondensiert und wird abgeschieden. Bei einem 8-Stunden-Arbeitstag fallen somit ca. 35 Liter Kondensat an. Weitere sechs Liter pro Tag fallen beim Einsatz nachgeschalteter Kältetrockner an. Darin wird die Druckluft zunächst auf +3 °C abgekühlt und später auf Umgebungstemperatur rückerwärmt. Das führt zu einer Feuchte-Untersättigung von ca. 20 % und damit zu einer besseren, relativ trockenen Druckluftqualität.

Die Umgebungsluft enthält immer auch einen Wasseranteil. Die Feuchte hängt von der jeweiligen Temperatur ab. So bindet beispielsweise zu 100 % wasserdampfgesättigte Luft bei +25 °C nahezu 23 g Wasser pro Kubikmeter.

Kondensat entsteht, wenn man das Luftvolumen verringert und zugleich die Temperatur im Verdichterblock und im Nachkühler eines Kompressors verringert.

Die umweltrechtlichen Neuregelungen für Kältemittel ändern nichts daran, dass Adsorptionstrockner weder von der Wirtschaftlichkeit noch von der Umweltbilanz her Alternativen zu Kältetrocknern sind. Diese benötigen nämlich nur 3 % der Energie, die der Kompressor zur Drucklufterzeugung braucht, Adsorptionstrockner dagegen 10 bis 25 % oder mehr. Daher sollten im Normalfall Kältetrockner eingesetzt werden.

Der Einsatz von Adsorptionstrocknern ist nur sinnvoll, wenn extrem trockene Druckluftqualität mit Taupunkten bis −20, −40 oder −70 °C erforderlich sind. Im Verlauf eines Arbeitstages sind Druckluftsysteme oft erheblichen Verbrauchsschwankungen ausgesetzt. Dies gilt zumal für den gesamten Jahresverlauf, wobei hier noch starke Temperaturschwankungen hinzukommen. Deshalb sind Drucklufttrockner für die denkbar schlechtesten Bedingungen auszulegen, niedrigsten Druck, höchsten Druckluftverbrauch sowie höchste Umgebungs- und Druckluft-Eintrittstemperatur.

Früher löste man diese Aufgabe mit Trockner-Dauerbetrieb, was vor allem bei Teillast-betrieb zu hoher Energieverschwendung führte. Moderne Kältetrockner mit effizienter Aussetzregelung hingegen passen unter Wahrung einer konstant guten Druckluftqualität ihren Energieverbrauch an wechselnde Bedingungen an und man kann so im Jahresdurch-schnitt mehr als 50 % Energie einsparen.

Kondensat ist ein unvermeidliches Druckluft-Nebenprodukt. So erzeugt schon ein 30-kW-Kompressor mit einer Liefermenge von 5 m³/min unter durchschnittlichen Be-triebsbedingungen ca. 20 Liter Kondenswasser pro Schicht.

In jedem Druckluftsystem fällt an bestimmten Stellen mit diversen Verunreinigungen belastetes Kondensat an und eine zuverlässige Kondensatableitung ist unbedingt erforder-lich. Sie hat wesentlichen Einfluss auf Druckluftqualität, Betriebssicherheit und Wirtschaft-lichkeit jeder Druckluftanlage.

Zum Sammeln und Ableiten des Kondensats dienen zunächst mechanische Elemente des Druckluftsystems. Dort entsteht bereits 70 bis 80 % des gesamten Kondensats und man verwendet bei Kompressoren eine gute Nachkühlung.

Der Zyklonabscheider ist ein mechanischer Abscheider und trennt das Kondensat mit Hilfe der Zentrifugalkraft von der Luft. Um optimal arbeiten zu können, muss der Zyklon-abscheider stets einem Drucklufterzeuger zugeordnet sein. Bei zweistufigen Kompresso-ren mit Zwischenkühlern fällt das Kondensat auch am Abscheider des Zwischenkühlers an.

Neben seiner Hauptfunktion als Speicher trennt der Druckbehälter mittels Schwerkraft das Kondensat von der Luft. Ausreichend dimensioniert (Kompressorförderleistung/min: 3 = Behälter-Mindestgröße in m³) ist er ebenso effektiv wie ein Zyklonabscheider.

Im Unterschied zu diesem kann er aber in der zentralen Druckluftsammelleitung der Kompressorstation eingesetzt werden, wenn der Lufteintritt unten und der Luftaustritt oben ist. Dank seiner großen Wärmeabstrahlfläche kühlt der Behälter die Druckluft zu-sätzlich ab und verbessert so die Kondensatabscheidung weiter.

Um undefiniertes Strömen des Kondensats zu vermeiden, ist die Druckluftleitung im Feuchtbereich so auszuführen, dass alle Zu- und Abgänge von oben oder von der Seite angeschlossen sind.

Definierte Kondensatabgänge nach unten, sogenannte Wassersäcke, führen das Kon-densat aus der Hauptleitung ab. Bei einer Luftströmungsgeschwindigkeit von 2 bis 3 m/s und korrekter Auslegung scheidet ein Wassersack im Feuchtbereich des Druckluftsystems auftretendes Kondensat ebenso effektiv ab wie ein Druckluftbehälter.

Neben den bereits genannten gibt es weitere Kondensatsammel- und -ableitstellen im Bereich der Drucklufttrocknung. Beim Abkühlen und dem so bewirkten Trocknen der Druckluft fällt im Kältetrockner weiteres Kondensat an.

Die Abkühlung in der Druckluftleitung lässt schon am Vorfilter des Adsorptions-trockners Kondensat entstehen. Im Absorptionstrockner selbst tritt Wasser aufgrund der herrschenden Partialdruckverhältnisse nur als Dampf auf.

Ohne zentrale Drucklufttrocknung fallen große Kondensatmengen an den kurz vor den Druckluftverbrauchern installierten Wasserabscheidern an, inklusive einem enormen Wartungsbedarf.

Derzeit sind im Wesentlichen drei Ableitersysteme im Einsatz:

- Die Schwimmerableiter gehören zu den ältesten Ableitersystemen. Diese traten an die Stelle der völlig unwirtschaftlichen und zu unsicheren manuellen Ableitung. Doch auch die Kondensatableitung nach dem Schwimmerprinzip ist wegen der Verunreinigungen in der Druckluft sehr wartungsintensiv und störanfällig.
- Magnetventile mit Zeitsteuerung sind zwar betriebssicherer als Schwimmerableiter, aber sie sind dennoch regelmäßig auf Verunreinigungen zu prüfen. Falsch justierte Ventilöffnungszeiten verursachen zudem Druckluftverluste und damit erhöhten Energieverbrauch.
- Heute sind überwiegend Ableiter mit intelligenter Niveausteuerung im Einsatz. Zu ihrem Vorteil ersetzt ein elektronischer Ableiter die störungsanfällige Schwimmerfunktion: So sind Störungen wegen Verschmutzung oder mechanischem Verschleiß ausgeschlossen. Außerdem verhindern exakt errechnete und angepasste Ventilöffnungszeiten diverse Druckluftverluste zuverlässig. Weitere Vorteile sind die automatische Selbstüberwachung und die mögliche Signalweitergabe an eine zentrale Leittechnik.

Zwischen Kondensatabscheidesystem und Kondensatableiter sollte stets ein kurzes Leitungsstück mit Kugelhahn eingebaut werden. So lässt sich der Ableiter bei Wartungsarbeiten absperren und der Betrieb der Druckluftanlage kann störungsfrei weiterlaufen.

3.1.3   Arten von Kompressoren

In der Pneumatik verwendet man verschiedene Kompressoren, die nach dem Turbo- und Verdrängerprinzip arbeiten. Bei den Turbomaschinen unterscheidet man zwischen der Düse, radial (Rotationskompressoren) und axial arbeitenden Maschinen. Zu den Verdrängern zählen die Kolbenkompressoren mit den Dichtungsvarianten einfach wirkend, doppelt wirkend, mit Labyrinthdichtung und mit Membrane. Bei den Verdrängern unterscheidet man zwischen einzelnen Rotoren, zudem Flüssigkeitsring und Scroll und die doppelten Rotoren mit Schraube, Drehzahl und Gebläse.

Flachstrahldüsen weisen eine besondere Form der Austrittsöffnung auf, um einen fächerförmigen Strahl zu erzeugen. Nach der Düsenöffnung bildet sich ein charakteristischer, geschlossener Flüssigkeitsfilm aus. Im weiteren Verlauf löst sich der Fächer in einzelne Tropfen auf, die dann eine elliptische oder eckige Aufprallfläche bilden. Die Tropfen bewegen sich auf einer Geraden weiter und haben wegen der geringen Reibung in der Düse und durch ihre Größe ein hohes energetisches Potenzial. Sie eignen sich daher besonders zur Erzeugung von Wasservorhängen. Abb. 3.4 zeigt die Wirkungsweise einer Flachstrahldüse.

Löffel- und Zungendüsen stellen eine andere Form der Austrittsöffnung faudar. Die Flüssigkeit tritt dabei durch eine zylindrische Bohrung aus und trifft unmittelbar danach auf einen Ablenker, der den Sprühfächer ausbildet. Hier sind Spritzwinkel bis 180° möglich.

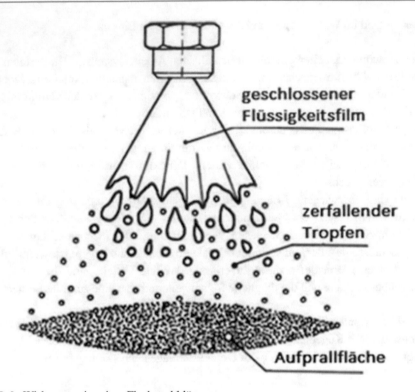

geschlossener
Flüssigkeitsfilm

zerfallender
Tropfen

Aufprallfläche

Abb. 3.4 Wirkungsweise einer Flachstrahldüse

V-förmige Austrittsöffnungen stellen in den meisten Düsensortimenten die Standard-ausführung dar und sie erzeugen elliptische Aufprallflächen.

Halbkreisförmige Austrittsöffnungen erzeugen bei kleinen Spritzwinkeln eine eher rechteckige Form der Aufprallfläche bei gleichmäßiger Flüssigkeitsverteilung.

Eckige Austrittsöffnungen erzeugen eine deutlich rechteckige Aufprallfläche.

Bei tangentialen Flachstrahldüsen tritt die Flüssigkeit um 90° umgelenkt aus und weist eine leicht gewölbte, elliptische Form auf.

Zungendüsen weisen in der Regel eine Umlenkung von 75° auf. Der axial zugeführte Flüssigkeitsstrahl trifft nach Austritt auf die Umlenkungsfläche und formt einen breiten Flüssigkeitsfilm aus.

Löffeldüsen lenken den zylinderförmig und axial zugeführten Flüssigkeitsstrahl so um, dass eine eckige und scharfe Aufprallfläche entsteht.

Andere Löffeldüsen können mit verschiedenen Spritzwinkeln hergestellt werden. Je nach Größe und Durchsatz verursachen diese entweder eine leichte Umlenkung oder eine Prallkante, die den zylinderförmig und axial zugeführten Flüssigkeitsstrahl auffächern.

Vollstrahldüsen stellen eine Sonderform dar. Hier ist ein Auffächern der austretenden Flüssigkeit unerwünscht. Sie weisen einen langen und gleichmäßig dicken Strahl mit klei-nem Aufprallpunkt bei hoher Aufprallkraft auf. Der Strahl ergibt einen axial zugeführten Flüssigkeitsstrahl, der durch den Aufprallbereich aufgefächert wird.

Tab. 3.3 Wechselwirkungen der Sprühtechnik 1) Druck p von Flüssigkeit oder Gas, mit der die Düse beaufschlagt wird 2) Dichte der Flüssigkeit (g/m³) 3) Viskosität (dyn sec/cm) 4) Oberflächenspannung (dyn/cm²) 5) Temperatur der Flüssigkeit (t) 6) Sprühformen der Düse, Düsentypen und ihre Abmessungen, wie z. B. Durchmesser der Austrittsbohrung, Querschnitt der Drallschlitze und Reibungswiderstand in der Düse

	Erhöhter Betriebs- druck	Erhöhte Dichte	Erhöhte Viskosität	Erhöhte Oberflächen- spannung	Erhöhte Flüssigkeits- temperatur	Veränderung der Austritts- bohrung**
Strahlqualität	besser	unbedeutend	schlechter	unbedeutend	besser	instabil
Volumenstrom	steigt	kleiner	a	kein Einfluss	b	größer
Spritzwinkel	eher größer	unbedeutend	kleiner	kleiner	größer	instabil
Tropfengröße	kleiner	unbedeutend	größer	größer	kleiner	größer
Tropfenge- schwindigkeit	größer	kleiner	kleiner	unbedeutend	unbedeutend	kleiner
Aufprallkraft	größer	unbedeutend	kleiner	unbedeutend	unbedeutend	kleiner
Verschleiß	größer	unbedeutend	kleiner	kein Einfluss	kein Einfluss	kleiner

[a]bei Voll- und Hohlkegel-Düsen größer; Flachstrahldüsen kleiner.
[b]abhängig von der Spritzflüssigkeit und dem Düsentyp.
**nur bei Vollstrahl- und Pralldüsen möglich. Bei anderen Spritzformen entstehen chaotische Zustände.
*Ab dem Druck, ab dem die radialen Kräfte V_r in der Düse zu- oder abnehmen, wird der Spritzwinkel kleiner.

Tab. 3.3 zeigt die Wechselwirkungen der Sprühtechnik.

Durch Erhöhung des Drucks und bei ansonsten unveränderten Bedingungen erhöht sich der Volumenstrom von Düsen. Der Druckanstieg führt zu größeren Austrittsgeschwindigkeiten und damit zugleich zu kleineren Tropfen.

Im Katalog werden alle Volumenströme in 1/min bei einem definierten Druck angegeben. Um überhaupt zerstäuben zu können, muss mindestens ein Flüssigkeitsdruck von 0,3 bis 0,5 bar vorhanden sein,

Der theoretische Volumenstrom verhält sich direkt proportional zur Quadratwurzel des Drucks.

$$\dot{V}_2 = \sqrt{\frac{p_2}{p_1}} \cdot \dot{V}_1 \left[l / \min \right]$$

Diese Beziehung trifft mit großer Genauigkeit auf fast alle Einstoffdüsen zu.

$$\dot{V}_2 = \left(\frac{p_2}{p_1} \right)^{0,4} \cdot \dot{V}_1 \left[l / \min \right]$$

Nur bei axialen Vollkegeldüsen verändert sich das Strömungsverhalten.

Die Angabe des Volumenstroms bezieht sich immer auf das Medium Wasser. Bei Einsatz anderer Flüssigkeiten ändert sich der Volumenstrom umgekehrt proportional zur Quadratwurzel der Dichte.

$$\dot{V}_{FL} = \dot{V}_W \cdot \frac{\sqrt{\gamma_W}}{\sqrt{\rho_{FL}}}$$

Der Einfachheithalber kann dies mit einem Umrechnungsfaktor berücksichtigt werden, sodass eine Formel entsteht:

$$\dot{V}_{FL} = \dot{V}_W \cdot X$$

$\dot{V}_{FL}$ Volumenstrom der zu zerstäubenden Flüssigkeit
$\dot{V}_W$ Volumenstrom Wasser (Katalogwert)
γ_W Dichte Wasser
ρ_{FL} Dichte der zu zerstäubenden Flüssigkeit
X Umrechnungsfaktor

3.1.4   Rotationskompressoren

Rotationskompressoren sind einstufig arbeitende Vielzellenverdichter. In einer runden Kammer, der Statoreinheit, rotiert ein exzentrisch montierter Stahlzylinder (Rotor) mit längsseitigen Gleitschlitzen. In diesen Schlitzen bewegen sich Lamellen aus Stahl, die bei der Rotation des Zylinders durch die auftretende Fliehkraft gegen die Statorwand geschoben werden und so die einzelnen Zellen entstehen lassen. Die Luftverdichtung erfolgt in diesen volumetrisch variablen Zellen, wie Abb. 3.5 zeigt.

Abb. 3.5 Luftverdichtung durch volumetrische und variable Zellen

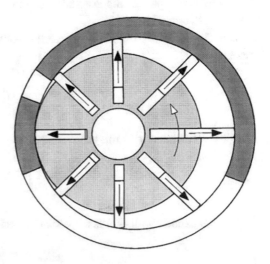

Über einen Ansaugfilter und einen Ansaugregler gelangt Luft in die Zellen. Durch die Rotordrehung bewegen sich die Kammern nach oben, die Luft in den Kammern wird eingeschlossen und durch die volumetrische Verkleinerung der Kammern wird die Luft kontinuierlich verdichtet.

Der Druckluftaustritt erfolgt an der Oberseite des Stators, wo das Kammervolumen am kleinsten und die Luftverdichtung am größten ist.

Der volumetrische Wirkungsgrad als Verhältnis zwischen real erzeugtem Förderstrom und theoretisch erzeugtem Hubvolumen ist letztendlich nicht entscheidend für die ökonomische Beurteilung eines Kompressors. Aber ein guter bis sehr guter volumetrischer Wirkungsgrad ist eine wesentliche Voraussetzung für eine niedrige spezifische Energieaufnahme. Rotationskompressoren besitzen einen volumetrischen Wirkungsgrad von über 90 % bei einer Verdichtung auf 7 bar.

Die Rotationskompressoren haben in serienmäßiger Ausstattung einen spezifischen Leistungsbedarf von 5,47 pro m^3/min bei einer Verdichtung auf 8 bar (Maximum). Damit besitzen sie den niedrigsten spezifischen Energieverbrauch gegenüber allen anderen bekannten Schrauben- und Rotationskompressoren.

Die spezifische Leistungsaufnahme reduziert sich sogar noch auf 4,42 kW/m^3 bei der Erstellung der Energiebilanz und die notwendige Lüfterleistung nicht mit einbezogen werden.

Bei der konstruktiven Gestaltung von Rotationskompressoren gilt stets ein besonderes Augenmerk dem Druckabfall zwischen Verdichterstufe/Ölabscheidung (Air-End) und der Übergabeverbindung in das Leitungsnetz. Dazwischen liegen Luftkühler, Kondensatabscheider und die entsprechenden Rohrverbindungen.

Der Druckabfall in diesem Bereich liegt nur bei 0,3 bis 0,4 bar, d. h. die zusätzliche spezifische Leistungsaufnahme aufgrund dieses Druckverlustes erhöht sich nur um ca. 3 %.

Die Lamellen des Rotationskompressors werden durch die Fliehkraft des sich drehenden Roters nach außen geschoben und gleiten auf einem Ölfilm nahezu berührungsfrei entlang der Statorinnenwand. Sie garantieren immer eine vollständige Abdichtung der einzelnen Verdichtungszellen gegen Fehlluft.

Hierbei spielt das Öl eine wesentliche Rolle, das nicht nur aus Gründen der Luftkühlung und der Schmierung während des eigentlichen Verdichtungsvorgangs in die Flügelzellen eingespritzt wird. Dieses Öl schiebt sich

unter die abgerundeten Lamellen und dichtet so die einzelnen Kompressionskammern vollständig gegeneinander ab. Abb. 3.6 zeigt die Ansaug- und Verdichterzonen bei Rotationskompressoren.

So ist zur leckagefreien Trennung von Ansaugseite und Druckseite im Bereich des Druckauslasses eine Lamellenreihe völlig ausreichend.

Beim Rotationskompressor ist der Durchmesser des Rotors wesentlich kleiner als der Innendurchmesser des Statorzylinders und ein eventuell auftretendes Lagerspiel führt faktisch zu keinen nachteiligen Auswirkungen, da die Lamellen während der Rotordrehung

Abb. 3.6 Ansaug- und
Verdichterzonen bei
Rotationskompressoren

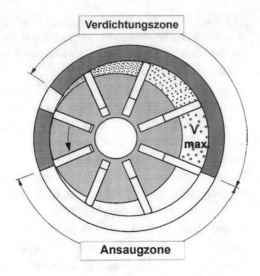

stets dem Profil des Zylinders folgen und in ihrer Beweglichkeit nicht blockiert werden können.

Bei Schraubenkompressoren erfordert die mechanische Bearbeitung von Haupt- und
Nebenläufern spezielle und in der Regel extrem teure Werkzeugmaschinen des Sonder-
maschinenbaus, da beide Rotoren paarmäßig maßgeschneidert werden und immer ein un-
zertrennliches Paar bilden.

Für die Fertigung von Rotationskompressoren sind hingegen standardisierte Werkzeugmaschinen moderner Bauart hinreichend, um die „normale" toleranzgenaue Ausführung
sicherzustellen. Alle Komponenten sind gegeneinander austauschbar und nur dies muss
gewährleistet werden.

3.1.5 Kolbenkompressor

Der volumetrische Wirkungsgrad eines Kompressors bezeichnet das Verhältnis von effektiv verdichteter Luftmenge pro Minute zum theoretisch erzeugten geometrischen Luftvolumen. Der volumetrische Wirkungsgrad ist im Wesentlichen abhängig von Leckage-
verlusten (Fehlluft) innerhalb des Kompressors. Aufgrund der stets vorhandenen
Leckageverluste ist dieser Wirkungsgrad immer kleiner 100 %. Je niedriger die internen
Fehlluftströme sind, umso höher ist der volumetrische Wirkungsgrad und umso niedriger
stellt sich die spezifische Leistungsaufnahme des Elektromotors je m^3 verdichteter Luft dar.

Ein Kolbenkompressor besteht im Prinzip aus drei Teilen:

- Elektromotor oder Verbrennungsmotor als Antrieb
- Verdichtungseinheit, welche mittels einer Welle und Anschraubteilen mit dem Motor
  verbunden ist
- Druckkessel, in dem die verdichtete Luft abrufbereit bevorratet ist.

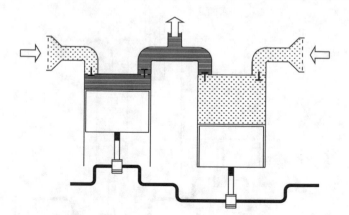

Abb. 3.7 Einstufiger Kompressor, der über einen oder mehrere Zylinder verfügt

Je nach Art und Anzahl der Verbraucher, also nach Verwendungszweck richten sich nach Größen des Motors, der Verdichtereinheit und des Druckkessels.

Abb. 3.7 zeigt einen Kompressor, der über einen oder mehrere Zylinder verfügt. Über den Motor wird eine Drehbewegung erzeugt, welche mittels einer Kurbelwelle in die Verdichtereinheit übertragen wird. In der Verdichtereinheit wird die Drehbewegung über ein Pleuel in eine Hubbewegung umgewandelt. Der mit dem Pleuel verbundene Kolben bewegt sich in einem Zylinder auf und ab. Mit der Abwärtsbewegung saugt der Kolben über den entstehenden Unterdruck im Zylinder frische Luft an. Dies wird automatisch über ein Einwegventil gesteuert, welches öffnet, sobald ein festgelegter Mindestdruck unterschritten ist.

Mit der Aufwärtsbewegung des Kolbens erfolgt durch die Verdichtung der Luftdruck im Zylinder. Mit zunehmendem Druckaufbau wird das Einlassventil geschlossen. Durch die weitere Aufwärtsbewegung des Kolbens wird die darin befindliche Luft weiter verdichtet. Das Auslassventil, ebenfalls ein Einwegventil, öffnet sich ab einem bestimmten Überdruck. Die Öffnung des Überdruckventils richtet sich nach den Druckverhältnissen im Vorratskessel. So öffnet das Auslassventil erst dann, wenn ein höherer Druck im Zylinder herrscht, damit ein Rückströmen aus dem Kessel ausgeschlossen ist. Der Maximaldruck im Zylinder wird in der Regel kurz vor dem oberen Totpunkt des Kolbens erreicht. Öffnet sich das Auslassventil, strömt die komprimierte Luft über einen Druckluftschlauch oder ein Druckluftrohr in den Vorratskessel. Dadurch verringert sich der Druck auf der Zylinderseite, auf der Kolben wieder in eine Abwärtsbewegung übergeht. Dadurch herrscht nun wieder ein höherer Druck auf der Kesselseite, was zur Folge hat, dass das Auslassventil wieder schließt.

Dieser sich wiederholende Prozess befüllt den Vorratstank mit Druckluft, welche jederzeit abgerufen werden kann. Über einen druckgeregelten Schalter wird bei Erreichen des vorbestimmten Maximaldrucks im Kessel der Motor gestoppt. Fällt dieser Druck unterhalb

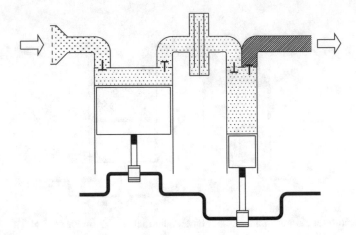

Abb. 3.8 Mehrstufiger Kompressor mit zwei oder mehreren in Serie angeordneten Zylindern

einer bestimmten Grenze, wird der Motor dem Kolbenmotor wieder zugeschaltet und der Füllvorgang wiederholt sich.

Abb. 3.8 zeigt einen mehrstufigen Kompressor mit zwei oder mehreren in Serie angeordneten Zylindern, die die Luft in mehreren Schritten auf den Enddruck verdichten. Zwischen den Stufen wird die Druckluft mit Wasser und Luft gekühlt. Dadurch verbessert sich die Effizienz, zugleich wird ein viel höherer Druck als mit einem einstufigen Kompressor erzeugt.

Durch die Bauart erreicht der Kolbenkompressor einen sehr hohen Wirkungsgrad bei der Befüllung und kann so sehr hohe Drücke und Luftmengen liefern. Diese Werte können durch die Anordnung von mehreren Verdichtungseinheiten, also Zylindern nebeneinander gesteigert werden. Die Anordnung der Zylinder spielt bei Kolbenkompressoren keine Rolle. So sind aus baulichen und platzsparenden Gründen nicht nur stehende Zylinder möglich, sondern auch liegende, v-förmige, w-förmige und Zylinder als Boxer-Ausführung.

Kolbenkompressoren befüllen Vorratsbehälter mit Umgebungsluft. In der Umgebungsluft sind winzigste Schmutzpartikel und Feuchtigkeit vorhanden. Durch die Ansaugung und Komprimierung der Luft erhöht sich die Konzentration der Verschmutzung multipliziert mit jedem hinzugefügten Bar an Luftdruck.

3.1.6   Schraubenkompressor

Schraubenkompressoren sind zweiwellige Drehkolbenmaschinen, die nach dem Verdrängungsprinzip arbeiten. Auf den beiden Rotoren (Haupt- und Nebenläufer) sind jeweils mehrere Zahnprofilbahnen angebracht, die sich um die Rotoren winden und bei gegenläufiger Drehung passgenau ineinandergreifen.

Abb. 3.9 Aufbau und
Wirkungsweise eines
Schraubenkompressors

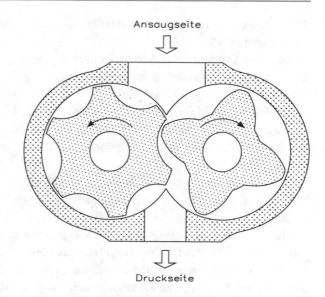

Ansaugseite

Druckseite

Abb. 3.9 zeigt den Aufbau und die Wirkungsweise eines Schraubenkompressors. Die Haupt- und Nebenläufer eines Schraubenkompressors sind mit minimalen Spaltmaßen und Bewegungsspielen in zwei Zylindern gelagert. Die Rotorwellen werden durch Wälzlager fixiert und in der Regel erfolgt der Antrieb des Nebenläufers durch kraftschlüssigen Profileingriff des Hauptläufers. Es ist aber auch ein synchronisierter Antrieb beider Läufer über ein außen liegendes Zahnradgetriebe möglich.

Bei der Drehung der Rotoren passieren die Profilbahnen die Ansaugöffnung und der Lufteinschluss erfolgt dann, wenn das anstehende Ansaugvolumen seinen Maximalwert erreicht hat. Die Verdichtung der Luft und deren druckseitige Abführung durch die Auslassöffnung wird bewirkt durch das Ineinandergreifen von Haupt- und Nebenläufer während des Drehvorgangs.

Eine leistungsfähige Ölkühlung ist die Voraussetzung für Wirtschaftlichkeit, Betriebssicherheit und lange Lebensdauer des Kompressors.

Bei optimaler Ölviskosität und gute Schmiereigenschaften gewährleisten niedrige Öltemperaturen

- eine längere Lebensdauer und bessere Elastizität sämtlicher Dichtungen und O-Ringe
- eine bessere Dichtigkeit aller Systeme und damit Vermeidung von Ölleckagen
- eine verminderte Alterung des Kompressoröls und verlängerten Nutzungszeiträumen
- verlängerte Wartungsintervalle
- eine allgemeine Erhöhung der Lebensdauer der gesamten Kompressoranlage

Die Kompressoren sind mit großzügig dimensionierten Aluminiumkühlern ausgerüstet und garantieren einen störungsfreien Dauerbetrieb bei Umgebungstemperaturen bis zu

50 °C. Bei störungsfreier Arbeit steigt die maximale Temperatur des Kompressoröls dabei nicht über 110 °C.

Um eine Kondenswasserbildung in der Ölkammer auszuschließen und um stets eine betriebsoptimale Ölviskosität zu gewährleisten, arbeitet die Ölkühlung mit einem thermostatisch geregelten By-Pass-Ventil.

Im Falle zu niedriger Betriebstemperaturen unterdrückt dieses By-Pass-Ventil den Weg des Öls über den Kombikühler und führt so zu einer Temperaturerhöhung, d. h. dies ist in der Regel beim Start des Kompressors der Fall, aber auch bei tiefen Umgebungstemperaturen.

Die Austrittstemperatur der Druckluft liegt direkt nach der Ölabscheidung (Air-End) bei maximal 44 K über der Umgebungstemperatur von 20 °C werden nur maximal 64 °C erreicht.

Bei den Standardmodellen mit Druckluftnachkühler wird die komprimierte Luft mit nur 4 bis 8 °C über der Umgebungstemperatur ins Druckluftnetz abgegeben. Selbstverständlich sind alle Standardmodelle mit einem serienmäßigen Kondensatabscheider ausgestattet, um die anfallende Kondenswassermenge abzuführen.

Die Rotationskompressoren weisen einen extrem niedrigen Ölverbrauch auf und sind aufgrund einer effektiven Ölabscheidung und Ölkühlung mit geringen Ölmengen eine sichere, effektive und wirtschaftliche Druckluftversorgung.

Über drei aufeinanderfolgende Stufen wird eine hochwirksame Ölabscheidung erreicht:

- Aus dem verdichteten Luft-Öl-Gemisch wird über die Prallwände eines Labyrinths zwischen Stator und Gehäusekammer das Öl bereits zu 98 % abgeschieden.
- Die bereits vorgereinigte Luft passiert dann den eigentlichen Separator, wo in der zweiten Stufe durch Geschwindigkeitsabnahme und Richtungsänderung des Luftstroms am Abscheiderdeckel eine weitere mechanische Öltrennung stattfindet.
- Die Endstufe besteht aus speziellen Filterelementen und reduziert den Restölgehalt auf maximal 1 bis 3 mg/m³.

3.1.7 Schraubenkompressor

Schraubenkompressoren arbeiten nach der Arbeitsweise der Drehkolbenmaschinen, die nach dem Verdrängungsprinzip arbeiten. Auf den beiden Rotoren (Haupt- und Nebenläufer) sind jeweils mehrere Zahnprofilbahnen angebracht, die sich um die Rotoren winden und bei gegenläufiger Drehung passgenau ineinandergreifen.

Abb. 3.10 zeigt die Funktion eines flüssigkeitsgekühlten Schraubenkompressors. Unmittelbar nach dem Verdichten wird das Kühlmittel zunächst im Flüssigkeitstank und Ölabscheider getrennt. Die Druckluft strömt dann durch einen Nachkühler und anschließend zum Druckluftbehälter.

Der Schraubenkompressor ist für Intervall- und Dauerbetrieb geeignet. Die Wirtschaftlichkeit ist im Dauerbetrieb mit hoher Last (bis 100 %) optimal. In der heutigen Technik

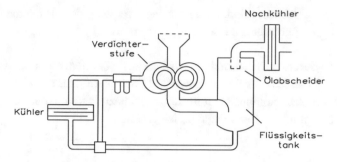

Abb. 3.10 Funktion eines flüssigkeitsgekühlten Schraubenkompressors

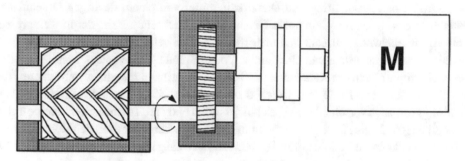

Abb. 3.11 Schraubenkompressor in Längsrichtung mit Antriebsmotor

verwendet man eine Drehzahlregelung und somit kann der Energiebedarf bei geringem oder schwankendem Luftbedarf gesenkt werden. Der trockene oder ölfrei verdichtende Schraubenkompressor verdichtet Luft ohne Kühlung in der Verdichtungskammer. Die Betriebstemperatur des Kompressors steigt deshalb auf 200 °C an, sogar bei einem Betriebsdruck von 3 bar.

Herzstück eines Schraubenkompressors ist der Verdichter, der aus zwei Rotoren (Schrauben) besteht, die sich parallel und gleichzeitig in die entgegengesetzte Richtung drehen. Die Abmessungen dieser Schrauben sind unterschiedlich und erzeugen eine Ein- und Austrittsbewegung in der Vakuumkammer, in der sie die Luft ansaugt und sich in diesem Raum ansammelt, während sie an das Ende des Systems bewegt wird, wo sie entsprechend dem festgelegten Druck austritt. Abb. 3.11 zeigt einen Schraubenkompressor in Längsrichtung mit Antriebsmotor.

Die Luft zirkuliert vom Schraubenkompressor in Längsrichtung immer in die entgegengesetzte Richtung, wobei die Variationen des Hohlraums, der zwischen den Schrauben erzeugt wird, diejenige ist, die den Druck reguliert, mit dem die Luft austreten wird. Was den Schraubenkompressor so effizient macht, ist der Form der Schraube, da ihr Design auf dem Prinzip der archimedischen Schraube basiert.

Mit einer freigestellten Schraube verwendet dieser Schraubenkompressor keine interne Schmierung, d. h. innerhalb des Drehmechanismus der Schrauben, sowohl andere Teile des Kompressors geschmiert sind, da sie für die Erzeugung der für interne Drehung notwendigen Bewegung grundlegend ist.

- Mit den Wassereinspritzschrauben wird man feststellen, dass es sich um einen Mechanismus handelt, der Wasser sowohl als Schmiermittel, als auch als Kühlmittel verwendet, der dem Kompressor hilft, reibungslos zu laufen, da er keine Reibung erzeugt und im optimalen Temperaturbereich arbeitet.

3.1.8 Scroll-Kompressor

Der Scroll-Kompressor bringt ein Dampfkältemittel von einem niedrigen Druckniveau (Niederdrucksaugseite) auf ein hohes Niveau (Hochdruckseite). Beim Scroll-Kompressor steht die Kurbelwelle aufrecht und über dieser Kurbelwelle befindet sich das Scrollset, bestehend aus einer festen und einer umlaufenden Spirale. Diese beiden Spiralen greifen ein und komprimieren das Kältemittel durch eine Umlaufbahnbewegung vom äußeren Teil des Spiralsatzes zur Mitte hin. Durch dieses Prinzip gibt es in jeder Phase des Verdichtungsvorgangs verschiedene Verdichtungsstufen und die „Taschen" weisen eine unterschiedliche Größe auf, in denen Verdichtung stattfindet. Vergleiche mit den Kompressoren zeigen, dass kleinere Teile des Kühlmittels häufiger ausgestoßen werden und dies führt zu einer geringeren Pulsation. Ein Schalldämpfer wird selten zur Pulsationsdämpfung verwendet. Geräuschprobleme oder Fehlfunktionen von Druckschaltern durch die Pulsationen sind bei dem System von Scroll-Kompressoren nicht zu erwarten, wie Abb. 3.12 zeigt.

Bei radialen Scroll-Kompressoren wird die Abdichtung der Spiralflanken zueinander ausschließlich durch den Ölfilm erreicht, während zur axialen Abdichtung flexible metallische Dichtungen verwendet werden. Die beiden Spiralen werden nicht gegeneinander gedrückt, sondern laufen im Kompressionsmodus geräuschlos.

Bei den axialen Scroll-Kompressoren arbeiten diese nach dem „Compliance-Prinzip", d. h. dass einer der beiden Spiralen mittels mittlerem Druck aus einer „Tasche" des Spiralsatzes gegen die andere gedrückt wird, wo die vollständige Verdichtung noch nicht abgeschlossen ist. Dadurch werden die beiden Spiralen sozusagen „zurückgezogen" und diese „Einbruchsphase" ist spätestens nach 72 Betriebsstunden abgeschlossen.

Den Begriff „Compliance-Prinzip" findet man im technischen Wörterbuch „Übersetzung", während der Begriff im allgemeinen Wörterbuch mit „Übereinstimmung" verwendet wird. Tatsächlich liegen die Übersetzungen in der Mitte. Es ist ein flexibles Zusammenspiel der beiden Scroll-Schrauben und eine Selbstoptimierung der Interaktion im praktischen Betrieb.

Man sollte beachten, dass zwischen axialen und radialen Scroll-Kompressoren ein kleiner Unterschied besteht, d. h. dass während der ersten Inbetriebnahme eine gewisse Unterleistung auftreten kann, aber dieser Punkt ist im Normalbetrieb nicht wahrnehmbar, aber für die Leistungsmessung an Prüfständen wichtig. Scroll-Kompressoren verwenden zwei verschiedene Möglichkeiten, wie Abb. 3.13 zeigt.

Abb. 3.12 Scroll-
Kompressoren verwenden eine
senkrechte Bauweise

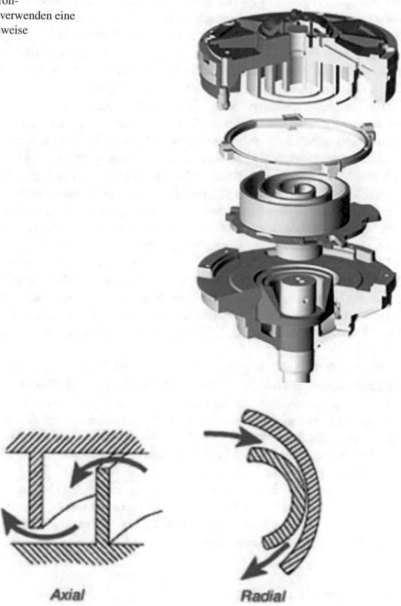

Abb. 3.13 Aufbau von axialen und radialen Scroll-Kompressoren

Scroll-Kompressoren enthalten bereits bei der Auslieferung die erforderliche Ölmenge.
Nach einer gewissen Zeit nach dem Einbau empfiehlt es sich, den Ölstand über das
Ölschauglas im unteren Teil des Kompressors zu überprüfen. Der ideale Ölstand ist die
halbe Höhe des Ölschauglases, aber auch ¼ bis ¾ kann toleriert werden. Die meisten

Scroll-Kompressoren sind zu 100 % sauggasgekühlt, d. h. dass bei Bedarf eine Schall-dämpferhaube eingebaut werden kann, da der Kompressor die überschüssige Wärme aus dem durchströmenden Kältemittel abgibt. Die Kühlanschlüsse für diese Scroll-Kompressoren sind übereinander angeordnet, saugseitig unten (großer Anschluss) und druckseitig oben (kleiner Anschluss). Beide sind als Rotolock-Schraubverbindungen oder direkt im Kompressor als integrierte Lötstutzen ausgeführt.

Bei der Erstinstallation sollten Rotolock-Ventile, zumindest für Rotolock-Ver-schraubungen, verwendet werden, da diese die Wartungseingriffe am Kompressor oder am Kühlsystem erheblich vereinfachen und die einfache Installation eines Hoch- und Nieder-druckschalters ermöglichen. In diesem Zusammenhang ist zu beachten, dass der An-schluss, der der Spindel eines Rotolock-Ventils am nächsten liegt, abgesperrt werden kann (Anschlussmöglichkeit für das Service-Manometer). Der andere Anschluss lässt sich für einen Druckschalter verwenden, denn die Verbindung kann nicht gesperrt werden. Zusätz-lich bieten die Scroll-Kompressoren am Verdichtergehäuse drei zusätzliche, kleinere An-schlussmöglichkeiten, einen Niederdruckanschluss, der normalerweise nicht verwendet wird, und einen Ölüberlaufanschluss, welcher nur im Verbundbetrieb benötigt wird. Im kombinierten Betrieb wird am Ölüberlauf ein 10-Gauge-Kupferrohr als Ölbalance zum Schwesterkompressor und die Saugleitung zu den Verbundkompressoren möglichst sym-metrisch angebracht. Auf zusätzliche Rückschlagventile in den einzelnen Druckleitungen kann verzichtet werden, da sich in diesem Spiralverdichter bereits ein Rückschlagventil befindet.

Für die dritte Verbindung dient ein kleiner NPT-Stopfen des Ölablassstutzens, der durch einen geeigneten 7/16 UNF-Anschluss ersetzt wird, so kann der Ölwechsel ohne Verkippen des Verdichters durchgeführt werden. Dazu genügt es, auf der Saugseite des Verdichters einen leichten Überdruck zu erzeugen und das Öl über diesen Anschluss und das Servicemanometer aus dem Verdichter abzulassen. Möglich wird dies durch ein klei-nes Kupferrohr im Inneren des Verdichters, das ausgehend von dieser Verbindung in den Verdichtersumpf mündet.

Die Montage der Scroll-Kompressoren erfolgt auf Gummipuffern. Im Allgemeinen sollte bei erstem Kontakt mit Scroll-Verdichtern beachtet werden, dass bei einer Art von Verdichtern der Kopf, d. h. die oberen 20 % des Verdichters, eine Verdichtungsendtempe-ratur (Heißgastemperatur) aufweisen.

3.1.9   Membrangenerator

Atmosphärische Luft beinhaltet 78 % Stickstoff, 21 % Sauerstoff und 1 % andere Gase. Jedes Gas hat eine charakteristische Durchdringungsrate, die eine Funktion seiner Fähig-keiten zur Lösung und Streuung durch eine Membran ist. Sauerstoff ist ein „schnelles" Gas und wird selektiv durch die Membranwand gestreut, während Stickstoff die Möglichkeit hat, entlang der Innenseite zu wandern und somit einen stickstoffreichen

Produktionsstrom zu bilden. Das mit Sauerstoff angereicherte Gas oder das Permeat wird von der Membran entfernt und es bleibt reiner Sauerstoff.

Membranen umfassen zahlreiche Fasern, die gebündelt und an beiden Enden mit Epoxidharz eingefasst sind. Die Bündelenden sind abgeschnitten, wodurch die Faserdurchmesser an beiden Seiten offen bleiben und es dem Gas ermöglicht, von einem Ende zum anderen zu fließen. Die Faserbündel sind in einem Gehäuse eingeschlossen. Das Gehäuse schützt die Fasern und führt das Gas ordnungsgemäß von der Einspeise- zur Produktionsseite.

Bei den Fasern handelt es sich um Hohlfasern mit einer Polymerstruktur. Der Stickstoff kann durch die Membran strömen und die anderen Gase wie Sauerstoff, Wasserdampf und CO_2 werden von ihr aufgenommen. Am Einlass des Generators tritt die Druckluft ein und am Auslass tritt der Stickstoff aus. Der Membrangenerator erzeugt Stickstoff mit einer Reinheit bis 99 % und liefert einen Volumenstrom von bis zu 500 nm/h.

Die Trennung von Stickstoff und Sauerstoff nutzen die Membranen. Die Membrane nutzen eine asymmetrische Hohlfasermembran-Technologie, und diese sind spezifisch für einen Betrieb bei hoher Zuglufttemperatur ausgelegt. Das Prinzip zur Trennung basiert auf dem selektiven Durchgang von Stickstoff und Sauerstoff. Antriebskraft für die Trennung ist die Differenz zwischen den Partialdrücken des Gases auf der Innen- und auf der Außenseite der Hohlfaser.

Es ist sehr wichtig, dass die Einlassluft sauber und trocken ist, bevor sie in die Membran gelangt. Wenn dies nicht der Fall ist, verstopfen die kleinen Hohfasern schnell. Um dies zu verhindern, muss eine geeignete Luftaufbereitung für die Zufuhrluft installiert werden. In einigen Fällen sind erforderliche Filter bereits im Generator integriert. Es ist jedoch sehr wichtig, dass die Luft kein flüssiges Wasser enthält, da sich dies nachteilig auf die Membran auswirkt. Daher ist es erforderlich, dass eine gute Wasserabscheidung vor dem Generator vorhanden ist, beispielsweise ein Kältetrockner. Die Vorbehandlung der Einlassluft des Generators schützt die Membran und sorgt für eine lange Lebensdauer.

3.2 Kompressorstationen

Die grundsätzliche Entscheidung bei der Einrichtung einer Kompressorstation ist die Festlegung der Kompressorbauart. Für fast alle Einsatzbereiche sind Schrauben- oder Kolbenkompressoren die richtige Wahl.

3.2.1 Größenbestimmung der Kompressorstation

Schraubenkompressoren sind für bestimmte Einsatzbereiche besonders geeignet.

- Hohe Einschaltdauer ED: Schraubenkompressoren sind besonders zum Einsatz bei kontinuierlichem Druckluftverbrauch ohne große Lastspitzen (ED = 100 %) vorzu-

Abb. 3.14 Einflussgrößen auf
den Ausschaltdruck p_{max}

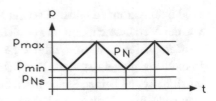

sehen. Sie eignen sich hervorragend als Grundlastmaschinen in Kompressorverbund-
systemen.

- Große Liefermengen: Bei großen Liefermengen ist der Schraubenkompressor die
  wirtschaftlichste Variante.
- Pulsationsfreier Volumenstrom: Durch die gleichmäßige Verdichtung kann der
  Schraubenkompressor auch für sehr sensible Druckluftverbraucher verwendet werden.
- Schraubenkompressoren arbeiten bei Verdichtungsenddrücken zwischen 5 bar und 14
  bar wirtschaftlich. Die üblichen Stufungen der Höchstdrücke p_{max} bei Schraubenkompressoren sind 8 bar, 10 bar und 13 bar.

Kolbenkompressoren haben ebenfalls ihre speziellen Einsatzbereiche. Sie ergänzen
sich hervorragend mit denen der Schraubenkompressoren. Abb. 3.14 zeigt die Einflussgrößen auf den Ausschaltdruck p_{max}.

- Intermittierender Bedarf: Kolbenkompressoren eignen sich für schwankenden Druckluftverbrauch mit Lastspitzen. Sie können als Spitzenlastmaschinen in einem
  Kompressorverbundsystem eingesetzt werden. Bei häufigen Lastwechseln sind Kolbenkompressoren die beste Wahl.
- Kleine Liefermengen: Bei kleinen Liefermengen arbeitet der Kolbenkompressor
  wirtschaftlicher als der Schraubenkompressor.
- Kolbenkompressoren können auch hohe Enddrücke verdichten: Die üblichen Stufungen
  der Höchstdrücke p_{max} bei Kolbenkompressoren sind 8 bar, 10 bar, 15 bar, 30 bar
  und 35 bar.

Der nächste Schritt zur Größenbestimmung eines Kompressors mit Druckluftbehälter
und Druckluftaufbereitung ist die Festlegung des Kompressorhöchstdrucks p_{max}. Grundlage für den Höchstdruck (Ausschaltdruck p_{max}) ist die Schaltdifferenz ($p_{max} - p_{min}$) der
Kompressorsteuerung, der höchste Arbeitsdruck der Druckluftverbraucher und die Summe
der Druckverluste im Netz.

Der Behälterdruck, der sich zwischen p_{max} und p_{min} ändert, muss immer deutlich über
den Arbeitsdrücken der Verbraucher im Netz liegen. In Druckluftsystemen kommt es immer zu Druckverlusten. Aus diesem Grund muss man die Druckverluste, die durch die
verschiedenen Komponenten eines Druckluftsystems verursacht werden, berücksichtigen.

Folgende Werte sind bei der Festlegung des Ausschaltdrucks p_{max} zu berücksichtigen:

- Normale Druckluftnetze ≤ 0,1 bar: Das Druckluftnetz sollte so ausgelegt sein, dass die Summe der Druckverluste Δp des gesamten Rohrleitungsnetzes 0,1 bar nicht überschreitet.
- Große Druckluftnetze ≤ 0,5 bar: Bei weit verzweigten Druckluftnetzen, z. B. in Bergwerken, Steinbrüchen oder auf Großbaustellen, kann man einen Druckabfall Δp bis 0,5 bar zulassen.
- Druckluftaufbereitung durch Trockner:

Membran-Drucklufttrockner mit Filter   ≤ 0,6 bar
Kälte-Drucklufttrockner   ≤ 0,2 bar
Adsorptions-Drucklufttrockner mit Filter   ≤ 0,8 bar

- Druckluftaufbereitung durch Filter und Abscheider:

Zyklonabscheider   ≤ 0,05 bar
Filter allgemein   ≤ 0,6 bar

Der Druckabfall Δp durch Filter steigt während des Einsatzes durch Verschmutzung. Angegeben ist der Grenzwert, bei dem das Filterelement spätestens ausgetauscht werden muss.

- Die Schaltdifferenz des Kompressors:

Schraubenkompressoren   0,5 bis 1 bar
Kolbenkompressoren   Δp bis 20 %

- Reserven: Während des Betriebs kommt es im Druckluftsystem immer wieder zu unvorhergesehenen Druckverlusten. Aus diesem Grund sollte man immer eine ausreichende Druckreserve einplanen, um Leistungsverluste zu vermeiden.

Druckluftbehälter dienen zur Druckluftspeicherung, Pulsationsdämpfung und Kondensatabscheidung im Druckluftsystem. Um besonders die Aufgabe der Druckluftspeicherung optimal erfüllen zu können, muss man den Druckluftbehälter richtig dimensionieren.

Die Bestimmung des Druckluftbehältervolumens V_B erfolgt in erster Linie durch vielfach bestätigte Erfahrungswerte. Es empfehlen sich folgende Verhältnisse der Kompressorliefermenge $\dot{V}$ zum Behältervolumen V_B (l):

- Kolbenkompressoren $V_B = \dot{V}$: Aufgrund der Kompressoreigenschaften wird ein intermittierender Lauf angestrebt.
- Schraubenkompressoren $V_B = \dot{V}/3$: Aufgrund der Kompressoreigenschaften wird ein gleichmäßiger Lauf angestrebt.

Nach der Festlegung des Druckluftbehältervolumens muss bei Kolbenkompressoren das Schaltintervall, bestehend aus der Kompressorlaufzeit und der Kompressorstillstandszeit, ermittelt werden. Daraus ergibt sich die Anzahl der Schaltspiele des Kompressors.

Druckluftbehälter sind in sinnvollen Volumenstufungen festgelegt. Um keine unnötigen Kosten für Einzelanfertigungen zu verursachen, sollten immer Behälter aus der Normreihe gewählt werden.

Der maximale Druck, für den ein Behälter ausgelegt ist, liegt aus Sicherheitsgründen immer mindestens 1 bar über dem maximalen Kompressorhöchstdruck. 10 bar Kompressoren haben z. B. einen auf 11 bar ausgelegten Druckluftbehälter. Das Sicherheitsventil wird ebenfalls auf 11 bar eingestellt.

Tab. 3.4 zeigt die bei verschiedenen Betriebsdrücken zur Verfügung stehenden Druckluftbehältergrößen.

Das optimale Speichervolumen eines Druckluftbehälters für einen Kompressor lässt sich mit Hilfe einer Formel genauer definieren. Die Formel ist ideal, wenn im Aussetzbetrieb möglichst lange Stillstandszeiten geplant sind. Das Volumen des Druckluftnetzes kann als Teil des Behältervolumens mit berücksichtigt werden.

$$V_B = \frac{\mathring{V} \cdot 60 \cdot \left[{}^{L_B}/_{\mathring{V}} - \left(\mathring{V} \right)^2 \right]}{z \cdot \left(p_{max} - p_{min} \right)}$$

V_B	Volumen des Druckluftbehälters (m³)
$\mathring{V}$	Liefermenge des Kompressors (m³/min)
L_B	Benötigte Liefermenge (m³/min)
z	Zulässiges Motorschaltspiel (1/h)

Tab. 3.4 Betriebsdrücke und Druckluftbehältergrößen

Druckluftbehältervolumen l	Betriebsdruck bis		
	11 bar	16 bar	36 bar
18	•		
30	•		
50	•	•	
80	•		•
150	•	•	•
250	•	•	•
350	•	•	•
500	•	•	•
750	•	•	•
1000	•	•	•
1500	•	•	•
2000	•	•	•
3000	•	•	•
5000			

p_{max} Ausschaltdruck des Kompressors (bar$_\text{ü}$)
p_{min} Einschaltdruck des Kompressors (bar$_\text{ü}$)

Trotz der Berücksichtigung aller Einflussgrößen ist es ratsam, die ermittelte Druckluft-behältergröße anhand der zulässigen Motorschaltspiele des Kompressors zu überprüfen.

Es ist einleuchtend, dass bei kleinerem Behältervolumen V_B ein Kompressor häufiger ein- und ausschaltet. Der Motor wird dadurch belastet. Im Gegensatz dazu schaltet bei einem großen Behältervolumen V_B und gleichbleibender Liefermenge der Motor eines Kompressors seltener. Er wird geschont.

Einfache Formeln zur Ermittlung des Druckluftbehältervolumens
Kolbenkompressor   Schraubenkompressor

$$V_B = \frac{Q \cdot 15}{z \cdot \Delta p}$$

$$V_B = \frac{Q \cdot 5}{z \cdot \Delta p}$$

V_B Volumen des Druckluftbehälters (l)
$\mathring{V}$ Liefermenge des Kompressors (m³/min)
       15 bzw. 5 Konstanter Faktor
LB: Benötigte Liefermenge (m³/min)
z   Zulässiges Motorschaltspiel (1/h)
Δp Druckdifferenz EIN/AUS

Das Schaltintervall ist eine wichtige Größe in einem Druckluftsystem. Um die richtige Dimensionierung des Druckluftbehälters bezüglich der Liefermenge und des Druckluft-verbrauchs zu überprüfen, muss das Schaltintervall ermittelt werden. Dies geschieht durch die Berechnung der Kompressorlaufzeit t_L der Kompressorstillstandszeit t_S, deren Summe das Schaltintervall ergibt.

Während der Kompressorstillstandszeit t_S wird der Druckluftbedarf aus dem Speicher-volumen des Druckluftbehälters gedeckt. Dadurch sinkt der Druck im Druckluftbehälter vom Ausschaltdruck p_{max} bis zum Einschaltdruck p_{min}. Der Kompressor liefert in dieser Zeit keine Druckluft.

Zur Ermittlung der Kompressorstillstandszeit t_S dient folgende Formel:

$$t_S = \frac{V_B \cdot \left(p_{max} - p_{min} \right)}{L_B}$$

t_S Stillstandszeit des Kompressors (min)
V_B Volumen des Druckluftbehälters (l)
L_B Benötigte Liefermenge (l/min)
p_{max} Ausschaltdruck des Kompressors (bar$_\text{ü}$)
p_{min} Einschaltdruck des Kompressors (bar$_\text{ü}$)

Während der Kompressorlaufzeit gleicht der Kompressor den Druckabfall im Druckluftbehälter wieder aus. Gleichzeitig wird weiterhin der aktuelle Druckluftbedarf gedeckt.
Die Liefermenge $\dot{V}$ ist höher als der Druckluftverbrauch L_B. Der Druck im Druckluftbehälter steigt wieder bis auf p_{max} an.

Zur Ermittlung der Kompressorlaufzeit t_L dient folgende Formel:

$$t_L = \frac{V_B \cdot \left(p_{max} - p_{min}\right)}{\left(\dot{V} - L_B\right)}$$

t_L Laufzeit des Kompressors (min)
V_B Volumen des Druckluftbehälters (l)
L_B Benötigte Liefermenge (l/min)
$\dot{V}$ Liefermenge des Kompressors (l/min)
p_{max} Ausschaltdruck des Kompressors (bar$_{ü}$)
p_{min} Einschaltdruck des Kompressors (bar$_{ü}$)

Die maximal zulässigen Motorschaltspiele sind von der Größe des Antriebsmotors abhängig. Wird die Anzahl der zulässigen Motorschaltspiele überschritten, kann es zu Schäden am Antriebsmotor kommen.

Zur Ermittlung der erwarteten Motorschaltspiele S des Kompressors werden die
Kompressorlaufzeit t_L und die Kompressorstillstandszeit t_S addiert, und die Bezugszeit
(üblicherweise 60 min) durch das Ergebnis dividiert.

Liegt das Ergebnis über der Zahl der zulässigen Motorschaltspiele z, ist der Druckluftbehälter größer zu dimensionieren.

Eine zweite Möglichkeit wäre eine Vergrößerung der Schaltdifferenz ($p_{max} - p_{min}$):

$$S = \frac{60}{t_S + t_L}$$

S   Schaltspiele (1/h)
t_L Laufzeit des Kompressors (min)
t_S Stillstandszeit des Kompressors (min)

Tab. 3.5 gibt die zulässigen Motorschaltspiele eines Elektromotors pro Stunde in Abhängigkeit von der Motorleistung an.

3.2.2 Größenbestimmung der Kompressorstation

In einem Beispiel wurde für eine Anzahl Verbraucher die benötigte Liefermenge von
L_B = 2035 1/min ermittelt und der höchste benötigte Arbeitsdruck liegt in diesem Beispiel
bei 6 bar$_{ü}$. Es soll für diesen Anwendungsfall ein Kolbenkompressor berechnet werden.

Tab. 3.5 Zulässige Motorschaltspiele eines Elektromotors pro Stunde in Abhängigkeit von der Motorleistung

Motorleistung (kW)	Zulässige Motorschaltspiel (1/h)
4 bis 7,5	30
11 bis 22	25
30 bis 55	20
65 bis 90	15
110 bis 160	10
200 bis 250	5

Der Kompressor-Höchstdruck p_{max} des Druckluftsystems ist zu ermitteln. Ausgehend vom Arbeitsdruck der Verbraucher sind alle Komponenten im Druckluftsystem zu berücksichtigen:

-	Höchster Arbeitsdruck im System		6 bar$_{ü}$
-	Druckluftnetz	Druckverluste	0,1 bar
-	Filter	Druckverluste	0,6 bar
-	Kälte-Drucklufttrockner	Druckverluste	0,2 bar
	Mindestdruck im Behälter		6,9 bar$_{ü}$

Der Einschaltdruck p_{min} muss immer über diesem Druck liegen.

Schaltdifferenz des Kolbenkompressors	ca. 2 bar
Der Ausschaltdruck p_{max} liegt mindestens bei	8,9 bar$_{ü}$

Gewählter Kompressor-Höchstdruck (Ausschaltdruck des Kompressors) 10 bar.

Kolbenkompressoren werden mit Reserven ausgelegt, die in der Größenordnung von ca. 40 % liegen. Reserven setzt man erfahrungsgemäß ein, um eventuelle Betriebserweiterungen zu berücksichtigen und um den Kompressor intermittierend, d. h. im Aussetzbetrieb zu fahren. Intermittierender Betrieb bedeutet weniger Verschleiß.

Die optimale Einschaltdauer ED eines Kolbenkompressors liegt bei 60 %. Kolbenkompressoren sind für 100 % ED = Dauerlauf ausgelegt. Für die Berechnung der Kompressorgröße bedeutet dies: die benötigte Liefermenge L_B ist durch 0,6 zu dividieren, um die minimale Liefermenge $\dot{V}_{min}$ des Kolbenkompressors zu erhalten.

$$\dot{V}_{min} = L_B / 0,6 = 2035 / 0,6 = 3392 \, 1/min$$

Gewählt wird ein Kolbenkompressor mit folgenden Daten:

Höchstdruck p_{max}: 10 bar
Liefermenge $\dot{V}_{min}$: 3350 1/min
Motorleistung: 30 kW $\Rightarrow$ z = 20

Das Volumen des Druckluftbehälters ist entsprechend der Empfehlung Kompressorliefermenge $\dot{V}$ = Druckluftbehältervolumen V_B festzulegen. Dabei muss die Stufung der
Druckluftbehältergrößen berücksichtigt werden.

$$\dot{V} = 3350\,l\,/\,min \Rightarrow V_B = 3000\,l$$

Nach der Festlegung des Druckluftbehältervolumens folgt die notwendige Ermittlung
der Kompressorlauf- und Stillstandszeiten um die Motorschaltspiele S zu überprüfen. Für
den Kompressor gilt

V_B = 3000 l

L_B = 2035 (1/min)

p_{max} = 10 bar$_{ü}$

p_{min} = 8 bar$_{ü}$

Zur Ermittlung der Kompressorstillstandszeit t_S dient die Formel:

$$t_S = \frac{V_B \cdot \left(p_{max} - p_{min}\right)}{L_B} = \frac{3000l \cdot \left(10bar_{ü} - 8bar_{ü}\right)}{2035\ 1\,/\,min} = 2,95\,min$$

t_S Stillstandzeit des Kompressors (min)
V_B Volumen des Druckluftbehälters (l)
L_B Benötigte Liefermenge (l/min)
p_{max} Ausschaltdruck des Kompressors (bar$_{ü}$)
p_{min} Einschaltdruck des Kompressors (bar$_{ü}$)

Dieses werden in die Formeln eingesetzt

V_B = 3000 l

p_{max} = 10 bar$_{ü}$

p_{min} = 8 bar$_{ü}$

$\dot{V}$ = 3650 1/min

L_B = 2035 l/min

Zur Ermittlung der Kompressorlaufzeit t_L gilt die folgende Formel

$$t_L = \frac{V_B \cdot \left(p_{max} - p_{min}\right)}{\left(\dot{V} - L_B\right)} = \frac{3000l \cdot \left(10bar_{ü} - 8bar_{ü}\right)}{\left(3650l - 2035l\right)} = 3,71\,min$$

t_L Laufzeit des Kompressors (min)
V_B Volumen des Druckluftbehälters (l)
L_B Benötigte Liefermenge (l/min)
$\dot{V}$ Liefermenge des Kompressors (l/min)
p_{max} Ausschaltdruck des Kompressors (bar$_{ü}$)

p_{min} Einschaltdruck des Kompressors (bar$_{ü}$)

Aus der Kompressorlaufzeit und der Kompressorstillstandszeit wird die Anzahl der Motorschaltspiele berechnet und mit den zulässigen Motorschaltspielen z verglichen. Es gelten die Werte

t_S 2,95 min

t_L 4,56 min

Motorleistung 22 kW $\Rightarrow$ z = 25

$$S = \frac{60}{t_S + t_L} = \frac{60}{2,95\,\text{min} + 4,56\,\text{min}} = 7,98 = (8)$$

S   Schaltspiele (1/h)

t_L Laufzeit des Kompressors (min)

t_S Stillstandszeit des Kompressors (min)

Etwa neun Motorschaltspiele pro Stunde liegen weit unter dem zulässigen Wert des 30 kW Motors (z = 20) und das Volumen des Druckluftbehälters ist gut dimensioniert. Aufgrund der hohen Schaltspielreserve könnte der Druckluftbehälter sogar etwas kleiner sein.

Wenn der genaue Druckluftverbrauch nicht festliegt, können bei der Ermittlung der Schaltspiele des Motors 50 % der Liefermenge des Kompressors als Verbrauch angenommen werden. In diesem Fall sind die Stillstands- und Laufzeiten des Kompressors gleich. Dadurch ergibt sich die höchste Anzahl an Motorschaltspielen.

3.2.3   Effiziente Kompressorensteuerung

Nur wenn die Liefermenge der Kompressoren richtig an schwankenden Druckluftbedarf angepasst ist, lassen sich energieaufwendige und damit teure Teillastphasen weitgehend vermeiden. Die richtige Kompressorensteuerung spielt bei der Energieeffizienz eine Schlüsselrolle.

Weisen Kompressoren einen Auslastungsgrad von weniger als 50 % auf, gilt das als höchste Energieverschwendung. Viele Betreiber sind sich dessen nicht bewusst, weil bei Kompressoren nur Betriebsstunden-, aber keine Volllaststundenzähler vorhanden sind. Gut abgestimmte Steuerungssysteme schaffen Abhilfe, indem man den Auslastungsgrad auf 90 % und mehr steigert, und das kann eine Energieersparnis von 20 % und mehr bewirken.

In den meisten Kompressoren arbeiten Drehstrom-Asynchronmotoren als Antriebsaggregate. Die Schalthäufigkeit dieser Motoren nimmt mit steigender Leistung ab. Sie entspricht nicht der Schalthäufigkeit, die benötigt wird, um Kompressoren mit geringer Schaltdifferenz entsprechend dem tatsächlichen Druckluftverbrauch ein- und auszuschalten. Diese Schaltvorgänge entlasten allerdings nur die druckführenden Bereiche des

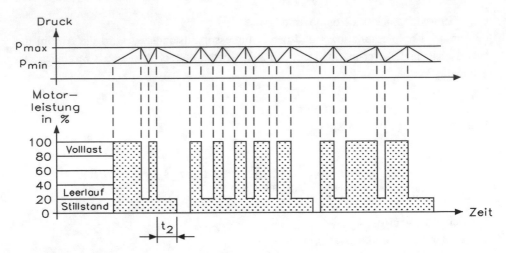

Abb. 3.15 Volllast-Leerlauf-Aussetzregelung mit festgestellten Laufzeiten (Dualregelung)

Kompressors. Der Motor läuft noch eine Zeit nach. Die dafür erforderliche Energie ist als Verlust zu betrachten. Der Energiebedarf der so geschalteten Kompressoren liegt während der Leerlaufphase immer noch bei 20 % der Volllastleistung. Abb. 3.15 zeigt die Volllast-Leerlauf-Aussetzregelung mit festgestellten Laufzeiten.

Moderne, rechneroptimierte Regelungssysteme wie Quadroregelung mit automatischer Wahl der optimalen Betriebsart, Dynamikregelung mit Leerlaufzeiten in Abhängigkeit von der Temperatur des Antriebsmotors und Varioregelung mit variabel berechneten Leerlaufzeiten helfen teuren Leerlauf zu vermeiden, bei vollem Motorschutz.

Proportionalregelungen über ansaugseitiges Drosseln sind nicht empfehlenswert, denn damit beansprucht der Kompressor bei 50 % Förderleistung noch 90 % der Energie, die er bei 100 % Förderleistung benötigt.

Mit einem Frequenzumrichter hat man einen drehzahlgeregelten Kompressor, aber über ihren Regelbereich keinen konstanten Wirkungsgrad. Er verringert sich z. B. im Bereich zwischen 30 % und 100 % bei einem 90-kW-Motor von 94 % auf 86 %. Hinzu kommen Verluste im Frequenzumrichter und das nicht lineare Leistungsverhalten der Kompressoren. FU-geregelte Kompressoren sollte man im Regelbereich von 40 % bis 70 % betreiben, denn hier liegt ihre optimale Wirtschaftlichkeit.

Diese Komponenten sollen auf 100 % Last ausgelegt sein. Falsch eingesetzt können FU-Systeme somit zu Energiefressern werden, ohne dass es der Betreiber bemerkt. Frequenzumrichtung ist kein Allheilmittel für möglichst energiesparenden Kompressorbetrieb.

Klassifizierender Druckluftbedarf: In der Regel lassen sich Kompressoren je nach Funktion als Grundlast-, Mittellast-, Spitzenlast- oder Standby-Anlage klassifizieren.

- Grundlastbedarf: Unter dem Grundlastbedarf versteht man die für die Produktion notwendige Druckluftmenge, die ein Betrieb ständig benötigt.

- Spitzenlastbedarf: Der Spitzenlastbedarf ist die zu Verbrauchsspitzenzeiten erforderliche Druckluftmenge. Sie ist aufgrund der Anforderungen verschiedener Verbraucher unterschiedlich groß. Um die diversen Lastfunktionen so gut wie möglich erfüllen zu können, müssen die Kompressoren mit unterschiedlichen Steuerungen ausgestattet werden. Diese Steuerungen müssen in der Lage sein, beim Ausfall eines übergeordneten Steuerungssystems den weiteren Kompressorbetrieb und damit die Druckluftversorgung aufrechtzuerhalten.

Moderne maschinenübergreifende Steuerungen mit webbasierter Software können nicht nur den Betrieb der Kompressoren in einer Druckluftstation optimal energieeffizient koordinieren. Sie sind auch in der Lage, Wirtschaftlichkeitsdaten zu erfassen und die Effizienz der Druckluftversorgung zu dokumentieren.

- Anlagen-Splitting: Das Splitting ist die Aufteilung von Kompressoren gleicher oder verschiedener Leistungsgröße und Steuerungsart je nach Grund- und Spitzenlastdruckluftbedarf eines Betriebs.
- Aufgaben maschinenübergreifender Steuerungen: Die Koordination des Kompressorbetriebs ist eine anspruchsvolle und umfassende Aufgabe. So müssen maschinenübergreifende Steuerungen nicht nur in der Lage sein, Kompressoren verschiedener Bauarten und Größen zum richtigen Zeitpunkt einzusetzen. Sie müssen auch die Anlagen wartungstechnisch überwachen, Betriebszeiten der Kompressoren angleichen und Fehlfunktionen aufnehmen, um die Servicekosten einer Druckluftstation zu senken und die Betriebssicherheit zu erhöhen.
- Richtige Abstufung: Eine wichtige Voraussetzung für eine effiziente, d. h. energiesparende maschinenübergreifende Steuerung ist lückenloses Abstufen der Kompressoren. Die Summe der Liefermengen der Spitzenlastanlagen muss daher größer sein als die der nächsten zu schaltenden Grundlastanlage. Beim Einsatz einer drehzahlgeregelten Spitzenlastanlage muss entsprechend der Regelbereich größer sein als die Liefermenge des nächsten zu schaltenden Kompressors. Ansonsten ist die Wirtschaftlichkeit der Druckluftversorgung nicht zu gewährleisten.
- Sichere Datenübertragung: Eine weitere wichtige Voraussetzung für das einwandfreie Funktionieren und die Effizienz einer maschinenübergreifenden Steuerung ist sichere Datenübertragung. Dazu muss sichergestellt sein, dass nicht nur Meldungen innerhalb der einzelnen Kompressoranlagen, sondern auch zwischen den Kompressoren und dem übergeordneten Leitsystem übertragen werden. Außerdem muss auch der Signalweg überwacht werden, sodass Störungen, wie etwa der Bruch eines Verbindungskabels, umgehend erkennbar sind.

Bei den modernen Übertragungstechniken lassen sich problemlos große Datenmengen in kürzester Zeit über große Entfernungen senden und empfangen. Kombiniert mit Ethernet- und Telefontechnik bietet sich die Möglichkeit zur Anbindung an standardisierte Computer- und Überwachungssysteme. Somit müssen übergeordnete Leitsysteme auch nicht unbedingt in der Druckluftstation platziert werden.

Druckluftstationen bestehen zumeist aus mehreren Kompressoren gleicher oder unterschiedlicher Baugröße(n). Um diese Einzelmaschinen zu koordinieren, bedarf es einer maschinenübergreifenden Steuerung: Die Drucklufterzeugung ist optimal auf den Bedarf des Anwenderbetriebs abzustimmen und zugleich ist höchstmögliche Energieeffizienz zu erreichen.

Die allgemein als Kompressorsteuerungen bezeichneten Systeme sind im Sinn der Regelungstechnik als Regelungen zu betrachten. Sie verteilen sich auf folgende Gruppen:

- Kaskadenregelung: Die klassische Art, Kompressoren regelungstechnisch zu verbinden, ist die Kaskadenregelung. Dabei wird jedem Kompressor ein unterer und ein oberer Schaltpunkt zugeordnet. Sind mehrere Kompressoren zu koordinieren, ergibt sich daraus ein treppen- oder kaskadenähnliches Regelungssystem. Während bei niedrigem Luftbedarf nur ein Kompressor geschaltet wird und somit der Druck im oberen Bereich zwischen dem Minimal- (p_{min}) und dem Maximaldruck (p_{max}) dieses Kompressors schwankt, fällt bei höherem Luftbedarf und Schaltung mehrerer Kompressoren der Druck ab.

Damit ergibt sich eine relativ ungünstige Konstellation: Bei niedrigem Luftverbrauch herrscht maximaler Druck im System und erhöht die Energieverluste durch Leckagen. Bei hohem Verbrauch hingegen sinkt der Druck und die Druckreserve im System wird reduziert.

Je nachdem, ob herkömmliche Membrandruckschalter, Kontaktmanometer oder elektronische Druckaufnehmer als Messwertaufnehmer zum Einsatz kommen, ist die Druckspreizung des Regelungssystems wegen der Einzelzuordnung der Kompressoren zu einem bestimmten Druckbereich sehr groß. Je mehr Kompressoren im Einsatz sind, desto größer fallen die Druckbereiche insgesamt aus. Dies führt zu ineffektiven Regelungen mit den bereits erwähnten erhöhten Drücken, Leckagen und Energieverlusten. Kaskadenregelungen sollten daher bei der Kombination von mehr als zwei Kompressoren durch andere Regelungsverfahren ersetzt werden.

- Druckbandregelung: Im Gegensatz zur Kaskadenregelung bietet die Druckbandregelung die Möglichkeit, den Betrieb mehrerer Kompressoren in einem bestimmten Druckbereich zu koordinieren. Damit lässt sich der Druckbereich, innerhalb dessen die gesamte Druckluftstation geregelt wird, relativ eng begrenzen.

Einfache Versionen der Druckbandregelung sind jedoch nicht in der Lage, den Betrieb von Kompressoren unterschiedlicher Größe zu koordinieren. Sie entsprechen deshalb nicht den Anforderungen an die Spitzenlastabdeckung in Druckluftnetzen, die ständig wechselnden Bedarfssituationen genügen müssen. Deshalb wurde dieses Verfahren durch ein System ergänzt, das versucht, mit Orientierung an Druckabfall- und -anstiegszeiten die jeweils passenden Kompressoren anzusteuern und so den Druckluft-Spitzenlastbedarf zu decken. Diese Regelungscharakteristik erfordert aber eine relativ große Spreizung des

Druckbands. Zudem werden ähnlich wie bei der Kaskadenregelung die Reaktionen mit den unterschiedlichen Größen angesteuert. Der besondere Vorteil dieser Regelungsvariante besteht in der Möglichkeit, den durchschnittlichen Betriebsdruck des Druckluftsystems deutlich zu senken und so erhebliche Energie- und Kostenersparnisse zu erreichen.

- Bedarfsdruckregelung: Die Bedarfsdruckregelung bietet das derzeitige regeltechnische Optimum. Bei dieser Variante werden keine minimalen und maximalen Druckgrenzen mehr vorgegeben, sondern nur der niedrigstmögliche Betriebsdruck, der am Messpunkt des Drucksensors nicht unterschritten werden darf. Die Regelung ermittelt nun unter Berücksichtigung aller möglicher Verluste, verursacht durch Druckerhöhung, Anfahr-, Reaktions- und Leerlaufzeiten sowie durch Drehzahlregelung einzelner Anlagen das mögliche Optimum bei Schaltung und Anwahl der Kompressoren. Dank Kenntnis der einzelnen Reaktionszeiten ist das System in der Lage zu verhindern, dass der minimal mögliche Bedarfsdruck unterschritten wird.

Bauelemente für elektropneumatische und elektrohydraulische Steuerungen

4

Bei elektropneumatischen und elektrohydraulischen Steuerungen werden über elektrische Steuereinrichtungen und elektrische Stellantriebe, Stellglieder und Ventile betätigt. Man unterscheidet dabei nach der Art der Programmverwirklichung in verbindungs- und speicherprogrammierte Steuerungen. Die eingesetzten Verbindungen programmiert man wieder nach der Signalverarbeitung in elektrische Kontaktsteuerungen oder elektromechanische Steuerungen und in kontaktlose elektronische Steuerungen, wobei sich die elektronischen Steuerungen in der Hydraulik und Pneumatik vorwiegend auf die Ansteuerelektronik von Proportionalventilen beschränken.

4.1 Mechanische Schalter in der Elektrotechnik

In der Elektrotechnik unterscheidet man zwischen Schaltern (einpolig) und Leistungsschaltern (dreipolig). Diese werden verwendet als

- Hauptschalter, Hauptschalter mit NOT-AUS-Einrichtung
- Ein-Aus-Schalter
- Sicherheitsschalter
- Umschalter
- Wendeschalter, Stern-Dreieck-Schalter, Polumschalter
- Stufenschalter, Steuerschalter, Codierschalter, Messumschalter

Schalter lassen sich nach zahlreichen Merkmalen unterscheiden, beispielsweise nach der Art der Betätigung, nach Bauart und konstruktiven Merkmalen oder Nutzungs-

© Springer Fachmedien Wiesbaden GmbH, ein Teil von Springer Nature 2022
H. Bernstein, *Elektropneumatische und elektrohydraulische Bauelemente in der Mechatronik*, https://doi.org/10.1007/978-3-658-34445-0_4

merkmalen. Am wichtigsten für Anwender sind die elektrischen Kenngrößen (Bemessungsangaben), die die Eignung eines Schalters für bestimmte Spannungs- und Strombereiche sowie Umgebungsbedingungen erlauben. Die Eignung muss dabei in allen Betriebszuständen des Schalters gegeben sein: Kontaktgabe, Stromführung, Kontakttrennung und sicheres Isolieren im geöffneten Zustand. Tab. 4.1 zeigt Schaltsymbole für Schalter, Tasten, Relais und Schütze.

Tab. 4.1 Schaltsymbole für Schalter, Tasten, Relais und Schütze

Schaltzeichen	Bedeutung
	Schließer
	Schließer, aber betätigt
	Öffner
	Öffner, aber betätigt
	Wechsler
	Handbetätigung, allgemein
	Handbetätigung durch Drücken
	Handbetätigung durch Ziehen
	Handbetätigung durch Drehen
	Abnehmbar z. B. Schlüssel
	Betätigung z. B. durch Fuß
	Betätigung durch Nocken
	Betätigung für NOT-AUS
	Verzögerung nach rechts
	Raste
	Raste in einer Richtung sperrend
	Raste in beiden Richtungen sperrend
	Dreipoliger Stellschalter, Betätigung durch Drücken
	Endtaster

(Fortsetzung)

Tab. 4.1 (Fortsetzung)

Schaltzeichen	Bedeutung
1 2 3 | | |	Stellschalter mit Angabe der Schaltstellungen
1 2 3 | | |	Zweipoliger Taster
	Schaltschloss
	Antrieb allgemein z. B. Schütz
	Elektromechanischer Antrieb mit einer Wicklung
	Elektromechanischer Antrieb mit Einflussgröße
$I >$	Elektromechanischer Antrieb mit Anzugsverzögerung
	Elektromechanischer Antrieb mit Abfallverzögerung
	Elektromechanischer Antrieb für Remanenzrelais
	Elektromechanischer Antrieb für Thermorelais
	Motorschutzschaltung mit thermischer Auslösung
$I \gg$ $I \gg$ $I \gg$	Motorschutzschaltung mit thermischer Auslösung, zusätzlich mit Kurzschlussauslösung
	Schütz, dreipolig

(Fortsetzung)

Tab. 4.1   (Fortsetzung)

Schaltzeichen	Bedeutung
	Schütz, dreipolig mit thermischer Auslösung mit Motorschutzrelais
	Elektromechanischer Antrieb mit zwei Schalterstellungen
	Elektromechanischer Antrieb, wahlweise
	Elektromechanischer Antrieb mit drei Schalterstellungen
	Stromstoßrelais (Wechsel)
4 min	Zeitschalter, zieht sofort an, öffnet nach vier min
4 min	Zeitschalter, wahlweise

Tab. 4.2 zeigt die Kennzeichnung für Schalter, Tasten und Schütze.

Bei den Bauelementen zum Aufbau elektrischer Kontaktsteuerungen kann folgende Differenzierung getroffen werden:

- Geräte zur Signaleingabe, Signalverarbeitung und Signalausgabe
- Anzeigegeräte, Leitungsverbindungen und Steckvorrichtungen

Die Bauelemente werden in Schaltplänen oder anderen Zeichnungen immer mit Sinnbildern, den nach DIN genormten Schaltzeichen, dargestellt.

Geräte zur Signaleingabe, Signalverarbeitung und Signalausgabe, Anzeigegeräte, Leitungsverbindungen und Steckvorrichtungen sind ordnungsgemäß aufzubauen und anzuschließen.

Tab. 4.2 Kennzeichnung für Schalter, Tasten und Schütze

Kennzeichnung der Schaltglieder			
Schaltgliederfür ⊠⊐	Die Ordnungsziffer nummeriert die Hilfsschaltglieder, die Funktions- ziffer gibt deren Aufgabe an		
Anschlüsse	1 – 2, 3 – 4, 5 – 6 Schaltglieder (meist Schließer) für den Hauptstromkreis		
Anschluss mit Ordnungsziffer	1., 2., 3., z. B. 13 – 14, 41 – 42 Hilfsschaltglieder 1., 2., 3., … Hilfsschaltglieder in Reihenfolge der Anordnung 9., z. B. 95–96 Hilfsschaltglieder für Überlastschutzeinrichtung		
Anschluss mit Funktionsziffer.	1, .2 Öffner-Hilfsschaltglied 3, .4 Schließer-Hilfsschaltglied 5, .6 Öffner-Hilfsschaltglied mit besonderer Funktion 7, .8 Schließer-Hilfsschaltglied mit besonderer Funktion		
Impedanzen (Last-Scheinwiderstände) von Niederspannungsschaltgeräten			
Anschlüsse	Art	Anschlüsse	Art
A1 A2 B1 B2 C1 C2 D1 D2	Schützspule Zweite Wicklung der Schützspule Arbeitsstrom- auslöser Unterspan- nungsauslöser	E1 E2 U1 U2 X1 X2	Verriegelungsmagnete Motor Leuchtmelder
1 kennzeichnet den Anfang, 2 das Ende. 1 und 2 können gleichwertig sein			
Kennzahlen von Schützen, Tastern und Auslösern			
Schütze und Befehlsgeräte können mit einer zweistelligen Kennzahl bezeichnet werden, welche die Zahl der Hilfsschaltglieder (Schließer – Öffner) angibt.			
Kennzahl	Bedeutung	Schaltzeichen	
10	Motorschütz mit drei Hauptschaltgliedern und einem Hilfsschaltglied (Schließer)	Schaltglieder für Haupt- Hilfs- stromkreis stromkreise 1 3 5 13 23 33 41 51 A1 A2 2 4 6 14 24 34 42 (52) Funktions- ziffer Ordnungs- ziffer	Die Ordnungsziffer nummeriert die Hilfsschaltglieder, die Funktionsziffer gibt deren Angabe an.
12	Motorschütz mit drei Haupt-schaltgliedern und drei Hilfsschaltglie-dern (1 Öffner anzugsverzö-gert)	1 3 5 13 A1 A2 2 4 6 14	

(Fortsetzung)

Tab. 4.2   (Fortsetzung)

Kennzeichnung der Schaltglieder		
22	Hilfsschütz mit zwei Schließern und zwei Öffnern	
10	Motorschütz mit Motorschutzrelais und 1H-Schließer	
21	Taster mit zwei Schließern und einem Öffner	
10	Taster mit einem Schließer und Leuchtmelder mit Lampentransformator	
11	Leuchttaster mit einem Schließer und einem Öffner	
21	Unterspannungsauslöser mit einem Wechsler und einem Schließer	

4.1.1   Geräte zur Signaleingabe

Der Stellschalter schließt oder öffnet einen Stromkreis und rastet in den Endstellungen ein, typisches Beispiel dafür ist der übliche Lichtschalter. Es gibt sie in den verschiedensten Ausführungen (Wippschalter, Drehschalter usw.) mit unterschiedlicher Kontaktbestückung (Öffner, Schließer und Wechsler). Abb. 4.1 zeigt zwei Tastschalter, die als Schließer (links) und als Wechsler (rechts) arbeiten, handbetätigt durch Drücken.

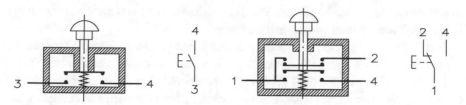

Abb. 4.1 Tastschalter als Schließer (links) und als Wechsler (rechts)

Abb. 4.2 NOT-AUS-Taster, Farbe Rot mit gelbem Hintergrund

Tastschalter, auch kurz Taster genannt, gibt es in verschiedenen Ausführungen. Sie betreffen in erster Linie die Kontaktbestückung des Tastschalters. Beim Tastschalter als Schließer ist der Stromkreis in unbetätigtem Zustand geöffnet und wird erst durch Betätigung, wie z. B. beim Klingelknopf, geschlossen.

Beim Tastschalter als Wechsler wird durch Betätigung ein Stromkreis unterbrochen und einer geschlossen. Beim Umschalten sind kurzzeitig beide Stromkreise unterbrochen.

Beim Schlosstaster wird eine Rückstellung nach Betätigung erst durch Entriegeln möglich. Sie werden häufig als NOT-AUS-Schalter eingesetzt, um ein unbeabsichtigtes Betätigen zu verhindern. Abb. 4.2 zeigt einen NOT-AUS-Taster.

Unabhängig von der Art der Ansteuerung muss der NOT-AUS-Taster selbst nach den Forderungen der Norm EN418 konzipiert sein.

Die NOT-AUS-Funktion (Abb. 4.2 links) in Verbindung mit einem Motorschutzschalter zu realisieren, ist einfach und sicher. Hier gibt es die Möglichkeit der direkten Betätigung durch die NOT-AUS-Pilztaste oder die Auslösung des Schalters über das Schaltschloss in Verbindung mit einem Unterspannungsauslöser. Bei Betätigung des NOT-AUS-Tasters wird die Spannungsversorgung zum Unterspannungsauslöser unterbrochen und das

Schaltschloss löst den Schalter aus. Der Hauptschalter kann erst nach Entriegelung des NOT-AUS-Tasters wieder eingeschaltet werden.

Überall dort, wo große Verbraucher geschaltet und geschützt werden, kommen Leistungsschalter zum Einsatz. In vielen Applikationen ist dieser Schalter ein Teil der NOT-AUS-Einrichtung. Im NOT-AUS-Fall kann der Schalter direkt über den Handgriff betätigt werden. Der Verbraucher, die Anlage oder Maschine wird direkt allpolig abgeschaltet.

Eine weitere Möglichkeit der Auslösung im Gefahrenfall besteht darin, den Schalter über das Schaltschloss auszulösen. Die Spannungsversorgung des Unterspannungsauslösers, der auf das Schaltschloss wirkt, wird beim Betätigen des NOT-AUS-Tasters unterbrochen. Daraufhin wird der Schalter über das Schaltschloss ausgelöst. Nach der Entriegelung des Tasters kann der Leistungsschalter dann wieder eingeschaltet werden.

4.1.2 Positionstaster

Wie sind Positionstaster an einer beweglichen Verdeckung anzubringen und mit welchen Kontakten müssen diese ausgerüstet sein? Je nach der vorgenommenen Risikobeurteilung kann die Stellung der Schutztür mit einem oder zwei Positionstastern überwacht werden. Wird nur ein Positionstaster an der Schutzeinrichtung angebracht, muss, dieser betätigt sein, solange die Gefahrenquelle nicht abgedeckt ist.

Für den Fall „Schutztür geschlossen" ist der Positionsschalter nach Abb. 4.3 anzuordnen.

Für den Fall „Schutztür nicht geschlossen" ist der Positionsschalter nach Abb. 4.4 anzuordnen.

Weiterhin gelten folgende Prämissen:

- Der Positionstaster muss direkt durch die Schutzeinrichtung betätigt werden und nicht indirekt durch einen Federmechanismus oder eine andere indirekte Kraft.
- Der Kontakt in diesem Positionstaster muss eine Öffnerfunktion durch Zwangsbetätigung aufweisen.
- Sind mehrere Kontakte im Positionstaster enthalten, so müssen diese zueinander zwangsgeführt sein.
- Es ist nicht zulässig, den Positionsschalter so anzubringen, dass die gefährliche Bewegung mit dem Schließen der Schutztür eingeschaltet wird.

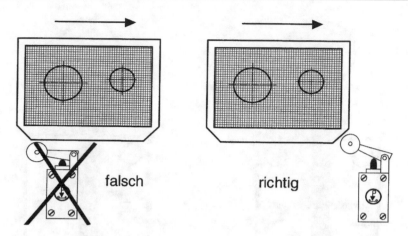

Abb. 4.3 Richtige und falsche Anordnung des Positionsschalters bei geschlossener Schutztür

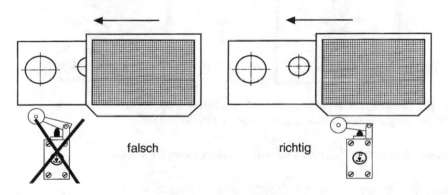

Abb. 4.4 Richtige und falsche Anordnung des Positionsschalters bei nicht geschlossener Schutztür

Wird als Sicherheitsschalter ein Positionstaster mit Schließerfunktion eingesetzt, so ist die Öffnerfunktion nicht zwangsbetätigt. Abb. 4.5 zeigt den Normalfall für einen solchen mit Sicherheitsschalter für einen Positionstaster.

Diese Art Positionstaster kann in ihrer Funktion nicht als sicher angesehen werden und ist deshalb als Sicherheitsschalter nicht zulässig. Durch Federkraft ist keine sicherheitsgerechte Abschaltung möglich, da die Feder brechen kann oder eine zu geringe Spannkraft hat, um im Gefahrenfall einen verschweißten Kontakt zu öffnen.

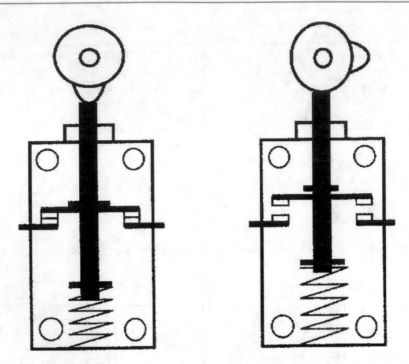

Abb. 4.5 Schließerkontakt öffnet sich durch eine Ferder im Normalfall. Links: Kontakt wird durch Betätigen geschlossen; rechts: Kontakt wird durch Federkraft geöffnet

4.1.3   Schutzeinrichtungen mit Annäherungsreaktion

Schutzeinrichtungen mit Annäherungsreaktion können sein:

- mechanische z. B. Auslösedrähte, teleskopische Fühler, druckempfindliche Einrichtungen
- nicht mechanische z. B. optoelektronische Einrichtungen, Einrichtungen die induktiv, kapazitiv oder mit Ultraschall funktionieren

Zur Risikominderung durch Konstruktion gehören folgende Maßnahmen

- die Vermeidung oder Reduzierung von möglichst vielen Gefährdungen,
- die Begrenzung der Häufigkeit und Dauer der Gefährdungsexposition durch Reduzierung der Notwendigkeit des Eingreifens in den Gefahrenbereich

Die Praxis zeigt, dass gerade Punkt 2, nur sehr unzureichend berücksichtigt wird. Oft wird mit viel Aufwand versucht, mit den Auswirkungen eine Störung zu beheben, anstatt deren Ursachen zu beseitigen. Ja es scheint sogar eine menschliche Schwäche zu sein, dass man mit viel Aufwand versucht, mit den Auswirkungen einer Störung zu leben, anstatt deren Ursachen zu beseitigen.

- Beispiel für Risikokategorie 1 und 2: Wählt man die Position des Schalters so, dass mit Schließen der Schutztür die „gefährliche" Bewegung eingeschaltet wird oder werden kann, so widerspricht dies der Sicherheitsphilosophie. Positionsschalter müssen so angebracht werden, dass, wenn der Gefahrenbereich freigegeben wird, diese die gefährliche Bewegung abschalten. Abb. 4.6 zeigt eine Anordnung und der Positionsschalter kann mit einem Klebeband auf „Dauer" gestellt werden.

Abb. 4.7 zeigt eine Anordnung einer Verriegelungseinrichtungen mit einem mechanisch betätigten Positionsschalter und dieser muss zwangsläufig betätigt werden.

Als Beispiel für die Risikokategorien 1 und 2 sei die Stellungsüberwachung einer beweglichen Verdeckung durch einen Positionsschalter angenommen. Abb. 4.7 zeigt die Anordnung und Abb. 4.8 den entsprechenden, vereinfachten konstruktiven Aufbau.

Die Mindestanforderung an einen Positionsschalter der Risikokategorien 1 und 2 ist ein Öffner, und die Funktion ist zwangstrennend.

Diese in ihrer Funktion als sehr zuverlässig angesehene Schutztürüberwachung ist jedoch sehr leicht zu manipulieren. Entsteht im Innern des Schutztürschalters ein Kurzschluss, kann dieser nicht erkannt werden. Auch wäre es möglich, den Positionsschalter aus seiner Position zu bringen. Damit ist die zwangsläufige Betätigung durch die Schutzabdeckung und die zwangstrennende Abschaltung nicht mehr gegeben. Die gefahrbringende Bewegung kann dann nicht mehr gestoppt werden.

Abb. 4.6 Bei dieser Anordnung kann der Positionsschalter mit Klebeband auf „Dauer" gestellt werden

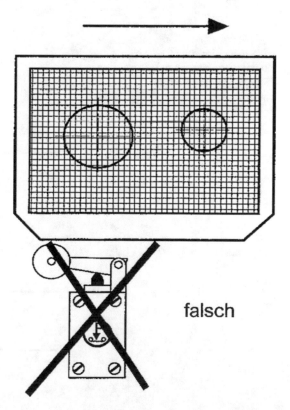

falsch

Abb. 4.7 Anordnung des
Positionsschalters zur
Überwachung einer
beweglichen Verdeckung

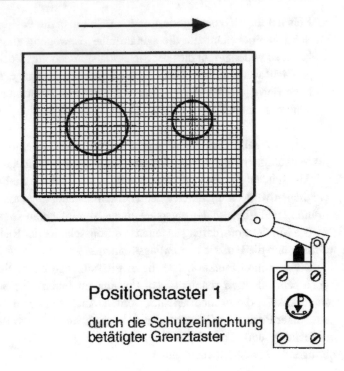

Positionstaster 1

durch die Schutzeinrichtung
betätigter Grenztaster

Abb. 4.8 Mögliche
Kontaktanordnungen bei einem
Sicherheitskontakt für den
konstruktiven Aufbau

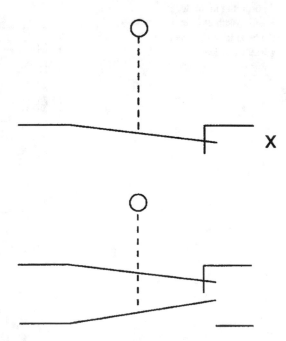

Ist jedoch ein zweiter Kontakt vorhanden, muss das ein Schließerkontakt sein, der der Stellungsüberwachung des Positionstasters dient. Abb. 4.8 zeigt die möglichen Kontaktanordnungen bei einem Sicherheitskontakt.

Da der Schließerkontakt nur bei geöffneter Schutztür geschlossen ist, eignet er sich zur Stellungsüberwachung. Bekommt dieser Schließerkontakt die Start- oder Einschaltfunktion, so muss der Anwender nach Spannungswiederkehr bzw. Einschalten der Maschine die Schutztür öffnen und wieder schließen. Wird der Schließerkontakt nicht geschlossen, ist von einem Fehler im Positionsschalter auszugehen. Wird der Positionsschalter zwecks Manipulation aus seiner Position gebracht, kann der Sicherheitsschaltkreis zwar durch Drücken des Positionsschalters per Hand aktiviert werden, dem Bediener wird jedoch auch jedes Mal das Verbot seiner Handlung bewusst. Da Schutztüren mit nur einem Positionsschalter relativ leicht zu manipulieren sind, ist diese Schutzart nur für gelegentlichen Eingriff geeignet.

Abb. 4.9 zeigt eine Anordnung und Betätigung von zwei Positionsschaltern für die Stellung „Schutztür geschlossen" und Abb. 4.10 zwei Positionstaster für die Stellung „Schutztür nicht geschlossen".

- Kontaktbestückung: Beide Positionsschalter können wahlweise, je nach Risikobeurteilung, mit einem oder zwei Schaltkontakten bestückt sein. Die Wertigkeit der Positionsschalter ist jedoch unterschiedlich.
- Einkanalige Ausführung: Positionsschalter Nr. 1 wird zwangsläufig betätigt und beinhaltet einen zwangsöffnenden Kontakt.
- Positionsschalter Nr. 2 wird nicht zwangsläufig betätigt und beinhaltet einen Schließerkontakt.

Abb. 4.9 Anordnung und Betätigung von zwei Positionsschaltern für Stellung „Schutztür geschlossen"

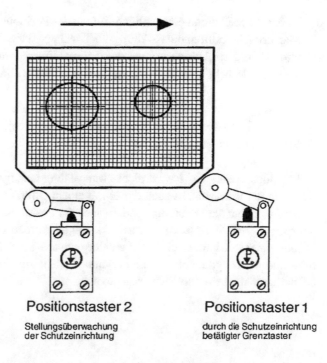

Positionstaster 2

Stellungsüberwachung der Schutzeinrichtung

Positionstaster 1

durch die Schutzeinrichtung betätigter Grenztaster

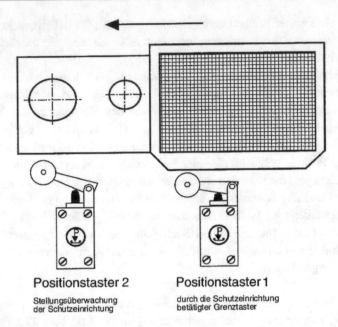

Positionstaster 2
Stellungsüberwachung
der Schutzeinrichtung

Positionstaster 1
durch die Schutzeinrichtung
betätigter Grenztaster

Abb. 4.10 Anordnung und Betätigung von zwei Positionstastern für die Stellung „Schutztür nicht geschlossen"

Abb. 4.11 Einkanaliger
Aufbau des Positionsschalters

Abb. 4.11 zeigt einen einkanaligen Aufbau des Positionsschalters.

Man erreicht dadurch eine Stellungsüberwachung der Schutztür und diese Anwendung könnte in Kategorie 3 eingestuft werden. Links: Öffnerkontakt arbeitet als Sicherheitskontakt; rechts: Schließerkontakt dient zur Stellungsüberwachung.

- Zweikanalige Ausführung: Positionsschalter Nr. 1 wird zwangsläufig betätigt und beinhaltet einen zwangsöffnenden Kontakt und einen Schließerkontakt zur Stellungsüberwachung des Positionsschalters.

Positionsschalter Nr. 2 wird nicht zwangsläufig betätigt und dient der Stellungsüberwachung der Schutztür. Ist auch dieser mit einem Öffner- und Schließerkontakt bestückt, so wird nicht nur die Schutztür, sondern auch der Positionsschalter auf Stellungssicherheit überwacht. Abb. 4.12 zeigt den zweikanaligen Aufbau des Positionsschalters. Links: Öffnerkontakt arbeitet als Sicherheitskontakt, Schließerkontakt dient zur Stellungsüberwachung; rechts: Schließerkontakt dient zur Stellungsüberwachung und der Öffnerkontakt arbeitet als Sicherheitskontakt

Abb. 4.12 Zweikanaliger
Aufbau des Positionsschalters

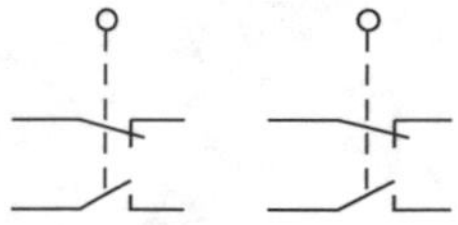

4.1.4   Grenztaster mit Reedrelais

Weit verbreitet sind auch magnetbetätigte Grenztaster mit Reed-Kontakten. Durch einen externen Schaltmagneten, der am Kolben oder an der Kolbenstange eines Zylinders befestigt ist, werden die Schaltzungen des Reed-Kontaktes magnetisiert und ziehen sich gegenseitig an. Die Öffnerfunktion wird über einen kleinen Vorspannmagneten, der am Kontakt befestigt ist und das Schließen der Kontaktzungen bewirkt, erreicht. Mit dem stärkeren Schaltmagneten wird die Vorspannung überwunden, der Kontakt öffnet.

Abb. 4.13 zeigt einen Grenztaster mit Reed-Kontakten und dessen Aufbau. Die Anzugserregung ist die magnetische Flussdichte, die benötigt wird, um einen Reedkontakt zu schließen, zu öffnen oder umzuschalten. Die Maßeinheit für die magnetische Flussdichte ist AW (Ampere-Windungen).

Die Schaltspannung für einen Reed-Kontakt ist die maximale Spannung, die ein Kontakt schalten darf. Eine höhere Schaltspannung führt zu einem Lichtbogen und dieser kann den Kontakt beschädigen.

Ein Reedschalter besteht aus zwei ferromagnetischen Schaltzungen (normalerweise Nickel/Eisenlegierung), die hermetisch dicht verschlossen in ein Glasröhrchen eingeschmolzen werden. Die beiden Schaltzungen überlappen mit einem minimalen Abstand von einigen Mikrometern zueinander. Wirkt ein entsprechendes Magnetfeld auf den Schalter bewegen sich die beiden Paddel aufeinander zu und der Schalter schließt. Der Kontaktbereich der beiden Schaltzungen ist mit einem sehr harten Metall beschichtet, meist Rhodium oder Ruthenium. In Frage kommen aber auch Wolfram, Iridium oder ähnlich strukturierte Metalle. Aufgetragen werden diese entweder galvanisch oder durch einen Sputterprozess. Diese hart beschichteten Kontaktflächen sind für die sehr lange Lebensdauer eines Reedschalters verantwortlich. Vor dem Einschmelzen wird die vorhandene Luft evakuiert. Dies geschieht mittels Unterdruck. Während des Einschmelzvorganges füllt man den Schalter mit Stickstoff oder einer Inertgasmischung mit hohem Stickstoffanteil.

Beim Schalten von induktiven Lasten mit Gleichstrom ist auf die Selbstinduktion der Last zu achten. Beim Abschalten kann die Induktion in der Spule eine hohe Spannungsspitze erzeugen und den Kontakt zerstören. Man schaltet daher immer parallel zur Induktivität eine Diode, die die Spannung der Selbstinduktion verhindert.

Der Schaltstrom in dem Reed-Relais ist der maximale Strom, der bei Schließen des Kontaktes fließen darf. Ein zu hoher Strom kann zu einem Schaltlichtbogen führen, der die Kontakte beschädigt. Besonders bei kapazitiven Lasten können sehr hohe Einschaltströme fließen, die mit berücksichtigt werden müssen. Auch beim direkten Schalten von Glühlampen ist der Einschaltstrom relativ hoch.

Man unterscheidet zwischen statischem und dynamischem Kontaktwiderstand. Der statische Kontaktwiderstand ist der Gleichstromwiderstand eines Reed-Kontaktes von

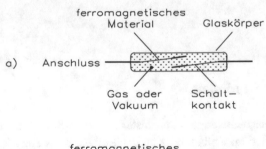

a)

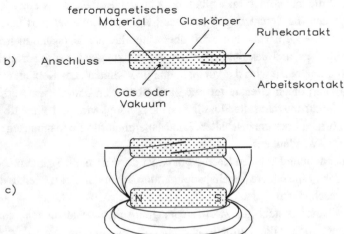

Abb. 4.13 Platine mit Reed-Relais
a) Reed-Relais als Einfachschalter
b) Reed-Relais mit Umschalter
c) Magnetfeldwirkung auf Reed-Relais

einem Anschlusspin über die Kontaktfläche zum anderen Anschlusspin. Der dynamische Kontaktwiderstand ist der Zustand zwischen den beiden Kontakten.

Bedingt durch die geschlossene Bauweise und der verwendeten Materialien lassen sich Reed-Kontakte unter fast allen Umweltbedingungen einsetzen und ermöglichen das berührungslose Schalten. Die Merkmale sind

- lange Lebensdauer bis 10^9 Schaltspiele
- Kontaktwiderstand mit $50 \cdot 10^{-3}\,\Omega$
- Isolationswiderstand mit $10^{14}\,\Omega$
- Schaltspannung bis 10 kV möglich
- Kleinstspannungen bis 10 nV lassen sich schalten
- Kleinstströme von 10 fA (Femtoampere) kann man schalten
- Temperaturbereich von –55 °C bis +100 °C
- Robust gegen Wasser, Luft, Öl, Benzin, Staub usw.
- Kleinste mechanische Abmessungen

4.1.5 Druckschalter

Der Druckschalter wird durch ein Fluid, also Druckluft oder Druckflüssigkeit, geschaltet. In Abb. 4.14 ist ein elektromechanischer, hydraulisch betätigter Druckschalter dargestellt.

Druckschalter werden zur Umwandlung eines bestimmten, einstellbaren Betriebsdrucks in ein elektrisches Signal verwendet. Der am Anschlussgewinde des Druckschalters anstehende Betriebsdruck drückt gegen die Membran oder den Kolben. Im Inneren wirkt diese Druckkraft einer eingestellten Federkraft entgegen. Wenn der Druck des Mediums größer ist als die entgegenwirkende Federkraft, findet ein elektrischer Kontaktschluss statt. Entweder über einen sogenannten Schleichkontakt oder einen Mikroschalter und der Stromkreis wird geschlossen. Wenn der anstehende Betriebsdruck wieder um den Wert der Rückschaltdifferenz (Hysterese) fällt, schaltet der Schalter wieder zurück in die Ausgangslage.

Bei Schaltschemata unterscheidet man zwischen Schließer (NO), Öffner (NC) und Wechsel (change-over). Beim Erreichen des eingestellten Schaltdrucks wird der Stromkreis bei der Schließerfunktion geschlossen und beim Erreichen des eingestellten Schaltdrucks geöffnet werden. Durch Wechseln der Schalterstellung kann sowohl eine Schließer- als auch eine Öffnerfunktion realisiert werden.

Diese Druckschalter sind mit einem Mikroschalter/Schnappschalter ausgestattet. Der Mikroschalter besitzt eine eigene Sprungmechanik, die ein schnelles Umschalten ermöglicht. Die Schließ- bzw. Öffnergeschwindigkeit ist dabei unabhängig von der Druckanstiegs- bzw. Druckabfallgeschwindigkeit. So kann auch ein möglicher Lichtbogen besser gelöscht werden. Weitere besondere Merkmale sind die hohe Vibrations- und Schockfestigkeit.

Der Schleichkontakt im Druckschalter hat eine sich bewegende Kontaktbrücke und zwei feste Kontakte. Die Schaltgeschwindigkeit ist gleich der Druckanstiegs- bzw. Druckabfallgeschwindigkeit. Schleichkontakte werden bei normalen, erschütterungsfreien Be-

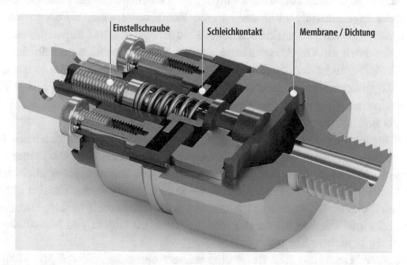

Abb. 4.14 Aufbau eines Druckschalters mit Hysterese

triebsbedingungen mit nicht hoher Kontaktbelastung eingesetzt. Weitere Merkmale sind die geringe Rückschaltdifferenz (Hysterese).

Als Rückschaltdifferenz (Hysterese) bezeichnet man den Druckunterschied zwischen dem oberen und dem unteren Schaltpunkt. Die Rückschaltdifferenz ist abhängig vom eingestellten Schaltpunkt. Die Angabe stellt nur einen typischen Mittelwert dar.

Die in den Druckschaltern verwendeten Mikroschalter sind in aller Regel sowohl für Gleichspannungs- als auch für Wechselspannungsbetrieb geeignet. Induktive, kapazitive und Lampenlasten können jedoch unter Umständen die Lebensdauer dieses Mikroschalters erheblich vermindern und in extremen Fällen zu einer Beschädigung der Kontakte führen. In solchen Fällen sind entsprechende Schutzmaßnahmen erforderlich.

4.1.6   Kapazitiver Näherungsschalter

Berührungslose Näherungsschalter werden häufig anstelle der Grenztaster, deren Schaltkontakte mechanisch betätigt werden, eingesetzt. Man unterscheidet dabei zwischen kapazitiv, induktiv, optoelektronisch und mit Ultraschall arbeitenden Näherungsschaltern.

Die kapazitive Erfassung von Objekten ist eine berührungslose Technologie zur Erfassung metallischer, nicht metallischer, fester und flüssiger Materialien. Aufgrund ihrer Leistungsmerkmale und Kosten eignen sie sich im Vergleich zu induktiven Näherungssensoren am besten zur Erfassung nicht metallischer Objekte. Für die meisten Anwendungen mit Metallobjekten werden induktive Näherungssensoren bevorzugt, weil diese sowohl zuverlässig sind als auch die kostengünstigere Technologie darstellen.

Kapazitive Näherungssensoren sind im Hinblick auf Größe, Gestalt und Funktionsweise mit induktiven Näherungssensoren vergleichbar. Anders als induktive Näherungssensoren, die zur Erfassung von Objekten induzierte Magnetfelder nutzen, reagieren kapazitive Näherungssensoren auf Änderungen in einem elektrostatischen Feld. Der hinter der Schaltfläche angeordnete Messfühler ist eine Kondensatorplatte. Wird der Sensor mit Strom versorgt, so wird ein elektrostatisches Feld erzeugt, das auf Kapazitätsänderungen reagiert, die durch ein Objekt verursacht werden. Ist das Objekt außerhalb des elektrostatischen Feldes, so ist der Oszillator nicht aktiv. Nähert sich das Objekt, so tritt eine kapazitive Kopplung zwischen Objekt und kapazitivem Fühler auf. Sobald die Kapazität einen bestimmten Grenzwert überschreitet, wird der Oszillator aktiviert, der den Ausgangskreis zum Schaltwechsel zwischen „EIN" und „AUS" triggert.

Die Fähigkeit des Sensors, ein Objekt zu erfassen, wird bestimmt durch die Objektgröße, die Dielektrizitätskonstante und den Abstand vom Messfühler. Die Dielektrizitätskonstante ist eine Materialeigenschaft. Materialeigenschaften mit großer Dielektrizitätskonstante sind einfacher zu erfassen als solche mit kleinen Werten. Je größer ein Objekt und dessen Dielektrizitätskonstante ist, umso stärker ist die kapazitive Kopplung zwischen Objekt und Messfühler. Je kürzer der Abstand zwischen Objekt und Messfühler, umso stärker ist die kapazitive Kopplung.

Der Sensor besteht aus fünf Basiskomponenten: einem kapazitiven Messfühler bzw. Platte, einem Oszillator, einem Signalpegelabtaster, einem Halbleiterelement als Schaltausgang und einem Potentiometer zur Justierung. Abb. 4.15 zeigt das Streufeld eines kapazitiven Näherungsschalters.

Der kapazitive Messfühler strahlt ein elektrostatisches Feld ab, das die kapazitive Kopplung zwischen dem Messfühler und dem in das Feld eintretenden Objekt erzeugt. Der Oszillator versorgt den kapazitiven Messfühler mit elektrischer Energie und der Triggerschaltkreis erfasst Veränderungen der Schwingungsamplitude. Veränderungen treten auf, wenn ein Objekt in das vom Sensor abgestrahlte elektrostatische Feld eindringt oder dieses verlässt. Wird im elektrostatischen Feld eine hinreichend große Veränderung erfasst, erzeugt der Halbleiterausgang ein Signal, das über eine Schnittstelle z. B. an eine SPS weitergegeben wird und dort verarbeitet werden kann. Das Signal zeigt die Anwesenheit eines Objektes im Erfassungsbereich an.

Hat ein kapazitiver Näherungsschalter ein Potentiometer, kann durch Drehen im Uhrzeigersinn die Empfindlichkeit erhöht werden und ein Drehen entgegen den Uhrzeigersinn reduziert die Empfindlichkeit.

Alle kapazitiven Näherungssensoren sind bezüglich ihrer Konstruktion für eine bündige oder eine nicht bündige Montage ausgelegt und klassifizierbar. Das elektrostatische Feld eines Sensors für nicht bündige Montage ist weniger stark konzentriert als das eines Sensors für bündige Montage. Dadurch eignen sich diese Sensoren besonders gut zur Erfassung von Materialien mit großer Dielektrizitätskonstante (einfache Erfassung) oder zur Unterscheidung zwischen Materialien mit großen und kleinen Konstanten. Für bestimmte Objektmaterialien weisen kapazitive Näherungssensoren für nicht bündige Montage größere Schaltabstände auf als Versionen für bündige Montage.

Die Ausführungen für nicht bündige Montage sind mit einem Kompensationsfühler ausgestattet, der es dem Sensor ermöglicht Nebel, Staub, kleinere Verunreinigungen und feine Öltropfen oder Wassertropfen, die sich auf dem Sensor ansammeln, zu ignorieren. Der Kompensationsfühler macht den Sensor außerdem beständig gegen Schwankungen der Luftfeuchtigkeit.

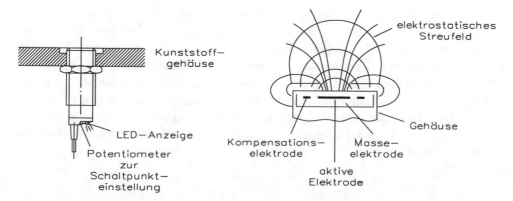

Abb. 4.15 Streufeld und Montage eines kapazitiven Näherungsschalters

4.1.7   Induktiver Näherungsschalter

Induktive Sensoren, die man auch als induktive Näherungsschalter bezeichnet, reagieren auf Objekte aus elektrisch leitfähigen Materialien. Aus diesem Grund werden sie meist eingesetzt, um elektrisch und magnetisch leitfähige Objekte zu detektieren. Diese können aber auch hervorragend zur Abstandsmessung dienen. Bei dieser Art von Sensoren wird am Sensorkopf ein Magnetfeld erzeugt, das durch eintretende eisenhaltige oder nicht eisenhaltige Metalle beeinflusst wird. Diese Magnetfeldveränderung erkennt der Sensor, kann somit die Anwesenheit eines Objektes bzw. dessen Abstand innerhalb des Ansprechbereiches melden und somit ein zum Objektabstand proportionales analoges Signal ausgeben. Abstandssensoren können zusätzlich über programmierbare Schaltschwellen verfügen und sind daher als Näherungsschalter verwendbar. Induktive Sensoren arbeiten berührungslos, kontaktlos und rückwirkungsfrei.

Im Sensor erzeugt eine Magnetspule ein hochfrequentes magnetisches Wechselfeld. Ein Objekt aus magnetisch oder elektrisch leitendem Material deformiert das Magnetfeld. Diese Deformation bewirkt eine Veränderung der Impedanz der Magnetspule. Die Änderung der Impedanz wird durch induzierte Wirbelströme im Objekt hervorgerufen, die dem Magnetfeld entgegenwirken. Die abstandsabhängige Impedanzänderung wird elektronisch in ein Schaltsignal umgewandelt.

Wird an den Oszillator eine Spannung angelegt, beginnt dieser zu schwingen. Dabei nimmt er einen bestimmten Strom auf und es entsteht ein hochfrequentes Magnetfeld an der Kopfseite des Sensors. Wenn nun das metallische Objekt an dieses Magnetfeld genähert wird, wird im Objekt ein Wirbelstrom induziert, der dem hochfrequenten Magnetfeld entgegenwirkt und ihm Energie entzieht. Dies hat zur Folge, dass der Oszillator bedämpft, die Schwingungsamplitude wird kleiner und es ändert sich die Stromaufnahme. Der Komparator vergleicht die unterschiedlichen Stromwerte und übergibt diese an die Endstufe.

Der Sensor von Abb. 4.16 besteht im Wesentlichen aus fünf Funktionselementen: Spule, Ferritkern, Oszillator, das ein selbstschwingendes System (harmonischer Oszillator) ist, Auswerteeinheit (Komparator), der unterschiedliche Stromwerte miteinander vergleicht und die Ausgabeeinheit (Endstufe), die als Verstärker dient und am Ende das elektrische Signal ausgibt.

Induktive Näherungssensoren sind elektronische Systeme zur Erfassung metallischer Objekte. Durch den berührungslosen Betrieb und die Abwesenheit beweglicher Teile unterliegen induktive Näherungssensoren bei korrekter Installation keinen mechanischen Schäden oder Verschleißerscheinungen. Darüber hinaus funktionieren diese sehr zuverlässig in schmutzigen Umgebungen, wobei sie auch bei Schmutzablagerung aus Staub, Fett, Öl, Ruß auf der Schaltfläche unbeeinträchtigt bleiben. Dies macht die induktive Technologie zur idealen Lösung für den industriellen Einsatz in Anwendungen mit stark beanspruchenden Betriebsbedingungen. Abb. 4.17 zeigt die Betriebsweise eines induktiven Näherungssensors.

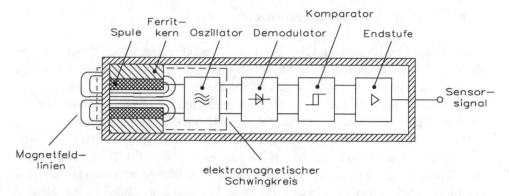

Abb. 4.16 Prinzipschaltung des induktiven Näherungsschalters

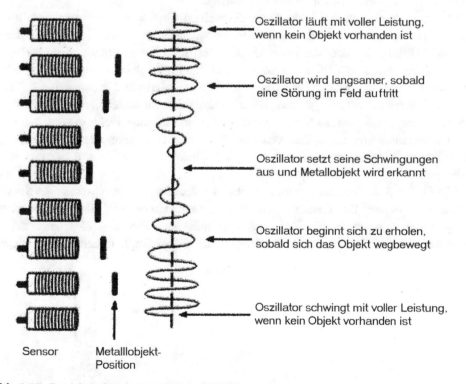

Abb. 4.17 Betriebsweise eines induktiven Näherungssensors

Induktive Näherungssensoren erfassen eisenhaltige und nicht eisenhaltige Metalle. Sie werden häufig zur Erfassung der Position metallischer Objekte bei der automatisierten Bearbeitung, zur Erfassung metallischer Teile in der automatischen Montage und zur Anwesenheitsprüfung für Metallbehälter bei der automatisierten Verpackung von Lebensmitteln und Getränken eingesetzt.

4.1.8   Ultraschallnäherungssensoren

Ultraschallnäherungssensoren senden einen Schallimpuls aus, der von Objekten, die in das Wellenfeld eindringen, reflektiert wird. Der reflektierte Schall bzw. das Echo wird dann von dem Sensor empfangen. Durch Erkennung des Schalls wird ein analoges oder digitales Ausgangssignal erzeugt, das von einem Betätiger, Mikrocontroller oder PC weiterverarbeitet werden kann. Das Ausgangssignal kann analog oder digital sein.

Abb. 4.18 zeigt Schallwellen, die von festen und flüssigen Werkstoffen reflektiert werden. Die Ultraschall-Technologie basiert auf dem Prinzip, dass Schall eine relativ konstante Geschwindigkeit hat. Die Zeit, die der Strahl eines Ultraschallsensors benötigt, um ein Objekt zu treffen und wieder zurückzukehren, ist direkt proportional zu dem Abstand des Objektes. Folglich werden Ultraschallsensoren häufig in Anwendungen zur Abstandsmessung eingesetzt, z. B. zur Füllstandsmessung.

Ultraschallsensoren sind in der Lage, die meisten Objekte zu erkennen – metallische oder nicht metallische, durchsichtige oder undurchsichtige, flüssige, feste oder kornförmige Objekte, die über ein ausreichendes akustisches Reflexionsvermögen verfügen. Ein weiterer Vorteil von Ultraschallsensoren ist ihre im Vergleich zu optoelektronischen Sensoren geringere Empfindlichkeit hinsichtlich kondensierender Feuchtigkeit. Ein Nachteil der Ultraschallsensoren ist, dass sich schallabsorbierende Materialien, wie z. B. Tuch, Weichgummi, Mehl und Schaum, ungünstig als zu erkennende Objekte eignen.

Ultraschallnäherungssensoren verfügen über vier Basiskomponenten: Transducer/ Empfänger, Komparator, Detektorkreis und Halbleiterausgang. Abb. 4.19 zeigt diese Komponenten.

Der Ultraschall-Transducer pulsiert, wobei Schallwellen von der Stirnseite des Sensors abgestrahlt werden. Der Transducer empfängt auch die Echos der Wellen, die von einem Objekt reflektiert werden. Wenn der Sensor das reflektierte Echo empfängt, berechnet der Komparator den Abstand durch Vergleichen des Sende-Empfangszeitfensters mit der

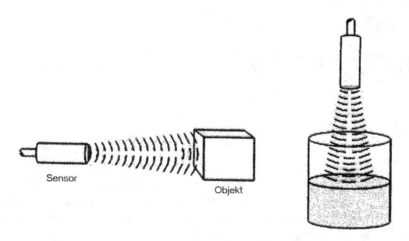

Abb. 4.18   Feste und flüssige Werkstoffe reflektieren die Schallwellen

Abb. 4.19 Basiskomponenten von Ultraschallsensoren

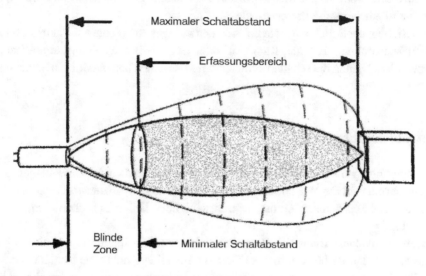

Abb. 4.20 Schaltabstand eines Ultraschallnäherungssensors

Schallgeschwindigkeit. Der Halbleiterausgang erzeugt ein elektrisches Signal, das über eine Schnittstelle, z. B. an eine SPS, weitergegeben wird und sich dort verarbeiten lässt. Das Signal von digitalen Sensoren zeigt die Anwesenheit oder Abwesenheit eines Objektes im Erfassungsbereich an. Das Signal von analogen Sensoren zeigt den Abstand zu einem Objekt im Erfassungsbereich an.

Im Allgemeinen arbeiten die in der Industrie eingesetzten Ultraschallsensoren mit Frequenzen zwischen 2 kHz und 50 kHz. Medizinische Ultraschallgeräte arbeiten mit 5 MHz oder mehr. Die Abtastfrequenz ist umgekehrt proportional zum Schaltabstand. Während eine 50-Hz-Schallwelle möglicherweise bis zu 10 m oder weiter nutzbar sein kann, ist eine 200-kHz-Schallwelle auf maximale Schaltabstände von etwa 1 m begrenzt.

Die Erfassungsreichweite eines Ultraschallnäherungssensors entspricht dem Bereich zwischen dem minimalen und maximalen Schaltabstand. Abb. 4.20 zeigt den Schaltabstand eines Ultraschallnäherungssensors.

Ultraschallnäherungssensoren weisen in der Nähe der Schaltfläche des Sensors einen kleinen, nicht nutzbaren Bereich auf. Wenn der Ultraschallstrahl den Sensor verlässt, auf ein Objekt trifft und zurückkehrt, bevor der Sensor die Aussendung abgeschlossen hat, ist der Sensor nicht in der Lage, das Echo korrekt zu empfangen. Diesen nicht nutzbaren Bereich bezeichnet man auch als die blinde Zone.

Die äußere Grenze der blinden Zone stellt den Mindestschaltabstand dar, in dem ein Objekt vom Sensor entfernt sein darf, ohne dass Echos reflektiert werden, die vom Sensor ignoriert oder fehlinterpretiert werden.

Größe und Material des Objektes bestimmen den maximalen Schaltabstand, bei dem ein Objekt noch vom Sensor erkannt wird. Je schwieriger ein Objekt zu erkennen ist, umso kürzer ist möglicherweise der maximale Schaltabstand.

Materialien, die Schall absorbieren, sind schwieriger zu erkennen als akustisch reflektierende Materialien wie Stahl, Kunststoff oder Glas. Falls solche Objekte überhaupt erkannt werden, können die schallabsorbierenden Materialien den maximalen Schaltabstand begrenzen.

4.1.9　Lichtschranken

Seit Jahrzehnten verwendet man Lichtschranken in zahlreichen Industrieanlagen. Immer wenn es darum geht Objekte zu erkennen oder berührungslos abzutasten, setzt man Lichtschranken ein. Die meisten Automatisierungsaufgaben ließen sich ohne Lichtschranken nicht realisieren.

In den letzten Jahren haben die Hersteller viele neue Ideen umgesetzt und die Funktionssicherheit und den Bedienkomfort der Geräte wesentlich erhöht. Die heutigen, hoch entwickelten Lichtschranken haben außer dem Prinzip nur noch wenig mit den älteren Lichtschranken gemeinsam. Sie weisen zudem eine deutlich höhere Lebenserwartung auf und sind erschütterungsunempfindlich.

Als optische Sender werden heute statt der Glühlampen nur noch Leuchtdioden verwendet, bei sehr hohen Ansprüchen an die Strahlbündelung auch Laserdioden, entweder im sichtbaren oder im Infrarotbereich. Beide lassen sich im Wechsellichtbetrieb nutzen, dadurch wird das Gesamtsystem unempfindlich gegen Fremdlicht. Der Empfänger registriert nur das Wechsellicht des eigenen Senders.

Praktisch unterscheidet man bei Lichtschranken zwischen den in Tab. 4.3 aufgelisteten Ausführungsformen.

Bei einer Einweglichtschranke sind Sender und Empfänger räumlich voneinander getrennt. Der Sender wird so ausgerichtet, dass ein möglichst großer Teil seines Lichtes auf den Empfänger fällt. Dieser ist in der Lage, das empfangene Licht eindeutig vom Um-

Tab. 4.3 Übersicht der optoelektronischen Systeme gemäß DIN 44030

Optoelektronische Sensoren		
Einwegsysteme	Reflexionssysteme	Taster-Systeme
Fremdstrahlungsempfänger	Reflexionslichtschranke	Autokollimations-Taster
Sender-Empfänger-getrennte-Lichtschranke	Reflexionslichtgitter	Winkeltaster Lumineszenztaster
Einweglichtgitter Einweglichtvorhang	Reflexionslichtvorhang	Zeilentaster

gebungslicht zu unterscheiden. Bei Unterbrechung des Lichtstrahls schaltet der Ausgang ein, aus oder um – je nach Ausführung. Abb. 4.21 zeigt den Aufbau einer Einweglichtschranke.

Um einen sicheren Betrieb zu gewährleisten, hat der Sender eine „Abstrahlkeule", die den Empfänger überstrahlt. Äquivalent dazu hat der Empfänger eine „Empfangskeule", die ebenfalls größer gewählt wird. So bleibt selbst bei nicht optimaler Ausrichtung von Sender und Empfänger der Strahlungsfluss immer noch ausreichend.

Montiert man vor Sender und Empfänger jeweils einen Lichtwellenleiter (Glas- oder Kunststofffaser), dann erhält die Lichtschranke ein „verlängertes Auge". Da die Fasern sehr kleine Abmessungen aufweisen und flexibel sind, lassen sich damit auch an schwierig zugänglichen Stellen Lichtschranken realisieren. Zudem sind sie frei von elektrischem Potenzial. Sie lassen sich daher z. B. auch in explosionsgefährdeten Bereichen und in Hochspannungsanlagen einsetzen. Durch die Wahl entsprechend dünner Fasern können zudem kleinste Objekte erfasst werden.

Eine Einweglichtschranke arbeitet im „eindimensionalen" Strahlbereich. Das Aneinanderreihen von mehreren Einweglichtschranken und deren logische Verknüpfung führt zu einem Einweglichtgitter. Damit lassen sich größere Flächen gitterförmig überdecken. Statt der zahlreichen Lichtschranken kann man auch mit nur einer Lichtschranke einen Einweglichtvorhang realisieren. Der Lichtstrahl des Senders wird dazu über zahlreiche Spiegel umgeleitet, bevor er den Empfänger erreicht.

Bei Reflexionslichtschranken sind Sender und Empfänger zu einer Einheit zusammengefasst und an der einen Seite der Lichtstrecke angeordnet. Auf der gegenüberliegenden Seite befindet sich ein Spiegel, wie Abb. 4.22 zeigt. Eine Maßnahme zur Erhöhung der Sicherheit ist der Einbau von Polarisationsfiltern. Das gepulste Licht der Sendediode wird durch eine Linse fokussiert und über ein Polarisationsfilter auf einen Reflektor gerichtet. Ein Teil des reflektierten Lichtes erreicht über ein weiteres Polarisationsfilter den Empfänger. Die Filter sind so ausgewählt und angeordnet, dass nur das durch den Reflektor

Abb. 4.21 Aufbau einer
Einweglichtschranke

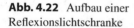

Abb. 4.22 Aufbau einer
Reflexionslichtschranke

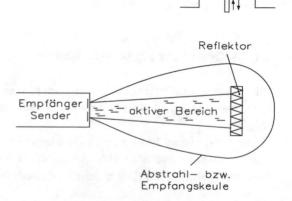

Abb. 4.23 Aufbau eines Reflexionslichttasters

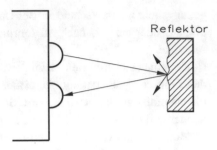

zurückgeworfene Licht auf den Empfänger gelangt, nicht aber von anderen Objekten im Strahlbereich. Damit vergrößert sich die Reichweite erheblich. Wird der Strahlengang vom Sender über den Reflektor zum Empfänger unterbrochen, schaltet der Ausgang.

Die Reichweite für eine Reflexionslichtschranke entspricht dem Abstand zwischen Gerät und Reflektor. In der Praxis muss aber zwischen Betriebs- und Grenzreichweite unterschieden werden. Lichtschranken, deren technische Daten diese Trennung nicht aufweisen, sind in der Regel nicht auf Dauer für die angegebenen Reichweiten verwendbar, denn in der Praxis müssen die Verschmutzung der Linsen, die Alterung einiger Bauelemente und auch die nicht optimale Ausrichtung der Anlage berücksichtigt werden. Bei größeren Entfernungen ist statt eines einfachen Planspiegels ein Tripelspiegel sinnvoll, da dieser nicht ausgerichtet werden muss, sondern das Licht immer in dieselbe Richtung zurückwirft, aus der es kommt. Er besteht aus drei rechtwinklig zueinanderstehenden Spiegelflächen (Würfelecke).

Sind in der Umgebung des Objektes reflektierende Flächen vorhanden, kann deren störende Wirkung durch Einsatz eines dafür vorgesehenen Polarisationsfilters reduziert werden. Abb. 4.23 erläutert die Funktionsweise eines Reflexionslichttasters.

Grundsätzlich sind heute Lichtschranken durch die Verwendung von Wechsellicht sehr unempfindlich gegen Fremdlicht. Trotzdem besteht eine obere Grenze für die Intensität externer Strahlung, die man als Fremdlichtgrenze bezeichnet. Gemessen wird diese als Beleuchtungsstärke auf der Lichteintrittsfläche. Sie wird angegeben für Sonnenlicht (unmoduliertes Licht) und für Lampenlicht (mit der doppelten Netzfrequenz moduliertes Licht). Bei Beleuchtungsstärken oberhalb der jeweiligen Fremdlichtgrenze ist ein sicherer Betrieb der Geräte nicht mehr möglich.

4.1.10 Geräte zur Signalverarbeitung

Für die Signalverarbeitung bei elektrischen Kontaktsteuerungen werden vorwiegend elektrisch betätigte, also indirekt ansteuerbare Schaltglieder wie Steuerschütze oder Relais eingesetzt.

Das Schütz ist im Prinzip ein elektromagnetisch betätigter Schalter, ausgelegt für hohe Schaltspielzahlen mit einer ähnlichen Kontaktanordnung wie ein Tastschalter. Je nach Ausführung wird es mit Gleich- oder Wechselstrom betrieben und ist mit Hauptkontakten

zum Schalten großer Leistungen und mit Hilfskontakten zum Schalten von Kontroll- und
Steuereinrichtungen bestückt. Die Schaltleistungen reichen von 1 bis über 500 kW. Liegen
die Kontakte und beweglichen Teile in Öl, also in einer isolierenden Flüssigkeit, dann
handelt es sich um einen Ölschütz. Am häufigsten werden Schütze ohne isolierende
Flüssigkeit, sog. Luftschütze, die eine Schalthäufigkeit bis zu 3000 Schaltungen/Stunde
erlauben, eingesetzt. Bei Ölschützen liegen sie, da der Abbrand der Schaltstücke unter 01
größer ist, bei etwa 60 Schaltungen/Stunde. Ölschütze werden deshalb nur wenn notwendig z. B. in der chemischen Industrie oder in feuchter Umgebung eingesetzt. Ein
Schütz, das nur mit Hilfskontakten ausgestattet ist, nennt man Hilfs- oder Steuerschütz.
Abb. 4.24 zeigt Aufbau und Kontakte eines Schützes.

Das Relais ist wie das Schütz ein elektromagnetisch fernbetätigtes Schaltelement und
erfüllt die gleichen Aufgaben wie das Steuerschütz. Vom Schütz unterscheidet es sich vor
allem in der Schaltleistung, die bis maximal 1 kW reicht, und damit in der Baugröße und
in der Ansprechzeit, die mit 1 bis 10 ms wesentlich kleiner ist als beim Schütz. Der Aufbau
ist prinzipiell dem des Schütz ähnlich. Mittels eines Elektromagneten werden über den
Anker Kontaktfedern, die als Kontaktfedersatz mit Öffnern und Schließern aufgebaut
sind, betätigt. Verschiedene Zusatzfunktionen, wie Zeitfunktionen, machen es vielfältiger
einsetzbar.

Von der Form her unterscheidet man in Rund- oder Flachrelais von der Wirkungsweise
her in monostabile und bistabile Relais und von der Funktion her in Zeit-, Haft-, Strom-
stoß-, Kipp- und Wischrelais u. a. Abb. 4.25 zeigt Aufbau und Kontakte eines Relais.

Monostabile Relais gehen nach Abschalten des Erregerstroms in die Ausgangslage zurück, bistabile bleiben in der zuletzt erreichten Schaltstellung. Mit Zeitrelais kann entweder das Einschalten, d. h. das Anziehen oder Schalten der Kontaktfedern, oder das Abschalten, d. h. das Abfallen der Kontaktfedern, verzögert werden. Man unterscheidet also
Relais mit Anzugsverzögerung und Relais mit Abfallverzögerung. Die Verzögerungszeit
geht von wenigen Millisekunden bis Minuten, die über Kondensatorschaltungen oder

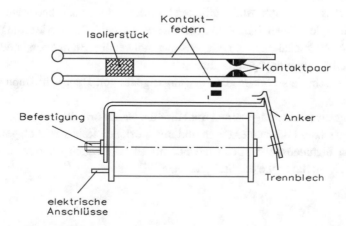

Abb. 4.24 Aufbau und Kontakte eines Relais

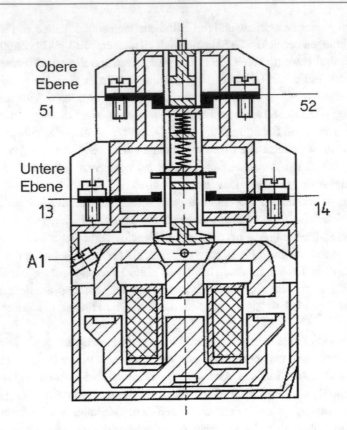

Abb. 4.25 Aufbau und Kontakte eines Schützes

Synchronmotoren mit Kontaktbetätigung erreicht wird. Immer mehr werden elektronisch arbeitende Zeitrelais, die über digitale Vorwählschalter mit Ziffernanzeige exakt einstellbar sind, eingesetzt.

Das Haftrelais ist ein monostabil arbeitendes Relais, die Schaltglieder verbleiben auch nach Wegnahme des Steuersignals im geschalteten Zustand, die Verriegelung erfolgt magnetisch. Zum Rückschalten ist ein Gegensignal notwendig. Beim Sperr- oder Kipprelais erfolgt die Verriegelung dagegen mechanisch.

Mit dem Wischrelais können die Ausgangssignale von Dauer- in Impulssignale geformt werden.

Bei der Signalverarbeitung werden mit Hilfe der Relais und Steuerschütze Signale vervielfacht, zugeschaltet oder unterdrückt und mit speziellen Relais zeitlich geformt.

Geräte zur Signalausgabe bilden die Schnittstelle zwischen Energie- und Steuerteil d. h. es sind die Stellantriebe der Stellglieder.

Bei rein elektrischen Steuerungen sind dies hauptsächlich Leistungsschütze, elektropneumatische und elektrohydraulische Steuerungen nichtdrosselnde oder wechselnde Wegeventile. Die Stellantriebe für beide Stellglieder sind Stellmagnete. Für die Pneumatik- und Hydraulikventile werden diese Betätigungsmagnete noch ausführlich behandelt.

4.2 Schaltalgebra für Pneumatik, Hydraulik und Elektrotechnik/Elektronik

Eine Relaisschaltung ist eine elektrische Digitalschaltung und an den Ein- und Ausgängen findet man digitale elektrische, pneumatische und hydraulische Größen. Neben den elektrischen und elektronischen Digitalschaltungen gibt es mechanische, hydraulische und pneumatische Anlagen, die den Gesetzen der Schaltalgebra funktionieren. Auch sie sind dadurch gekennzeichnet, dass sie an ihren Eingängen digitale Signale aufnehmen und an den Ausgängen digitale Signale abgeben. Wird für ein Problem die grundsätzliche Lösung in der Digitaltechnik gesucht, so spielt es zunächst keine Rolle, ob die Digitalschaltung am Ende mit elektrischen, hydraulischen oder pneumatischen Größen arbeitet. In jedem Fall müssen die Eingangsgrößen ganz bestimmten „logischen" Operationen unterworfen werden, um das gewünschte Ausgangsresultat zu erhalten. Betrachtet man nur die erforderlichen „logischen" Operationen, so spricht man an den Ein- und Ausgängen von Schaltvariablen. Unter einer Schaltvariablen versteht man dann eine digitale Veränderliche, also eine Größe, die nur eine bestimmte Anzahl verschiedener Werte annehmen kann. In der Praxis werden meist binäre Schaltvariable verwendet, d. h., sie können nur zwei Zustände annehmen, die mit „wahr" und „falsch" oder 1 und 0 bezeichnet werden (1 $\triangleq$ wahr, 0 $\triangleq$ falsch).

Der Zusammenhang zwischen der Schaltvariablen am Ausgang und denen am Eingang kann z. B. darin bestehen, dass am Ausgang nur dann der Zustand 1 vorliegen soll, wenn der Eingang A im Zustand 0 und der Eingang B im Zustand 1 ist. Eine Lampe soll z. B. nur dann leuchten (Ausgangszustand = 1), wenn es sonst dunkel ist (Eingangszustand A = 0) und der Lichtschalter betätigt ist (Eingangszustand B = 1). Diese Abhängigkeit der Schaltvariablen am Ausgang von denen am Eingang wird als Schaltfunktion oder Verknüpfung bezeichnet.

Die Schaltalgebra ist ein Hilfsmittel zur Berechnung binärer Schaltfunktionen. Mit ihrer Hilfe können binäre Schaltungen aufgrund der Aufgabenstellung ausgerechnet, die Schaltungen soweit wie möglich vereinfacht und gegebene Schaltungen analysiert werden. Die Schaltalgebra wurde aus der theoretischen Logik entwickelt. Der Mathematiker George Boole entwarf ein System zur formalen Behandlung zweiwertiger Aussagen. Den beiden möglichen Aussagen „wahr" und „falsch" der zweiwertigen Logik entsprechen die beiden möglichen Zustände 1 und 0 einer Schaltvariablen.

4.2.1   UND-Funktion

Eine elektrische Lampe kann nur dann leuchten, wenn die Sicherung in Ordnung ist und der Lichtschalter betätigt wird. Ein Ottomotor kann nur laufen, wenn die Kraftstoffzufuhr, die Luftzufuhr und die Zündung in Ordnung sind. Diese Beispiele zeigen eine häufig vorkommende Abhängigkeit. Das Resultat tritt nur dann ein, wenn gleichzeitig alle Eingangsbedingungen erfüllt sind, wenn also Bedingung A und Bedingung B und … gleichzeitig vorliegen. In der Schaltalgebra bezeichnet man diese Abhängigkeit (Schaltfunktion) als UND-Funktion, UND-Verknüpfung oder Konjunktion. Die erfüllte Bedingung wird durch den Zustand 1 der entsprechenden Schaltvariablen gekennzeichnet, die nicht erfüllte durch den Zustand 0. Tab. 4.4 zeigt Wahrheitstabellen mit zwei oder drei Eingängen für UND-Verknüpfungen.

Die Wahrheitstabellen enthalten auf der einen Seite alle möglichen Kombinationen der Eingangsvariablen – üblicherweise in der Reihenfolge aufsteigender Dualzahlen – notiert. Auf der anderen Seite findet man zu jeder Eingangskombination den Zustand der Ausgangsvariablen. Die Eingangsvariablen sind hier A und B in der linken bzw. A, B und C in der rechten Wahrheitstabelle und die Ausgangsvariable ist in beiden Fällen Z. Die Wahrheitstabellen und das Zustandsdiagramm stellen noch einmal deutlich das Hauptmerkmal einer UND-Verknüpfung heraus: Eine Ausgangsvariable ist nur im Zustand 1, wenn alle Eingänge gleichzeitig im Zustand 1 sind. Abb. 4.26 zeigt das Zustandsdiagramm einer UND-Verknüpfung.

Um vor allem über umfangreiche Schaltfunktionen schnell einen Überblick gewinnen zu können, hat man für die einzelnen Verknüpfungen mehrere Funktionssymbole eingeführt. Abb. 4.27 zeigt die Symbole der UND-Funktion, die UND-Glieder. Unter a) sind die jetzt gültigen Schaltzeichen nach DIN 40700 aufgeführt, die gleichzeitig der europä-

Tab. 4.4 Wahrheitstabellen mit zwei oder drei Eingängen für UND-Verknüpfungen

A 2^1	B 2^0	Z
0	0	0
0	1	0
1	0	0
1	1	1

A 2^2	B 2^1	C 2^0	Z
0	0	0	0
0	0	1	0
0	1	0	0
0	1	1	0
1	0	0	0
1	0	1	0
1	1	0	0
1	1	1	1

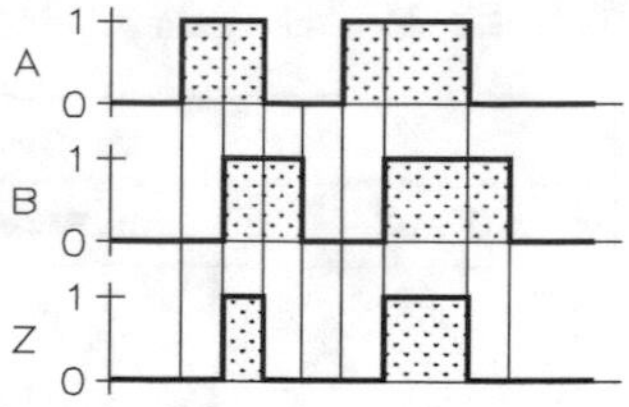

Abb. 4.26 Zustandsdiagramm
einer UND-Verknüpfung

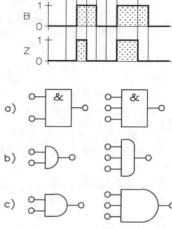

Abb. 4.27 Symbole der
UND-Verknüpfung

ischen Norm entsprechen. Unter b) sind die alten DIN-Symbole abgebildet, die noch in sehr vielen Schaltungsunterlagen zu finden sind und c) zeigt die amerikanischen Schaltzeichen. Neben den Schaltzeichen für die grafische Darstellung von Schaltfunktionen benötigt man eine weitere Symbolik, die ein einfaches Arbeiten mit den Verknüpfungen nach den Regeln der Schaltalgebra ermöglicht.

Die UND-Verknüpfung wird in folgender Form geschrieben:

$$Z = A \wedge B$$
$$Z = A \,\&\, B$$
$$Z = A \cdot B = AB$$

(Lies: Z gleich A und B)

Im Folgenden wird die erste Schreibweise verwendet. Man kann auch die dritte Schreibweise nutzen, zum einen in Verbindung mit den Symbolen für die anderen Schaltfunktionen ist sehr übersichtlich, zum anderen, weil die Wahrheitstabelle einer UND-Verknüpfung den Rechenregeln für die Multiplikation von Dualzahlen entspricht.

Tab. 4.5 zeigt die Rechenregel für eine UND-Verknüpfung mit einer und mehreren Variablen.

4.2.2   ODER-Funktion

Eine Information kann man aus der Zeitung oder aus dem Rundfunk oder aus dem Fernseher erhalten. Um von Frankfurt nach München zu gelangen, kann man das Auto oder die Bahn oder das Flugzeug benutzen. Im Gegensatz zu den Beispielen im vorigen Abschnitt tritt hier das Ergebnis schon dann ein, wenn nur eine der Eingangsbedingungen

Tab. 4.5 Rechenregeln für eine UND-Verknüpfung mit einer und mehreren Variablen

Rechenregeln für die UND-Verknüpfung			
Regel	mit Schaltzeichen	pneumatisch/hydraulisch	elektrisch (mit Relais)
$a \wedge b$			
$0 \wedge a = 0$			
$1 \wedge a = a$			
$a \wedge a = a$ allgemein: $a \wedge a \wedge a \ldots \wedge a = a$			
$a \wedge \bar{a} = 0$			
Vertauschungsgesetz (kommutatives Gesetz) $a \wedge b = b \wedge a$		Die Variablen einer UND-Verknüpfung dürfen beliebig vertauscht werden.	
Verbindungsgesetz (assoziatives Gesetz) $a \wedge b \wedge c = (a \wedge b) \wedge c = a \wedge (b \wedge c) = (a \wedge c) \wedge b$		Die Variablen einer UND-Verknüpfung dürfen beliebig zusammengefasst werden.	

erfüllt ist, also wenn Bedingung A oder Bedingung B oder Bedingung C erfüllt oder auch mehrere Bedingungen erfüllt sind. In der Schaltalgebra wird diese Abhängigkeit als ODER-Funktion, ODER-Verknüpfung, Adjunktion oder Disjunktion bezeichnet. Auch hier bezieht sich der Begriff der ODER-Verknüpfung auf den Zustand 1 der Schaltvariablen. Der Ausgang einer ODER-Verknüpfung ist im Zustand 1, wenn wenigstens ein

Tab. 4.6   Wahrheitstabellen mit zwei oder drei Eingängen einer ODER-Verknüpfung

A 2^1	B 2^0	Z
0	0	0
0	1	1
1	0	1
1	1	1

A 2^2	B 2^1	C 2^0	Z
0	0	0	0
0	0	1	1
0	1	0	1
0	1	1	1
1	0	0	1
1	0	1	1
1	1	0	1
1	1	1	1

Abb. 4.28 Zustandsdiagramm
einer ODER-Verknüpfung

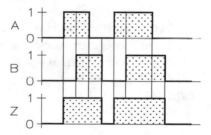

Eingang im Zustand 1 ist, wenn also Eingang A oder Eingang B im Zustand 1 oder mehrere im Zustand 1 sind. Tab. 4.6 und Abb. 4.28 zeigen diesen Zusammenhang in Form einer Wahrheitstabelle und Zustandsdiagramm.

Die in Abb. 4.29 dargestellten Symbole für die ODER-Funktion dienen wieder der grafischen Darstellung von Schaltfunktionen. In den unter a) abgebildeten neuen Normsymbolen, die im Folgenden ausschließlich verwendet werden, kann das Zeichen ≥ 1 durch eine 1 ersetzt werden, b) und c) zeigen wieder die Symbole nach der alten DIN-Norm und der amerikanischen Norm.

Für den schaltalgebraischen Umgang mit der ODER-Verknüpfung wurde folgende Symbolik eingeführt:

$$Z = A \vee B$$
$$Z = A + B$$

(Lies: Z gleich A oder B)

Abb. 4.29 Symbole der
ODER-Verknüpfung

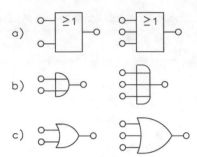

Man verwendet die obere Schreibweise. Wegen der nicht vollständigen Übereinstimmung der Wahrheitstabelle der ODER-Verknüpfung mit den Additionsregeln für Dualzahlen führt die Verwendung des + Zeichens leicht zu Irrtümern.

Bezogen auf den Zustand 0 vertauschen UND- und ODER-Verknüpfung ihre Eigenschaften. Aus den Wahrheitstabellen 4.4 und 4.6 lässt sich ablesen, dass bei einer UND-Verknüpfung der Ausgang 0 ist, wenn Eingang A oder Eingang B oder beide auf 0 liegen, und umgekehrt bei einer ODER-Verknüpfung der Ausgang nur dann 0 ist, wenn Eingang A und Eingang B im Zustand 0 sind.

Aus diesem Grund kann bei den meisten Digitalschaltungen die Funktion, die sie ausführen, erst angegeben werden, wenn die Zuordnung zwischen den Signalpegeln der Schaltung und den Werten 0 und 1 der Schaltvariablen bekannt ist.

Tab. 4.7 zeigt die Rechenregel für eine ODER-Verknüpfung mit einer und mehreren Variablen.

4.2.3   NICHT-Funktion

Ein Raum lässt sich nur betreten, wenn die Tür nicht abgeschlossen ist. Strom kann nur in einer elektrischen Schaltung fließen, wenn die Sicherung nicht ausgelöst hat. Ein Behälter kann nur dann noch Flüssigkeit aufnehmen, wenn er nicht voll ist. Bei diesen Beispielen tritt das Ergebnis dann ein, wenn die Bedingung nicht erfüllt ist. In der Schaltalgebra bezeichnet man diese Abhängigkeit als NICHT-Funktion, NICHT-Verknüpfung oder Negation.

Der Ausgang Z ist im Zustand 1, wenn am Eingang der Zustand 0 liegt und umgekehrt, wie in der Wahrheitstabelle 4.8 und dem Zustandsdiagramm von Abb. 4.30 dargestellt ist. Die NICHT-Funktion gilt sowohl für den Wert 1 als auch für den Wert 0.

Abb. 4.31 zeigt die Symbole der NICHT-Funktion, die NICHT-Glieder mit a) ist die neue DIN-Norm, b) alte DIN-Norm, c) amerikanische Norm. In der Schaltalgebra wird die NICHT-Funktion folgendermaßen geschrieben:

$$Z = \bar{A}$$
$$Z = \neg A$$

(Lies: Z gleich nicht A)

Tab. 4.7 Rechenregeln für die ODER-Verknüpfung mit einer und mehreren Variablen

Rechenregeln für die ODER–Verknüpfung			
Regel	mit Schaltzeichen	pneumatisch/hydraulisch	elektrisch (mit Relais)
$a \vee b$			
$0 \vee a = a$			
$1 \vee a = 1$			
$a \vee a = a$ allgemein: $a \vee a \vee ... \vee a = a$			
$a \vee \bar{a} = 1$			
Vertauschungs- gesetz (kommutatives Gesetz) $a \vee b = b \vee a$		Die Variablen einer ODER–Verknüpfung dürfen beliebig vertauscht werden.	
Verbindungsgesetz (assoziatives Gesetz) $a \vee b \vee c = (a \vee b) \vee c =$ $a \vee (b \vee c) = (a \vee c) \vee c$		Die Variablen einer ODER–Verknüpfung dürfen in Gruppen zusammengefasst werden.	

Tab. 4.8 Wahrheitstabelle der NICHT-Verknüpfung

A	Z
0	1
1	0

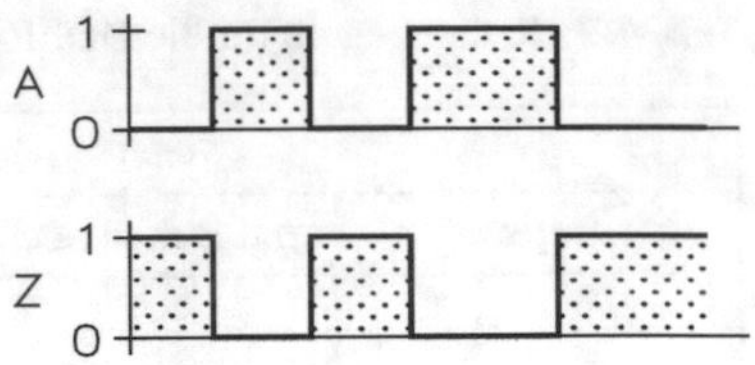

Abb. 4.30 Zustandsdiagramm
der NICHT-Verknüpfung

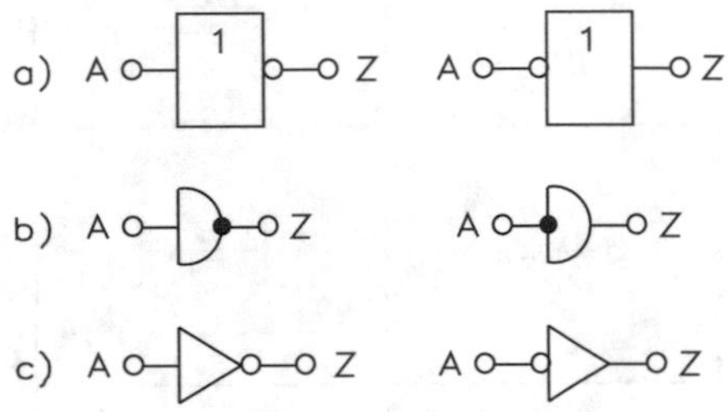

Abb. 4.31 Symbole der
NICHT-Funktion

Beide Darstellungen entsprechen der Norm und in diesem Buch wird die erste Form verwendet.

Mit Hilfe von UND-, ODER- und NICHT-Funktionen lassen sich alle binären Probleme darstellen, bei denen der Wert am Ausgang nur von den momentanen Eingangszuständen abhängt (und nicht auch von vorhergehenden, gespeicherten Zuständen). Die Darstellung derartiger Schaltfunktionen durch UND-, ODER- und NICHT-Glieder wird Schaltnetz genannt, die zugehörige schaltungstechnische Realisierung ist eine kombinatorische Digitalschaltung.

Tab. 4.9 zeigt die Rechenregel für eine NICHT-Verknüpfung mit einer und mehreren Variablen.

4.2.4 Logische Verknüpfungen für die Pneumatik, Hydraulik und Elektrotechnik

Will man mit den Grundfunktionen und den zugehörigen schaltalgebraischen Ausdrücken arbeiten, so muss man dabei bestimmte Regeln beachten.

Diese Regeln sind die Gesetze der Schaltalgebra. Sie haben nicht nur für die formale Behandlung der Schaltfunktionen Bedeutung, sondern auch praktische Auswirkungen auf den Umgang mit Digitalschaltungen, wie in diesem Abschnitt dargestellt wird.

In den Tab. 4.10, 4.11 und 4.12 sind noch einmal die Wahrheitstabellen der drei Grundfunktionen – in Form der Verknüpfung aller Wertkombinationen der Eingangsvariablen – dargestellt. 0 und 1 können nicht nur Zustände einer Schaltvariablen sein, sie können auch als Konstanten auftreten, also als Größen, die ihren Zustand immer beibehalten.

Diese Zusammenstellung von den Tab. 4.10, 4.11 und 4.12 soll das Lesen der Tabellen erleichtern, wenn man sich mit den Gesetzen der Schaltalgebra beschäftigt.

Tab. 4.9   Rechenregeln für die NICHT-Verknüpfung mit einer und mehreren Variablen

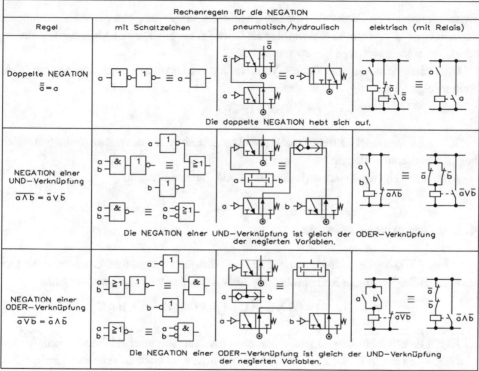

Tab. 4.10   UND-Verknüpfung

$0 \wedge 0 = 0$
$0 \wedge 1 = 0$
$1 \wedge 0 = 0$
$1 \wedge 1 = 1$

Tab. 4.11   ODER-Verknüpfung

$0 \vee 0 = 0$
$0 \vee 1 = 1$
$1 \vee 0 = 1$
$1 \vee 1 = 1$

Tab. 4.12   NICHT-Verknüpfung

$\overline{0}$ Strich über $0 = 1$
Strich über $1 = 0$

4.2.5   Kommutatives Gesetz

Beim kommutativen Gesetz sind die Schaltvariablen am Eingang einer UND-Verknüpfung vertauschbar, d. h., ihre Anschlussfolge ist beliebig. Es gilt Tab. 4.13 mit der Wahrheitstabelle zum kommutativen Gesetz (Abb. 4.32).

Die Schaltvariablen einer ODER-Verknüpfung sind ebenfalls vertauschbar, d. h., ihre Reihenfolge ist beliebig. Es gilt also:

$$A \vee B = B \vee A$$

Tab. 4.14 zeigt die Wahrheitstabelle zum kommutativen Gesetz mit der Schaltvariablen bei ODER-Verknüpfungen.

Abb. 4.33 zeigt die Schaltvariablen bei ODER-Verknüpfungen.

4.2.6   Assoziatives Gesetz

Bei einer UND-Verknüpfung mit mehr als zwei Eingängen kann man das assoziative Gesetz anwenden, wenn die Reihenfolge der Schaltvariablen verknüpft werden soll.

$$A \wedge (B \wedge C) = (A \wedge B) \wedge C = (A \wedge C) \wedge B = A \wedge B \wedge C$$

Es gilt für beliebige Zusammenfassbarkeit von Schaltvariablen bei UND-Verknüpfungen von Abb. 4.34 und in Tab. 4.15 ist die Wahrheitstabelle zum assoziativen Gesetz aufgeführt.

Bei einer ODER-Verknüpfung mit mehr als zwei Eingängen ist die Reihenfolge, in der die Schaltvariablen verknüpft werden, ebenfalls beliebig. Es gilt also:

$$A \vee (B \vee C) = (A \vee B) \vee C = (A \vee C) \vee B = A \vee B \vee C$$

Tab. 4.16 zeigt die entsprechende Wahrheitstabelle zum assoziativen Gesetz und Abb. 4.35 zeigt die beliebige Zusammenfassbarkeit von Schaltvariablen bei ODER-Verknüpfungen.

Bei UND- und ODER-Schaltungen kann man eine Schaltung mit vielen Eingängen aus mehreren Schaltungen mit weniger Eingängen zusammensetzen. Abb. 4.36 und 4.37 zeigt zwei Anwendungsbeispiele zum assoziativen Gesetz.

Tab. 4.13   Wahrheitstabelle zum kommutativen Gesetz

A	B	A ∧ B	B ∧ A
0	0	0	0
0	1	0	0
1	0	0	0
1	1	1	1

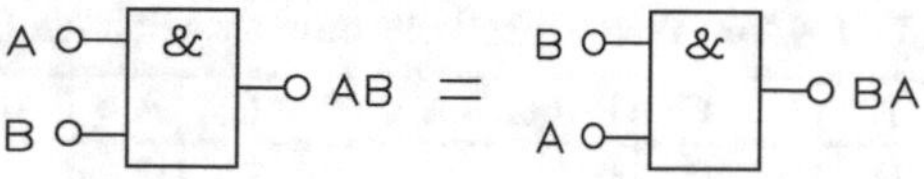

Abb. 4.32 Vertauschbarkeit der Schaltvariablen bei UND-Verknüpfungen

Tab. 4.14 Wahrheitstabelle zum kommutativen Gesetz mit der Schaltvariablen bei ODER-Verknüpfungen

A	B	A ∨ B	B ∨ A
0	0	0	0
0	1	1	1
1	0	1	1
1	1	1	1

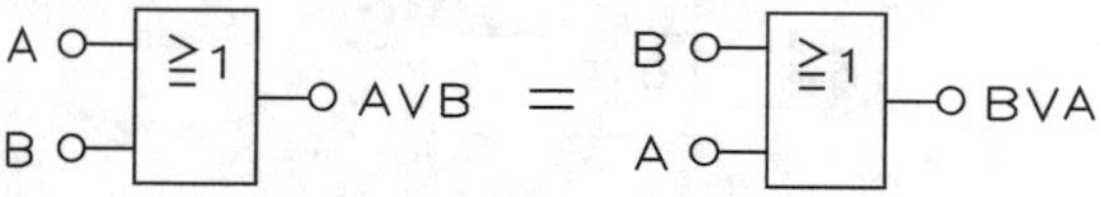

Abb. 4.33 Vertauschbarkeit der Schaltvariablen bei ODER-Verknüpfungen

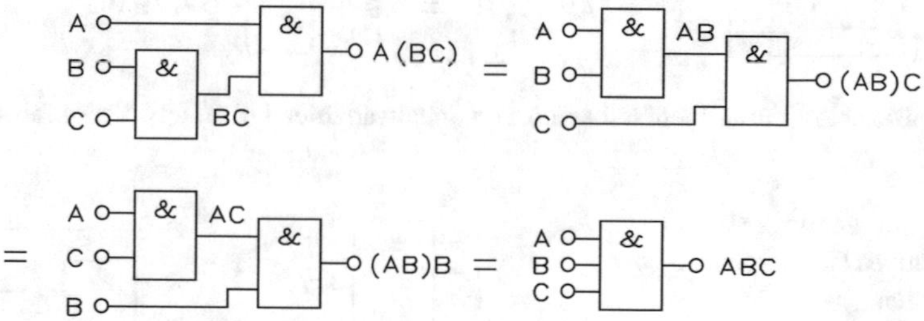

Abb. 4.34 Schaltung zum assoziativen Gesetz

Tab. 4.15 Wahrheitstabelle zum assoziativen Gesetz

A	B	C	B ∧ C	A ∧ (B ∧ C)	A ∧ B	(A ∧ B) ∧ C	A ∧ C	(A ∧ C) ∧ B	A ∧ B ∧ C
0	0	0	0	0	0	0	0	0	0
0	0	1	0	0	0	0	0	0	0
0	1	0	0	0	0	0	0	0	0
0	1	1	1	0	0	0	0	0	0
1	0	0	0	0	0	0	0	0	0
1	0	1	0	0	0	0	1	0	0
1	1	0	0	0	1	0	0	0	0
1	1	1	1	1	1	1	1	1	1

4.2.7   Distributive Gesetze

Die distributiven Gesetze enthalten über eine ODER-Verknüpfung mit zusammengefass-ten UND-Verknüpfungen die gleiche Schaltvariable, so kann diese – wie ein gemeinsamer

Tab. 4.16 Wahrheitstabelle zum assoziativen Gesetz

A	B	C	B∨C	A∨(B∨C)	A∨B	(A∨B)∨C	A∨C	(A∨C)∨B	A∨B∨C
0	0	0	0	0	0	0	0	0	0
0	0	1	1	1	0	1	1	1	1
0	1	0	1	1	1	1	0	1	1
0	1	1	1	1	1	1	1	1	1
1	0	0	0	1	1	1	1	1	1
1	0	1	1	1	1	1	1	1	1
1	1	0	1	1	1	1	1	1	1
1	1	1	1	1	1	1	1	1	1

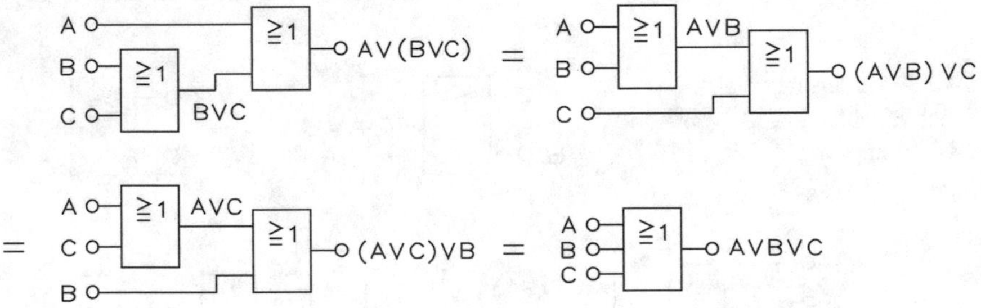

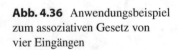

Abb. 4.35 Beliebige Zusammenfassbarkeit von Schaltvariablen bei ODER-Verknüpfungen

Abb. 4.36 Anwendungsbeispiel zum assoziativen Gesetz von vier Eingängen

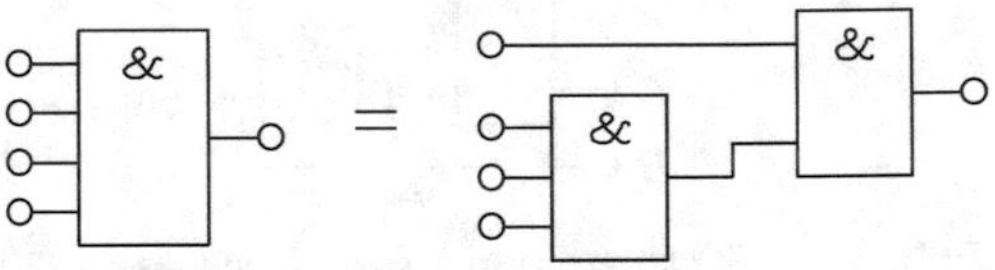

Abb. 4.37 Anwendungsbeispiel zum assoziativen Gesetz von acht Eingängen

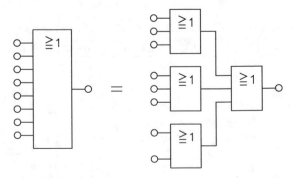

Faktor bei der allgemeinen Algebra – ausgeklammert werden. Es gilt Tab. 4.17 zum distributiven Gesetz und Abb. 4.38 zeigt das Ausklammern mit einer gemeinsamen Variablen bei einer ODER-Funktion.

Die Vereinfachung einer Schaltfunktion ist möglich, wenn sie über eine UND-Verknüpfung zusammengefasste ODER-Verknüpfung die gleichen Schaltvariablen ent-

Tab. 4.17 Wahrheitstabelle zum distributiven Gesetz

A	B	C	A ∧ B	A ∧ C	(A ∧ B) ∨ (A ∧ B)	B ∨ C	A ∧ (B ∨ C)
0	0	0	0	0	0	0	0
0	0	1	0	1	0	1	0
0	1	0	0	0	0	1	0
0	1	1	0	0	0	1	0
1	0	0	0	0	0	0	0
1	0	1	0	1	1	1	1
1	1	0	1	0	1	1	1
1	1	1	1	1	1	1	1

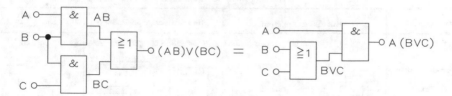

Abb. 4.38 Ausklammern einer gemeinsamen Variablen bei einer ODER-Funktion

Tab. 4.18 Wahrheitstabelle zum distributiven Gesetz

A	B	C	A ∨ B	A ∨ C	(A ∨ B) ∧ (A ∨ C)	B ∧ C	A ∨ (B ∧ C)
0	0	0	0	0	0	0	0
0	0	1	0	1	0	0	0
0	1	0	1	0	0	0	0
0	1	1	1	1	1	1	1
1	0	0	1	1	1	0	1
1	0	1	1	1	1	0	1
1	1	0	1	1	1	0	1
1	1	1	1	1	1	1	1

hält. Tab. 4.18 zeigt die Kombination aus einer Schaltvariablen, ihrer Negation und ihrer Konstante.

$$(A \wedge B) \vee (A \wedge C) = A \wedge (B \vee C)$$

Tab. 4.18 zeigt die Wahrheitstabelle zum distributiven Gesetz für eine UND-Verknüpfung zusammengefasste ODER-Verknüpfung.

Abb. 4.39 zeigt das Ausklammern einer gemeinsamen Variablen bei einer UND-Verknüpfung.

Wie vor allem Abb. 4.38 und 4.39 zeigen, können in diesen Fällen Verknüpfungs-schaltungen eingespart werden.

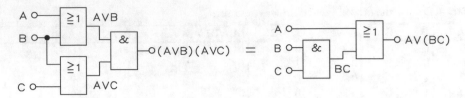

Abb. 4.39 Ausklammern einer gemeinsamen Variablen bei einer UND-Verknüpfung

Tab. 4.19 Rechenregeln für die distributive Verknüpfung

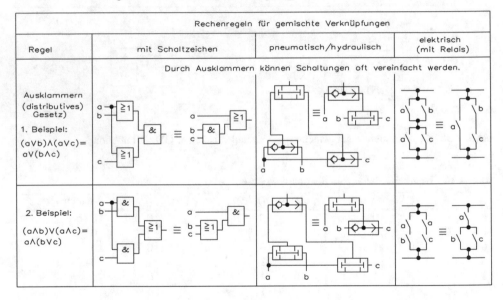

Tab. 4.19 zeigt die Rechenregeln für die distributive Verknüpfung mit einer und mehreren Variablen in elektrischen Schaltzeichen, pneumatisch/hydraulisch und elektrisch mit Schaltern bzw. Relais.

Die Kombination aus einer Schaltvariablen, ihre Negation und ihrer Konstanten sind die nächsten Besonderheiten in der Booleschen Algebra.

$$A \wedge A = A$$

Tab. 4.20 zeigt die UND-Verknüpfung einer Schaltvariablen mit sich selbst ihrer Negation und Konstanten.

Abb. 4.40 zeigt die UND-Verknüpfung einer Schaltvariablen mit sich selbst.

$$A \wedge 1 = A$$

Tab. 4.21 zeigt die UND-Verknüpfung einer Schaltvariablen mit der Konstanten 1.

Abb. 4.41 zeigt eine UND-Verknüpfung mit einer Schaltvariablen und der Konstanten 1.

Tab. 4.20 UND-Verknüpfung mit einer Schaltvariablen

A	A	A ∧ A
0	0	0
1	1	1

Abb. 4.40 UND-Verknüpfung einer Schaltvariablen mit sich selbst

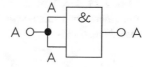

Tab. 4.21 UND-Verknüpfung einer Schaltvariablen mit der Konstanten 1

A	1	A ∧ 1
0	1	0
1	1	1

Abb. 4.41 UND-Verknüpfung mit einer Schaltvariablen und der Konstanten 1

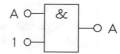

Tab. 4.22 UND-Verknüpfung mit einer Schaltvariablen und der Konstanten 0

A	0	A ∧ 0
0	0	0
1	0	0

Abb. 4.42 UND-Verknüpfung mit einer Schaltvariablen und der Konstanten 0

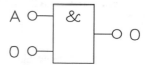

$$A \wedge 0 = 0$$

Tab. 4.22 zeigt eine UND-Verknüpfung mit einer Schaltvariablen und der Konstanten 0.
Abb. 4.42 zeigt eine UND-Verknüpfung mit einer Schaltvariablen und der Konstanten 0.

$$A \wedge \overline{A} = 0$$

Tab. 4.23 zeigt eine UND-Verknüpfung mit einer Schaltvariablen und ihrer Negation.
Abb. 4.43 zeigt eine UND-Verknüpfung mit einer Schaltvariablen und ihrer Negation.

Tab. 4.23 UND-Verknüpfung mit einer Schaltvariablen und ihrer Negation

A	$\bar{A}$	$A \wedge \bar{A}$
0	1	0
1	0	0

Abb. 4.43 UND-Verknüpfung mit einer Schaltvariablen und ihrer Negation

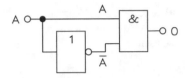

Tab. 4.24 ODER-Verknüpfung einer Schaltvariablen mit sich selbst

A	A	$A \vee A$
0	0	0
1	1	1

Hat eine UND-Schaltung mehr Eingänge, als man benötigt, so müssen die überzähligen Eingänge mit benutzten Eingängen zusammengeschaltet (Abb. 4.40) oder auf den dem Wert 1 entsprechenden Pegel gelegt werden (Abb. 4.41).

$$A \vee A = A$$

Für diese Boolesche Gleichung gilt Tab. 4.24.
Abb. 4.44 zeigt die ODER-Verknüpfung einer Schaltvariablen mit sich selbst.

$$A \vee 1 = 1$$

Für diese Boolesche Gleichung gilt Tab. 4.25.
Abb. 4.45 zeigt die ODER-Verknüpfung einer Schaltvariablen mit der Konstanten 1.

$$A \vee 0 = A$$

Für diese Boolesche Gleichung gilt Tab. 4.26.
Abb. 4.46 zeigt die ODER-Verknüpfung einer Schaltvariablen und der Konstanten 0.

$$A \vee \bar{A} = 1$$

Für diese Boolesche Gleichung gilt Tab. 4.27.
Abb. 4.47 zeigt die ODER-Verknüpfung einer Schaltvariablen mit ihrer Negation.
Bei doppelter Negation einer Schaltvariablen erhält man die Schaltvariable in ihrer ursprünglichen Form zurück. Es gilt also:

$$\bar{\bar{A}} = A$$

Abb. 4.44 ODER-
Verknüpfung einer
Schaltvariablen mit sich selbst

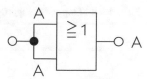

Tab. 4.25 ODER-Verknüpfung einer Schaltvariablen mit der Konstanten 1

A	1	A ∨ 1
0	1	1
1	1	1

Abb. 4.45 ODER-
Verknüpfung einer
Schaltvariablen mit der
Konstanten 1

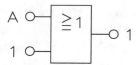

Tab. 4.26 ODER-Verknüpfung einer Schaltvariablen mit der Konstanten 0

A	0	A ∨ 0
0	0	0
1	0	1

Abb. 4.46 ODER-
Verknüpfung einer
Schaltvariablen und der
Konstanten 0

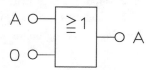

Tab. 4.27 Boolesche Gleichung einer Schaltvariablen mit ihrer Negation

A	$\bar{A}$	A ∨ $\bar{A}$
0	0	1
1	1	1

Abb. 4.47 ODER-
Verknüpfung einer
Schaltvariablen mit ihrer
Negation

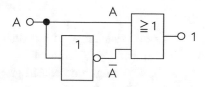

Tab. 4.28 zeigt eine doppelte Negation einer Schaltvariablen.
Abb. 4.48 zeigt eine doppelte Negation einer Schaltvariablen.

Tab. 4.28 Doppelte Negation einer Schaltvariablen

A	$\bar{A}$	$\bar{\bar{A}}$
0	1	0
1	0	1

Abb. 4.48 Doppelte Negation einer Schaltvariablen

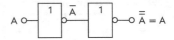

$$A \circ \!\!-\!\!\boxed{1}\!\!-\!\!\circ \bar{A} \!\!-\!\!\boxed{1}\!\!-\!\!\circ \bar{\bar{A}} = A$$

4.2.8 De Morgansche Gesetze

Die De Morganschen Gesetze besagen, dass ein am Ausgang negiertes UND-Glied die gleiche Schaltfunktion erfüllt wie ein an allen Eingängen negiertes ODER-Glied und umgekehrt. Daraus folgt, dass ein an allen Eingängen und am Ausgang negiertes UND-Glied einem ODER-Glied entspricht und umgekehrt. Die De Morganschen Gesetze gelten auch bei mehr als zwei Eingängen. Es gilt also:

$$\overline{A \wedge B} = \bar{A} \vee \bar{B}$$

Tab. 4.29 zeigt eine ausgangsseitig negierte UND-Verknüpfung und diese entspricht einer eingangsseitig negierten ODER-Verknüpfung.

Abb. 4.49 zeigt eine ausgangsseitig negierte UND-Verknüpfung und diese entspricht einer eingangsseitig negierten ODER-Verknüpfung.

Im nächsten Beispiel gilt für eine ausgangsseitig negierte ODER-Verknüpfung mit einer eingangsseitig negierten UND-Verknüpfung folgende Gleichung:

$$\overline{A \vee B} = \bar{A} \wedge \bar{B}$$

Tab. 4.30 zeigt eine ausgangsseitig negierte ODER-Verknüpfung und diese entspricht einer eingangsseitig negierten UND-Verknüpfung.

Abb. 4.50 zeigt eine ausgangsseitig negierte ODER-Verknüpfung und diese entspricht einer eingangsseitig negierten UND-Verknüpfung.

Im folgenden Beispiel gilt für eine allseitig negierte UND-Verknüpfung mit einer eingangsseitig negierten ODER-Verknüpfung folgender Ablauf:

$$\overline{\bar{A} \wedge \bar{B}} = \bar{\bar{A}} \vee \bar{\bar{B}} = A \vee B$$

Es ergibt sich Tab. 4.31 mit einer allseitig negierten UND-Verknüpfung und diese entspricht einer ODER-Verknüpfung.

Abb. 4.51 zeigt eine allseitig negierte UND-Verknüpfung und diese entspricht einer ODER-Verknüpfung.

Im nächsten Beispiel gilt für eine allseitig negierte ODER-Verknüpfung mit einer eingangsseitig negierten UND-Verknüpfung folgende Gleichung:

Tab. 4.29 Ausgangsseitig negierte UND-Verknüpfung entspricht einer eingangsseitig negierten ODER-Verknüpfung

A	B	$A \wedge B$	$\overline{A \wedge B}$	$\overline{A}$	$\overline{B}$	$\overline{A} \vee \overline{B}$
0	0	0	1	1	1	1
0	1	0	1	1	0	1
1	0	0	1	0	1	1
1	1	1	0	0	0	0

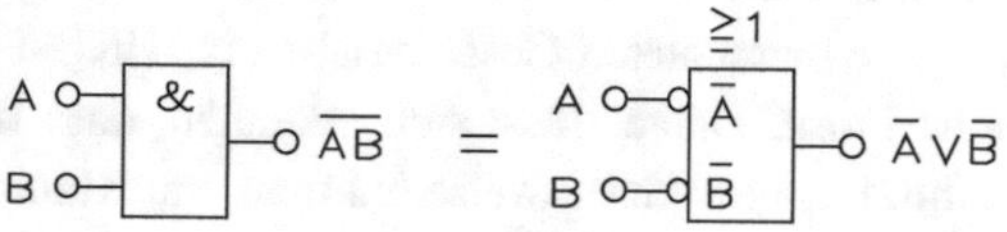

Abb. 4.49 Ausgangsseitig negierte UND-Verknüpfung entspricht einer eingangsseitig negierten ODER-Verknüpfung

Tab. 4.30 Ausgangsseitig negierte ODER-Verknüpfung entspricht einer eingangsseitig negierten UND-Verknüpfung

A	B	$A \vee B$	$\overline{A \vee B}$	$\overline{A}$	$\overline{B}$	$\overline{A} \wedge \overline{B}$
0	0	0	1	1	1	1
0	1	1	0	1	0	0
1	0	1	0	0	1	0
1	1	1	0	0	0	0

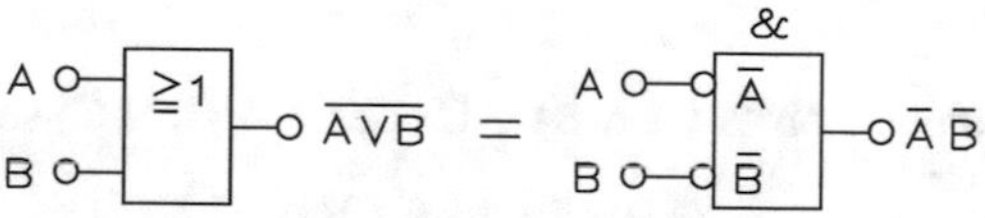

Abb. 4.50 Ausgangsseitig negierte ODER-Verknüpfung entspricht einer eingangsseitig negierten UND-Verknüpfung

Tab. 4.31 Allseitig negierte UND-Verknüpfung entspricht einer ODER-Verknüpfung

A	B	$\overline{A}$	$\overline{B}$	$\overline{A} \wedge \overline{B}$	$\overline{\overline{A} \wedge \overline{B}}$	$A \vee B$
0	0	1	1	1	0	0
0	1	1	0	0	1	1
1	0	0	1	0	1	1
1	1	0	0	0	1	1

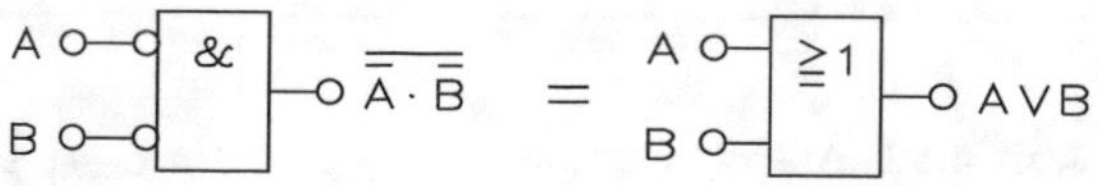

Abb. 4.51 Allseitig negierte UND-Verknüpfung entspricht einer ODER-Verknüpfung

$$\overline{\overline{A} \vee \overline{B}} = \overline{\overline{A}} \wedge \overline{\overline{B}} = A \wedge B$$

Tab. 4.32 zeigt eine allseitig negierte UND -Verknüpfung entspricht einer eingangsseitig negierten ODER-Verknüpfung.

Abb. 4.52 zeigt eine allseitig negierte ODER-Verknüpfung und diese entspricht einer UND-Verknüpfung.

Man kann jede kombinatorische Digitalschaltung nur aus UND-Schaltungen und Invertern oder nur aus ODER-Schaltungen und Invertern aufbauen, da sich UND- und ODER-Schaltungen mit Hilfe von Invertern gegenseitig ineinander überführen lassen.

Die betrachteten Gesetze haben für UND-Funktionen und ODER-Funktionen die gleiche Form. Daraus lässt sich erkennen, dass UND- und ODER-Funktionen gleichwertig sind. Für die Schreibweise hat man, um Klammern zu sparen, Prioritäten festgelegt:

a) Das Negationszeichen – bindet stärker als alle übrigen Zeichen.

$$A \wedge \overline{B \vee C} = A \wedge \overline{B} \vee C$$
$$A \wedge \overline{B \vee C} \wedge D = A \wedge \overline{B} \vee C \wedge D$$

b) Das UND-Zeichen · (∧), das ODER-Zeichen ∨, das NAND-Zeichen $\overline{\wedge}$ (Strich über und das NOR-Zeichen $\overline{\vee}$(Strich über) binden gleich stark. Treten verschiedene von ihnen in einer Formel auf, so sind Klammern erforderlich.

Bei A ∧ B ∨ C ist unklar, ob es (A ∧ B) ∨ C oder A ∧ (B ∨ C) sein soll.

$$A \wedge (B \vee C) \neq (A \wedge B) \vee C$$

Tab. 4.33 zeigt den Gebrauch von Klammern.

Abb. 4.53 zeigt den Gebrauch der Klammern bei der Zusammenfassung logischer Verknüpfungen.

Tab. 4.32 Allseitig negierte UND-Verknüpfung und diese entspricht einer ODER-Verknüpfung

A	B	$\overline{A}$	$\overline{B}$	$\overline{A} \wedge \overline{B}$	$\overline{\overline{A} \vee \overline{B}}$	A ∧ B
0	0	1	1	1	0	0
0	1	1	0	1	0	0
1	0	0	1	1	0	0
1	1	0	0	0	1	1

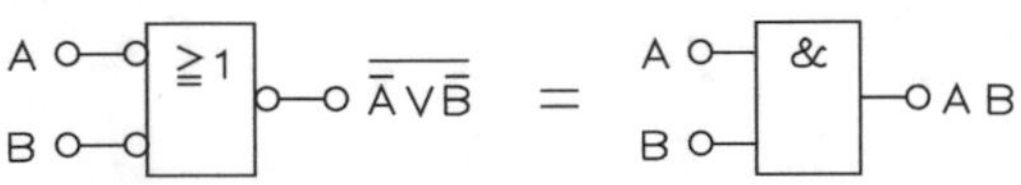

Abb. 4.52 Allseitig negierte ODER-Verknüpfung entspricht einer UND-Verknüpfung

Tab. 4.33 Gebrauch von Klammern für A ∧ (B ∨ C) ≠ (A ∧ B) ∨ C

A	B	C	B ∨ C	A ∧ (B ∨ C)	A ∧ B	(A ∧ B) ∨ C
0	0	0	0	0	0	0
0	0	1	1	0	0	1
0	1	0	1	0	0	0
0	1	1	1	0	0	1
1	0	0	0	0	0	0
1	0	1	1	1	0	1
1	1	0	1	1	1	1
1	1	1	1	1	1	1

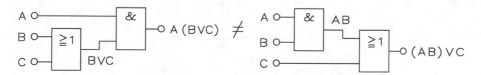

Abb. 4.53 Gebrauch der Klammern bei der Zusammenfassung logischer Verknüpfungen

4.2.9   Verknüpfungen von zwei Schaltvariablen

Tab. 4.34 zeigt noch einmal zusammengefasst die Wahrheitstabelle für UND- und ODER-Verknüpfungen zweier Schaltvariablen.

Man kann von dieser Tabelle acht Verknüpfungen durchführen: UND, ODER, NAND, NOR, Äquivalenz, Antivalenz, Inhibition und Implikation. Tab. 4.35 zeigt die Wahrheitstabelle einer NAND-Verknüpfung.

Abb. 4.54 zeigt die Realisierung eines NAND-Glieds.

Tab. 4.36 zeigt ein NOR-Glied.

Abb. 4.55 zeigt die Realisierung eines NOR-Glieds.

Die NAND-Verknüpfung und die NOR-Verknüpfung nehmen unter den Schaltfunktionen eine besondere Stellung ein: Man kann jedes beliebige Schaltnetz nur aus NAND-Gliedern oder nur aus NOR-Gliedern realisieren. Das hat große wirtschaftliche Bedeutung. Die integrierten Schaltungen lassen sich nur in Großserien wirtschaftlich herstellen. Daher werden in der IC-Technik (integrierte Schaltungen in TTL und CMOS) hauptsächlich NAND- und NOR-Glieder hergestellt, weil man mit ihnen jedes Schaltnetz realisieren kann. Zu dem Problem der Vereinfachung von Schaltfunktionen tritt nun das Problem der Typisierung, d. h. die Umformung der jeweiligen Schaltfunktion in einen Ausdruck, der nur NAND- oder nur NOR-Verknüpfungen enthält.

Die vollständigen disjunktiven und konjunktiven Normalformen haben gezeigt, dass sich jedes Schaltnetz nur aus UND-, ODER- und NICHT-Gliedern aufbauen lässt. Um zu zeigen, dass nur NAND- oder nur NOR-Glieder genügen, reicht daher die Darstellung von UND-, ODER- und NICHT-Gliedern aus NAND- oder NOR-Gliedern aus.

Abb. 4.56 zeigt die Schaltung für eine NICHT-Funktion aus NAND-Gattern.

Abb. 4.57 zeigt die Schaltung für eine NICHT-Funktion aus NOR-Gattern.

Tab. 4.34 UND- und ODER-Verknüpfungen zweier Schaltvariablen

A B	UND	ODER
0 0	0	0
0 1	0	1
1 0	0	1
1 1	1	1

Tab. 4.35 Wahrheitstabelle einer NAND-Verknüpfung

A B	Z
0 0	1
0 1	1
1 0	1
1 1	0

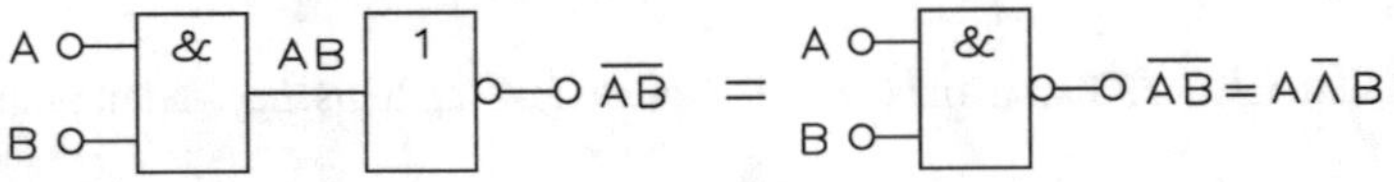

Abb. 4.54 Realisierung eines NAND-Glieds

Tab. 4.36 Wahrheitstabelle eines NOR-Glieds

A B	Z
0 0	1
0 1	0
1 0	0
1 1	0

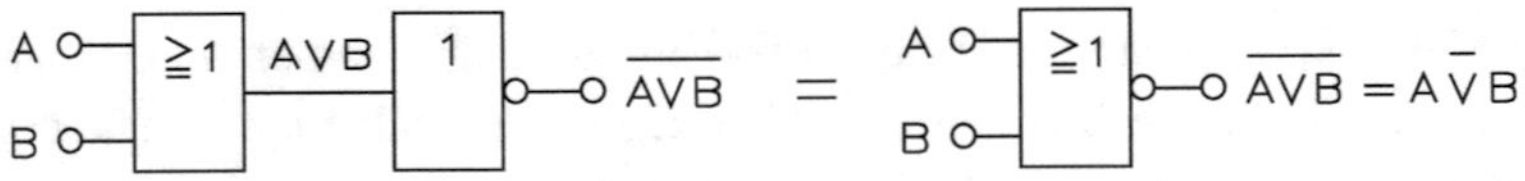

Abb. 4.55 Realisierung eines NOR-Glieds

Abb. 4.56 Schaltung für eine NICHT-Funktion aus NAND-Gattern

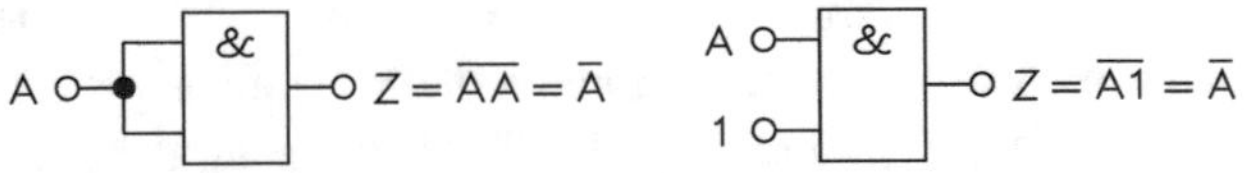

Abb. 4.58 zeigt die Schaltung für eine UND-Funktion aus NAND-Gattern.

Abb. 4.59 zeigt die Schaltung für eine UND-Funktion aus NOR-Gattern.

Abb. 4.60 zeigt die Schaltung für eine ODER-Funktion aus NAND-Gattern.

Abb. 4.61 zeigt die Schaltung für eine ODER-Funktion aus NOR-Gattern.

Die weite Verbreitung der Verknüpfungen NAND und NOR hat noch einen anderen Grund: In digitalen Schaltungen müssen die Signale zwischendurch immer wieder verstärkt werden. Bei NAND- und NOR-Schaltungen wird die Negation am Ausgang durch

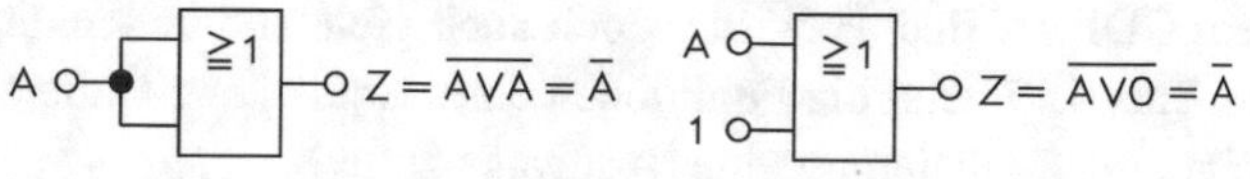

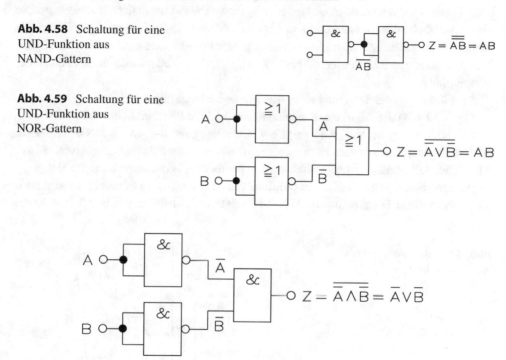

Abb. 4.57 Schaltung für eine NICHT-Funktion aus NOR-Gattern

Abb. 4.58 Schaltung für eine
UND-Funktion aus
NAND-Gattern

Abb. 4.59 Schaltung für eine
UND-Funktion aus
NOR-Gattern

Abb. 4.60 Schaltung für eine ODER-Funktion aus NAND-Gattern

Abb. 4.61 Schaltung für eine
ODER-Funktion aus
NOR-Gattern

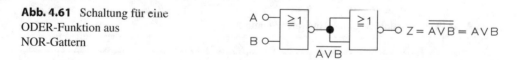

einen invertierenden Verstärker realisiert. Daher sind beim Einsatz von NAND- und NOR-Schaltungen meist keine zusätzlichen Verstärker erforderlich.

4.2.10 Äquivalenz und Antivalenz

Bei der Äquivalenz (XNOR, Aquijunktion, Bisubjunktion) hat der Ausgang immer dann den Zustand 1, wenn beide Eingänge den gleichen Zustand haben, also entweder beide 0 oder beide 1 sind.

Äquivalenzglieder werden vor allem in Vergleicherschaltungen benötigt und teilweise als ein Bauteil hergestellt, meistens jedoch aus anderen Schaltgliedern zusammengesetzt. Die untere Darstellung in Abb. 4.62 zeigt ein Äquivalenzglied aus einem UND-, einem

NOR- und einem ODER-Glied. Es gibt jedoch auch viele andere Ausführungen für ein Äquivalenzglied. Tab. 4.37 zeigt die Funktionen eines Äquivalenz-Gatters.

Abb. 4.62 zeigt eine Realisierung eines Äquivalenzglieds.

Die Antivalenz (XOR) liefert am Ausgang eine 1, wenn beide Eingänge nicht den gleichen Zustand aufweisen. Antivalenzglieder werden teilweise in Addierern verwendet. Die Funktionstabelle der Antivalenz entspricht den Additionsregeln für zwei Dualziffern (allerdings ohne Übertragsbildung). Antivalenzglieder können auch aus anderen Schaltgliedern zusammengesetzt werden. Tab. 4.38 zeigt die Wahrheitstabelle einer Antivalenz-Verknüpfung.

Abb. 4.63 zeigt die Schaltung einer Antivalenz-Verknüpfung.

Tab. 4.39 zeigt die Wahrheitstabelle und Abb. 4.64 die Schaltung einer Inhibition.

Die Darstellung in Abb. 4.64 zeigt ein Antivalenzglied aus einem UND- und zwei NOR-Gliedern, was wiederum nur eine von vielen Ausführungsmöglichkeiten ist. Abb. 4.59, 4.60, 4.62 und 4.63 enthalten oben rechts jeweils die amerikanische Norm.

Eine Inhibition ist eine UND-Verknüpfung mit einem negierten Eingang; sie wird auch meistens in dieser Form realisiert. Abb. 4.64 zeigt zwei Ausführungen und Tab. 4.40 die

Abb. 4.62 Realisierung eines Äquivalenzglieds

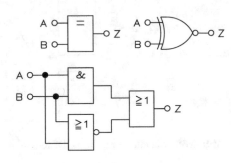

Tab. 4.37 Wahrheitstabelle eines Äquivalenz-Gatters

A B	Z
0 0	1
0 1	0
1 0	0
1 1	1

Tab. 4.38 Wahrheitstabelle einer Antivalenz-Verknüpfung

A B	Z
0 0	0
0 1	1
1 0	1
1 1	0

Abb. 4.63   Schaltung einer
Antivalenz-Verknüpfung

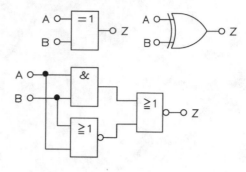

Tab. 4.39   Wahrheitstabelle einer Inhibition

A B	Z
0 0	0
0 1	0
1 0	1
1 1	0

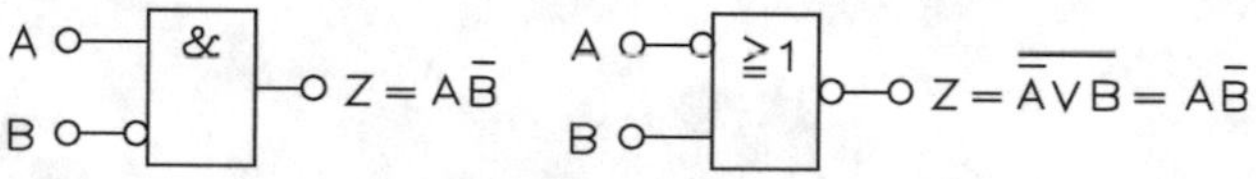

Abb. 4.64   Schaltung einer Inhibitions-Verknüpfung

Tab. 4.40   Wahrheitstabelle einer Implikation

A B	Z
0 0	1
0 1	0
1 0	1
1 1	1

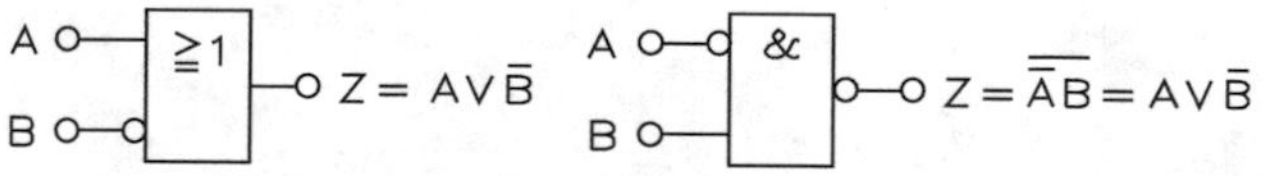

Abb. 4.65   Schaltung einer Implikations-Verknüpfung

zugehörige Wahrheitstabelle. Eine Implikation (Subjunktion) ist eine ODER-Verknüpfung mit einem negierten Eingang und Tab. 4.40 zeigt die Wahrheitstabelle einer Implikation (Subjunktion).

Abb. 4.65 zeigt die Schaltung einer Implikations-Verknüpfung.

Elektrische Antriebstechnik

Ein Elektromotor ist ein elektromechanisches Gerät, das elektrische Energie in mechanische Energie umwandelt. Der umgekehrte Vorgang der Erzeugung von elektrischer Energie aus mechanischer Energie erfolgt durch einen Generator.

Die Betriebsanforderungen an den Elektromotor sind insbesondere in der Industrie enorm. Robustheit, Zuverlässigkeit, Größe, Energieeffizienz und der Preis sind nur einige der Kriterien. Unterschiedliche Anforderungen haben zur Entwicklung von verschiedenen Arten von Elektromotoren geführt. Tab. 5.1 gibt einen allgemeinen Überblick über die gängigsten Elektromotortechnologien.

Alle rotierenden Elektromotoren bestehen im Prinzip aus zwei Hauptelementen, dem Stator und dem Rotor, wie Abb. 5.1 zeigt.

- Stator: Der Stator ist der nicht bewegliche Teil des Motors, der aus Blechpaketen besteht, in denen sich elektrische Wicklungen befinden.
- Rotor: Der Rotor ist der sich drehende Teil des Motors, der an der Motorwelle angebracht ist. Ebenso wie der Stator besteht der Rotor aus dünnen Stahlblechen, in denen die Rotorwicklungen eingelagert sind.

Eine Variante ist der Motor mit Außenrotor. Anders als beim Innenrotor befindet sich der Stator in der Mitte des Motors, und der Rotor dreht sich um den Stator. Diese Konstruktion findet in einigen Lüfteranwendungen Verwendung, bei denen die Lüfterflügel direkt auf dem Rotor montiert sind. Soweit nicht anders angegeben, beziehen sich die folgenden Erklärungen auf die Innenrotorkonstruktion.

IEC-Normen definieren die Anschlussabmessungen von typischen Industriemotoren. Es erfüllen jedoch nicht alle Motoren diese Anforderungen. So weichen beispielsweise die Abmessungen von NEMA-Rahmenmotoren aufgrund der Umrechnung vom metrischen zum angloamerikanischen Maßsystem von den IEC-Normen ab.

© Springer Fachmedien Wiesbaden GmbH, ein Teil von Springer Nature 2022
H. Bernstein, *Elektropneumatische und elektrohydraulische Bauelemente in der Mechatronik*, https://doi.org/10.1007/978-3-658-34445-0_5

Tab. 5.1 Überblick über die Elektromotoren

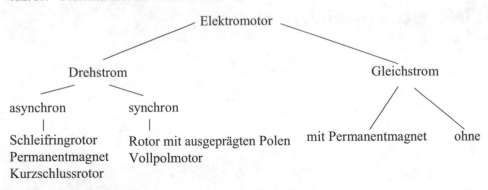

Abb. 5.1 Querschnitt durch einen Asynchronmotor

Der Ausgangsnennstrom von Elektromotoren ist innerhalb eines Standardbereichs fest-gelegt. Durch diese Standardisierung können Anwender bei bestimmten Aufgaben zwi-schen verschiedenen Motorherstellern wählen. Der „standardmäßige" Ausgangsbereich und seine Inkremente sind von Land zu Land und von Region zu Region unterschiedlich. Es ist empfehlenswert herauszufinden, wie die Hersteller in ihren Katalogen den Standard definieren. Durchschnittlich lassen sich Motoren mit einer Geräteleistung von 315 W bis ca. 200 kW als Standardmotoren mit Standardabmessungen einstufen.

Pferdestärken [PS] sind eine angloamerikanische Einheit zur Messung der Motorleis-tung. Wenn diese Einheit angegeben ist, lässt sie sich folgendermaßen umrechnen: 1 PS = 0,736 kW oder 1 kW = 1,341 PS.

Neben der Leistung ist das Drehmoment ein wichtiges Merkmal eines Motors. Das Drehmoment gibt die Drehstärke der Motorwelle an. Die Leistung steht in direkter Verbin-dung zum Drehmoment und kann berechnet werden, wenn Drehmoment und Drehzahl bekannt sind.

$$P = \frac{M \cdot n}{9550}$$

P   Leistung [kW]
M   Drehmoment [Nm]
n   Drehzahl [U/min]

Der in der Formel verwendete Divisor 9550 geht aus der Umrechnung der Einheiten hervor:

- Leistung von der Basiseinheit W (Watt) zur Typenschild-Einheit kW (Kilowatt)
- Drehzahl von der Basiseinheit s^{-1} (Umdrehungen pro Sekunde) zur Typenschild-Einheit min^{-1} (Umdrehungen pro Minute)

Der erste Elektromotor, ein Gleichstrommotor, wurde um das Jahr 1833 gebaut. Die Drehzahlregelung ist bei diesem Motortyp einfach und hat die Anforderungen von vielen unterschiedlichen Anwendungen zu dieser Zeit erfüllt. Die Steuerung des Gleichstrommotors erfolgt durch eine Stromversorgung mit Gleichspannung, deren Höhe die Drehzahl des Rotors beeinflusst. Die auf die Stator- und Rotorwicklungen angelegte Spannung führt zur Entstehung von Magnetfeldern, die sich anziehen oder abstoßen und auf diese Weise zu einer Bewegung des Rotors führen. Die dem Rotor zugeführte Energie wird über Bürsten, die gewöhnlich aus Graphit bestehen, auf einen Kommutator übertragen. Der Kommutator stellt sicher, dass die nächste Wicklung mit Strom versorgt wird, um eine kontinuierliche Drehung zu erreichen. Die Bürsten sind mechanischem Abrieb ausgesetzt und müssen gewartet oder regelmäßig ausgewechselt werden. Die Bedeutung von Gleichstrommotoren ist im Laufe der Zeit gesunken, und sie werden heutzutage nur noch selten in Leistungsbereichen über wenigen hundert Watt eingesetzt.

Im Vergleich zu Gleichstrommotoren sind Drehstrommotoren viel einfacher und robuster. Drehstrommotoren haben jedoch gewöhnlich eine feste Drehzahl- und Drehmomentkennlinie. Aufgrund dieser festen Kennlinien eigneten sich Drehstrommotoren viele Jahre lang nicht für viele unterschiedliche oder spezielle Anwendungen. Sie kommen aber dennoch in den meisten Anwendungen zur Umwandlung von elektrischer in mechanische Energie zum Einsatz.

Das Funktionsprinzip von Drehstrommotoren basiert auf der Wirkung eines rotierenden Magnetfelds. Das rotierende Feld erzeugt entweder eine Mehrphasen-Wechselstromversorgung (normalerweise eine Dreiphasen-Stromversorgung) oder eine Einphasen-Stromversorgung, unterstützt durch Kondensatoren oder Induktivitäten, die eine Phasenverschiebung erreichen.

Der Fokus dieses Buchs liegt auf Drehstrommotoren, insbesondere auf Asynchronmotoren, da sich die Anforderungen für den Betrieb mit Frequenzumrichtern in Anwendungen mit Antrieben mit Drehzahlregelung für verschiedene Motortypen aus dieser Motortechnologie herleiten lassen. Gleichstrommotoren werden nicht weiter behandelt.

Bei den meisten Elektromotoren erfolgt die Krafterzeugung über eine Interaktion von Magnetfeldern und stromdurchflossenen Leitern.

Wenn die Netzfrequenz und die Polpaarzahl bekannt sind, lässt sich die Synchrondrehzahl eines Motors berechnen.

$$n_0 = \frac{f \cdot 60}{p}$$

f   Frequenz [Hz]
n_0 Synchrondrehzahl [min^{-1}]
p   Polpaarzahl

Die Frequenz oder der Frequenzumrichter bestimmt das Versorgungsnetz, die Zahl der Pole hängt jedoch davon ab, wie die Statorspulen verbunden sind.

5.1 Drehstrommotoren

Normalerweise erzeugt man in der Praxis einen Drehstrom und von diesem leitet man den einphasigen Wechselstrom ab. Abb. 5.2 zeigt die Entstehung von Wechsel- und Drehstrom.

Ein Drehstromsystem bezeichnet man als unverkettetes System, d. h., die drei Phasen sind in keinerlei leitenden Verbindung zueinander. Ordnet man auf der Achse mehrere, um bestimmte Winkel (120°) gegeneinander versetzte Spulen an, so werden in ihnen Spannungen induziert, die um diese Winkel gegeneinander phasenverschoben sind. Die Spannungen bilden ein Mehrphasensystem. Weisen diese Spannungen den gleichen Scheitelwert auf und sind sie um gleiche Winkel gegeneinander phasenverschoben, so bezeichnet man das System als symmetrisch.

Von besonderer Bedeutung ist das symmetrische Dreiphasen- oder Drehstromsystem. Zu seiner Erzeugung ist eine Anordnung mit drei räumlich versetzten Spulen erforderlich. Sie lassen sich daher wiedergeben durch

$$u_1 = \hat{u} \cdot \sin \omega t$$

$$u_2 = \hat{u} \cdot \sin \left(\omega t - 120° \right)$$

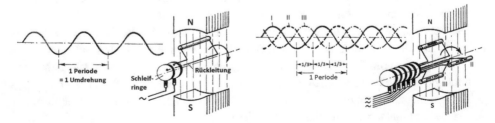

Abb. 5.2 Entstehung von Wechsel- und Drehstrom

$$u_3 = \hat{u} \cdot \sin\left(\omega t - 240°\right)$$

Die Bezeichnung $\hat{u}$ ist der Scheitelwert der induzierten Spannung. Die Anordnung zur Erzeugung dieser Spannungen stellt einen einfachen Drehstromgenerator dar.

Soll der Drehstromgenerator mit einem Verbraucher verbunden werden, so könnte man für jeden Strang zwei Leitungen vorsehen. Man bekäme auf diese Weise sechs zum Verbraucher führende Leitungen. Es zeigt sich jedoch, dass die drei Stränge untereinander in geeigneter Weise miteinander verbunden werden können, sodass die Anzahl der zum Verbraucher führenden Leitungen kleiner als sechs gehalten werden kann. Man spricht dann von einem verketteten System. Es gibt zwei Arten der Verkettung, die Sternschaltung (Vier- oder Fünfleitersystem) und die Dreieckschaltung (Dreileitersystem).

Begriffe für den Drehstrom, die in diesem Kapitel noch ausführlich behandelt werden:

Außenleiter: Leiter, der an einem Außenpunkt angeschlossen ist, z. B. L_1, L_2 und L_3.

Außenleiterspannung: Spannung zwischen zwei Außenleitern mit zeitlich aufeinander folgenden Phasen, z. B. U_{12}, U_{23} und U_{31}. In der Praxis ergibt sich eine Außenleiterspannung von 400 V, bezogen auf den Mittelleiter.

Außenleitermittelspannung: Spannung zwischen Außenleiter und dem Mittelleiter (Mittelpunkt), z. B. U_{1N}, U_{2N} und U_{3N}. In der Elektrotechnik hat man drei Spannungen von 230 V.

Dreieckspannung: Effektiver Nennwert der Außenleiterspannung.

Dreieckstrom: Andere Bezeichnung für Strangstrom in Dreieckschaltung.

Mittelleiter: Neutralleiter, der an dem Mittelpunkt angeschlossen ist.

Mittelpunkt: Sternpunkt oder Anschlusspunkt, von dem in Anordnung und Wirkung gleichwertige Stränge eines Systems ausgehen.

Mittelpunktspannung: Spannung zwischen Mittelpunkt (Mittelleiter) und einem Punkt mit festgelegtem Potential, z. B. der Bezugserde.

Neutralleiter: Leiter, der an einem Mittel- oder Sternpunkt angeschlossen ist.

Nullleiter: Unmittelbar geerdeter Leiter, meist der Neutralleiter.

Phase: Augenblicklicher Spannungszustand eines periodischen Schwingungsvorgangs.

Phasenfolge: In einem Mehrphasensystem die zeitliche Reihenfolge, in der die gleichartigen Augenblickswerte der Spannungen in den einzelnen Strombahnen nacheinander auftreten.

Strang: Die Strombahn in einem Mehrphasensystem, in der Strom einer Phase (in der Bedeutung vom Schwingungszustand) fließt.

Strangspannung: Spannung zwischen den Enden eines Strangs, egal in welcher Schaltung die Stränge zusammengeschlossen sind.

Sternspannung: Spannung zwischen einem Außenleiter und dem Sternpunkt.

Sternstrom: Andere Bezeichnung für den Strangstrom bei Mehrphasensystemen in Sternschaltung.

Sternpunktspannung: Spannung zwischen einem Sternpunkt und einem Punkt mit festgelegtem Potentzial, z. B. der Bezugserde.

Das Arbeiten an elektrischen Anlagen und der Umgang mit elektrischen Betriebsmitteln beinhaltet immer viele Situationen, in denen Menschen, Tiere und Sachwerte gefährdet sein können.

Zuerst soll das Zusammenwirken der Einzelelemente erklärt werden: Erder, Hauptpotenzialausgleich, Schutzleiter, Schutzeinrichtungen, z. B. Leitungsschutzschalter, Sicherung oder Fehlerstrom-Schutzeinrichtungen. Dies gilt auch für die unterschiedlichen Netzformen (TN-C-, TN-S-, TN-C-S-, TT- und IT-Netz).

Begriffe für die Netzformen:

TN-C-Netz: Direkte Erdung eines Punktes (Betriebserde z. B. des Transformators).

N: Gehäuse (Körper direkt mit dem Betriebserder der speisenden Stromquelle verbunden). In Wechselspannungsnetzpunktsystemen ist der geerdete Punkt meist der Sternpunkt des Transformators.

C: Neutral- und Schutzleiterfunktion kombiniert in einem Leiter, dem PEN-Leiter (Schutzleiter PE und Neutralleiter N).

TN-S-Netz: Direkte Erdung eines Punktes (Betriebserde z. B. des Transformators).

S: Neutral- und Schutzleiterfunktion durch getrennte Leiter.

TN-C-S-Netz: Kombination von C- und S-Netz.

TT-Netz: Direkte Erdung eines Punktes (Betriebserde z. B. des Transformators).

T: Gehäuse (Körper) direkt geerdet (Anlagenerder).

IT-Netz: Isolierung aller aktiven Teile gegen Erde oder Verbindung eines Punktes mit der Erde über eine hochohmige Impedanz.

5.1.1 Wirkungsweise eines Drehstrommotors

Das Prinzip der elektromagnetischen Induktion: In einem quer durch ein Magnetfeld B bewegten Leiter wird eine Spannung induziert. Ist der Leiter in einem geschlossenen Stromkreis, fließt ein Strom I. Auf den bewegten Leiter wirkt eine Kraft F senkrecht zum Magnetfeld und zum Leiter.

a) Generatorprinzip (Induktion durch Bewegung): Beim Generatorprinzip erzeugen Magnetfeld und Bewegung eines Leiters eine Spannung (Abb. 5.3a).
b) Motorprinzip: In Motoren wird das Induktionsprinzip in „umgekehrter Reihenfolge" verwendet: Ein stromführender Leiter wird in einem Magnetfeld angeordnet. Der Leiter wird dann von einer Kraft F beeinflusst, die versucht, den Leiter aus dem Magnetfeld zu bewegen (Abb. 5.3b). Beim Motorprinzip erzeugen Magnetfeld und stromdurchflossener Leiter eine Bewegung.

Das Magnetfeld wird im Motor im feststehenden Teil (Stator) erzeugt. Die einzelnen Leiter, die von den elektromagnetischen Kräften beeinflusst werden, befinden sich im rotierenden Teil (Rotor). Die Drehstrommotoren unterteilen sich in zwei Typen, den asynchronen und synchronen Motoren.

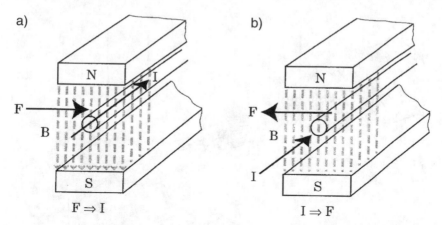

a) $F \Rightarrow I$ b) $I \Rightarrow F$

Abb. 5.3 Prinzip der elektromagnetischen Induktion (links) a) Generatorprinzip (rechts) Motorprinzip

Bei beiden Motoren ist die Wirkungsweise der Statoren im Prinzip gleich und der Unterschied liegt im Rotor. Hier entscheiden die Bauweise und wie sich der Rotor im Verhältnis zum Magnetfeld bewegt. Synchron bedeutet „gleichzeitig" oder „gleich", und asynchron „nicht gleichzeitig" oder „nicht gleich", d. h. die Drehzahlen vom Rotor und Magnetfeld sind gleich oder unterschiedlich.

5.1.2   Aufbau eines Asynchronmotors

Der Asynchronmotor ist der meistverbreitete Motor und dieser erfordert fast keine Instandhaltung. Der mechanische Aufbau ist genormt, damit ein geeigneter Lieferant immer schnell verfügbar ist. Es gibt mehrere Typen von Asynchronmotoren, die jedoch alle nach dem gleichen Grundprinzip arbeiten. Die beiden Hauptbauteile sind der Stator (Ständer) und der Rotor (Läufer), wie Abb. 5.4 zeigt.

Der Stator besteht aus Statorgehäuse (1), Kugellagern (2), die den Rotor (9) tragen, Lagerböcke (3) für die Anordnung der Lager und als Abschluss für das Statorgehäuse, Ventilator (4) für die Motorkühlung und Ventilatorkappe (5) als Schutz gegen den rotierenden Ventilator. Auf der Seite des Statorgehäuses sitzt ein Kasten für den elektrischen Anschluss (6).

Im Statorgehäuse befindet sich ein Eisenkern (7) aus dünnen, 0,3 bis 0,5 mm starken Eisenblechen. Die Eisenbleche weisen Ausstanzungen für die drei Phasenwicklungen auf.

Die Phasenwicklungen und der Statorkern erzeugen das Magnetfeld. Die Anzahl der Polpaare (oder Pole) bestimmt die Geschwindigkeit, mit der das Magnetfeld rotiert. Tab. 5.2 zeigt die Abhängigkeit von Polpaar p bzw. Polzahl und synchroner Drehzahl des Motors. Wenn ein Motor an seine Nennfrequenz angeschlossen ist, wird die Drehzahl des Magnetfeldes als synchrone Drehzahl n_0 des Motors bezeichnet.

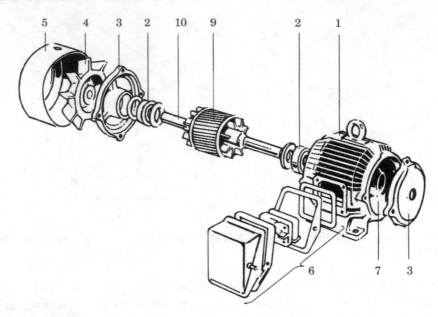

Abb. 5.4 Aufbau eines Asynchronmotors

Tab. 5.2 Polpaar bzw. Polzahl und die synchrone Drehzahl des Elektromotors

Polpaar p	1	2	3	4	6
Polzahl	2	4	6	8	12
n_0 1/mm	3000	1500	1000	750	500

Das Magnetfeld rotiert im Luftspalt zwischen Stator und Rotor. Nach Anschluss einer der Phasenwicklungen an eine Phase der Versorgungsspannung wird ein Magnetfeld induziert. Abb. 5.5 zeigt eine Phase für das Wechselfeld im Asynchronmotor.

Die Anordnung dieses Magnetfeldes im Statorkern ist fest, aber die Richtung ändert sich. Die Geschwindigkeit, mit der die Richtung sich ändert, wird von der Frequenz der Versorgungsspannung bestimmt. Bei einer Frequenz von 50 Hz ändert das Wechselfeld die Richtung 50 mal in jeder Sekunde.

Beim Anschluss von zwei Phasenwicklungen gleichzeitig an die jeweilige Phase werden zwei Magnetfelder im Statorkern induziert. In einem zweipoligen Motor ist das eine Feld 120° im Verhältnis zum anderen verschoben und die Maximalwerte der Felder sind auch zeitmäßig verschoben. Hiermit entsteht ein Magnetfeld, das im Stator rotiert. Das Feld ist jedoch sehr asymmetrisch, bis die dritte Phase angeschlossen wird. Abb. 5.6 zeigt zwei Phasen für das Wechselfeld im Asynchronmotor.

Nach Anschluss der dritten Phase gibt es drei Magnetfelder im Statorkern. Zeitmäßig sind die drei Phasen 120° im Verhältnis zueinander verschoben. Abb. 5.7 zeigt drei Phasen für das Wechselfeld im Asynchronmotor.

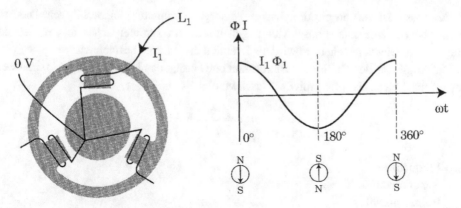

Abb. 5.5   Eine Phase ergibt ein Wechselfeld im Asynchronmotor

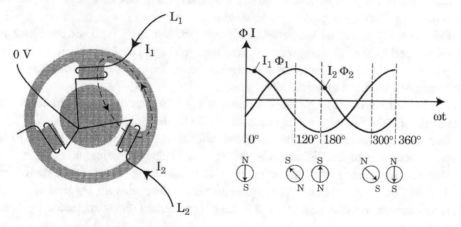

Abb. 5.6   Zwei Phasen ergeben ein asymmetrisches Drehfeld

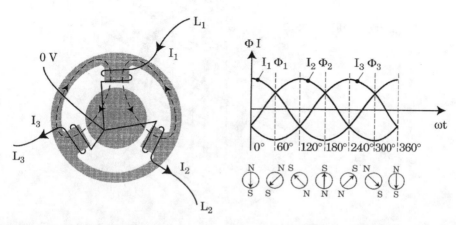

Abb. 5.7   Drei Phasen ergeben ein symmetrisches Drehfeld

Der Stator ist nun an die dreiphasige Versorgungsspannung angeschlossen. Die Magnetfelder der einzelnen Phasenwicklungen bilden ein symmetrisches und rotierendes Magnetfeld. Dieses Magnetfeld wird als Drehfeld des Motors bezeichnet.

Die Amplitude des Drehfeldes ist konstant und beträgt das 1,5-fache vom Maximalwert der Wechselfelder. Es rotiert mit der Geschwindigkeit

$$n_0 = \frac{f \cdot 60}{p}$$

f   Frequenz
n_0 Synchrondrehzahl
p   Polpaaranzahl

Die Geschwindigkeit ist somit von der Polpaaranzahl p des Elektromotors und der Frequenz f der Versorgungsspannung abhängig.

Der Rotor (9) ist auf der Motorwelle (10) montiert. Der Rotor wird wie der Stator aus dünnen Eisenblechen mit ausgestanzten Schlitzen gefertigt. Der Rotor kann ein Schleifringrotor oder ein Kurzschlussrotor sein. Sie unterscheiden sich dadurch, dass die Wicklungen in den Schlitzen unterschiedlich sind.

Der Schleifringrotor besteht wie der Stator aus gewickelten Spulen, die in den Schlitzen liegen. Es gibt Spulen für jede Phase, die an die Schleifringe geführt werden.

Der Kurzschlussrotor hat in den Schlitzen eingegossene Aluminiumstäbe. An jedem Ende des Rotors erfolgt ein Kurzschluss der Stäbe über einen Aluminiumring.

Der Kurzschlussrotor wird in der Praxis am häufigsten eingesetzt. Da beide Rotoren nach dem Prinzip die gleiche Wirkungsweise verwenden, wird im Folgenden nur der Kurzschlussrotor beschrieben. Abb. 5.8 zeigt den Verlauf des Drehfeldes im Kurzschlussrotor

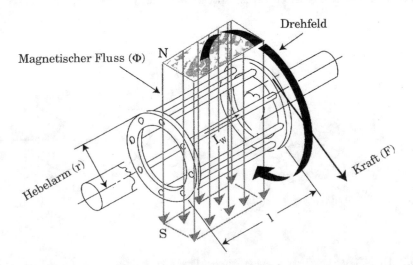

Abb. 5.8 Verlauf des Drehfeldes im Kurzschlussrotor

Bei Anordnung eines Rotorstabes im Drehfeld wird dieser von einem magnetischen Pol durchwandert. Das Magnetfeld des Pols induziert einen Strom I_w im Rotorstab, der nun durch eine Kraft F beeinflusst wird. Diese Kraft wird durch die Flussdichte B, den induzierten Strom I_w, die Länge l des Rotorstabes sowie die Phasenlage θ zwischen der Kraft und Flussdichte bestimmt.

$$F = B \cdot I_w \cdot l \cdot \sin\theta$$

Nimmt man an, dass $\theta = 90°$ ist, dann ist die Kraft

$$F = B \cdot I_w \cdot l$$

Der nächste Pol, der den Rotorstab durchwandert, hat die entgegengesetzte Polarität. Dieser induziert einen Strom in die entgegengesetzte Richtung. Da sich aber die Richtung des Magnetfeldes auch geändert hat, wirkt die Kraft in die gleiche Richtung wie zuvor (Abb. 5.9b).

Bei Anordnung des ganzen Rotors im Drehfeld (Abb. 5.9c) werden die Rotorstäbe von Kräften beeinflusst, die den Rotor drehen. Die Drehzahl (2) des Rotors erreicht nicht die des Drehfeldes (1), da bei gleicher Drehzahl keine Ströme in den Rotorstäben induziert werden.

5.1.3   Schlupf, Moment und Drehzahl

Die Drehzahl n_n des Rotors ist unter normalen Umständen etwas niedriger als die Drehzahl n_0 des Drehfeldes. Der Schlupf s ist der Unterschied zwischen den Geschwindigkeiten des Drehfeldes und des Rotors:

$$s = n_0 - n_n$$

Der Schlupf wird häufig in Prozent der synchronen Drehzahl angegeben:

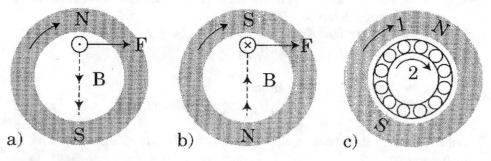

Abb. 5.9 Induktion in den Rotorstäben

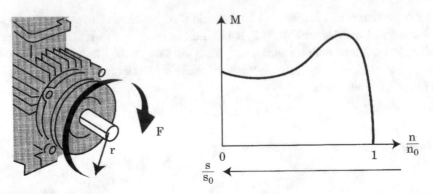

Abb. 5.10 Motormoment

$$s = \frac{n_0 - n_n}{n_0} \cdot 100$$

Normalerweise liegt der Schlupf zwischen 4 % und 11 %. Die Flussdichte B ist definiert als der Fluss Φ pro Querschnitt (A). Damit ergibt sich die Kraft

$$F = \frac{\Phi \cdot I_w \cdot l}{A} \quad F \approx \Phi \cdot I_w$$

Die Kraft, mit der sich der stromführende Leiter bewegt, ist proportional zum magnetischen Fluss Φ und der Stromstärke I_w im Leiter. Abb. 5.10 zeigt das Motormoment „Kraft mal Hebelarm".

Die einzelnen Kräfte der Rotorstäbe werden zusammen zu dem Drehmoment M auf der Motorwelle.

Die Zusammenhänge zwischen Motormoment und Drehzahl weisen einen charakteristischen Verlauf auf. Der Verlauf variiert jedoch nach der Schlitzform im Rotor.

Das Moment des Motors, Drehmoment, gibt die Kraft oder das „Drehen" an, das an der Motorwelle entsteht.

Die Kraft entsteht beispielsweise am Umfang eines Schwungrades, das auf der Welle montiert ist. Mit den Bezeichnungen für die Kraft F und für den Radius r des Schwungrades ist das Moment des Motors M = F · r.

Die vom Motor ausgeführte Arbeit ist:

$$W = F \cdot d$$

d ist die Strecke und n ist die Anzahl der Umdrehungen:

$$d = n \cdot 2 \cdot \pi \cdot r$$

Arbeit kann auch als Leistung multipliziert mit der Zeit, in der die Leistung wirkt, beschrieben werden:

$$W = P \cdot t$$

Das Moment ist somit:

$$M = F \cdot r = \frac{W}{d} \cdot r = \frac{P \cdot t \cdot r}{n \cdot 2 \cdot \pi \cdot r} \quad M = \frac{P \cdot 9550}{n}(t = 60\,\text{s})$$

Die Formel zeigt den Zusammenhang zwischen Drehzahl n in Umdr/min, Moment M in Nm und der vom Motor abgegebenen Leistung P in kW.

Da F · r das Drehmoment M des Motors ist, erhält man

$$P = M \cdot n \cdot 2 \cdot \pi = M \cdot \omega$$

Da 1 Nm/s = 1 W und 1 pro min = 1/60 s sind, erhält man zur Berechnung der Motorleistung in kW aus Drehmoment M und Drehzahl n mit

$$\frac{2 \cdot \pi}{60 \cdot 1000} = \frac{1}{9550} \text{ die Motorleistung mit } P = \frac{M \cdot n}{9550}, \text{d. h. P in kW, M in Nm und n in min}^{-1}.$$

Beispiel: Ein Drehstrommotor gibt bei der Drehzahl von n = 950 min^{-1} die Leistung von P = 1,1 kW ab. Wie groß ist das Drehmoment?

$$M = \frac{P \cdot 9550}{n} = \frac{1,1kW \cdot 9550}{950\,\text{min}^{-1}} = 11 Nm$$

Bei Betrachtung von n, M und P im Verhältnis zu den entsprechenden Werten in einem bestimmten Arbeitspunkt (n_r, M_r und P_r) ermöglicht die Formel einen schnellen Überblick. Der Arbeitspunkt ist in der Regel der Nennbetriebspunkt des Motors und die Formel kann wie folgt umgeschrieben werden:

$$M_r = \frac{P_r}{n_r} \text{ und zu } P_r = M_r \cdot n_r, \text{wobei } M_r = \frac{M}{M_N}, P_r = \frac{P}{P_N} \text{ und } n_r = \frac{n}{n_N} \text{ ist}$$

Die Konstante 9550 entfällt in dieser Verhältnisrechnung.

Neben dem normalen Betriebsbereich des Drehstrommotors gibt es zwei Bremsbereiche, wie Abb. 5.11 zeigt.

Im Bereich $\frac{n}{n_0} > 1$ wird der Motor von der Belastung über die synchrone Drehzahl gezogen. Hier arbeitet der Motor als Generator. Der Motor erzeugt in diesem Bereich ein Gegenmoment und gibt gleichzeitig Leistung zurück ins Versorgungsnetz.

Im Bereich $\frac{n}{n_0} < 0$ wird das Bremsen als Gegenstrombremsung bezeichnet.

Wenn zwei Phasen eines Motors vertauscht werden, ändert das Drehfeld die Laufrichtung und der Motor ändert seine Drehrichtung. Unmittelbar danach wird das Drehzahlverhältnis $\frac{n}{n_0} = 1$ sein.

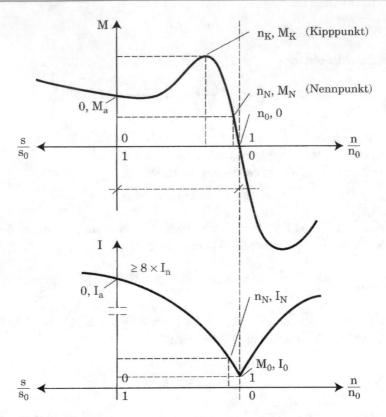

Abb. 5.11 Strom- und Momentencharakteristik des Drehstrommotors

Der Motor, der vorher mit dem Drehmoment M belastet war, bremst nun mit einem Bremsmoment. Wenn der Motor nicht bei n = 0 ausgeschaltet wird, läuft er weiter in der neuen Drehrichtung des Drehfeldes.

Im Bereich $0 < \dfrac{n}{n_0} < 1$ wird der Motor in seinem normalen Arbeitsbereich betrieben.

Der Motorbetriebsbereich lässt sich in zwei Bereiche unterteilen:

Anlaufbereich $0 < \dfrac{n}{n_0} < \dfrac{n_k}{n_0}$ und Betriebsbereich $\dfrac{n}{n_0} < \dfrac{n_k}{n_0} < 1$

Es gibt einige wichtige Punkte im Arbeitsbereich des Motors:

M_a ist das Startmoment des Motors. Es ist das Moment, das der Motor aufbaut, wenn im Stillstand Nennspannung und Nennfrequenz angelegt werden.

M_k ist das Kippmoment des Motors. Es handelt sich um das größte Moment, das der Motor leisten kann, wenn Nennspannung und Nennfrequenz anliegen.

M_N ist das Hauptmerkmal des Motors. Die Nennwerte des Motors sind die mechanischen und elektrischen Größen, für die der Motor nach der Norm IEC 34 konstruiert wurde. Diese sind auf dem Typenschild des Motors angegeben und werden auch als Typenwerte und Typendaten des Motors bezeichnet. Die Nennwerte des Motors geben an, wo sein optimaler Betriebspunkt des Motors bei direktem Anschluss an das Versorgungsnetz liegt.

5.1.4 Wirkungsgrad und Verlust

Der Motor nimmt eine elektrische Leistung aus dem Versorgungsnetz auf. Diese Leistung ist bei einer konstanten Belastung größer als die mechanische Leistung, die der Motor an der Welle abgeben kann. Ursache hierfür sind verschiedene Verluste im Motor. Das Verhältnis zwischen der abgegebenen und der aufgenommenen Leistung ist der Motorwirkungsgrad η:

$$\eta = \frac{P_2}{P_1} = \frac{abgegebene\ Leistung}{aufgenommene\ Leistung}$$

Der typische Wirkungsgrad eines Motors liegt zwischen 0,7 und 0,95 je nach Motorgröße und Polzahl.

Die Verluste, wie Abb. 5.12 zeigt, sind im Motor vorhanden:

Kupferverluste durch die ohmschen Widerstände entstehen in den Stator- und Rotorwicklungen.

Eisenverluste bestehen aus Hystereseverlusten und Wirbelstromverlusten 1. Die Hystereseverluste entstehen, wenn das Eisen von einem Wechselstrom magnetisiert wird. Das Eisen muss ständig ummagnetisiert werden, bei einer 50 Hz Versorgungsspannung 100 mal in der Sekunde. Das erfordert Energie für die Magnetisierung und Entmagnetisierung.

Der Motor nimmt eine bestimmte Leistung auf, um die Hystereseverluste abzudecken. Diese steigen mit der Frequenz und der magnetischen Induktion.

Die Wirbelstromverluste entstehen, weil die Magnetfelder elektrische Spannungen im Eisenkern wic in jcdcm anderen Leiter induzieren. Diese Spannungen verursachen Ströme, die Wärmeverluste verursachen. Die Ströme verlaufen in Kreisen um die Magnetfelder.

Durch die Aufteilung des Eisenkerns in dünne Bleche lassen sich die Wirbelstromverluste deutlich verringern, wie Abb. 5.13 zeigt.

Lüfterverluste entstehen durch den Luftwiderstand des Ventilators des Motors und Reibungsverluste entstehen in den Kugellagern des Rotors.

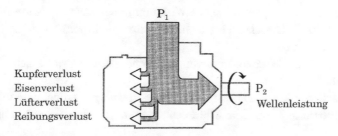

Abb. 5.12 Verluste im Motor

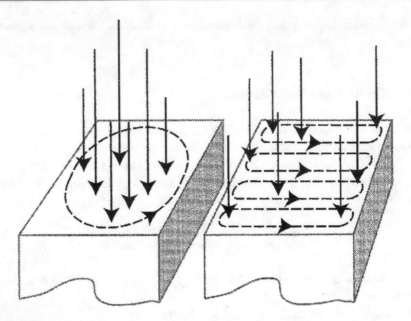

Abb. 5.13 Wirbelströme werden durch die Lamellenform des Motoreisens verringert

Bei Bestimmung von Wirkungsgrad und der abgegebenen Motorleistung werden in der Praxis die Verluste im Motor von der zugeführten Leistung abgezogen.

Die zugeführte Leistung wird gemessen und die Verluste werden berechnet oder experimentell bestimmt.

Die Norm IEC 60034-30 definiert seit Ende 2008 den Standard für die Wirkungsgrade (Effizienzklassen) von handelsüblichen IE1-, IE2-, IE3- und IE4-Motoren.

Die Wirkungsgrade der Elektromotoren bei Nennleistung sind gemäß der neuen Norm EG 60034-30 in vier Effizienzklassen eingeteilt:

IE4: Super Premium Effizienz
IE3: Premium Effizienz
IE2: Hohe Effizienz (früher Eff1)
IE1: Standard Effizienz (früher Eff2)

Alle Werte basieren auf dem Test des Wirkungsgrades nach der Norm EG 60034-2-1 (2007) mit „niedriger Unsicherheit", d. h. inkl. Streuverluste. Tab. 5.3 zeigt die Koeffizienten.

Abb. 5.14 zeigt den Wirkungsgrad von Elektromotoren mit vier Polen und der Norm EG 60034-2-1.

Für die praktische Arbeit in bestehenden Industrieanlagen ordnet man für Drehstrommotoren die Effizienzklassen dem Motorenalter zu, d. h., ohne weitere Kenntnisse eines

Tab. 5.3 Koeffizienten der Norm EG 60034-2-1 (2007) für vierpolige Motoren

Koeffizienten von 0,75 kW bis 200 kW				
4 Pole	IE1	IE2	IE3	IE4
A	0,5234	0,0278	0,0773	0,2412
B	−5,0499	−1,0247	−1,8951	−2,3608
C	17,4180	10,4395	9,2984	8,446
D	74,3171	80,9761	83,7025	86,8321

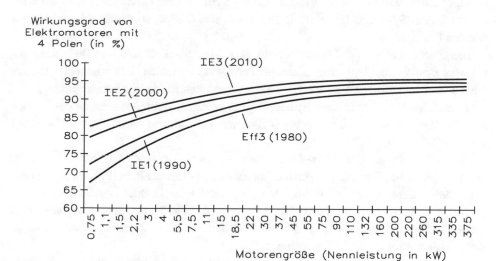

Abb. 5.14 Wirkungsgrad von Elektromotoren mit vier Polen

Motorenbestands sind Motoren ab 1980 als Eff3, ab 1990 als IE1, ab 2000 als 1E2 und ab 2010 als IE3 klassifiziert.

5.1.5 Asynchronmotor

Diese Motoren beruhen darauf, dass nicht nur das Drehfeld im Stator, sondern auch das notwendige Magnetfeld des Rotors durch den im Stator fließenden Drehstrom erzeugt wird. Eine eigene Erregerstromquelle fällt hierbei weg.

Diese Wicklungen bilden sozusagen die Sekundärwicklung (Ausgangswicklung) eines Transformators, den man sich auch als Asynchronmotor vorstellen kann. Die in der Ständerwicklung fließenden Dreiphasenströme bilden ein konstantes, aber im Maße der Frequenz umlaufendes Magnetfeld (mit Nord- und Südpol) aus. Dieses Drehfeld schneidet die zunächst ruhenden Leiter des Läufers und induziert in diesen Leitern Spannungen. Da die Leiter kurzgeschlossen oder in Wicklungen zusammengeschaltet sind, fließen also im Läufer Ströme, die ihrerseits wieder ein Magnetfeld ausbilden. Die beiden Felder vereinigen sich zu einem Feld und bringen deshalb den Rotor auf eine bestimmte Umdrehung. Würde sich der Läufer aber so schnell drehen, wie Frequenz und Polzahl das beim Ständerfeld bestimmen, würden die Läuferstäbe nicht mehr vom Drehfeld geschnitten werden. Es würde also keine Spannung in den Läuferstäben induziert werden und Läuferstrom und Läuferfeld wären gleich Null. Der Läufer wäre veranlasst, in den Stillstand überzugehen. Das aber geht nur bis zu einem gewissen Grad, denn schon bei einem geringen Zurückbleiben der Läuferdrehungen gegenüber dem Drehfeldumlauf wird ja im Läufer wieder Spannung induziert. Er muss sich also drehen, aber nicht ganz so schnell wie das Drehfeld.

Das Zurückbleiben der Läuferdrehzahl gegenüber der Drehzahl des Drehfeldes bezeichnet man als „Schlupf". Der „Schlupf" beträgt bei normalen Drehstrommotoren etwa 3 bis 5 %. Wenn also ein Motor z. B. vierpolig gewickelt ist, dann würde man eine Drehzahl von 1500 pro Minute beim Synchronmotor erhalten. Beim Asynchronmotor jedoch muss der Schlupf von etwa 4 % berücksichtet werden und man erhält also eine Drehzahl von etwa 96 % von 1500 = 1440 pro Minute.

Hier ist noch angebracht, darauf hinzuweisen, dass die Frequenz der Ströme im Läufer nicht ebenfalls 50 Hz beträgt. Im ersten Augenblick des Einschaltens, also bei stillstehendem Läufer, werden die Läuferleiter von dem umlaufenden Drehfeld geschnitten. Da die Umlaufschnelligkeit den 50 Hz des Ständers entspricht, beträgt nun auch die Frequenz im Läufer 50 Hz. Gleichzeitig wird in den Läuferstäben eine hohe Spannung induziert, die zu einem hohen Strom führt (Anlaufstromstoß!).

Nun beginnt sich der Läufer zu drehen. Die Relativgeschwindigkeit zwischen Ständerdrehfeld und Läufer wird immer kleiner. Damit sinkt die Frequenz und gleichzeitig auch die Spannung in den Läuferstäben (geringere Schnittgeschwindigkeit).

Hat der Läufer seine „Nenndrehzahl" erreicht, bei der er um wenige Prozente (Schlupf) hinter der Drehzahl des Drehfeldes zurückbleibt, so beträgt die Frequenz im Läufer nurmehr so viel Prozent der Netzfrequenz, als der Schlupf in Prozenten der Nenndrehzahl des Drehfelds ausmacht.

Beispiel: Wie groß ist die Frequenz in einem Läufer eines sechspoligen Drehstrommotors, der bei Anschluss an 50-Hz-Drehstrom einen Schlupf von 4,5 % aufweist?

$$4,5 \% \text{ von } 50 \, \text{Hz ist } 4,5 \cdot 0,5 = 2,25 \, \text{Hz}$$

Es könnte folgende Frage auftreten: Bei dieser geringen Frequenz im Läufer ist doch auch die im Läufer erzeugte Spannung sehr gering (wahrscheinlich auch nur 4,5 % der bei Stillstand erzeugten Spannung). Dann muss doch auch der Strom im Läufer sehr gering sein. Der Erfolg müsste doch sein, dass eine genügende Leistung entsteht!

Diese Folgerung wäre richtig, wenn nicht wegen der Frequenzänderung im Läufer auch eine Widerstandsänderung im Läufer eintreten würde. Im Stillstand (also im Moment des Anlaufs) wird eine 50-Hz-Spannung im Läufer induziert. Bei dieser hohen Frequenz stellt sich neben dem ohmschen Widerstand auch ein erheblicher „induktiver Widerstand" ein.

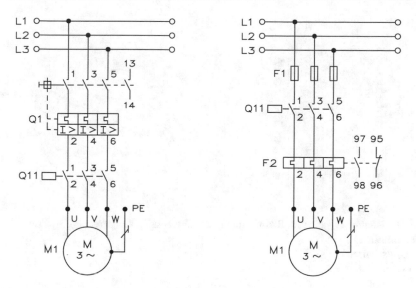

Abb. 5.15 Ansteuerung mittels eines dreipoligen Schützes

Beide zusammen ergeben einen hohen Wechselstromwiderstand, aber im vollen Lauf ist die Frequenz im Läufer gering. Der induktive Widerstand der Läuferwicklungen wird vernachlässigbar klein. Der ebenfalls geringe ohmsche Widerstand der Wicklung (Stäbe) führt trotz der geringen induzierten Spannung zu einem hohen Strom und damit zur Leistung des Motors.

Die Inbetriebsetzung eines Drehstrom-Asynchronmotors mit Kurzschlussläufer ist im Gegensatz zum Synchronmotor sehr einfach und es sind mehrere Möglichkeiten vorhanden: Man schaltet mittels eines mechanischen Hebelschalters den Ständer ein: Im Moment des Anlaufs wird selbstverständlich ein Stromstoß auftreten, der hohe Werte (meist mehr als das Fünffache des Nennstroms) annehmen kann. Abb. 5.15 zeigt zwei typische Ansteuerungen mittels eines dreipoligen Schützes, mit und ohne Sicherungen, aber mit Überlastungsschutz oder Motorschutzrelais.

Die linke Schaltung ist sicherungslos, jedoch mit einem Kurzschlussschutz und Überlastungsschutz, rechts mit drei Sicherungen, Schütz und Motorschutzrelais. Der Drehstrommotor kann in Stern- oder Dreieckschaltung betrieben werden.

Abb. 5.16 zeigt ein Klemmbrett dieser Schaltung.

Normalerweise verwendet man in der Praxis für die Dreieckschaltung das Dreileiternetz mit den Phasen L_1, L_2 und L_3. Der Neutralleiter N ist für den Motorbetrieb nicht unbedingt erforderlich.

Werden die drei Spulen des Drehstromgenerators in Form eines Sterns geschaltet und die einzelnen Phasen miteinander verkettet, so bezeichnet man diese Schaltung als Sternschaltung, wie Abb. 5.17 zeigt.

Da die Summe der drei Ströme nur dann Null ist, wenn die Verbraucher in jedem Stromkreis den gleichen Widerstandswert oder wie die Induktivitäten des Motors aufwei-

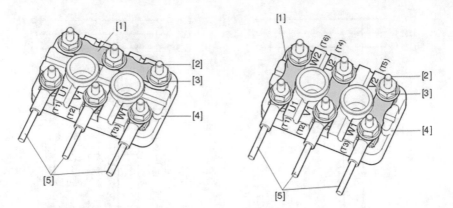

Abb. 5.16 Klemmbrett für eine Stern- (links) oder Dreieckschaltung (rechts)
[1] Klemmbrücke
[2] Anschlussbolzen
[3] Flanschmutter
[4] Klemmenplatte
[5] Kabel- oder Drahtzuführung

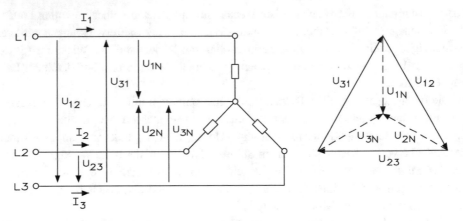

Abb. 5.17 Aufbau und Verschaltung einer Sternschaltung

sen, müssen die Sternpunkte von Verbraucher und Erzeuger durch einen Neutralleiter (N)
(früher: Mittelleiter oder Mittelpunktleiter) miteinander verbunden sein. Der Neutralleiter
führt bei ungleicher Belastung einen Ausgleichsstrom.

Für den Strom I bzw. Strangstrom I_{St} bei ohmschen Widerständen gilt:

$$I = I_{St} = \frac{U_{St}}{R_{St}}$$

Die Strangleistung P_{St} berechnet sich aus

$$P_{St} = U_{St} \cdot I_{St}$$

Die Gesamtleistung P ermittelt sich aus

$$P = \sqrt{3} \cdot U \cdot I$$

Die Außenleiterspannung U ist

$$U = \sqrt{3} \cdot U_{St}$$

Für die Gesamtleistung gilt

$$P = 3 \cdot P_{St}$$

Man benötigt also nur vier Leitungen (Vierleitersystem) für drei Stromkreise. Ferner ist es möglich, zwei verschiedene Spannungen abzugreifen. In dem Niederspannungs-Versorgungsnetz sind dies bekanntlich U = 400 V zwischen zwei Strangspannungen oder U = 230 V zwischen einer Strangspannung und dem Neutralleiter. Auf der Verbraucherseite werden die Anschlüsse mit L_1, L_2 und L_3 und der Sternpunkt mit N bezeichnet. Auf der Erzeugerseite hat man dagegen die Anschlussbezeichnungen von U, V und W.

In unserem öffentlichen Niederspannungsnetz erhält man z. B. eine Spannung zwischen den Außenleitern L_1 und L_2 von U_{12} = 400 V (früher 380 V). Die Spannung zwischen einem Außenleiter L_1 und dem Sternpunkt beträgt dagegen U_{1N} = 230 V (früher 220 V). Die beiden Spannungen stehen im Verhältnis von

$$\frac{U_{12}}{U_{1N}} = \frac{400 \ V}{230 \ V} = 1,73 = \sqrt{3}$$

Werden die drei Wicklungsenden des Verbrauchers in einem gemeinsamen Knotenpunkt miteinander verbunden, so erhält man für den Verbraucher eine Sternschaltung. Eine Sternschaltung mit den drei Außenleitern L_1, L_2, L_3 und dem Sternpunktleiter N bezeichnet man als Vierleitersystem. Wird auf den Sternpunktleiter verzichtet, z. B. bei der symmetrischen Belastung, spricht man von einem Dreileitersystem. Ein Vierleitersystem erhält man nur, wenn der Generator in Sternschaltung ausgeführt ist. Das Zeigerdiagramm von Abb. 5.18 gilt für drei Spannungen der drei Leiterschleifen.

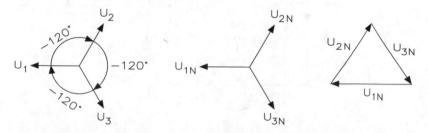

Abb. 5.18 Zeigerdiagramm für eine symmetrische Belastung einer Sternschaltung

Die Spannung U_2 ist demnach um 120° nacheilend gegenüber der Spannung U_1, d. h. sie erreicht um 120° (bzw. $^{2\pi}/_3$) später ihr Maximum. Die Spannung U_3 eilt um 120° gegenüber U_2 nach bzw. um 240° gegenüber U_2 oder eilt U_1 um 120° voraus. Die Summe U_1 + U_2 + U_3 ist demnach Null. Dabei dürfen die Spannungen nicht algebraisch, sondern müssen geometrisch addiert werden, da sie unterschiedliche Phasenlagen aufweisen. Zur Kontrolle kann man auch die Summe der Strangspannungen zu Augenblickswerten addieren, die Summe muss Null ergeben. In einer Sternschaltung ist bei symmetrischer Belastung der Strom am Sternpunktleiter Null.

Bei der Dreieckschaltung sind die Spulen des Drehstromgenerators bzw. des Verbrauchers so geschaltet, dass diese die Form eines Dreiecks bilden. Bei dieser Schaltung kann kein Systemnullpunkt realisiert werden. Abb. 5.19 zeigt Verschaltung einer Dreieckschaltung.

Da in dieser Schaltung jeder Verbraucher direkt mit einer Generatorspule verbunden ist, sind Strangspannungen und Außenleiterspannungen gleich. Der Strom in der Zuleitung ist um 1,73-mal größer als der in den Strangleitungen. Für die Außenleiterspannung gilt:

$$U = U_{St}$$

Den Außenleiterstrom erhält man mit

$$I = \sqrt{3} \cdot I_{St}$$

Die Strangleistung P_{St} errechnet sich aus

$$P_{St} = U_{St} \cdot I_{St}$$

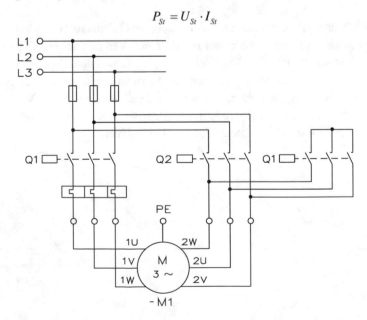

Abb. 5.19 Aufbau einer Dreieckschaltung

Die Gesamtwirkleistung P ist

$$P = 3 \cdot P_{St} \text{ bzw. } P = \sqrt{3} \cdot U \cdot I$$

Wichtig für die Berechnung ist, dass der Außenleiterstrom immer gleich dem Wert $1,73 \cdot I_{St}$ (Strangstrom) ist.

5.1.6 Schein-, Wirk- und Blindleistung bei einphasigem Wechselstrom

Die Schein-, Wirk- und Blindleistung einer Induktivität ist eine Reihenschaltung eines induktiven Widerstands X_L und des Drahtwiderstands R der Spule, wie Abb. 5.20 zeigt.

Es ergibt sich folgender Zusammenhang für den induktiven Widerstand:

Stromstärke und Spannung	Blindwiderstand	Leistung
$I = \dfrac{U}{X_L}$	$X_L = 2 \cdot \pi \cdot f \cdot L$	$Q_L = U \cdot I$
	$X_L = \omega L$	
		$\varphi = 90° \text{ (induktiv)}$

Das Verhalten des induktiven Widerstands X_L und des Drahtwiderstands R ist in Abb. 5.21 gezeigt.

Stromstärke und Spannung	Widerstand und Leitwert	Leistung
$I = \dfrac{U_R}{R}$		$P = U_R I$
$I = \dfrac{U_L}{X_L}$		$Q_L = U_L I$
$I = \dfrac{U}{Z}$		$S = UI$
$U = \sqrt{U_R^2 + U_L^2}$	$Z = \sqrt{R^2 + X_L^2}$	$S = \sqrt{P^2 + Q_L^2}$
$\tan\varphi = \dfrac{U_L}{U_R}$	$\tan\varphi = \dfrac{X_L}{R}$	$\tan\varphi = \dfrac{Q_L}{P}$
$\sin\varphi = \dfrac{U_L}{U}$	$\sin\varphi = \dfrac{X_L}{Z}$	$\sin\varphi = \dfrac{Q_L}{S}$
$\cos\varphi = \dfrac{U_R}{U}$	$\cos\varphi = \dfrac{R}{Z}$	$\cos\varphi = \dfrac{P}{S}$

Die Berechnungen dürfen nicht arithmetisch, sondern müssen geometrisch durchgeführt werden.

Abb. 5.20 Reihenschaltung
eines induktiven Widerstands
X_L und dem Drahtwiderstand
R der Spule

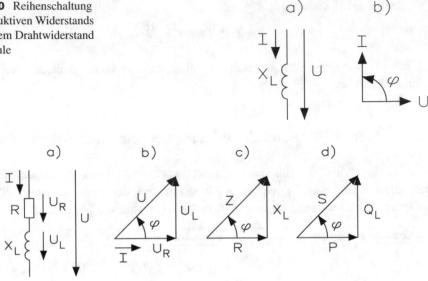

Abb. 5.21   Reihenschaltung eines induktiven Widerstands X_L und des Drahtwiderstands R der Spule

Jeder Motor hat folgende Werte für die Leistung:

Scheinleistung S   VA
Wirkleistung P   W
Blindleistung Q   var

Beispiel: Wie groß ist der Scheinwiderstand Z, bei einer Spule mit L = 0,1 H an f = 50 Hz und einem Drahtwiderstand von 10 Ω?

$$X_L = 2 \cdot \pi \cdot f \cdot L = 2 \cdot 3,14 \cdot 50\,\text{Hz} \cdot 0,1\text{H} = 31,4\Omega$$

$$Z = \sqrt{R^2 + X_L^2} = \sqrt{(10\Omega)^2 + (31,4\Omega)^2} = 32,9\Omega$$

Jetzt kann man die Phasenverschiebung φ errechnen:

$$\cos\varphi = \frac{R}{Z} = \frac{10\Omega}{32,9\Omega} = 0,39 \quad \Rightarrow \quad \varphi = 72,3°$$

Es fließt ein Strom I in der Reihenschaltung, wenn die Spannung U = 230 V beträgt?

$$I = \frac{U}{Z} = \frac{230V}{32,9\Omega} = 7A$$

Abb. 5.22 zeigt die Schaltung eines Scheinwiderstands, bestehend aus einer Reihenschaltung mit ohmschem Widerstand R und induktivem Widerstand X_L.

Abb. 5.22 Reihenschaltung
eines Scheinwiderstands

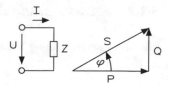

Wie groß ist die Schein-, Wirk-, Blindleistung, Leistungsfaktor und Blindleistungsfaktor:

$$S = \sqrt{P^2 + Q^2}$$

S Scheinleistung in VA

$$P = U \cdot I \cdot \cos\varphi$$

P Wirkleistung in W

$$\cos\varphi = \frac{P}{S}$$

Q Blindleistung in var

$$Q = U \cdot I \cdot \sin\varphi$$

cos φ Leistungsfaktor (Wirkleistungsfaktor)
sin φ Blindleistungsfaktor

$$S = U \cdot I = 230\,V \cdot 7\,A = 1610\,VA$$
$$P = U \cdot I \cdot \cos\varphi = 230\,V \cdot 7\,A \cdot 0,39 = 627,9\,W$$

z. B. cos φ = 0,8 → sin φ = 0,6

$$Q = U \cdot I \cdot \sin\varphi = 230\,V \cdot 7\,A \cdot 0,92 = 1481,2\,var\,(volt\text{-}ampere\text{-}reaktiv)$$

Die Schein-, Wirk- und Blindleistung für einphasigen Wechselstrom gilt auch für den einphasigen Drehstrommotor.

5.1.7   Sternschaltung eines Drehstrommotors in Sternschaltung

Für die Sternschaltung eines Drehstrommotors verwendet man die Schaltung von Abb. 5.23.

5.1.8   Dreieckschaltung eines Drehstrommotors

Für die Dreieckschaltung eines Drehstrommotors verwendet man die Schaltung von Abb. 5.24.

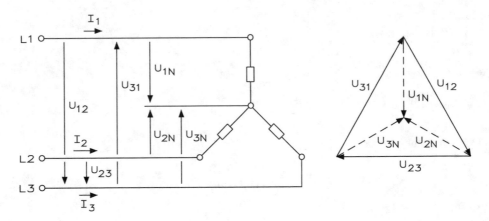

Abb. 5.23   Zusammenschaltung der drei Spulen bei einem Drehstrommotor in Sternschaltung

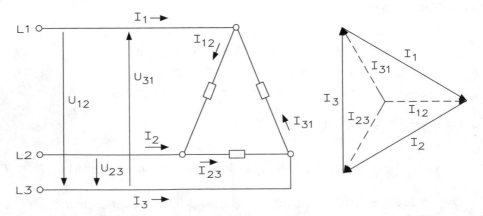

Abb. 5.24   Zusammenschaltung der drei Spulen bei einem Drehstrommotor in Dreieckschaltung

5.2 Drehstrommotoren am Einphasennetz

Die Verwendung von Einphasenwechselstrom für größere elektromotorische Antriebe wird infolge der verschiedenen Nachteile (schlechtere Wirkungsgrade, höhere Anschaffungskosten) möglichst vermieden. Kleinmotoren (z. B. für Nähmaschinen, Staubsauger, Kleinwerkzeuge usw.) werden in Drehstromnetzen fast ausnahmslos „einphasig" angeschlossen. Das Verwendungsgebiet von Wechselstromkleinmotoren ist deshalb sehr groß.

Der Einphasenkommutatormotor wird auch als „Einphasen-Reihenschlussmotor" oder „Universalmotor" bezeichnet und entspricht fast ganz dem Gleichstrom-Reihenschlussmotor. Die Magnetpole und das Polgehäuse (Joch) führen ein Wechselfeld, müssen also zur Verringerung der Wirbelstromverluste aus isolierten Blechen (Dynamoblech) zusammengesetzt sein. Der Motor hat Reihenschlusscharakter, ändert also in hohem Maße seine Drehzahl mit der Belastung und neigt zum Durchgehen. Bei Anschluss an Gleichspannung ist seine Leistung größer als bei Wechselstromanschluss.

Eine besondere Form des Einphasenkommutatormotors ist der Repulsionsmotor. Bei diesem Motor ist die Wechselstromfeldwicklung allein ans Netz gelegt, während der Anker ohne Verbindung mit dem Netz steht. Die Bürsten des Kommutators sind kurzgeschlossen. In einer bestimmten Bürstenstellung wird im Anker keine Spannung induziert bzw. es fließt kein Strom. Eine Verdrehung der beiden Bürsten nach einer Richtung bewirkt Rechtsdrehung des Ankers, Verdrehung in der anderen Richtung hingegen Linksdrehung. Ein Anlasser ist nicht erforderlich. Die Drehzahl ist weitgehend änderbar und das Anzugsmoment bleibt sehr groß.

Ein „Einphasen-Induktionsmotor" mit Kurzschlussläufer kann von sich aus kein Drehfeld erzeugen. Daher muss zur Erzeugung eines Anlaufdrehmomentes eine Hilfswicklung vorgesehen werden, deren Strom gegenüber dem der Hauptwicklung eine Phasenverschiebung aufweist. Das kann erfolgen durch

a) Vorschaltung eines Kondensators (selten eine Drossel oder Widerstand) vor die Hilfswicklung
b) Ausführung der Hilfswicklung mittels Widerstandsdraht.

Die Hilfswicklung wird meist durch einen Fliehkraftschalter abgeschaltet, wenn der Motor seine volle Drehzahl erreicht hat. Bei den Motoren unter a) können auch zwei Kondensatoren (parallel) vorgesehen werden, von denen der eine (Anlaufkondensator) nach Anlauf abgeschaltet wird und der zweite (Betriebskondensator) eingeschaltet bleibt. Je nach Wahl der Kondensatoren kann ein Anlaufdrehmoment bis zu 150 % des Nennmoments (bei Vollast) erreicht werden.

Auch einen normalen Drehstrommotor kann man einphasig laufen lassen. Man schließt den Drehstrommotor nach einer der drei Schaltungen von Abb. 5.25 an.

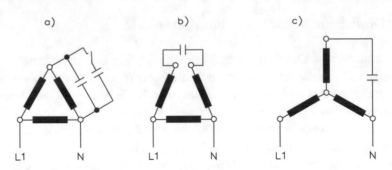

Abb. 5.25 Anschlussmöglichkeiten für einen Drehstrommotor als Einphasenmotor

Die drei Anschlussmöglichkeiten von Abb. 5.25 sind zwei Dreieck- und eine Stern-schaltung. Der Kondensator richtet sich nach der Motorgröße und -bauart und kann über-schlägig bestimmt werden. Die Größe des Kondensators beeinflusst auch das Anlauf-drehmoment.

Die Leistung eines solchen Motors entspricht etwa 60 % bis 70 % der Leistung, die auf dem Leistungsschild des Drehstrommotors angegeben ist. Je größer der Kondensator ge-wählt wird, desto größer wird auch sein Anzugsmoment.

Die Einphasenspannung muss selbstverständlich der Motorspannung in der entspre-chenden Schaltung entsprechen. Einen Drehstrommotor mit der Bezeichnung „230V Δ" kann man beispielsweise in Dreieckschaltung an 230 V Wechselspannung oder in Stern-schaltung an 400 V Wechselspannung betreiben.

Ein unerwünschter Einphasenbetrieb eines Drehstrommotors kommt auch dann in Be-tracht, wenn eine der drei Hauptleitungen L_1, L_2 und L_3 unterbrochen ist, wenn also bei-spielsweise eine der drei Sicherungen nicht mehr intakt ist. Der Motor brummt und wird, wenn er weiterhin die gleiche Leistung abgeben soll, schnell heiß und verbrennt. Um dies zu verhindern, schaltet man Überstromschalter ein, die bei Erhöhung des Stroms infolge Überlastung oder bei Ausfall eines Hauptleiters gleich alle drei Leitungen abschaltet.

Bei Anschluss von Drehstrommotoren an Wechselstrom entstehen im Ständer parallele Stromzweige. Das zum Entstehen des Drehfeldes notwendige Wandern der Pole im Stän-der wird durch verschieden große Phasenverschiebungen der Ströme in den beiden paral-lelen Stromzweigen gegenüber der Spannung erreicht. Dies geschieht durch Reihenschal-tung eines Kondensators mit einer Strangwicklung bei einem der beiden Stromzweige. Die Motorleistung verringert sich dabei auf das 0,8-fache der Nennleistung. Das Anlauf-drehmoment richtet sich nach der Kapazität des Kondensators und beträgt bei 75 µF und 230 V bzw. 25 µF und 400 V ca. 1/3 des Nenndrehmomentes.

Die Arbeitsweise ist dieselbe wie beim Drehstrommotor am Einphasennetz. Im Ständer befindet sich 90° versetzt zur Hauptwicklung eine sogenannte Hilfswicklung, in welcher der Strom eine andere Phasenverschiebung besitzt als in der Hauptwicklung. Dadurch entsteht ein Wandern der Pole am Ständerumfang, also ein Drehfeld. Die Phasenverschie-bung in der Hilfswicklung kann erzeugt werden:

a) durch Ausführung der Hilfswicklung mit hohem ohmschen Widerstand (Widerstands- oder Bifilar-Wicklung).

Vorteil: keine Zusatzgeräte neben dem Motor.

b) durch Reihenschaltung eines Kondensators zur Hilfswicklung. Hierdurch lässt sich eine Phasenverschiebung von fast 90° und damit das 2- bis 2,5-fache Nenndrehmoment im Anlauf erreichen. Meist werden im Anlauf zwei Kondensatoren parallel zueinander (in Reihe zur Hilfswicklung) geschaltet, von welchen im Betrieb einer entweder abgeschaltet oder mit dem anderen in Reihe geschaltet zur Blindleistungs-Kompensation verwendet wird.

Nach dem Anlauf kann auch die Hilfswicklung (meist durch Fliehkraftschalter) abgeschaltet werden und der Motor läuft dann mit dem Drehmoment, welches das Ständerwechselfeld mit dem dazu phasenverschobenen Läuferfeld erzeugt.

Universalmotoren sind im Gegensatz zu den vorstehenden Motoren hinsichtlich Bauweise und Betriebsverhalten Gleichstrom-Reihenschluss-Motoren, jedoch sind Ständer- und Läufereisen aus Blechen geschichtet (Wirbelstromverluste!). Sie können an Gleichstrom aber auch an Wechselstrom betrieben werden, da sich die Felder in Ständer und Läufer beim Stromrichtungswechsel gleichzeitig umkehren und die Drehrichtung deshalb die gleiche bleibt. Universalmotoren besitzen ein starkes Anlaufdrehmoment und neigen zum Durchgehen. Sie sind heute die meist verwendeten Wechselstrommotoren und ihre Leistung ist auf etwa 500 Watt begrenzt.

Bei Heizungspumpen verwendet man einen Drehstrommotor, aber man betreibt diesen nur mit einer Phase und dem Neutralleiter. Es sind hierbei zwei Kondensatoren erforderlich. Abb. 5.26 zeigt den Aufbau und Tab. 5.4 zeigt die Bauelemente für eine Heizungspumpe mit Drehstrommotor.

Tab. 5.4 zeigt die Bauelemente für eine Heizungspumpe mit Drehstrommotor

Abb. 5.26 Heizungspumpe mit Drehstrommotor

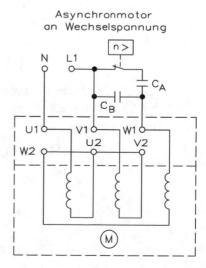

Tab. 5.4 Bauelemente einer Heizungspumpe mit Drehstrommotor

$C_A = 2 \cdot C_B$	U_{Netz}	C_B	$M \approx U^2$
	115 V	200 μF · P/kW	$\eta \approx 0{,}5 \dots 0{,}75$
	230 V	70 μF · P/kW	$M_A \approx 12\,\%$ von M_A bei Drehstrom (gilt ohne C_A)
	400 V	20 μF · P/kW	$M_N \approx 80\,\%$ von M_N bei Drehstrom
			$M_A/M_N = 1 \dots 3$

Wechselstrommotor mit Hilfswicklung

Kondensatormotor   mit Widerstand

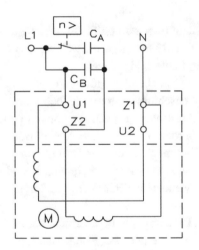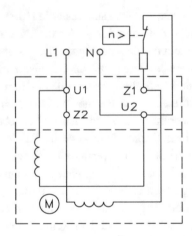

Abb. 5.27 Wechselstrommotor mit Hilfswicklung

Wechselstrommotoren kann man mit einer Hilfswicklung als Kondensatormotor oder mit Widerstand betreiben, wie Abb. 5.27 zeigt.

$Q_B = 1$ kvar · P/kW $M \approx U^2$
$Q_A = 3 \cdot C_B$ $\eta \approx 0{,}5 \dots 0{,}7$
                             $M_A/M_N = 2 \dots 5$

Für fast alle 230-V-Geräte verwendet man den Reihenschlussmotor (Universalmotor) von Abb. 5.28. Der zweipolige Kommutatormotor funktioniert an Wechselspannung/-strom und an Gleichspannung.

$$M \approx U^2 \quad M_A / M_N = 2 \dots 5 \quad \eta \approx 0{,}5 \dots 0{,}7$$

Abb. 5.28 Reihenschlussmotor
(Universalmotor)

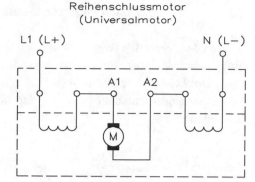

Reihenschlussmotor
(Universalmotor)

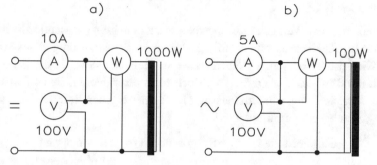

Abb. 5.29 Spule an Gleichstrom (links) und Wechselstrom (rechts)

5.3   Leistungen im Wechselstromkreis

Errechnet man bei Gleichstrom aus dem gemessenen Strom I = 10 A und der gemessenen Spannung U = 100 V die Leistung einer Spule, so erhält man den Wert des Leistungsmessers von P = 1000 W, wie Abb. 5.29 zeigt.

Bei Wechselstrom ist der errechnete Leistungswert aus dem gemessenen Strom I = 5 A und der gemessenen Spannung U = 100 V erheblich größer als die vom Leistungsmesser angezeigte Leistung P = 100 W. Im Gegensatz zu Gleichstrom ist der Wert U · I bei Wechselstrom eine Leistung, die auf Grund des gemessenen Stroms I und der gemessenen Spannung U vorhanden zu sein scheint, jedoch beim Verbraucher nicht wirksam wird. Man bezeichnet den Wert U · I daher bei Wechselstrom als Scheinleistung S und gibt ihn statt in Watt in Volt-Ampere (VA, kVA) an.

$$\text{Scheinleistung}: \quad S = U \cdot I \; [VA]$$

Die Scheinleistung ist nur ein rechnerischer Wert, weil die Phasenverschiebung zwischen Spannung und Strom unberücksichtigt bleibt. Die vom Leistungsmesser angezeigte, wirksame Leistung P ergibt sich aus der Scheinleistung mit Hilfe des Leistungsfaktors cos φ.

$$\text{Wirkleistung}: \quad P = S \cdot \cos\varphi \text{ oder } P = U \cdot I \cdot \cos\varphi \ \left[\text{W}\right]$$

Man bezeichnet den Wert als Wirkleistung, weil diese elektrische Leistung im Verbraucher in andere Energieformen umgewandelt und außerhalb des Stromkreises wirksam wird. Der Leistungsfaktor cos φ gibt dabei an, wie viel Wirkleistung in der berechneten Scheinleistung S enthalten ist. cos φ ist damit das Verhältnis der Wirkleistung P zur Scheinleistung S.

$$\text{Leistungsfaktor}: \cos\varphi = \frac{P}{S} \qquad \text{Bei } \varphi = 0° \text{ ist } \cos\varphi = 1 \text{ und}$$
$$\text{bei } \varphi = 90° \text{ ist } \cos\varphi = 0$$

Bei Motoren ist der Wert des Leistungsfaktors auf dem Leistungsschild angegeben und seine Größe liegt bei Nennlast meist um 0,8, d. h. in der Scheinleistung dieses Motors sind 80 Teile Wirkleistung enthalten. Neben dieser Wirkleistung steckt in der Scheinleistung auch noch die Blindleistung Q. Sie ist jedoch nicht der zahlenmäßige Unterschied von Wirk- und Scheinleistung, sondern muss mit Hilfe eines eigenen Blindleistungsfaktors sin φ aus der Scheinleistung ermittelt werden.

$$\text{Blindleistung}: \quad Q = S \cdot \sin\varphi \text{ oder } Q = U \cdot I \cdot \sin\varphi \left[\text{var}\right]$$

Man bezeichnet diesen Wert als Blindleistung, weil diese Leistung im Stromkreis zwar vorhanden ist, jedoch weder umgewandelt noch nach außen wirksam wird. Die Blindleistung dient im Stromkreis bei Spulen zum Aufbau des Magnetfeldes und bei Kondensatoren zu deren Aufladung ($\hat{=}$ Aufbau eines elektrischen Feldes). Da die Felder im Gleichtakt der Frequenz auf- und abgebaut werden, pendelt die Blindleistung während der Periode zweimal zwischen Stromquelle und Verbrauchern hin und her. Man gibt die Blindleistung daher in volt-ampere-reaktiv ($\hat{=}$ zurückwirkend; var, kvar) an. Sie belastet Stromerzeuger, Leitungen und Transformator und verursacht in ihnen Wirkleistungsverluste.

Abb. 5.30 zeigt das Diagramm von Spannung und Strömen bei verschiedener Belastung. Vervielfacht man die Augenblickswerte der Ströme I_W (Wirkstrom), I_B (Blindstrom) und I_S (Scheinstrom) mit der Spannung U, so erhält man ein ähnliches Diagramm der Leistungen P, S und Q und durch Umlegen des Strahles S das Leistungsdreieck. Sind zwei der drei Leistungen bekannt, so lässt sich die dritte mit Hilfe des Pythagoreischen Lehrsatzes rechnerisch oder zeichnerisch bestimmen.

$$S = \sqrt{P^2 + Q^2}\ \left[\text{VA}\right] \quad P = \sqrt{S^2 - Q^2}\ \left[\text{W}\right] \quad Q = \sqrt{S^2 - P^2}\ \left[\text{var}\right]$$

Beispiel: Ein Wechselstrommotor mit S = 5 kVA Nennleistung gibt bei Vollast P = 4 kW ab. Wie groß ist seine Blindleistungsabgabe?

a) Wirkleistung (ohmscher Widerstand)

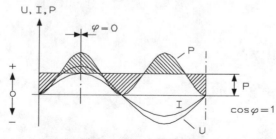

b) Induktive Blindleistung (verlustlose Spule)

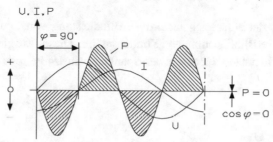

c) Kapazitive Blindleistung (verlustloser Kondensator)

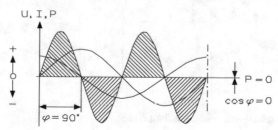

d) Gemischte Belastung: Spule mit $2R = X_L$

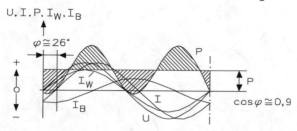

Abb. 5.30 Diagramme von Spannung und Strömen bei verschiedener Belastung

Abb. 5.31 Rechnerische Lösung: Zeichnerische Lösung:

$$Q = \sqrt{S^2 - P^2}$$

$$Q = \sqrt{(5kVA)^2 - 4kVA)^2}$$

$$Q = \sqrt{25 - 16} = \sqrt{9} = kvar$$

5.3.1   Kompensation induktiver Blindleistung

Kompensation ist der Ausgleich induktiver Blindleistung von Spulen (z. B. Motoren) durch die kapazitive Blindleistung von Kondensatoren. Dieser Ausgleich ist möglich, weil bei induktivem Widerstand der Strom der Spannung um 1/4 Periode (≈ 90°) nacheilt, bei

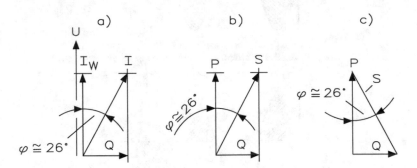

Abb. 5.31 Rechnerische und zeichnerische Lösung

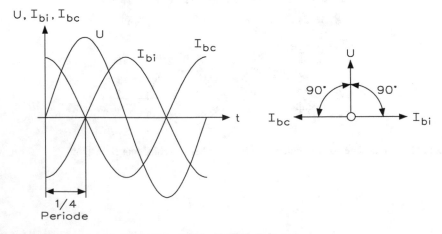

Abb. 5.32 Stromverlauf bei induktiver und kapazitiver Belastung

kapazitivem Widerstand um 1/4 Periode voreilt, beide Ströme also um 1/2 Periode ($\approx$ 180°) phasenverschoben und damit entgegengesetzt gerichtet sind. Gleich große, aber entgegengesetzt gerichtete Ströme heben sich auf, wie Abb. 5.32 zeigt.

In Abb. 5.33a belastet der angeschlossene Motor bei einem cos φ = 0,8 die Stromversorgungs-Einrichtungen mit 4 kW Wirkleistung und 3 kvar Blindleistung. Die Wirkleistung wird nur in Richtung Motor übertragen, die Blindleistung dagegen pendelt zwischen Generator und Motor und blockiert einen Teil des Energieübertragungsvermögens der elektrischen Anlage. Zudem verursacht der beide Leistungen übertragende Strom im Netz Wirkleistungsverluste ($P_V = I^2 \cdot R$).

a) Motor bezieht vom Generator 4 kW Wirkleistung und 3 kvar Blindleistung, und er arbeitet mit cos φ = 0,8.

b) Kondensator bezieht vom Generator 3 kvar Blindleistung und arbeitet mit cos φ = 0.

c) Motor bezieht vom Generator nur 4 kW Wirkleistung und arbeitet mit cos φ = 1 und 3 kvar Blindleistung pendeln zwischen Motor und Kondensator.

In Abb. 5.33b belastet der angeschlossene Kondensator den Generator und die Leitungen praktisch nur mit 3 kvar Blindleistung. Diese pendelt zwischen Generator und Kondensator hin und her. Der Kondensator-Ladestrom (= Blindstrom) ruft in den ohmschen Widerständen des Netzes ebenfalls Wirkleistungsverluste ($P_V = I^2 \cdot R$) hervor.

In Abb. 5.33c belasten Motor und Kondensator gemeinsam die Energieversorgung nur mit 4 kW Wirkleistung. Motor und Kondensator beziehen ihre Blindleistung nun

Abb. 5.33 Auswirkung der Blindleistungskompensation auf die Energieversorgung

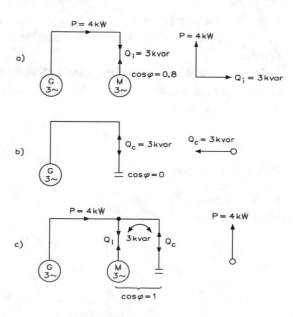

wechselseitig voneinander. Die 3 kvar Blindleistung pendelt jetzt zwischen Motor und Kondensator, da der Kondensator zu seiner Aufladung (= Aufbau eines elektrischen Feldes) Blindleistung im gleichen Augenblick benötigt, wenn der Motor infolge des Abbaus seines Magnetfeldes abgibt und umgekehrt nimmt der Motor zum Aufbau seines Magnetfeldes Blindleistung dann auf, wenn der Kondensator sie infolge Entladung (Abbau des elektrischen Feldes) abgibt. Induktive und kapazitive Blindleistung kompensieren sich also gegenseitig, d. h., sie gleichen sich aus und entlasten die Stromversorgung von der pendelnden Blindleistung und allen nachteiligen Folgen. Die Stromversorgung des Motors erfolgt mit cos $\varphi = 1$.

5.3.2   Blindleistungskompensation

Die Blindleistungskompensation erfolgt durch Parallelschalten von Kondensatoren zu den Wicklungssträngen des Motors. Man unterscheidet:

a) Einzelkompensation, wenn jeder Verbraucher (Motor) für sich allein kompensiert wird, wie Abb. 5.34 zeigt.
b) Gruppenkompensation, wenn die Motoren eines Teilbetriebes gemeinsam durch eine Kondensatorbatterie kompensiert werden.
c) Zentralkompensation, wenn sämtliche Verbraucher eines ganzen Betriebes gemeinsam durch eine Kondensatorbatterie kompensiert werden.

Bei Gruppen- und Zentralkompensation erfolgt die Angleichung der Kondensatorblindleistung an die jeweilige Anschlussleistung über selbsttätige Regeleinrichtungen mit Schützen.

Da lange Freileitungen und besonders Erdkabel kapazitive Belastungen des Netzes darstellen, wird die Blindleistung von Motoren höchstens zu 80 %, meist jedoch nur auf cos $\varphi = 0{,}9$ kompensiert.

Abb. 5.34 Einzelkompensation eines Motors durch Kondensatorbatterie in Dreieckschaltung

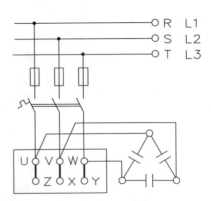

Stromdiagramm

Leistungsdiagramm

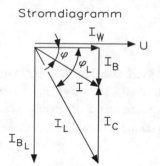 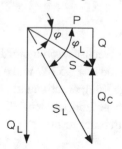

$I_L, S_L, \varphi_L =$ Größen vor Kompensation

$I, S, \varphi =$ Größen nach Kompensation

Abb. 5.35 Strom- und Leistungsdiagramm

Die Energieversorgungsunternehmen nehmen ihre Kunden in die Pflicht, in ihren Anlagen einen Leistungsfaktor von etwa cos φ = 0,9 zu erreichen. Bei Unterschreitung dieses Wertes wird durch Einzel- oder Gruppenkompensation der Phasenwinkel verkleinert. Durch Parallelschalten eines entsprechenden Kondensators kann die Zuleitung teilweise oder ganz von Blindstrom befreit werden. Damit heben sich die Blindströme bzw. Blindleistungen in der Zuleitung auf und die Zuleitung kann mit Wirkstrom bzw. Wirkleistung ausgelastet werden, wie Abb. 5.35 zeigt.

Die Kapazität des erforderlichen Kondensators C_C ergibt sich aus der Blindleistung.
Parallelkompensation:

$$Q_C = U \cdot I_C = U^2 \cdot 2 \cdot \pi \cdot f \cdot C$$

Q   Kondensatorblindleistung in var
φ_1 Phasenverschiebungswinkel vor Kompensation
φ_2 Phasenverschiebungswinkel nach Kompensation
P   Wirkleistung in W

$$C = \frac{Q_C}{U^2 \cdot 2 \cdot \pi \cdot f}$$

C   Kapazität in F
U   Spannung in V

$$Q_C = P \cdot \left(\tan\varphi_1 - \tan\varphi_2 \right)$$

f   Frequenz in Hz
   Reihenkompensation:

$$C = \frac{I_C^2}{Q_C \cdot 2 \cdot \pi \cdot f}$$

Beispiel: Ein Wechselstrommotor liegt am Netz von 230 V/50 Hz und hat eine Leistungsaufnahme von P = 1,5 kW und einen cos φ = 0,82. Durch Parallelkompensation soll eine vollständige Kompensation mit cos φ = 1 und eine praxisgerechte Kompensation mit cos φ = 0,9 durchgeführt werden. Wie groß sind S, Q, I und C_K im unkompensierten und kompensierten Betriebszustand?

$$\text{Lösung(unkompensiert)}: S = \frac{P}{\cos\varphi} = \frac{1,5kW}{0,82} = 1,83kVA \quad I = \frac{S}{U} = \frac{1,83kVA}{230V} = 7,95A$$

$$\cos\varphi = 0,82 \Rightarrow \varphi = 34,9° \Rightarrow \tan\varphi = 0,698$$

$$Q_L = P \cdot \tan\varphi = 1,5\,kW \cdot 0,698 = 1,047\,kvar$$

$$\text{kompensiert}\cos\varphi = 1,0 : I = \frac{P}{U} = \frac{1,5kW}{230V} = 6,52A \quad Q_{CK} = Q_L = 1,047\,kvar$$

$$S = P = 1,5\,kW$$

$$C = \frac{Q_{CK}}{U^2 \cdot 2 \cdot \pi \cdot f} = \frac{1,047k\,var}{(230V)^2 \cdot 2 \cdot 3,14 \cdot 50Hz} = 63\mu F$$

$$\text{kompensiert}\cos\varphi = 0,9 : \cos\varphi = 0,9 \Rightarrow \varphi = 25,84 \Rightarrow \tan\varphi = 0,48$$

$$S = \frac{P}{\cos\varphi} = \frac{1,5kW}{0,9} = 1,66kVA \quad I = \frac{S}{U} = \frac{1,66kVA}{230V} = 7,24A$$

$$Q_L = P \cdot \tan\varphi = 1,5\,kW \cdot 0,48 = 720\,var$$

$$Q_{CK} = Q_L - Q = 720\,var - 72\,var = 648\,var$$

$$C = \frac{Q_{CK}}{U^2 \cdot 2 \cdot \pi \cdot f} = \frac{648\,var}{(230V)^2 \cdot 2 \cdot 3,14 \cdot 50Hz} = 39\mu F$$

5.4   Berechnungen elektrischer Leitungen

Bei der technischen Ausführung von Leitungsanlagen sind die VDE-Vorschriften 0100 maßgebend. Es sind ferner die Anschlussbedingungen der stromliefernden EVU (Elektrizitäts-Versorgungs-Unternehmen) zu berücksichtigen.

Die Bemessung des Querschnittes elektrischer Leitungen erfolgt

- auf zulässige Erwärmung,
- auf zulässigen Spannungsverbrauch,
- auf mechanische Festigkeit.

Die Erwärmung einer Leitung ist abhängig von der Leiterbelastung in A/mm², von den Abkühlungsverhältnissen und von der Raumtemperatur. Um die Leitungen gegen Überlastung (zu große Ströme) zu schützen, sind den einzelnen Leitungsquerschnitten Stromsicherungen zugeordnet. Dabei unterscheidet man zwischen drei Gruppen, wie Tab. 5.5 zeigt.

Gruppe 1 Einadrige, im Rohr verlegte Leitungen.

Gruppe 2: Mehraderleitungen, z. B. Mantelleitungen, Rohrdrähte, Stegleitungen und bewegliche Leitungen.

Gruppe 3: Einadrige Leitungen frei an Luft verlegt und einadrige Leitungen zum Anschluss ortsveränderlicher Stromverbraucher.

Der zulässige Spannungsverbrauch in Verbraucherzuleitungen ist vom Elektrizitäts-Versorgungs-Unternehmen meist mit 2 % in Lichtanlagen und mit 5 % in Kraftanlagen vorgeschrieben. Unter Berücksichtigung der übertragenen Leistung P und der Übertragungsentfernung l ergibt sich der Leitungsquerschnitt bei Gleichstrom auf folgendem Rechnungsweg:

$$U_v = \frac{P \cdot U}{100} \qquad P_1 = \frac{P_2}{\eta} \qquad I = \frac{P_2}{U} \qquad R_L = \frac{U_v}{I} \qquad A = \frac{2 \cdot l}{\chi \cdot R_L}$$

Setzt man in die Formel für die Berechnung des Spannungsverbrauchs $U_v = I \cdot R_L$ statt R_L den Wert $2 \cdot I/(\kappa \cdot A)$ ein, so ergibt sich:

Tab. 5.5 Leitungsquerschnitte und Stromsicherungen

Querschnitt in mm²	Nennstrom der Sicherung für Cu-Leiter bei Raumtemperatur		
	Gruppe 1	Gruppe 2	Gruppe 3
1	10	15	20
1,5	15	20	25
2,5	20	25	35
4	25	35	50
6	35	50	60
10	50	60	80
16	60	80	100
25	80	100	125
35	100	125	160
50	125	160	225
70	-	225	260
95	-	260	300

$$U_v = \frac{2 \cdot l \cdot I}{\kappa \cdot A} \qquad\qquad A = \frac{2 \cdot l \cdot I}{\kappa \cdot U_v}$$

l = Übertragungsstrecke
2 · l = Länge von Hin- und Rückleitung

In Wechsel- und Drehstrom-Anlagen wird der Leitungsquerschnitt nicht nach dem Spannungsverbrauch, sondern nach dem Leistungsverbrauch (= Übertragungsverlust P_v meist mit 5 % zugelassen) berechnet. Dabei ist zu beachten, dass dieser Leistungsverbrauch bei Wechselstrom in Hin- und Rückleitung (2 · l), bei Drehstrom in den drei Außenleitern (3 · 1) entsteht. Mit Hilfe der Wärmeleistungsformel ergibt sich bei Wechselstrom folgender Rechnungsgang für die Berechnung des Leitungsquerschnittes:

$$P_v = \frac{P \cdot p}{100} \qquad P_1 = \frac{P_2}{\eta} \qquad I = \frac{P_2}{U \cdot \cos \cdot \varphi} \qquad R_L = \frac{P_v}{I^2} \qquad A = \frac{2 \cdot l}{\chi \cdot R_L}$$

Bei Drehstrom:

$$P_v = \frac{P \cdot p}{100} \qquad P_1 = \frac{P_2}{\eta} \qquad I = \frac{P_2}{\sqrt{3} \cdot U \cdot \cos \varphi} \qquad R_L = \frac{P_v}{I^2} \qquad A = \frac{3 \cdot l}{\chi \cdot R_L}$$

Für die Leitungsberechnungen für Gleich- und Wechselstrom mit cos φ = 1 ohne Verzweigung gelten folgende Formeln:

$$U_V = \frac{2 \cdot l \cdot I}{\gamma \cdot A}$$

γ   elektrische Leitfähigkeit in m/(Ω · mm²)
l   einfache Leiterlänge in m

$$A = \frac{2 \cdot l \cdot I}{\gamma \cdot U_v}$$

U   Nennspannung in V (bei Drehstrom = Außenleiterspannung)
U_V Spannungsverlust auf der Leitung in V

$$p_v \% = \frac{200 \cdot l \cdot I}{\gamma \cdot A \cdot U^2}$$

P   Wirkleistung in W
p_v %   Leistungsverlust in % von P

Abb. 5.36 Leitungsberechnung

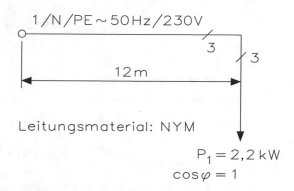

$$1/N/PE \sim 50\,Hz/230V$$

12m

Leitungsmaterial: NYM

$$P_1 = 2,2\,kW$$
$$\cos\varphi = 1$$

$$A = \frac{200 \cdot l \cdot P}{\gamma \cdot U^2 \cdot p_v\%}$$

I   Stromstärke in der Leitung in A

A   Querschnitt der Leitung in mm²

Beispiel: Die Leitung in Abb. 5.36 versorgt einen induktionsfreien Verbraucher. Der Leistungsverlust soll 1,5 % nicht überschreiten. Wie groß ist der hinsichtlich des höchstzulässigen Spannungsfalls erforderliche Leiterquerschnitt A?

$$\text{Lösung: } A = \frac{200 \cdot l \cdot P}{\gamma \cdot U^2 \cdot p_v\%} = \frac{200 \cdot 12m \cdot 2,2kW}{58m/(\Omega \cdot mm^2) \cdot (230V)^2 \cdot 1,5\%} = 1,15mm^2$$

Normquerschnitt: 1,5 mm²

Die Berechnung für verzweigte Leitungen mit gleichbleibendem Querschnitt ist

$$U_V = \frac{2 \cdot \Sigma(l \cdot I)}{\gamma \cdot A}$$

γ elektrische Leitfähigkeit in m/($\Omega \cdot$ mm²)

l   einfache Leiterlänge in m

$$A = \frac{2 \cdot \Sigma(l \cdot I)}{\gamma \cdot U_V}$$

U   Nennspannung in V (bei Drehstrom = Außenleiterspannung)

U_V Spannungsverlust auf der Leitung in V

$$p_v\% = \frac{200 \cdot \Sigma(l \cdot I)}{\gamma \cdot A \cdot U^\dagger}$$

P   Wirkleistung in W

$p_v\%$ Leistungsverlust in % von P

$$A = \frac{200 \cdot \Sigma(l \cdot I)}{\gamma \cdot U^2 \cdot p_v\%}$$

I Stromstärke in der Leitung in A

A Querschnitt der Leitung in mm

$$\Sigma(l \cdot I) = l_1 \cdot I_1 + l_2 \cdot I_2 + l_3 \cdot I_3$$

$$\Sigma(l \cdot P) = l_1 \cdot P_1 + l_2 \cdot P_2 + l_3 \cdot P_3$$

Beispiel: Die Leitung in Abb. 5.37 versorgt einen induktionsfreien Verbraucher. Der Leistungsverlust soll 1,8 % nicht überschreiten. Wie groß ist der hinsichtlich des höchstzulässigen Spannungsfalls erforderliche Leiterquerschnitt A?

Lösung: $\Sigma(l \cdot P) = l_1 \cdot P_1 + l_2 \cdot P_2 = 15m \cdot 2kW + 37m \cdot 1,8kW = 96,6mkW$

$$A = \frac{2 \cdot \Sigma(l \cdot I)}{\gamma \cdot U_V} = \frac{2 \cdot \Sigma(96,6mkW)}{58m/(\Omega \cdot mm^2) \cdot (230V)^2 \cdot 1,8\%} = 3,5mm^2 \text{ Normquerschnitt: } 4\,mm^2$$

Tab. 5.6 zeigt die Möglichkeiten der Strom- und Leitungsverzweigung.

U   Nennspannung in V (bei Drehstrom = Außenleiterspannung)
I   Stromstärke in der Leitung in A
P   Wirkleistung in W
l   einfache Leiterlänge in m
γ   elektrische Leitfähigkeit in m/(Ω · mm²)
ΔU   Spannungsunterschied bzw. Leitungsanfang und -ende in V
cos φ Wirkleistungsfaktor
A   Querschnitt der Leitung in mm²
U_v   Spannungsverlust auf der Leitung in V
$p_v\%$ Leistungsverlust in % von P

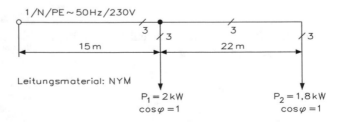

Abb. 5.37 Leitungsberechnung

Tab. 5.6 Möglichkeiten der Strom- und Leitungsverzweigung

Leistungsart	Spannungsverlust	Querschnitt	Leistungsverlust	Querschnitt
• Gleichstrom und Wechselstrom mit cos φ = 1				
Unverzweigte Leitung	$U_v = \dfrac{2 \cdot I \cdot l}{\gamma \cdot A}$	$A = \dfrac{2 \cdot I \cdot l}{\gamma \cdot U_v}$	$p_v\% = \dfrac{200 \cdot P \cdot l}{\gamma \cdot A \cdot U^2}$	$A = \dfrac{200 \cdot P \cdot l}{\gamma \cdot U^2 \cdot p_v\%}$
Verzweigte Leitungen mit gleichbleibendem Querschnitt	$U_v = \dfrac{2 \cdot \sum(I \cdot l)}{\gamma \cdot A}$	$A = \dfrac{2 \cdot \sum(I \cdot l)}{\gamma \cdot U_v}$	$p_v\% = \dfrac{200 \cdot \sum(P \cdot l)}{\gamma \cdot A \cdot U^2}$	$A = \dfrac{200 \cdot \sum(P \cdot l)}{\gamma \cdot U^2 \cdot p_v\%}$
	$\sum(I \cdot l) = I_1 \cdot l_1 + I_2 \cdot l_2+$		$\sum(P \cdot l) = P_1 \cdot l_1 + P_2 \cdot l_2+$	
• Einphasenwechselstrom mit Blindlast				
Unverzweigte Leitung	$\Delta U = \dfrac{2 \cdot I \cdot l \cdot \cos\varphi}{\gamma \cdot A}$	$A = \dfrac{2 \cdot I \cdot l \cdot \cos\varphi}{\gamma \cdot \Delta U}$	$p_v\% = \dfrac{200 \cdot P \cdot l}{\gamma \cdot A \cdot U^2 \cdot \cos^2\varphi}$	$A = \dfrac{200 \cdot P \cdot l}{\gamma \cdot U^2 \cdot \cos^2\varphi \cdot p_v\%}$
Verzweigte Leitungen mit gleichbleibendem Querschnitt	$\Delta U = \dfrac{2 \cdot \sum(I \cdot l \cdot \cos\varphi)}{\gamma \cdot A}$	$A = \dfrac{2 \cdot \sum(I \cdot l \cdot \cos\varphi)}{\gamma \cdot \Delta U}$		
	$\sum(I \cdot l \cdot \cos\varphi)$ $= I_1 \cdot l_1 \cdot \cos\varphi$ $+ I_2 \cdot l_2 \cdot \cos\varphi+$			
• Drehstrom mit Blindlast				
Unverzweigte Leitung	$\Delta U = \dfrac{1,73 \cdot I \cdot l \cdot \cos\varphi}{\gamma \cdot A}$	$A = \dfrac{1,73 \cdot I \cdot l \cdot \cos\varphi}{\gamma \cdot \Delta U}$	$p_v\% = \dfrac{100 \cdot P \cdot l}{\gamma \cdot A \cdot U^2 \cdot \cos^2\varphi}$	$A = \dfrac{100 \cdot P \cdot l}{\gamma \cdot U^2 \cdot \cos^2\varphi \cdot p_v\%}$
Verzweigte Leitungen mit gleichbleibendem Querschnitt	$\Delta U = \dfrac{1,73 \cdot \sum(I \cdot l \cdot \cos\varphi)}{\gamma \cdot A}$	$A = \dfrac{1,73 \cdot \sum(I \cdot l \cdot \cos\varphi)}{\gamma \cdot \Delta U}$		

5.5   Anpassung des Sicherungsschutzes an den Motorbetrieb

Beim Motorbetrieb ist zwischen Kurzschlussschutz und Überlastungsschutz zu unterscheiden. Schmelzsicherungen bieten wegen ihrer groben Abstufung (Normung!) und ihres Ansprechens bei einer bestimmten Größe des Stroms, unabhängig von dessen Dauer, keinen dem Motorbetrieb angepassten Überlastungsschutz, sind aber ein zuverlässiger Kurzschlussschutz. Den Motoren schadet eine Überlastung umso weniger, je kleiner sie ist und je kurzzeitiger sie wirkt. Selbst größere Überlastungen bis zum ca. 2,5-fachen der Nennlast (Kippmoment bei Drehstrom-Motoren) vertragen bestimmte Motoren umso leichter, je kurzzeitiger sie auftreten (Stoßlast!). Schmelzsicherungen müssen nach dem Motornennstrom gewählt werden und würden daher im Überlastungsfall früher als notwendig ansprechen. Unnötige und kostspielige Betriebsunterbrechungen sind die Folge. Eine zusätzliche Sicherungseinrichtung, welche sich den Besonderheiten des Motorbetriebes anpasst, ist deshalb sowohl technisch wie auch wirtschaftlich vertretbar. Leitsatz muss also sein: Jedem Motor seinen Motorschutzschalter.

5.5.1   Sicherungsschutz für einen Drehstrommotor

Die meist verwendete Sicherung bei Anlagen unter 3 kW ist die genormte Diazed-Sicherung (Diametral-Zweiteilige-Edison-Sicherung).

Abb. 5.38 zeigt den Aufbau einer Diazed-Sicherung. Durch Verwendung entsprechender Passeinsätze wird eine fahrlässige oder irrtümliche Verwendung von Einsätzen für zu hohe Ströme verhindert. Bei trägen Sicherungspatronen erfolgt die Unterbrechung erst, wenn eine im Schmelzdraht vorhandene Lötstelle weich wird. Träge Sicherungen sind gegen kurzdauernde hohe Überlastung unempfindlich und können daher für Motoren mit großem Anlaufstrom und für die Hauptsicherung in Stromkreisen Anwendung finden. In

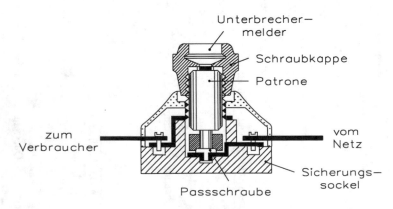

Abb. 5.38 Aufbau und Anschluss einer Diazed-Sicherung

Tab. 5.7   Nennstrom, Farbe für Schmelz- und Passeinsätze für Schmelzsicherungen

Sockel	Schmelz- und Passeinsatz	Farbe
Normalgewinde E27	2 A	rosa
unverwechselbar durch	4 A	braun
Abstufung	6 A	grün
	10 A	rot
	16 A	grau
	20 A	blau
	25 A	gelb
Großgewinde E33	35 A	schwarz
	50 A	weiß
	63 A	kupfer

der Zusammenstellung in Tab. 5.7 sind Nennstrom, Farbe für Schmelz- und Passeinsätze, sowie die Zuordnung der Sicherungsstärken zum entsprechenden Sockel angegeben.

Die Funktionsklassen lassen sich in zwei Bereiche unterteilen:

- Funktionsklasse g: Ganzbereichssicherungen, die Ströme bis wenigstens zu ihrem Nennstrom dauernd führen können und Ströme vom kleinsten Schmelzstrom bis zum Nennausschaltstrom ausschalten können.
- Funktionsklasse a: Teilbereichssicherungen, die Ströme bis zu ihrem Nennstrom dauernd führen können und Ströme oberhalb eines bestimmten Vielfachen ihres Nennstroms bis zum Nennausschaltstrom ausschalten können.

Abb. 5.39 zeigt den Unterbau, die Sicherungen und die Schutzkappen von Diazed-Sicherungen. Für die Nennspannungen unterscheidet man zwischen Wechsel- und Gleichspannung, wie Tab. 5.8 zeigt. Fettgedruckte Werte werden in der Praxis bevorzugt eingesetzt.

Die Sicherungseinsätze der Kabel- und Leitungsschutzsicherungen verhalten sich selektiv, wenn ihre Nennströme im Verhältnis 1:1,6 stehen und das gilt nur für Nennströme ≥ 16 A. Nennströme haben die in Tab. 5.9 aufgeführten Werte,

Niederspannungs-Hochleistungs-Sicherungen (NH-Sicherungen) verfügen infolge der druckfesten Abdichtung des aus Steatit hergestellten starkwandigen Sicherungskörpers über ein wesentlich größeres Schaltvermögen als Leitungsschutzsicherungen. Sie können daher in Schaltanlagen und Netzen mit hohen Kurzschlussströmen verwendet werden. Abb. 5.40 zeigt verschiedene Niederspannungs-Hochleistungs-Sicherungen.

Der Schmelzleiter, das sog. Löschband, besteht aus einem U- oder L-förmigen, ungeteilten Kupferband, das in seiner Ansprechzone einen hochschmelzenden Metallauftrag und eine Anzahl von verlustarmen Querschnittsverengungen aufweist, die den Schmelzvorgang und die Lichtbogenzündung an einer festgelegten Stelle des Schmelzstreifens, entfernt von den Endplatten, einleiten. Das Band ist mit den stark versilberten Kontakten

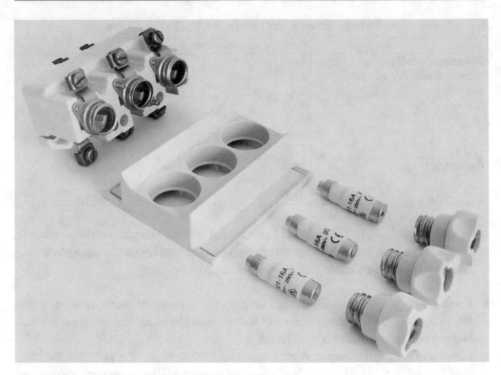

Abb. 5.39 Unterbau, Sicherungen und Schutzkappen von Diazed-Sicherungen

Tab. 5.8 Nennspannungen bei Diazed-Sicherungen

Wechselspannung in V	**200**	**400**	**500**	**660**	750	1000			
Gleichspannung in V	**230**	**440**	500	**600**	**750**	1000	1500	2400	3000

Tab. 5.9 Nennströme für Kabel- und Leitungsschutzsicherungen

I in A	2	4	6	10	16	20	25	32	35
I in A	40	50	63	80	100	125	160	200	250
I in A	315	400	500	630	800	1000	1250		

verschweißt und in Quarzsand gebettet. Die Patronen verwenden Messer-, Steck- oder Schraubfahnen (Kontakte) und sind in „flinker" oder „kurzträger" Ausführung lieferbar. Mit einem aufsteckbaren Handgriff kann die Patrone in das Unterteil eingesetzt oder herausgenommen werden. Dies darf aber nicht unter Last erfolgen. Tab. 5.10 zeigt die Strombelastung für Niederspannungs-Hochleistungsgriffsicherungen (NH-Sicherung).

Die Hochspannungs-Hochleistungs-Sicherungen (HH-Sicherungen) werden für den Überstromschutz in Wechselstrom-Hochspannungsanlagen wie Verteilerstationen, Ausläuferschaltstellen sowie in Zentralen kleinerer Leistungen (bis 400 MVA) anstelle von Leistungsschaltern verwendet. Häufig bringt man sie in Verbindung mit Leistungstrennschaltern.

Abb. 5.40 Niederspannungs-Hochleistungs-Sicherungen

Tab. 5.10 Strombelastung für NH-Sicherungen

Sicherungsunterteil	Für Sicherungen mit
für 200 A	60, 80, 100, 125, 160, 200 A
für 400 A	225, 260, 300, 350, 400 A
für 600 A	430, 500, 600 A

   Die HH-Sicherungspatrone besteht aus einem beiderseitig mit Kontaktklappen fest ver-schlossenen Porzellanrohr. In ihm befindet sich der Schmelzeinsatz aus parallel geschalte-ten Silberdrähten, die schraubenförmig auf einem keramischen Träger mit sternförmigem Querschnitt aufgewickelt und in festgeschütteten Quarzsand eingebettet sind. Parallel zum Schmelzleiter ist ein Abschmelzdraht geschaltet, der beim Abschalten den gespannten Fe-derbolzen (Schlagstift) einer Anzeigevorrichtung freigibt. Dieser wird dabei nach außen gestoßen und macht so das Durchbrennen der Sicherung sichtbar. Der ausgestoßene Schlagstift kann über ein Isoliergestänge einen Hilfsschalter oder den Auslösemechanis-mus von Schaltern betätigen. Auch für eine akustische bzw. optische Fernmeldung der durchgeschmolzenen Sicherung eignet sich diese Anzeigevorrichtung.

5.5.2   Schutzschalter

Selbstschalter werden anstelle von Sicherungen verwendet. Dadurch entfällt das Aus-wechseln durchgebrannter Patronen und ein „Flicken" der Sicherung ist unmöglich. Die

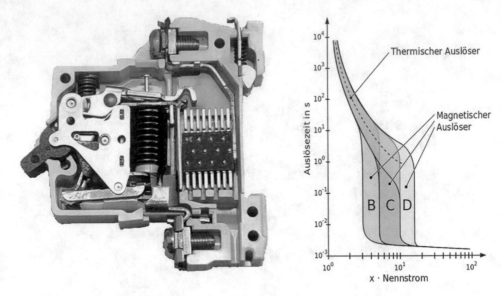

Abb. 5.41 Darstellung der Wirkungsweise eines Sicherungsautomaten

Abschaltung erfolgt elektromagnetisch (Sofortauslösung bei Kurzschlüssen) und mit thermischer Verzögerung bei Überlastung. Man unterscheidet Schraubselbstschalter (in Stöpselform), Elementselbstschalter (für Schalt- und Verteilungstafeln) und Sockelselbstschalter. Sie alle müssen mit Freiauslösung versehen sein, d. h., solange die Ursache des Überstroms besteht, wird eine Einschaltung unmöglich gemacht.

Nach der Typenkennzeichnung unterscheidet man LS-, HLS- und GS-Schalter.

Die Kurzschlussschnellauslösung von Abb. 5.41 spricht bei Wechselstrom beim 4- bis 6-fachen Nennstrom, bei Gleichstrom etwa beim 8-fachen Nennstrom an.

Die Kurzschlussschnellauslösung spricht bei Wechselstrom beim 2,5- bis 3-fachen Nennstrom, bei Gleichstrom etwa beim 4-fachen Nennstrom an, während die thermische Auslösung genau so eingestellt ist wie bei LS-Schaltern. HLS-Schalter sind also besonders für Stromkreise geeignet, in denen Nullung oder Schutzerdung als Schutzmaßnahmen gegen gefährliche Berührungsspannung angewendet werden. Die für Hausinstallationen gebauten LS-Schalter haben einen Nennstrom von 6 A, 10 A, 15 A, 20 A und 25 A.

GS-Schalter (Geräteschutzschalter) sind zur Absicherung von Geräten und Stromkreisen aller Art geeignet. Selbstschalter zum Schutze von elektrischen Geräten müssen mit ihrem Nennstrom dem des Gerätes angepasst werden. Die Möglichkeit hierzu gibt die feine Abstufung der Nennstromstärken (0,5, 1, 1,6, 2, 3, 4, 6, 8, 10 A usw.). Die Kurzschlussschnellauslösung spricht bei Wechselstrom beim 8- bis 12-fachen, bei Gleichstrom etwa beim 14-fachen Nennstrom an. Auftretende Einschaltstromstöße führen also nicht zur Auslösung.

5.5.3 Leistungsschutzschalter

Leistungsschutzschalter schützen elektrische Betriebsmittel vor thermischer Überlastung und bei Kurzschluss. Sie decken den Nennstrombereich von 20 A bis 1600 A ab. Je nach Ausführung besitzen sie zusätzliche Schutzfunktionen wie Fehlerstromschutz, Erdschluss-schutz oder die Möglichkeit zum Energiemanagement durch Erkennen von Lastspitzen und gezieltem Lastabwurf.

Die einzelnen Leistungsschalter zeichnen sich durch ihre kompakte Bauform und ihre Eigenschaften aus. In den gleichen Baugrößen wie die Leistungsschalter gibt es Lasttrenn-schalter ohne Überlast- und Kurzschluss-Auslöseeinheiten, die je nach Ausführung zu-sätzlich mit Arbeitsstrom- oder Unterspannungsauslöser bestückt werden können.

Abhängig von der Art des zu schützenden Betriebsmittels ergeben sich Hauptanwendungs-gebiete, die durch unterschiedliche Einstellungen der Auslöseelektroniken realisiert werden:

- Anlagenschutz
- Motorschutz
- Transformatorschutz
- Generatorschutz.

Verschiedene Leistungsschalter bieten unterschiedliche Möglichkeiten vom einfachen Anlagenschutz mit Überlast- und Kurzschlussauslöser bis hin zum Digitalauslöser mit grafischem Display und der Möglichkeit zum Aufbau von zeitselektiven Netzen. Leis-tungsschalter sind anpassbar an universelle Anforderungen durch umfangreiches Einbau-zubehör, wie Hilfsschalter, Ausgelöstmelder, Motorantriebe oder Spannungsauslöser, Schalter in Festeinbau oder Ausfahrtechnik lassen einen vielfältigen Einsatz zu. Spezielle Leistungsschalter eröffnen durch ihre Kommunikationsfähigkeit neue Möglichkeiten in der Energieverteilung.

Grundlegende Auswahlkriterien eines Leistungsschalters sind unter anderem:

- max. Kurzschlussstrom I_{kmax}
- Nennstrom I_n
- Umgebungstemperatur
- Bauart 3- oder 4-polig
- Schutzfunktion
- minimaler Kurzschlussstrom.

Der Nennbetriebs-, sowie der Kurzschluss- oder Überlaststrom fließen zwischen den oberen und unteren Anschlussklemmen des Leistungsschalters seriell durch die elektro-magnetischen und die thermischen Auslöser sowie die Hauptkontakte.

Jedes elektrische Bauteil wird vom selben Strom durchflossen. Unterschiedliche Ströme in Höhe und Dauer bewirken in den einzelnen Auslösern unterschiedliche Re-aktionen.

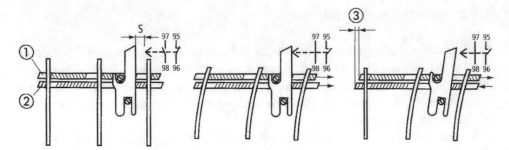

Abb. 5.42 Funktion der Phasenausfallempfindlichkeit mit Hilfe einer Auslöse- und Differenzial-brücke; 1) Auslösebrücke; 2) Differenzialbrücke; 3) Differenzweg

Betriebsmäßige Überlastungen führen nicht unverzüglich zu gefährlichen Überbeanspruchungen. Der eingebaute Motorschutz mit thermisch verzögerten Bimetallauslösern eignet sich gut, um einfache Überlastschutzaufgaben zu erfüllen.

Abb. 5.42 zeigt die Funktion der Phasenausfallempfindlichkeit mit Hilfe einer Auslöse- und Differenzialbrücke.

Auch im Leistungsschalter fließt der Strom durch thermisch verzögerte Bimetallauslöser. Die Bimetallstreifen biegen sich in Funktion zu ihrer Temperatur und drücken auf eine Klinke im Schaltschloss. Die Höhe der Temperatur ist abhängig von der Heizleistung, hervorgerufen durch den Strom, welcher durch den Leistungsschalter fließt. Die Auslösegrenze, also der zurückzulegende Weg der Bimetallspitzen bis zum Ansprechen der Auslöseklinke, wird durch die Stromeinstellung am Skalenknopf eingestellt.

Ist die Auslöseklinke gedrückt, löst das Schaltschloss aus, die Hauptkontakte werden geöffnet, der Überstrom schaltet ab, bevor ein Schaden an Motorwicklung und den Leitungen entstehen kann.

Bei Leistungsschaltern mit Motorschutzcharakteristik regeln Überströme ab einem Bereich des 10- … 16-fachen des maximalen Skaleneinstellbereichs zeitlich praktisch unverzögert den elektromagnetischen Überstromauslöser aus. Der genaue Ansprechwert ist entweder einstellbar (Anpassung für Selektivität oder unterschiedliche Einschaltstromspitzen bei Transformator- und Generatorschutz) oder ist konstruktiv fest gegeben. Bei Leistungsschaltern für Anlagen- und Leitungsschutz liegt der Auslösebereich tiefer.

Bei kleineren Leistungsschaltern (meist 100 A) ist die Hauptstrombahn hier zu einer kleinen Spule geformt. Fließt ein hoher Überstrom durch diese Windungen, wirkt eine Kraft auf den von der Spule umschlossenen Anker. Dieser Anker entriegelt das gespannte Schaltschloss, die Hauptkontakte springen in Stellung AUS und der Überstrom ist abgeschaltet.

Der elektromagnetische Überstromauslöser seinerseits reagiert fast unverzögert (t;1 ms MS beachten) auf den schnell ansteigenden Strom. Nur die dahinter geschaltete Auslösemechanik arbeitet träge. So wird diese einfach überbrückt, indem zusätzlich der nun als Schlaghammer ausgebildete Anker des Magnetauslösers bei strombegrenzendem Leistungsschalter direkt auf die Hauptkontakte wirkt. Die Kontakte werden bereits magnetisch geöffnet, bevor das Schaltschloss anspricht. Dieses muss nun lediglich die Kontakte am Zurückfallen hindern und in AUS-Stellung fixieren.

Erst das Öffnen der Kontakte, das Zünden eines Lichtbogens schließlich, bewirkt eine Reduktion des Stroms und ein Abschalten des Kurzschlusses. Realisiert werden Leistungsschalter mit Schlaganker in den unteren Strombereichen bis ca. 100 A.

5.5.4 Elektromechanischer Schütz

Ein Schütz ist ein elektrisch oder pneumatisch betätigter Schalter für große elektrische Leistungen und ähnelt einem Relais. Das Schütz kennt zwei Schaltstellungen und diese sind ohne besondere Vorkehrungen im Normalfall monostabil. Abb. 5.43 zeigt die Ansicht eines elektromechanischen Schützes.

Fließt ein Steuerstrom durch die Magnetspule eines elektromechanischen Schützes, zieht das Magnetfeld die mechanischen Kontakte in den aktiven Zustand. Ohne Strom stellt eine Feder den Ruhezustand wieder her, alle Kontakte kehren in ihre Ausgangslage zurück. Die Anschlüsse für Steuerstrom für die Magnetspule sowie die Kontakte für Hilfskreise (falls vorhanden) und die zu schaltenden Ströme sind im Schütz gegeneinander isoliert ausgeführt, d. h., es gibt keine leitende Verbindung zwischen Steuer- und Schaltkontakten. Im Grunde ist ein Schütz ein Relais mit wesentlich höherer Schaltleistung. Typische Lasten beginnen bei etwa 500 Watt bis hin zu mehreren hundert Kilowatt. Abb. 5.44 zeigt eine Magnetspule sowie die Kontakte für Hilfskreise.

Abb. 5.43 Ansicht eines elektromechanischen Schützes

Abb. 5.44 Magnetspule und
Kontakte für Hilfskreise

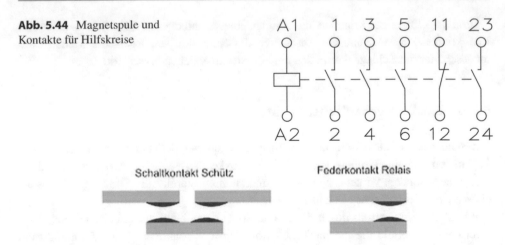

Abb. 5.45 Unterschiede zwischen der Kontaktführung bei Schütz und Relais

Schütze wurden entwickelt, damit ein Verbraucher mit großer Leistungsaufnahme (z. B. Motor) aus der Ferne über einen handbetätigten Schalter mit kleiner Schaltleistung geschaltet werden kann. Schütze ermöglichen schnellere und sicherere Schaltvorgänge, als mit rein mechanischen oder handbetätigten Schaltkonstruktionen möglich ist. Die Leitungslänge der Lastkreise mit großem Leitungsquerschnitt lässt sich dadurch verringern.

Mit einem Schütz sind Schaltvorgänge aus der Ferne über Steuerleitungen mit relativ geringem Leiterquerschnitt möglich. Zu den typischen Anwendungsbereichen des Schützes zählt man die Aufgaben in der Steuerungs- und Automatisierungstechnik. Konkrete Anwendungsbeispiele sind unter anderem die Motorsteuerung, die Steuerung elektrischer Heizelemente und das Schalten lichttechnischer Anlagen sowie die Sicherheitsabschaltung von Maschinen. Mittels Hilfskontakten sind logische Funktionen realisierbar.

Abb. 5.45: zeigt den Unterschied zwischen der Kontaktführung bei einem Schütz und einem Relais und Schütze unterscheiden sich in folgenden Merkmalen von Relais:

- Relais sind für geringere Schaltleistung ausgelegt und besitzen keine Funkenlöschkammern.
- Die Schaltkontakte von Relais sind einfach unterbrechend, während sie bei Schützen meist doppelt unterbrechbar sind.
- Relais benutzen oft Klappanker, Schütze hingegen meist Zuganker zwecks größerer mechanischer Schaltkraft, die für die höheren Schaltleistungen massiver Kontakte erforderlich sind.

Ein allgemeines Unterscheidungsmerkmal ist, dass Schütze nur Öffner- und Schließerkontakte, Relais dagegen auch Wechslerkontakte (Umschalter) besitzen können.

Wegen der hohen Schaltleistungen und der dazu erforderlichen massiven Kontakte, deren schneller Betätigung und der hohen Kontaktkraft des starken Elektromagneten, verursacht ein Schütz mechanische Erschütterungen. Meistens sind die Betätigungsmagnete federnd gelagert, sodass der Körperschall etwas gedämpft wird. Die Einbaulage ist beliebig.

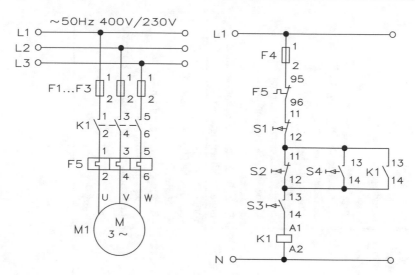

Abb. 5.46 Schalten eines Schützes von zwei Schaltstellen

Die Betätigungsspulen von Schützen können für den Betrieb mit Wechsel- oder Gleichspannung ausgelegt sein. Für Wechselspannungsbetrieb weisen die Elektromagneten einen Kern auf, dessen einer Teil von einer Kurzschlusswindung umschlossen ist und als Spaltpol bezeichnet wird. Dieser verursacht eine Phasenverschiebung und damit einen zeitverzögerten Magnetfluss in einem Teil des Eisenkerns, der die Haltekraft während der Zeit aufbringen muss, in der die Kraft des Hauptfeldes zum Halten des Ankers nicht ausreicht.

Bei Gleichspannungsschützen ist dies nicht erforderlich, hier kann die Rückstellkraft der Feder durch einen Permanentmagneten unterstützt sein. Oft besitzen Gleichspannungsschütze mehrere Zwischenlagen oder eine nicht magnetische Niete, um ein Kleben aufgrund der Restmagnetisierung zu verhindern. Teilweise werden Hilfskontakte und Vorwiderstände verwendet, um den Stromfluss nach dem Anziehen zu reduzieren.

Abb. 5.46 zeigt eine Schaltung eines Schützes mit zwei Schaltstellen. Eingeschaltet wird durch Betätigung von S3 oder S4. Ausgeschaltet wird durch Betätigung von S1 oder S2. Die parallel geschalteten Schließer bilden eine ODER-Verknüpfung. Die in Reihe geschalteten Öffner bilden ebenfalls eine ODER-Verknüpfung.

5.5.5 Schutzschaltungen für induktive Verbraucher

Die Betätigungsspule von Relais und Schütz verursacht als induktiver Verbraucher beim Abschalten durch Selbstinduktion eine störende Spannungsspitze. Zur Schonung der Ansteuerelektronik und zur Vermeidung von Störemissionen kann daher im Steuerkreis eine Schutzbeschaltung gegen diese Abschaltüberspannung notwendig sein. Bei Wechselstromschützen besteht diese meist aus einer Reihenschaltung eines Widerstands mit einem Kondensator, die parallel zur Ankerspule angebracht werden. Bei Gleichstromschützen kann eine Freilaufdiode eingesetzt werden, um steuernde Kontakte oder die Ansteuerelektronik zu schützen. Tab. 5.11 zeigt verschiedene Schutzschaltungen für induktive Verbraucher.

Tab. 5.11 Schutzschaltungen für induktive Verbraucher

Beschaltung der Last	Zusätzliche Abfallverzögerung	Definierte Induktionsspannungsbegrenzung	Bipolar wirksame Dämpfung	Vorteile/Nachteile
Diode	groß	ja (U_D)	nein	Vorteile: - gute Wirkung auf Lebensdauerverlängerung der Kontakte - einfache Realisierung - kostengünstig - zuverlässig - unkritische Dimensionierung - kleine Induktionsspannung Nachteile: - Dämpfung nur über Lastwiderstand - hohe Abfallverzögerung
Reihenschaltung von Diode/Z-Diode	mittel bis klein	ja (U_{ZD})	nein	Vorteile: - unkritische Dimensionierung Nachteile: - Bedämpfung nur oberhalb U_Z - geringe Wirkung auf Lebensdauerverlängerung der Kontakte

				Vorteile / Nachteile
Suppressordiode (Last, U_{ZD})	mittel bis klein	ja (U_{ZD})	ja	Vorteile: - kostengünstig - unkritische Dimensionierung - Begrenzung positiver Spitzen - für Wechselspannung geeignet Nachteile: - Bedämpfung nur oberhalb U_Z - geringe Wirkung auf Lebensdauerverlängerung der Kontakte
Varistor (Last, U_{VDR})	mittel bis klein	ja (U_{VDR})	ja	Vorteile: - hohe Energie-Absorption - unkritische Dimensionierung - für Wechselspannung geeignet Nachteile: - Bedämpfung nur oberhalb U_{VDR} - geringe Wirkung auf Lebensdauerverlängerung der Kontakte
RC-Kombination (Last, U_{RC})	mittel bis klein	nein	ja	Vorteile: - HF-Dämpfung durch Energiespeicherung - für Wechselspannung geeignet - pegelunabhängige Bedämpfung bei genauer Dimensionierung erforderlich Nachteile: - genaue Dimensionierung erforderlich - hoher Einschaltstromstoß - geringe Wirkung auf Lebensdauerverlängerung der Kontakte

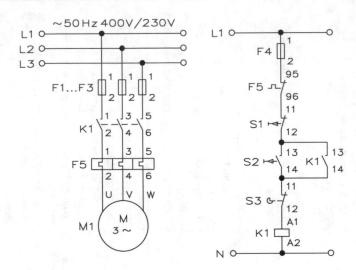

Abb. 5.47 Verriegelte Steuerung durch zwei Endschalter

Zur Entstörung kann in beiden Fällen auch ein Varistor oder eine bidirektionale Suppressordiode, bei

Gleichspannung auch eine Z-Diode oder eine unidirektionale Suppressordiode dienen. Insbesondere bei Gleichspannungsbetätigung verringert sich dadurch gegenüber Freilaufdioden die Abschaltzeit, die Steuerschaltung muss dafür jedoch eine höhere Schaltspannung vertragen.

Der Drehstrommotor von Abb. 5.47 lässt sich nur einschalten, wenn der Endschalter S3 geschlossen ist. Diese Schaltung findet man z. B. bei Waschmaschinen als Deckelverriegelung.

Einige Schütze verfügen zum leichten Montieren über eine Steckvorrichtung, zu der passende Entstörglieder geliefert werden.

Beim Trennen der Kontakte treten Abreißfunken oder ein Schaltlichtbogen auf, besonders wenn man induktive Lasten schalten muss. Dies führt zu Kontaktabbrand und elektrischen Störemissionen. Luftschütze verfügen über Lichtbogen-Löschkammern, in die sich der Lichtbogen aufgrund seines Magnetfelds ausbreitet und dort gekühlt wird, sodass er erlischt. In besonderen Einsatzbereichen (explosionsgefährdete Bereiche) kann es notwendig sein, die Kontakte komplett zu kapseln. Auch ein Halbleiterschütz (solid state relay) lässt sich verwenden.

Um Abreißfunken und Schaltlichtbögen von vornherein zu vermeiden, können Entstörglieder eingesetzt werden. Typisch sind R-C-Kombinationen (Boucherot-Glied), die über die Kontakte oder den Verbraucher geschaltet werden und kurzzeitig während der beginnenden Kontaktunterbrechung den Stromfluss übernehmen.

Schütze verwenden Haupt- und Hilfskontakte, je nach Anwendungsfall.

- Hauptkontakte zum Schalten von Lasten:
    - Schließer (Arbeitskontakte; n. o. (Normally Open))
    - Öffner (Ruhekontakte; n. c. (Normally Closed))

- Umschaltkontakte/Wechsler (Kombination eines Öffners mit einem Schließer).
- Folgewechsler (Umschaltkontakt, bei dem alle drei Kontakte kurzzeitig beim Schalten verbunden werden)
• Hilfskontakte zur Schützsteuerung und Signalanzeige:
    - ebenso Schließer, Öffner und Umschaltkontakte
    - voreilende Schließer und verzögerte Öffner, u. a.

Hauptstromkontakte eines Schützes werden mit einstelligen Ziffern bezeichnet. Dabei führen üblicherweise die ungeraden Ziffern (1, 3, 5) zum Stromnetz, die geraden Ziffern (2, 4, 6) führen zum Verbraucher.

Sicherheitsrelevante Schütze werden mit zwangsgeführten Kontakten ausgeführt: Öffner und Schließer können nie gleichzeitig geschlossen sein. Das bedeutet z. B., dass ein durch Überlastung verschweißter, d. h. bei stromloser Spule nicht öffnender Schließer dazu führt, dass kein Öffner schließt. Ein solches Schütz kann daher anhand seines Öffners überwacht werden, ob es abgefallen ist. Mit einem weiteren redundanten Schütz und einem Sicherheitsschaltgerät kann damit gewährleistet werden, dass eine Anlage dennoch sicher abschaltet. Sie kann bei einem klebenden (defekten) Schütz dann nicht wieder eingeschaltet werden, weil der Startkreis über die Öffner beider Schütze führt.

Wenn bei einem Schütz z. B. der rechts außen liegende Schließerkontakt verschweißt, kann die Kontaktbrücke des ausgeschalteten Schützes etwas schief stehen. Bei „zwangsgeführten Kontakten" wird verlangt, dass in diesem Fall die Öffner nicht schließen dürfen, sondern dass über die gesamte Lebensdauer nach oben des Schützes ein Kontaktabstand von mindestens 0,5 mm erhalten bleibt. Verschiedene Sicherheitsschaltungen basieren auf der Voraussetzung, dass Öffner und Schießer eines Schützes niemals gleichzeitig geschlossen sein können.

Zur Funktionsüberwachung (Schutz vor hängenden oder festgebrannten Kontakten) kann auch ein Hilfsrelais verwendet werden, das hinter dem jeweiligen Leistungskontakt des Schützes angeschlossen ist und damit einen Hilfsstrom schaltet, sobald der Schaltvorgang vom Schütz zuverlässig ausgeführt wurde. Das Hilfsrelais kann im Gehäuse des Schützes integriert sein, ist jedoch mechanisch unabhängig.

5.5.6 Erstellung von Schaltungsunterlagen

Schaltungsunterlagen erläutern die Funktion von Schaltungen oder von Leitungsverbindungen. Sie sagen, wie elektrische Einrichtungen gefertigt, errichtet und gewartet werden. Lieferant und Betreiber müssen vereinbaren, in welcher Form die Schaltungsunterlagen erstellt werden: Papier, Film, Diskette, CD, USB-Stick usw. Sie müssen sich auch auf die Sprache einigen, in der die Dokumentation erstellt wird. Bei Maschinenanlagen müssen nach EN 292-2 Benutzerinformationen in der Amtssprache des Einsatzlandes verfasst werden. Schaltungsunterlagen werden in zwei Gruppen unterteilt:

Einteilung nach dem Zweck: Erläuterung der Arbeitsweise, der Verbindungen oder der räumlichen Lage von Betriebsmitteln. Dazu gehören:

- erläuternde Schaltpläne,
- Übersichtsschaltpläne,
- Ersatzschaltpläne,
- erläuternde Tabellen oder Diagramme,
- Ablaufdiagramme, Ablauftabellen,
- Zeitablaufdiagramme, Zeitablauftabellen,
- Verdrahtungspläne,
- Geräteverdrahtungspläne,
- Verbindungspläne,
- Anschlusspläne,
- Anordnungspläne.

Einteilung nach Art der Darstellung, vereinfacht oder ausführlich

- 1- oder mehrpolige Darstellung
- zusammenhängende, halbzusammenhängende oder aufgelöste Darstellung
- lagerichtige Darstellung

Eine prozessorientierte Darstellung mit dem Funktionsplan (FUP) kann die Schaltungsunterlagen ergänzen.

Schaltpläne (engl. Diagrams) zeigen den spannungs- oder stromlosen Zustand der elektrischen Einrichtung. Man unterscheidet:

- Übersichtsschaltplan (block diagram): Vereinfachte Darstellung einer Schaltung mit ihren wesentlichen Teilen. Zeigt die Arbeitsweise und Gliederung einer elektrischen Einrichtung.
- Stromlaufplan (circuit diagram): Ausführliche Darstellung einer Schaltung mit ihren Einzelheiten und der Arbeitsweise einer elektrischen Einrichtung.
- Ersatzschaltplan (equivalent circuit diagram): Besondere Ausführung eines erläuternden Schaltplans für Analyse und Berechnung von Stromkreiseigenschaften.

Verdrahtungspläne (wiring diagrams) zeigen die leitenden Verbindungen zwischen elektrischen Betriebsmitteln. Sie zeigen die inneren oder äußeren Verbindungen und geben im Allgemeinen keinen Aufschluss über die Wirkungsweise. Anstelle von Verdrahtungsplänen können auch Verdrahtungstabellen verwendet werden.

- Geräteverdrahtungsplan (unit wiring diagram): Darstellung aller Verbindungen innerhalb eines Gerätes oder einer Gerätekombination.

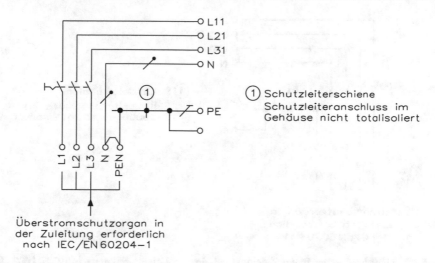

Abb. 5.48 Überstromorgane in der Zuleitung bei einem 4-Leiter-System nach IEC/EN 60204-1

- Verbindungsplan (interconnection diagram): Darstellung der Verbindung zwischen den Geräten oder Gerätekombinationen einer Anlage.
- Anschlussplan (terminal diagram): Darstellung der Anschlusspunkte einer elektrischen Einrichtung und die daran angeschlossenen inneren und äußeren leitenden Verbindungen.
- Anordnungsplan (location diagram): Darstellung der räumlichen Lage der elektrischen Betriebsmittel; muss nicht maßstäblich sein.

Die Einspeisung erfolgt in drei Ausführungen:

- 4-Leiter-System, TN-C-S (Abb. 5.48).
- 5-Leiter-System, TN-S (Abb. 5.49).
- 3-Leiter-System, IT (Abb. 5.50).

5.6   Haupt- und Steuerstromkreise

Steuerstromkreise, die der Sicherheit dienen, sind zusätzliche Stromkreise, d. h., sie wirken in einer zweiten „Sicherheitsebene" zusätzlich zu der vorhandenen Haupt- und Steuerstromkreisebene. Dadurch wird der Aufwand einer Maschinensteuerung oftmals verdoppelt, womit auch das Risiko eines Bauteilausfalls steigt. Damit diese Nebenwirkung den gewünschten Effekt nicht umkehrt, müssen Sicherheitsstromkreise so gestaltet sein, dass sich das Ausfallrisiko auf die schon vorhandenen Hauptstromkreise begrenzt.

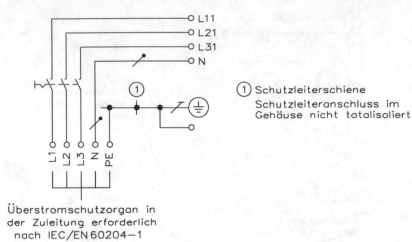

Abb. 5.49 Überstromorgane in der Zuleitung bei einem 5-Leiter-System nach IEC/EN 60204-1

Abb. 5.50 Überstromorgane
in der Zuleitung bei einem
3-Leiter-System nach IEC/
EN 60204-1

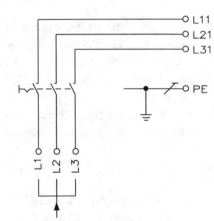

Wie können solche Stromkreise gestaltet werden? Dazu ist folgende Fehlerbetrachtung notwendig:

- Schluss im Tasterkreis wird nicht erkannt
- Fehler im Schaltkreis (1K1) wird nicht erkannt
- Erdschluss wird erkannt

Sicherheitsbezogene Teile der Steuerung sind mit bewährten Bauteilen nach bewährten Prinzipien aufgebaut. Ein einfaches Risiko besteht darin: NOT-AUS wirkt auf Haupt-

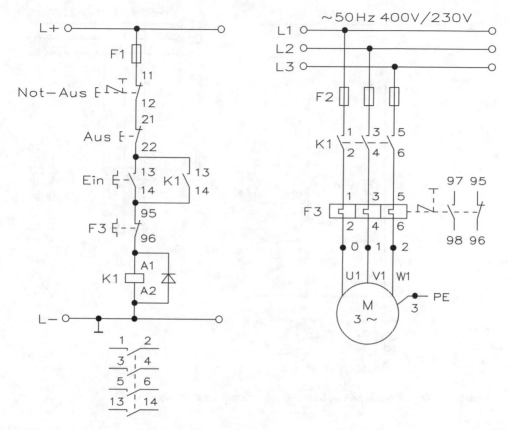

Abb. 5.51 Einfacher Steuerstromkreis mit integriertem NOT-AUS

schütz und der Hauptschütz schaltet alles frei. Diese Schaltung ist zulässig. Das Risiko des Versagens von Hauptstromkreisen ist technisch und wirtschaftlich vertretbar.

Abb. 5.51 zeigt einen einfachen Steuerstromkreis mit integriertem NOT-AUS. Links ist der Steuerstromkreis und rechts der Hauptstromkreis mit dem Motor gezeigt. Damit kommt man zu den Schaltungsunterlagen.

5.6.1   Haupt- mit Hilfsstromkreis

Werden zusätzliche Schaltkreise zur Sicherheitsabschaltung der Hauptstromkreise in eine Steuerung eingebracht, dürfen diese das Risiko des Versagens nicht erhöhen.

Abb. 5.52 zeigt einen vereinfachten Aufbau, denn Steuer- und Sicherheitsstromkreis sind getrennt. Eine Fehlerbetrachtung soll auch hier den Stromkreis so einfach wie möglich gestalten:

- Schluss im Tasterkreis wird nicht erkannt
- Fehler im Schaltkreis werden nicht erkannt

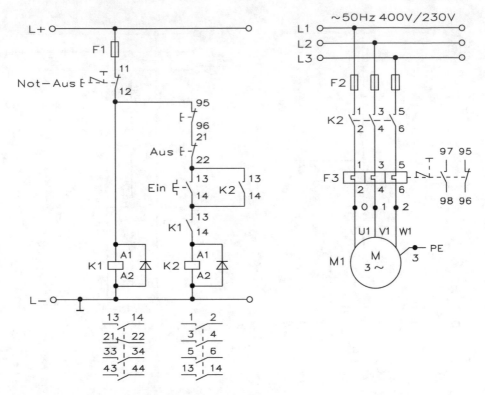

Abb. 5.52 Steuerstromkreis und Sicherheitsstromkreis getrennt

Die Verdoppelung der Schaltkreise ergibt auch hier eine Erhöhung der Fehlermöglichkeiten.

Die Schaltung enthält ein doppeltes Risiko: „NOT-AUS" wirkt auf Hilfsschütz, der Hilfsschütz wirkt auf den Hauptschütz, der dann alles freischaltet.

5.6.2 Einfache Redundanz

Die folgenden Abschnitte stellen Maßnahmen zur Verringerung der Risiken in der Steuerung vor. Um das Risiko in Sicherheitsschaltkreisen herunterzusetzen, müssen diese redundant aufgebaut werden. Redundanz bedeutet: Anwendung von mehr als einem Gerät oder System, um sicherzustellen, dass bei einem eventuellen Fehlverhalten des einen Teiles ein anderes verfügbar ist, um dessen Funktion zu übernehmen. Eine Maßnahme im Sinn ist die Verdoppelung der Bauteile im Sicherheitsstromkreis. Eine Fehlerbetrachtung offenbart die Schwachpunkte:

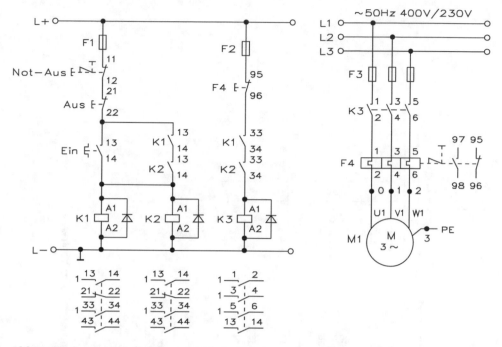

Abb. 5.53 Steuer-/Sicherheitsstromkreis mit einfacher nicht, überwachter Redundanz

- Schluss im Tasterkreis wird nicht erkannt,
- Fehler im Schaltkreis werden nicht erkannt, da gegenseitige Überwachung fehlt. Diese Art der Schaltung ist als Sicherheitsschaltkreis nicht zulässig, da auftretende Erstfehler nicht erkannt werden!

Die Schaltung enthält ein doppeltes Risiko: Ein NOT-AUS wirkt auf zwei Hilfsschütze, die erst auf den Hauptschütz wirken. Nach Ausfall eines Hilfsschützes ist eine Redundanz und damit die notwendige Sicherheit nicht mehr gegeben.

Die Schaltung ist nicht zulässig: Keine sichere Fehlererkennung im Sinne der Selbstüberwachung und es erfolgt kein zyklischer Test. Ein Erstfehler wird nicht erkannt, sodass ein Betrieb im einkanaligen Zustand möglich ist. Abb. 5.53 zeigt einen Steuer-/Sicherheitsstromkreis mit einfacher nicht überwachter Redundanz.

5.6.3 Zweischützschaltung

Diese Schaltung wurde früher häufig verwendet und ist deshalb stark verbreitet. Sie ist zwar redundant aufgebaut und es besteht eine gewisse Fehlerüberwachung. Da die Kontakte erstens in ihrer Funktion vor- bzw. nacheilend, und zweitens nicht zwangsgeführt sind, muss die sogenannte „Zweischützschaltung" jedoch als nicht sicher angesehen werden.

Die geforderte Redundanz im Sicherheitsstromkreis wird mit speziellen Schützen realisiert. Abb. 5.54 zeigt einen Steuer-/Sicherheitsstromkreis in Zweischützschaltung mit vor- und nacheilenden Kontakten.

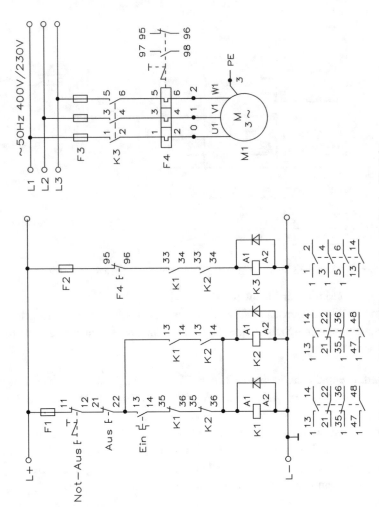

Abb. 5.54 Steuer-/Sicherheitsstromkreis als „Zweischützschaltung" mit vor- und nacheilenden Kontakten

Die Fehlerbetrachtung zeigt die Schwächen der Schaltung:

- Schluss im Tasterkreis wird nicht erkannt
- Fehler im Schaltkreis werden nicht immer erkannt, da die Schützkombination nicht zwangsgeführt ist.

Die Schaltung enthält ein doppeltes Risiko: Ein NOT-AUS wirkt auf Hilfsschütze, die erst auf den Hauptschütz wirken. Nach Ausfall eines Hilfsschützes besteht keine Redundanz mehr. Die Schaltung ist deshalb nicht zulässig: Keine sichere Fehlererkennung im Sinne der Selbstüberwachung, da die Schützkombination nicht zwangsgeführt ist.

5.6.4 Dreischützschaltung

Die geforderte Redundanz im Sicherheitsstromkreis erfolgt mit zyklischem Test. Eine Fehlerbetrachtung zeigt die Vor- und Nachteile der Schaltung:

- Schluss im Tasterkreis wird nicht erkannt
- Erdschluss wird erkannt
- zyklischer Test wird durchgeführt
- Einfehlersicherheit ist erreicht durch zwangsgeführte Relais
- Fehler im Schaltkreis werden erkannt, wenn durch geeigneten Aufbau Querschlüsse auszuschließen sind.

Die Schaltung enthält ein einfaches Risiko: Ein NOT-AUS wirkt auf Hilfsschütze, die auf den Hauptschütz wirken. Die Hilfsschütze sind redundant und zyklisch überwacht.

Sichere Fehlererkennung erfolgt im Sinne der Selbstüberwachung, da die Schützkombination zwangsgeführt ist. Erstfehler werden erkannt, da ein Schütz (K3 im Abb. 5.49) einen Selbsttest durchführt. Das in Abb. 5.55 gezeigte Beispiel eines Sicherheitsschaltkreises soll im Folgenden betrachtet werden.

Wird nach den Regeln der Normung ein Sicherheitsschaltkreis gestaltet, so ist zuerst die Abgrenzung festzulegen. Es kann ja nicht Sinn der Vorschrift sein, durch einfaches Verdoppeln aller Schaltkreise Redundanz zu erzielen, da das unnötig Kosten verursacht. Nach der Theorie beginnt der Sicherheitsschaltkreis nach dem NOT-AUS-Taster und endet am Leistungsschütz. Für diesen Pfad werden keine zusätzlichen Bauteile benötigt, die ein zusätzliches Risiko darstellen. Je nach Risikobetrachtung ist es dennoch zweckmäßig, eine Redundanz im NOT-AUS-Tasterkreis vorzusehen. Das jedoch nur im Kontaktteil, denn eine Verdoppelung der roten Stopp-Taster würde eher Unsicherheit als Sicherheit ergeben. Diese Überlegung ist auch für den Ausgang anzuwenden. Wenn der Sicherheits-

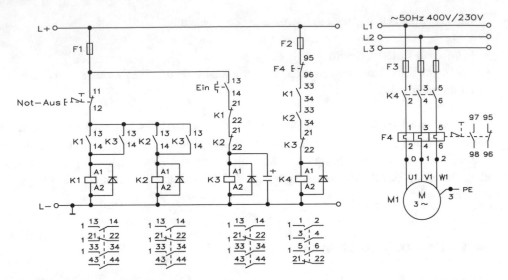

Abb. 5.55 Steuer-/Sicherheitsstromkreis als typische Dreischützschaltung mit Fehlererkennung

schaltkreis am Leistungsschütz endet, müsste eigentlich im Gegensatz zum Kontaktteil der Spulenteil des Leistungsschaltschützes redundant sein. Da Redundanz in der Spule ohne eine Redundanz von Kontakten nicht optimal ist, wird diese Maßnahme nicht vorgesehen. Es kann jedoch von Vorteil sein, durch Verdoppeln des kompletten Leistungsschützes echte Redundanz zu erzielen.

Unter Berücksichtigung dieser Überlegungen sollten Sicherheitsschaltkreise deshalb nach folgendem Muster aufgebaut werden.

5.6.5   Redundanz im Ein- und Ausgangskreis

Nach der Normung ist Redundanz ein Mittel zur Erreichung der Einfehlersicherheit in Sicherheitsschaltkreisen und nach der Normung können diese dann in Kategorien eingestuft werden. Hier beginnt das eigentliche Dilemma, denn die Idee dieser Normen war, Sicherheit in eine vorhandene Steuerungstechnik einzubringen, ohne dass das derzeitige Versagensrisiko erhöht wird. Man wollte keine Verdoppelung der Haupt- und Steuerstromkreise, sondern nur dass zusätzliche Bauteile, die der Sicherheit dienen, zu keiner Erhöhung des Ausfallrisikos führen.

Obwohl keine einheitliche Meinung besteht, ob die Ein- und Ausgangskreise mit einzuschließen sind, ist es sinnvoll, Sensoren im Bereich beweglicher Verdeckungen (Schutztüren) ab Kategorie 3 redundant einzusetzen, sowie NOT-AUS-Taster mit zwei getrennten Abschaltwegen zu verwenden.

Bei diesem Beispiel in Abb. 5.56 wird der Motor einkanalig abgeschaltet, obwohl diese Anwendung nach Kategorie 3 eingestuft werden kann. Wird der Motorschütz der Belas-

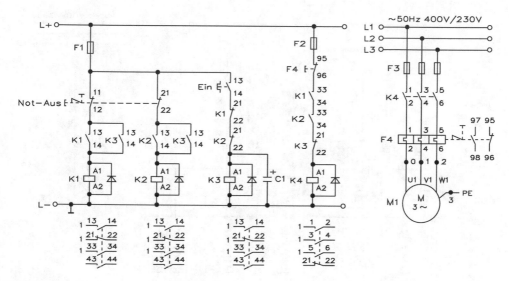

Abb. 5.56 Redundanter Steuer-/Sicherheitsschaltkreis in Kategorie 3, Motorabschaltung Kategorie 1

tung durch den Motor entsprechend ausreichend ausgelegt und abgesichert, sodass auch ein etwaiges Blockieren der Motorwelle nicht zu einem Verschleiß der Schutzkontakte führt, kann diese Beschaltung im Sinne der Normung als sicher angesehen werden.

Ist man sich bei der Realisierung dieser Maßnahmen nicht sicher, ob diese ausreichend sind, so empfiehlt es sich, auch den Motorschütz redundant auszulegen. Ist dieser redundant, so kann der zweite Motorschütz die gefährliche Bewegung abschalten, wenn es beim ersten zum Verschweißen der Schaltkontakte kommt. Um sicherzustellen, dass beide Motorschütze immer funktionsfähig sind, wird von jedem Schütz ein Öffnerkontakt in den Startkreis des Sicherheitsschaltkreises eingebunden.

Bleibt einer dieser Motorschütze angezogen, bleibt auch der Öffnerkontakt im Startkreis des Sicherheitsschaltkreises offen und verhindert so das Wiedereinschalten. Diese Sicherheitsmaßnahme bezeichnet man als Rückführkreis und sie sind nur in redundanten Anwendungen sinnvoll. Abb. 5.56 zeigt einen redundanten Steuer-/Sicherheitsschaltkreis in Kategorie 3 und eine Motorabschaltung mit Kategorie 1. Abb. 5.57 zeigt einen redundanten Steuer-/Sicherheits-/Hauptstromschaltkreis mit Fehlererkennung.

5.6.6 Überwachter Start und Querschlusserkennung im Eingangskreis

Fordert das ermittelte Risiko, dass sowohl der Starttaster auf einen eventuellen Kurzschluss überwacht werden muss als auch die Hauptschütze mit einer erhöhten Sicherheit konzipiert werden müssen, dann kann wie folgt vorgegangen werden.

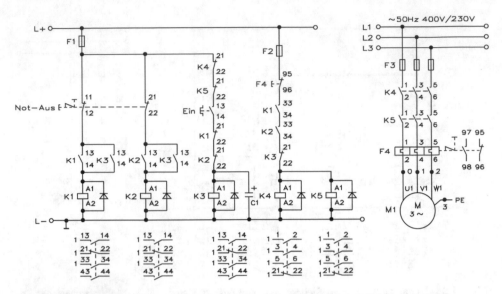

Abb. 5.57 Redundanter Steuer-/Sicherheits-/Hauptstromschaltkreis mit Fehlererkennung

Abb. 5.58 zeigt als Ausführungsbeispiel eine Querschlusserkennung im Sicherheitsstromkreis mit überwachtem Start.

Eine Fehlerbetrachtung zeigt die Vorteile der Schaltung:

- Erdschluss wird erkannt
- Schluss im Tasterkreis wird erkannt
- Fehler im Schaltkreis werden erkannt
- zyklischer Test wird durchgeführt
- Einfehlersicherheit ist gegeben durch zwangsgeführte Relais
- Querschlusserkennung durch unterschiedliche Potenziale im Tasterkreis
- Schluss im Starttasterkreis wird erkannt
- Fehler in der Schützansteuerung wird erkannt.

Da es sich innerhalb eines Schaltschranks um einen geschützten Bereich handelt, kann
der Ausgangskreis ohne Querschlusserkennung sein. Werden jedoch die Motorschütze
räumlich getrennt vom Sicherheitsschaltkreis montiert, so ist auch in diesem Kreis die
Querschlusserkennung anzuwenden.

5.7   Schaltungen mit Schützen

Um Anlaufstöße zu vermeiden, greift man zu dem Mittel, die Spannung am Motor beim
Anlauf zu vermindern. Dadurch wird ein langsamer Anlauf mit kleinem Stromstoß ermöglicht. Diese Spannungsverminderung kann auf zwei Arten erreicht werden.

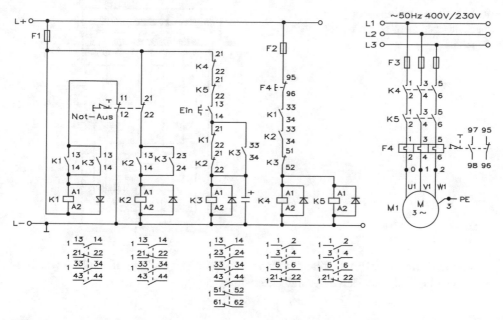

Abb. 5.58 Steuer-/Sicherheitskreis mit zweikanaliger Ansteuerung mit Querschlusserkennung, zweikanaliger Ausgang und Start auf die negative Flanke des Starttasters

Bis 1990 schaltete man dreiphasige und einstellbare Widerstände in den Ständerkreis ein. Der Spannungsfall an dem Widerstand vermindert die Spannung am Motor. Diese Art des Anlassens vermeidet man nach Möglichkeit, da hierbei das Drehmoment, also die Anzugskraft beim Anfahren, gering ist. Der automatische Stern-Dreieck-Schalter ist anwendbar für anlaufende Motoren.

Das Leistungsschild gibt an, dass bei Sternschaltung die Spannung des Netzes 3 x 400 V sein kann. Außerdem besteht die Möglichkeit, den Motor in Dreieckschaltung laufen zu lassen. Eine Phase darf aber nur an 400 V/230 V angeschlossen werden, denn bei 400 V/Y hat jede Phase nur die Spannung von 230 V. Würde man bei der Dreieckschaltung an 3 x 400 V anschließen, hätte man eine Spannung pro Phase von 400 V. Damit träte aber eine entsprechende Überlastung der Phasen auf.

Mechanische Stern-Dreieck-Schalter wurden bis etwa 1980 verwendet und einfache Geräte sind als mechanische Walzen- oder Nockenschalter aufgebaut, wie Abb. 5.59 zeigt. Hierbei sind auf einer mittels Hebel drehbaren Walze geometrische Kontaktstreifen aufgebracht, die bei der Drehung auf feststehenden Anschlusskontakten „schleifen" und auf diese Weise die Kontakte so verbinden, dass in einer Stellung die Sternschaltung und in der zweiten Stellung die Dreieckschaltung der Motorwicklungen erreicht wird. Die Kontaktreihe I steht fest, während sich die Reihen Y und Δ auf der Walze befinden und verschiebbar sind. Im Ruhezustand befinden sich die Reihen Y und Δ in der Stellung 0. Bewegt man die Kontaktreihe, wird zuerst die Stellung Y erreicht und die drei Enden der

Abb. 5.59 Aufbau eines
mechanischen Stern-Dreieck-
Schalters

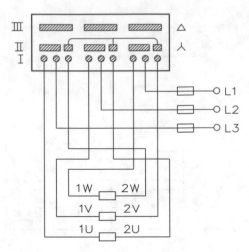

Wicklungen sind sternförmig miteinander verbunden. In der Stellung III sind die Wicklungen so verbunden, dass sich eine Dreieckschaltung Δ ergibt.

5.7.1 Aufbau einer Stern-Dreieck-Schaltung

Der Stern-Dreieck-Schalter hat zur Folge, dass die aufgenommene Leistung bei Sternschaltung nur etwa einem Drittel der Nennleistung des Motors entspricht. Dementsprechend ist auch der Strom in der Sternschaltung geringer als bei Direkteinschaltung in Dreieck. Wenn man aber den Läufer nicht nur mit kurzgeschlossenen Kupfer- oder Aluminiumstäben, sondern mit Wicklungen ähnlich den Wicklungen des Ständers versieht, ergibt sich eine weitere Möglichkeit eines besseren Anlaufbetriebs. Abb. 5.60 zeigt einen automatischen Stern-Dreieck-Schalter mit Schützen und Relais.

Für den automatischen Stern-Dreieck-Schalter mit Relais sind drei Schütze und ein Zeitrelais K1 erforderlich.

Tab. 5.12 zeigt die Anordnung und Dimensionierung der Schutzeinrichtungen.

Dimensionierung der Schaltgeräte

$$Q11, Q15 = 0,58 \times I_e$$
$$Q13 = 0,33 \times I_e$$

Mit dem Zeitrelais können die normalerweise potenzialfreien Kontakte beim Schalten von 230 V Wechselspannung mit einer Frequenz von f = 50 Hz trotzdem im Nulldurchgang schalten und damit den Verschleiß drastisch reduzieren, Hierzu einfach den N-Leiter an die Klemme (N) und L an (L) und/oder 3(L) anschließen. Dadurch ergibt sich ein zusätzlicher Stand-by-Verlust von nur 0,1 W. Durch die Verwendung bistabiler Relais gibt es auch im eingeschalteten Zustand keine Spulenverlustleistung und keine Erwärmung hier-

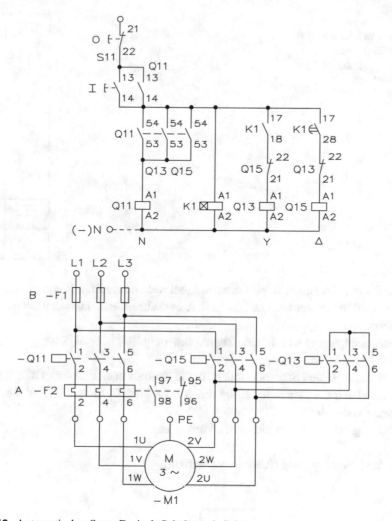

Abb. 5.60 Automatischer Stern-Dreieck-Schalter mit Schützen

Tab. 5.12 Anordnung und Dimensionierung der Schutzeinrichtungen

Position A	Position B
F20 = 0,58 x I$_e$	Q1 = I$_e$
mit F1 in Position B t$_a$ ≤ 15s	t$_a$ > 15 – 40 s
Motorschutz in Y- und Δ-Stellung	Motorschutz in Y Stellung nur bedingt

durch. Abb. 5.61 zeigt eine 2-Kanal-Schaltuhr für den Stern-Dreieck-Schalter mit An-schlussschema.

Bis zu 60 Schaltuhr-Speicherplätze werden frei auf die Kanäle verteilt. Die Gangre-serve ohne Batterie beträgt ca. 7 Tage. Jeder Speicherplatz kann entweder mit der Astro-funktion (automatisches Schalten nach Sonnenaufgang bzw. -untergang), der Einschalt-

Abb. 5.61 Universelle, programmierte 2-Kanal-Schaltuhr für den Stern-Dreieck-Schalter mit Anschlussschema

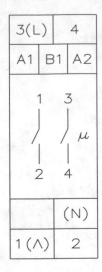

und Ausschaltzeit oder einer Impulsschaltzeit (bei welcher ein Impuls von zwei Sekunden ausgelöst wird) belegt werden. Die Ein- bzw. Ausschaltzeit Astra lässt sich um ±2 Stunden verschieben.

Der Steuereingang (+A1) für eine Zentralsteuerung EIN oder AUS ist ausgestattet mit einer Prioritätsfunktion.

Die Versorgungs- und Steuerspannung für die Zentralsteuerung beträgt 8 … 230 V.

Die Einstellung der Schaltuhr erfolgt mit den Tasten MODE und SET, und es ist eine Tastensperre vorhanden.

Es sind folgende Schaltmöglichkeiten vorhanden:

* RV = Ausfallverzögerung (Ausfallverzögerung)

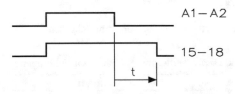

Beim Anlegen der Steuerspannung wechselt der Arbeitskontakt nach 15–18. Mit Unterbrechung der Steuerspannung beginnt der Zeitablauf, an dessen Ende der Arbeitskontakt in die Ruhelage zurückkehrt. Nachschaltbar während des Zeitablaufs.

* AV = Ansprechverzögerung (Einschaltverzögerung)

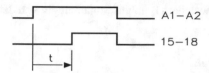

Mit dem Anlegen der Steuerspannung beginnt der Zeitablauf, an dessen Ende der Arbeitskontakt nach 15–18 wechselt. Nach einer Unterbrechung beginnt der Zeitablauf erneut.

- TI = Taktgeber mit Impuls beginnend (Blinkrelais)

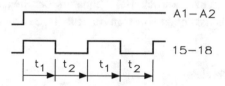

Solange die Steuerspannung anliegt, schließt und öffnet der Arbeitskontakt. Beim Anlegen der Steuerspannung wechselt der Arbeitskontakt sofort nach 15–18.

- TP = Taktgeber mit Pause beginnend (Blinkrelais)

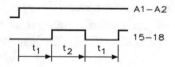

Funktionsbeschreibungen wie TI, beim Anlegen der Steuerspannung wechselt der Kontakt jedoch nicht nach 15–18, sondern bleibt zunächst bei 15–16 bzw. offen.

- IA = Impulsgesteuerte Ansprechverzögerung und Impulsformer

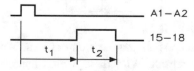

Mit dem Beginn eines Steuerimpulses ab 50 ms beginnt der Zeitablauf t_1, an dessen
Ende der Arbeitskontakt für die Zeit t_2. Wird t_1 auf die kürzeste Zeit 0,1 s gestellt, arbeitet

IA als Impulsformer, bei welchem t_2 abläuft, unabhängig von der Länge der Steuersignale (mind. 150 ms).

- EW = Einschaltwischrelais

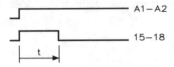

Mit dem Anlegen der Steuerspannung wechselt der Arbeitskontakt nach 15–18 und kehrt nach Ablauf der Wischzeit zurück. Bei Wegnahme der Steuerspannung, während der Wischzeit, kehrt der Arbeitskontakt sofort in die Ruhelage zurück, und die Restzeit wird gelöscht.

- AW = Ausschaltwischrelais

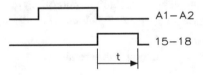

Bei Unterbrechung der Steuerspannung wechselt der Arbeitskontakt nach 15–18 und kehrt nach Ablauf der Wischzeit zurück. Beim Anlegen der Steuerspannung während der Wischzeit, kehrt der Arbeitskontakt sofort in die Ruhelage zurück, und die Restzeit wird gelöscht.

- ARV = Ansprech- und Rückfallverzögerung

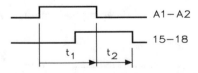

Mit dem Anlegen der Steuerspannung beginnt der Zeitablauf, an dessen Ende der Arbeitskontakt nach 15–18 wechselt. Wird danach die Steuerspannung unterbrochen, beginnt ein weiterer Zeitablauf, an dessen Ende der Arbeitskontakt in die Ruhelage zurückkehrt. Nach einer Unterbrechung der Ansprechverzögerung beginnt der Zeitablauf erneut.

- ER = Relais

Solange der Steuerkontakt geschlossen ist, schaltet der Arbeitskontakt von 15–16 nach 15–18.

- EAW = Einschalt- und Ausschaltwischrelais

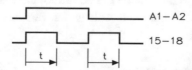

Mit dem Anlegen und Unterbrechen der Steuerspannung wechselt der Arbeitskontakt nach 15–18 und kehrt nach Ablauf der eingestellten Wischzeit zurück.

- ES = Stromstoßschalter

Mit Steuerimpulsen ab 50 ms schaltet der Arbeitskontakt hin und her.

- IF = Impulsformer

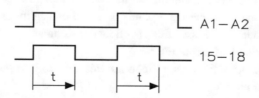

Mit dem Anlegen der Steuerspannung wechselt der Arbeitskontakt für die eingestellte Zeit nach 15–18. Weitere Ansteuerungen werden erst nach dem Ablauf der eingestellten Zeit ausgewertet.

- ARV+ = Additive Ansprech- und Rückfallverzögerung

Funktion wie ARV, nach einer Unterbrechung der Ansprechverzögerung bleibt jedoch die bereits abgelaufene Zeit gespeichert.

- ESV = Stromstoßschalter mit Rückfallverzögerung und Ausschaltvorwarnung

Funktion wie SRV. Zusätzlich mit Ausschaltvorwarnung: ca. 30 Sekunden vor Zeitablauf beginnend flackert die Beleuchtung 3-mal in kürzer werdenden Zeitabständen.

- AV+ = Additive Ansprechverzögerung

Funktion wie AV, nach einer Unterbrechung bleibt jedoch die bereits abgelaufene Zeit gespeichert.

- SRV = Stromstoßschalter mit Rückfallverzögerung

Mit Steuerimpulsen ab 50 ms schaltet der Arbeitskontakt hin und her. In der Kontakt-stellung 15–18 schaltet das Gerät nach Ablauf der Verzögerungszeit selbsttätig in die Ruhestellung 15–16 zurück.

- A2 = 2-Stufen-Ansprechverzögerung

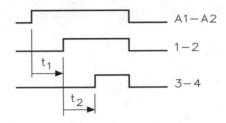

Mit dem Anlegen der Steuerspannung beginnt der Zeitablauf t_1 zwischen 0 und 60 Se-kunden. An dessen Ende schließt der Kontakt 1–2 und es beginnt der Zeitablauf t_2 zwi-schen 0 und 60 Sekunden. An dessen Ende schließt der Kontakt 3–4. Nach einer Unterbre-chung beginnt der Zeitablauf erneut mit t_1.

Die Schaltung von Abb. 5.60 zeigt einen automatischen Stern-Dreieck-Schalter. Die Schaltung besteht aus einem

K1   Zeitrelais
Q11   Netzschütz
Q13   Sternschütz
Q15   Dreieckschütz

Mit dem Taster I betätigt man das Zeitrelais K1 und dessen als Sofortkontakt ausgebil-deter Schließer K1/17–18 gibt Spannung an den Sternschütz Q13. Q13 zieht an und legt über Schließer Q13/14-13 Spannungen an den Netzschütz. Q11 und Q13 gehen über die Schließer Q11/14-13 und Q11/44-43 in Selbsthaltung. Q11 bringt den Motor M1 in Stern-schaltung an die Netzspannung.

Stern-Dreieck-Schalter mit Motorschutzrelais, also mit thermisch verzögertem Über-stromrelais, verwenden in der normalen Schaltung das Motorschutzrelais in den Ableitun-gen zu den Motorklemmen U1, V1, W1 oder V2, W2, U2. Die Motorschutzrelais wirken auch in der Sternschaltung, denn sie liegen in Reihe mit der Motorwicklung und werden vom Relaisbemessungsstrom = Motorbemessungsstrom · 0,58 durchflossen. Abb. 5.62 zeigt diese Schaltung, wie sie in der Praxis meist verwendet wird.

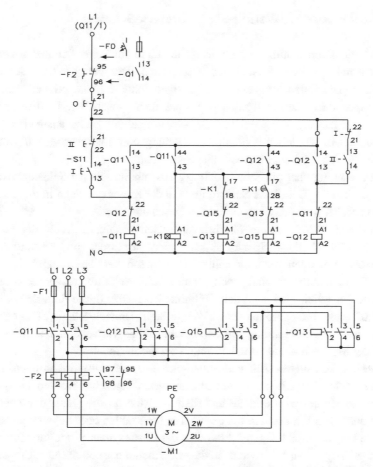

Abb. 5.62 Automatischer Wende-Stern-Dreieck-Schalter mit Drehrichtungsänderung durch Betätigen der 0-Taster

Man kann auch das Motorschutzrelais in die Netzzuleitung legen. Für Antriebe, bei denen während des Anlaufs in der Sternschaltung des Motors das Relais F2 bereits auslöst, kann das für den Motorbemessungsstrom für die Relais F2 in die Netzzuleitung geschaltet werden. Die Auslösezeit verlängert sich dann etwa auf das 4- bis 6-fache. In der Sternschaltung wird zwar auch das Relais vom Strom durchflossen, bietet aber in dieser Schaltung keinen vollwertigen Schutz, da sein Strom auf den 1,73-fachen Phasenstrom verschoben ist. Es bietet aber Schutz gegen Wiederanlauf.

Abweichend von der Anordnung in Motorleitung oder Netzzuleitung kann das Motorschutzrelais in der Dreieck-Schaltung liegen. Bei sehr schweren, langandauernden Anläufen (z. B. in Zentrifugen) kann das für den Relaisbemessungsstrom = Motorbemessungsstrom · 0,58 bemessene Relais F2 auch in die Verbindungsleitungen Dreieckschütz Q15 – Sternschütz Q13 geschaltet werden. In der Sternschaltung wird dann das Relais F2 nicht vom Strom durchflossen und beim Anlauf ist also kein Motorschutz vorhanden.

5.7.2   Automatischer Wende-Stern-Dreieck-Schalter

Zur Umkehr der Drehrichtung von Drehstrommotoren sind zwei Schütze notwendig, die im Schaltstromkreis zwei Außenleiter vertauschen. Der gleichzeitige Betrieb beider Schütze hätte einen Kurzschluss zur Folge. Festgebrannte Kontakte oder ein mechanischer Defekt können dazu führen, dass ein Schütz nicht abschaltet. Deshalb ist bei der Wende-Schützschaltung die einfache Schützverriegelung nicht ausreichend. Wende-Schützsteuerungen werden mit Schützverriegelung und Tasterverriegelung ausgeführt. Diese doppelte Verriegelung bietet erhöhte Sicherheit.

Bei der Steuerung über die Schaltstellung „Aus" überbrückt der Selbsthaltekontakt K2 die Taster S2 und S3. Bei dieser Schaltung kann der Motor erst dann in die andere Drehrichtung geschaltet werden, wenn er zuvor abgeschaltet wurde.

Bei der direkten Umsteuerung überbrückt der Selbsthaltekontakt nur die Taster „Ein". Durch Betätigung von Taster S2 oder S3 kann der Motor direkt von Linkslauf auf Rechtslauf umgeschaltet werden und umgekehrt. Taster S1 schaltet den Motor ab.

Bei Hebeeinrichtungen sind auch Wende-Schützschaltungen ohne Selbsthaltung (Tipp-Betrieb) möglich. Die maximale Hubhöhe wird dabei durch Endschalter begrenzt.

Abb. 5.62 zeigt einen automatischen Wende-Stern-Dreieck-Schalter und es wurde die übliche Stern-Dreieck-Schaltung mit Motorschutzrelais verwendet. Wie misst man den Stillstand des Motors und das ist das Problem bei dieser Schaltung?

Eine Möglichkeit bieten stillstandsabhängige Entriegelungseinrichtungen. Diese Methode kann als eine der sichersten und zeitsparendsten angesehen werden. Die gefährliche Bewegung des Motors wird erkannt und dient als Maß für die Dauer der Zuhaltung. Es gibt keine unnötigen Wartezeiten bei geringeren Drehzahlen oder Schwungmassen. Auch hier ist, wie bei der zeitabhängigen Freigabe, der Einsatz einer programmierbaren Steuerung nicht zulässig, da zu befürchten ist, dass bei Ausfall der betreffenden Eingangsstromkreise die Sicherheit der Maschine nicht mehr gegeben ist. Auch muss davon ausgegangen werden, dass Software niemals fehlerfrei ist und jederzeit geändert werden kann. Deshalb sollten auch einkanalige Stillstandswächter, wie sie leichtsinnigerweise heute noch vielfach zum Einsatz kommen, nicht mehr verwendet werden.

Für Stillstandswächter kommen zwei Grundprinzipien zum Einsatz.

Das erste Prinzip ist das Erfassen der Spannung am Klemmbrett des Motors. Ist der Motor in Betrieb, so kann man hier meist die Wechselspannung 230 V oder 400 V messen. Wird der Motor abgeschaltet, wirkt dieser während der Auslaufphase wie ein Generator und gibt Spannung ab, sodass der Motor erst bei Stillstand tatsächlich spannungsfrei ist.

Das zweite Prinzip ist direktes Erkennen der Bewegung. Mittels zweier um 90° versetzter Grenztaster wird die Bewegung einer Nockenscheibe erkannt und von dem Drehzahlwächter als Drehzahl interpretiert. Findet keine Veränderung an diesen Grenztastern mehr statt und sind deren Zustände logisch, meldet der Stillstandswächter den Stillstand und die Schutztür kann geöffnet werden.

Eine weitere Möglichkeit ist, nicht die Zugriffszeit zu verlängern, sondern die Anhaltezeit zu verkürzen. Das ist technisch relativ einfach zu realisieren, denn es wird lediglich ein Bremsgerät benötigt. Ist dieses Bremsgerät jedoch elektrisch aufgebaut (z. B. ein Gleichstrombremsgerät), erfolgt mit einem NOT-AUS keine Notbremsung.

Um 1990 kamen die elektronischen Drehzahlwächter auf den Markt und diese werden in Verbindung mit einem die Drehzahl erfassenden Impulsgeber zur Drehzahl- bzw. Stillstandsüberwachung von Antrieben eingesetzt.

Als Impulsgeber können eingesetzt werden:

- Induktiv arbeitende Impulsgeber nach NAMUR
- 3-Leiter-Impulsgeber (NPN), minusschaltend
- 3-Leiter-Impulsgeber (PNP), plusschaltend

Die Impulse des Gebers werden vom Drehzahlwächter so ausgewertet, dass beim Unter- oder Überschreiten einer vorgegebenen Solldrehzahl ein Signal gegeben wird. Ein fünf Lagenkontakt erlaubt den Einsatz für alle Schaltlasten bis 5 A und bei Gleich- oder Wechselspannung bis 250 V.

In der Betriebsart „Unterdrehzahl/Stillstandsüberwachung" mit Hochlaufüberbrückung bleibt der elektronische Drehzahlwächter ständig an Netzspannung.

Die Überwachungsfunktion wird über einen separaten Starteingang an Klemme E1 freigegeben. Dies ist besonders bei automatischen Anlass-/Folgeschaltungen von Vorteil, da die sonst erforderlichen Zeitrelais zur Störmeldeunterdrückung entfallen können.

Der Schaltzustand kann über eine Leuchtdiode beobachtet werden. Diese Ausführung wird häufig bevorzugt, um die Drehzahlüberwachung in unmittelbarer Nähe des Antriebs zu installieren und das Ausgangssignal des Drehzahlwächters über nicht abgeschirmte Leitungen zur Schaltwarte zu übertragen.

Die Schaltung eines elektronischen Drehzahlwächters ist so aufgebaut, dass die Vorteile der digitalen Impulseingabe genutzt werden. Zeitverzögerungen, wie sie bei analoger Auswertung durch die Mittelwertbildung der Impulsfolgen bedingt auftreten, entstehen nicht. Der Drehzahlwächter vergleicht den Abstand zweier aufeinanderfolgender Impulse mit einer vorgegebenen Zeitbasis und schaltet bei entsprechender Abweichung sofort ab. An einen Impulsgeber können beliebig viele Drehzahlwächter angeschlossen werden und die jeweiligen Schaltpunkte können dabei verschieden sein.

Die Hochlaufzeit, also die Zeit, die ein Antrieb benötigt, um die Nenndrehzahl zu erreichen, kann zwischen 0 s und $\leq$ 40 s eingestellt werden. Während der Hochlaufzeit bleibt das Ausgangsrelais angezogen.

Mit dem elektronischen Drehzahlwächter kann der gewünschte Schaltpunkt im Bereich zwischen 6 und 6000 Impulsen pro Minute eingestellt werden. Dieser Impulsbereich wird zwecks einfacher Einstellung durch einen Kippschalter in drei Überwachungsbereiche unterteilt, wie Tab. 5.13 zeigt.

Die maximale Betriebsfrequenz beträgt unabhängig vom Einstellbereich 12.000 Impulse/Minute.

Tab. 5.13 Überwachungsbereiche eines elektronischen Drehzahlwächters

Impulse/min	Schalterstellung	Ausschaltverzögerung in s ohne Relaisabfallzeit
6 ... 60	1 Imp./min	10 ... 1
60 ... 600	10 Imp./min	1 ... 0,1
600 ... 6000	100 Imp./min	0,1 ... 0,01

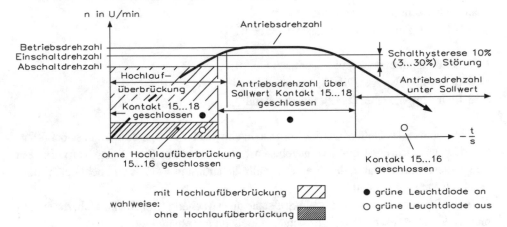

Abb. 5.63 Schaltungsablauf eines elektronischen Drehzahlwächters für eine Unterdrehzahlüberwachung

Wichtiger Hinweis: Der elektronische Drehzahlwächter verarbeitet Impulse pro Minute und nicht Umdrehungen pro Minute. Die Antriebsdrehzahl muss daher mit der Anzahl der Bedämpfungselemente des Gebers pro Umdrehung multipliziert werden.

Mit dem Taster kann während der Einstellung des Schaltpunktes das Ausgangsrelais überbrückt werden, d. h., der Antrieb wird nicht durch den Einstellvorgang des Drehzahlwächters abgeschaltet. Innerhalb des jeweiligen Überwachungsbereichs wird der Schaltpunkt mit dem Sollwertpotentiometer eingestellt. Abb. 5.63 zeigt den Schaltungsablauf eines elektronischen Drehzahlwächters.

Die Betriebsart des elektronischen Drehzahlwächters ist die Unterdrehzahlüberwachung mit oder ohne Hochlaufüberbrückung. In dieser Betriebsart liegt der Drehzahlwächter ständig an der Netzspannung. Über einen separaten Starteingang an Klemme E1 wird die Überwachungsfunktion freigegeben. Liegt die Antriebsdrehzahl nach Ablauf der eingestellten Hochlaufüberbrückung unter der Solldrehzahl, so fällt das Ausgangsrelais ab (Kontakt 15–16 geschlossen), ebenso bei Netzausfall oder Impulsgeberstörung.

Das Potenziometer für die Hochlaufüberbrückung muss auf Null gestellt werden und Klemme E1 bleibt unbeschaltet. Der interne Betriebsartenschalter wird in Stellung „Drehzahlüberwachung" geschaltet. Das Ausgangsrelais fällt ab, sobald die eingestellte Abschaltdrehzahl überschritten wird oder bei Netzausfall. Eine Impulsgeberstörung wird nicht signalisiert.

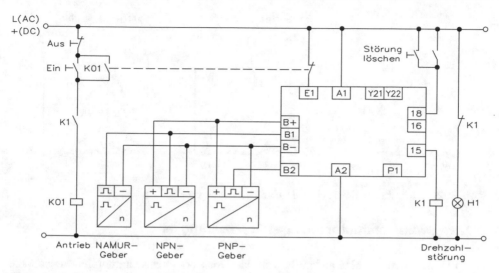

Abb. 5.64 Elektronischer Drehzahlwächter (Unterdrehzahlüberwachung mit Hochlaufüber-brückung)

Abb. 5.64 zeigt die Schaltung eines elektronischen Drehzahlwächters mit Unterdreh-zahlüberwachung (Hochlaufüberbrückung).

Beim automatischen Wende-Stern-Dreieck-Schalter betätigt der Drucktaster den Schütz Q11 (z. B. Rechtslauf). Der Drucktaster II betätigt Schütz Q12 (z. B. Linkslauf). Das zuerst eingeschaltete Schütz legt die Motorwicklung an Spannung und hält sich selbst über den eigenen Hilfsschalter 14–13 und Drucktaster 0 an Spannung. Der jedem Netz-schütz zugeordnete Schließer 44–43 gibt die Spannung an Sternschütz Q13. Q13 zieht an und schaltet den Motor M1 in Sternschaltung ein. Gleichzeitig spricht auch Zeitrelais K1 an. Entsprechend der eingestellten Umschaltzeit öffnet Kl/17–18 den Stromkreis Q13 und Q13 fällt ab. K1/17–28 schließt den Stromkreis von Q15.

Dreieckschütz Q15 zieht an und schaltet Motor M1 auf Dreieck um, also an volle Netz-spannung. Gleichzeitig unterbricht Öffner Q15/22-21 den Stromkreis Q13 und verriegelt damit gegen erneutes Einschalten während des Betriebszustands. Zum Umschalten zwi-schen Rechts- und Linkslauf muss je nach Schaltung vorher der Drucktaster 0 oder direkt der Drucktaster für die Gegenrichtung betätigt werden. Bei Überlast schaltet Öffner 95–96 am Motorschutzrelais F2 aus. Abb. 5.74 zeigt eine praxisgerechte Schaltung.

Soll die Schaltung für einen länger dauernden Anlauf dimensioniert werden, liegt das Überstromrelais F2 in der Zuleitung. Das Überstromrelais wird auf den Nennstrom einge-stellt. Im Sternbetrieb ist der Motor nicht gegen Überlast geschützt.

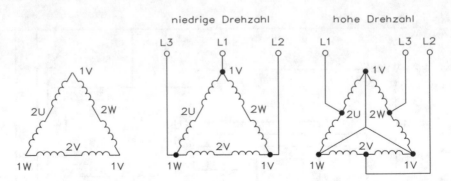

Abb. 5.65 Drehzahlverhältnis bei der Dahlanderschaltung

5.7.3 Drehstrommotor mit zwei Geschwindigkeiten

Beim Umschalten auf eine andere Polzahl lässt sich bei Drehstrommotoren eine andere Drehzahl erreichen. Bei den polumschaltbaren Motoren handelt es sich meist um Käfigläufermotoren.

Zwei getrennte Ständerwicklungen mit verschiedenen Polzahlen ermöglichen zwei Drehzahlen, die in einem beliebigen Verhältnis zueinander stehen. Meist ist das Nenndrehmoment bei beiden Drehzahlen etwa gleich. Die Nennleistungen des Motors ist dann etwa wie die Drehzahlen konstant. Abb. 5.65 zeigt das Drehzahlverhältnis bei der Dahlanderschaltung.

Bei polumschaltbaren Motoren können mit einer Wicklung sich die Polzahl durch einen anderen Anschluss der Wicklung ändern. Am häufigsten wird das Prinzip nach Dahlander verwendet. Für die große Polzahl ist die Ständerwicklung meist in Dreieck geschaltet, für die kleine Polzahl in Doppelstern. Die Strangspannung ändert sich dadurch nur wenig. Die Dahlanderschaltung lässt sich nur für das Polverhältnis 1 : 2 herstellen. Motoren mit Dahlanderschaltung sind leichter als Motoren mit zwei getrennten Wicklungen.

Drehstrommotoren in Dahlanderschaltung verwenden meist sechs Klemmen im Anschlusskasten und sind nur für eine Spannung ausgelegt.

Die Wicklungsstränge der Dahlanderwicklung haben eigentlich die Kennzeichnung U1U2 – U5U6, V1V2 – V5V6 und W1W2 – W5W6. Vom Hersteller werden aber am Klemmbrett für die niedrige Drehzahl U1 und W1 vertauscht und mit 1W und 1U bezeichnet, damit bei gleichartigem Anschluss der gleiche Drehsinn vorliegt.

Drehstrommotoren in Dahlanderschaltung verwenden je nach Drehzahl verschiedene Leistungen. Das Verhältnis der Leistungen ist je nach Wicklungsausführung 1 : 1,5 bis 1 : 1,8. Bei Motoren mit zweiten Wicklungen sind bis zu vier Drehzahlen möglich. Es gibt auch polumschaltbare Wicklungen für den Stern-Dreieck-Anlauf. Abb. 5.66 zeigt einen mechanischen Schalter für Drehstrommotoren von 1420/2800 min^{-1}.

Polumschaltbare Motoren werden zum Antrieb von Werkzeugmaschinen und Hebezeugen verwendet.

Abb. 5.66 Mechanischer
Polumschalter für
Drehstrommotoren
1420/2800 min⁻¹

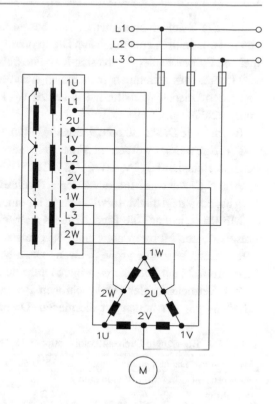

Bei Asynchronmotoren bestimmt die Polzahl die Drehzahl und es lassen sich mehrere Drehzahlen erreichen. Praktische Ausführungsformen sind:

- zwei Drehzahlen 1 : 2: Eine umschaltbare Wicklung in Dahlanderschaltung
- zwei Drehzahlen beliebig: Zwei getrennte Wicklungen
- drei Drehzahlen: Eine umschaltbare Wicklung 1 : 2, eine getrennte Wicklung
- vier Drehzahlen: Zwei umschaltbare Wicklungen 1 : 2
- zwei Drehzahlen: Dahlanderschaltung

Die verschiedenen Möglichkeiten der Dahlanderschaltung ergeben unterschiedliche Leistungsverhältnisse für die beiden Drehzahlen:

Schaltungsart	Δ/YY	Y/YY
Leistungsverhältnis	1/1,5 bis 1,8	0,3/1

Die Δ/YY-Schaltung kommt der meistens gewünschten Forderung nach konstantem Drehmoment am nächsten. Sie hat außerdem den Vorteil, dass der Motor zum Sanftanlauf oder zur Reduzierung des Einschaltstroms für die niedrige Drehzahl in Y/Δ-Schaltung angelassen werden kann, wenn neun Klemmen vorhanden sind.

Die Y/YY-Schaltung eignet sich am besten für die Anpassung des Motors an Maschinen mit quadratisch zunehmendem Drehmoment (Pumpen, Lüfter, Kreiselverdichter). Die meisten Polumschalter eignen sich für beide Schaltungsarten.

Motoren mit getrennten Wicklungen erlauben theoretisch jede Drehzahlkombination und jedes Leistungsverhältnis. Die beiden Wicklungen sind im Y (Stern) geschaltet und völlig unabhängig.

Bevorzugte Drehzahlkombinationen sind in Tab. 5.14 gezeigt.

Die Kennziffern werden im Sinne steigender Drehzahlen den Kennbuchstaben vorangestellt. Beispiel: 1U, 1V, 1W, 2U, 2V, 2W.

Abb. 5.67 zeigt die Motorwicklungen für eine Dahlanderschaltung mit zwei Drehzahlen.

Abb. 5.68 zeigt die Motorwicklungen für eine Dahlanderschaltung mit drei Drehzahlen.

Mit Rücksicht auf die Eigenart eines Antriebes können gewisse Schaltfolgen bei polumschaltbaren Motoren notwendig oder unerwünscht sein. Soll z. B. die Anlaufwärme herabgesetzt oder eine große Schwungmasse beschleunigt werden, ist es ratsam, die höhere Drehzahl nur über die niedrigere Drehzahl zu erreichen.

Zur Vermeidung der übersynchronen Bremsung kann eine Verhinderung des Rückschaltens von der hohen auf die niedere Drehzahl erforderlich sein. In anderen Fällen

Tab. 5.14 Bevorzugte Drehzahlkombinationen in einer Dahlanderschaltung

Motoren mit Dahlanderschaltung	1500/3000	-	750/1500	500/1000
Motoren mit getrennten Wicklungen	-	1000/1500	-	-
Polzahlen	4/2	6/4	8/4	12/6
Kennziffer niedrig/hoch	1/2	1/2	1/2	1/2

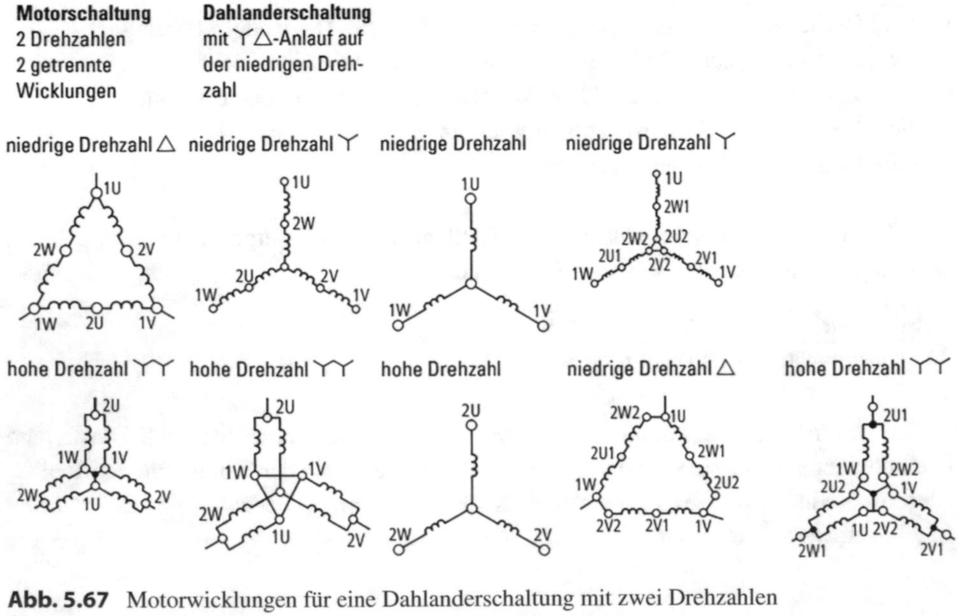

Abb. 5.67 Motorwicklungen für eine Dahlanderschaltung mit zwei Drehzahlen

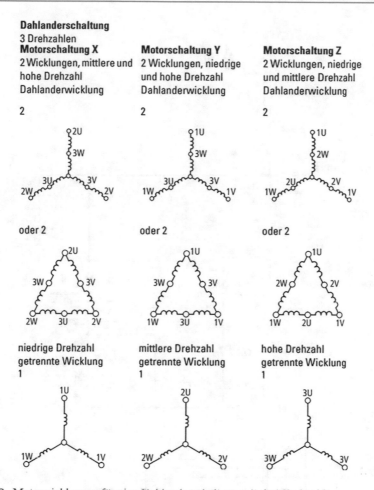

Abb. 5.68 Motorwicklungen für eine Dahlanderschaltung mit drei Drehzahlen

wiederum soll das direkte Ein- und Ausschalten jeder Drehzahl möglich sein. Nocken-schalter bieten dazu Möglichkeiten über Schaltstellungsfolge und Rastung. Schütz-Polumschalter können solche Schaltungen durch Verriegelung im Zusammenwirken mit geeigneten Befehlsgeräten erzielen.

Wenn die gemeinsame Sicherung in der Zuleitung größer ist als die auf dem Typen-schild eines Motorschutzrelais angegebene Vorsicherung, muss jedes Motorschutzrelais mit seiner größtmöglichen Vorsicherung abgesichert werden.

Polumschaltbare Motoren lassen sich gegen Kurzschluss und Überlast durch Motor-schutzschalter oder Leistungsschalter schützen. Diese Schalter bieten alle Vorteile des si-cherungslosen Aufbaus. Als Vorsicherung zum Schutz gegen Verschweißen der Schalter dient im Normalfall die Sicherung in der Zuleitung.

Abb. 5.69 zeigt einen Polumschalter für Drehstrommotoren. Die Schaltung ist siche-rungslos, also ohne Motorschutzrelais mit Motorschutzschalter oder Leistungsschalter.

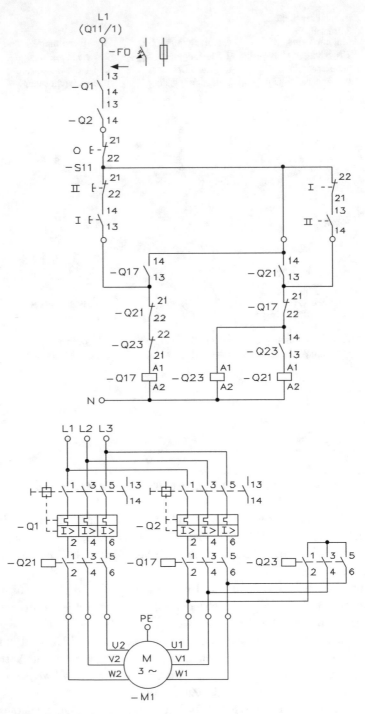

Abb. 5.69 Polumschalter für Drehstrommotoren

Tab. 5.15 Polumschalter bei Drehstrommotoren

Motorklemmen	1U, 1V, 1W	2U, 2V, 2W
Polzahl	12	6
U/min	500	1000
Polzahl	8	4
U/min	750	1500
Polzahl	4	2
U/min	1500	3000
Schütze	Q17	Q21, Q23

Taster I betätigt Netzschütz Q17 (niedrige Drehzahl). Q17 hält sich selbst über Schließer 13–14. Taster II betätigt Sternschütz Q23 und über dessen Schließer 13–14 Netzschütz Q21. Q21 und Q23 halten sich selbst über Schließer 13–14 von Q21.

Zum Umschalten von einer Drehzahl auf die andere muss je nach Schaltung vorher der Taster 0 oder direkt der Taster für die andere Drehzahl betätigt werden. Außer mit Taster 0 kann auch bei Überlast durch die Schließer 13–14 des Motorschalters oder des Leistungsschalters abgeschaltet werden. Tab. 5.15 zeigt Möglichkeiten von Polumschaltern bei Drehstrommotoren.

Dimensionierung der Schaltgeräte:

Q2, Q17 : I_1 (niedrige Drehzahl)
Q1, Q21 : I_2 (hohe Drehzahl)
Q23: $0{,}5 \cdot I_2$

5.7.4 Drehstrommotor mit drei Geschwindigkeiten

Der Drehstrommotor besitzt zwei getrennte Wicklungen, eine normale Wicklung für die mittlere Drehzahl und eine Dahlanderwicklung für die niedrige und die hohe Drehzahl, z. B.

750 U/min
1000 U/min
1500 U/min

Abb. 5.70 zeigt die Motorwicklung für eine Dahlanderschaltung mit drei Drehzahlen. Es gilt

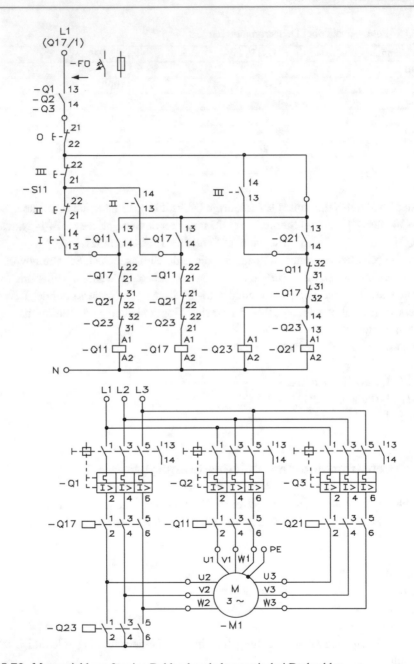

Abb. 5.70 Motorwicklung für eine Dahlanderschaltung mit drei Drehzahlen

Tab. 5.16 Synchrone Drehzahlen für eine Dahlanderschaltung

Wicklung	1	2	2
Motorklemmen	1U, 1V, 1W	2U, 2V, 2W	3U, 3V, 3W
Polzahl	12	8	4
U/min	500	750	1500
Polzahl	8	4	2
U/min	750	1500	3000
Polzahl	6	4	2
U/min	1000	1500	3000
Schütze	Q11	Q17	Q21, Q23

Q11: niedrige Drehzahl Wicklung 1
Q17: mittlere Drehzahl Wicklung 2
Q23: hohe Drehzahl Wicklung 2
Q21: hohe Drehzahl Wicklung 3

Taster I betätigt Netzschütz Q11 (niedrige Drehzahl), Taster II Netzschütz Q17 (mittlere Drehzahl), Taster III Sternschütz Q23 und über dessen Schließer Q23/14-13 und Netzschütz Q21 (hohe Drehzahl). Alle Schütze halten sich selbst mit ihren Hilfsschaltern 13–14 an Spannung. Die Reihenfolge der Drehzahl von niedriger auf hohe Drehzahl ist beliebig. Stufenweise Rückschaltung von hoher auf mittlere oder niedrige Drehzahl ist nicht möglich. Ausschalten jeweils mit Taster 0. Bei Überlast kann außerdem der Schließer 13–14 von Motorschutzschalter oder Leistungsschalter ausschalten.

Für die Steuerung ist ein Vierfachtaster notwendig

0   Halt
I: niedrige Drehzahl (Q11)
II   mittlere Drehzahl (Q17)
III   hohe Drehzahl (Q21 + Q23)

Für die synchronen Drehzahlen gilt Tab. 5.16.
Dimensionierung der Schaltgeräte

Q2, Q11 : I_1 (niedrige Drehzahl)
Q1, Q17 : I_2 (mittlere Drehzahl)
Q3, Q21 : I_3 (hohe Drehzahl)
Q23: $0{,}5 \cdot I_3$

Einsatz von speicherprogrammierbaren Steuerungen in der Praxis

6

Die Entwicklung im Rahmen der Fabrikautomation der letzten 30 Jahre wurde wesentlich durch den Einsatz von speicherprogrammierbaren Steuerungen (SPS) geprägt. Diese Systeme haben sich aus der ursprünglichen Funktion, der Substitution von klassischen Schütz- und Relaissteuerungen zu einem universellen Automatisierungsinstrument und Anlagen entwickelt. SPS-Systeme ermöglichen heute durch ihre Kompaktheit durchgehend einen modularen Aufbau mit einer großen Anzahl von aufgabenspezifischen Peripheriebaugruppen die Lösung von Steuerungs- und Regelungsaufgaben, die bis 1985 den Prozessrechnern vorbehalten waren. Danach wurden die Prozessrechner von den PC-Systemen abgelöst.

Dabei wurde der signifikante Anspruch einer einfachen und anwenderfreundlichen Programmierung konsequent beibehalten, der letztendlich die hohe Akzeptanz bei Anlagenherstellern und -betreibern bewirkt hat. Dieses Buch vermittelt Wissen über Aufbau und Funktion und gibt Hinweise über Projektierung, Programmierung und Installation von SPS-Systemen.

Klassische Schütz- und Relaissteuerungen, auch verbindungsprogrammierte Steuerungen (VPS) genannt, gliedern sich in drei Ebenen, wie Abb. 6.1 zeigt.

In der Eingabeebene erfolgt die Erfassung, Aufbereitung und Anpassung der aus der zu steuernden Maschine oder Anlage kommenden Signale an die Verarbeitungsebene.

Nach einem in der Verdrahtung festgelegten programmtechnischen Ablauf werden in der Verarbeitungsebene die von der Eingabeebene kommenden Signale verknüpft. Zu den reinen Steuerfunktionen des Relais, nämlich Verknüpfen und Auslösen, kommen diverse Zeit- und Zählfunktionen, die mit elektromechanischen Bauelementen realisiert werden.

Die Verknüpfungsergebnisse werden in der Ausgabeebene über Hilfs- und Leistungsschütze an die zu steuernden Komponenten wie Motoren, Kupplungen und Ventile usw. angepasst.

© Springer Fachmedien Wiesbaden GmbH, ein Teil von Springer Nature 2022
H. Bernstein, *Elektropneumatische und elektrohydraulische Bauelemente in der Mechatronik*, https://doi.org/10.1007/978-3-658-34445-0_6

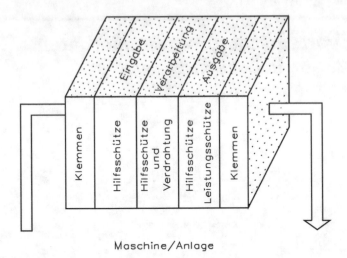

Maschine/Anlage

Abb. 6.1 Aufbau von verbindungsprogrammierten Steuerungen

Als Beispiel für eine verbindungsprogrammierte Steuerung dient eine Stern-Dreieck-Schaltung von Drehstrom-Asynchronmotoren. Diese stellt eine Folgeschaltung dar. Der Sternanlauf vermindert den Anzugsstrom des Asynchronmotors. Die Schaltfolge „Aus" – „Stern" -„Dreieck" kann durch eine handbetätigte Schützsteuerung erfolgen oder durch eine automatische Stern-Dreieck-Schützschaltung mit Zeitrelais.

Ein thermisches Überstromrelais schützt die Motorwicklung bei Überlastung oder Ausfall eines Außenleiters. Es wird unter normalen Betriebsbedingungen nach dem Netzschütz in die Motorleitung eingebaut und auf den Wert des Strangstroms ($0{,}58 \cdot I_n$) eingestellt. Das Überstromrelais liegt dann in Reihe mit der Wicklung und bietet auch Schutz in der Anlaufstufe (Sternschaltung). Abb. 6.2 zeigt einen Hauptstromkreis einer Stern-Dreieck-Schützschaltung für einen Asynchronmotor.

Die Arbeitsweise einer VPS kann man anhand des Steuerstromkreises für eine automatische Stern-Dreieck-Wende-Schützsteuerung erkennen, wie Abb. 6.3 zeigt.

Motorsicherung, dreipolig	K3 Dreieckschütz
Steuerstromkreissicherung	M1 Drehstrommotor
Thermisches Überstromrelais	S1 Taster „Aus"
K1 Netzschütz	S2 Taster „Anlauf" (Sternschaltung)
K2 Sternschütz	S3 Taster „Betrieb" (Dreieckschaltung)

Der Öffnerkontakt 95, 96 des Überstromrelais unterbricht bei Störung den Steuerstromkreis. Zur Störungsanzeige wird ein Schließer 97, 98 verwendet. Häufig verwenden Überstromrelais nur einen Wechsler und die Zuleitung muss dann auf die Klemme 95 geführt werden.

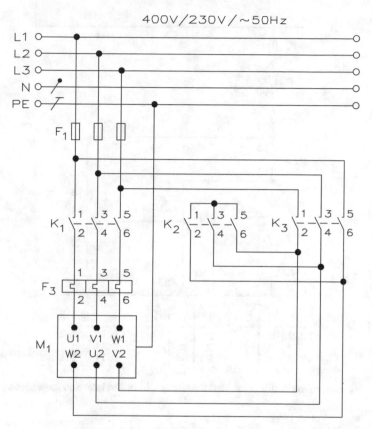

Abb. 6.2 Hauptstromkreis einer Stern-Dreieck-Schützschaltung für einen Asynchronmotor

Bei Schweranlauf oder bei langer Anlaufzeit kann man das Überstromrelais auch vor dem Netzschütz, d. h. in die Zuleitung einbauen. Der Auslösestrom ist dann auf den Motornennstrom einzustellen. Der Drehstrommotor ist in dieser Schaltung jedoch nur in der Dreieckschaltung (Nennbetrieb) gegen Überlastung geschützt.

Bei Sternschaltung ist dieser Schutz jedoch nicht ausreichend. Für Motoren mit langer Anlaufzeit wird deshalb bei automatischem Stern-Dreieck-Anlauf das Überstromrelais in die Motorleitung, d. h. nach dem Netzschütz, eingebaut und während des Anlaufs durch ein zusätzliches Schütz überbrückt. Nach dem Hochlauf wird das Überbrückungsschütz abgeschaltet. Für besonders schwere Anlaufbedingungen und bei Motoren großer Leistung werden Thermistor-Schutzeinrichtungen (Motorvollschutz) verwendet.

Wird der Taster S2 betätigt, zieht das Sternschütz K2 (4) an und betätigt seinen Schließer 13, 14 (5). Damit wird das Netzschütz K1 eingeschaltet. Der Öffner 21, 22 von K2 (6) verhindert, dass gleichzeitig das Dreieckschütz K3 betätigt wird. Der Schließer 13, 14 von K1 hält in dieser Schaltstellung Netzschütz K1 und Sternschütz K2 an Spannung. Hat der Motor seine Nenndrehzahl erreicht, wird Taster S3 betätigt. Er unterbricht den Stromkreis für das Sternschütz, K2 fällt ab. Der in seine Ruhelage zurückgehende Öffner 21, 22 von

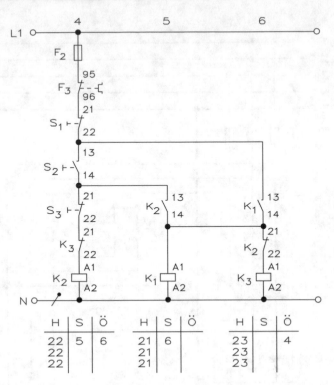

Abb. 6.3 Steuerstromkreis für eine automatische Stern-Dreieck-Schützsteuerung mit Kontakttabelle

K2 schaltet das Dreieckschütz K3 an Spannung. Der Öffner 21, 22 von K3 verriegelt K2 gegen gleichzeitigen Betrieb mit dem Dreieckschütz K3.

Sollen die Betriebszustände „Anlauf" (Sternschaltung) und „Betrieb" (Dreieckschaltung) angezeigt werden, schaltet man entsprechende Meldeleuchten parallel zu den Schützen K2 und K3. Mit Taster S1 wird die Steuerung abgeschaltet.

Im Stromlaufplan der Steuerung verwendet der Praktiker unter den Schaltzeichen der Spulen K2, K1 und K3 eine Kontakttabelle. Kontakttabellen zeigen übersichtlich, in welchem Stromweg (Strompfad) Schaltkontakte des entsprechenden Schützes zu finden sind. Die Darstellung ist durch Ziffern möglich oder durch die Abbildung der Kontakte selbst. In beiden Darstellungen sind die Stromwege benannt, in denen die Haupt- und Hilfskontakte im Stromlaufplan zu suchen sind. Für die Hauptkontakte, z. B. für K2, ist die Zahl 32 dreimal aufgeführt. Bei der Stromwegnummerierung ist im Hauptstromkreis die Anzahl der Kontakte vor die Stromwegnummer gesetzt. Im Hauptstromkreis bedeutet die Ziffernfolge 32 also 3 Schließer in Stromweg 2.

Wird bei einer automatischen Stern-Dreieck-Schützschaltung die Umschaltung der Drehrichtung benötigt, so sind außer Sternschütz, Dreieckschütz und Zeitrelais zwei Netzschütze erforderlich, die so verriegelt sein müssen, dass ein gleichzeitiger Betrieb nicht

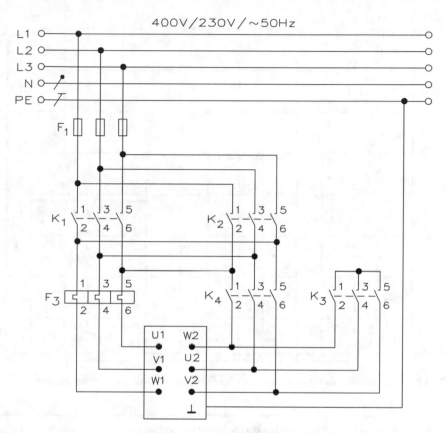

Abb. 6.4 Hauptstromkreis einer Stern-Dreieck-Wende-Schützschaltung für einen Asynchronmotor

möglich ist, wie Abb. 6.4 zeigt. Während die Änderungen im Hauptstromkreis nicht so umfangreich sind, erfordert der Steuerstromkreis größere Verdrahtungsarbeiten, wie Abb. 6.5 zeigt.

Taster S2 (1D) schaltet über den Öffner von K1 (3G) Schütz K2 (3H) ein. K2 verriegelt mit dem Öffner (1O) Schütz K1 und hält sich über den Schließer K2 (4E) selbst an Spannung. Ein Schließer von K2 (6D) schaltet über den Öffner von K4 (5G) das Zeitrelais K5 ein, zugleich wird das Sternschütz K3 über den Öffner von K4 (6O) eingeschaltet. Nach Ablauf der eingestellten Verzögerungszeit schaltet der Wechselkontakt von K5 (6F) um. Dadurch wird der Stromkreis für das Sternschütz unterbrochen, K3 fällt ab. Der umgeschaltete Kontakt des Zeitrelais K5 schließt über den Öffner von K3 (7G) den Stromkreis von K4. Das Dreieckschütz K4 schaltet mit Öffnerkontakten (5G und 6O) das Zeitrelais K5 und das Sternschütz K3 ab. Über den Selbsthaltekontakt (7F) hält sich das Dreieckschütz K4 selbst. Mit Taster S1 (1C) wird der Motor abgeschaltet. Sinngemäß schaltet Taster S3 (1F) das Schütz K1 ein, wobei der Motor in der anderen Drehrichtung anläuft.

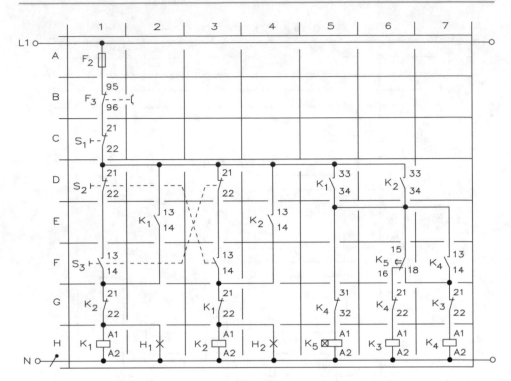

Abb. 6.5 Steuerstromkreis für eine automatische Stern-Dreieck-Wende-Schützsteuerung

6.1   Speicherprogrammierbare Steuerungen

Ende der sechziger Jahre im vorherigen Jahrhundert wurden die ersten speicherprogrammierbaren Steuerungen (SPS) in den USA entwickelt. Ausgelöst wurde dies durch Forderungen der Automobilindustrie nach einem flexiblen Ersatz für traditionelle elektromechanische Steuerungen, mit denen der rasch steigende Automatisierungsgrad nicht mehr
erfüllt werden konnte. Um eine niedrige Einstiegsschwelle für das vorhandene Fachperso-
nal zu ermöglichen, wurden spezielle Programmiersprachen mit einer grafischen Darstellung von Kontaktsymbolen entwickelt. Diese anwenderorientierte Programmierung in
Verbindung mit einem modularen Geräteaufbau hat die SPS zu einem universellen Automatisierungsinstrument in allen Bereichen industrieller Anwendung werden lassen.

Analog zur elektromechanischen Steuerung lässt sich der Aufbau von speicherprogrammierbaren Steuerungen in drei Ebenen gliedern, wie Abb. 6.6 zeigt.

Über die Eingabeebene erfolgt die Entstörung und Anpassung der Eingabesignale an
die Elektronik der Verarbeitungsebene. In der Verarbeitungsebene werden die Eingangssignale nach den im Programmspeicher abgelegten Befehlen verknüpft und das Ergebnis an
die Ausgangsebene weitergegeben.

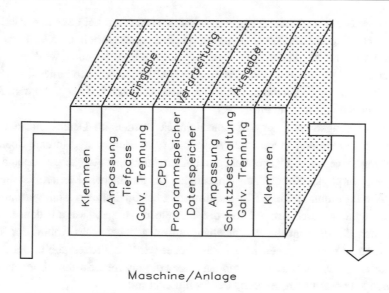

Maschine/Anlage

Abb. 6.6 Aufbau von speicherprogrammierbaren Steuerungen (SPS)

Die Ausgangsebene passt die von der Verarbeitungsebene kommenden Signale an die Stellglieder wie Motoren, Ventile usw. an.

6.1.1   Funktionsgruppen einer SPS

Die wesentlichen Funktionsgruppen einer SPS sind die E/A-Baugruppen, der Programmspeicher, der Datenspeicher und die Zentraleinheit.

Im Programmspeicher werden die gesamten Anweisungen, die die SPS ausführen soll, gespeichert. Wegen der Vielzahl der zum Steuern einer Maschine erforderlichen Anweisungen umfasst der Programmspeicher mehrere tausend Speicherplätze. Die Gesamtheit aller Anweisungen im Programmspeicher wird als das Anwenderprogramm definiert.

Von den Eingabebaugruppen wird die dort gebildete Zustandsinformation der Signalglieder über den E/A-Bus in den Datenspeicher der Steuerung eingeschrieben. Der Signalzustand wird hier für die Dauer der Bearbeitung durch die Zentraleinheit gespeichert. Das Abbild der Zustandsinformation der Eingabebaugruppen im Datenspeicher wird als Prozessabbild der Eingabeebene bezeichnet.

Die Zentraleinheit arbeitet die im Programmspeicher abgelegten Anweisungen seriell ab. Die Anweisungen geben der Zentraleinheit an:

- welche Eingangssignale sind abzufragen
- wie sind die Signale zu verknüpfen
- wohin die ermittelten Signale ausgegeben werden sollen.

Im Gegensatz zur verbindungsprogrammierten Steuerung, bei der die Steuerfunktion parallel in verdrahteter Form vorliegt, arbeiten SPS-Systeme seriell. Durch Abarbeiten mit sehr hohen Geschwindigkeiten von 1 µs bis 3 µs pro Anweisung wird eine „Quasi-Parallelverarbeitung" erzielt. Die Programmdurchlaufzeiten moderner SPS-Systeme liegen im Bereich der Schaltzeiten von Relais oder Schützen (20 ms … 50 ms). Abb. 6.7 zeigt den prinzipiellen Aufbau einer SPS.

Die Verknüpfungsergebnisse der Zentraleinheit werden im Datenspeicher abgelegt. Ausgangsvariable können Merker und Ausgaben sein. Merker sind interne Speicher für binäre Informationen. Die Merker haben den Charakter einer Ausgangsvariablen, jedoch ohne Zugang zur physikalischen Ausgangsebene. Bei remanenten Merkern ist die gespeicherte binäre Information durch Batteriepufferung bei Spannungsausfall gesichert. Nach Ende des Programmdurchlaufs werden die Verknüpfungsergebnisse aus dem Datenspeicher über den E/A-Bus an die Ausgabebaugruppen gegeben. Das Abbild der Verknüpfungsinformation der Ausgaben im Datenspeicher wird als Prozessabbild der Ausgabeebene bezeichnet. Die Ausgabebaugruppen setzen die internen Zustandsinformationen in entsprechende Pegel zur Ansteuerung der Stellglieder um.

Nach dem Transfer des Prozessabbildes an die Ausgaben beginnt die SPS einen neuen Bearbeitungszyklus mit dem Einlesen der Zustandsinformation in das Prozessabbild der Eingabeebene. Abb. 6.8 zeigt den Funktionsablauf einer SPS.

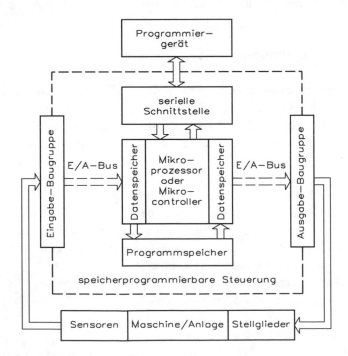

Abb. 6.7 Prinzipieller Aufbau einer SPS

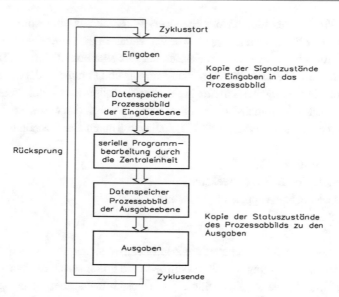

Abb. 6.8 Funktionsablauf einer SPS

Grundsätzlich existieren bei SPS-Systemen zwei Kompaktsteuerungen. Die Kompakt-steuerung hat alle Funktionsgruppen einer SPS in einem Gehäuse integriert. Eine Erwei-terung der Ein-/Ausgabeebene ist nicht oder nur blockweise möglich. Kompaktsteuerun-gen sind Steuerungen des unteren Leistungsbereichs bis zu etwa 64 Ein-/Ausgängen und eignen sich wegen ihres ausgezeichneten Preis/Leistungs-Verhältnisses für die Substitu-tion kleiner Schütz- und Relaissteuerungen.

Das Herzstück einer SPS ist die Zentraleinheit oder CPU (Central Processing Unit). Sie steuert den kompletten Datenverkehr über das interne Bussystem und führt die zyklische Verarbeitung der im Programmspeicher abgelegten Anweisungen durch.

Führt die Zentraleinheit nur binäre Operationen durch – das sind Verknüpfungen von Bitinformationen, die sich beispielsweise durch Boolesche Gleichungen beschreiben las-sen – so spricht man von Bitverarbeitung. Zentraleinheiten für reine Bitverarbeitung sind meist mit einem diskret aufgebauten 1-Bit-Prozessor realisiert, der gegenüber Mikropro-zessoren erheblich kürzere Verarbeitungszeiten ermöglicht. Sie liegt bei 1 μs … 3 μs pro Binär- oder Bitoperation.

Das Bilden von Zählern, Zeitgebern und das Durchführen von arithmetischen Operati-onen erfordert eine Mehrbit- oder Wortverarbeitung. Die Mehrbitverarbeitung erfolgt mit Mikro- oder Bit-Slice-Prozessoren und in speziellen Mikrocontrollern, die für SPS-Anla-gen geeignet sind. Die Bearbeitungszeit von Wortverarbeitungsoperationen liegt beim Einsatz von Mikroprozessoren im Zeitbereich von 10 μs … 50 μs.

Bei modernen SPS-Systemen findet man Bit- und Wortprozessoren vor. Diese Kombi-nation bietet eine schnelle Bitverarbeitung und eine leistungsfähige Wortverarbeitung.

Periphere Prozessoren für spezielle Steuerungs-, Regelungs- und Kommunikationsaufgaben, die an den SPS-Bus angekoppelt werden, entlasten die Zentraleinheit und eröffnen der SPS neue Anwendungsgebiete im Bereich der Prozessautomatisierung. Diese peripheren Prozessoren, die über den Buszugriff auf Variable und Parameter der Steuerung haben, lösen ihre Aufgaben weitgehend unabhängig vom Zentralprozessor der Steuerung.

In der Einschalt- oder Initialisierungsphase, sowie zwischen den einzelnen Steuerungszyklen, führen moderne Zentraleinheiten eine Eigendiagnose durch. Dazu gehören Überwachung

- der internen Software (Monitor)
- des Anwenderprogramms (Checksum)
- der Ein-/Ausgabebaugruppen
- des Bussystems.

Bei Auftreten von Fehlern schaltet die Zentraleinheit sicher ab.

Die Programmbearbeitung der Zentraleinheit wird durch zeitliche Überwachung, auch „Watch Dog Timer" genannt, kontrolliert. Bei Überschreiten einer festgelegten oder programmierbaren maximalen Zykluszeit wird die Steuerung automatisch abgeschaltet.

Bei programmierbaren Steuerungen wird das Steuerungsprogramm in Halbleiterspeichern (ROM, PROM, EPROM, EEPROM, RAM) gespeichert und ist nicht mehr löschbar.

- ROM: read only memory bzw. NUR-Lese-Speicher
- PROM: programmable read only memory bzw. programmierbarer NUR-Lese-Speicher
- EPROM: erasable PROM bzw. löschbares PROM
- EEPROM: electrically erasable PROM bzw. elektrisch löschbares PROM
- RAM: random access memory bzw. wahlfreier Schreib-Lese-Speicher

Programmspeicher sind als Halbleiterspeicher (RAM und ROM) ausgeführt und können nach Art ihres Speicherverhaltens in zwei Gruppen gegliedert werden.

Flüchtige Speicher (RAM) verlieren bei Spannungsausfall die gespeicherte Information. Bei den nicht flüchtigen Speichern bleibt die Information bei Spannungsausfall erhalten. Sie können jedoch je nach Typ nicht oder nur über spezielle Verfahren wieder gelöscht werden.

RAM-Speicher (Random Access Memory) zählen zu den flüchtigen Speichern. Wie der Name sagt, sind es Speicher mit wahlfreiem Zugriff, d. h., dass zu jedem Zeitpunkt digitale Informationen eingeschrieben und ausgelesen werden können. Um einen Programmverlust beim Abschalten der Steuerung oder bei Spannungsausfall zu verhindern, werden RAM-Programmspeicher mit Energie aus Pufferbatterien während dieser Phase versorgt.

EPROM-Speicher (Erasable Programmable Read Only Memory) sind Nur-Lese-Speicher (ROM), die durch UV-Bestrahlung gelöscht und wieder neu beschrieben werden können. Der Löschvorgang dauert ca. 30 Minuten.

EEPROM-Speicher (Electrically Erasable PROM) lassen sich elektrisch löschen und wieder neu beschreiben.

ROM und PROM sind Lesespeicher, die nur einmal programmiert werden können. Beim ROM-Speicher geschieht das schon während der Produktion. Beim PROM kann die Programmierung beim Anwender durch spezielle Programmiergeräte geschehen. Als Programmspeicher in SPS-Systemen finden vorwiegend RAM oder EPROM Anwendung. Bei Einsatz von EPROM ist für die erforderlichen Programmmodifikationen während der Inbetriebnahmephase der Steuerung ein RAM erforderlich.

Nach abgeschlossener Inbetriebnahme erfolgt dann eine Kopie des Programms auf EPROM-Speicher. EPROM-Speicher bieten eine hohe Speichersicherheit des Anwenderprogramms, auch bei Ausfall der Pufferbatterie.

Die Mehrzahl der SPS-Systeme arbeitet mit einer Programmspeichertiefe von 16 Bit. Deshalb wird die Speicherkapazität des Programmspeichers in kWorte angegeben (Wort = 16 Bit).

Ein wichtiges Kriterium zur Berechnung der für eine Anwendung erforderlichen Befehlsspeichergröße ist der Speicherbelegungsfaktor. Dieser gibt an, wie viel Speicherplätze für Logik-, Speicher-, Zeit- und Arithmetikfunktionen benötigt werden.

6.1.2   Datenspeicher

Im Datenspeicher der SPS wird das Prozessabbild der Ein-/Ausgabe, der Statuszustand der Merker und Parameter für Zähler, Zeitgeber und Funktionsbaugruppen hinterlegt. Abb. 6.9 zeigt den Aufbau eines Datenspeichers.

Arbeitet die SPS mit dem Prozessabbild, beschränkt sich der Datenverkehr während des Bearbeitungszyklus auf den Verkehr zwischen Zentraleinheit und Datenspeicher. Dort liegen alle abzufragenden Eingangsinformationen vor und dorthin werden auch alle Ausgangsinformationen geschrieben. Datenspeicher sind stets in RAM-Technologie aufgebaut.

Nicht alle Verknüpfungsergebnisse werden an die physikalischen Ausgaben weitergegeben. Ein Teil, der nur zur internen Weiterverarbeitung benötigt wird, kann auf Merkern abgespeichert werden. Merker merken sich Verknüpfungsergebnisse und können an anderer Stelle durch das Programm wieder abgefragt werden.

Merker sind remanent, wenn sie ihren Statuszustand bei Spannungsausfall durch eine Batterie beibehalten. Sie erleichtern bei entsprechender Programmkonstruktion das sichere Wiederanlaufen der Maschine oder Anlage aus der Ausfallposition.

Bei wortverarbeitender SPS werden im Datenspeicher auch Daten in Form von Worten hinterlegt. Dies sind Ist- und Sollwerte für Zähler und Zeitgeber, Daten der Schrittfunktionen sowie Prozessdaten, die von der Steuerung erfasst, im Speicher abgelegt oder weiterverarbeitet werden.

Der Datenspeicher kann bei größeren SPS-Systemen modular erweitert werden. Man spricht dann auch von Parameterspeichern.

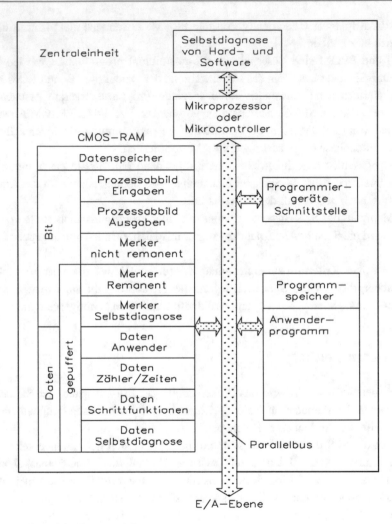

Abb. 6.9 Aufbau eines Datenspeichers

6.1.3   Programmiersprachen

Grafische Programmiersprachen bei SPS sind Tradition und signifikante Abgrenzung zu anderen Automatisierungssystemen. Von Anfang an galt es Anwender von Schütz- und Relaissteuerungen an die SPS-Technik heranzuführen Dies wurde durch den Einsatz der gewohnten grafischen Benutzeroberfläche, der Kontaktplandarstellung, erleichtert.

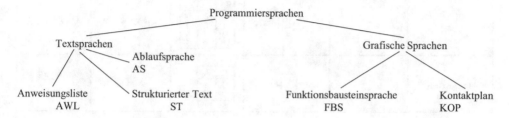

Die Basis für die SPS-Programmiersprachen ist die Schaltalgebra. Die Schaltalgebra ist gegenüber der herkömmlichen Algebra eine Algebra, bei der die Variablen nur zwei Werte annehmen können. Der Signalweg vom Eingang zum Ausgang einer SPS wird durch eine schaltalgebraische Gleichung erfasst und beschrieben. In der Schaltalgebra kennt man drei logische Operationen:

UND
ODER
NEGATION

Die algebraischen Bezeichnungen für die elementaren logischen Operationen und deren schaltalgebraischen Gleichungen sind in Abb. 6.10 gezeigt.

Bei der Kontaktplandarstellung werden die Verknüpfungen ähnlich den Stromlaufplänen von Relais- und Schützsteuerungen durch Kontaktsymbole grafisch dargestellt. Für die Anwender klassischer elektromechanischer Steuerungen ist die Kontaktplandarstellung die Programmiersprache mit der niedrigsten Einstiegsschwelle. Der Nachteil des Kontaktplans ist sein in der Reihenfolge des Speichers auf die Darstellung von Booleschen Funktionen beschränkter Funktionsumfang, der in DIN 19239 normiert ist. Für Anwendungen in der modernen Steuerungstechnik reicht dies natürlich nicht mehr aus. Viele Hersteller haben deshalb den Kontaktplan firmenspezifisch um Befehle und Bausteine für Zähl-, Zeit- und Arithmetikfunktionen erweitert.

Mit dem Funktionsplan lassen sich grundsätzlich alle logischen Booleschen Funktionen sowie arithmetische Funktionen darstellen. DIN 19239 normiert mit Bezug auf DIN 40719 Teil 6 die Symbole des Funktionsplans. Die Vorteile des Funktionsplans liegen in der universellen Anwendbarkeit sowohl für steuerungs- als auch für verfahrenstechnische Anwendungen. Er ist des Weiteren interdisziplinär und kann somit als Kommunikationsmittel zwischen Elektrotechniker, Maschinenbauer und Verfahrensspezialisten eingesetzt werden.

Verknüpfungs- glied	schalt- algebraische Bezeichnung	Funktionsblock	Wertetabelle	schalt- algebraische Gleichung	andere Gleichungs- schreibweise
UND (AND)	*, &, ∧	E1 —[&]— A (E2)	E1 E2 A / 0 0 0 / 1 0 0 / 0 1 0 / 1 1 1	$A = E1 \wedge E2$	$A = E1 * E2$ oder $A = E1 \& E2$
ODER (OR)	+, ∨	E1 —[≥1]— A (E2)	E1 E2 A / 0 0 0 / 1 0 1 / 0 1 1 / 1 1 1	$A = E1 \vee E2$	$A = E1 + E2$
Negation	⎺	E —[1]o— A	E A / 0 1 / 1 0	$A = \bar{E}$	$A = /E$ $A = E'$

Abb. 6.10 Beschreibungsarten der elementaren logischen Operationen

Abb. 6.11 zeigt die Programmierung der komplexen Verknüpfungen mit KOP, FUP und AWL. Der Kontaktplan ist für den Elektroinstallateur sinnvoll einsetzbar und man kann mit ihm direkt eine Relais- und Schützsteuerung in ein SPS-Programm umwandeln. Der Funktionsplan eignet sich für den Elektroniker, wenn er seine Transistor- und TTL- bzw. CMOS-Bausteine in eine SPS-Steuerung umwandeln soll. Für den Informatiker dient die Anweisungsliste, denn die Programmstrukturen sind ähnlich wie PASCAL aufgebaut.

Beide bisher beschriebenen Programmiersprachen, Kontaktplan und Funktionsplan, eignen sich primär für Verknüpfungssteuerungen. Sie haben ihre Grenzen bei der Darstellung und Programmierung von Taktablaufsteuerungen.

Verknüpfungssteuerungen beruhen auf kombinatorischen Zusammenhängen, wie sie sich beispielsweise durch Boolesche Gleichungen beschreiben lassen.

Bei Ablaufsteuerungen besteht ein zwangsläufig schrittweiser Ablauf. Der Takt kann dabei zeit- oder prozessabhängig gesteuert werden.

In der Praxis findet man meist eine Kombination aus Verknüpfungs- und Ablaufsteuerungen. Für die Konstruktion und Programmierung von Taktablaufsteuerungen bietet der Grafcet einen Funktionsplan an. Grafcet basiert auf der Theorie der Petri-Netze, mit denen sich parallel laufende Prozesse entwerfen und darstellen lassen. Der Grafcet besteht aus drei Komponenten: dem Schritt, der Transition und den Verbindungen.

Der Schritt ist eine Beschreibung der Aktion, die von einer Steuerung in einem bestimmten Zustand ausgeführt wird. Die Weiterschaltbedingungen von einem Schritt in den nächsten sind in der Transition beschrieben. Ein Schritt ist aktiv, wenn die zugehörige Aktion ausgeführt wird und Abb. 6.12 zeigt einen Initialschritt. Voraussetzung für die Aktivierung eines Schrittes ist eine durch einen aktivierten Vorgängerschritt gültige und durch Weiterschaltbedingungen erfüllte Transition. Bei der Aktivierung des aktuellen Schrittes wird durch die Transition der Vorgängerschritt deaktiviert. Abb. 6.13 zeigt einen linearen Übergang von einer Transition in die weitere Transition, wenn die einzelnen

Abb. 6.11a Programmierung
der logischen Verknüpfungen
mit KOP, FUP und AWL
b Programmierung
der komplexen Verknüpfungen
mit KOP, FUP und AWL

Benennung	Zeichen	Darstellung in FUP	in KOP
UND	U	E1 —&— A1, E2	E1 E2 A1
ODER	O	E1 —≥1— A1, E2	E1 A1 / E2
NICHT	N	am Eingang: E1 —o—	E1
		am Ausgang: o— A1	A1 —(/)—
Exklusiv-ODER	XO	E1 —=1— A1, E2	E1 E2 A1 / E1 E2
Zuweisung	=	— A1	A1 —( )—
Setzen	S	—[S]—	—(S)—
Rücksetzen	R	—[R]—	—(R)—
Addieren	ADD	—[+]—	
Subtrahieren	ADD	—[–]—	
Multiplizieren	MUL	—[x]—	
Dividieren	DIV	—[:]—	Bemerkungen
Zählen, vorwärts	ZV	—[+m]—	Zählen (+1) bei Signalwechsel von "0" nach "1"
Zählen, rückwärts	ZR	—[–m]—	Zählen (–1) bei Signalwechsel von "0" nach "1"
Kennzeichen von Operanden			
Eingang	E	Konstante	K
Ausgang	A	Merker	M
Operationen zur Programmorganisation			
Null-operation	NOP	Leerer Speicherplatz	
Laden	L	Kennzeichnet den Beginn einer Anweisungsfolge	
Sprung	SP	Das Programm wird an einer anzugebenden Adresse fortgesetzt.	
Programm-ende	PE		
Zeitglieder			
Impuls	TI	T..	
Einschalt-verzögerung	TE	t_1 0	
Ausschalt-verzögerung	TA	0 t_2	

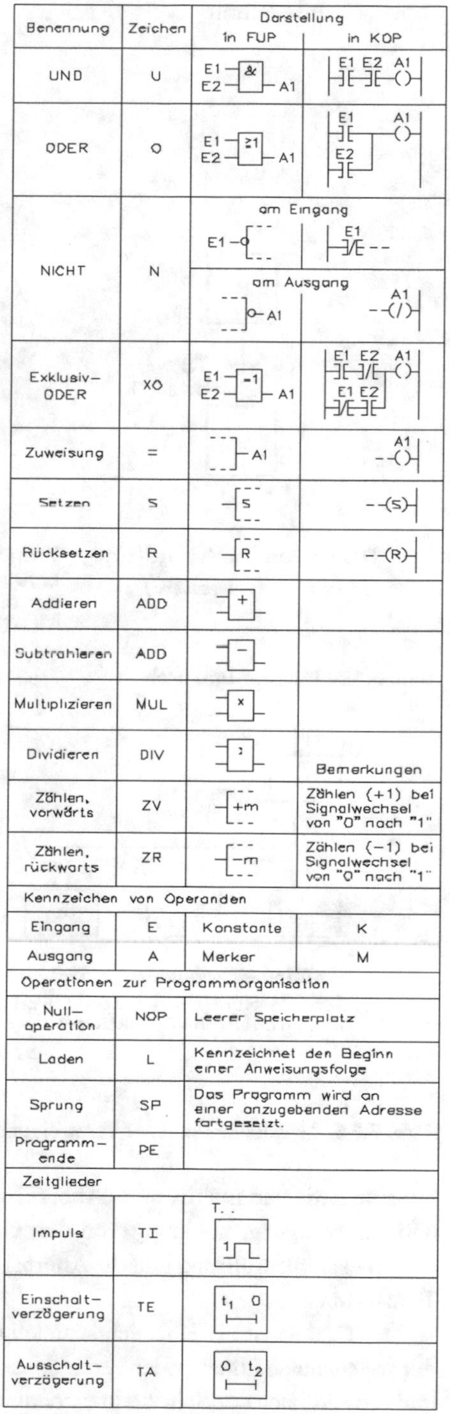

Abb. 6.12 Initialschritt

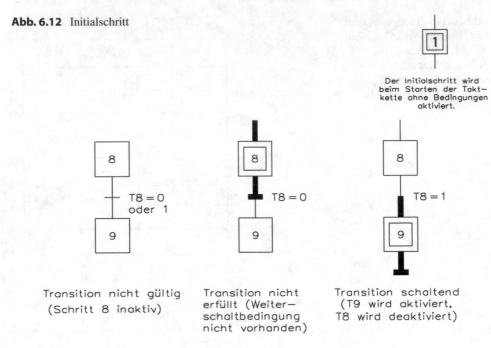

Der Initialschritt wird
beim Starten der Takt—
kette ohne Bedingungen
aktiviert.

Transition nicht gültig
(Schritt 8 inaktiv)

Transition nicht
erfüllt (Weiter—
schaltbedingung
nicht vorhanden)

Transition schaltend
(T9 wird aktiviert,
T8 wird deaktiviert)

Abb. 6.13 Linearer Initialschritt

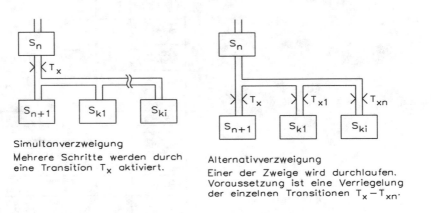

Simultanverzweigung
Mehrere Schritte werden durch
eine Transition T_x aktiviert.

Alternativverzweigung
Einer der Zweige wird durchlaufen.
Voraussetzung ist eine Verriegelung
der einzelnen Transitionen $T_x - T_{xn}$.

Abb. 6.14 Möglichkeiten einer Verzweigung

Schritte aktiv und inaktiv sind. Abb. 6.14 zeigt eine Simultanverzweigung und eine Alternativverzweigung, abhängig von den einzelnen Transitionen. Abb. 6.15 zeigt die Synchronzusammenführung und die Alternativzusammenführung abhängig von den einzelnen Transitionen.

Der Grafcet ist als Übersichtsdarstellung anzusehen. Unterhalb der Übersichtsebene in der sogenannten Lupen- oder Verknüpfungsebene werden die Bedingungen der Transitionen und die Aktionen der Schritte in einer anwendungsorientierten SPS-Programmiersprache in Kontaktplandarstellung oder in Funktionsplandarstellung erstellt.

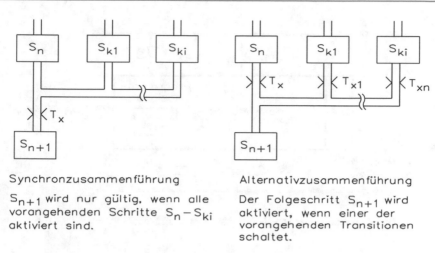

Synchronzusammenführung

S_{n+1} wird nur gültig, wenn alle vorangehenden Schritte $S_n - S_{ki}$ aktiviert sind.

Alternativzusammenführung

Der Folgeschritt S_{n+1} wird aktiviert, wenn einer der vorangehenden Transitionen schaltet.

Abb. 6.15 Möglichkeiten einer Zusammenführung

6.1.4 Hard- und Software für eine speicherprogrammierbare Steuerung

Der Steuerstromkreis der SPS besteht lediglich aus den im Maschinenbereich befindlichen Signalgebern, im Beispiel von Abb. 6.16 sind dies die Schalter S0, S1, S2 und S3, die einzeln an die SPS herangeführt werden, sowie dem Leistungsteil K1 und Y1. Das Programm ist in einem Speicher abgelegt und damit ist die Steuerung speicherprogrammierbar. Abb. 6.16 zeigt die Blockschaltung einer speicherprogrammierbaren Steuerung.

Die Abarbeitung des Programms einer speicherprogrammierbaren Steuerung erfolgt seriell, die Steuerbefehle des Programms werden nacheinander bearbeitet. Dies ist langsamer, als die parallele Verarbeitung mit Schützen. Demgegenüber ist die Schaltgeschwindigkeit der SPS-Anlage um ein Vielfaches höher als die in der Schütztechnik. Bei einer großen Zahl von Eingangsvariablen und vielen Programmschritten ist mit einer erheblichen Reaktionszeit der speicherprogrammierbaren Steuerung in Bezug auf eine Änderung der Eingangsvariablen zu rechnen. Verbindungsprogrammierte Steuerungen reagieren hier wesentlich schneller. Abb. 6.17 zeigt die Ein- und Ausgänge einer speicherprogrammierbaren Steuerung.

Soll die Funktion einer speicherprogrammierbaren Steuerung geändert oder erweitert werden, muss man lediglich den Inhalt des Programms entsprechend ändern, was ohne mechanischen Eingriff geschieht. Eine Programmänderung ist damit einfach auszuführen. Die sich so ergebende Anpassungsfähigkeit und Flexibilität sowie die zusätzlichen Anwendungsmöglichkeiten sind die wichtigsten Vorteile einer speicherprogrammierbaren Steuerung.

Programmierbare Steuerungen kann man auch als Software-Steuerungen bezeichnen. Mit einer ausreichenden Kapazität des Programmspeichers lassen sich nämlich beliebig umfangreiche Steuerungsprobleme bearbeiten. Diese Steuerungen haben damit den

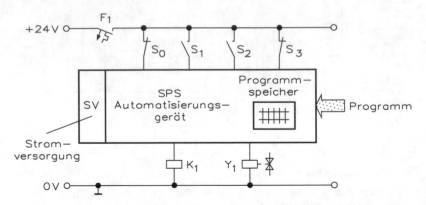

Abb. 6.16 Blockschaltung einer speicherprogrammierbaren Steuerung

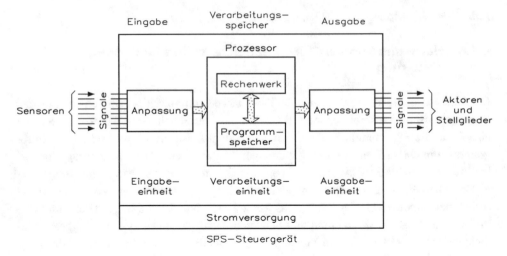

Abb. 6.17 Ein- und Ausgänge einer speicherprogrammierbaren Steuerung

großen Vorteil, dass unterschiedliche Steuerungsaufgaben allein durch verschiedene Änderungen an den Programmen bei gleicher Gerätekonfiguration gelöst werden können.

Die von den Signalgebern kommenden Signalleitungen werden an die Eingabebaugruppen des Automatisierungsgeräts angeschlossen. An die Ausgabebaugruppen, den Ausgängen des Automatisierungsgeräts also, werden die Stellgeräte angeschlossen.

Im Automatisierungsgerät (AG) verarbeitet der Mikroprozessor (Steuerwerk) das im Programmspeicher stehende Programm und fragt dazu ab, ob die einzelnen Geräteeingänge Spannung führen oder nicht. Die Programmbearbeitung führt dann dazu, dass die jeweiligen Geräteausgänge angewiesen werden, die angeschlossenen Stellgeräte ein- oder auszuschalten.

Ein Automatisierungsgerät ist aus elektronischen Bauelementen aufgebaut, die mit einer Gleichspannung von +5 V arbeiten. Diese Gleichspannung wird in einer Stromversorgungsbaugruppe (SV) aus der Netzspannung von z. B. 230 V erzeugt. Die geräteinterne 5-V-Spannung wird innerhalb des Automatisierungsgeräts über Stromschienen allen elektronischen Baugruppen zugeführt.

ACHTUNG Die Stromversorgungsbaugruppe liefert in der Regel keine Versorgungsspannung für die an das Automatisierungsgerät angeschlossenen Geber (Sensoren) und Stellgeräte (Aktuatoren).

Für die Stromversorgung dieser Geräte werden eigene Stromkreise benötigt, die von der internen Stromversorgung meist galvanisch getrennt sind. Je nach Art der im Einzelfall verwendeten Ein- und Ausgabebaugruppen führen diese externen Stromkreise 24-V-Gleich- oder 230-V-Wechselspannung, die in einem besonderen Netzgerät oder in einem Steuertransformator erzeugt werden.

Für die galvanische Trennung der internen Stromversorgung von den externen Stromkreisen finden optoelektronische Koppelelemente (Optokoppler) Verwendung. Diese bestehen aus einer Diode, die elektrischen Strom in Licht umwandelt, und einem Fototransistor. Der Fototransistor arbeitet als Schalter, der von der Diode optisch angesteuert wird.

In der Eingangsschaltung wird die vom Fototransistor gelieferte Spannung in einer Anpassschaltung so umgeformt, dass sie innerhalb des Automatisierungsgeräts verarbeitet werden kann. Demgegenüber liefert eine Anpassschaltung in den Ausgabebaugruppen den notwendigen Strom für die Fotodiode. Der Ausgang des Fototransistors wird dann in einem elektronischen Verstärker soweit verstärkt, dass die üblichen Stellgeräte geschaltet werden können. Die Betriebsspannung des Verstärkers entspricht der externen Spannung (24-V-Gleich- oder 230-V-Wechselspannung).

6.1.5   Automatisierungsgerät

Der Prozessor des Automatisierungsgeräts fragt die Eingänge auf die beiden Zustände ab: „Spannung vorhanden" und „Spannung nicht vorhanden". Die an das Gerät angeschlossenen Stellgeräte werden abhängig vom Zustand der Ausgänge „eingeschaltet" oder „ausgeschaltet". Abb. 6.18 zeigt die Ein- und Ausgangssignale an einem Automatisierungsgerät.

Die Zustände, die an den Ein- und Ausgängen des Automatisierungsgeräts anliegen, lassen sich mit dem Begriff des binären Signals beschreiben:

Signalzustand „0" = Spannung nicht vorhanden (z. B. 0 V) oder AUS
Signalzustand „1" = Spannung vorhanden (z. B. +24 V) oder EIN

Der Begriff des binären Signals wird nicht nur für die Beschreibung der Zustände an den Ein- und Ausgängen, sondern auch für die Beschreibung des Zustands aller Elemente verwendet, die innerhalb eines Automatisierungsgeräts an der Signalverarbeitung beteiligt sind, wie Abb. 6.19 zeigt.

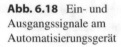

Abb. 6.18 Ein- und Ausgangssignale am Automatisierungsgerät

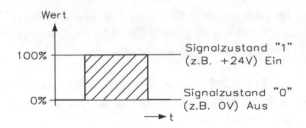

Bevor jedoch näher auf die Bearbeitung des Steuerprogramms in einem Automatisierungsgerät eingegangen werden kann, müssen noch drei weitere Begriffe eingeführt und erläutert werden: Bit, Byte und Wort.

Das Bit ist die Einheit für eine Binärstelle oder ein Binärzeichen. Es kann nur die beiden Werte „0" und „1" annehmen (DIN 44300). Mehrere Binärzeichen können zu größeren Einheiten zusammengefasst werden, z. B. zu einem Byte oder zu einem Wort. In diesem Fall ist die Zahl der Bits identisch mit der Anzahl der Binärstellen der betreffenden Einheit und Abb. 6.20 zeigt den Vergleich zwischen Bit, Byte und Wort.

Das Byte ist eine Einheit von acht Binärzeichen (Binärstellen) oder man sagt auch: „Ein Byte hat eine Länge von acht Bit".

Im Automatisierungsgerät werden z. B. die Signalzustände von acht Eingängen oder von acht Ausgängen in einem Eingangsbyte oder einem Ausgangsbyte zusammengefasst. Die acht Bit, aus denen das Byte besteht, werden dann im Automatisierungsgerät oft gemeinsam bearbeitet. Jede einzelne Binärstelle eines Bytes kann die Werte „0" oder „1" annehmen. Abb. 6.21 zeigt das Eingangsbyte eines Automatisierungsgeräts.

Ein Wort besteht bei speicherprogrammierbaren Automatisierungsgeräten in der Regel aus 16 Binärstellen. Das Wort hat demnach eine Länge von 16 Bit oder zwei Byte.

In jedem Byte und in jedem Wort ist jedem einzelnen Bit eine Nummer, die Bitadresse, zugeordnet. Das Bit rechts außen hat die Bitadresse 0 oder LSB (least significant bit). Das links außen stehende Bit hat im ersten Byte die Adresse 7 oder MSB (most significant bit) und im Wort die Adresse 15.

Abb. 6.21 zeigt als Beispiel das Eingangsbyte mit der Byteadresse 3, das die Signalzustände der acht diesem Byte zugeordneten Eingänge (E 3.0 bis E 3.7) enthält. In der Benennung eines Eingangs folgt auf das Kennzeichen E die Byteadresse und anschließend nach einem Punkt seine Bitadresse. Damit ist jeder Eingang oder Ausgang durch seine Byte- und seine Bitadresse eindeutig gekennzeichnet.

In einem Automatisierungsgerät erfolgt der Signalaustausch zwischen dem Prozessor und den Ein- und Ausgabebaugruppen über das Bussystem. Der Begriff „Bus" stammt aus dem Englischen und bedeutet eine Sammelschiene, an der mehrere Einheiten angeschlossen sind. Die Sammelschiene besteht aus mehreren, parallel durch das ganze Gerät verlaufenden Signalleitungen, die in Adressenbus, Datenbus und Steuerbus aufgeteilt sind.

Mit den acht Bitstellen des Adressenbusses kann ein Zahlenwert zwischen 0 und 255 dargestellt werden, z. B. die Byte-Adresse eines Eingabe- oder eines Ausgabebytes. Da alle Ein-/Ausgabebaugruppen mit dem Adressenbus verbunden sind, kann immer die Bau-

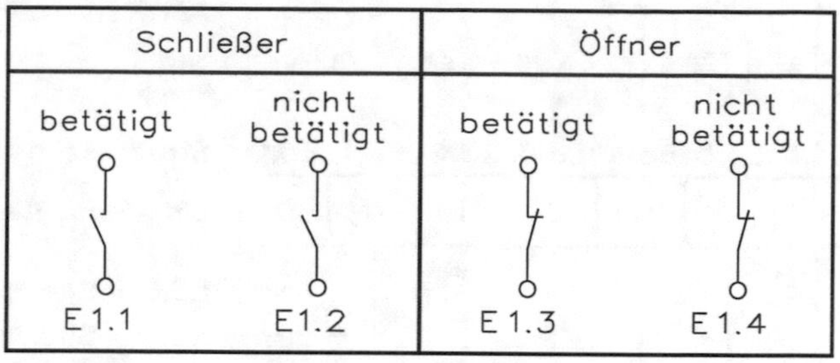

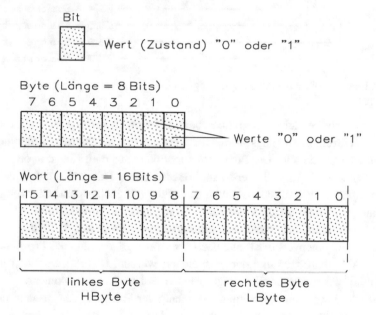

Abb. 6.19 Schalterstellungen und ihre Bedeutung

Abb. 6.20 Vergleich zwischen Bit, Byte und Wort

gruppe bearbeitet werden, die vom Mikroprozessor oder Mikrocontroller über den Adressenbus mit ihrer Adresse angesprochen wird.

Erkennt eine Eingabebaugruppe auf dem Adressenbus ihre Adresse, schaltet sie sofort die Signalzustände ihrer acht Eingänge auf den Datenbus. Erscheint auf dem Adressenbus die Byteadresse von acht Ausgängen, werden die auf dem Datenbus anstehenden neuen Signalzustände dieser Ausgänge von der betreffenden Ausgabebaugruppe übernommen.

Der Steuerbus überträgt die Signale, die den Funktionsablauf innerhalb des Automatisierungsgeräts steuern und entsprechend überwachen.

Zu beachten ist allerdings, dass Adressen und Daten nur nacheinander und nur für sehr kurze Zeit auf das Bussystem geschaltet werden.

Das Bussystem transportiert im Automatisierungsgerät immer ein vollständiges Byte mit dem Signalzustand von acht Eingängen oder von acht Ausgängen und zwar auch dann,

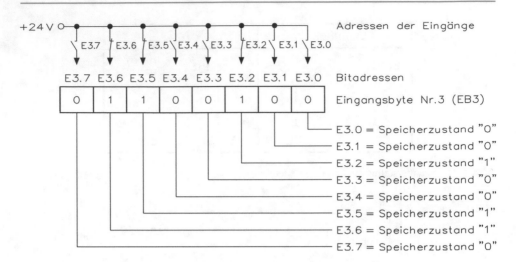

Abb. 6.21 Eingangsbyte eines Automatisierungsgeräts

wenn der Prozessor bei der Programmbearbeitung in einem Arbeitsschritt nur den Signalzustand eines einzelnen Eingangs abfragen oder den neuen Signalzustand für einen einzelnen Ausgang ausgeben will. Der Prozessor sucht dann aus dem Eingabe- oder Ausgabebyte die entsprechende Bitstelle heraus und bearbeitet sie. Damit dies auf einfache Weise geschehen kann, hat das Automatisierungsgerät für die Signalzustände aller Eingänge und aller Ausgänge einen besonderen Speicher, das sogenannte Prozessabbild.

Vor der eigentlichen Programmbearbeitung sorgt der Prozessor dafür, dass die Signalzustände aller Eingabebytes der Reihe nach über das Bussystem in das Prozessabbild der Eingänge (PAE) übertragen und dort gespeichert werden. Das Prozessabbild ist ein genaues „Abbild" des Zustands aller Eingänge in einem bestimmten Moment.

Während der Programmbearbeitung kann dann der Prozessor den Zustand der einzelnen Eingänge direkt im Prozessabbild abfragen. Dieser Zugriff auf das Prozessabbild ist schneller als die Abfrage der Eingänge über das Bussystem. Das Prozessabbild sorgt auch dafür, dass ein Programmzyklus mit den gleichen Signalzuständen bearbeitet wird, womit Laufzeitprobleme vermieden werden.

Die aus der Programmbearbeitung resultierenden neuen Zustände der einzelnen Ausgänge trägt der Prozessor zunächst Bit für Bit in das Prozessabbild der Ausgänge (PAA) ein, wo sie abgespeichert werden. Erst am Ende der Programmbearbeitung veranlasst der Prozessor die Übertragung der Signalzustände aller Ausgänge Byte für Byte aus dem PAA über das Bussystem an die Ausgabebaugruppen.

Zu Beginn des nächsten Programmzyklus wird das Prozessabbild der Eingänge auf den neuesten Stand gebracht und steht damit für die folgende Programmbearbeitung wieder zur Verfügung.

Die Übertragung des Prozessabbilds der Eingänge läuft beim Einschalten des Automatisierungsgeräts sofort an und zwar auch dann, wenn der Programmspeicher noch leer ist. Das Automatisierungsgerät kann eine Maschine oder einen Prozess aber erst steuern, wenn der Programmspeicher das vom Anwender geschriebene Programm (Anwenderprogramm) enthält.

6.1.6   Programmiersprache STEP5/STEP7

Die Programmiersprache STEP5/STEP7 kennt drei anwenderfreundliche Darstellungsarten:

(a) Kontaktplan – KOP
(b) Funktionsplan – FUP
(c) Anweisungsliste – AWL

Abb. 6.22 zeigt einen Strompfad aus dem Stromlaufplan einer Schützsteuerung, der in ein entsprechendes Programm umgesetzt werden soll. Vor Beginn des Programmierens müssen die einzelnen Signal- und Stellglieder den Ein- und Ausgängen zugeordnet werden.

Der Plan gemäß Abb. 6.22 wird dann in den folgenden drei Abbildungen als Kontaktplan (Abb. 6.23), als Funktionsplan (Abb. 6.24) und als Anweisungsliste mit Hilfe von STEP5 dargestellt.

Der Kontaktplan (KOP) ähnelt dem Stromlaufplan. Da auf dem Bildschirm des PC aber Texte oder Bilder zeilenweise erscheinen, sind die einzelnen Strompfade nicht wie im Stromlaufplan senkrecht nebeneinander, sondern waagerecht untereinander angeordnet. Diese Darstellung ist an die amerikanischen elektrotechnischen Normen angelehnt. Abb. 6.23 zeigt den Kontaktplan (KOP).

Für die Eingabe der Symbole, mit denen die Ein- und Ausgänge belegt werden sollen, hat das Tastenfeld des Programmiergeräts entsprechend beschriftete Tasten. Über jedem Symbol wird dazu die Adresse des Ein- oder Ausgangs angegeben. Mit etwas Übung kann auf diese Art und Weise ein Programm am PC schneller geschrieben werden, als der zugehörige Stromlaufplan von Hand zu zeichnen ist.

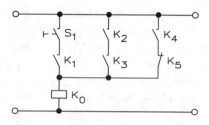

$S_1 = E\,1.0$ Eingang
$K_0 = A\,1.0$ Ausgang
$K_1 = A\,1.1$ Ausgang
$K_2 = A\,1.2$ Ausgang
$K_3 = A\,1.3$ Ausgang
$K_4 = A\,1.4$ Ausgang
$K_5 = A\,1.5$ Ausgang

Abb. 6.22 Stromlaufplan einer Schützsteuerung

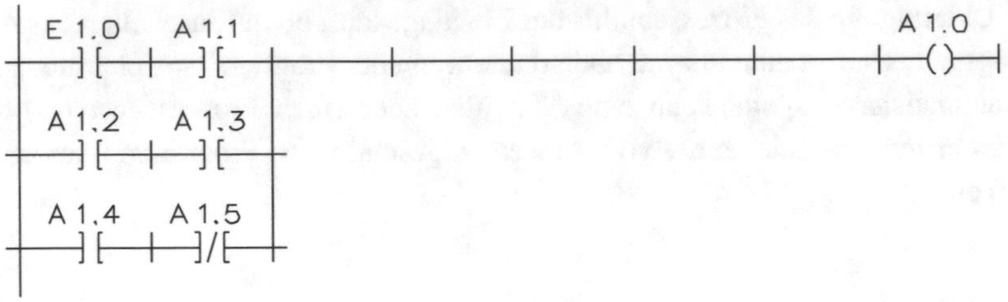

```
 E 1.0   A 1.1                                                    A 1.0
──┤├──┤├───┬───────┼───────┼───────┼───────┼───────┤( )├──
 A 1.2   A 1.3   │
──┤├──┤├───┤
 A 1.4   A 1.5   │
──┤├──┤/├──┘
```

Abb. 6.23 Kontaktplan (KOP) eines Stromlaufplans für eine Schützsteuerung

Abb. 6.24 Funktionsplan
eines Stromlaufplans für eine
Schützsteuerung

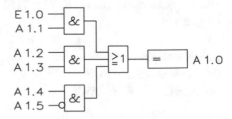

Im Funktionsplan werden die einzelnen Funktionen, die miteinander verknüpft werden sollen, mit genormten Symbolen dargestellt. Das Funktionskennzeichen innerhalb des rechteckigen Symbols definiert dabei die Art der Funktion wie z. B.

  & eine UND-Funktion
  ≥ 1 eine ODER-Funktion.

Die Eingänge der Funktion (z. B. Geberkontakte) sind auf der linken Seite, die Ausgänge der Funktion auf der rechten Seite des Symbols angeordnet. Der Signalfluss verläuft von links nach rechts, wie Abb. 6.24 zeigt.

Vergleicht man den Kontaktplan mit dem Funktionsplan, wird deutlich, dass beide Darstellungsarten dieselbe Funktion beschreiben. Aus den Reihenschaltungen werden UND-Funktionen und aus den Parallelschaltungen ODER-Funktionen.

Der PC ist in der Lage, ein Programm aus der Darstellungsart, in der es geschrieben worden ist, in die andere Darstellungsart zu übertragen. Um diese Möglichkeit zu nutzen, müssen bestimmte Regeln (sogenannte Kompatibilitätsregeln) beim Programmieren beachtet werden.

Die dritte Darstellungsart, die Anweisungsliste, wird insbesondere dann verwendet, wenn Funktionen programmiert werden müssen, die sich bildlich nicht darstellen lassen. Die unten abgebildete Anweisungsliste (Programmiersprache STEP5) findet man Zeile für Zeile in Maschinencode (MC-5) übersetzt im Programmspeicher des AG wieder. Jede Zeile enthält als kleinste Einheit des Programms eine sogenannte Steueranweisung. Diese Steueranweisungen werden vom Prozessor der Reihe nach bearbeitet.

```
:U   E 1.0
:U   A 8.1
:O
:U   A 8.2
:U   A 8.3
:O
:U   A 8.4
:UN  A 8.5
:=   A 8.0
```

In der Anweisungsliste stehen die Anweisungen wie im Programmspeicher in einer bestimmten Reihenfolge. Der erste Teil besteht aus Anweisungen, mit denen der Prozessor durch Abfrage des Signalzustands von Eingängen usw. prüft, ob die im Programm enthaltenen Verknüpfungen (U = UND; O = ODER) erfüllt sind. Diesen Anweisungen folgt zum Abschluss eine Anweisung, bei deren Bearbeitung das Ergebnis der vorher bearbeiteten Anweisungen bestimmt, ob z. B. ein Ausgang ein- oder ausgeschaltet wird.

6.1.7 Bearbeitungszyklus

Das in den Programmspeicher eingeschriebene Steuerungsprogramm wird vom Prozessor des Automatisierungsgeräts als Schleife in steter Wiederholung abgearbeitet. Ein Durchlauf dieser Schleife vom Anfang bis zum Ende wird Bearbeitungszyklus genannt. Die Zeit, die das Gerät für einen solchen Zyklus benötigt, definiert man als Zykluszeit. Sie ist abhängig von der Arbeitsgeschwindigkeit des verwendeten Automatisierungsgeräts und vom Umfang des zu bearbeitenden Anwenderprogramms. Abb. 6.25 zeigt den Ablauf eines Bearbeitungszyklus.

Ein Bearbeitungszyklus besteht aus drei aufeinanderfolgenden Abschnitten:

1) Zu Beginn werden die Signalzustände der Eingänge als Eingangsbyte in das Prozessabbild der Eingänge übertragen. Das dafür notwendige Programm ist in jeder SPS bereits vorhanden und wird als Betriebssystem bezeichnet.
2) Anschließend wird das vom Anwender in den Programmspeicher geschriebene Programm, das sogenannte Anwenderprogramm, bearbeitet. Dazu werden die einzelnen Steueranweisungen nacheinander in der Reihenfolge, in der sie im Programmspeicher stehen, vom Prozessor gelesen und bearbeitet. Jetzt werden die Signalzustände von Eingängen, Zeitgliedern etc. abgefragt und die Verknüpfungen gebildet. Mit ihren Ergebnissen werden dann u. a. die neuen Zustände von Ausgängen bestimmt, Zeitglieder und andere Funktionen gestartet usw.
3) Am Ende eines Bearbeitungszyklus werden die neuen Signalzustände der Ausgänge, die bei der Programmbearbeitung zunächst nur im Prozessabbild der Ausgänge zwi-

Abb. 6.25 Ablauf eines
Bearbeitungszyklus

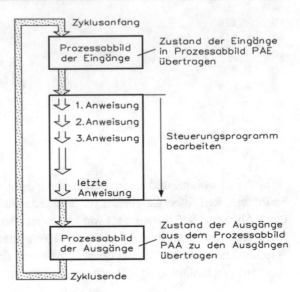

schengespeichert wurden, aus dem Prozessabbild zu den Ausgabebaugruppen übertragen. Dieser Teil gehört ebenfalls zum Betriebssystem.

Hinweis: Viele SPS-Geräte haben nur ein Prozessabbild für Eingänge, d. h. dass bei diesen Geräten die Verknüpfungsergebnisse für Ausgänge direkt an die Peripherie ausgegeben werden.

6.1.8   Steueranweisung

Eine Steueranweisung ist die kleinste selbstständige Einheit eines Programms und sie ist eine Arbeitsvorschrift für den Prozessor in einer SPS. Abb. 6.26 zeigt den Aufbau einer Steueranweisung.

Der Anweisungsteil „Operation" sagt dem Steuerwerk, was zu tun ist, wie eine binäre Variable zu verarbeiten ist, und ob sie mit UND oder ODER zu verknüpfen ist usw.

U   UND-Verknüpfung bilden
UN   NICHT UND-Verknüpfung bilden
O   ODER-Verknüpfung bilden
ON   NICHT ODER-Verknüpfung bilden
=   einem Operanden A (Ausgang) den Zustand 1 oder 0 zuweisen

Abb. 6.26 Steueranweisung
in einer SPS

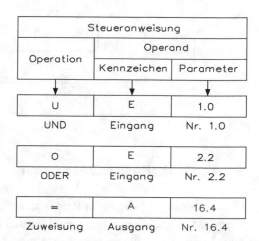

Der Operand umfasst die zur Ausführung der Operation erforderlichen Daten. Er sagt dem Steuerwerk, womit „operiert" werden soll.

Die Adresse der meisten Operanden besteht aus zwei Teilen, die durch einen Punkt getrennt sind. Links vom Punkt steht die Byteadresse, rechts die Bitadresse.

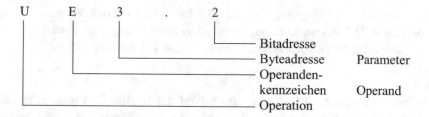

Einige Anweisungen sind allerdings byteweise adressiert, ohne dass eine Bitadresse vorhanden ist:

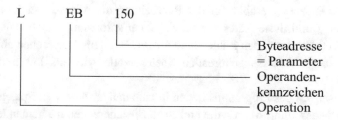

Andere Anweisungen werden wiederum wortweise adressiert (Wortadresse). Auch diese Operanden haben keine Bitadresse:

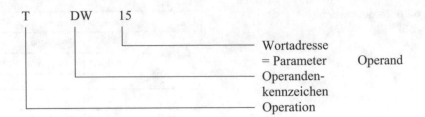

6.1.9   Bearbeitung des Programms

Die Anweisungen belegen im Programmspeicher je eine Speicherzelle. Sie sind entsprechend der Anweisungsliste angeordnet und dies unabhängig davon, ob das Programm auch in den Darstellungsarten Kontaktplan oder Funktionsplan geschrieben wurde oder nur als Anweisungsliste existiert, wie Abb. 6.27 zeigt.

Abb. 6.27 zeigt beispielhaft die Anordnung der Steueranweisungen für die drei Verknüpfungen UND, ODER und UND-vor-ODER, die vom Anwender in der folgenden Reihenfolge programmiert wurden.

(1) Ausgang A 21.0 ist eingeschaltet, wenn E 2.1 und E 2.5 auf dem Zustand „1" sind.
(2) Ausgang A 21.1 ist eingeschaltet, wenn E 2.0 oder E 2.4 auf dem Zustand „1" sind.
(3) Ausgang A 22.1 ist eingeschaltet, wenn E 1.1 und E 1.2 oder E 3.0 auf dem Zustand „1" sind.

Für jede Steueranweisung, die aus einem Wort mit 16 Bitstellen besteht, ist also im Speicher ein eigener Speicherplatz vorhanden, wobei jeder Bitstelle eine ganz bestimmte Bedeutung zukommt, wie die Beispiele der Anweisungen „U E 2.1" bzw. „O E 2.0" zeigen (Abb. 6.27). Alle Speicherzeilen sind fortlaufend nummeriert. Diese Nummern sind Speicheradressen, die über einen Adressenzähler angesprochen werden, der im Prozessor enthalten ist. Der Prozessor erhöht vor der Bearbeitung die Adresse der jeweils nächsten Steueranweisung und diese Adresse erscheint dann sofort am Speicherausgang. Dieser Vorgang wird erhöht durch den Zählerstand um +1. Mit dem Ansprechen eines neuen Inhalts der zu dieser Adresse gehörenden Speicherzelle wird als Lesen definiert, wie Abb. 6.28 zeigt.

Die Anweisungen des Programms liegen in aufeinanderfolgenden Speicherzellen. Bei der Programmbearbeitung werden die einzelnen Speicherzeilen nacheinander angewählt. Diese Aufgabe übernimmt der Adressenzähler in Verbindung mit dem Steuerwerk. Die in der angewählten Speicherzelle enthaltene Anweisung wird gelesen und in einen Zwischenspeicher, das Anweisungsregister, übertragen. Nach der Bearbeitung der Anweisung durch das Steuerwerk wählt der Adressenzähler die nächste Speicherzelle an.

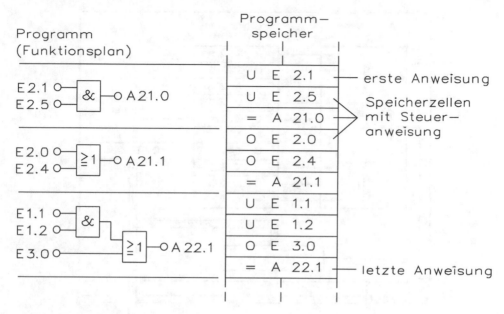

Abb. 6.27 Steueranweisungen

Innerhalb des Automatisierungsgeräts AG erfolgt der Signalaustausch zwischen den einzelnen Baugruppen über die sogenannten Busleitungen. Über den Adressenbus gelangt die Adresse des Operanden zu allen Eingabe- und Ausgabebaugruppen. Sie ist in der Steueranweisung enthalten.

Bei der Operandenadresse kann es sich um die eines Eingangs oder die eines Ausgangs handeln. Bearbeitet wird aber immer nur die Baugruppe mit der bezeichneten Adresse, während die anderen gesperrt bleiben. Bei dem Schema in Abb. 6.27 ist die Adresse des Eingangs E 2.4 in der Steueranweisung „0 E 2.4" enthalten. Hier wird also der Eingang E 2.4 abgefragt.

Der Signalzustand 0 oder 1 des adressierten Eingangs wird dem Steuerwerk bei der Abfrage von Eingängen über das PAE gemeldet. Aus dieser Information bildet das Steuerwerk das programmgemäße Verknüpfungsergebnis.

Wird dagegen ein Ausgang bearbeitet, gelangt über den Datenbus ein vom Verknüpfungsergebnis abhängiges Signal zum adressierten Ausgang. Damit kann beispielsweise ein Stellglied (Ventil) ein- oder ausgeschaltet werden. Bei dem in Abb. 6.28 zugrunde gelegten Beispiel werden die Eingangssignale E 2.1 und E 2.5 durch eine UND-Funktion verknüpft. Das Ergebnis wird als Signal dem Ausgang A 2.0 zugeführt. Dementsprechend stehen im Programmspeicher dann die in Abb. 6.28 dargestellten Anweisungen:

```
:U E 2.1
:U E 2.5
:= A 2.0
```

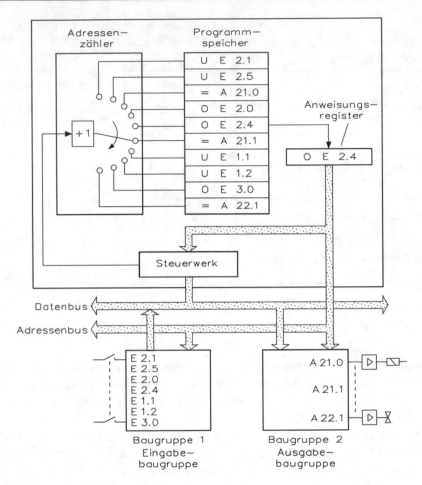

Abb. 6.28 Lesen der Anweisungsliste

Nach der Bearbeitung der letzten im Speicher stehenden Anweisung beginnt das Steuerwerk wieder mit der ersten der im Speicher stehenden Anweisungen.

6.1.10 Ein- und Mehrbit-Verarbeitung

Die Einbit-Verarbeitung wird auch als Logikverarbeitung bezeichnet. Das Automatisierungsgerät muss hier nur Informationen von einem Bit verarbeiten (0 oder 1). Dazu gehört das Ausführen logischer Verknüpfungen, wie sie beispielsweise durch Schaltfunktionen beschrieben werden.

Viele Steuerungsaufgaben sind bereits mit der Einbit-Verarbeitung zu lösen. In reiner Logikverarbeitung und in Verbindung mit Zeitbaugruppen lassen sich u. a. verwirklichen:

- Verknüpfungssteuerungen
- Ablaufsteuerungen
- Überwachungs- und Meldeeinrichtungen

Zur Erstellung des Programms in Einbit-Verarbeitung ist nur eine einfache und leicht erlernbare Programmiersprache erforderlich.

Für die Mehrbit-Verarbeitung gibt es auch die Bezeichnung Wortverarbeitung. Das Automatisierungsgerät muss die Datenworte von z. B. 16 Bit verarbeiten und damit lassen sich auch komplexe digitale Operationen ausführen.

6.2   Steueranweisungen für eine SPS

Am Anfang eines SPS-Systems sind die Eingänge (Input) vorhanden und damit erhält die SPS die elektrischen Signale der Peripherie. Als Eingang bezeichnet man das Signal eines Gebers (Schalter, Initiator, Lichtschranke usw.), die an der Klemme anliegen. Diese Geber sind über die Eingangsklemmen elektrisch mit der SPS zu verbinden, wie Abb. 6.29 zeigt.

Die Eingänge bezeichnet man mit dem Großbuchstaben E (Input).

Das Programm, welches die erforderliche Logik zur Steuerung der Maschine liefern soll, muss die Eingänge und die Ausgänge in geeigneter Form miteinander verknüpfen. Das Programm ist also eine Folge von Verknüpfungsanweisungen, die dann mit mindestens einer Anweisung abgeschlossen wird. Man kann auch sagen: Es wird immer erst die Bedingung ermittelt und dann gehandelt. Wenn beispielsweise A UND B ODER C UND NICHT D erfüllt ist, dann soll der Ausgang A einschalten.

Es gibt zwei Gruppen von binären Anweisungen:

- die Zwischenanweisung (erzeugt ein Zwischenergebnis)
- die Endanweisung (Endergebnis steht fest).

Als Beispiel betrachtet man sich eine gewöhnliche (algebraische) Gleichung

7 + 4 + 6 = A

Abb. 6.29 Eingänge mit
Tasten und Ausgang einer SPS

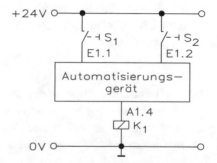

Man unterteilt diese Gleichung in einzelne Schritte mit

„7" „ + 4" „ + 6" „ = A".

und eingeteilt ergeben sich vier Anweisungen, die nun untereinander geschrieben werden:

erste Anweisung:	„7"
zweite Anweisung:	„+ 4"
dritte Anweisung	„+ 6"
vierte Anweisung:	„= A".

Die erste Anweisung ist kein Rechenbefehl und dies ist typisch für die Erstanweisung. Sie dient dazu, dass der Wert 7 in einem Hilfsspeicher, den man als Akkumulator bezeichnet, abgespeichert wird.

Die zweite Anweisung besitzt einen Rechenbefehl, nämlich das Additionszeichen +. Diese Anweisung erfordert, dass der Wert 4 zum augenblicklichen Wert des Akkumulators hinzuaddiert wird. Wenn die zweite Anweisung abgearbeitet ist, steht also der Wert 11 im Akkumulator.

Die dritte Anweisung ist der zweiten ähnlich und lediglich der Wert ist anders. Nach dieser Anweisung hat der Akkumulator den Wert 17.

Die vierte Anweisung besitzt als letzte Anweisung eine Endzuweisung, nämlich das „="-Zeichen. Nachdem die vierte Anweisung abgearbeitet ist, hat die Variable A den Wert 17. Der Akkumulator hat zwar ebenfalls noch den Wert 17, aber dies ist in diesem Fall ohne jede Bedeutung.

6.2.1 Steueranweisungen

Für die Steueranweisungen gilt:

- Alle mit UND verknüpften Bedingungen müssen „wahr" sein, d. h. jeder Eingang befindet sich auf 1-Signal, damit auch das Verknüpfungsergebnis „wahr" ist.
- Mindestens eine Bedingung der mit ODER verknüpften Bedingungen muss „wahr" sein, d. h. jeder Eingang befindet sich auf 1-Signal, damit auch das Verknüpfungsergebnis „wahr" ist.

Diese Begriffe kann man abkürzen und zwar für UND mit „U" und für ODER mit „O". Im Englischen geht das nicht entsprechend und es bleibt bei AND und OR.

Als Endzuweisung benutzt man, wie in der normalen Algebra, das Gleichheitszeichen „=" und man sagt aber nicht „ist gleich" sondern „ergibt". Eine besondere Abkürzung ist bei nur einem Zeichen nicht notwendig und nicht möglich.

Mit diesen wenigen Anweisungen (U, O und =) und den vereinbarten Bezeichnungen der Ein- und Ausgänge kann man bereits ein einfaches Programm schreiben.

```
Beispiel: E 1.0 U E 1.3 O E 1.4 = A 1.0.
```

So geschrieben sieht das ganze etwas unübersichtlich aus. Man gliedert dieses Programm etwas und erhält

„E 1.0" „U E 1.3" „O E 1.4" „= A 1.0".

Noch besser ist es, wenn man die Anweisungen untereinander schreibt und damit erhält man

erste Anweisung: E 1.0
zweite Anweisung: U E 1.3
dritte Anweisung: O E 1.4
vierte Anweisung: = A 1.0

Gelesen (und gesprochen) wird dieses Programm folgendermaßen: Eingang Eins Punkt Null und Eingang Eins Punkt Drei oder Eingang Eins Punkt Vier ergibt Ausgang Eins Punkt Null.

Analog zu dem Beispiel mit der algebraischen Zahlengleichung folgt nun eine detaillierte Beschreibung, wie dieses Programm abgearbeitet wird.

Zuvor muss noch eine Besonderheit erwähnt werden. Das Zwischen- oder Hilfsregister, welches als Akkumulator bezeichnet wird, hat eine andere Bezeichnung, wenn man nur binäre Werte abspeichern soll. Leider gibt es bei einzelnen SPS-Herstellern unterschiedliche Bezeichnungen für dieses binäre Hilfsregister.

Normalerweise bezeichnet man dieses Register als Verknüpfungs-Ergebnis Register oder abgekürzt VKE-Register.

Einige Hersteller gehen bei ihren Beschreibungen nicht auf die Existenz dieses besonderen Registers ein. Natürlich ist dieses Register – unabhängig davon, wie es bezeichnet wird – bei allen SPS vorhanden.

Die erste Anweisung ist eigentlich nur die Bezeichnung eines Eingangs. Es gibt keinen besonderen Verknüpfungsbefehl, also weder UND noch ODER. Dies ist immer typisch für eine Erstanweisung. Bei einer Erstanweisung ist ja auch noch gar nicht klar, womit eine logische Verknüpfung stattfinden sollte. Die erste Anweisung legt also lediglich den augenblicklichen Wert von E 1.0 in das VKE-Register ab.

Die zweite Anweisung führt die UND-Verknüpfung des augenblicklichen Wertes des Eingangs E 1.3 mit dem augenblicklichen Wert des VKE-Registers aus und legt dieses Ergebnis selbst wieder im VKE-Register ab. Das VKE-Register wird also in jedem Fall überschrieben und besitzt nach vollständiger Abarbeitung einer Anweisung den neuen, aktuellen Wert. Dabei ist es möglich, dass der vorherige Wert sich nicht von dem neuen

Wert unterscheidet. Als Resultat der zweiten Anweisung liegt also in dem VKE-Register das Zwischenergebnis der UND-Verknüpfung des Eingangs E 1.0 und des Eingangs E 1.3.

Die dritte Anweisung verknüpft den augenblicklichen Wert des Eingangs E 1.4 mit dem augenblicklichen Wert des VKE-Registers auf ODER und legt dieses neue Zwischenergebnis selbst wieder innerhalb von <1 µs in dem VKE-Register ab.

Die vierte Anweisung nimmt den augenblicklichen Wert des VKE-Registers und weist ihm den Ausgang A 1.0 zu. Dabei bleibt der Wert des VKE-Registers unverändert.

Man kehrt noch einmal zu der ersten Anweisung zurück. Bei einer Erstanweisung ist ein Verknüpfungsbefehl wie UND oder ODER überflüssig! Aber was soll man anstatt der Verknüpfungsanweisung schreiben?

Es gibt zwei Möglichkeiten:

1. keine Angaben bzw. Leertaste
2. ein bisher noch nicht festgelegter Ausdruck, z. B. WENN oder STORE (= Abspeichern, wird in der Regel mit STR abgekürzt).

Außer der erstgenannten kommen alle Möglichkeiten in der Praxis vor. Andere Hersteller lassen nur eine grafische Darstellung der gewünschten Verknüpfung zu (Kontaktplan), und damit entfällt dieser Punkt.

Die bisher vorgestellten Anweisungen UND, ODER und ERGIBT werden ergänzt durch die Negierungen

UND	NICHT (AND NOT)	(abgekürzt UN)
ODER	NICHT (OR NOT)	(abgekürzt ON)
ERGIBT	NICHT (NOT)	(abgekürzt =N).

Die Anweisung „ERGIBT NICHT" wird nur von wenigen SPS-Herstellern zugelassen.

Die Verwendung von Klammern muss nicht bei allen SPS-Geräten vorkommen. Unbedingt erforderlich ist sie bei der Auswertung von binären Ausdrücken nicht.

Wer die grafischen Darstellungsarten (Funktionsplan oder Kontaktplan) verwendet, braucht sich über die Verwendung von Klammern keine Gedanken zu machen. Anders gesagt: Bei FUP oder KOP gibt es keine Klammerfehler!

Das Rechnen mit binären Ausdrücken bezeichnet man auch als Boolesche Algebra. Die hier verwendeten Rechen- (Verknüpfungs-) Regeln sind der normalen (Zahlen-) Algebra angepasst und in der normalen Algebra werden vereinbarungsgemäß Klammern verwendet. Aber auch in der normalen Algebra sind Klammern nicht unbedingt erforderlich! Die Verwendung von Klammern ist nur deswegen vereinbart, weil sie kurze und besser gegliederte Ausdrücke erlaubt.

Eine Anweisung, die sich auf binäre Operanden bezieht, ist eben eine Binäranweisung. Wie kann es dann Binäranweisungen geben ohne Operand?

Betrachtet man folgende Anweisungen:

```
U(   UND Klammer auf
O(   ODER Klammer auf
)    Klammer zu
O    ODER.
```

In Klammern können binäre Ausdrücke stehen und wenn man diese verknüpfen will, dann benötigt man diese Anweisungen. Der Operand ist nicht gleich erkennbar. Er versteckt sich in einem Klammerausdruck und man bezeichnet ihn als impliziten Operanden.

Bei der letzten Anweisung – das einfache ODER – ist die Funktion schwierig zu erklären. Dieses ODER hat in der Tat nichts mit Klammern zu tun. Was ist aber dann der zugehörige Binäroperand?

In der Booleschen Algebra (Schaltalgebra) hat der UND-Befehl immer Vorrang vor dem ODER-Befehl. Dies ist eine (willkürliche) Festlegung. Ähnlich festgelegt ist in der „normalen" Algebra, dass die Punktrechnung (Multiplizieren und Dividieren) Vorrang vor Strichrechnung (Addieren und Subtrahieren) hat. Eine CPU weiß aber in der Regel nichts von dem nachfolgenden Befehl (erst nach vollständiger Abarbeitung des derzeitig aktuellen Befehls wird der nachfolgende Befehl gelesen). Die CPU kann also auch keinen Vorrang erkennen. Auch aus diesem Grund arbeitet man am sichersten in den grafischen Darstellungsarten, denn dort gibt es keine Möglichkeit einen „Vorrang" darzustellen. Folglich kann man auch keine Fehler machen.

Damit die Auswertung von beliebigen Booleschen Ausdrücken ohne Umstellung möglich ist, benötigt man den ODER-Befehl.

```
Beispiel: E 1.4 UND E 1.1 ODER E 1.6 UND E 1.7 = A 1.0
```

Aus der UND-vor-ODER-Regel ergibt sich direkt eine Verknüpfung zwischen E 1.4 mit E 1.1 und E 1.6 mit E 1.7. Die Zwischenergebnisse werden dann ODER verknüpft

```
          O(
U E 1.4   U E 1.4
U E 1.1   U E 1.1
O         )
U E 1.6   O(
U E 1.7   U E 1.6
= A 1.0   U E 1.7
          )
          = A 1.0.
```

Die parallel stehenden Anweisungen erfüllen die gleiche Logik, aber es sind drei Anweisungen mehr. Der ODER-Befehl „ohne Operand" (korrekt ohne expliziten Operanden) speichert den Inhalt des VKE-Registers (gleichgültig, wie dieser zustande gekommen ist) in ein Hilfsregister (das Betriebssystem verwendet den Akkumulator) ab. Das Erstabfrageflag wird gesetzt, damit die darauffolgende Anweisung mit dem Aufbau einer neuen Verknüpfung beginnt. Bevor nun die ERGIBT-Anweisung ausgeführt wird, wird zunächst das dann aktuelle VKE-Register mit dem Hilfsregister ODER-verknüpft. Dieser neue VKE-Registerinhalt wird dann dem Ausgang zugewiesen, jedoch vermeiden die grafischen Darstellungsarten diese Klippen.

- Das logische ODER wird auch als logische Addition (als Alternative und als Disjunktion) bezeichnet.
- Das logische UND wird auch als logisches Produkt (Konjunktion) bezeichnet.
- Multiplizieren vor Addieren wird in der normalen Algebra benötigt und so verlangt es auch die Boolesche Algebra.

Danach fügt man den bisher vorgestellten Operanden (Ein- und Ausgänge) einen weiteren Operanden hinzu, und zwar den Merker (Relay). Auch dies ist ein binärer Operand (mit den möglichen Werten 1 oder 0). Merker verwenden keine Verbindung zur Peripherie und sind daher weder mit den Gebern noch mit den Stellgliedern direkt verbunden. Programmtechnisch gesehen sind Merker binäre Variablen und speichertechnisch gesehen sind die Speicherzellen im RAM des SPS-Systems vorhanden. Für die Adressierung benutzt man wie bei den Ein- und Ausgängen eine Gruppen- und Bitadresse mit einem Punkt als Trennungszeichen. Tab. 6.1 beinhaltet die binären Basisanweisungen für eine SPS.

Anders dargestellt (xx.y steht für die numerische Adresse):

1)	U	E	xx.y	8)	ON	E	xx.y
2)	UN	E	xx.y	9)	O	M	xx.y
3)	U	M	xx.y	10)	ON	M	xx.y
4)	UN	M	xx.y	11)	O	A	xx.y
5)	U	A	xx.y	12)	ON	A	xx.y
6)	UN	A	xx.y	13)	=	A	xx.y
7)	O	E	xx.y	14)	=	M	xx.y

Mit diesen 14 Anweisungsarten lässt sich bereits alles durchführen, denn UND, ODER, NEGIERUNG und ZUWEISUNG sind die Basisbefehle aller binären Verknüpfungen. Alle weiteren Anweisungsarten lassen sich auf diese Basisbefehle zurückführen.

6.2.2 Darstellungsarten eines SPS-Programms

Im vorherigen Kapitel wurde die Basissprache entwickelt und die dort verwendete Darstellungsart bezeichnet man als Anweisungsliste (AWL).

Die SPS-Hersteller haben sich bei der Entwicklung zahlreiche Gedanken über die Anwendung gemacht, wie man diejenigen Mechaniker und Elektriker besser bedienen kann, die Steuerungen früher in herkömmlicher Technik entwickelt haben. Herkömmlich war die Erstellung von Stromlaufplänen. In den USA wurden diese in Form von „Ladder"-Diagrammen (Leiterdiagrammen) erstellt und solche Pläne bezeichnet man als Kontaktpläne

Tab. 6.1 Binäre Basisanweisungen

Operationsteil		Operandenteil			
Op-Code	mögliche Negierung	mögliche Parameter	numerischer Adressteil		
			Byte	Trennung	Bit
U (UND) (AND)	N (NICHT) (NOT)	E (Eingang) A (Ausgang) M (Merker)	0 … 31 (oder größer)	. (Punkt)	0 … 7
O (ODER) (OR)	N (NICHT) (NOT)	E (Eingang) A (Ausgang) M (Merker)	0 … 31 (oder größer)	. (Punkt)	0 … 7
= (ERGIBT) (OUT)	(nur selten möglich)	A (Ausgang) M (Merker)	0 … 31 (oder größer)	. (Punkt)	0 … 7

(KOP). Europäische Ingenieure mussten sich bei der Darstellung von Schließern und Öffnern an die amerikanische Form gewöhnen. Abb. 6.30 zeigt Steueranweisungen für eine SPS.

Mit AWL und KOP konnte man jedoch nicht alle Erwartungen erfüllen. AWL ergibt sich als Basis und KOP war aus historischen Gründen notwendig. Die Entwickler von elektronischen Logikschaltungen hatten aus guten Gründen eine grafische Darstellungsart gewählt, die sehr übersichtlich war und die jeder Techniker leicht erlernen konnte. Diese Pläne wurden als Funktionspläne (FUP) bezeichnet.

Bei den Steueranweisungen für eine SPS kennt man sechs Grundfunktionen:

UND: $E01 \wedge E02 \wedge E03$ ergeben eine UND-Funktion.

ODER: $E01 \vee E02 \vee E03$ ergeben eine ODER-Funktion.

NICHT-Eingang: $E01 \wedge \overline{E02} \wedge \overline{E03}$ ergeben beispielsweise zwei separate NICHT-Funktionen am Eingang

NICHT-Ausgang: $\overline{E01 \wedge E02 \wedge E03}$ ergeben eine gemeinsame NICHT-Funktion am Ausgang

Exklusiv-ODER: $E01 \wedge \overline{E02} \vee \overline{E01} \wedge E02$, wenn entweder der eine Eingang oder der andere ein 1-Signal hat

Inklusiv-ODER: $\overline{E01} \wedge \overline{E02} \vee E01 \wedge E02$, wenn entweder beide Eingänge ein 0- oder 1-Signal aufweisen

Im Folgenden wird nur noch auf KOP (Kontaktplan) und FUP (Funktionsplan) eingegangen.

Basis für den Kontaktplan sind die Darstellungen für einen Kontakt und für eine Relaisspule.

Zum Beispiel so

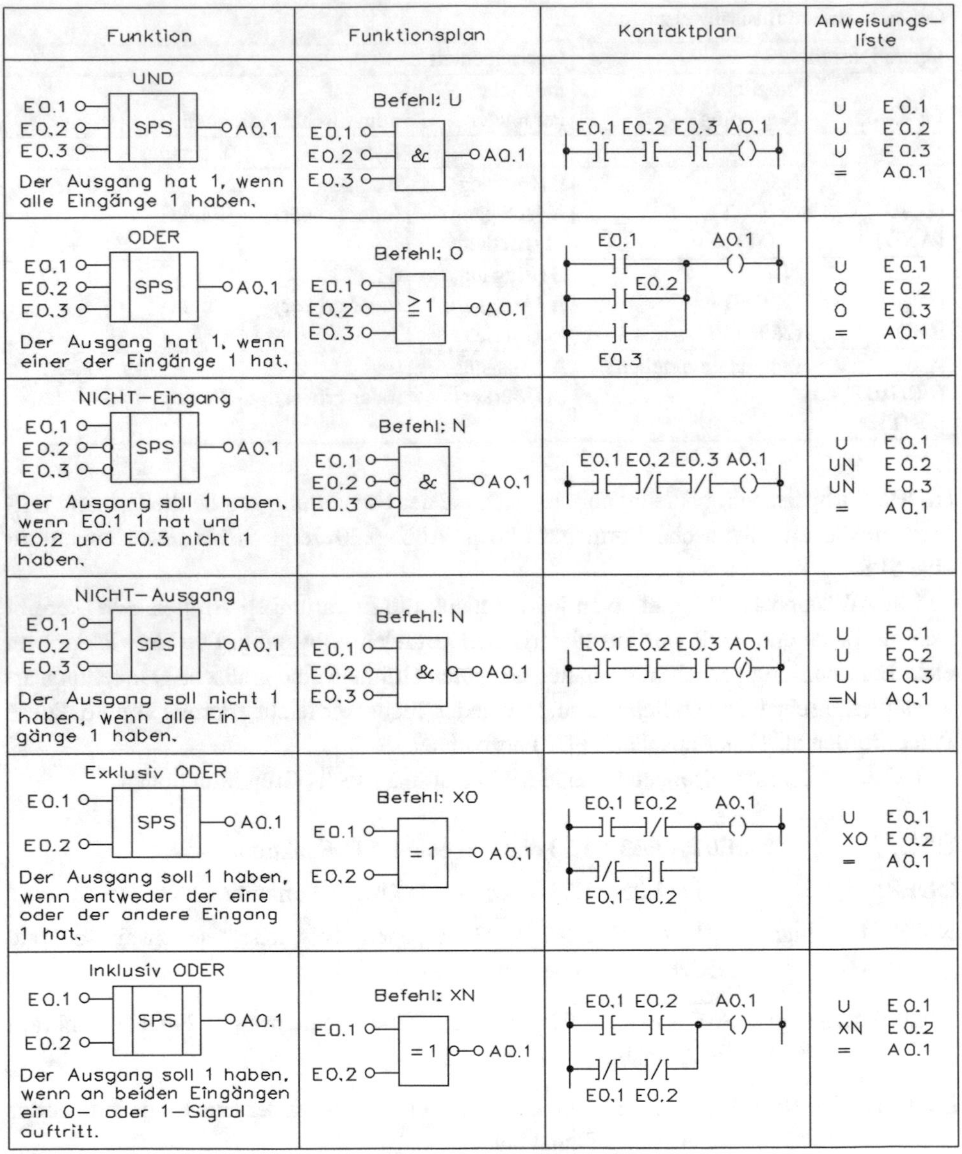

Funktion	Funktionsplan	Kontaktplan	Anweisungsliste
UND E0.1, E0.2, E0.3 → SPS → A0.1 Der Ausgang hat 1, wenn alle Eingänge 1 haben.	Befehl: U E0.1, E0.2, E0.3 → & → A0.1	E0.1 E0.2 E0.3 A0.1 ─┤ ├─┤ ├─┤ ├─( )─	U E0.1 U E0.2 U E0.3 = A0.1

ODER
E0.1, E0.2, E0.3 → SPS → A0.1
Der Ausgang hat 1, wenn einer der Eingänge 1 hat.
	Befehl: O
	E0.1, E0.2, E0.3 → ≥1 → A0.1
		E0.1 A0.1
		─┤ ├───────( )─
		   E0.2
		─┤ ├─
		   E0.3
		─┤ ├─
			U E0.1
			O E0.2
			O E0.3
			= A0.1

NICHT–Eingang E0.1, E0.2 ○, E0.3 ○ → SPS → A0.1 Der Ausgang soll 1 haben, wenn E0.1 1 hat und E0.2 und E0.3 nicht 1 haben.	Befehl: N E0.1, E0.2 ○, E0.3 ○ → & → A0.1	E0.1 E0.2 E0.3 A0.1 ─┤ ├─┤/├─┤/├─( )─	U E0.1 UN E0.2 UN E0.3 = A0.1
NICHT–Ausgang E0.1, E0.2, E0.3 → SPS → A0.1 Der Ausgang soll nicht 1 haben, wenn alle Eingänge 1 haben.	Befehl: N E0.1, E0.2, E0.3 → & ○ → A0.1	E0.1 E0.2 E0.3 A0.1 ─┤ ├─┤ ├─┤ ├─(/)─	U E0.1 U E0.2 U E0.3 =N A0.1
Exklusiv ODER E0.1, E0.2 → SPS → A0.1 Der Ausgang soll 1 haben, wenn entweder der eine oder der andere Eingang 1 hat.	Befehl: XO E0.1, E0.2 → =1 → A0.1	E0.1 E0.2 A0.1 ─┤ ├─┤/├───( )─ ─┤/├─┤ ├─ E0.1 E0.2	U E0.1 XO E0.2 = A0.1
Inklusiv ODER E0.1, E0.2 → SPS → A0.1 Der Ausgang soll 1 haben, wenn an beiden Eingängen ein 0– oder 1–Signal auftritt.	Befehl: XN E0.1, E0.2 → =1 ○ → A0.1	E0.1 E0.2 A0.1 ─┤ ├─┤ ├───( )─ ─┤/├─┤/├─ E0.1 E0.2	U E0.1 XN E0.2 = A0.1

Abb. 6.30 Steueranweisungen für eine SPS

─┤ ├─   symbolisiert einen Schließer

─┤/├─   symbolisiert einen Öffner

─( )─   symbolisiert eine Relaisspule

Dies sind Symbole, wie sie in den USA eingeführt und verwendet werden. Während man einen Stromlaufplan von links nach rechts kennt, entwickeln die Amerikaner den Stromlaufplan von oben nach unten. Dies hat ebenfalls darstellungstechnische Vorteile. Sind mehrere solcher Strompfade aneinander gereiht, dann entsteht der Eindruck einer Leiter und so ist auch die amerikanische Bezeichnung „Ladder"-Diagramm zu verstehen.

Die Anwendung der KOP-Darstellung mag für viele Elektriker und Maschinenbauer am Anfang vorteilhaft sein, denn diese Darstellungsweise hat eine Ähnlichkeit mit den uns vertrauten Stromlaufplänen.

Das Argument, mit Hilfe von KOP alte Stromlaufpläne nun in SPS-Programme direkt umzusetzen ist falsch. Der Einsatz eines neuen Steuerungskonzeptes wird immer mit dem Anspruch verbunden sein, die Steuerung entsprechend den neuen Möglichkeiten zu verbessern und nur so wird eine solche Investition vertretbar sein.

Der Kontaktplan ist entstanden aufgrund der Kundenforderungen an die SPS-Hersteller. Das Argument der hohen Umschulungskosten sollte von vielen Elektrikern entkräftet werden, denn die FUP-Darstellung hat erhebliche Vorteile. Wer sich ernsthaft mit SPS beschäftigen möchte oder muss, der sollte mit der FUP-Darstellung vertraut sein. Selbstverständlich ist eine SPS optimiert, wenn sie sowohl KOP als auch FUP-fähig ist. Der Anwender kann zwischen KOP, AWL und FUP wählen.

Komplexe Logikeinheiten, wie Zeitgeber, Zähler, Flipflops und andere, lassen sich nicht mit dem bisher festgelegten Zeichenvorrat im Kontaktplan darstellen. Es ist naheliegend, hierfür die gleiche Darstellungsform zu wählen, wie sie in der nachstehend beschriebenen FUP-Darstellung festgelegt worden ist.

Basis für den Funktionsplan ist das Rechteck und dieses symbolisiert den häufig zitierten „schwarzen Kasten" und in unserem Fall symbolisiert der Kasten eine elektronische Schaltung. Der Aufbau dieser Schaltung interessiert den Anwender wenig. Sehr wohl interessiert aber, welche logische Funktion von diesem Kasten erwartet wird und daher schreibt man diese Funktion verschlüsselt in den Kasten ein.

Ein UND-Gatter oder eine UND-Funktion wird durch ein &-Zeichen symbolisiert.

Ein ODER-Gatter oder eine ODER-Funktion wird durch eine >=1-Zeichenfolge symbolisiert.

Ohne Ein- und Ausgangssignale sind solche Funktionen nicht sinnvoll. Die Ein- und Ausgänge müssen ebenfalls dargestellt werden. Hierfür gibt es eine einfache Regel, links werden die Eingänge dargestellt und rechts die Ausgänge.

Abb. 6.31 zeigt die Darstellungen für komplexere SPS-Funktionen.

Obwohl die DIN-Norm (DIN 40700, Teil 14 Schaltzeichen, digitale Informationsverarbeitung) diese Schaltungen beinhaltet, darf man deren Kenntnis nicht allgemein voraussetzen. Man sollte daher zumindest durch einen Kommentar die Funktion näher erläutern. Außerdem lassen nahezu alle heute auf dem Markt befindlichen SPS-Geräte eine direkte Programmierung mit diesen Logikgattern nicht zu.

Weitere FUP-Symbole sind SR-Flipflop, für monostabile Zeiten (Monoflop), universelle Zähler und spezielle Vergleicherfunktionen.

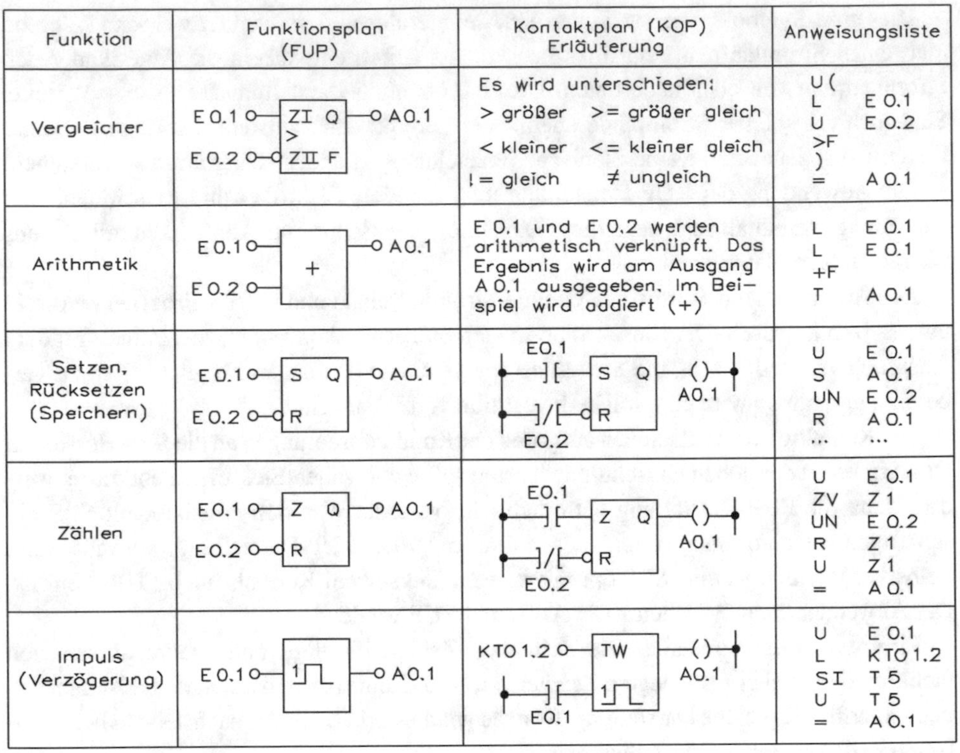

Funktion	Funktionsplan (FUP)	Kontaktplan (KOP) Erläuterung	Anweisungsliste
Vergleicher	E 0.1 ○—[ZI Q]—○ A0.1 E 0.2 ○—◖ ZII F (>)	Es wird unterschieden: > größer >= größer gleich < kleiner <= kleiner gleich ! = gleich ≠ ungleich	U (L E 0.1 U E 0.2 >F) = A 0.1
Arithmetik	E 0.1 ○—[+]—○ A0.1 E 0.2 ○—	E 0.1 und E 0.2 werden arithmetisch verknüpft. Das Ergebnis wird am Ausgang A 0.1 ausgegeben. Im Bei-spiel wird addiert (+)	L E 0.1 L E 0.1 +F T A 0.1
Setzen, Rücksetzen (Speichern)	E 0.1 ○—[S Q]—○ A0.1 E 0.2 ○—◖ R	E0.1 —] [— S Q —( )— A0.1 —]/[—◖ R E0.2	U E 0.1 S A 0.1 UN E 0.2 R A 0.1 ... ...
Zählen	E 0.1 ○—[Z Q]—○ A0.1 E 0.2 ○—◖ R	E0.1 —] [— Z Q —( )— A0.1 —]/[—◖ R E0.2	U E 0.1 ZV Z 1 UN E 0.2 R Z 1 U Z 1 = A 0.1
Impuls (Verzögerung)	E 0.1 ○—[1⎍]—○ A0.1	K TO 1.2 ○—[TW]—( )— A0.1 —] [— 1⎍ E0.1	U E 0.1 L K TO 1.2 SI T 5 U T 5 = A 0.1

Abb. 6.31 Darstellungen für komplexere SPS-Funktionen

6.2.3 Einfache SPS-Programmierbeispiele

Bevor man sich logisch und kontrolliert mit der Erstellung eines Programms beschäftigt, sollte man nachstehende Ratschläge einhalten.

- Man soll niemals sofort mit dem Programmieren beginnen.
- Man schreibt erst die Ein- und Ausgangslisten (in vielen Fällen sind dies die Zuord-nungslisten). Ein wichtiges Nebenergebnis beim Erstellen dieser Listen ist das allmäh-liche vertraut werden mit der neuen Aufgabenstellung. Während man sich bemüht, den Ein- und Ausgängen „vernünftige", d. h. die Funktion erläuternde Begriffe zuzuordnen (= technologische Namensgebung), beginnt man bereits mit der Analyse der Aufgaben-stellung. Es ist hierbei nicht notwendig, die Listen sofort lückenlos und vollständig zu erzeugen. Unklarheiten werden zunächst ausgeklammert und es hilft, die unklaren Na-mensgebungen zunächst mit „???" auszufüllen.
- Man definiert bereits die Bausteine, die eventuell notwendig sind. Ein möglicher Irrtum oder Denkfehler zu diesem frühen Zeitpunkt hat noch keine unangenehmen Konse-

quenzen. Ärgerlich wird die Angelegenheit erst dann, wenn man nach vielen Programmierstunden erkennen muss, dass das Gesamtkonzept nicht gut strukturiert ist.

Bei den später notwendigen ausführlichen Überlegungen zur Programmstruktur hilft es aber, wenn man den Programm-Bausteinen bereits einen Namen gegeben hat. Man führt besser Namen und Begriffe ein, als mit Nummern und begriffsleeren Zahlen zu arbeiten.

- Man erstellt Schriftfüße oder Programmköpfe mit Auftragsnummern, Anlagennamen, Kundennamen und Anschrift usw.

Für die Ermittlung der Aufgabenstellung sind folgende Schritte wichtig:

- Sichten der Pläne (Bauteileanordnung, Fließschemata, Funktionsbeschreibung, Stromlaufpläne usw.).
- Wie arbeiten bzw. funktionieren die Geber und Sensoren?
- Wie arbeiten bzw. funktionieren die Stellglieder?
- Kritische (natürlich konstruktive) Beurteilung der Planungsunterlagen. Was kann man einfacher und besser machen? Ist die Maschine oder Anlage ausreichend instrumentiert oder fehlt noch ein notwendiger Geber?
- Gibt es in Zukunft ähnliche Aufgabenstellungen? Wenn ja, was kann man unter diesem Gesichtspunkt standardisieren oder anpassen?
- Ohne Verständnis der Anlage oder der Maschine kann kein vernünftiges Programm geschrieben werden.
  - Strategiefragen:
- Anlagenorientiert: Welche Anlagenteile oder Maschinengruppen können als eigenständige Funktion verstanden werden?
  - Welche Einteilung in Steuerungsbereiche ist sinnvoll?
  - Steuerungsorientiert:
    - Welche mehrfach vorkommenden Funktionsgruppen sind erkennbar?
    - Welches Einschaltverhalten ist notwendig?
    - Welches Ausschaltverhalten ist notwendig?
    - Was macht die Maschine/Anlage bei Not-Aus, wenn ein Maschinist im Notfall diesen drückt
      - Spannungsausfall (total oder teilweise)
      - Energieausfall (pneumatisch, hydraulisch)
      - Programmverlust
      - Fehlbedienung
  - Wie sieht es aus mit der Schnittstelle Mensch – Maschine?
    - Anordnung und Funktion der Befehlsgeber
    - Melde- und Alarmsystem
    - Bedienungsfreundlichkeit
    - fehlerhandlungssicher

Abb. 6.32 zeigt eine Ein-Aus-Schaltung eines Relais mit Selbsthaltung. Das Relais kann damit z. B. einen Drehstrommotor ein- und ausschalten. Betätigt man die Taste S2, zieht das Relais K1 an und der Kontakt K1 schließt. Lässt man die Taste S2 wieder los, bleibt das Relais durch den Schaltkontakt K1 angezogen, denn es ergibt sich eine Selbsthaltung. Mit der Taste S1 (Öffner) wird der Strom für das Relais unterbrochen und das Relais geht in den Ruhezustand, der Motor schaltet ab.

Abb. 6.33 zeigt die Ein-Aus-Schaltung von zwei Relais mit Selbsthaltung und Verriegelung. Betätigt man den Schalter S2, zieht das Relais K1 an, d. h., gleichzeitig schließt der Selbsthaltekontakt K1 und der Kontakt 1.5 öffnet sich. Würde man den Schalter S3 schließen, kann das Relais K2 nicht anziehen, weil kein Strom fließen kann. Erst wenn das Relais K1 abgefallen ist, kann das Relais K2 anziehen und gleichzeitig öffnet sich der Ruhekontakt K2.

Die Schaltung von Abb. 6.34 arbeitet mit zwei Merkern. Die Verknüpfungsergebnisse der Zentraleinheit werden im Datenspeicher abgelegt. Ausgangsvariable können Merker und Ausgaben sein. Merker sind interne Speicher für binäre Informationen. Die Merker weisen den Charakter einer Ausgangsvariablen auf, jedoch ohne Zugang zur physikalischen Ausgangsebene. Bei remanenten Merkern ist die gespeicherte binäre Information durch Batteriepufferung bei Spannungsausfall gesichert. Nach Ende des Programmdurchlaufs werden die Verknüpfungsergebnisse aus dem Datenspeicher über den E/A-Bus an die Ausgabebaugruppen gegeben. Das Abbild der Verknüpfungsinformation der Ausgaben im Datenspeicher wird als Prozessabbild der Ausgabeebene bezeichnet. Die Ausgabebaugruppen setzen die internen Zustandsinformationen in entsprechende Pegel zur Ansteuerung der Stellglieder um.

Einen Merker, der zum Zwischenspeichern von Verknüpfungsergebnissen verwendet wird, bezeichnet man als Zwischenmerker. Als derartige Zwischenmerker genutzte Merker lassen sich innerhalb des Programms mehrfach verwenden.

Merker können übrigens auch mit speicherndem Verhalten programmiert werden. Wie bei den Ausgängen lässt sich auch ein Merker mit einem speichernden Verhalten für eine Selbsthaltung einsetzen.

Zwischenmerker lassen sich auch innerhalb von Verknüpfungen einsetzen. Sie werden dann mit dem Zeichen „#" gekennzeichnet und als „Relaisspule" dargestellt. In diesen

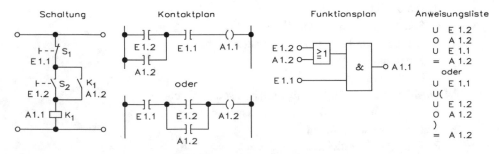

Abb. 6.32 Ein-Aus-Schaltung eines Relais mit Selbsthaltung

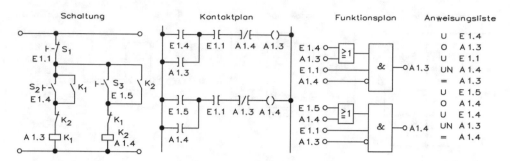

Abb. 6.33 Ein-Aus-Schaltung von zwei Relais mit Selbsthaltung und Verriegelung

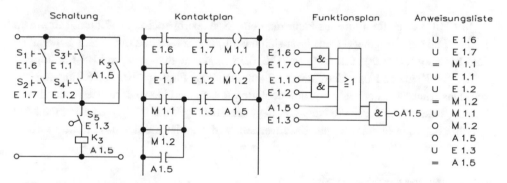

Abb. 6.34 SPS-Programm mit zwei Merkern

Zwischenmerkern ist das bis dahin wirksame Verknüpfungsergebnis gespeichert, das dann wieder – auch mehrfach – abgefragt und weiter verknüpft werden kann. Die Abfrage ist als Kontaktsymbol dargestellt.

Zwischenmerker sind sinnvoll anzuwenden, wenn die Darstellungsgrenzen des Bildschirms überschritten werden bzw. die Verknüpfung zu unübersichtlich wird. Hier wird mit einem Zwischenmerker das Programm abgebrochen und im nächsten Netzwerk weiterprogrammiert.

Zwischenmerker werden in einer Anweisungsliste nicht besonders gekennzeichnet. Soll hier ein bestimmtes Verknüpfungsergebnis mehrfach verwendet werden, wird ein Merker zugewiesen, in unserem Beispiel der Merker M 1.0. Dieser kann dann in weiteren Verknüpfungen abgefragt werden.

Schließt man in der Steuerung den Taster S1 und den Schalter S2, ist die UND-Bedingung erfüllt und der Merker M1.1 wird gesetzt. Schließt man den Taster S3 und den Schalter S4, ist die UND-Bedingung erfüllt und der Merker M1.2 wird gesetzt. Der Schalter S5 muss geschlossen sein, damit die linke oder die rechte UND-Bedingung erfüllt wird. Das Relais wird über den Kontakt K3 selbsthaltend. Das Relais K3 lässt sich nur über den Öffner S5 ausschalten.

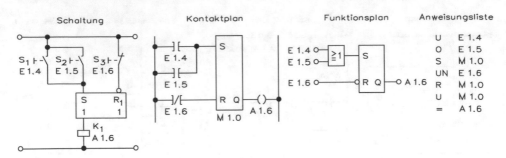

Abb. 6.35 Steuerung mit RS-Flipflop

Mit Hilfe eines RS-Flipflops kann man eine Speicheroperation ausführen. Mit einem 1-Signal an dem Eingang S (Set) lässt sich das Flipflop setzen und mit einem 1-Signal an dem Eingang R (Reset) zurücksetzen. Abb. 6.35 zeigt eine Steuerung mit RS-Flipflop.

Mit dem Taster S1 oder dem Taster S2 kann man das Flipflop über den S-Eingang setzen. Das Rücksetzen erfolgt über den negierten R-Eingang. Normalerweise ist der Taster S3 geschlossen und durch die Negation liegt der Eingang R auf 0-Signal. Öffnet man den Schalter S3, entsteht ein 0-Signal, das invertiert wird. Damit setzt sich das Flipflop zurück.

6.2.4 Programmierregeln

Auf Basis der IEC1131-3 sollen normgerechte Programme in allen Automatisierungsgeräten laufen können. Im Zusammenhang mit den in der IEC festgelegten Programmiersprachen müssen nochmals die Aktivitäten erwähnt werden. Tab. 6.2 zeigt die Schlüsselwörter für die Deklaration der Datentypen.

Steuerungsprogramme lassen sich schreiben als

Anweisungsliste (Instruction List IL),
Kontaktplan (Ladder Diagram LD),
Funktionsbausteine (Function Block Diagram FBD),
strukturierter Text (Structured Text ST),
Ablaufsteuerung (Sequential Function Chart SFC).

Die Programmierung in der Anweisungsliste (AWL) ist eine textuelle Sprache und wird in der IEC-Norm als Instruction List (IL) beschrieben. Zum Programmieren sind die in der Tab. 6.3 aufgelisteten Operationen vorgesehen. Bei der linearen Programmabarbeitung, die bedeutet, dass jede Anweisung ausgeführt wird und mit dem aktuellen Akkumulatorinhalt verarbeitet wird. Dabei bleibt das neue Verknüpfungsergebnis im Akkumulator erhalten und es hat sich nichts geändert.

Tab. 6.2 Schlüsselwörter für die Deklaration der Datentypen

Schlüsselwort	Datentyp
BOOL	Boolescher Wert mit 0 oder 1
EDGE	Flankenerkennung Boolescher Wert mit 0 oder 1
SINT	Kurze Festkommazahl mit 8 Bit
INT	Festkommazahl mit 16 Bit
DINT	Doppelte Festkommazahl mit 32 Bit
LINT	Lange Festkommazahl mit 64 Bit
USINT	Kurze Festkommazahl ohne Vorzeichen mit 8 Bit
UINT	Festkommazahl ohne Vorzeichen mit 16 Bit
UDINT	Doppelte Festkommazahl ohne Vorzeichen mit 32 Bit
ULINT	Lange Festkommazahl ohne Vorzeichen mit 64 Bit
REAL	Gleitkommazahl mit 32 Bit
LREAL	Lange Gleitkommazahl mit 64 Bit
TIME	Zeitdauer
DATE	nur Datum
TIME_OF_DAY	Tageszeit
DATE_AND_TIME	Datum und Tageszeit
STRING	Zeichenkette mit variabler Länge
BYTE	Bitkette der 8-Bit-Länge
WORD	Bitkette der 16 Bit-Länge
DWORD	Bitkette der 32 Bit-Länge
LWORD	Bitkette der 64 Bit-Länge

(1) Der Operator ist typgebunden oder ein allgemein generierter Datentyp.

(2) Die Anweisung wird nur bearbeitet, wenn das Verknüpfungsergebnis ein 1-Signal hat. Wird der Modifizierer N verwendet, so wird eine Anweisung ein 0-Signal des Verknüpfungsergebnisses bearbeitet.

(3) Dem Namen eines Funktionsblocks folgt eine Parameterliste.

Neben der symbolischen Darstellung der Operanden, die im Bereich der Variablendeklaration im Kopf eines Programms zu finden sind, können auch direkt Ein-, Ausgänge und Merker verwendet werden. Für diese Operanden sind die Kennungen aus Tab. 6.4 vorgesehen.

Die Variablengröße wird wie in Tab. 6.5 aufgelistet gekennzeichnet.

Jede direkte Bezeichnung eines Operanden mit den Symbolen der zwei letzten Tabellen beginnt mit dem %-Zeichen, wie die Beispiele zeigen.

%	IX15	Eingangsbit 15
%	OX15	Ausgangsbit 15
%	IW10	Eingangswort 10

Der Kontaktplan ist eine grafische Darstellungsform, die an die Stromlaufpläne, die aus der Relaistechnik bekannt sind, anknüpft. Entwerfen kann man die Steuerungsaufgaben mit aufgelisteten Symbolen. Im Vergleich mit den herkömmlichen KOP-Editoren sind hier

Tab. 6.3 Operationen in der „Instruction List"

Operator	Modifizierer	Variablentyp	Bedeutung
LD	N	(1)	Setze Verknüpfungsergebnis (VKE) gleich dem
ST	N	(1)	Operanden
S	(2)	BOOL	Speichert das Verknüpfungsergebnis auf
R	(2)	BOOL	Operandenadresse
AND	N, (	BOOL	Setzt Operand auf 1
&	N, (	BOOL	Setzt Operand auf 0
OR	N, (	BOOL	Boolesches UND
XOR	N, (	BOOL	Boolesches UND
ADD	(	(1)	Boolesches ODER
SUB	(	(1)	Boolesches Exklusiv-ODER
MUL	(	(1)	Addition
DIV	(	(1)	Subtraktion
GT	(	(1)	Multiplikation
GE	(	(1)	Division
EQ	(	(1)	Vergleich auf größer >
LE	(	(1)	Vergleich auf größer oder gleich >=
LT	(	(1)	Vergleich auf gleich =
JMP	C, N	Label	Vergleich auf kleiner oder gleich <=
CAL	C, N	Name	Vergleich auf kleiner <
RET	C, N	(1)	Sprung nach Label
	)		Ruft Funktionsbaustein auf (3)
			Kehrt aus aufgerufener Funktion zurück
			Bearbeitung der zurückgestellten Operation

Tab. 6.4 Operandenkennung

Kennung	Bedeutung
I	Eingang
O	Ausgang
M	Merker

Tab. 6.5 Kennzeichnung der Variablengröße

Größe der Variablen
X Bitlänge
B Bytelänge (8 Bit)
W Wortlänge (16 Bit)
L Langwort (64 Bit)

beispielsweise die Kontaktsymbole für die Flankenerkennung neu. Dazu kommt die Möglichkeit die KOP- mit den FUP-Symbolen zu verbinden, was auch in der STEP5-Syntax praktiziert wird. Tab. 6.6 zeigt die Grafiksymbole für einen Kontaktplan.

Eine abstrakte Steuerungsbeschreibung bietet sich mit dem strukturierten Text an. Diese Beschreibungsform ist aus den Programmiersprachen bekannt. Für die abstrakte

Tab. 6.6 Typische Grafiksymbole für einen Kontaktplan aus dem Jahre 1975

Symbole	Bedeutung
*** —| |— *** —|/|—	Normaler offener Kontakt Normaler geschlossener Kontakt
*** —|P|— *** —|N|—	Reaktion auf positive Flanke Reaktion auf negative Flanke
*** —( )— *** —(/)—	Normaler direkter Ausgang Normaler negierter Ausgang
*** —(S)— *** —(R)—	Speichernde Ausgabe, wird nur beim Verküpfungsergebnis 1 verwendet Speicherndes Rücksetzen, wird nur beim Verküpfungsergebnis 1 verwendet
*** —(M)— *** —(SM)— *** —(RM)—	Ausgabe über einen Merker Setzen eines Merkers Rücksetzen eines Merkers
***	Kennzeichen des Operanden

Beschreibung von Funktionsgleichungen schreibt die IEC-Norm die in Tab. 6.7 aufgelisteten Operationssymbole vor.

Die Auflistungsreihenfolge gibt auch die Priorität der einzelnen Operationen an. Je höher eine Operation in der Tabelle platziert ist, desto höher ist auch ihrer Priorität. Man kann verzweigte Strukturen mit den in der Tab. 6.8 aufgelisteten Anweisungen realisieren und dies sind im Allgemeinen Wiederholschleifen, die aus der Programmierung bekannt sind.

Abb. 6.36 zeigt eine Programmierregel I für eine SPS. Die Verknüpfungen beginnen geräteabhängig entweder mit einem Ladebefehl, einem UND-Befehl oder einem ODER-Befehl.

Abb. 6.37 zeigt eine Programmierregel II für eine SPS. Geräteabhängig kann ein Befehl oder eine Verknüpfung von Befehlen entweder nur einen Operanden oder beliebig viele Operanden (z. B. Ausgänge) ansteuern.

Abb. 6.38 zeigt eine Programmierregel III für eine SPS. Ein Operand (z. B. Ein- und Ausgänge) lässt sich mehrfach programmieren, ohne dass sich ein Nachteil ergibt.

Abb. 6.39 zeigt eine Programmierregel IV für eine SPS. In einem Signalweg muss eine ODER-Verknüpfung vor einer UND-Verknüpfung programmiert werden. Diese Programmierregel gilt nicht für alle SPS-Geräte.

Tab. 6.7 Symbole für die Funktionsbeschreibung im strukturierten Text

Operation	Symbol
Klammerfunktion	(Ausdruck), Identifikator (Argument, z. B. LN(a))
Exponent	**, z. B. A**B = EXP B*LN(a)
Negation	–
Complement	NOT
Multiplikation	*
Division	/
Modulo	MOD
Addition	+
Subtraktion	–
Vergleichen	<; >; <=; >=
Äquivalenz	=
Nichtäquivalenz	<>
Binär UND	&
Binär UND	AND
Binär ODER	OR
Binär EXOR	XOR

Abb. 6.40 zeigt eine Programmierregel V für eine SPS. Merker sind Hilfsspeicher und dienen zur Speicherung von Zwischenergebnissen. Das Programmieren von Merkern ist wegen der teilweise erzwungenen Regel „ODER vor UND" unbedingt erforderlich.

Abb. 6.41 zeigt eine Programmierregel VI für eine Einschaltverzögerung.

Abb. 6.42 zeigt eine Programmierregel VII für eine SPS. Durch die verschiedenen SPS-Geräte muss eine Ausschaltverzögerung durch eine Einschaltverzögerung programmiert werden.

6.3   Beispiele der Grundoperationen

Der Befehlsvorrat der Programmiersprache STEP5 und STEP7 besteht aus Grundoperationen und ergänzenden Operationen. Grundoperationen dienen der Ausführung einfacher binärer Funktionen. Man kann sie in der Regel in allen drei Darstellungsarten im Kontaktplan, Funktionsplan und der Anweisungsliste in den PC eingeben, simulieren, Behebung von Programmierfehlern und an eine simulierte oder reale SPS-Anlage übergeben.

Ergänzende Operationen sind für die Bearbeitung komplexer Funktionen wie Regeln, Melden, Protokollieren usw. vorgesehen.

6.3.1   UND-Funktion in KOP, FUP und AWL

In diesem Kapitel sind die drei Möglichkeiten für die Programmierung nach Kontaktplan, Funktionsplan und der Anweisungsliste gezeigt.

Tab. 6.8 Befehle für den strukturierten Programmaufbau

Aussagetyp	Beispiel
Zuweisung	a := a; c := c + 1 oder d := SIN(x)
Funktionsblockaufruf und Ausgangsverwendung	CMD_TRM(IN := %IX3, PT := T*20 ms) a := CMD_TMR.Q
RETURN	RETURN
IF	IF d < 0.1 THEN NOO := 0 ELSIF d = 2 THEN NOO := 1 ELSE NOO := 2 END_IF
CASE	TW := BCD_TO_INT CASE TW OF 1.5: DISPLAY := OVEN_TEMP; 2 : DISPLAY := MOTOR_SPEED; 3 : DISPLAY := GRASS-TARE; ELSE DISPLAY:= = =; END_CASE

FOR	J := 99
	FOR I := 1 TO 80 BY 2 DO
	IF WORDS(I) = „Key" THEN
	J := I
	EXIT
	END_IF
	END_FOR

WHILE	n := 1 WHILE n <= 100 & WORD(n) <> „Key" DO n := n+2 END_ WHILE
REPEAT	n := 1 REPEAT n := n + 2 UNTIL n = 100 OR WORD(n) = „Key" END_ REPEAT
EXIT	EXIT
Beenden einer Aussage	; ;

Programmierregel	Kontaktplan	Anweisungsliste 1	Anweisungsliste 2
Verknüpfungen beginnen geräteabhängig entweder mit dem Ladebefehl, dem UND−Befehl oder dem ODER−Befehl. Geben externe Öffner das Abschaltsignal, so ist N (Negation) nur erforderlich, wenn diese einen R−Eingang (Rücksetzen) ansteuern.	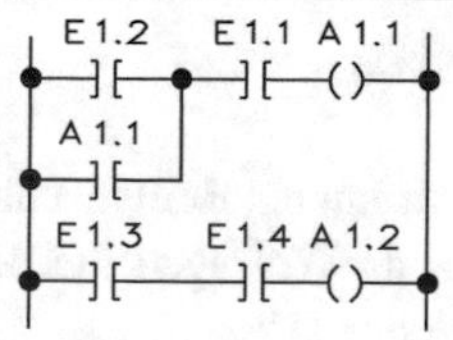 E1.2 E1.1 A1.1 ─┤├──●─┤├─( )─ A1.1 ─┤├─ E1.3 E1.4 A1.2 ─┤├──┤├─( )─	L E 1.2 O A 1.1 U E 1.1 = A 1.1 L E 1.3 U E 1.4 = A 1.2	U E 1.2 O A 1.1 U E 1.1 = A 1.1 U E 1.3 U E 1.4 = A 1.2

Abb. 6.36 Programmierregel I für eine SPS

Programmierregel	Kontaktplan	Anweisungsliste 1	Anweisungsliste 2
Geräteabhängig kann ein Befehl oder eine Verknüpfung von Befehlen entweder nur einen Operand oder beliebig viele Operanden (z.B. Aus–gänge) ansteuern.	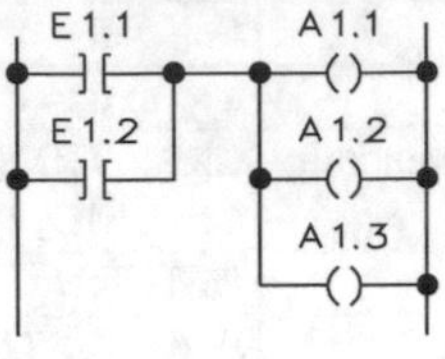 E1.1 A1.1 E1.2 A1.2 A1.3	L E 1.1 O E 1.2 = A 1.1 = A 1.2 = A 1.3	U E 1.1 O E 1.2 = A 1.1 U A 1.1 = A 1.2 U A 1.2 = A 1.3

Abb. 6.37 Programmierregel II für eine SPS

Programmierregel	Kontaktplan	Anweisungsliste 1	Anweisungsliste 2
Ein Operand kann mehrfach programmiert werden.	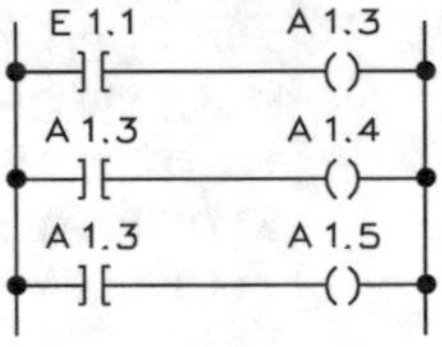 E 1.1 A 1.3 A 1.3 A 1.4 A 1.3 A 1.5	L E 1.1 = A 1.3 L A 1.3 = A 1.4 L A 1.3 = A 1.5	U E 1.1 = A 1.3 L A 1.3 = A 1.4 L A 1.3 = A 1.5

Abb. 6.38 Programmierregel III für eine SPS

Programmierregel	Kontaktplan	Anweisungsliste 1	Anweisungsliste 2
In einem Stromweg muss eine ODER–Verknüpfung vor einer UND–Verknüpfung programmiert werden. (Gilt nicht für alle SPS).	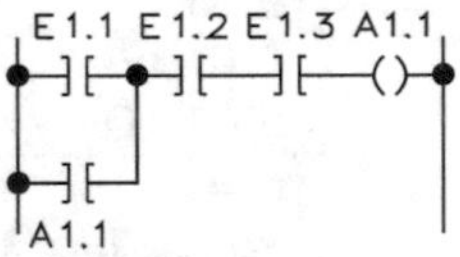 E1.1 E1.2 E1.3 A1.1 A1.1	L E 1.1 O A 1.1 U E 1.2 U E 1.3 = A 1.1	U E 1.1 O A 1.1 U E 1.1 U E 1.3 = A 1.1

Abb. 6.39 Programmierregel IV für eine SPS

Programmierregel	Kontaktplan	Anweisungsliste 1	Anweisungsliste 2
Merker sind Hilfsspeicher zum Speichern von Zwischen–ergebnissen. Das Programmie–ren von Merkern ist wegen der teilweise erzwungenen Regel "ODER vor NICHT" notwendig.	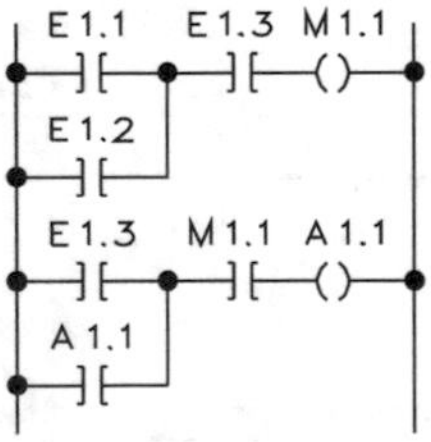 E1.1 E1.3 M1.1 E1.2 E1.3 M1.1 A1.1 A1.1	L E 1.1 O E 1.2 U E 1.3 = M 1.1 L E 1.4 O A 1.1 U M 1.1 = A 1.1	L E 1.1 O E 1.2 U E 1.3 = M 1.1 L E 1.4 O A 1.1 U M 1.1 = A 1.1

Abb. 6.40 Programmierregel V für eine SPS

Die UND-Funktion wird im Kontaktplan als Reihenschaltung abgebildet. Die Darstellung der Kontaktsymbole kennzeichnet die Abfrage des über dem Kontaktsymbol stehenden Operanden auf Signalzustand „0" oder „1".

Programmierregel	Kontaktplan	Anweisungsliste 1	Anweisungsliste 2
Programmieren einer Ein—schaltverzögerung. Die Ver—zögerungszeit wird getrennt nach AWL—Eingabe über das Programmiergerät eingegeben.	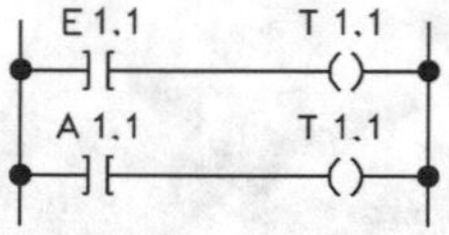 E 1.1 T 1.1 ─┤ ├───────( )─ A 1.1 T 1.1 ─┤ ├───────( )─ Einschaltsignal bleibt dauernd an E 2.1, z.B. durch Schalter	L E 1.1 = T 1.1 L T 1.1 = A1.1	L E 1.1 = T 1.1 L T 1.1 = A1.1

Abb. 6.41 Programmierregel VI für eine SPS

Programmierregel	Kontaktplan	Anweisungsliste 1	Anweisungsliste 2
Eine Ausschaltverzögerung muss bei vielen Geräten über eine Einschaltverzögerung programmiert werden.	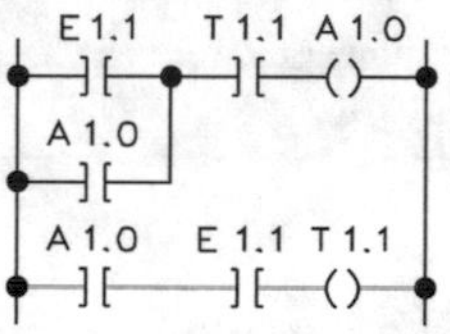 E 1.1 T 1.1 A 1.0 ─┤ ├──┤ ├──( )─ A 1.0 ─┤ ├─ A 1.0 E 1.1 T 1.1 ─┤ ├───┤ ├──( )─ Einschaltsignal bleibt dauernd an E1.1, z.B. durch Schalter	L E 1.1 O A 1.0 UN T 1.1 = A 1.0 L A 1.0 UN E 1.1 = T 1.1	L E 1.1 O A 1.0 UN T 1.1 = A 1.0 L A 1.0 UN E 1.1 = T 1.1

Abb. 6.42 Programmierregel VII für eine SPS

Ist das Kontaktsymbol ein Schließer, werden die zugehörigen Operanden – im Beispiel E 1.1 und E 1.2 – auf den Signalzustand „1", abgefragt. Führen diese Operanden den Signalzustand „1", muss man sich diese Kontaktsymbole als geschlossen vorstellen. Abb. 6.43 zeigt den Kontaktplan mit dem Fenster für die Parametereingabe und den Schaltungselementen.

Die Darstellung in Abb. 6.43 entspricht nicht der eines konventionellen Stromlaufplans!

Man kann im Parameter-Fenster zwischen Schließer und Öffner wählen. Ist das Kontaktsymbol ein Öffner, werden die Operanden – in unserem Beispiel E 1.3 – auf einen Signalzustand von „0" abgefragt. Führen diese Operanden den Signalzustand „1" muss man sich diese Kontaktsymbole als geöffnet vorstellen. Nur dann, wenn bei einer Reihenschaltung alle Kontaktsymbole geschlossen sind, führt der Ausgang A 1.1 den Signalzustand „1" , d. h. das Relais hat angezogen.

Im Beispiel von Abb. 6.43 führt Ausgang A 1.1 nur dann Signalzustand „1", wenn auch die Eingänge E 1.1 sowie E 1.2 Signalzustand „1" (Schließersymbole sind dann geschlossen) und der Eingang E 1.3 den Signalzustand „0" führen (Öffnersymbol bleibt geschlossen).

Hinweis: Man kann aus den Darstellungen der Kontaktsymbole keine Funktionsrückschlüsse auf die an der SPS-Anlage angeschlossenen Geber ziehen.

An den Eingängen E 1.1 und E 1.2 von Abb. 6.43 werden die Operanden auf ihren Signalzustand abgefragt. Führen diese Operanden einen Signalzustand „1", ist auch das Abfrageergebnis gleich „1". Führen die Operanden Signalzustand „0", ist das Abfrageergebnis dementsprechend „0". An den Eingängen mit Negationszeichen – wie hier

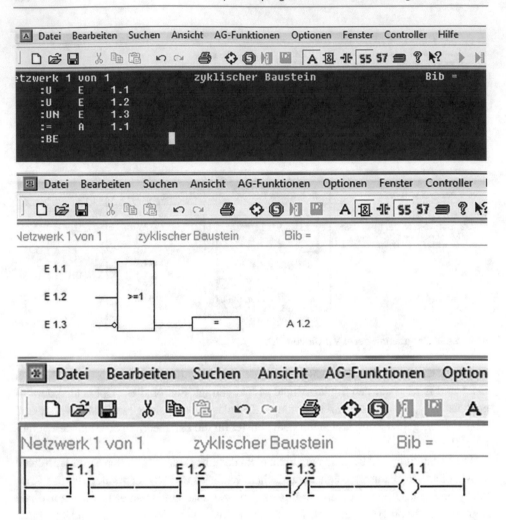

Abb. 6.43 AWL, KOP und FUP für eine UND-Funktion

E 1.3 – werden die Operanden auf Signalzustand „0" abgefragt. Das Abfrageergebnis ist
„1", wenn die Operanden an negierten Eingängen Signalzustand „0" führen. Bei „1" ist
das Abfrageergebnis demgemäß „0". Beim Parametrisieren erscheint ein Fenster für die
Eingabe eines Operanden und hier lässt sich auch der Eingang negieren.

Im Beispiel führt der Ausgang A 1.1 Signalzustand „1", wenn die Eingänge E 1.1 sowie
E 1.2 Signalzustand „1" und E 1.3 Signalzustand „0" führen.

In der Anweisungsliste werden alle Operanden der Reihe nach abgefragt und das Ergebnis der Abfragen mit UND verknüpft. Die Abfrage auf Signalzustand „1" und die
Verknüpfung des abgefragten Signalzustands nach UND wird durch die Operation „U"
gekennzeichnet. In Verbindung mit dieser Operation steht der Operand, der angibt, wo
abgefragt werden soll.

In der ersten Anweisung fragt der SPS-Prozessor den Eingang E 1.1 ab. Das Ergebnis der Abfrage wird gespeichert. In der nächsten Anweisung wird der Eingang E 1.2 abgefragt. Das Ergebnis dieser Abfrage wird mit dem bereits im Merker stehenden Ergebnis der ersten Abfrage nach UND verknüpft und ein erstes Verknüpfungsergebnis gebildet. Dieses Ergebnis wird gespeichert und mit dem Ergebnis der nächsten Abfrage verknüpft. So geht das weiter, bis alle zu verknüpfenden Signalzustände abgefragt sind und im letzten Schritt das endgültige VKE für die weitere Programmbearbeitung gespeichert zur Verfügung steht.

Die UND-Verknüpfung ist erfüllt, wenn das Verknüpfungsergebnis „1" ist. Mit dem Verknüpfungsergebnis kann dann z. B. ein Ausgang angesteuert werden. Im vorhergehenden Beispiel wird das Verknüpfungsergebnis der UND-Funktion dem Ausgang A 1.1 zugewiesen. Ist die Verknüpfung erfüllt, wird der Ausgang A 1.1 gesetzt. Er führt dann Signalzustand „1".

6.3.2   ODER-Funktion in KOP, FUP und AWL

Die ODER-Funktion wird im Kontaktplan als Parallelschaltung abgebildet. Die Darstellung der Kontaktsymbole kennzeichnet die Abfrage des über dem Kontaktsymbol stehenden Operanden auf Signalzustand „0" oder „1".

Ist das Kontaktsymbol ein Schließer, werden die dazugehörenden Operanden (in Abb. 6.44 die Eingänge E 1.1 und E 1.2) auf Signalzustand „1" abgefragt. Der Schließer wird „betätigt", d. h., geschlossen, wenn die betreffenden Operanden Signalzustand „1" führen. Ist das Kontaktsymbol ein Öffner, wird der Operand des Eingangs E 1.1 auf Signalzustand „0" abgefragt. Der Öffner wird dann „betätigt" d. h. geöffnet, wenn die betreffenden Operanden den Signalzustand „1" führen. Wenn bei einer Parallelschaltung mindestens ein Kontakt geschlossen ist, führt der Ausgang A 1.2 Signalzustand „1".

In Abb. 6.44 führt der Ausgang A 1.2 nur dann den Signalzustand „0", wenn die Eingänge E 1.1 und E 1.2 Signalzustand „0" führen und der Eingang E 1.3 den Signalzustand „1" führt. Die Anzahl der Kontakte sowie die Menge der Strompfade sind theoretisch unbegrenzt, praktisch aber z. B. durch die Bildschirmbreite dann doch eingeengt.

Eine ODER-Funktion kann beliebig viele Eingänge aufweisen und theoretisch unbegrenzt oft verwendet werden. Auch Reihenfolge und Verhältnis von negierten zu nicht negierten Eingängen sind beliebig.

In der Anweisungsliste werden die Operanden der Reihe nach abgefragt und die Ergebnisse der Abfragen nach ODER verknüpft. Die Abfrage bezüglich des Signalzustands „1" und die Verknüpfung des abgefragten Signalzustands wird durch die Operation „O" (ODER) angewiesen. In Verbindung mit dieser Operation stehen die Operanden E 1.1 und E 1.2.

Eine Abfrage auf den Signalzustand „0" und die Verknüpfung des abgefragten Signalzustands nach ODER wird durch die Operation „ON" gekennzeichnet. Davon ist der Ein-

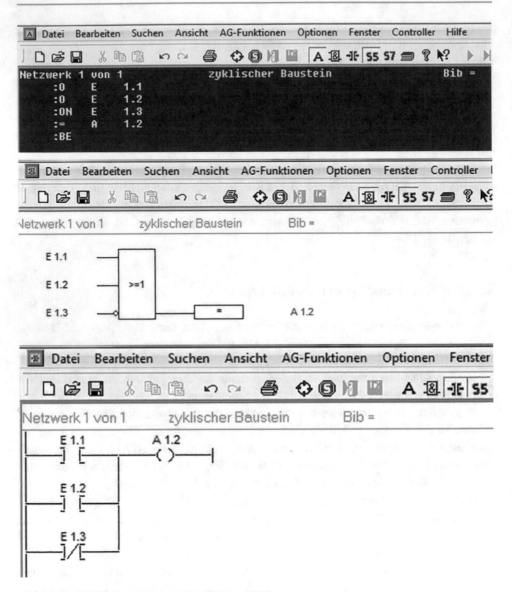

Abb. 6.44 ODER-Funktion in AWL, KOP und FUP

gang E 1.1 betroffen. Führt dieser den Signalzustand „0", ist das Abfrageergebnis dem-gemäß „1".

In Abb. 6.44 wird der Ausgang A 1.2 gesetzt, wenn die ODER-Funktion erfüllt ist. Der Ausgang A 1.2 führt damit nur dann den Signalzustand „0", wenn die Eingänge E 1.1 und E 1.2 Signalzustand „0" und Eingang E 1.3 Signalzustand „1" führen.

6.3.3   NICHT-Funktion in KOP, FUP und AWL

Hat der über dem Symbol stehende Operand den Signalzustand „1", so ist das Abfrageergebnis „0". Hat er den Signalzustand „0", dann ist das Abfrageergebnis „1". Das Abfrageergebnis hat also immer den negierten Zustand des Operandensignals. Abb. 6.45 zeigt eine
NICHT-Funktion in AWL, KOP und FUP.

Die NICHT-Funktion wird grafisch als Rechteck dargestellt, in das normalerweise das
Symbol „1" eingetragen wird.

Ausnahme: In der Programmiersprache STEP 5 wird das Symbol durch ein UND ersetzt. Das Glied hat dort auch nur einen und zwar einen negierten Eingang sowie einen
Ausgang. Am Eingang werden die Operanden abgefragt, in Abb. 6.45 also der Eingang E 1.1.

In der Anweisungsliste wird der Operand, in unserem Beispiel also Eingang E 1.1, nach
dem Signalzustand abgefragt.

Die Abfrage auf Signalzustand „0" wird durch die Operation „UN" gekennzeichnet.
Eine NICHT-Funktion ist dann erfüllt, wenn der Operand Signalzustand „0" führt. In unserem Beispiel wird der Ausgang A 1.1 gesetzt, wenn die NICHT-Funktion erfüllt ist. Er
führt nur dann Signalzustand „1", wenn der Eingang E 1.1 Signal „0" führt.

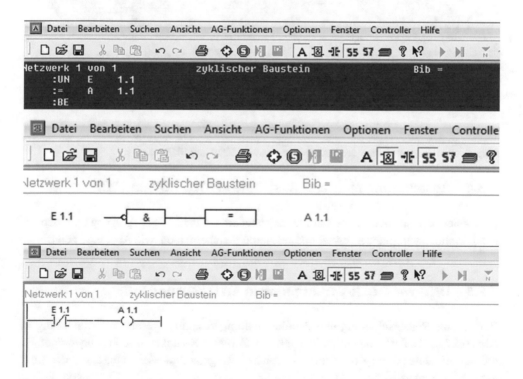

Abb. 6.45 NICHT-Funktion in AWL, KOP und FUP

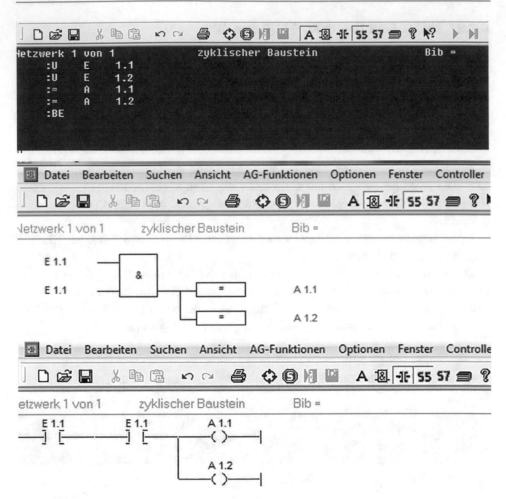

Abb. 6.46   Ansteuerung mehrerer Ausgänge in AWL, KOP und FUP

6.3.4   Ansteuerung mehrerer Ausgänge in AWL, KOP und FUP

Es können mehrere Ausgänge parallel angesteuert werden. Diese Ausgänge werden im Kontaktplan untereinandergesetzt und reagieren gleichermaßen, wie Abb. 6.46 zeigt.

6.3.5   UND-vor-ODER-Verknüpfung in AWL, KOP und FUP

Bei der aus Reihenschaltung und Parallelschaltung zusammengesetzten Verknüpfung in Abb. 6.47 sind innerhalb parallel geschalteter „Zweige" Kontakte in Reihe angeordnet. Es müssen mindestens die Kontaktsymbole eines Zweigs geschlossen sein, damit der Ausgang A1.1 Signalzustand „1" führt.

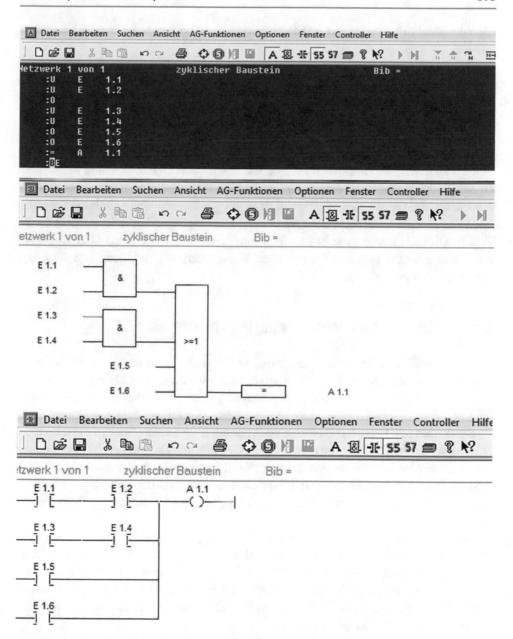

Abb. 6.47 UND-vor-ODER-Verknüpfung in AWL, KOP und FUP

Bei den aus UND- und ODER-Funktionen zusammengesetzten Verknüpfungen führen die Ausgänge der UND-Funktionen auf eine ODER-Funktion. Die Verknüpfungsergebnisse der UND-Funktion werden dann zusammen mit den anderen Eingängen der ODER-Funktion (E 1.5 und E 1.6) nach ODER verknüpft. Ausgang A 1.1 führt dann den

Signalzustand „1", wenn eine UND-Funktion erfüllt ist oder an E 1.5 bzw. E 1.6 Signalzustand „1" liegt.

Die aus UND- und ODER-Funktionen zusammengesetzte Verknüpfung lässt sich in der
AWL ohne Klammern schreiben. Dazu werden lediglich zuerst die UND-Funktionen
bearbeitet und dann ihre Verknüpfungsergebnisse nach ODER verknüpft. Diese
UND-vor-ODER-Bearbeitung ermöglicht ein spezieller Bitprozessor im Automatisierungsgerät.

Die erste UND-Funktion (E 1.1 und E 1.2) ist mit der zweiten UND-Funktion (E 1.3
und E 1.4) durch eine einzelne „0" verbunden, das für eine ODER-Funktion steht. Diese
Operation ist immer dann notwendig, wenn eine UND-Funktion „vor" einer ODER-
Funktion steht. Diese einzelne „0" wird dann vor der zweiten UND-Funktion program-
miert; nach dieser ist es nicht mehr notwendig. Die Eingänge, die direkt auf die ODER-
Funktion führen, werden wie beschrieben programmiert (O E 1.5 und O E 1.6). Zum
Abschluss steht das Ergebnis der gesamten Verknüpfung zur Verfügung und wird dem
Ausgang A 1.1 zugewiesen.

6.3.6   ODER-vor-UND-Verknüpfung in AWL, KOP und FUP

Bei der in Abb. 6.48 aus Reihen- und Parallelschaltungen zusammengesetzten Verknüpfung sind innerhalb einer Reihenschaltung parallel geschaltete Kontakte angeordnet.

Der Ausgang A 1.2 führt den Signalzustand „1", wenn ein Kontaktsymbol eines parallel geschalteten Zweigs und die in Reihe geschalteten Kontaktsymbole geschlossen sind.

Bei der aus UND- und ODER-Funktionen zusammengesetzten Verknüpfung führen die
Ausgänge der ODER-Funktionen auf eine UND-Funktion. Die Verknüpfungsergebnisse
dieser ODER-Funktionen werden zusammen mit den Eingängen E 1.1 und E 1.2 nach
UND verknüpft. Erst wenn beide ODER-Funktionen erfüllt sind und auch beide Eingänge
E 1.3 und E 1.4 den Signalzustand „1" führen, ergibt sich am Ausgang A 1.2 der Signal-
zustand „1".

Die aus UND- und ODER-Funktionen zusammengesetzte Verknüpfung muss in der
AWL mit Klammern geschrieben werden, will man andeuten, dass die ODER-Funktionen
vor der UND-Funktion zu bearbeiten sind. Auch in der Programmiersprache STEP 5 werden die ODER-Funktionen dementsprechend in Klammern gesetzt: „Klammer auf" ist mit
einer UND-Funktion „kombiniert". Das Ergebnis der gesamten Verknüpfung wird schließlich dem Ausgang A 1.2 zugewiesen.

6.4   Speicherfunktionen

Zu den Grundfunktionen der Programmiersprache STEP5 gehören die Speicherfunktio-
nen. Sie können sowohl in Funktions- wie in Kontaktplandarstellung, aber auch in einer
Anweisungsliste dargestellt werden. Eine Grundspeicherfunktion ist das RS-Flipflop.

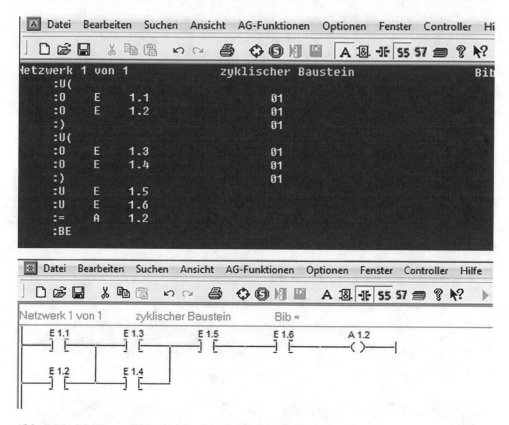

Abb. 6.48 ODER-vor-UND-Verknüpfung in AWL und FUP

6.4.1   RS-Speicher mit vorrangigem Rücksetzen

Liegt an beiden Eingängen dieser Speicherfunktion der Signalzustand „1", wird der Rück-
setzeingang vorrangig behandelt. Die Speicherfunktion wird rückgesetzt oder bleibt rückgesetzt. Ein Signalzustand „0" an beiden Eingängen bewirkt keine Änderung des Ausgangs. Abb. 6.49 zeigt Funktionsplan und Kontaktplan für einen RS-Speicher mit
vorrangigem Rücksetzen.

Wird die Operation S mit Verknüpfungsergebnis „1" bearbeitet, d. h. der Eingang E 1.1
führt den Signalzustand „1", wird der Ausgang A 1.1 gesetzt.

Wird die Setzoperation bei gesetzten Operanden mit Verknüpfungsergebnis „0" bearbeitet, d. h., wenn Eingang E 1.1 wieder Signalzustand „0" führt, bleibt der Ausgang A 1.1
gesetzt. Das Flipflop ändert seinen Signalzustand auch dann nicht, wenn er wiederholt mit
Verknüpfungsergebnis „1" oder „0" bearbeitet wird.

Der Operand wird rückgesetzt, wenn die Rücksetzoperation mit Verknüpfungsergebnis
„1" bearbeitet wird. Hier wird Ausgang A 1.1 rückgesetzt, wenn Eingang E 1.2 den Si-

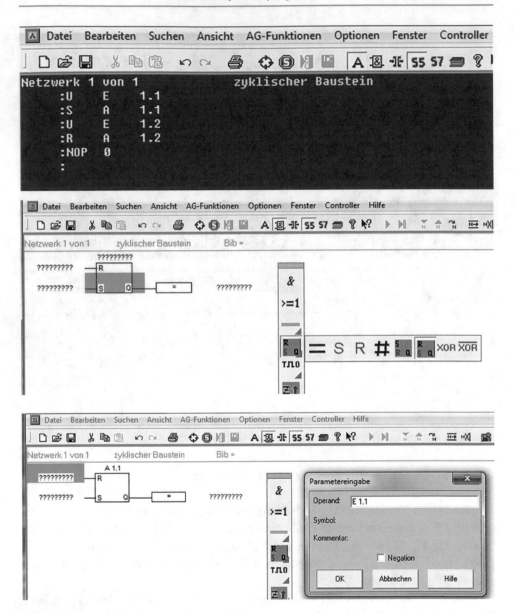

Abb. 6.49 AWL, FUP und KOP für einen RS-Speicher mit vorrangigem Rücksetzen

gnalzustand „1" führt. „Ausgang rückgesetzt" heißt somit, dass der Ausgang Signalzustand „0" führt.

Wenn die Rücksetzoperation bei rückgesetzten Operanden mit dem Verknüpfungsergebnis „0" bearbeitet wird, bleibt der Operand rückgesetzt. Er ändert seinen Signalzustand auch dann nicht, wenn die Rücksetzoperation wiederholt mit einem Verknüpfungsergebnis von „1" oder „0" bearbeitet wird.

Vor einer Setz- bzw. Rücksetzoperation können auch binäre Verknüpfungen stehen. Das Ergebnis dieser Verknüpfungen ist dann bei der entsprechenden Operation wirksam, wie Abb. 6.50 zeigt.

6.4.2   Speicherfunktion mit vorrangigem Setzen

Liegt an beiden Eingängen dieser Speicherfunktion in Abb. 6.51 der Signalzustand „1", wird nun der Setzeingang vorrangig behandelt. Die Speicherfunktion wird oder bleibt gesetzt. Ein Signalzustand „0" an beiden Eingängen bewirkt keine Änderung des Ausgangs.

Wird die Operation S mit Verknüpfungsergebnis „1" bearbeitet, d. h. der Eingang E 1.2 führt den Signalzustand „1", wird der Ausgang A 1.1 gesetzt.

6.5   Steuerungen von Motoren

Der Drehstrommotor beherrscht die Antriebstechnik. Abgesehen von Einzelantrieben kleiner Leistung, die häufig von Hand geschaltet werden, steuert man die meisten asynchronen Drehstrommotoren mit Hilfe von Schützen und Schützkombinationen in Verbindung mit SPS-Anlagen. Die Leistungsangaben in Kilowatt oder die Stromangabe in Ampere sind deshalb das kennzeichnende Merkmal für die richtige Auswahl von Schützen, die dann von einer SPS angesteuert werden.

Die konstruktive Gestaltung der Motoren ist für die zum Teil recht unterschiedlichen Bemessungsströme bei gleicher Leistung verantwortlich. Sie bestimmen weiterhin das Verhältnis von Einschwingspitze und Stillstandsstrom zum Bemessungsbetriebsstrom (I_e).

Bei asynchronen Drehstrommotoren trifft dabei nicht selten die hohe Schalthäufigkeit mit Ein- bzw. Ausschaltwippen und Gegenstrombremsen zusammen.

Schütze werden durch verschiedenartige Befehlsgeräte von Hand oder automatisch in Abhängigkeit einer SPS-Anlage von Weg, Zeit, Druck oder Temperatur betätigt. Notwendige Abhängigkeiten mehrerer Schütze untereinander lassen sich durch Verriegelungen über ihre Hilfsschalter leicht herstellen. Die Hilfsschalter der Schütze können als Spiegelkontakt zum Signalisieren des Zustands der Hauptkontakte eingesetzt werden. Ein Spiegelkontakt ist ein Öffner-Hilfskontakt, der nicht gleichzeitig mit den Schließer-Hauptkontakten geschlossen sein kann.

Leistungsschütze werden nach IEC/EN 60 947, VDE 0660 gebaut und geprüft. Für jede Motorbemessungsleistung zwischen 3 kW und 900 kW steht ein geeignetes Schütz zur Verfügung.

Aufgrund elektronischer Antriebe verbrauchen DC-Schütze von 10 A bis 150 A eine Halteleistung von nur 0,5 W. Selbst bei Schützen über 150 A liegt die Halteleistung bei 2,1 W und lässt sich direkt von einer SPS ansteuern. Die Spulenanschlüsse sind an der Frontseite der Schütze angeordnet und sie werden nicht durch die Hauptstromverdrahtung verdeckt. Schütze bis 32 A lassen sich direkt mit der SPS ansteuern. Bei allen DC-Schützen

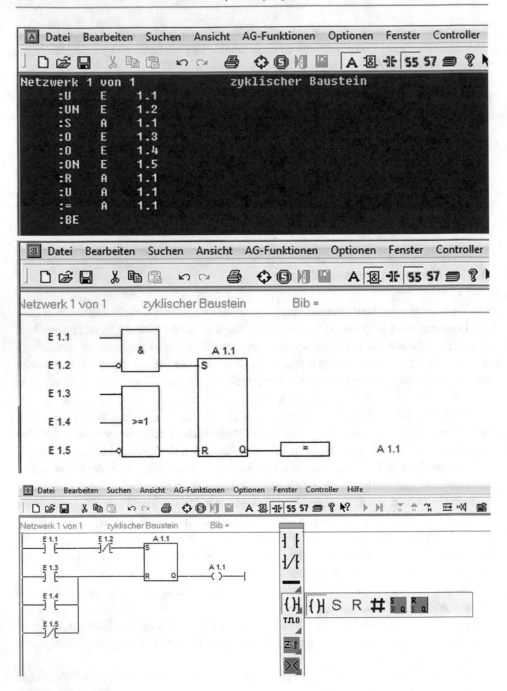

Abb. 6.50 RS-Speicher mit binären Eingangsverknüpfungen in KOP, FUP und AWL

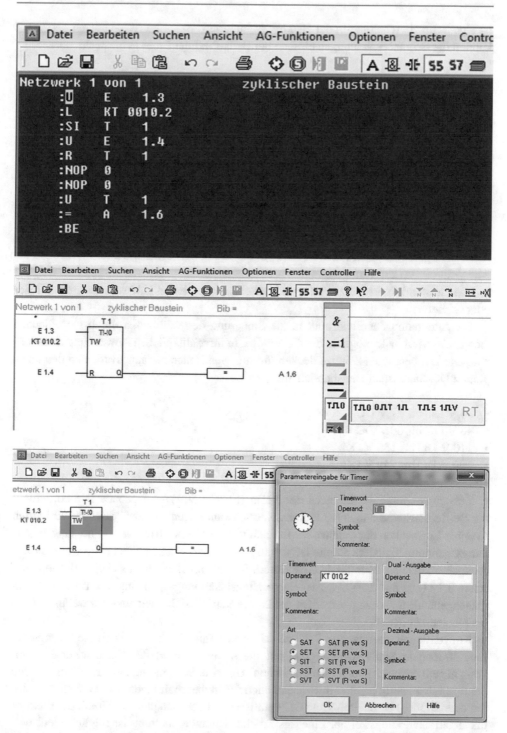

Abb. 6.51 AWL, FUP und KOP für eine Speicherfunktion mit vorrangigem Setzen

ist eine Schutzbeschaltung in der Elektronik integriert. Bei allen AC-Schützen bis 200 A können die Schutzbeschaltungen einfach bei Bedarf auf der Front aufgesteckt werden.

6.5.1 Schutzmaßnahmen von Motoren

Die Ansteuerung der Schütze erfolgt auf drei verschiedene Arten:

- konventionell über Spulenanschlüsse A1-A2
- direkt aus einer SPS über die Anschlüsse A3-A4
- durch einen leistungsarmen Kontakt über die Anschlüsse A10-A11.

Die Ansteuerung der Schütze kann über die Spulenanschlüsse A1-A2 erfolgen. Es stehen zwei Spulenvarianten (110 V 50/60 Hz bis 120 V 50/60 Hz und 220 V 50/60 Hz bis 240 V 50/60 Hz) zur Verfügung.

Die meisten Motorschütze verfügen über einen integrierten Hilfsschalter als Schließer oder Öffner.

Die Integration der Elektronik in die Steuerung der Schütze ist durch verschiedene technische Merkmale möglich, die die Schütze in ihrer alltäglichen Anwendung auszeichnen. Die DC-betätigten Schütze decken mit nur vier Steuerspannungsvarianten den kompletten DC-Steuerspannungsbereich ab:

- 24 V DC bis 27 V DC
- 48 V DC bis 60 V DC
- 110 V DC bis 130 V DC
- 200 V DC bis 240 V DC.

Leistungsschütze werden nach der Norm IEC/EN 60947-4-1 gebaut. Die Forderung, die Betriebssicherheit auch bei kleinen Netzschwankungen zu gewährleisten, wird durch sicheres Einschalten der Schütze im Bereich von 85 % bis 110 % der Bemessungsbetätigungsspannung realisiert. Einige DC-betätigten Schütze decken einen noch weiteren Bereich ab, in dem sie zuverlässig einschalten. Sie ermöglichen einen sicheren Betrieb zwischen $0,7 \cdot U_{cmin}$ und $1,2 \cdot U_{cmax}$ der Bemessungsbetätigungsspannung. Die über die Norm hinausgehende Spannungssicherheit erhöht die Betriebssicherheit auch bei weniger stabilen Netzverhältnissen.

Konventionell angesteuerte Schütze erzeugen beim Abschalten durch die Stromänderung dI/dt an der Spule Spannungsspitzen, die auf andere Bauteile im selben Steuerstromkreis negative Auswirkungen haben können. Um eine Schädigung zu vermeiden, werden Schützspulen häufig parallel mit zusätzlichen Schutzbeschaltungen (RC-Glieder, Varistoren oder Dioden) beschaltet. Viele DC-betätigten Schütze schalten auf Grund der Elektronik netzrückwirkungsfrei ab. Eine zusätzliche Schutzbeschaltung ist folglich nicht notwendig, da die Spulen nach außen hin keine Überspannungen erzeugen können. Die anderen DC-betätigten Schütze verfügen über eine integrierte Schutzbeschaltung. Zusammenfassend kann bei der Projektierung von DC-betätigten Schützen das Thema Überspannungsschutz in Steuerstromkreisen entfallen, da alle DC-betätigten Schütze netzrückwirkungsfrei oder beschaltet sind, wobei die Datenblätter unbedingt zu beachten sind.

Die Elektronik stellt der Spule zum Einschalten des Schützes eine hohe Einschaltleistung zur Verfügung und reduziert diese nach dem Einschaltvorgang auf die benötigte Halteleistung. Das ermöglicht es, die AC- und DC-betätigten Schütze in den gleichen Abmessungen zu realisieren. Bei der Projektierung von AC- und DC-betätigten Schützen entfällt die zusätzliche Betrachtung der unterschiedlichen Einbautiefen, so dass das gleiche Zubehör verwendet werden kann.

Die minimierten Halteleistungen bedeuten in der Projektierung auch eine wesentliche Reduzierung in der Wärmeentwicklung im Schaltschrank und ermöglichen einen Einbau der Schütze Seite an Seite.

Motorschutzrelais, in den Normen als Überlastrelais bezeichnet, zählen zur Gruppe der stromabhängigen Schutzeinrichtungen. Sie überwachen die Temperatur der Motorwicklung mittelbar über den in den Zuleitungen fließenden Strom und bieten einen bewährten und preiswerten Schutz vor Zerstörung durch

- Nichtanlauf
- Überlastung
- Phasenausfall

Motorschutzrelais nutzen die Eigenschaft des Bimetalls aus, Form und Zustand bei Erwärmung zu ändern. Wird ein bestimmter Temperaturwert erreicht, betätigen sie einen Hilfsschalter. Erwärmt wird das Bimetall durch vom Motorstrom durchflossene Widerstände. Das Gleichgewicht zwischen zugeführter und abgegebener Wärme stellt sich je nach Stromstärke bei verschiedenen Temperaturen ein.

Wird die Ansprechtemperatur erreicht, löst das Relais aus. Die Auslösezeit ist von der Stromstärke und der Vorbelastung des Relais abhängig. Sie muss für alle Stromstärken unterhalb der Gefährdungszeit der Motorisolation liegen. Aus diesem Grund sind in EN 60947 für Überlastung Maximalzeiten angegeben. Zur Vermeidung von unnötigen Auslösungen sind darüber hinaus für den Grenzstrom und den Motorstillstand Minimalzeiten festgelegt.

Motorschutzrelais bieten aufgrund ihrer Konstruktion einen wirkungsvollen Schutz bei Ausfall einer Phase. Ihre sogenannte Phasenausfallempfindlichkeit entspricht den Anforderungen von IEC 947-4-1 und VDE 0660 Teil 102. Damit bieten diese Relais auch die Voraussetzungen für den Schutz von EExe-Motoren.

Wenn sich die Bimetalle im Hauptstromteil des Relais infolge dreiphasiger Motorüberlastung ausbiegen, wirken sie alle drei auf eine Auslöse- und eine Differenzialbrücke. Ein gemeinsamer Auslösehebel schaltet bei Erreichen der Grenzwerte den Hilfsschalter um. Auslöse- und Differenzialbrücke liegen eng und gleichmäßig an den Bimetallen an. Wenn nun z. B. bei Phasenausfall ein Bimetall nicht so stark ausbiegt (oder zurückläuft) wie die beiden anderen, legen Auslöse- und Differenzialbrücke unterschiedliche Wege zurück. Dieser Differenzweg wird im Gerät durch eine Übersetzung in zusätzlichen Auslöseweg umgewandelt und dadurch erfolgt die Auslösung schneller.

6.5.2 Pressensteuerung mit Zweihandbedienung

Pressen zählen zu den „gefährlichen Maschinen" und deshalb werden hierfür besondere Anforderungen gestellt. Um Arbeitsunfälle zu vermeiden und auch um höhere Taktraten zu erreichen, werden sie meist im Automatikbetrieb genutzt. Bei dieser Betriebsart lässt sich das Risiko einer Verletzung auf die Zeitspanne während des Einrichtens, der Wartung oder des Schmierens reduzieren. Da diese Arbeiten von eingewiesenen Personen durchgeführt werden, ist man der Meinung, und das sehen auch die gesetzlichen Normengeber so, dass für den Einrichtbetrieb ein geringeres Risiko angenommen werden kann. Diese geringere Risikoeinstufung lässt sich auch auf die gesamte Maschine übertragen, um somit die Kosten der Sicherheitsmaßnahmen zu reduzieren.

Wird die Presse jedoch manuell bedient, sieht die Sache ganz anders aus. Die Risikobeurteilung stellt die Frage nach Häufigkeit und Dauer der Gefährdung. Kann beim Einrichten, Schmieren und Wartungsarbeiten von „gelegentlichem Eingriff" ausgegangen werden, so muss bei Produktionsbetrieb von einem „zyklischen Eingriff" ausgegangen werden. Zyklischer Eingriff ist gleichzusetzen mit „häufig bis dauernd" und deshalb wird für solche Pressen meist die Kategorie 4 gefordert.

Für Zweihandsteuerungen fasst Tab. 6.9 die neuen Anforderungsstufen der Norm zusammen: Ihre normgerechten Realisierungen können beispielsweise mit Zweihandrelais der Typen I bis III vorgenommen werden.

Tab. 6.9 Anforderungsstufen an Zweihandsteuerungen und normgerechte Realisierungsmöglichkeiten

Anforderungen	Typen				
	EN 574	I	II	III	
				A	B	C
Benutzung beider Hände	5.1	√	√	√	√	√
Loslassen eines der beiden Stellteile beendet das Ausgangssignal	5.2	√	√	√	√	√
Versehentliches Betätigen weitestgehend verhindern	5.3	√	√	√	√	√
Kein einfaches Umgehen der Schutzwirkung möglich	5.4	√	√	√	√	√
Kein einfaches Umgehen der Schutzwirkung möglich	5.5	√	√	√	√	√
Erneutes Ausgangssignal nur nach Loslassen beider Stellteile	5.6	√	√	√	√	√
Ausgangssignal nur nach synchroner Betätigung innerhalb max. 500 ms	5.7		√	√	√	√
Anwendungen der Sicherheitskategorie 1 nach EN 954-1	6.2					
Anwendungen der Sicherheitskategorie 3 nach EN 954-1	6.3	√		√		
Anwendungen der Sicherheitskategorie 4 nach EN 954-1	6.4					√

In der Praxis verwendet man ein Zweihandrelais, welches über zwei Taster angesteuert wird, die jeweils nur über einen Schließerkontakt verfügen. Bekommt jetzt einer der Taster während der Zeit, in der er betätigt ist, einen Schluss, so wird durch Loslassen dieses Tasters das Ausgangssignal nicht zurückgenommen. Verwenden die Taster außer dem Schließerkontakt noch einen weiteren überwachten Kontakt (z. B. einen Öffnerkontakt), so kann über diesen das Loslassen des Tasters erkannt werden. Geräte, die diese Forderung nicht erfüllen, werden deshalb in Kategorie IIIA eingestuft.

Kommt als Sicherheitseinrichtung eine Zweihandbedienung zum Einsatz, hat dies den Vorteil, dass der Bediener während der gefährlichen Bewegung beide Hände immer außerhalb des Gefahrenbereichs hat und mit dem gleichzeitigen Drücken zweier Tasten beschäftigt ist. Dem steht jedoch der Nachteil der Umständlichkeit entgegen.

Zur Bereichsabsicherung werden deshalb vorwiegend berührungslos wirkende Schutzeinrichtungen eingesetzt und diese weisen den Vorteil auf, dass sie keine extra Bewegung und auch keine zusätzliche mechanische Belastung für den Bediener bedeuten. Angeordnet im angemessenen Abstand direkt vor der Gefahrenstelle kann der Bediener in den Gefahrenbereich sicher eingreifen, um Werkstücke hineinzugeben oder herauszunehmen. Wird die berührungslos wirkende Schutzeinrichtung mit einer Zweitaktsteuerung verknüpft, ist ein halb automatischer Betrieb möglich, ohne dass der Bediener den Start auslösen muss.

Zweihandbedienpulte ermöglichen das einfache Montieren von zwei Starttasten für die gefährliche Bewegung. Zweihandüberwachungsrelais kontrollieren die Starttasten für gefährliche Bewegung. Das Ausgangssignal kommt nur, wenn beide Tasten innerhalb von 500 ms betätigt werden. Wird eine der beiden Tasten losgelassen, ist kein Ausgangssignal vorhanden und die gefährliche Bewegung wird gestoppt. Erst wenn beide Tasten erneut und gleichzeitig betätigt werden, kommt das Ausgangssignal wieder.

Abb. 6.52 zeigt eine Steuerschaltung mit Zweihandschalter für handbetätigte Taster an Werkzeug- und Produktionsmaschinen. Die Steuerung ist nur eingeschaltet, wenn Taster S1 und Taster S2 gleichzeitig betätigt werden. Die in Reihe geschalteten Schließer bilden eine UND-Verknüpfung, d. h. beide Schließer müssen immer geschlossen sein, um ein Steuersignal auslösen zu können.

In diesem Fall ist eine Motorschaltung mit einer standardgerechten Zweihandeinrichtung nach prEN 574 ausgerüstet. Die Stellteile sind so angeordnet, dass unbeabsichtigtes oder bewusstes einhändiges Einschalten unter keinen Umständen möglich ist. Diese Schaltung muss in Eigenverantwortung vom Konstrukteur erstellt werden. Hier ist außerdem immer eine sicherheitsgerichtete Projektierung der Stromversorgung und Schaltorgane wichtig. Die Zuverlässigkeit der Schutzfunktion hängt nicht nur von den gewählten Betriebsmitteln und der Verschaltung ab.

Wichtig ist hier ein „verschweißfreier" Aufbau, d. h., wird der Stromkreis geöffnet, also die Gefahr „abgeschaltet", darf ein Verschweißen der Kontakte nicht möglich sein. Für den Hauptstromkreis ist die Verschweißfreiheit nicht gefordert. Dient das Schaltgerät aber der Sicherheit, könnte eine Risikobewertung für eine Überdimensionierung bzw. redun-

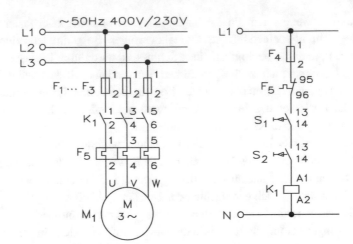

Abb. 6.52 Motorschaltung mit Zweihandschalter

danten Aufbau erforderlich sein. Daher muss man sicherstellen, dass bei Überstrom oder im Falle eines Kurzschlusses das Schutzorgan auslöst, bevor die Kontakte der Schaltgeräte verschweißen. Natürlich soll das Schutzorgan den Motoranlauf oder das Einschalten von Transformatoren ohne Beschädigungen vornehmen können.

Ein Kurzschluss im Steuerstromkreis kann zu unkontrollierten Zuständen führen, schlimmstenfalls führt dies zum Versagen der Sicherheitsfunktionen. Entweder können

- Kontakte verschweißen
- der Kurzschlussstrom bewirkt kein Ansprechen des Kurzschlussschutzorgans

In beiden Fällen kommt es auf die richtige Wahl des Kurzschlussorgans und des Transformators an. Bei der Auswahl von Überstromschutzorganen müssen die Steuergeräte gegen Überstrom hinreichend geschützt sein, z. B. gegen Verschweißen von Kontakten der Steuergeräte. Man wählt also den niedrigsten Wert des maximal zulässigen Überstromschutzorgans aus, das für die verwendeten Schaltgeräte angegeben ist. Man beachte außerdem, dass der unbeeinflusste Kurzschlussstrom in den Steuerkreisen nicht größer ist als 1000 A. Die Schaltgeräte nach EN 60947-5-1 sind bis zu diesem Maximalwert durch die angegebenen Schutzorgane gegen Verschweißen sicher. Abb. 6.53 zeigt ein SPS-Programm in AWL zum Schalten mit schlüsselgesichertem Rastschalter.

6.5.3 Motorsteuerung mit Selbsthaltung

Abb. 6.54 zeigt eine Schaltung für die Selbsthaltung, d. h., nach Betätigung des Tasters S2 bleibt die Steuerung so lange eingeschaltet, bis entweder S1 (Austaster) oder F5 (Motorschutzrelais) oder F4 (Steuersicherung) den Steuerkreis unterbricht.

Abb. 6.53 SPS-Programm in AWL zum Schalten mit schlüsselgesichertem Rastschalter

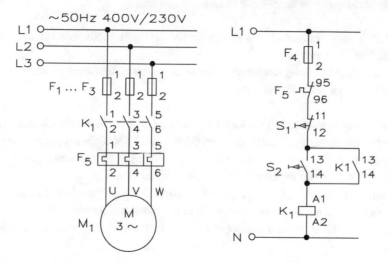

Abb. 6.54 Motorsteuerung mit Selbsthalteschaltung

Das Motorschutzrelais F5 in Abb. 6.55 mit dem Schalter S1 (Austaster) sind Öffner und bilden eine UND-Verküpfung. Der Schalter S2 und der Kontakt K1 sind Schließer und bilden eine ODER-Verküpfung. Wird der Schalter S2 kurzzeitig betätigt, zieht das Relais an und der Kontakt K1 wird geschlossen. Öffnet sich der Eintaster S2, bleibt das Relais angezogen. Spricht das Motorschutzrelais an, wird der Stromfluss unterbrochen und das Relais fällt ab. Das gleiche gilt auch, wenn der Austaster betätigt wird.

Gerade diese Anlagen müssen gegen Wiederanlauf geschützt sein, damit bei Spannungswiederkehr ein selbsttätiger Wiederanlauf keinen gefährlichen Zustand verursacht. Außerdem kann in der Anwendung auch durch Spannungsaus- oder -fall ein Fehlverhalten der elektrischen Ausrüstung auftreten. Nach Spannungswiederkehr läuft die Maschine nur durch einen bewussten Einschaltbefehl an. Auf der anderen Seite dürfen Steuerspannungseinbrüche bis −15 % unter dem Nennwert nicht zum Abschalten führen.

Die Verwendung von Transformatoren zur Versorgung von Steuerstromkreisen ist für die meisten Maschinen in der Industrie vorgeschrieben. Ausnahmen bilden nur

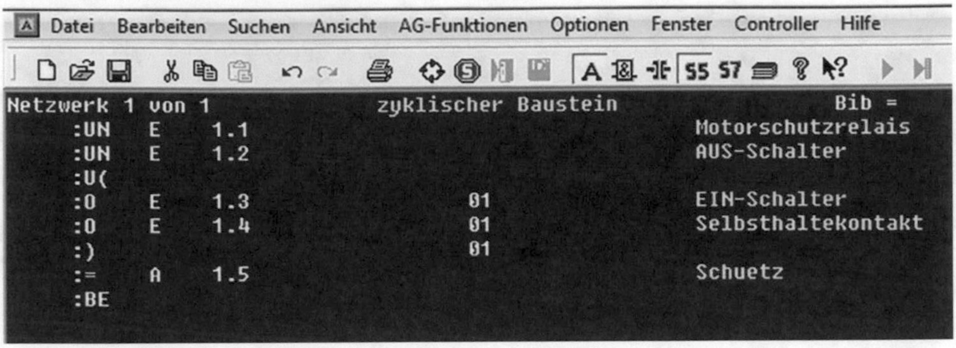

```
A  Datei   Bearbeiten   Suchen   Ansicht   AG-Funktionen   Optionen   Fenster   Controller   Hilfe

 D ☞ 🖫  ⅄ 🖺 🖺  🔄 ⤺   🖨  ⬦⑤🗐 🖵   A 🔳 ⊣⊢ 55 57 ▭ ? ⏰   ▶ ▸⏐
Netzwerk 1 von 1                    zyklischer Baustein                        Bib =
     :UN    E    1.1                                         Motorschutzrelais
     :UN    E    1.2                                         AUS-Schalter
     :U(
     :O     E    1.3                          01             EIN-Schalter
     :O     E    1.4                          01             Selbsthaltekontakt
     :)                                       01
     :=     A    1.5                                         Schuetz
     :BE
```

Abb. 6.55 SPS-Programm in AWL mit Selbsthalteschaltung

- Maschinen von weniger als 3 kW mit einem einzigen Motoranlasser und höchstens zwei äußeren Steuergeräten,
- Haushalts- und ähnliche Maschinen, deren elektrische Ausrüstung sich innerhalb des Maschinengehäuses befindet.

Der unbeeinflusste Kurzschlussstrom im Sekundärkreis wird bei Steuertransformatoren mit einer Bemessungsleistung bis zu 4000 VA an 230 V nicht größer als 1000 A werden. Zusammen mit dem geeigneten Schutzorgan ist unter diesen Bedingungen das Verschweißen der Schaltelemente hinreichend ausgeschlossen.

Tritt ein Kurzschluss auf, soll das Schutzorgan schnell ansprechen. Der Kurzschlussstrom muss hoch genug sein, damit er durch den Schnellauslöser innerhalb von 0,2 s ausgeschaltet wird. Hier muss man folgende Einflussgrößen für den Kurzschlussstrom ermitteln:

- Transformator
- Leitungslänge
- Leitungsquerschnitt.

Danach wählt man ein entsprechendes Kurzschlussschutzorgan aus, dessen maximaler Ansprechwert kleiner ist als der Kurzschlussstrom.

6.5.4 Sterndreieckschalter

Der Sterndreieckschalter hat zur Folge, dass die aufgenommene Leistung bei Sternschaltung nur etwa einem Drittel der Nennleistung des Motors entspricht. Dementsprechend ist auch der Strom in der Sternschaltung Y geringer als bei Direkteinschaltung in Dreieck Δ. Wenn man aber den Läufer nicht nur mit kurzgeschlossenen Kupfer- oder Aluminiumstäben, sondern mit Wicklungen ähnlich den Ständerwicklungen des Ständers versieht, ergibt sich eine weitere Möglichkeit eines besseren Anlaufbetriebs.

Reduzierung von Anlaufbeschleunigung und Bremsverzögerung und damit sanfter Hochlauf bzw. sanftes Abbremsen lassen sich auch bei bestimmten Anwendungen durch das zusätzliche Massenträgheitsmoment eines Grauguss-Lüfters erreichen. Hierbei ist jedoch immer die Schalthäufigkeit zu überprüfen.

Durch Anlasstransformatoren, entsprechende Drosseln oder Widerstände wird ein vergleichbarer Effekt wie mit der Y/Δ-Umschaltung erreicht, wobei man die Größe der Drosseln bzw. der Widerstände für die Drehmomentengröße anpassen muss.

Wie Abb. 6.56 zeigt, benötigt man für einen Sterndreieckschalter drei Netzschütze (K1M, K3M und K5M) und ein zeitverzögertes Relais K1T. Taster 1 betätigt das Zeitrelais K1T und dessen als Sofortkontakt ausgebildeter Schließer K1T/17-18 gibt Spannung an Sternschütz K3M. K3M zieht an und legt über Schließer K3M/14-13 Spannung an Netzschütz K1M. K1M und K3M gehen über die Schließer K1M/14-13 und K1M/44-43 in Selbsthaltung. K1M bringt den Motor M1 in Sternschaltung an die Netzspannung. Das Netzschütz K1M verbindet die drei Leitungen L1, L2 und L3 mit den Wicklungsanschlüssen 1W, 1V und 1U des Motors. Mit Hilfe des Netzschützes K3M werden die drei Wicklungsanschlüsse 2W, 2V und 2U für die Sternfunktion kurzgeschlossen.

Entsprechend der eingestellten Umschaltzeit öffnet K1T/17–18 den Stromkreis K3M. Nach einer programmierbaren Verzögerungszeit von 5 s wird über K1T/17–28 der Stromkreis K5M geschlossen. Sternschütz K3M fällt ab. Dreieckschütz K5M zieht an und legt den Motor M1 an die volle Netzspannung. Gleichzeitig unterbricht Öffner K5M/22-21 den Stromkreis K3M und verriegelt damit gegen erneutes Einschalten während des Betriebszustands. Ein neuer Anlauf ist nur möglich, wenn vorher mit Taste 0 oder bei Überlast durch den Öffner 95–96 am Motorschutzrelais F2 oder über den Schließer 13–14 des Motorschutz- oder Leistungsschalters ausgeschaltet worden ist.

Abb. 6.56 zeigt typische CAD-Verdrahtungspläne für den Leistungs- und den Steuerungsteil einer Sterndreieckschaltung. Verdrahtungspläne beinhalten die leitenden Verbindungen zwischen elektrischen Betriebsmitteln. Sie zeigen die inneren oder äußeren Verbindungen und geben im Allgemeinen keinen Aufschluss über die Wirkungsweise. Anstelle von Verdrahtungsplänen können auch Verdrahtungstabellen verwendet werden. In der Praxis setzt man folgende Pläne ein:

- Geräteverdrahtungsplan: Darstellung aller Verbindungen innerhalb eines Gerätes oder einer Gerätekombination.
- Verbindungsplan: Darstellung der Verbindung zwischen den Geräten und Gerätekombinationen.
- Anschlussplan: Darstellung der Anschlusspunkte einer elektrischen Einrichtung und die daran angeschlossenen inneren und äußeren leitenden Verbindungen.
- Anordnungsplan: Darstellung der räumlichen Lage der elektrischen Betriebsmittel; muss nicht maßstabsgetreu sein.

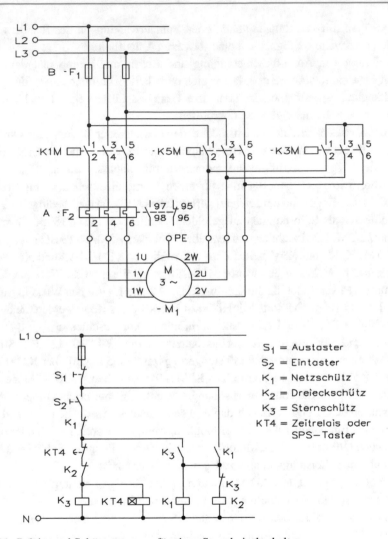

Abb. 6.56 Relais- und Schützsteuerung für einen Sterndreieckschalter

Abb. 6.57 zeigt ein SPS-Programm für eine Sterndreieckschaltung. Für die Schütze gelten

K1　　Netzschütz
K2　　Dreieckschütz
K3　　Sternschütz
KT4　　Zeitrelais mit 5 s

Aus dieser Zuordnung lässt sich Tab. 6.10 erstellen.

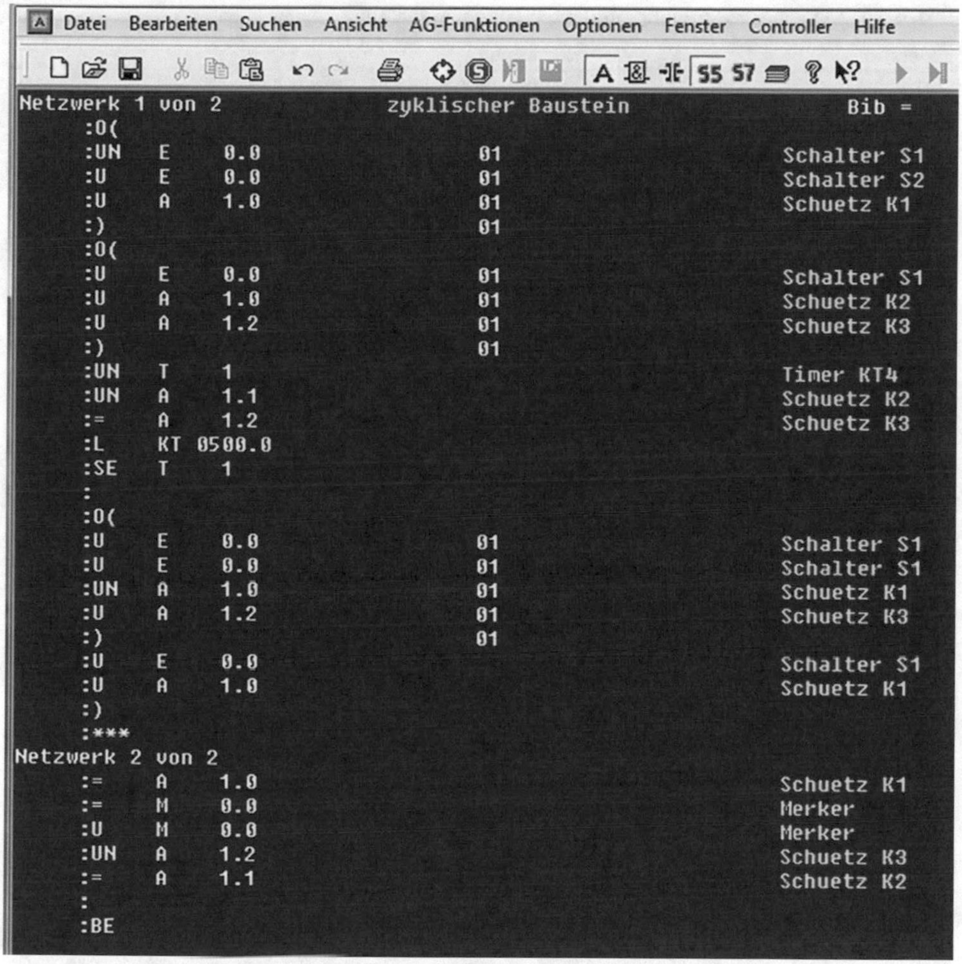

```
A  Datei  Bearbeiten  Suchen  Ansicht  AG-Funktionen  Optionen  Fenster  Controller  Hilfe

  D ☞ 🖫  🖏 🖻 🖺  🖙 🖙  🖨 ◆ ◉ 🖩 🖺  A 🖳 ⫟ 55 57 🖴 ? ▸?  ▸ ▸
Netzwerk 1 von 2               zyklischer Baustein               Bib =
      :O(
      :UN    E    0.0                  01              Schalter S1
      :U     E    0.0                  01              Schalter S2
      :U     A    1.0                  01              Schuetz K1
      :)                               01
      :O(
      :U     E    0.0                  01              Schalter S1
      :U     A    1.0                  01              Schuetz K2
      :U     A    1.2                  01              Schuetz K3
      :)                               01
      :UN    T    1                                    Timer KT4
      :UN    A    1.1                                  Schuetz K2
      :=     A    1.2                                  Schuetz K3
      :L     KT 0500.0
      :SE    T    1
      :
      :O(
      :U     E    0.0                  01              Schalter S1
      :U     E    0.0                  01              Schalter S1
      :UN    A    1.0                  01              Schuetz K1
      :U     A    1.2                  01              Schuetz K3
      :)                               01
      :U     E    0.0                                  Schalter S1
      :U     A    1.0                                  Schuetz K1
      :)
      :***
Netzwerk 2 von 2
      :=     A    1.0                                  Schuetz K1
      :=     M    0.0                                  Merker
      :U     M    0.0                                  Merker
      :UN    A    1.2                                  Schuetz K3
      :=     A    1.1                                  Schuetz K2
      :
      :BE
```

Abb. 6.57 SPS-Programm in AWL für eine Sterndreieckschaltung

6.5.5 Drehzahlsteuerung bei Drehstrommotoren

Die Abhängigkeit der Läuferdrehung von dem durch das Netz aufgedrückten Drehfeld bzw. der Frequenz des Drehfelds bringt es mit sich, dass die Drehstrommotoren in der Drehzahl praktisch nicht verstellbar sind. Bei den Asynchronmotoren kann durch Änderung der Spannung am Ständer (mittels Ständeranlasser) oder im Läufer (mittels Läuferanlasser) eine Vergrößerung des Schlupfes und damit eine Verringerung der Drehzahl in kleinen Grenzen herbeigeführt werden. Da aber eine solche Drehzahländerung mit großen Verlusten verbunden ist, kann sie für die Praxis nicht verwendet werden.

Mit der Dahlanderschaltung von Abb. 6.58 kann man zwischen zwei Drehzahlen umschalten. In der linken Dreieckschaltung hat man einen typischen Vierpol, d. h. die syn-

Tab. 6.10 Operandenzuordnung für die Sterndreieckschaltung

Operand	Zuordnung
E 0.0	Motorschutzrelais S1, Öffner
E 0.1	Taste S2, Öffner
E 0.2	Taste S3, Schließer
A 1.0	Netzschütz K1
A 1.1	Dreieckschütz K2
A 1.2	Sternschütz K3
T1	Zeitrelais KT4

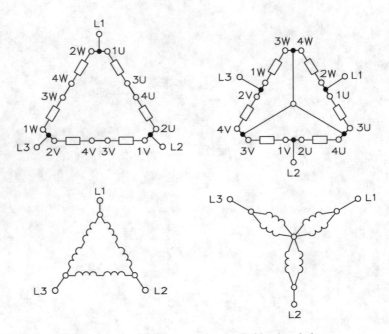

Abb. 6.58 Aufbau, Verschaltung und Wirkungsweise der Dahlanderschaltung

chrone Drehzahl beträgt 1500 min^{-1}. Bei dieser Variante sind die einzelnen Wicklungen pro Strang hintereinander geschaltet. Bei der Doppelsternschaltung (rechts) sind die Wicklungen parallel geschaltet und damit hat man einen typischen Zweipol. Die synchrone Drehzahl liegt bei 3000 min^{-1}.

Bei polumschaltbaren Motoren ist eventuell erforderlich, dass man beim Umschalten von hoher auf niedrige Drehzahl entsprechende Drehmomentreduzierungen vornimmt, da die Umschaltmomente größer als die Anlaufmomente sind. Hier bietet sich neben Drossel und Widerstand als preiswerte Lösung eine zweiphasige Umschaltung an. Dies bedeutet, dass der Motor während des Umschaltens für eine bestimmte Zeit (einstellbar mit einem Zeitrelais) in der Wicklung für kleine Drehzahl nur mit zwei Phasen betrieben wird. Hierdurch wird das sonst symmetrische Drehfeld verzerrt und der Motor erhält ein geringes Umschaltmoment. Dieses lässt sich berechnen

$$M_{u2ph} = 0,5 \cdot M_u \text{ oder } M_{u2ph} \approx (1\ldots1,25) M_{A1}$$

M_{u2ph} = mittleres Umschaltmoment zweiphasig

M_u = mittleres Umschaltmoment dreiphasig

M_{A1} = Anzugsmoment der Wicklung für niedrige Drehzahl

Achtung: Bei Hubwerken darf aus Sicherheitsgründen keine zweiphasige Umschaltung verwendet werden!

Noch vorteilhafter ist der Einsatz des elektronischen Sanftumschalters, der elektronisch die dritte Phase beim Umschalten unterbricht und exakt zur richtigen Zeit wieder zuschaltet.

Die Drehzahl des Drehfelds wird von der Polpaarzahl des Stators bestimmt. Ein zweipoliger Motor erzeugt eine synchrone Drehzahl von 3000 min⁻¹ ($\approx$ 2930 min⁻¹ bei asynchronem Motor) bei einer Motorversorgungsfrequenz von f = 50 Hz. Die Drehzahl des Drehfelds eines vierpoligen Motors beträgt dagegen 1500 min⁻¹ ($\approx$ 1450 min⁻¹ bei asynchronem Motor). Abb. 6.59 zeigt die Schaltung zum Umschalten zwischen einer langsamen und einer schnellen Drehzahl.

In Abb. 6.59 handelt es sich um einen 8-poligen Motor, der mit 375 min⁻¹ ($\approx$ 350 min⁻¹) anläuft und nach einer bestimmten Zeit auf 1500 min⁻¹ ($\approx$ 1450 min⁻¹) umgeschaltet wird. Dies lässt sich durch das spezielle Einlegen der Statorwicklungen in die Schlitze ausführen. Der Aufbau kann wie bei der Dahlanderwicklung oder mit zwei getrennten Wicklungen erfolgen.

Abb. 6.60 zeigt eine erweiterte SPS-Schaltung zum Umschalten zwischen einer langsamen und einer schnellen Drehzahl. Über den Motorschutzschalter E 1.0, dem Ausschalter E 1.1, fließt ein Strom zu den beiden ODER-Verknüpfungen. Die erste ODER-Verknüpfung ist der Einschalter E 1.2 für die hohe Drehzahl und parallel dazu liegt der Selbsthaltekontakt A 1.1 vom Schütz K1. Der Motor kann mit einer asynchronen Drehzahl von $\approx$ 1450 min⁻¹ drehen. Drückt man auf den Ausschalter E 1.1, wird die Schaltung stromlos und beide Schütze befinden sich im Ruhezustand. Die zweite ODER-Verknüpfung ist der Einschalter E 1.3 für die niedrige Drehzahl und parallel dazu ist der Selbsthaltekontakt A 1.2 vom Schütz K2. Der Motor kann mit einer asynchronen Drehzahl von $\approx$ 350 min⁻¹ drehen. Drückt man auf den Ausschalter E 1.1, wird die Schaltung stromlos und beide Schütze befinden sich im Ruhezustand.

Die verschiedenen Möglichkeiten der Dahlanderschaltung ergeben unterschiedliche Leistungsverhältnisse für die beiden Drehzahlen, wie Tab. 6.11 zeigt.

Die Δ/YY-Schaltung kommt der gewünschten Forderung in der Antriebstechnik nach konstantem Drehmoment am nächsten. Diese hat außerdem den Vorteil, dass der Motor zum Sanftanlauf oder zur Reduzierung des Einschaltstroms für die niedrige Drehzahl in Y/Δ-Schaltung angelassen werden kann, wenn neun Klemmen vorhanden sind. Die Y/YY-Schaltung eignet sich am besten für die Anpassung des Motors an Maschinen mit quadratisch zunehmendem Drehmoment (Pumpen, Lüfter, Kreiselverdichter usw.).

Abb. 6.59 Schaltung
(Leistungsteil mit Schützen)
zum Umschalten zwischen
einer langsamen und einer
schnellen Drehzahl

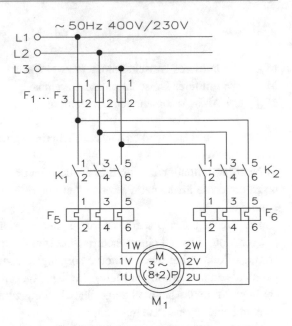

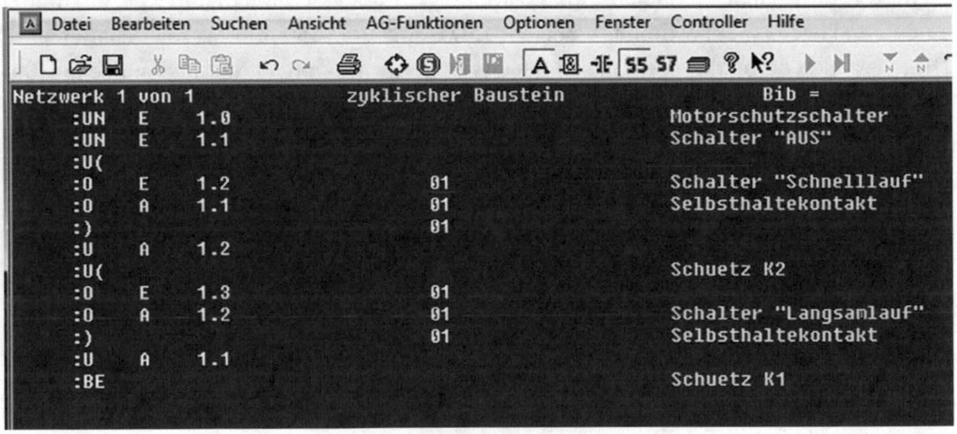

Abb. 6.60 SPS-Schaltung zum Umschalten zwischen einer langsamen (≈ 350 min^{-1}) und einer schnellen (≈ 1450 min^{-1}) Drehzahl für einen asynchronen Motor

Tab. 6.11 Möglichkeiten der Dahlanderschaltung für unterschiedliche Leistungsverhältnisse für die beiden Drehzahlen

Schaltungsart	Δ/YY	Y/YY
Leistungsverhältnis	111,5 bis 1,8	0,3/1

Motoren mit getrennten Wicklungen erlauben theoretisch jede Drehzahlkombination und jedes Leistungsverhältnis. Die beiden Wicklungen sind in Y geschaltet und völlig unabhängig voneinander. Tab. 6.12 zeigt die bevorzugten Drehzahlkombinationen.

Arbeitet man mit drei Drehzahlbereichen, ergänzt die Dahlanderschaltung den Drehzahlbereich mit getrennten Wicklungen. Diese kann unterhalb, zwischen oder oberhalb der beiden Dahlanderdrehzahlen liegen. Die Schaltung muss dieses Verhalten berücksichtigen. Die bevorzugten Drehzahlkombinationen sind in Tab. 6.13 gezeigt.

Für die Ansteuerung des Motors gilt:

- Motorschaltung A: Einschalten jeder Drehzahl von Null aus. Rückschaltung nur auf Null möglich.
- Motorschaltung B: Einschalten jeder Drehzahl von Null möglich und von Umschalten einer niedrigeren in eine höhere Drehzahl ist vorhanden. Nur direktes Rückschalten auf Null möglich.
- Motorschaltung C: Einschalten jeder Drehzahl von Null möglich und von einer niedrigeren Drehzahl vorhanden. Rückschalten auf eine niedrigere Drehzahl (hohe Bremsmomente oder auf Null) möglich.

Arbeitet man mit vier Drehzahlbereichen, können sich durch die Dahlanderschaltung Überschneidungen ergeben, wie Tab. 6.14 zeigt.

Bei Motoren mit drei oder vier Drehzahlbereichen ist bei gewissen Polzahlenverhältnissen die nicht angeschlossene Wicklung zur Vermeidung von Induktionsströmen über Zusatzklemmen am Motor durch entsprechende Maßnahmen (mechanisch oder elektronisch) zu öffnen.

Die Geschwindigkeitsänderung erfolgt durch das Umschalten der Statorwicklungen, damit die Polpaarzahl im Stator geändert wird. Durch Umschalten von einer kleinen Polpaarzahl (hohe Geschwindigkeit) auf die große Polpaarzahl (niedrige Geschwindigkeit) wird die aktuelle Geschwindigkeit des Motors schlagartig verringert, z. B. von 1500 min^{-1}

Tab. 6.12 Bevorzugte Drehzahlkombinationen für Motoren mit getrennten Wicklungen

Motoren mit Dahlanderschaltung	1500/3000	-	750/1500	500/1000
Motoren mit getrennten Wicklungen	-	1000/1500	-	-
Polzahlen	4/2	6/4	8/4	12/6
Kennziffer niedrig/hoch	1/2	1/2	1/2	1/2

Tab. 6.13 Bevorzugte Drehzahlkombinationen für asynchrone Drehstrommotoren, wenn mit der Dahlanderschaltung gearbeitet wird

Drehzahlen	1000/1500/3000	750/1000/1500	750/1500/3000
Polzahlen	6/4/2	8/6/4	8/4/2
Schaltung	X	Y	Z

Tab. 6.14 Bevorzugte Drehzahlkombinationen für synchrone Drehstrommotoren mit vier Drehzahlbereichen, wenn mit der Dahlanderschaltung gearbeitet wird. Bei asynchronen Drehstrommotoren reduziert sich die Drehzahl zwischen 3 % und 5 % durch den Schlupf.

1.Wicklung 500/1000, 2.Wicklung 1500/3000 = 500/1000/1500/3000
oder
1.Wicklung 500/1000, 2.Wicklung 750/1500 = 500/750/1000/1500

auf 600 min^{-1}. Bei einem schnellen Umschalten durchläuft der Motor den Generatorbereich. Dieses Verhalten belastet den Motor und damit die Mechanik der Arbeitsmaschine erheblich.

6.5.6 Pumpensteuerungen

Eine Pumpensteuerung beinhaltet eine typische Ansteuerung von Motoren. Anhand von einigen Beispielen sollen typische Anwendungen gezeigt werden.

Die Einschaltfolge der Pumpen 1 und 2 durch eine SPS-Anlage ist wählbar mit zwei Schwimmerschaltern für Grund- und Spitzenlast (auch Betrieb mit zwei Druckwächtern möglich).

P1 Auto = Pumpe 1: Grundlast, Pumpe 2: Spitzenlast
P2 Auto = Pumpe 2: Grundlast, Pumpe 1: Spitzenlast
P1 + P2 = Direktbetätigung unabhängig von den Schwimmerschaltern (oder ggf. Druckwächtern).

Abb. 6.61 zeigt den Aufbau und den Leistungsteil für eine vollautomatische Steuerung für zwei Pumpen. Es gilt:

1. Seil mit Schwimmer, Gegengewicht, Umlenkrollen, Mitnehmer
2. Hochbehälter
3. Zulauf
4. Druckrohr
5. Entnahme
6. Kreisel- oder Kolbenpumpe
7. Pumpe 1
8. Pumpe 2
9. Saugrohr mit Korb
10. Brunnen

Der Schwimmerschalter F7 schließt eher als der Schwimmerschalter F8. Das Netzschütz Q11 gibt die Pumpe 1 frei und Netzschütz Q12 dient für Pumpe 2.

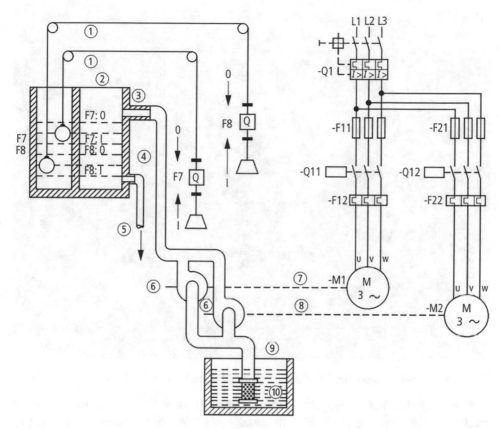

Abb. 6.61 Aufbau und Leistungsteil für die vollautomatische Steuerung zweier Pumpen

Die Zwei-Pumpen-Steuerung ist vorgesehen für den Betrieb von zwei Pumpenmotoren M1 und M2. Die Steuerung erfolgt über Schwimmerschalter F7 und F8. Die Anlage arbeitet wie folgt: Bei fallendem/steigendem Wasserspiegel im Hochbehälter schaltet F7 Pumpe 1 ein oder aus (Grundlast). Fällt der Wasserspiegel unter den Bereich von F7 (Entnahme größer als Zulauf), schaltet F8 Pumpe 2 zu (Spitzenlast). Steigt der Wasserspiegel wieder, schaltet F8 aus. Pumpe 2 läuft aber weiter, bis F7 beide Pumpen abschaltet. Die Folge der Pumpen 1 und 2 kann über den Betriebsartenwahlschalter S12 bestimmt werden: Stellungen P1 Auto oder P2 Auto. In Stellung P1 und P2 sind beide Pumpen in Betrieb, unabhängig von den Schwimmerschaltern (Achtung! Überlaufen des Hochbehälters möglich). Abb. 6.62 zeigt ein SPS-Programm für die vollautomatische Steuerung zweier Pumpen.

Am Anfang des SPS-Programms befindet sich der 3-polige Hauptschalter E 1.0 mit Schaltschloss und drei elektrothermischen Überstromauslösern, drei elektromagnetischen Überstromauslösern und den Sicherungen. Nach den Sicherungen befinden sich die beiden Motorschutzrelais E 1.1 und E 1.4, jeweils für die Pumpen M1 und M2. Danach folgt jeweils der Ausschalter E 1.2 und E 1.5. Da es sich um Öffner handelt, erfolgt die Negation.

```
A  Datei   Bearbeiten   Suchen   Ansicht   AG-Funktionen   Optionen   Fenster   Controller   Hilfe

  D ☞ ⊟   ✂ ▤ ▥   ↶ ↷   ⬟ ✛ ⑤ ▯ ▣  A ⛭ ⫤ 55 57 ▬ ? ▶?   ▶ ▶▮   ▼ ▲
                                                                         N  N
Netzwerk 1 von 1                 zyklischer Baustein                 Bib =
        :U     E     1.0                             Hauptschalter
        :
        :U     E     1.2                             Motorschutz fuer Motor 1
        :UN    E     1.2                             Ausschalter fuer Motor 1
        :
        :O     E     1.3                             Spitzenlast (Motor 2)
        :U     A     1.2                             Sperre von Motor 2
        :U(
        :O     E     1.4               01            Einschalter von Motor 1
        :O     A     1.1               01            Selbsthaltekontakt von Motor 1
        :)                            01
        :=     A     1.3                             Motor 1
        :=     A     1.3                             Kontrollleuchte fuer Motor 1
        :O(
        :U     E     1.4               01            Motorschutz fuer Motor 2
        :UN    E     1.5               01            Ausschalter fuer Motor 2
        :)                            01
        :O     E     1.6                             Spitzenlast (Motor 1)
        :U     A     1.1                             Sperre von Motor 1
        :U(
        :O     E     1.7               01            Einschalter von Motor 2
        :O     A     1.2               01            Selbsthaltekontakt von Motor 2
        :)                            01
        :=     A     1.2                             Motor 2
        :=     A     1.4                             Kontrollleuchte fuer Motor 2
        :BE
```

Abb. 6.62 SPS-Programm für die vollautomatische Steuerung zweier Pumpen

Die beiden Motoren werden über die Einschalter E 1.3 und E 1.6 eingeschaltet. Parallel zu den Einschaltern sind die Selbsthaltekontakte A 1.1 und A 1.2 vorhanden. Parallel zu den Motoren sind noch Kontrollleuchten für den jeweiligen Motor vorhanden.

Wenn ein Motor läuft, kann der andere nicht zugeschaltet werden, denn vor dem Einschalten sind der Selbsthaltekontakt und die Schalter A 1.1 und A 1.2 vorhanden. Sinkt aber das Wasser auf ein Minimum ab, wird der Schalter F7 oder F8 aktiviert und der Motor, der sich im Ruhezustand befindet, eingeschaltet. Wird das Minimum überschritten, wird dieser Motor wieder ausgeschaltet.

Für eine Hauswasserversorgungsanlage soll eine SPS-Anlage ohne Wassermangelsicherung aufgebaut werden. Die Anlage soll mit einem 3-poligen Druckwächter (Hauptstromschaltung) überwacht werden.

Für die Schaltung in Abb. 6.63 gilt:

F1: Schmelzsicherungen (falls erforderlich)

Q1: Motorschutzschalter

F7: Druckwächter 3-polig

M1: Pumpenmotor

1. Wind- oder Druckkessel (Hydrophor)

2. Rückschlagventil

3. Druckrohr

4. Kreisel- (oder Kolben-) Pumpe

5. Saugrohr mit Korb

6. Brunnen

Abb. 6.64 zeigt ein SPS-Programm einer Pumpensteuerung für eine Hauswasserversorgungsanlage. Am Anfang des SPS-Programms befindet sich wieder der 3-polige Hauptschalter E 1.0 mit Schaltschloss und drei elektrothermischen Überstromauslösern, drei elektromagnetischen Überstromauslösern und den Schmelzsicherungen.

Der Wind- oder Druckkessel wird über das Rückschlagventil und das Druckrohr mit einer Kreiselpumpe aus dem Brunnen gespeist. Eingeschaltet wird die Anlage über den Einschalter E 1.0. Normalerweise ist der Druckkessel leer und der Druckwächter E 1.1 ist eingeschaltet, da es sich um einen Schließer handelt. Der Motor füllt den Druckkessel mit Wasser und es baut sich ein Druck auf. Wird der Druck bis zu seinem Maximalwert (≈ 6 bar) gesteigert, öffnet sich der Druckwächter und schaltet den Motor ab. Unterschreitet der Druck den Minimalwert (≈ 2 bar), schaltet der Druckwächter den Motor wieder ein.

Abb. 6.63 Pumpensteuerung für eine Hauswasserversorgungsanlage

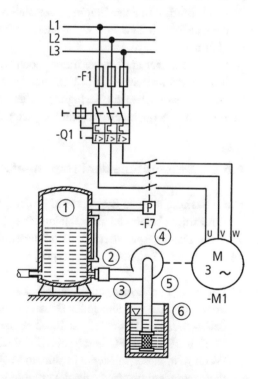

Abb. 6.64 SPS-Programm einer Pumpensteuerung für eine Hauswasserversorgungsanlage

6.6   SPS-Programmierung nach DIN EN 61131-3

Die Hersteller von SPS-Steuerungen boten früher zusätzlich die Möglichkeit, die SPS in der maschinenorientierten Anweisungsliste oder grafisch im Funktionsplan zu programmieren. Diese Programmiersprachen wurden vom Hersteller für spezielle SPS entwickelt und wiesen zum Teil beträchtliche Unterschiede auf.

Mit der Weiterentwicklung der SPS-Systeme wurden nach und nach zusätzlich zu den Binärsignalen auch andere Datentypen wie ganze Zahlen, Zeiten und Gleitkommazahlen für Analogwerte verarbeitet. Damit stieg die Komplexität der zu realisierenden Steuerungen, der auch die einzelnen Programmiersprachen Rechnung tragen mussten.

Nach langjährigen Bemühungen auf nationaler und auch internationaler Ebene, zu einheitlichen und damit herstellerunabhängigen Programmiersprachen für SPS zu kommen, wurde 1992 die internationale Norm IEC 61131 definiert und verabschiedet. Inzwischen ist dieser Standard für die Programmierung von speicherprogrammierbaren Steuerungen und Automatisierungsgeräten in Prozessleitsystemen allgemein akzeptiert. Damit gibt es heute kaum noch SPS, die nicht nach dieser internationalen Norm programmiert werden können.

Es werden aber auch heute immer noch weitgehend die ursprünglichen maschinenorientierten SPS-Sprachen AWL, KOP und FUP verwendet, obwohl inzwischen effektivere Programmiersprachen zur Verfügung stehen, die dem Programmierer viele Details bezüglich der Speicherplatzbelegung und Registernutzung abnehmen.

6.6.1   Bestandteile der Programmierung

Die Bestandteile eines Projekts sind Projekt, Baustein und Funktion.

Ein Projekt beinhaltet alle Objekte eines Steuerungsprogramms und in diesem Projekt wird die Datei gespeichert mit dem Namen des Projekts. Zu einem Projekt gehören folgende Objekte: Bausteine, Datentypen, Visualisierungen, Ressourcen und Bibliotheken.

* Baustein: Funktionen, Funktionsblöcke und Programme sind Bausteine, die durch Aktionen ergänzt werden. Jeder Baustein besteht aus einem Deklarationsteil und einem Code-Teil. Der Code-Teil ist in einer der IEC-Programmiersprachen AWL, ST, AS, FUP, KOP oder CFC geschrieben. CoDeSys unterstützt alle IEC-Standardbausteine. Wenn man diese Bausteine in seinem Projekt benutzen möchte, muss man die Bibliothek „standard.lib" in das Projekt einbinden, denn Bausteine können andere Bausteine aufrufen. Rekursionen sind jedoch nicht erlaubt.
* Funktion: Eine Funktion ist ein Baustein, der als Ergebnis der Ausführung genau ein Datum (das auch mehrelementig sein kann, wie z. B. Felder oder Strukturen) zurückliefert. Der Aufruf einer Funktion kann in textuellen Sprachen als ein Operator in Ausdrücken vorkommen.

Bei der Deklaration einer Funktion ist darauf zu achten, dass die Funktion einen Typ erhalten muss, d. h. nach dem Funktionsnamen muss ein Doppelpunkt gefolgt von einem Typ eingegeben werden. Eine korrekte Funktionsdeklaration sieht z. B. so aus:

```
FUNCTION Fct: INT
```

Außerdem muss der Funktion ein Ergebnis zugewiesen werden, d. h., der Funktionsname wird benutzt wie eine Ausgabevariable.

Eine Funktionsdeklaration beginnt mit dem Schlüsselwort *FUNCTION*.

In AS kann ein Funktionsaufruf nur innerhalb von Aktionen eines Schrittes oder in einer Transition erfolgen. In ST kann ein Funktionsaufruf als Operand in Ausdrücken verwendet werden.

Beispiele für den Aufruf der beschriebenen Funktion sind:

```
in AWL:     LD 7
            Fct 2,4
            ST Ergebnis

in ST:      Ergebnis = Fct(7, 2, 4);

in FUP:
```

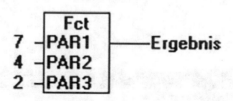

Funktionen verfügen über keine internen Zustände d. h., der Aufruf einer Funktion mit denselben Argumenten (Eingabeparametern) liefert immer denselben Wert (Ausgabe). Deshalb dürfen Funktionen keine globalen Variablen und Adressen enthalten.

Wird eine lokale Variable in einer Funktion als RETAIN deklariert, hat dies keine Auswirkung und die Variable wird nicht im Retain-Bereich gespeichert! Wenn man in dem Projekt eine Funktion mit Namen „CheckBounds" definiert, kann man damit Bereichsüberschreitungen in Arrays automatisch überprüfen. Wenn man die Funktionen „CheckDivByte", „CheckDivWord", „CheckDivDWord" und „CheckDivReal" definiert, kann man damit bei Verwendung des Operators „DIV" den Wert des Divisors überprüfen, beispielsweise um eine Division durch 0 zu verhindern.

Wenn man die Funktionen „CheckRangeSigned" und „CheckRangeUnsigned" definiert, kann man damit im Online-Betrieb automatisch Bereichsüberschreitungen bei Variablen, die mit Unterbereichstypen deklariert sind, abfangen. Die genannten Funktionsnamen sind aufgrund der hier beschriebenen Einsatzmöglichkeit reserviert.

6.6.2   Funktionsbaustein

Ein Funktionsbaustein oder Funktionsblock ist ein Baustein der bei der Ausführung einen oder mehrere Werte liefert. Ein Funktionsblock liefert keinen Rückgabewert im Gegensatz zu einer Funktion.

Eine Funktionsblockdeklaration beginnt mit dem Schlüsselwort *FUNCTION_BLOCK*.

Es können Vervielfältigungen, genannt Instanzen (Kopien) eines Funktionsblocks geschaffen werden.

Ein Beispiel in AWL lässt sich ein Funktionsblock mit zwei Eingabevariablen und zwei Ausgabevariablen erstellen. Eine Ausgabe ist das Produkt der beiden Eingaben, die andere ein Vergleich auf Gleichheit, wie Abb. 6.65 zeigt.

Jede Instanz besitzt einen zugehörigen Bezeichner (den Instanznamen) und eine Datenstruktur, die ihre Eingaben, Ausgaben und interne Variablen beinhaltet. Instanzen werden wie Variablen lokal oder global deklariert, indem als Typ eines Bezeichners der Name des Funktionsblocks angegeben wird.

Beispiel für eine Instanz mit Namen INSTANZ des Funktionsblocks FUB:

```
INSTANZ: FUB;
```

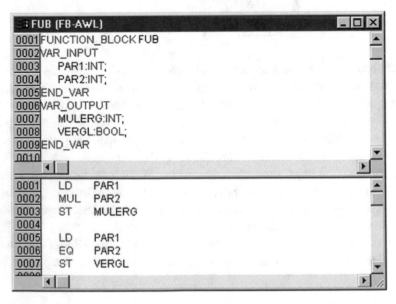

Abb. 6.65 Funktionsblock in AWL mit zwei Eingabevariablen und zwei Ausgabevariablen

Aufrufe von Funktionsblöcken geschehen stets über die beschriebenen Instanzen. Nur auf die Ein- und Ausgabeparameter kann man von außerhalb auf die Instanz eines Funktionsblocks zugreifen, aber nicht auf seine interne Variable. Die Deklarationsteile von Funktionsblöcken und Programmen können Instanzdeklarationen beinhalten. Instanzdeklarationen in Funktionen sind nicht zulässig. Der Zugriff auf die Instanz eines Funktionsblocks ist auf den Baustein beschränkt, in dem sie instanziiert wurde, es sei denn, sie wurde global deklariert. Der Name einer Instanz eines Funktionsblocks kann als Eingabe einer Funktion oder eines Funktionsblocks benutzt werden.

Alle Werte bleiben von einer Ausführung des Funktionsblocks bis zur nächsten erhalten. Daher liefern Aufrufe eines Funktionsblocks mit denselben Argumenten nicht immer dieselben Ausgabewerte!

Enthält der Funktionsblock mindestens eine Retain-Variable, wird die gesamte Instanz im Retainbereich gespeichert.

Man kann die Eingabe- und Ausgabevariablen eines Funktionsblocks von einem anderen Baustein aus ansprechen, indem man eine Instanz des Funktionsblocks anlegt und über folgende Syntax die gewünschte Variable angibt:

```
<Instanzname>.<Variablenname>
```

Wenn man die Eingabe- und/oder Ausgabeparameter beim Aufruf setzen will, dann geschieht das bei den Textsprachen AWL und ST, indem man nach dem Instanznamen des Funktionsblocks in Klammer den Parametern die Werte zuweist. Die Zuweisung geschieht bei Eingabeparametern durch „:=", wie bei der Initialisierung von Variablen an der Deklarationsstelle, bei Ausgabeparametern mit „=>".

Wird die Instanz unter Verwendung der Eingabehilfe (<F2>) mit Option *„Mit Argumenten"* im Implementationsfenster eines ST- oder AWL-Bausteins eingefügt, wird sie automatisch in dieser Syntax mit ihren Parametern dargestellt. Die Parameter müssen jedoch dann nicht zwingend belegt werden.

Beispiel: FBINST ist eine lokale Variable vom Typ eines Funktionsblocks, der die Eingabevariable xx und die Ausgabevariable yy enthält. Beim Aufruf von FBINST über die Eingabehilfe wird sie so in ein ST-Programm eingefügt: FBINST1(xx :=, yy =>);

Man beachte, dass „Ein-Ausgabevariablen" (VAR_IN_OUT) eines Funktionsblocks als Pointer übergeben werden. Deshalb kann man beim Aufruf keine Konstanten zuweisen und es kann nicht lesend oder schreibend von außen auf sie zugegriffen werden.

Beispiel: Aufruf einer VAR_IN_OUT-Variable inout1 des Funktionsblocks „fubo" in einem ST-Baustein:

```
VAR
inst: fubo;
var: int;
END_VAR
```

```
Var1 : =2;
inst (inout1 := var1);
```

Nicht zulässig wäre: inst(inout1 := 2); bzw. inst.inout1 := 2;

Das Multiplikationsergebnis wird in der Variablen ERG abgelegt und das Ergebnis des Vergleichs wird in QUAD gespeichert. Es sei eine Instanz von FUB mit dem Namen INSTANZ deklariert.

In Abb. 6.66 wird die Instanz eines Funktionsblocks in AWL aufgerufen.

In Abb. 6.67 wird die Instanz eines Funktionsblocks in ST aufgerufen (Deklarationsteil wie bei AWL).

In Abb. 6.68 wird die Instanz eines Funktionsblocks in FUP aufgerufen (Deklarationsteil wie bei AWL):

In AS können Aufrufe von Funktionsblöcken nur in Schritten vorkommen.

Ein Programm ist ein Baustein, der bei der Ausführung einen oder mehrere Werte liefert. Programme sind global im gesamten Projekt bekannt. Alle Werte bleiben von einer Ausführung bis zur nächsten erhalten.

Eine Programmdeklaration beginnt mit dem Schlüsselwort PROGRAM und endet mit END_PROGRAM.

Abb. 6.69 zeigt ein Beispiel für ein Programm.

Programme lassen sich von Programmen und Funktionsblöcken aufrufen. Ein Programmaufruf in einer Funktion ist nicht erlaubt und es gibt auch keine Instanzen von Programmen.

Wenn ein Baustein ein Programm aufruft und es werden dabei Werte des Programms verändert, dann bleiben diese Veränderungen beim nächsten Aufruf des Programms erhalten, auch wenn das Programm von einem anderen Baustein aus aufgerufen wird.

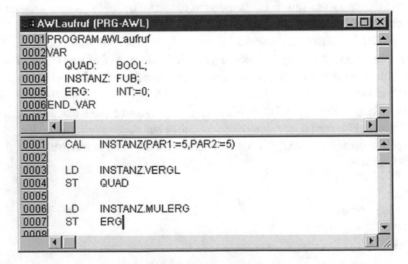

Abb. 6.66 Instanz eines Funktionsblocks wird in AWL aufgerufen

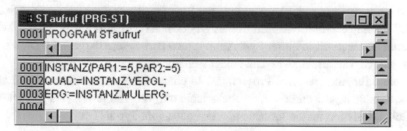

Abb. 6.67 Instanz eines Funktionsblocks in ST aufgerufen

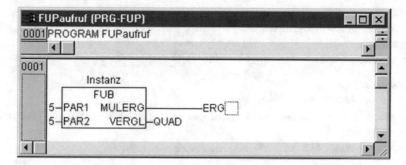

Abb. 6.68 Instanz eines Funktionsblocks in FUP aufgerufen

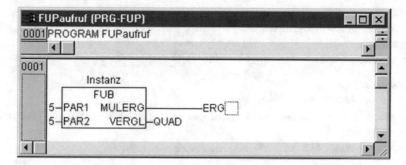

Abb. 6.69 Beispiel für ein Programm

Dies ist anders als beim Aufruf eines Funktionsblocks. Dort werden nur die Werte in der jeweiligen Instanz eines Funktionsblocks geändert. Diese Veränderungen spielen also auch nur eine Rolle, wenn die gleiche Instanz aufgerufen wird.

Wenn man beim Aufruf eines Programms die Eingabe- und/oder Ausgabeparameter, also Werte der Ein-/Ausgabevariablen setzen will, dann geschieht das bei den Textsprachen AWL und ST, indem man nach dem Programmnamen in Klammern den Parametern Werte zuweist. Die Zuweisung erfolgt durch „=", wie bei der Initialisierung von Variablen an der Deklarationsstelle.

Wird ein Programm unter Verwendung der Eingabehilfe (<F2>) mit Option „*Mit Argu-menten*" im Implementationsfenster eines ST- oder AWL-Bausteins eingefügt, wird das Programm automatisch in dieser Syntax mit seinen Parametern dargestellt. Die Parameter müssen jedoch dann nicht zwingend belegt werden.

Beispiele für Aufrufe eines Programms: In einem Programm PRGexample2 sind die Eingabevariable in_var und die Ausgabevariable out_var sind jeweils als Typ INT dekla-riert. Lokal deklariert ist die Variable erg, ebenfalls vom Typ INT:

```
AWL:  CAL PRGexample2
      LD PRGexample2.out_var
      ST ERG
      oder mit unmittelbarer Angabe der Parameter (Eingabehilfe „Mit Ar-
      gumenten"),
      CAL PRGexample2 (in_var := 33, out_var => erg)

ST:   PRGexample;
      Erg := PRGexample2.out_var;
      oder mit unmittelbarer Angabe der Parameter (Eingabehilfe „Mit Ar-
      gumenten"),
      PRGexample2 (in_var := 33, out_var => erg);

FUP:

FPGEXAMPLE2 (in_var: = 33, out_var_erg);
```

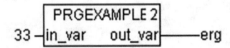

Beispiel für eine mögliche Aufrufsequenz von PLC_PRG: Betrachtet man hierzu das Programm PRGbeispiel in der Abbildung zu Beginn dieses Kapitels:

```
LD 0
ST PRGbeispiel.PAR (*PAR wird mit 0 vorbesetzt*)
CAL AWLaufruf (*ERG in AWLaufruf ergibt sich zu 1*)
CAL STaufruf (*ERG in STaufruf ergibt sich zu 2*)
CAL FUPaufruf (*ERG in FUPaufruf ergibt sich zu 3*)
```

Wenn von einem Hauptprogramm aus zunächst die Variable PAR des Programms PR-Gbeispiel mit 0 initialisiert wird, und dann nacheinander Programme auf obige Weise aufgerufen, dann wird das Ergebnis ERG in den Programmen die Werte 1, 2 und 3 haben. Wenn man die Reihenfolge der Aufrufe vertauscht, ändern sich dementsprechend auch die Werte der jeweiligen Ergebnisparameter.

- PLC_PRG: Es ist möglich, aber nicht zwingend, die Projektabarbeitung über sogenannte Tasks (Taskkonfiguration) zu steuern. Liegt jedoch keine Taskkonfiguration vor,
  muss das Projekt den Baustein PLC_PRG enthalten. Der PLC_PRG wird als Baustein
  vom Typ Programm automatisch erzeugt, wenn in einem neu angelegten Projekt erst-
  malig mit *„Projekt" „Objekt einfügen"* ein Baustein eingefügt wird. PLC_PRG wird
  pro Steuerungszyklus genau einmal aufgerufen.

Liegt eine Taskkonfiguration vor, darf das Projekt kein PLC PRG enthalten, da dann die
Ausführungsreihenfolge von der Taskzuordnung abhängt.

Löscht man den Baustein PLC_PRG nicht und benennt man ihn auch nicht um (vorausgesetzt, man verwendet keine Taskkonfiguration), ergibt sich ein Fehler. PLC_PRG ist
generell das Hauptprogramm in einem Single-Task-Programm.

6.6.3 Ressourcen

Folgende Ressourcen benötigt man zum Konfigurieren und Organisieren des Projektes
und zur Verfolgung von Variablenwerten:

- Globale Variablen, die im gesamten Projekt bzw. Netzwerk verwendet werden können
- Bibliotheken, die über den Bibliotheksverwalter ins Projekt eingebunden werden
  können
- Logbuch zum Aufzeichnen der Online-Aktivitäten
- Steuerungskonfiguration zum Konfigurieren der Hardware
- Taskkonfiguration zur Steuerung des Programms über Tasks
- Watch- und Rezepturverwalter zum Anzeigen und Vorbelegen von Variablenwerten
- Zielsystemeinstellungen zur Anwahl und gegebenenfalls Endkonfiguration des
  Zielsystems
- Arbeitsbereich mit einem Abbild der Projektoptionen

Abhängig vom gewählten Zielsystem bzw. den in CoDeSys vorgenommenen Zielsystemeinstellungen können folgende Ressourcen ebenfalls verfügbar sein:

- Parameter-Manager für den Datenaustausch mit anderen Steuerungen in einem
  Netzwerk
- PLC-Browser als Monitor der Steuerung
- Traceaufzeichnung zur grafischen Aufzeichnung von Variablenwerten
- Tools zum Aufruf externer Anwendungen.
- Aktion: Zu Funktionsblöcken und Programmen können Aktionen definiert und hinzu-
  gefügt werden („Projekt" „Aktion hinzufügen"). Die Aktion stellt eine weitere
  Implementation dar, die durchaus in einer anderen Sprache als die „normale" Imple-
  mentation erstellt werden kann. Jede Aktion erhält einen Namen.

Eine Aktion arbeitet mit den Daten des Funktionsblocks bzw. Programms, zu dem sie gehört. Die Aktion verwendet die gleichen Ein-/Ausgabevariablen und lokalen Variablen, wie die „normale" Implementation. Abb. 6.70 zeigt ein Beispiel für eine Aktion eines Funktionsblocks.

In diesem Beispiel wird bei Aufruf des Funktionsblocks „Counter" die Ausgabevariable „out" erhöht bzw. verringert in Abhängigkeit der Eingabevariablen „in". Bei Aufruf der Aktion „Reset" des Funktionsblocks wird die Ausgabevariable „out" auf Null gesetzt. Es wird in beiden Fällen die gleiche „Variable" „out" beschrieben.

Eine Aktion wird aufgerufen mit <Programmname>.<Aktionsname> bzw. <Instanzname>.<Aktionsname>. Man beachte die Schreibweise im FUP. Soll die Aktion innerhalb des eigenen Bausteins aufgerufen werden, so verwendet man in den Texteditoren nur den Aktionsnamen und in den grafischen Editoren den Funktionsblockaufruf ohne Instanzangabe.

Beispiele für Aufrufe der obigen Aktion aus einem anderen Baustein:

```
Deklaration für alle Beispiele: PROGRAM PLC_PRG
                                 VAR
                                  inst : counter;
                                 END_VAR
```

Aufruf von Aktion „Reset" in einem anderen Baustein, der in AWL programmiert ist:

```
CAL    inst.Reset(in = FALSE)
LD     inst.out
ST     ERG
```

Aufruf in einem anderen Baustein, der in ST programmiert ist:

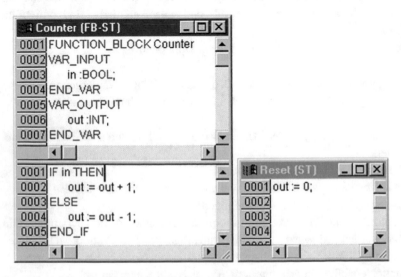

Abb. 6.70 Beispiel für eine Aktion eines Funktionsblocks

```
inst.Reset(in := FALSE);
Erg := inst.out;
```

Aufruf in einem anderen Baustein, der in FUP programmiert ist:

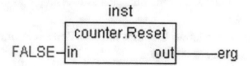

Bei Bausteinen in Ablaufsprache spielen Aktionen eine besondere Rolle.

- Bibliotheken: Man kann in einem Projekt eine Reihe von Bibliotheken einbinden, deren Bausteine, Datentypen und globale Variablen, die man genauso benutzen kann wie selbstdefinierte. Die Bibliotheken „standard.lib" und „util.lib" stehen standardmäßig zur Verfügung.
- Datentypen: Neben den Standarddatentypen können vom Benutzer eigene Datentypen definiert werden. Strukturen, Aufzählungstypen und Referenzen lassen sich anlegen.

Visualisierung: CoDeSys stellt eine zur Veranschaulichung einer Projektvariablen die Möglichkeit einer Visualisierung zur Verfügung. Mit Hilfe der Visualisierung kann man im Offline-Modus geometrische Elemente zeichnen und diese können sich dann im Online Modus in Abhängigkeit von bestimmten Variablenwerten ihre Form/Farbe/Textausgabe verändern.

Eine Visualisierung kann auch als ausschließliche Bedienoberfläche eines Projekts mit CoDeSys HMI oder zielsystemabhängig auch als Web- oder Target-Visualisierung über Internet bzw. auf dem Zielsystem genutzt werden.

6.6.4   Unterstützte Programmiersprachen

CoDeSys unterstützt alle in der Norm IEC-61131 beschriebenen Programmiersprachen:

Textuelle Sprachen:
- Anweisungsliste (AWL)
- Strukturierter Text (ST)

Grafische Sprachen:
- Ablaufsprache (AS)
- Kontaktplan (KOP)
- Funktionsplan (FUP)
- Zusätzlich gibt es auf Basis des Funktionsplans den Freigrafischen Funktionsplan (CFCX)

Eine Anweisungsliste besteht aus einer Folge von Anweisungen. Jede Anweisung beginnt in einer neuen Zeile, und beinhaltet einen Operator und, je nach Art der Operation, einen oder mehrere durch Kommata abgetrennte Operanden.

Vor einer Anweisung kann sich ein Identifikator „Marke" befinden, gefolgt von einem Doppelpunkt (:). Er dient der Kennzeichnung der Anweisung und kann beispielsweise als Sprungziel verwendet werden.

Ein Kommentar muss das letzte Element in einer Zeile sein und leere Zeilen können zwischen Anweisungen eingefügt werden.

```
Beispiel: LD 17
ST lint (* Kommentar *)
GE 5
JMPC next
LD idword
EQ intruct.sdword
STN test
next:
```

In der Sprache AWL können folgende Operatoren und Modifikatoren verwendet werden: Modifikatoren:

- C bei JMP, CAL, : Die Anweisung wird nur ausgeführt, wenn das Ergebnis des vorhergehenden
  RET: Ausdrucks TRUE ist.
- N bei JMPC, CALC, : Die Anweisung wird nur ausgeführt, wenn das Ergebnis des
  RETC: vorhergehenden Ausdrucks FALSE ist.
- N sonst: Negation des Operanden (nicht des Akkus).

In Tab. 6.15 sind alle Operatoren in AWL mit deren möglichen Modifikatoren und der jeweiligen Bedeutung gezeigt.

Beispiel für ein AWL-Programm unter Verwendung einiger Modifikatoren:

LD   *TRUE (*Lade TRUE in den Akkumulator*)*
ANDN   BOOL1 (*führe AND mit dem negierten Wert der Variablen BOOL1 aus*)
JMPC   marke (*wenn das Ergebnis TRUE war, springe zur Marke „marke"*)
LDN   BOOL2 (*Speichere den negierten Wert von BOOL2*)
ST   ERG (*BOOL2 in ERG*)
Marke:
LD   BOOL2 (*Speichere den Wert von *)
ST   ERG (*BOOL2 in ERG*)

Es ist in AWL auch möglich, Klammern nach einer Operation zu setzen. Als Operand wird dann der Wert der Klammer betrachtet.

```
LD    2
MUL   2
ADD   3
Erg
```

Hier ist der Wert von Erg 7. Wenn man aber Klammern setzt

```
LD 2
MUL (2
ADD 3
)
ST Erg
```

ergibt sich als Wert für Erg 10, denn die Operation MUL wird erst ausgewertet, wenn man auf „)" trifft und als Operand für MUL errechnet sich dann 5.

Der strukturierte Text besteht aus einer Reihe von Anweisungen, die wie in Hochsprachen bedingt („IF..THEN. .ELSE") oder in Schleifen (WHILE..DO) ausgeführt werden können.

Tab. 6.15 Operatoren in AWL

Operator	Modifikator	Bedeutung
LD	N	Setze aktuelles Ergebnis gleich dem Operanden
ST	N	Speichere aktuelles Ergebnis an die Operandenstelle
S		Setze den Boole-Operand genau dann auf TRUE, wenn das aktuelle Ergebnis TRUE ist
R		Setze den Boole-Operand genau dann auf FALSE, wenn das aktuelle Ergebnis TRUE ist
AND	N,(	Bitweise AND
OR	N,(	Bitweise OR
XOR	N,(	Bitweise exklusives OR
ADD	(	Addition
SUB	(	Subtraktion
MUL	(	Multiplikation
DIV	(	Division
GT	(	>
GE	(	>=
EQ	(	=
NE	(	<>
LE	(	<=
LT	(	<
JMP	CN	Springe zur Marke
CAL	CN	Rufe Programm oder Funktionsblock auf
RET	CN	Verlasse den Baustein und kehre ggf. zurück zum Aufrufer
)		Werte zurückgestellte Operation aus

Beispiel:

```
IF value < 7 THEN;
  WHILE value < 8 DO;
   value := value + 1;
  END_WHILE;
END_IF';
```

Ein Ausdruck ist ein Konstrukt, das nach seiner Auswertung einen Wert zurückliefert.

Ausdrücke sind zusammengesetzt aus Operatoren und Operanden. Ein Operand kann eine Konstante, eine Variable, ein Funktionsaufruf oder ein weiterer Ausdruck sein.

Die Auswertung eines Ausdrucks erfolgt durch Abarbeitung der Operatoren nach bestimmten *Bindungsregeln*. Der Operator mit der stärksten Bindung wird zuerst abgearbeitet, dann der Operator mit der nächstschwächeren, usw., bis alle Operatoren abgearbeitet sind.

Operatoren mit gleicher Bindungsstärke werden von links nach rechts abgearbeitet. Tab. 6.16 zeigt die ST-Operatoren in der Ordnung ihrer Bindungsstärke.

Tab. 6.17 zeigt tabellarisch geordnet die möglichen Anweisungen in ST und je ein Beispiel.

- Zuweisungsoperator: Auf der linken Seite einer Zuweisung steht ein Operand (Variable, Adresse), dem der Wert des Ausdrucks auf der rechten Seite zugewiesen wird mit dem Zuweisungsoperator „:=".

Tab. 6.16 ST-Operatoren in der Ordnung ihrer Bindungsstärke

Operation	Symbol	Bindungsstärke
Einklammern	(Ausdruck)	Stärkste Bindung
Funktionsaufruf	Funktionsname (Parameterliste)	
Potenzieren	EXPT	
Negieren Komplementbildung	- NOT	
Multiplizieren Dividieren Modulo	* / MOD	
Addieren Subtrahieren	+ −	
Vergleiche	<, >, <=, >=	
Gleichheit Ungleichheit	=	
Boole AND	AND	
Boole XOR	XOR	
Boole OR	OR	Schwächste Bindung

Tab. 6.17 Anweisungen in ST und je ein Beispiel

Anweisungsart	Beispiel
Zuweisung	A := B; CV := CV + 1; C := SIN(X);
Aufruf eines Funktionsblocks und Benutzung der FB-Ausgabe	CMD_TMR(IN := %IX5, PT := 300); A := CMD_TMR.Q
RETURN	RETURN;

IF	D := B*B;
	 IF D < 0.0 THEN
	 C := A;
	 ELSIF D = 0.0 THEN
	 C := B;
	 ELSE
	 C := D;
	 END IF

CASE	CASE INT1 OF 1: BOOL1 : = TRUE; 2: BOOL2 : = TRUE; ELSE BOOL1 : = FALSE; BOOL2 : = FALSE; END CASE;

FOR	J := 101;
	 FOR I := 1 T0 100 BY 2 DO
	 IF ARR[I] = 70 THEN
	 J := I;
	 EXIT;
	 END_IF;
	 END_FOR;

WHILE	J := 1; WHILE J <= 100 AND ARR[J] <> 70 DO J := J + 2; END_WHILE;
REPEAT	J := −1; REPEAT J := J + 2; UNTIL J := 101 OR ARR[J] = 70 END_REPEAT;
EXIT	EXIT;
Leere Anweisung	;

Beispiel: *Var1 = Var2 * 10;*

Nach Ausführung dieser Zeile hat Var1 den zehnfachen Wert von Var2.

- Aufruf von Funktionsblöcken in ST: Ein Funktionsblock in ST wird aufgerufen, indem man den Namen der Instanz des Funktionsblocks schreibt und anschließend in Klammern die gewünschten Werte den Parametern zuweist. Im folgenden Beispiel wird ein

Timer aufgerufen mit Zuweisungen für dessen Parameter IN und PT. Anschließend wird die Ergebnisvariable Q der Variable A zugewiesen.

Die Ergebnisvariable wird wie in AWL mit dem Namen des Funktionsblocks, einem anschließenden Punkt und dem Namen der Variablen angesprochen.

```
CMD_TMR(IN := %IX5, PT := 300);
A := CMD_TMR.Q
```

- RETURN-Anweisung: Die RETURN-Anweisung kann man verwenden, um einen Baustein zu verlassen, beispielsweise abhängig von einer Bedingung.
- CASE-Anweisung: Mit der CASE-Anweisung kann man mehrere bedingte Anweisungen mit derselben Bedingungsvariablen in ein Konstrukt zusammenfassen.

  Syntax: CASE <Var1>

- OF <Wert1 > : <Anweisung 1>
    <Wert2 > : <Anweisung 2>
    <Wert3, Wert4, Wert5: <Anweisung 3>
    <Wert 6 .. Wert10 : <Anweisung 4>
    …
    <Wert >: <Anweisung n>
- ELSE <ELSE-Anweisung>
- END_CASE: Eine CASE-Anweisung wird nach folgendem Schema abgearbeitet:
  - Wenn die Variable in <Var1> den Wert <Wert i> hat, dann wird die Anweisung <Anweisung i> ausgeführt.
  - Hat <Var1> keinen der angegebenen Werte, dann wird die <ELSE-Anweisung> ausgeführt.
  - Wenn für mehrere Werte der Variablen, dieselbe Anweisung auszuführen ist, dann kann man diese Werte mit Kommas getrennt hintereinander schreiben, und damit die gemeinsame Anweisung bedienen.
  - Wenn für einen Wertebereich der Variablen, dieselbe Anweisung auszuführen ist, dann kann man den Anfangs- und Endwert getrennt durch zwei Punkte hintereinanderschreiben und damit die gemeinsame Anweisung bedienen.

```
Beispiel.: CASE INT1 OF
           1, 5: BOOL1 := TRUE;
           BOOL3 := FALSE;
           2: BOOL2 := FALSE;
           BOOL3 := TRUE;
           10 .. 20: BOOL1 := TRUE;
           BOOL3 := TRUE;
```

```
        ELSE
        BOOL1 := NOT BOOL1;
        BOOL2 := BOOL1 OR BOOL2;
        END_CASE;
```

- IF-Anweisung: Mit der IF-Anweisung kann man eine Bedingung prüfen und abhängig von dieser Bedingung eine Anweisung ausführen.

```
Syntax:   IF <Boolescher_Ausdruck1>
          THEN
          <IF_Anweisungen>
          {ELSIF <Boolescher_Ausdruck2>
          THEN
          <ELSIF_Anweisungen1>
          .

          .

          ELSIF <Boolescher_Ausdruck n>
          THEN
          <ELSIF_Anweisungen n-1>
          ELSE
          <ELSE_Anweisungen>
          }
          END_IF;
```

Der Teil in geschweiften Klammern { } ist optional.

Wenn <Boolescher_Ausdruck1> TRUE ergibt, dann werden nur die <IF_Anweisungen> ausgeführt und keine der weiteren Anweisungen.

Andernfalls werden die Booleschen Ausdrücke, beginnend mit <Boolescher_Ausdruck2> der Reihe nach ausgewertet, bis einer der Ausdrücke TRUE ergibt. Dann werden nur die Anweisungen nach diesem Booleschen Ausdruck und von dem nächsten ELSE oder ELSIF ausgewertet.

Wenn keine der Booleschen Ausdrücke TRUE ergibt, dann werden ausschließlich die <ELSE_Anweisungen> ausgewertet.

```
Beispiel:  IF temp<17
           THEN heizung_an := TRUE;
           ELSE heizung_an := FALSE;
           END_IF;                            /
```

Die Heizung wird eingeschaltet, wenn die Temperatur unter 17 °C sinkt, ansonsten bleibt sie aus.

- FOR-Schleife: Mit der FOR-Schleife kann man wiederholte Vorgänge programmieren.

```
Syntax:    INT Var :INT;
           FOR <INT_Var> := <INIT_WERT>
           TO<END_WERT>
           {BY <Schnittgröße>}
           DO <Anweisungen>
           END_FOR;
```

Der Teil in geschweiften Klammern { } ist optional.

Die <Anweisungen> werden ausgeführt, solange der Zähler <INT_Var> nicht größer als der <END_WERT> ist. Dies wird vor der Ausführung der <Anweisungen> überprüft, sodass die <Anweisungen> niemals ausgeführt werden, wenn <INIT_WERT> größer als <END_WERT> ist.

Immer, wenn <Anweisungen> ausgeführt worden sind, wird <INT_Var> um <Schritt-größe> erhöht. Die Schrittgröße kann jeden Integerwert haben. Fehlt sie, wird diese auf 1 gesetzt. Die Schleife muss also terminieren, da <INT_Var> nun größer wird.

```
Beispiel:  FOR Zaehler := 1 TO 5 BY 1 DO
           Var := Var1*2;
           END_FOR;
           Erg := Var1;
```

Nimmt man an, dass die Variable Var mit dem Wert 1 vorbelegt wurde, dann wird sie nach der FOR-Schleife den Wert 32 haben.

Der <END_WERT> darf nicht der Grenzwert des Zählers <INT_VAR> sein, z. B. wenn die Variable „Zaehler" vom Typ SINT ist, darf der <END_WERT> nicht 127 sein, sonst erfolgt eine Endlosschleife.

- WHILE-Schleife: Die WHILE-Schleife kann benutzt werden wie die FOR-Schleife, mit dem Unterschied, dass die Abbruchbedingung ein beliebiger Boolescher Ausdruck sein kann, d. h., man gibt eine Bedingung an, die, wenn sie zutrifft, die Ausführung der Schleife zur Folge hat.

```
Syntax: WHILE <Boolescher Ausdruck>
            DO
            <Anweisungen>
            END_WHILE;
```

Die <Anweisungen> werden solange wiederholt ausgeführt, bis sich <Boolescher_Ausdruck> TRUE ergibt. Wenn <Boolescher_Ausdruck> bereits bei der ersten Auswertung FALSE ist, dann werden die <Anweisungen> nicht ausgeführt. Wenn <Boolescher_Ausdruck> niemals den Wert FALSE annimmt, dann werden die <Anweisungen> endlos wiederholt, wodurch ein Laufzeitfehler entsteht.

Der Programmierer muss selbst dafür sorgen, dass keine Endlosschleife entsteht, indem er im Anweisungsteil der Schleife die Bedingung verändert, also z. B. einen Zähler auf- oder abwärts zählen lässt.

```
Beispiel: WHILE Zaehler <> 0 DO
          Var1 := Var 1*2;
          Zaehler := Zaehler -1;
          END_WHILE
```

Die WHILE- und die REPEAT-Schleife sind in gewissem Sinne mächtiger als die FOR-Schleife, da man nicht bereits vor der Ausführung der Schleife die Anzahl der Schleifendurchläufe wissen muss. In manchen Fällen wird man also nur mit diesen beiden Schleifenarten arbeiten können. Wenn jedoch die Anzahl der Schleifendurchläufe klar ist, dann ist eine FOR- Schleife zu bevorzugen, da sie keine endlosen Schleifen ermöglicht.

- REPEAT-Schleife: Die REPEAT-Schleife unterscheidet sich von den WHILE-Schleifen dadurch, dass die Abbruchbedingung erst nach dem Ausführen der Schleife überprüft wird. Das hat zur Folge, dass die Schleife mindestens einmal durchlaufen wird, egal wie die Abbruchbedingung lautet.

```
Syntax: REPEAT
        <Anweisungen>
        UNTIL <Boolescher Ausdruck>
        END_REPEAT;
```

Die <Anweisungen> werden solange ausgeführt, bis <Boolescher Ausdruck> TRUE ergibt.

Wenn <Boolescher Ausdruck> bereits bei der ersten Auswertung TRUE ergibt, dann werden <Anweisungen> genau einmal ausgeführt. Wenn <Boolescher_Ausdruck> niemals den Wert TRUE annimmt, dann werden die <Anweisungen> endlos wiederholt, wodurch ein Laufzeitfehler entsteht.

Der Programmierer muss auch hier selbst dafür sorgen, dass keine Endlosschleife entsteht, indem er im Anweisungsteil der Schleife die Bedingung verändert, also z. B., einen Zähler auf- oder abwärts zählen lässt.

```
Beispiel: REPEAT
          Var1 := Var 1*2;
          Zaehler := Zaehler -1;
          UNTIL
          Zaehler =0
          END_REPEAT
```

- EXIT-Anweisung: Wenn die EXIT-Anweisung in einer FOR-, WHILE- oder REPEAT-Schleife vorkommt, dann wird die innerste Schleife beendet, ungeachtet der Abbruch-bedingung.

6.6.5   Ablaufsprache (AS)

Die Ablaufsprache ist eine grafisch orientierte Sprache, die es ermöglicht, die zeitliche Abfolge verschiedener Aktionen innerhalb eines Programms zu beschreiben. Dazu werden Schrittelemente verwendet, denen bestimmte Aktionen zugeordnet werden und deren Abfolge über Transitionselemente gesteuert wird, wie Abb. 6.71 zeigt.

Schritt: Ein in Ablaufsprache geschriebener Baustein besteht aus einer Folge von Schritten, die über gerichtete Verbindungen (Transitionen) miteinander verbunden sind.

Es gibt zwei Arten von Schritten:

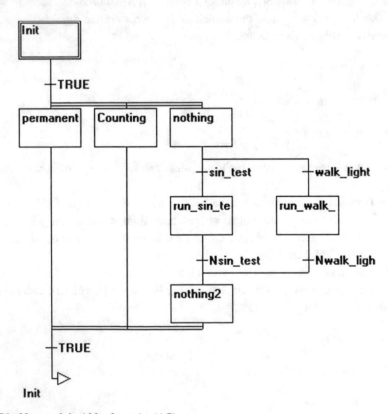

Abb. 6.71   Netzwerk in Ablaufsprache (AS)

- Die vereinfachte Form besteht aus einer Aktion und einem Flag, das anzeigt, ob der Schritt aktiv ist. Ist zu einem Schritt die Aktion implementiert, so erscheint ein kleines Dreieck in der rechten oberen Ecke des Schrittkästchens.
- Ein IEC-Schritt besteht aus einem Flag und einer oder mehreren zugewiesenen Aktionen oder Booleschen Variablen. Die assoziierten Aktionen erscheinen rechts vom Schritt.
- Aktion: Eine Aktion kann eine Folge von Instruktionen in AWL oder in ST, eine Menge von Netzwerken in FUP oder in KOP oder wieder eine Ablaufstruktur (AS) enthalten.

Bei den vereinfachten Schritten ist eine Aktion immer mit ihrem Schritt verbunden. Um eine Aktion zu editieren, führt man den Schritt aus, zu dem die Aktion gehört oder einen doppelten Mausklick aus, oder markiert den Schritt und führt den Menübefehl „Extras" „Zoom Aktion/Transition" aus.

Aktionen von IEC-Schritten sind im „Object Organizer" direkt unter ihrem AS-Baustein auszuführen und werden mit Doppelklick oder Drücken der <Eingabetaste> in ihren Editor geladen. Neue Aktionen können mit „Projekt" „Aktion hinzufügen" erzeugt werden. Einem IEC-Schritt können maximal neun Aktionen hinzugefügt werden.

- Eingangs- bzw. Ausgangsaktion: Einem Schritt kann zusätzlich zur Schrittaktion eine Eingangsaktion und eine Ausgangsaktion hinzugefügt werden. Eine Eingangsaktion wird nur einmal ausgeführt, gleich nachdem der Schritt aktiv geworden ist. Eine Ausgangsaktion wird nur einmal ausgeführt, bevor der Schritt deaktiviert wird.

Ein Schritt mit Eingangsaktion wird durch ein „E" in der linken unteren Ecke gekennzeichnet, die Ausgangsaktion durch ein „X" in der rechten unteren Ecke.

Ein- und Ausgangsaktion lassen sich in einer beliebigen Sprache implementieren. Um eine Ein- bzw. Ausgangsaktion zu editieren, führt man auf die entsprechende Ecke im Schritt einen doppelten Mausklick aus. Beispiel eines Schrittes mit Ein- und Ausgangsaktion:

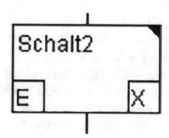

- Transition/Transitionsbedingung: Zwischen den Schritten liegen sogenannte Transitionen. Eine Transitionsbedingung muss den Wert TRUE oder FALSE aufweisen. Somit kann sie aus einer Booleschen Variablen, Booleschen Adresse oder einer Booleschen Konstanten bestehen. Sie kann auch eine Folge von Instruktionen mit einem Booleschen Ergebnis in ST-Syntax (z. B. (i <= 100) AND b) oder einer beliebigen Sprache enthalten. Aber eine Transition darf keine Programme, Funktionsblöcke oder Zuweisungen enthalten!

Zur Analyse von Transitionsausdrücken kann das Flag „SFCErrorAnalyzationtable" definiert werden.

Neben Transitionen kann auch der Tip-Modus benutzt werden, um zum nächsten Schritt weiterzuschalten.

- Aktiver Schritt: Nach dem Aufruf des AS-Bausteins wird zunächst die zum Initialschritt (doppelt umrandet) gehörende Aktion ausgeführt. Ein Schritt, dessen Aktion ausgeführt wird, gilt als „aktiv". Im Online-Modus werden aktive Schritte blau dargestellt.

Pro Zyklus werden zunächst alle Aktionen ausgeführt, die zu aktiven Schritten gehören. Danach werden die diesen Schritten nachfolgenden Schritte auf „aktiv" gesetzt, wenn die Transitionsbedingungen für diese nachfolgenden Schritte TRUE sind. Die nun aktiven Schritte werden dann im nächsten Zyklus ausgeführt.

Enthält der aktive Schritt eine Ausgangsaktion, wird auch diese erst im nächsten Zyklus ausgeführt, vorausgesetzt, die darauffolgende Transition ist TRUE.

- IEC-Schritt: Neben den vereinfachten Schritten stehen die normkonformen IEC-Schritte in AS zur Verfügung. Um IEC-Schritte verwenden zu können, muss man das Projekt in die spezielle SFC-Bibliothek „lecsfc.lib" einbinden.

Einem IEC-Schritt können ebenfalls maximal neun Aktionen zugewiesen werden. IEC-Aktionen sind nicht wie bei den vereinfachten Schritten als Eingangs-, Schritt- oder Ausgangsaktion fest einem Schritt zugeordnet, sondern liegen getrennt von den Schritten vor und können innerhalb ihres Bausteins mehrfach verwendet werden. Dazu muss man mit dem Befehl „Extras Aktion assoziieren" die gewünschten Schritte assoziieren.

Neben Aktionen können auch Boolesche Variable Schritten zugewiesen werden.

Über sogenannte Bestimmungszeichen (Qualifier) wird die Aktivierung und Deaktivierung der Aktionen und Booleschen Variablen gesteuert. Zeitliche Verzögerungen sind dabei möglich. Da eine Aktion immer noch aktiv sein kann, wenn bereits der nächste Schritt abgearbeitet wird, z. B. durch Bestimmungszeichen S (Set), kann man Nebenläufigkeiten erreichen.

Eine assoziierte Boolesche Variable wird bei jedem Aufruf des AS-Bausteins gesetzt oder zurückgesetzt, d. h., ihr wird jedes Mal entweder der Wert TRUE oder FALSE neu zugewiesen.

Die assoziierten Aktionen zu einem IEC-Schritt werden rechts vom Schritt in einem zweigeteilten Kästchen dargestellt. Das linke Feld enthält den Qualifier, evtl. mit Zeitkonstanten und das rechte den Aktionsnamen bzw. Booleschen Variablennamen.

Beispiel für einen IEC-Schritt mit zwei Aktionen.

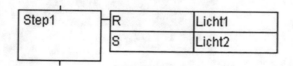

Zur leichteren Verfolgung der Vorgänge werden alle aktiven Aktionen im Onlinebetrieb wie die aktiven Schritte blau dargestellt. Nach jedem Zyklus wird überprüft, welche Aktionen aktiv sind.

Man beachte, dass hierzu auch die Einschränkungen bei der Verwendung von Zeit-Qualifiern bei mehrmals verwendeten Aktionen im gleichen Zyklus liegen können.

Wird eine Aktion deaktiviert, so wird sie noch einmal ausgeführt, d. h., dass jede Aktion mindestens zweimal ausgeführt wird (auch eine Aktion mit Qualifier P).

Bei einem Aufruf werden zuerst die deaktivierten Aktionen in alphabetischer Reihenfolge abgearbeitet und dann alle aktiven Aktionen wiederum in alphabetischer Reihenfolge.

Ob es sich bei einem neu eingefügten Schritt um einen IEC-Schritt handelt, ist abhängig davon, ob der Menübefehl „Extras-IEC-Schritte benutzen" angewählt ist.

Im Object Organizer hängen die Aktionen direkt unter ihrem jeweiligen AS-Baustein. Neue Aktionen können mit „Projekt-Aktion hinzufügen" erzeugt werden. Abb. 6.72 zeigt einen AS-Baustein mit Aktionen im Object Organizer.

- Qualifier: Zum Assoziieren der Aktionen zu IEC-Schritten stehen folgende Qualifier (Bestimmungszeichen) von Tab. 6.18 zur Verfügung.

Die Bestimmungszeichen L, D, SD, DS und SL benötigen eine Zeitangabe im TIME-Konstantenformat, z. B. LT#5s.

Wird dieselbe Aktion in zwei unmittelbar aufeinanderfolgenden Schritten mit Qualifiern benutzt, die den zeitlichen Ablauf beeinflussen, kann bei der zweiten Verwendung der Zeit-Qualifier nicht mehr wirksam werden. Um dies zu umgehen, muss man einen Zwischenschritt einfügen, sodass in dem dann zusätzlich zu durchlaufenden Zyklus der Aktionszustand erneut initialisiert werden kann.

- Implizite Variablen in AS: In den AS gibt es implizit deklarierte Variablen, die verwendet werden können.

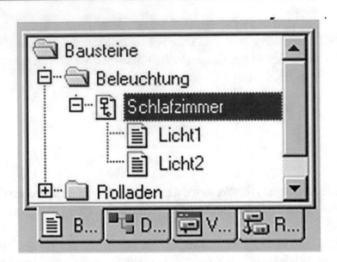

Abb. 6.72 AS-Baustein mit Aktionen im Object Organizer.

Tab. 6.18 Qualifier (Bestimmungszeichen) zum Assoziieren der Aktionen

N	Non-stored	die Aktion ist solange aktiv wie der Schritt
R	overriding Reset	die Aktion wird deaktiviert
S	Set (Stored)	die Aktion wird aktiviert und bleibt bis zu einem Reset aktiv
L	time Limited	die Aktion wird für eine bestimmte Zeit aktiviert, maximal solange der Schritt aktiv ist
D	time Delayed	die Aktion wird nach einer bestimmten Zeit aktiv, sofern der Schritt noch aktiv ist und dann solange der Schritt aktiv ist
P	Pulse	die Aktion wird genau einmal ausgeführt, wenn der Schritt aktiv wird
SD	Stored and time Delayed	die Aktion wird nach einen bestimmter Zeit aktiviert und bleibt bis zu einem Reset aktiv
DS	Delayed and Stored	die Aktion wird nach einer bestimmten Zeit aktiviert, sofern der Schritt noch aktiv ist und bleibt bis zu einem Reset aktiv
SL	Stored and time Limited	die Aktion ist für eine bestimmte Zeit aktiviert

Zu jedem Schritt gehört ein Flag, welches den Zustand des Schritts speichert. Das Schritt-Flag (aktiver oder inaktiver Zustand des Schritts) heißt <StepName>.x bei IEC-Schritten bzw. <StepName> bei den vereinfachten Schritten. Diese Boolesche Variable hat den Wert TRUE, wenn der zugehörige Schritt aktiv ist, und FALSE, wenn er inaktiv ist. Sie kann in jeder Aktion und Transition des AS-Bausteins benutzt werden.

Ob eine IEC-Aktion aktiv ist oder nicht, kann mit der Variablen <AktionsName>.x abgefragt werden.

Bei IEC-Schritten kann mit der impliziten Variablen <StepName>.t die aktive Zeitdauer der Schritte abgefragt werden.

Auf die impliziten Variablen kann auch von anderen Programmen aus zugegriffen werden. Beispiel:

Boolevar1 = sfc.step1.x;. Dabei ist step1.x die implizite Boolesche Variable, die den Zustand von IEC-Schritt step1 im Baustein sfc1 darstellt.

- AS-Flags: Zur Steuerung des Ablaufs in den Ablaufsprachen können Flags genutzt werden, die während der Projektabarbeitung automatisch erzeugt werden. Dazu müssen entsprechende Variablen global oder lokal als Aus- oder Eingabevariable deklariert werden. Beispiel: Wenn im AS ein Schritt länger aktiv ist, als in seinen Attributen angegeben, wird ein Flag gesetzt, das über eine Variable namens SFCError zugänglich wird (SFCError wird TRUE). Folgende Flag-Variablen sind möglich:

„SFCEnableLimit": Diese spezielle Variable ist vom Typ BOOL. Wenn diese TRUE ist, werden Zeitüberschreitungen bei den Schritten in SFCError registriert. Ansonsten werden Zeitüberschreitungen ignoriert. Die Verwendung kann beispielsweise bei Inbetriebnahme oder Handbetrieb nützlich sein.

„SFCInit": Wenn diese Boolesche Variable TRUE ist, dann wird die Ablaufsprache auf den Init-Schritt zurückgesetzt. Die anderen AS-Flags werden ebenfalls zurückgesetzt (Initialisierung). Solange die Variable TRUE ist, bleibt der Init-Schritt gesetzt (aktiv), wird aber nicht ausgeführt. Erst wenn SFCInit wieder auf FALSE gesetzt wird, wird der Baustein normal weiterbearbeitet.

„SFCReset": Diese Variable vom Typ BOOL verhält sich ähnlich wie SFCInit. Im Unterschied zu dieser wird allerdings nach der Initialisierung der Init-Schritt weiter abgearbeitet. So könnte beispielsweise im Init-Schritt das SFCReset-Flag gleich wieder auf FALSE gesetzt werden.

„SFCQuitError": Solange diese Boolesche Variable TRUE ist, wird die Abarbeitung des AS-Diagramms angehalten, eine eventuelle Zeitüberschreitung in der Variablen SFCError wird dabei zurückgesetzt. Wenn die Variable wieder auf FALSE gesetzt wird, werden alle bisherigen Zeiten in den aktiven Schritten zurückgesetzt. Voraussetzung dafür ist die Deklaration des Flags SFCError, das die Zeitüberschreitung registriert.

„SFCPause": Solange diese Boolesche Variable TRUE ist, wird die Abarbeitung des AS-Diagramms angehalten.

„SFCError": Diese Boolesche Variable wird TRUE, wenn in einem AS-Diagramm eine Zeitüberschreitung aufgetreten ist. Wenn im Programm nach der ersten Zeitüberschreitung eine weitere auftritt, wird diese nicht mehr registriert, wenn die Variable SFCError vorher nicht wieder zurückgesetzt wurde. Die Deklaration von SFCError ist Voraussetzung für das Funktionieren der anderen Flag-Variablen zur Kontrolle des zeitlichen Ablaufs (SFCErrorStep, SFCErrorPOU, SFCQuitError, SFCErrorAnalyzationtable).

„SFCTrans": Diese Boolesche Variable wird TRUE, wenn eine Transition schaltet.

„SFCErrorStep": Diese Variable ist vom Typ STRING. Wird durch SFCError eine Zeitüberschreitung im AS-Diagramm registriert, wird in dieser Variable der Name des Schritts gespeichert, der die Zeitüberschreitung verursacht hat. Voraussetzung dafür ist die Deklaration der Variablen SFCError, die die Zeitüberschreitung registriert.

„SFCErrorPOU": Diese Variable vom Typ STRING erhält im Falle einer Zeitüberschreitung den Namen des Bausteins, in dem die Zeitüberschreitung aufgetreten ist. Voraussetzung dafür ist die Deklaration der Variablen SFCError, die die Zeitüberschreitung registriert.

„SFCCurrentStep": Diese Variable ist vom Typ STRING. In ihr wird der Name des Schritts gespeichert, der aktiv ist, unabhängig von der Zeitüberwachung. Bei einer Parallelverzweigung wird der Schritt im äußersten rechten Zweig gespeichert.

„SFCErrorAnalyzationtable": Diese Variable vom Typ ARRAY [0..n] OF ExpressionResult gibt für jede Variable eines zusammengesetzten Transitionsausdrucks, die zu einem FALSE der Transition und damit zu einer Zeitüberschreitung im vorangehenden Schritt führt, folgende Informationen aus: Name, Adresse, Kommentar, aktueller Wert.

Dies ist für maximal 16 Variablen möglich, d. h. der Array-Bereich ist max. 0 bis 15.

Die Struktur ExpressionResult sowie die implizit verwendeten Analyse-Bausteine sind in der Bibliothek AnalyzationNew.lib enthalten. Die Analyse-Bausteine können auch explizit in Bausteinen, die nicht in SFC programmiert sind, verwendet werden.

Voraussetzung für die Analyse des Transitionsausdrucks ist die Registrierung einer Zeitüberschreitung im vorangehenden Schritt. Daher muss dort eine Zeitüberwachung implementiert sein und die Variable SFCError im Baustein deklariert sein.

SFCTip, SFCTipMode: Diese Variablen vom Typ BOOL erlauben den Tip-Betrieb des SFC. Wenn dieser durch SFCTipMode = TRUE eingeschaltet ist, kann nun zum nächsten Schritt weitergeschaltet werden, indem SFCTip auf TRUE gesetzt wird. Solange SFCTipMode auf FALSE gesetzt ist, kann zusätzlich auch über die Transitionen weitergeschaltet werden.

- Alternativzweig: Zwei oder mehr Zweige in AS können als Alternativverzweigungen definiert werden. Jeder Alternativzweig muss mit einer Transition beginnen und enden. Alternativverzweigungen können auch Parallelverzweigungen und weitere Alternativverzweigungen beinhalten. Eine Alternativverzweigung beginnt an einer horizontalen Linie (Alternativanfang) und endet an einer horizontalen Linie (Alternativende) oder mit einem Sprung.

Wenn der Schritt, der der Alternativanfangslinie vorangeht, aktiv ist, dann wird die erste Transition jeder Alternativverzweigung von links nach rechts ausgewertet. Die erste Transition von links, deren Transitionsbedingung den Wert TRUE hat, wird geöffnet und die nachfolgenden Schritte werden aktiviert.

- Parallelzweig: Zwei oder mehr Verzweigungen lassen sich in AS als Parallelverzweigungen definieren. Jeder Parallelzweig muss mit einem Schritt beginnen und enden. Parallelverzweigungen können Alternativverzweigungen oder weitere Parallelverzweigungen beinhalten. Eine Parallelverzweigung beginnt bei einer doppelten Linie (Parallelanfang) und endet bei einer doppelten Linie (Parallelende) oder bei einem Sprung. Dieser kann mit einer Sprungmarke versehen werden.

Wenn der an der Parallelanfangslinie vorangehende Schritt aktiv ist, und die Transitionsbedingung nach diesem Schritt den Wert TRUE hat, dann werden die ersten Schritte aller Parallelverzweigungen aktiv. Diese Zweige werden nun alle parallel zueinander abgearbeitet. Der Schritt nach der Parallelende-Linie wird aktiv, wenn alle vorangehenden Schritte aktiv sind und die Transitionsbedingung vor diesem Schritt den Wert TRUE liefert.

- Sprung: Ein Sprung ist eine Verbindung zu dem Schritt, dessen Name unter dem Sprungsymbol angegeben ist. Sprünge werden benötigt, weil es nicht erlaubt ist, nach oben führende oder sich überkreuzende Verbindungen zu schaffen.

6.6.6 Funktionsplan (FUP)

Der Funktionsplan ist eine grafisch orientierte Programmiersprache. Er arbeitet mit einer Liste von Netzwerken, wobei jedes Netzwerk eine Struktur enthält, die jeweils einen logischen bzw. arithmetischen Ausdruck, den Aufruf eines Funktionsblocks, eines Sprungs oder eine Return-Anweisung darstellt.

Abb. 6.73 zeigt ein Beispiel für ein Netzwerk im Funktionsplan.

6.6.7 Freigrafischer Funktionsplaneditor (CFC)

Der freigrafische Funktionsplaneditor arbeitet nicht wie der Funktionsplan FUP mit Netzwerken, sondern mit frei platzierbaren Elementen. Dies erlaubt beispielsweise Rückkopplungen. Abb. 6.74 zeigt ein Beispiel für ein Netzwerk im freigrafischen Funktionsplaneditor.

Abb. 6.73 Beispiel für ein
Netzwerk im Funktionsplan

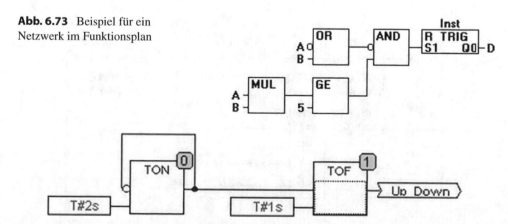

Abb. 6.74 Netzwerk im freigrafischen Funktionsplaneditor

6.6.8 Kontaktplan (KOP)

Der Kontaktplan ist eine grafisch orientierte Programmiersprache, die dem Prinzip einer elektrischen Schaltung angenähert ist. Einerseits eignet sich der Kontaktplan dazu, logische Schaltwerke zu konstruieren, andererseits kann man aber auch Netzwerke wie im FUP erstellen. Daher kann der KOP sehr gut dazu benutzt werden, um den Aufruf von anderen Bausteinen zu steuern. Der Kontaktplan besteht aus einer Folge von Netzwerken. Ein Netzwerk wird auf der linken und rechten Seite von einer vertikalen Stromleitung begrenzt. Dazwischen befindet sich ein Schaltplan aus Kontakten, Spulen und Verbindungslinien.

Jedes Netzwerk besteht auf der linken Seite aus einer Folge von Kontakten, die von links nach rechts den Zustand „AN" oder „AUS" weitergeben, diese Zustände entsprechen den Booleschen Werten TRUE und FALSE. Abb. 6.75 zeigt ein Netzwerk im Kontaktplan aus Kontakten und Spulen.

Kontakte können parallel geschaltet sein, dann muss einer der Parallelzweige den Wert „An" übergeben, damit die Parallelverzweigung den Wert „An" übergibt, oder die Kontakte sind in Reihe geschaltet, dann müssen alle Kontakte den Zustand „An" übergeben, damit der letzte Kontakt den Zustand „An" weitergibt. Dies entspricht einer elektrischen Parallel- bzw. Reihenschaltung.

Ein Kontakt kann auch negiert sein, erkennbar am Schrägstrich im Kontaktsymbol: I/I. Dann wird der Wert der Linie weitergegeben, wenn die Variable FALSE ist.

- Spule: Auf der rechten Seite eines Netzwerks im KOP befindet sich eine beliebige Anzahl sogenannter Spulen, dargestellt durch Klammern: (). Diese können nur parallel geschaltet werden. Eine Spule gibt den Wert der Verbindung von links nach rechts weiter und kopiert ihn in eine zugehörige Boolesche Variable. An der Eingangslinie kann der Wert AN (entspricht der Booleschen Variablen TRUE) oder dem Wert AUS anliegen (entsprechend FALSE).

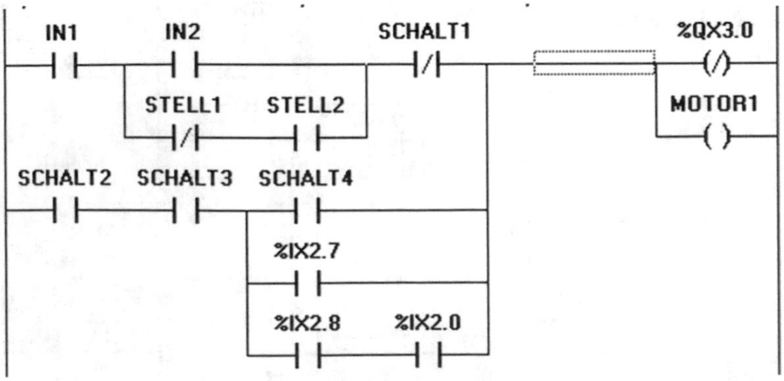

Abb. 6.75 Netzwerk im Kontaktplan aus Kontakten und Spulen

Kontakte und Spulen können auch negiert werden. Wenn eine Spule negiert ist (erkenn-bar am Schrägstrich im Spulensymbol: (/)), dann kopiert sie den negierten Wert in die zugehörige Boolesche Variable. Wenn ein Kontakt negiert ist, dann schaltet er nur dann durch, wenn die zugehörige Boolesche Variable FALSE ist.

- Funktionsblöcke im Kontaktplan: Neben Kontakten und Spulen lassen sich auch Funk-tionsblöcke und Programme eingeben. Diese müssen im Netzwerk einen Eingang und einen Ausgang mit Booleschen Werten haben und können an derselben Stelle verwen-det werden wie Kontakte, d. h. auf der linken Seite des KOP-Netzwerks.
- Set/Reset-Spulen: Spulen können auch als Set- oder Reset-Spulen definiert sein. Eine Set-Spule (erkennbar am „S" im Spulensymbol: (S)) überschreibt in der zugehörigen Booleschen Variablen niemals den Wert TRUE, d. h., wenn die Variable einmal auf TRUE gesetzt wurde, dann bleibt sie es auch.

Eine Reset-Spule (erkennbar am „R" im Spulensymbol: (R)), überschreibt in den zuge-hörigen Booleschen Variablen niemals den Wert FALSE, d. h., wenn die Variable einmal auf FALSE gesetzt wurde, dann bleibt sie es auch.

- KOP als FUP: Beim Arbeiten mit dem KOP kann der Fall auftreten, dass man das Ergeb-nis der Kontaktschaltung zur Steuerung anderer Bausteine nutzen möchte. Dann kann man einerseits das Ergebnis mit Hilfe der Spulen in einer globalen Variablen ablegen, die an anderer Stelle weiter benutzt wird. Sie können aber auch den eventuellen Aufruf direkt in Ihr KOP-Netzwerk einbauen. Dazu führt man einen Baustein mit EN-Eingang ein.

Solche Bausteine sind ganz normale Operanden, Funktionen, Programme oder Funkti-onsblöcke, die einen zusätzlichen Eingang verwenden, der mit EN beschriftet ist. Der EN-Eingang ist immer vom Typ BOOL und seine Bedeutung ist: der Baustein mit EN-Eingang wird dann ausgewertet, wenn EN den Wert TRUE hat.
Ein EN-Baustein wird parallel zu den Spulen geschaltet, wobei der EN-Eingang mit der Verbindungslinie zwischen den Kontakten und den Spulen verbunden wird. Wenn über diese Linie die Information AN transportiert wird, dann wird dieser Baustein ganz normal ausgewertet.
Ausgehend von einem solchen EN-Baustein können Netzwerke wie in FUP erstellt werden. Abb. 6.76 zeigt ein Beispiel eines KOP-Netzwerks mit einem EN-Baustein.

6.6.9 Debugging und Onlinefunktionalitäten

- Debugging: Mit den Debugging-Funktionen wird das Auffinden von Fehlern erleichtert.

Um Debuggen zu können, muss der Befehl „Projekt-Optionen" ausgeführt und im er-scheinenden Dialog unter Übersetzungsoptionen der Punkt „Debugging" ausge-wählt werden.

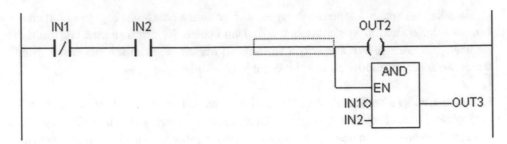

Abb. 6.76 Beispiel eines KOP-Netzwerks mit einem EN-Baustein

- Breakpoint: Ein Breakpoint ist eine Stelle im Programm, an der die Abarbeitung angehalten wird. Somit ist es möglich, die Werte von Variablen an einer bestimmten Programmstelle zu betrachten.

Breakpoints können in allen Editoren gesetzt werden. In den Texteditoren werden sie auf Zeilennummern gesetzt, in FUP und KOP auf Netzwerknummern, in CFC auf Bausteine und in AS auf Schritte. In Funktionsblockinstanzen können keine Breakpoints gesetzt werden.

- Einzelschritt bedeutet:

AWL:	Das Programm bis zum nächsten CAL, LD oder JMP-Befehl ausführen.
ST:	Die nächste Anweisung ausführen.
FUP, KOP:	Das nächste Netzwerk ausführen.
AS:	Die Aktion zum nächsten Schritt ausführen.
CFC:	Den nächsten Baustein (Box) im CFC-Programm ausführen.

Durch schrittweise Abarbeitung lässt sich die logische Korrektheit des Programms überprüfen.

- Einzelzyklus: Wenn Einzelzyklus gewählt wurde, dann wird nach jedem Zyklus die Abarbeitung angehalten.
- Werte Online verändern: Variablen können im laufenden Betrieb einmalig auf einen bestimmten Wert gesetzt werden (Wert schreiben) oder auch nach jedem Zyklus wieder neu mit einem bestimmten Wert beschrieben werden (Forcen). Man kann den Variablenwert im Online-Betrieb auch verändern, indem man einen Doppelklick darauf durchführt. Boolesche Variablen wechseln dadurch von TRUE auf FALSE bzw. umgekehrt, für alle anderen erhält man einen Dialog „Variable xy" schreiben, in dem man den aktuellen Variablenwert editiert.
- Monitoring: Im Online-Modus werden für alle am Bildschirm sichtbaren Variablen laufend die aktuellen Werte aus der Steuerung gelesen und dargestellt. Diese Darstellung findet man im Deklarations- und Programmeditor, außerdem kann man im Watch- und

Rezepturmanager und in einer Visualisierung aktuelle Variablenwerte ausgeben. Sollen Variablen aus Funktionsblock-Instanzen überwacht werden, muss erst die entsprechende Instanz geöffnet werden. Beim Monitoring von VAR_IN_OUT Variablen wird der dereferenzierte Wert ausgegeben.

Beim Monitoring von Pointern wird im Deklarationsteil sowohl der Pointer als auch der dereferenzierte Wert ausgegeben. Im Programmteil wird nur der Pointer ausgegeben:

```
+ --pointervar = '<' pointervalue '>'
```

POINTER im dereferenzierten Wert werden ebenfalls entsprechend angezeigt. Mit einfachem Klick auf das Kreuz oder mit Doppelklick auf die Zeile wird die Anzeige expandiert bzw. kollabiert. Abb. 6.77 zeigt ein Beispiel für Monitoring von Pointern.

In den Implementierungen wird der Wert des Pointers angezeigt. Für Dereferenzierungen wird jedoch der dereferenzierte Wert angezeigt.

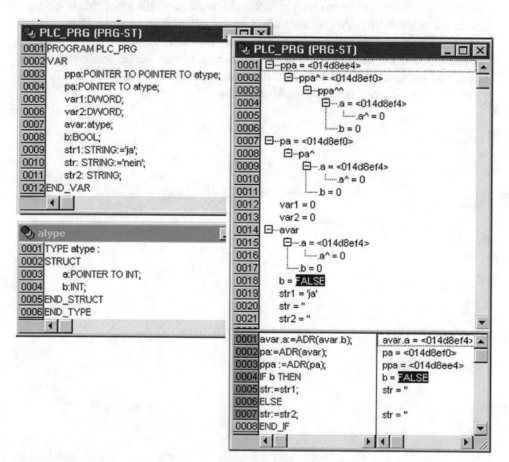

Abb. 6.77   Beispiel für Monitoring von Pointern

Monitoring von ARRAY-Komponenten: Zusätzlich zu Array-Komponenten, die über eine Konstante indiziert sind, werden auch Komponenten angezeigt, die über eine Variable indiziert sind:

```
anarray [1] = 5
anarray [i] = 1
```

Besteht der Index aus einem Ausdruck (z. B. [i + j] oder [i + 1]), kann die Komponente nicht angezeigt werden.

Wenn die Anzahl der Variablen, die maximal überwacht werden können, erreicht ist, wird für jede weitere Variable anstelle des aktuellen Wertes der Text „Zu viele Monitoring Variablen" angezeigt.

- Simulation: Bei der Simulation wird das erzeugte Steuerungsprogramm nicht in der Steuerung, sondern auf dem Rechner, auf dem auch CoDeSys läuft, abgearbeitet. Es stehen alle Onlinefunktionen zur Verfügung. Man hat somit die Möglichkeit, die logische Korrektheit eines Programms ohne Steuerungshardware zu testen. Bausteine aus externen Bibliotheken laufen jedoch nicht in der Simulation.
- Logbuch: Das Logbuch zeichnet Benutzeraktionen, interne Vorgänge, Statusänderungen und Ausnahmezustände während des Online-Modus chronologisch auf. Es dient der Überwachung und der Fehlerrückverfolgung.

Beispiele elektropneumatischer und elektrohydraulischer Steuerungen

7

Für elektrische Einrichtungen, also auch für elektropneumatische und elektrohydraulische Steuerungen, sind Schaltungsunterlagen nach IEC113-1/DIN 40719 notwendig. Sie dienen zur Erläuterung der Funktion der Schaltung und vermitteln Angaben zur Herstellung und Erhaltung elektrischer Anlagen. Im Einzelnen sind dies:

- Schaltpläne in ein- oder mehrpoliger Darstellung
- Schaltpläne in zusammenhängender oder aufgelöster Form
- Ablaufdiagramme oder -tabellen
- Verdrahtungspläne
- Anschlusspläne
- Anordnungspläne in lagerichtiger Anordnung

Ergänzend zu diesen Schaltungsunterlagen gibt es noch die prozessorientierte Darstellung nach IEC-Entwurf/DIN 40719 mit dem Funktionsplan.

7.1 Kennzeichnung elektrischer Betriebsmittel

Für die elektrischen Kontaktsteuerungen sind Schaltpläne nach DIN 40719 und die Schaltzeichen nach DIN 40900, mit denen die Schaltpläne darzustellen sind, die wichtigsten Schaltungsunterlagen.

Ein weiteres Ordnungsmittel für die elektrischen Kontaktsteuerungen ist die Kennzeichnung der elektrischen Betriebsmittel nach IEC 750/DIN 40719, die die Beziehung zwischen den verschiedenen Schaltungsunterlagen und dem Betriebsmittel in der Anlage herstellt. Die Kennzeichnung erfolgt in den Schaltungsunterlagen in unmittelbarer Nähe

© Springer Fachmedien Wiesbaden GmbH, ein Teil von Springer Nature 2022
H. Bernstein, *Elektropneumatische und elektrohydraulische Bauelemente in der Mechatronik*, https://doi.org/10.1007/978-3-658-34445-0_7

des Schaltzeichens und kann für Wartungszwecke auch ganz oder teilweise am oder in Nähe des Betriebsmittels angebracht werden. Das gesamte Kennzeichen ist in vier Kennzeichnungsblöcke, die zur Unterscheidung voneinander mit Vorzeichen versehen sind, aufgeteilt.

Block 1: Übergeordnete Zuordnung. Daraus geht die Wechselbeziehung mit anderen Teilen der Anlage hervor.
Block 2: Ort des Betriebsmittels.
Block 3: Identifizierung des Betriebsmittels nach Art, Zählnummer und Funktion.
Block 4: Anschluss und Leiterbezeichnung.

Folgende Reihenfolge wird in der Praxis bevorzugt:

$$1 \qquad 2 \quad 3.1 \quad 3.2 \qquad 3.3 \qquad 4$$

$$= |\text{Zuordnung}| + |\text{Ort}| - |\text{Art Zählnummer Funktion}\, |:| \text{ Anschluss}$$

In der Regel genügen zur vollständigen Identifizierung eines Betriebsmittels die Angaben aus dem Kennzeichnungsblock 3, wobei folgende Kombinationen üblich sind:

1) Art, Zählnummer und Funktion
2) Art und Zählnummer
3) Zählnummer und Funktion oder nur
4) Zählnummer

Die unter 2) angegebene Kombination wird dabei am häufigsten angewandt. In Tab. 7.1 ist ein Teil der Kennbuchstaben für die Kennzeichnung der Art des Betriebsmittels und in Tab. 7.2 für die Kennzeichnung der Funktion nach DIN 40719 zusammengestellt.

Tab. 7.2 zeigt die Kennbuchstaben für die Kennzeichnung der Funktion eines elektrischen Betriebsmittels.

7.1.1   Schaltpläne und Verdrahtungspläne

Mit Schaltplänen nach DIN 40719 werden elektrische Einrichtungen im strom- und spannungslosen Zustand dargestellt. Man unterscheidet dabei:

Übersichtsschaltpläne: Sie sind die vereinfachte Darstellung einer Schaltung mit ihren wesentlichen Bestandteilen. Die Gliederung und Arbeitsweise der Schaltung werden gezeigt.

Stromlaufpläne: Sie sind die ausführliche Darstellung einer Schaltung mit all ihren Einzelheiten und zeigen deren Arbeitsweise. Stromlaufpläne werden einpolig oder mehrpolig in zusammenhängender oder aufgelöster Darstellung gezeichnet.

Tab. 7.1 Kennbuchstaben für die Kennzeichnung der Art eines elektrischen Betriebsmittels

Kennbuchstaben	Art des Betriebsmittels	Beispiel
A	Baugruppe, Teilbaugruppe	Gerätekombinationen, Verstärker, Ladegeräte, Laser
B	Umsetzer von nicht elektrischen in elektrische Größen und umgekehrt	Messumformer, Fotozellen, Mikrofone, Thermozellen
C	Kondensatoren	
D	Verzögerungs-, Speichereinrichtungen, binäre Elemente	Verknüpfungsglieder, monostabile-, bistabile Elemente, Festplatten, RAM- und ROM-Bausteine, USB-Speicher
E	Verschiedenes	Beleuchtungen, Heizungen
F	Sicherungen	Sicherungen, Schutzrelais, Überspannungsauslöser
G	Generatoren, Stromversorgungen	Generatoren, Batterien, Taktgeneratoren, Netzgeräte
H	Meldeeinrichtungen	Optische und akustische Meldegeräte
K	Schütze, Relais	Leistungsschütze, Hilfsschütze, Zeitrelais
L	Induktivitäten	Drosselspulen
M	Motoren	
N	Verstärker, Regler	Einrichtungen der analogen Steuerungs- und Regelungstechnik
P	Messgeräte, Prüfeinrichtungen	Strommesser, Spannungsmesser, Leistungsmesser, Zähler
Q	Starkstrom-Schaltgeräte	Leistungsschalter, Trennschalter
R	Widerstände	einstellbare Widerstände, Festwiderstände
S	Schalter, Wähler	Tastschalter, Endschalter, Wahlschalter, Signalgeber
T	Transformatoren	Netz-, Trenn-, Steuertrafos
U	Modulatoren, Umsetzer	Umformer, Frequenzwandler, Codiereinrichtungen
V	Röhren, Halbleiter	Dioden, Transistoren, Thyristoren
W	Übertragungswege	Schaltdrähte, Leitungen, Kabel, Antennen
X	Klemmen, Stecker, Steckdosen	Klemmleisten, Lötleisten, Trennstecker, Steckdosen
Y	Elektrisch betätigte mechanische Einrichtungen	Ventile, Bremsen, Kupplungen
Z	Abschlüsse, Filter, Begrenzer	Kabelnachbildungen, Kristallfilter, Dynamikregler

Ersatzschaltpläne: Sie sind erläuternde Schaltpläne in besonderer Ausführung für die Berechnung und Analyse von Stromkreisen.

In Abb. 7.1 ist eine Motorsteuerung im Übersichtsschaltplan dargestellt. Er zeigt in stark vereinfachter Form und meist einpoliger Darstellung die wesentlichen Teile der

Tab. 7.2 Kennbuchstaben für die Kennzeichnung der Funktion eines elektrischen Betriebsmittels

Kennbuchstabe	Allgemeine Funktion	Kennbuchstabe	Allgemeine Funktion
A	Hilfsfunktion, Funktion Aus	N	Messung
B	Bewegungsrichtung	P	Proportional
C	Zählung	Q	Zustand
D	Differenzierung	R	Rückstellung, löschen
E	Funktion Ein	S	Speichern, aufzeichnen
F	Schutz	T	Zeitmessung, verzögern
G	Prüfung	U	Geschwindigkeit
H	Meldung	V	Addieren
J	Integration	W	Multiplizieren
K	Tastbetrieb	X	Analog
L	Tastenbetrieb	Y	Digital
M	Leiterkennzeichnung		

Abb. 7.1   Übersichtsschaltplan

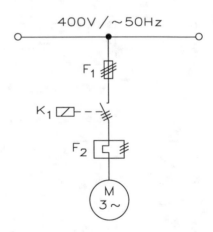

elektrischen Anlage. In der Regel werden nur die Hauptstromkreise mit den Schaltkurz-
zeichen nach DIN 40900 dargestellt.

In Abb. 7.2 ist für diese Motorsteuerung der Stromlaufplan in zusammenhängender
Darstellung, der früher als Wirkschaltplan bezeichnet wurde, gezeichnet. Der Drehstrommotor M1 wird mit den Tastschaltern S1 und S2 über den Schütz K1, das Stellglied, ein-
und ausgeschaltet. Zu den Besonderheiten dieses Schaltplans gehören die zusammenhängende Darstellung, also keine Trennung von Steuer- und Hauptstromkreisen. Daher ist
das Zusammenwirken der einzelnen Teile der Steuerung gut erkennbar. Bei umfang-
reicheren Steuerungen wird der Schaltplan zwangsläufig weniger übersichtlich.

Der Aufbau des Schaltplans erfolgt nach Funktionsgruppen. Bei dem Beispiel in
Abb. 7.2 sind dies:

Abb. 7.2 Stromlaufplan in
zusammenhängender Form

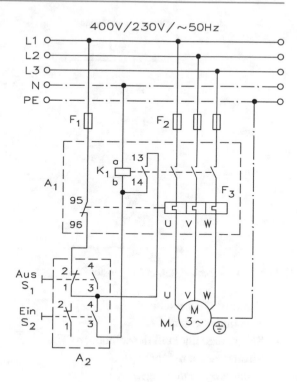

- Spannungsversorgung, bestehend aus den Spannungsschienen und den Sicherungen F1 und F2.
- Schalteinrichtung A1, bestehend aus Schütz K1 und dem elektrothermischen Überstromauslöser F3.

Die Steuereinrichtung A2, besteht aus den Tastschaltern S1 und S2 mit dem Drehstrommotor M1. In Abb. 7.3 ist für dieselbe Motorsteuerung nun der Stromlaufplan in aufgelöster Form, den man früher nur als Stromlaufplan bezeichnete, dargestellt. Bei dieser Art wird für bestimmte Schaltungen, z. B. für Schützschaltungen, eine Unterteilung in Haupt- und Steuerstromkreise vorgenommen, für die man dann auch getrennte Stromlaufpläne erstellen kann.

Der Stromlaufplan in aufgelöster Darstellung ist die ausführliche Darstellung einer Schaltung mit allen ihren Einzelteilen. Die Schaltzeichen für die elektrischen Betriebsmittel sind so angeordnet, dass jeder Strom- oder Signalweg möglichst geradlinig verläuft und leicht zu verfolgen ist. Die räumliche Anordnung und der mechanische Zusammenhang der einzelnen Teile werden nicht berücksichtigt. Im Einzelnen werden folgende Kennzeichnungen bzw. Baugruppen dargestellt:

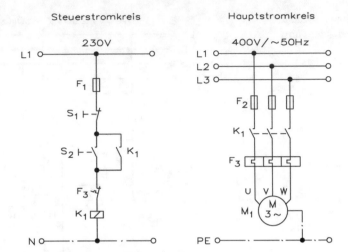

Abb. 7.3 Stromlaufplan in aufgelöster Form

- Funktionskennzeichnung
- Spannungsschienen
- Stromwege mit Funktionseinheiten
- Stromwegkennzeichnung
- Schaltgliedzuordnungen

7.1.2 Elektrische Kontaktsteuerungen bei elektropneumatischen Steuerungen

Zur vollständigen Darstellung elektropneumatischer und elektrohydraulischer Steuerungen sind neben dem elektrischen Schaltplan noch der Pneumatik- oder der Hydraulikschaltplan nach der VDI-Richtlinie 3226 und das Funktionsdiagramm nach VDI-Richtlinie 3260 notwendig.

Mit dem Pneumatik- oder Hydraulikschaltplan wird auch der Energieteil der Steuerung dargestellt. Er muss deshalb sinngemäß alle Bauelemente, wie Wege-, Strom-, Sperr- und Druckventile, die für den Antrieb des Arbeitsgliedes, also des Zylinders oder Motors, notwendig sind, enthalten. Die Verknüpfung mit dem elektrischen oder elektronischen Steuerteil erfolgt über den Stellantrieb des Stellgliedes, also über den Schalt- oder Proportionalmagneten des Wegeventils; bei Proportionalsteuerungen z. T. auch über den Proportionalmagneten des Druckventils.

Das Funktionsdiagramm wird bei einfachen Schaltungen auf das reine Weg-Schritt-Diagramm reduziert.

Abb. 7.4 zeigt für diese Steuerung das Weg-Schritt-Diagramm des Funktionsplans, den Pneumatikschaltplan und den Stromlaufplan nach DIN mit dem Gerätesymbol des Steuerschützes oder Relais. Ein doppelt wirkender Pneumatikzylinder soll so gesteuert werden,

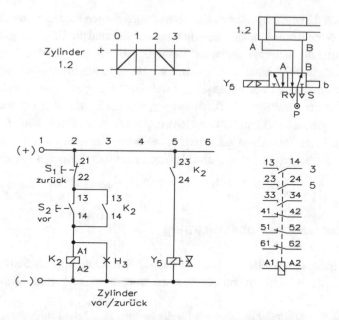

Abb. 7.4 Elektropneumatische Steuerung für einen doppelt wirkenden Pneumatikzylinder

dass er durch Impulssignale, die von Hand über Tastschalter eingegeben werden, sowohl aus- als auch zurückfährt. Als Stellglied wird ein monostabiles, also selbstrückstellendes 5/2-Wegeventil verwendet. In diesem Fall muss das Wegeventil monostabil sein, also selbstrückstellend ist, muss aus dem Impulssignal der Handeingabe ein Dauersignal als Ansteuerung für den Betätigungsmagneten Y5 geformt werden. Über den Schließer K2 im Stromweg 3, die sog. Selbsthaltung, wird das Eingabesignal durch Dauererregung des Steuerschützes gespeichert. Der Schließer K2 im Stromweg 5 bleibt geschlossen und der Betätigungsmagnet bleibt erregt. Wird der Tastschalter S1 betätigt, wird der Stromweg 2 unterbrochen, das Schütz fällt ab, das Wegeventil stellt zurück und der Zylinder fährt zurück. Der Leuchtmelder H3 zeigt an, wenn der Zylinder ausfährt bzw. sich in vorderer Endlage befindet.

Hierzu einige grundlegende und bewährte Prinzipien der Pneumatik. Dazu gehört eine gute Druckluftaufbereitung, d. h., die Druckluft muss gefiltert, frei von Wasser und von Kompressoröl sein. Nicht oder mangelhaft aufbereitete Druckluft führt zu Funktionsausfällen der pneumatischen Elemente. Ventile schalten nicht mehr und bleiben hängen, Zylinder können sich aufgrund von Leckagen ungewollt bewegen. Immer wieder wird die Frage gestellt, ob Druckluft zu ölen sei oder nicht. Hier gilt: Wer einmal ölt, ölt immer. Heute verwenden Pneumatikkomponenten jedoch eine Lebensdauerschmierung und müssen nicht mehr geölt werden. Werden neue Komponenten in alte Maschinen eingebaut, bei denen die Druckluft geölt wird, werden auch die neuen Teile geölt. In diesen Fällen ist ein ventilverträgliches Öl zu wählen. Die Ölmenge sollte gering sein, denn ein „Überölen" führt ebenfalls zu Funktionsausfällen.

Die pneumatischen Komponenten sind so zu dimensionieren und auszuwählen, dass sie den zu erwartenden Anforderungen gerecht werden. Hier sind die Umgebungsbedingungen wie Temperatur, Öle, Säuren, Laugen und Reinigungsmittel zu beachten. Eine gute sicherheitsgerichtete Schaltung nützt nichts, wenn aggressive Reinigungsmittel den Pneumatikschlauch weich machen. Pneumatikzylinder werden üblicherweise so berechnet, dass sie die in der Maschine benötigte Kraft aufbringen. Bei der Bemessung ist jedoch auch die kinetische Energie zu beachten. Bewegt sich ein Zylinder zu schnell; häufig sind ja in den Anwendungen hohe Taktzahlen gefordert; ist auch die Energie, mit der ein Pneumatikzylinder in die Endlage fährt, entsprechend hoch. Langfristig führt dies zur Zerstörung des Zylinders.

7.1.3   Pneumatische Hubeinrichtung

Schaltpläne stellen den Aufbau und die Wirkungsweise pneumatischer Steuerungen übersichtlich dar. Sie erleichtern zudem den Zusammenbau und sind hilfreich bei der Fehlersuche.

Werden die Signalglieder durch die Zylinder betätigt, wird die Einbaustelle durch einen senkrechten Strich mit der Nummer des betreffenden Signalgliedes gekennzeichnet. Bei Signalgliedern mit einseitig wirkender Betätigung gibt ein Pfeil die Betätigungsrichtung an.

Abb. 7.5 zeigt eine pneumatische Hubeinrichtung in Lage- und Schaltplan. Ein Behälter soll durch einen Zylinder 1.0 angehoben und anschließend durch einen zweiten Zylinder 2.0 auf eine waagrechte Rollbahn geschoben werden. Wird das pedalbetätigte Wegeventil 1.1 gedrückt, fährt der doppelt wirkende Hubzylinder 1.0 mit der am Drosselrückschlagventil eingestellten Geschwindigkeit aus, hebt den Behälter an und betätigt in der Endstellung das 3/2-Wegeventil 2.1. Anschließend fährt der Kolben des Verschiebezylinders 2.0 aus und schiebt den Behälter auf die Rollbahn. Wird der Fuß vom Pedal des

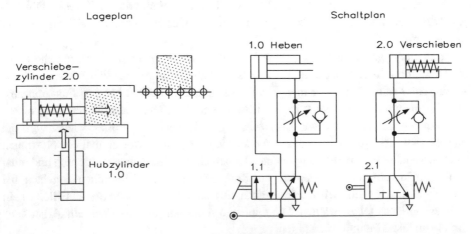

Abb. 7.5 Pneumatische Hubeinrichtung in Lage- und Schaltplan

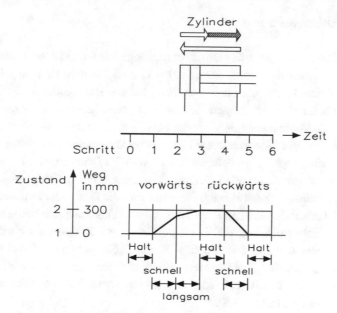

Abb. 7.6 Funktionslinien eines Zylinders

Abb. 7.7 Funktionslinien
eines Wegeventils

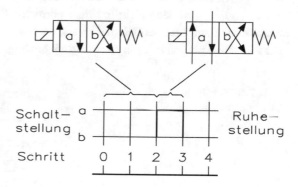

Wegeventils 1.1 genommen, fährt der Hubzylinder zurück. Sobald er die Tastrolle des Wegeventils 2.1 freigibt, fährt der Verschiebezylinder ebenfalls ein.

Mit Funktionsdiagrammen werden der Bewegungsablauf und das Zusammenwirken der einzelnen Bauglieder einer Steuerung dargestellt (Abb. 7.6).

Auf der waagrechten Achse sind die Zeit oder die Schritte des Steuerungsablaufs aufgetragen, während auf der senkrechten Achse der Weg der Zylinder bzw. die Schaltstellung der Ventile eingezeichnet werden. Dabei kennzeichnen Funktionslinien die Stellung der Bauelemente, während Signallinien das Zusammenwirken der Elemente zeigen (Abb. 7.7).

Schmale Volllinien bezeichnen bei Zylindern und Wegeventilen die Ausgangsstellung, breite Volllinien die Bewegung und Endstellung der Zylinder und die von der Ausgangsstellung abweichende Schaltstellung der Ventile.

7.1.4   Druckbegrenzung

Ein weiteres Grundprinzip ist die Druckbegrenzung. Am Druckkessel hinter dem Kompressor sitzt ein Überdruckventil, das den Druckkessel vor dem Bersten schützt. An der Maschine wird eine Wartungseinheit eingebaut, die den Betriebsdruck regelt. Stellt man den Betriebsdruck höher ein, steigen die Kräfte in der Anlage, was zu einer Überlastung führen kann. Der Maschinenbediener sollte daher den Betriebsdruck nicht eigenmächtig verändern können. Ein Überdruckventil in der Wartungseinheit ist somit sinnvoll und schützt die Maschine vor einem gefährlichen Ausfall des Druckreglers. Bei einem Defekt wird die Maschine mit dem vollen Netzdruck betrieben. Für die Druckbegrenzung sind daher weitere Maßnahmen notwendig, die wiederum die Dimensionierung des Zylinders betreffen. Bei vertikal eingebauten Pneumatikzylindern kommt es durch die zu bewegende Masse, den Betriebsdruck und die Flächendifferenz am Zylinder zu einer Drucküberhöhung. Soll dieser Zylinder dann noch, z. B. durch Einsperren der Druckluft, pneumatisch gestoppt werden, sind Druckspitzen weit über 30 bar des normalen Betriebsdruckes möglich. Dieser Druck überlastet wiederum alle in diesem Schaltungsbereich eingesetzten Pneumatikkomponenten (Abb. 7.8).

Diese Druckspitzen lassen sich reduzieren, indem zwischen dem Arbeitsventil und dem oberen Anschluss des Zylinders ein Druckregler eingebaut wird. Die Abwärtsbewegung des Zylinders wird dann nicht mit dem normalen Betriebsdruck, sondern mit beispielsweise einem auf 2 bar reduzierten Druck unterstützt. Bei sehr großer Zylinderbelastung wird für die Abwärtsbewegung kein Druck benötigt. In diesen Fällen wird in den oberen

Abb. 7.8 Schaltung zur
Druckbegrenzung

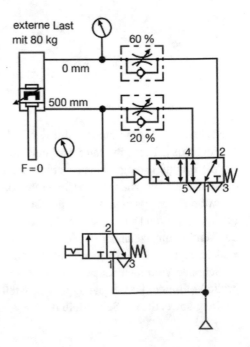

Zylinderanschluss ein Schalldämpfer eingeschraubt. Der Zylinder kann dann mit einem 3/2-Wegeventil gesteuert werden, denn der Druck wird nur für die Aufwärtsbewegung benötigt.

Zur richtigen und vollständigen Auslegung einer pneumatischen Schaltung liefert die Verbindung mit einer Lichtschranke oder Zweihandschaltung die richtige Lösung. Nach DIN EN 180 13855 „Anordnung von Schutzeinrichtungen im Hinblick auf Annäherungs-geschwindigkeiten von Köperteilen" ist der Nachlaufweg eines gefahrbringenden Antriebs zu messen und daraus der Abstand der Lichtschranke oder Zweihandschaltung zu bestimmen. Für die Geschwindigkeit eines Pneumatikzylinders sind neben dem Betriebsdruck, der Masse und der Einbaulage vor allem die verwendeten Verschraubungen, Schläuche und Ventile sowie deren Durchflussmengen verantwortlich. Berechnet man Letztere nicht, bestimmt der Monteur, mehr oder minder bewusst, die Taktzahl der Maschine und damit auch den Nachlaufweg bei einer Lichtschranke. Tauscht ein Betreiber anschließend Schläuche und Verschraubungen aus und ermöglicht so eine höhere Durchflussmenge, d. h. verändert er damit gleichzeitig den Nachlaufweg. Der Abstand der Lichtschranke wäre für diesen Antrieb nicht mehr ausreichend, das Risiko für einen gefährlichen Zwischenfall nähme deutlich zu. Es empfiehlt sich also, den Antrieb komplett zu berechnen und die Werte für Schläuche und Verschraubungen auch im Schaltplan anzugeben.

Die mechanisch bewährte Feder ist ein weiteres Grundprinzip der Sicherheitstechnik, sowohl in der Mechanik als auch in der Pneumatik und Hydraulik. Bei Ventilen mit mechanischer Feder ist die Schaltstellung des Ventils eindeutig definiert, wenn das Steuersignal oder auch die Druckluftversorgung abgeschaltet wird. Bei Impulsventilen (bistabile Ventile mit zwei Spulen) ist dies nicht der Fall. Bei der Auswahl von monostabilen Ventilen ist ein besonderes Augenmerk auf diese Rückstellung zu richten, denn neben Ventilen mit mechanischer Feder gibt es auch Ventile mit Luftfeder zur Rückstellung. Abb. 7.9 zeigt zwei monostabile Ventile.

Die linke Schaltung von Abb. 7.9 zeigt ein Ventil mit mechanischer Feder und das Ventil ist mit einer Luftfeder ausgestattet. Die Rückstellung ist auf der rechten Ventilseite dargestellt. Es handelt sich hier um 5/2-Wegeventile mit Vorsteuerung, Handhilfsbetätigung und elektrischer Ansteuerung.

Ventile mit Luftfeder lassen sich jedoch nur dann zurücksetzen, wenn ausreichend Druck für die Luftfeder zur Verfügung steht. Die Druckluftversorgung der Luftfeder kann vom Druckanschluss 1 oder von einem separaten Steuerluftanschluss kommen. Dies ist letztlich von der Ventilbaureihe abhängig. Ob und unter welchen Bedingungen Ventile mit Luftfeder in sicherheitsgerichteten Schaltungen einsetzbar sind, müssen Fachleute klären. In pneumatischen Schaltplänen ist daher sehr genau auf die Ventildarstellung zu achten.

Abb. 7.9 Zwei monostabile
Ventile, links mit mechanischer
Feder, rechts mit Luftfeder

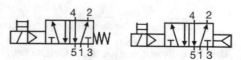

7.1.5   Reduzierte Kraft und Geschwindigkeit

Das Verringern der Kraft bzw. der Geschwindigkeit sind weitere Sicherheitsprinzipien in der Pneumatik. Sie kommen hauptsächlich beim Einrichtbetrieb zum Einsatz. Die Kraft wird reduziert, indem man den Betriebsdruck für den Zylinder verringert. Geschwindigkeit erzeugt man in der Pneumatik über die Intensität des Volumenstroms. In beiden Fällen schaltet man dabei die Druckversorgung zum Arbeitsventil einfach um. Ob die Umschaltung ein- oder zweikanalig auszuführen ist, hängt von der Risikobeurteilung ab. Abb. 7.10 zeigt die reduzierte Kraft und die reduzierte Geschwindigkeit in der Pneumatik.

Der Schaltplan für reduzierte Geschwindigkeit stellt lediglich das Prinzip dar. Da die Schläuche und Verschraubungen zwischen dem Arbeitsventil und dem Zylinder ebenfalls einen Einfluss auf die Geschwindigkeit haben, wird die reduzierte Geschwindigkeit meist durch Ventile erreicht, die direkt am Zylinder sitzen.

Nach den Beispielen für grundlegende und bewährte Prinzipien in der Pneumatik nun zu den eigentlichen Schutzmaßnahmen. Schutzmaßnahmen sicherheitsgerichteter Pneumatik beschreiben schaltungstechnische Lösungen. Diese sind

- Schutz gegen unerwartetes Anlaufen
- Be- und Entlüften
- Abbremsen der Bewegung
- Blockieren der Bewegung

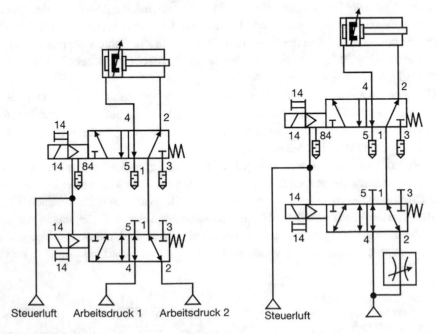

Abb. 7.10 Reduzierte Kraft und Geschwindigkeit

- Umkehren der Bewegung (Reversieren)
- freie Bewegungsmöglichkeit
- Kräftegleichgewicht am Antrieb.

Zunächst bietet ein Handeinschaltventil an der Wartungseinheit einen wirkungsvollen Schutz gegen unerwartetes Anlaufen. Mit diesem Handventil kann der Instandhalter die Maschine entlüften und mit einem Vorhängeschloss gegen Wiedereinschalten sichern. Die nächste sinnvolle Maßnahme ist ein elektrisches Einschaltventil, das durch eine übergeordnete Steuerung aktivierbar ist. Zu dieser Maßnahme zählt auch ein Drucksensor, der den Betriebsdruck überwacht. Die Steuerung erkennt den Druckausfall, reagiert und schaltet konsequent alle Ausgänge und das Druckeinschaltventil ab. Sobald der entsprechende Betriebsdruck wieder anliegt, schaltet die Steuerung die Druckluft wieder ein und belüftet die Maschine mit ihren Antrieben.

Die richtige Auswahl der Arbeitsventile ist eine weitere wirksame Schutzmaßnahme. Sind Ventile mit separater Steuerluftversorgung im Einsatz, lassen sich diese ohne Steuerluft nicht schalten. Damit wäre auch das Schalten von Ventilen bei elektrischen Fehlern unterbunden. Sind darüber hinaus Arbeitsventile installiert, die in Ruhestellung gesperrt sind, findet beim Belüften der Maschine noch keine Zylinderbewegung statt, da ja noch keine Druckluft zum Zylinder strömen kann. Falls Arbeitsventile im Einsatz sind, die beim Einschalten der Druckluft bereits einen Luftstrom zum Zylinder zulassen, ist in der Regel ein langsamer Druckaufbau gewünscht. Dazu setzt man ein Sanftanlauf- oder Softstartventil ein. Dieses Ventil belüftet die Maschine zunächst nur langsam über eine Drosselstelle. Wenn sich ein Betriebsdruck von z. B. 3 bar eingestellt hat, schaltet das Ventil vollständig durch. Erst dann steht der komplette Betriebsdruck mit dem vollen Volumenstrom zur Verfügung. In der ersten Belüftungsphase lassen sich mit diesem Ventil somit langsame und kontrollierte Zylinderbewegungen realisieren. Sollte eventuell ein Schlauch nicht korrekt montiert sein, wäre dies durch Abblasen sofort hörbar, ohne dass der Schlauch, wie unter vollem Druck, mit großer Wucht um sich schlagen würde.

7.1.6 Reversieren

Die Schutzmaßnahme „Reversieren" ist dann die richtige Wahl, wenn nur eine Bewegungsrichtung des Zylinderkolbens gefährlich ist.

Das monostabile 5/2-Wegeventil, wie in Abb. 7.11 mit 1V1 dargestellt, benötigt ein elektrisches Steuersignal an der Spule 1M1, um das Ventil umzuschalten. Die Kolbenstange des Zylinders fährt folgerichtig aus. Schaltet man die Spule ab, fehlt die Steuerkraft auf der linken Seite des Ventils. Nun kann die mechanische Feder auf der rechten Seite das Ventil wieder zurückschalten, die Kolbenstange fährt wieder ein. Im normalen Maschinenablauf schaltet die Steuerung die Ventilspule ein und aus. Ebenso kann ein Sicherheitsschaltgerät, das sich zwischen Steuerung und Ventilspule befindet, die Spule abschalten.

Abb. 7.11 Reversieren einkanalig

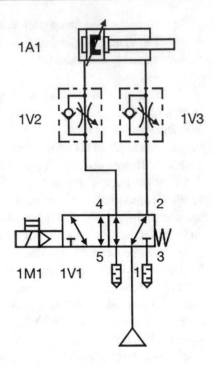

In diesem Falle wäre es unerheblich, ob der Ausgang der Steuerung (beispielsweise eine nicht sicherheitsgerichtete SPS) noch eingeschaltet ist.

Selbst bei Ausfall der elektrischen Versorgungsspannung würde das Ventil wieder in seine Grundstellung zurückschalten. Die Kolbenstange kann erst dann wieder zurückfahren, wenn wieder Druckluft anliegt. Die Not-Halt-Funktion erfordert daher für das Reversieren eine Stopp-Kategorie 1. Erst wenn der Zylinder seine sichere Endlage erreicht hat, wird die Druckluft abgeschaltet. Die Stopp-Kategorie 0 schaltet die Druckluftversorgung sofort ab, ist hier aber nicht einsetzbar, weil ein Reversieren dann nicht mehr möglich wäre.

Die Norm verlangt, dass jede Maschine mit einer Stopp-Funktion der Kategorie 0 ausgerüstet sein muss.

Es gibt drei Stopp-Kategorien:

Kategorie 0: Stillsetzen durch sofortiges Ausschalten der Energiezufuhr zu den Maschinenantrieben

Kategorie 1: Gesteuertes Stillsetzen, wobei die Energiezufuhr zu den Maschinen-Stellantrieben beibehalten wird, um das Stillsetzen zu ermöglichen. Die Energiezufuhr wird erst dann unterbrochen, wenn der Stillstand erreicht ist.

Diese Stopp-Kategorie ergibt nach der Risikobewertung gemäß der Norm folgende Ergebnisse:

Kategorie 1: Gesteuertes Stillsetzen, wobei die Energiezufuhr zu den Maschinen-Stellantrieben beibehalten wird, um das Stillsetzen zu ermöglichen. Die Energiezufuhr wird erst dann unterbrochen, wenn der Stillstand erreicht ist.

Diese Stopp-Kategorie ergibt nach der Risikobewertung gemäß der Norm folgende Ergebnisse:

- Zeitverzögerungen bis 30 s max. Kategorie 3,
- Zeitverzögerungen 30 bis 300 s max. Kategorie 1,
- Zeitverzögerung größer 300 s können nicht als „sicher" eingestuft werden, da die menschliche Psyche bei Zeiten größer fünf Minuten nicht mehr mit einer Reaktion rechnet. Die somit „in Panik" ausgelösten Fehlbedienungen können große Schäden anrichten.

Für NOT-AUS-Kategorie 1 gibt es die speziell dafür entwickelte Serie. Da die Geräte in Zeitbereichen von 0,5 bis 300 s eingestellt werden können, sind sie sowohl zur Überbrückung der Bremszeit als auch für die Ausschaltrampe geregelter Antriebe einsetzbar. Es gibt noch in der Stopp-Kategorie mit zeitverzögerten Erweiterungsgeräten, die jedoch nur in Verbindung mit einem Standard-NOT-AUS-Schaltrelais diese Aufgabe übernehmen können.

Gesteuertes Stillsetzen, wobei die Energiezufuhr zu den Maschinenantrieben beibehalten wird.

Sämtliche pneumatischen Schaltpläne müssen einen Totalausfall der Druckluftversorgung berücksichtigen. Die elektronische Steuerung erkennt den Druckluftausfall und damit der Zylinder noch ausreichend Luft zur Verfügung hat, um das Zurückfahren der Kolbenstange sicherzustellen, ist dem Arbeitsventil ein Speichervolumen vorgeschaltet. Damit sich der Speicher nicht in Richtung der Druckluftversorgung entleeren kann, schaltet man vor das Speichervolumen noch ein Rückschlagventil. Die Druckluft strömt somit immer in Richtung des Zylinders.

Betrachtet man das Ausfallverhalten des Arbeitsventils, sind folgende Möglichkeiten denkbar:

- Das Ventil schaltet nicht, somit bewegt sich auch die Kolbenstange nicht. Es besteht keine Gefahr. Die Ursachen können vielfältig sein: Möglicherweise kommt keine Spannung an der Ventilspule an, ggf. ist das Ventil defekt. Mitunter klemmt der Anker in der Spule oder der Kolben im Ventil sitzt fest.
- Ein Fehler anderer Art liegt vor, wenn das Ventil nicht zurückschaltet. Dann fährt die Kolbenstange weiter aus oder bleibt ausgefahren. Auf der elektrischen Seite kann ein Querschluss die Ursache sein, möglicherweise hängt der Ventilkolben. Dieser Fehler ist in jedem Fall ein gefährlicher Ausfall.
- Eine weitere Fehlerquelle liegt ausschließlich im Ventil: Der Ventilkolben bleibt in einer Zwischenposition hängen. Um diesen Fehler konkreter beschreiben zu können, muss der innere Aufbau des Ventils bekannt sein. Hier stellt sich die Frage, ob in der

Zwischenposition des Ventilkolbens alle Anschlüsse des Ventils abgesperrt oder miteinander verbunden sind. Sind alle Anschlüsse abgesperrt, kann keine Druckluft mehr durch das Ventil strömen. Ist der Zylinderkolben ausgefahren, würde zwar keine Druckluft mehr in, aber auch keine Luft mehr aus dem Zylinder strömen. Damit läge ein gefährlicher Ausfall des Ventils vor. Stehen alle Anschlüsse des Ventils miteinander in Verbindung, würde der Zylinder zwar möglicherweise nicht komplett drucklos, seine Kraft jedoch wesentlich geringer werden. Schlussendlich wären noch die Einbaulage des Zylinders und die zu bewegende Masse zu berücksichtigen, um die Gefahr abschätzen zu können.

Deutlich wird, dass einkanalige Systeme bei einem gefährlichen Ausfall einer Komponente in der Sicherheitskette ausfallen. Sie sind daher nur bei geringem Risiko einsetzbar. Für höhere Risiken sind immer zweikanalige Systeme zu wählen (Abb. 7.12).

Bei einem zweikanaligen System sind beide Arbeitsventile 1V1 und 1V2 zu schalten, damit die Kolbenstange ausfährt. Schaltet ein Ventil nicht, fährt die Kolbenstange nicht aus. Sind beide Ventile geschaltet und ein Ventil schaltet aus, weil beispielsweise das Kabel zur Spule gebrochen ist, fährt die Kolbenstange ein, selbst wenn das andere Ventil noch geschaltet ist. Bleibt eines der beiden Ventile geschaltet hängen und das andere Ventil lässt sich noch schalten, fährt die Kolbenstange ein oder aus, je nachdem, wie das noch funktionierende Ventil geschaltet ist. Man spricht hier von einer Einfehlersicherheit, denn ein gefährlicher Ausfall führt noch nicht zum Verlust der Sicherheitsfunktion.

Abb. 7.12 Reversieren zweikanalig

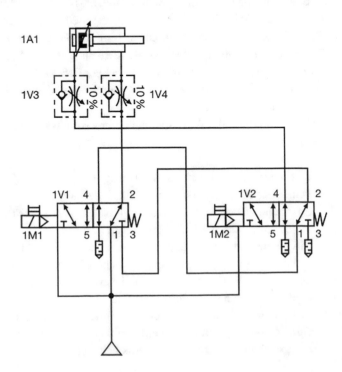

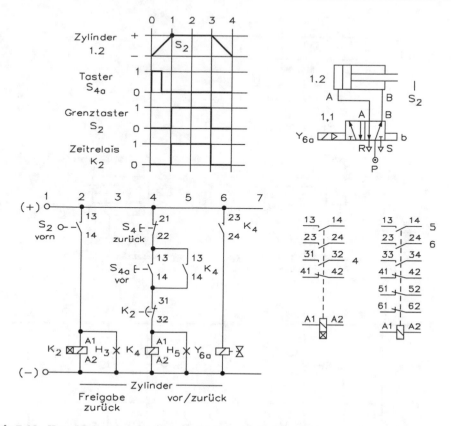

Abb. 7.13 Kontaktsteuerung für doppelt wirkenden Zylinder

7.1.7 Kontaktsteuerung für doppelt wirkenden Zylinder

Die Schaltung einer elektropneumatischen Steuerung für einen doppelt wirkenden Zylinder mit selbsttätigem, zeitverzögertem Rücklauf ist in Abb. 7.13 dargestellt. Über das Signalglied S2 wird das Relais K2 mit Zeitverzögerung geschaltet, damit der Stromweg 4 unterbrochen, und das Schütz K4 fällt ab.

7.1.8 Ablaufsteuerung einer Bohreinheit

In Abb. 7.14 ist die Ablaufsteuerung einer Bohreinheit für folgende Randbedingungen dargestellt:

Wahlschaltung für „Einrichten" und „Automatikbetrieb".

Der Vorschubzylinder darf erst vorlaufen, wenn im Spannzylinder ein bestimmter Druck erreicht ist, der über den Druckschalter S6 kontrolliert wird. Alle Bewegungen und Stellungen des Zylinders werden über Leuchtmelder angezeigt.

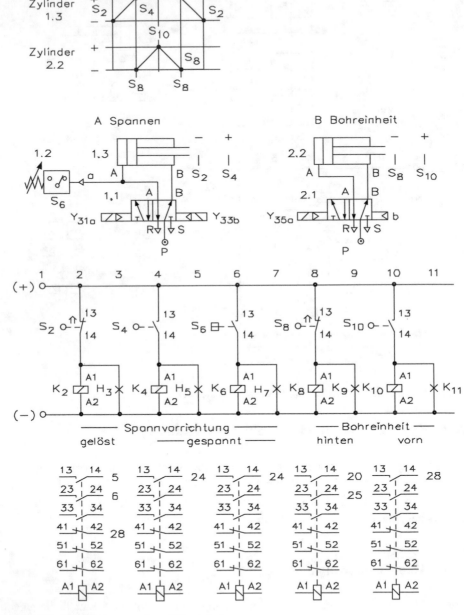

Abb. 7.14 Ablaufsteuerung einer Bohreinheit

7.2   Steuerungen mit Hydraulik

Die Hydraulik umfasst den Antrieb und die Steuerung von Maschinen durch Druck-flüssigkeiten.

Pumpen saugen die Hydraulikflüssigkeit an und drücken sie über Wege- und Strom-ventile in die Zylinder oder Hydromotoren. Die vom Kolben verdrängte Flüssigkeit fließt durch das Wege- und Sperrventil in den Behälter zurück. Wird der eingestellte Höchst-druck überschritten, öffnet das Druckbegrenzungsventil und die Druckflüssigkeit fließt direkt in den Behälter zurück. Dieser soll die Hydraulikflüssigkeit speichern, Leckverluste ersetzen, die Flüssigkeit kühlen und als Absetzbecken für mitgerissene Schmutzteilchen dienen. Abb. 7.15 zeigt einen einfachen hydraulischen Kreislauf.

Als Hydraulikflüssigkeiten werden je nach Betriebsbedingungen Mineralöle mit Zu-sätzen oder schwerentflammbare Flüssigkeiten verwendet. Sie sollen möglichst schmier-fähig und alterungsbeständig sein, eine von der Temperatur weitgehend unabhängige Viskosität (Zähflüssigkeit) aufweisen, nicht schäumen sowie Dichtungen und Gerätewerk-stoffe nicht angreifen. Für Hydraulikanlagen, die hohen Temperaturen ausgesetzt sind, z. B. Schmiedepressen, aber auch im Bergbau, müssen schwerentflammbare Flüssigkeiten eingesetzt werden.

Die hydraulischen Wegeventile haben weitgehend die gleichen Schaltzeichen, Be-nennungen und Betätigungen wie die pneumatischen Wegeventile. Sie werden meist als Längsschieberventile gebaut. Bei diesen wird der Steuerkolben (Schieber) durch die Be-tätigung in Achsrichtung verschoben.

Abb. 7.15 Schaltplan eines einfachen hydraulischen Kreislaufs

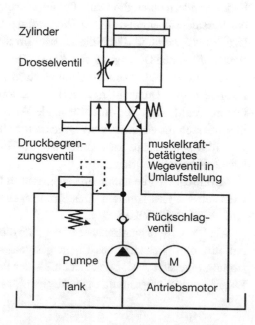

Bei großen Wegeventilen würden bei direkter elektrischer Betätigung des Ventils die Elektromagnete und die zum Schalten notwendige elektrische Leistung verhältnismäßig groß werden. Deshalb wird nur das zusätzlich angebaute, kleine Vorsteuerventil elektromagnetisch betätigt. Dieses gibt dann Druckflüssigkeit frei, die das Hauptventil schaltet. Beim Betätigen des Elektromagneten wird der Kolben des Vorsteuerventils nach rechts geschoben. Dadurch fließt im Vorsteuerventil Druckflüssigkeit von P nach B und damit auf die Betätigungsseite A des Hauptventils. Der Hauptsteuerkolben schaltet nach links und gibt die Wege von P nach B und von A nach T frei.

Die Rückschlagventile sind die am meisten verwendeten hydraulischen Sperrventile. Sie blockieren unerwünschte Strömungsrichtungen und dienen zur Umgehung von Druck- und Stromventilen.

Bei entsperrbaren Rückschlagventilen kann die Sperrwirkung über den Steueranschluss aufgehoben werden. Der Steuerkolben drückt das Kegelsitzventil im Sperrventil auf. Dadurch sinkt der Druck im Anschluss B. Der Steuerkolben kann nun den Sperrkörper öffnen. Mit entsperrbaren Rückschlagventilen, die als Sitzventile dicht schließen, können Zylinder, die durch äußere Kräfte belastet sind, in jeder Stellung stillgesetzt werden. Dies wäre durch das Wegeventil allein nicht möglich, da Längsschieberventile immer etwas Leckflüssigkeit durchlassen.

Jede hydraulische Steuerung enthält mindestens ein Druckbegrenzungsventil. Es sichert die Anlage vor Überlastung. Über Druckregelventile kann von einer Pumpe aus ein zweiter Hydraulikkreis mit niedrigerem Druck betrieben werden.

Druckventile werden als direkt gesteuerte und als vorgesteuerte Ventile gebaut. Große Druckventile würden eine sehr große Feder erfordern, um die notwendige Schließkraft zu erreichen. Bei den vorgesteuerten Ventilen wird deshalb das Sperrelement nicht durch eine Feder, sondern durch die Druckflüssigkeit selbst geschlossen. Erreicht der Druck den mit der Vorsteuerfeder eingestellten Wert, öffnet das Vorsteuerventil. Durch das Abfließen der Druckflüssigkeit und durch die Drossel im Sperrelement nimmt die Schließkraft ab. Das Ventil öffnet den Durchgang von A nach B.

Mit Stromventilen können Volumenströme und damit Vorschubgeschwindigkeiten von Zylindern und Drehzahlen von Hydromotoren eingestellt werden. Beim einstellbaren Drosselventil hängt der durchfließende Volumenstrom sowohl vom eingestellten Durchflussquerschnitt als auch vom Druckunterschied zwischen Zufluss und Abfluss ab. Der Durchflussquerschnitt kann durch axiales Verschieben der unterschiedlich tiefen Längskerbe eingestellt werden.

Stromregelventile halten im Gegensatz zu Drosselventilen den Volumenstrom auch bei wechselnder Last konstant. Das Stromregelventil besteht aus einer einstellbaren Blende und einem Regelkolben.

Als Proportionalventile bezeichnet man die Wege-, Strom- und Druckventile, bei denen ein stufenloses elektrisches Eingangssignal in ein stufenloses hydraulisches Ausgangssignal umgesetzt wird. So schiebt z. B. der Proportionalmagnet den Steuerkolben in eine Lage, die dem eingestellten elektrischen Strom entspricht. Über den Wegaufnehmer und

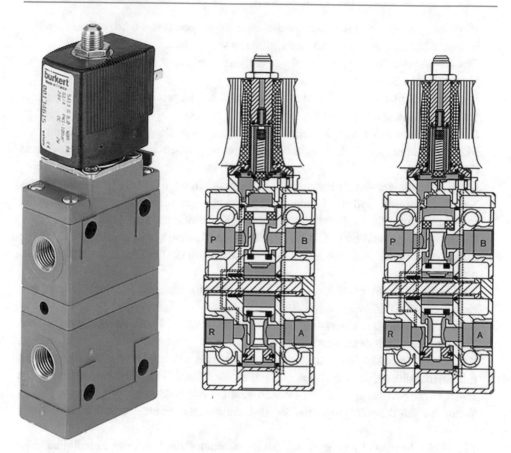

Abb. 7.16 Aufbau eines 4/2-Wegeventils

den Regelverstärker kann die eingenommene Lage des Ventilkolbens mit dem Sollwert verglichen werden.

Proportionalwegeventile werden zum weichen Beschleunigen und Verzögern von Zylindern und Hydromotoren und zur stufenlosen Einstellung von Drücken und Volumenströmen eingesetzt.

Abb. 7.16 zeigt den Aufbau eines 4/2-Wegeventils. Wird das Wegeventil nicht angesteuert, ist es in dieser Stellung stromlos. Sind beide Servokolben auf der Betätigungsseite entlastet, ergibt sich Abb. 7.16 Mitte. Durch den anstehenden Druck vom Anschluss P werden die Servokolben auseinander geschoben, der obere Kolben öffnet die Verbindung von P nach B, der untere Kolben die Verbindung von A nach R.

Beim Einschalten des Stroms öffnet das Vorsteuerventil die Steuerbohrung, beaufschlagt beide Servokolben mit Druck und schiebt diese in Richtung Ventilmitte (Abb. 7.16 rechts). Der obere Kolben gibt die Verbindung von B nach R frei und der untere Kolben die Verbindung von P nach A.

Wie wird ein 4/2-Wegeventil in der Praxis angeschlossen?

- Wenn an hydraulischen und pneumatischen Anlagen gearbeitet wird, müssen die Leitungen unbedingt drucklos sein, um Unfälle zu vermeiden.
- Das 4/2-Wegeventil hat vier Anschlüsse und diese Anschlüsse sind gekennzeichnet mit Nummern und Buchstaben.
- Die Bezeichnungen 1 oder P dienen als Anschlüsse. Hier schließt man den Kompressor oder die Ölleitung an.
- Die Bezeichnungen 3 oder R stehen für die Entlüftung. Dieser Anschluss bleibt frei. Man kann aber auch einen Schalldämpfer einschrauben und die Ventile arbeiten dann leiser.
- Die Bezeichnungen 4 oder B stehen für die Arbeitsleitung, die in der Grundstellung des Ventils Luft führt. Soll der Kolben in die Grundstellung eingefahren sein, verbindet man diesen Anschluss mit der vorderen Seite (Kolbenstangeseite) des Kolbens.
- Die Bezeichnungen 2 oder A stehen für die Arbeitsleitung die in geschalteter Stellung Luft oder Öl führt. Man verbindet diesen Anschluss mit der anderen Seite (Kolbenseite) des Zylinders.
- Will man die Kraft bzw. den Druck regeln, schaltet man ein Manometer zwischen Kompressor und 4/2-Wegeventil ein.
- Sollte das Ventil Anschlüsse mit den Nummern 12 oder 14 aufweisen, dann wird das Ventil pneumatisch geschaltet.
- Andernfalls muss das Ventil mit der Hand geschaltet werden. Dies geschieht meistens mit einem Schieber oder ein Loch, das mit einem spitzen Gegenstand gedrückt werden muss. Diese Schaltung ist in den meisten Ventilen vorhanden.
- Wenn das Ventil elektrisch geschaltet wird, muss man es richtig verdrahten.

Ein Rückschlagventil ist ein Ventil, das die Strömung des Mediums in lediglich einer Richtung zulässt. Das Medium ist in den meisten Anwendungen ein Fluid, eine Hydraulikflüssigkeit oder Gas. In federbelasteten Rückschlagventilen befindet sich ein sogenanntes Schließelement, welches durch eine Feder geschlossen wird. Währenddessen strömt in der anderen Richtung des Schließelementes das freigegebene Fluid. Dieser Mechanismus wird durch das Drücken einer Kugel, einer Klappe, einer Membran oder eines Kegels in den entsprechenden Sitz ausgelöst. Das jeweilige dichtende Element wird von seinem Sitz abgehoben und damit Durchfluss in der Durchlassrichtung ermöglicht, wenn der Fluiddruck den Gegenwert der Rückstellfeder übersteigt. Abb. 7.17 zeigt ein Rückschlagventil.

- Kugelrückschlagventil: In einem Kugelrückschlagventil stellt eine Kugel das schließende Element dar. In vielen Fällen wird das Schließelement durch die Schwerkraft oder durch eine Feder in die Verengung des Ventils gedrückt. Ist der Durchgang verschlossen, kann das Medium nicht mehr hindurchströmen. Strömt das Medium entgegen der Schwerkraft von unten oder entgegen der Feder auf die Kugel und wenn dabei die Kraft auf die Kugel durch das Medium größer ist als die Kraft der Feder, ist das Medium wieder freigegeben und kann das Ventil durchströmen. Damit dieser

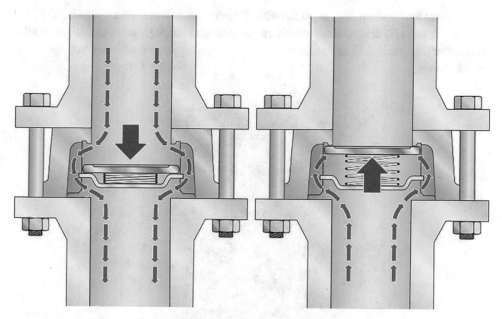

Abb. 7.17 Wirkungsweise eines Rückschlagventils

Mechanismus funktioniert, müssen solche Kugelrückschlagventile in der gesperrten Richtung hermetisch dicht sein.

- Entsperrbares Rückschlagventil: Diese erweiterte Ausführung eines Rückschlagventils kann mithilfe eines Steuersignals ebenso in der gesperrten Fließrichtung geöffnet werden. So kann das Medium im Ventil in beiden Richtungen durchfließen. Der große Vorteil gegenüber einem konventionellen Wegeventil ist hierbei, dass das entsperrbare Rückschlagventil in der gesperrten Stellung vollständig dicht ist. Somit können auf dieser Seite Lasten wie beispielsweise Hydraulikzylinder gehalten werden. Dieses Ventil findet in jedem hydraulischen Wagenheber Anwendung.

- Teilerückschlagventil und Konvektionssperre: Eine Feder sorgt bei einem Teilerückschlagventil für die benötigte Rückstellkraft. Der Körper, mit welchem der Durchfluss verhindert wird, ist in Form eines Tellers oder flachen Platte ausgeführt. Die Führung des Rückschlagkörpers ist ein Bolzen.

Druckbegrenzungsventile (DBV) begrenzen den Eingangsdruck, indem das in Ruhe geschlossene Funktionselement beim Erreichen des eingestellten Drucks den Ausgang zum Behälter freigibt. Das geschieht durch Öffnen gegen eine Schließkraft, die meistens von einer Feder aufgebracht wird. Druckbegrenzungsventile liegen stets im Nebenschluss. Soweit das Druckbegrenzungsventil zur Absicherung eines Kreislaufs oder einer Anlage gegen Überdruck dient, gehört es zu deren wichtigsten Elementen. Es wird auf den Nenndruck eingestellt und sollte stets in Pumpennähe angeordnet und gegen unbefugte Verstellung gesichert sein. Da Druckbegrenzungsventile stets vom jeweiligen Druck beaufschlagt werden, sollten sie in Ruhestellung hermetisch dicht sein. Ventile, die den Überdruck eines Hydrospeichers absichern, müssen als bauteilgeprüfte Sicherheitsventile ausgeführt sein. Abb. 7.18 zeigt ein einstellbares Druckbegrenzungsventil von 0 bis 10 bar mit Manometer.

Abb. 7.18 Einstellbares Druckbegrenzungsventil von 0 bis 10 bar mit Manometer

- Direkt gesteuerte Druckbegrenzungsventile: Der Öffnungsdruck des Ventils wird durch die direkt auf den Kegel/Kugel wirkende Ventilfeder bestimmt. Überschreitet der Druck P die Kraft der Ventilfeder öffnet die Ventilkegel/-kugel. Der tatsächliche Maximaldruck ist während des Betriebs jedoch abhängig vom jeweiligen Durchflussstrom (Volumenstrom von P nach T) sowie der dabei anliegenden Ölviskosität. Bei höheren Volumenströmen kann das eine Überschreitung des Einstelldrucks bedeuten (hoher Durchflusswiderstand). Daher werden direkt gesteuerte DBVs meist nur für kleine oder mittlere Volumenströme eingesetzt. Für größere Volumenströme, ab ca. 80 l/m, werden meistens vorgesteuerte DBVs verwendet.
- Vorgesteuerte Druckbegrenzungsventile: Das Schließelement wird durch Mediumsdruck beaufschlagt, der von einem Vorsteuerventil gesteuert wird. Dadurch wird die Druckdifferenz zwischen Öffnungsbeginn und -ende sehr klein. Vorgesteuerte Druckbegrenzungsventile sind daher die gebräuchlichste Bauweise zur Absicherung von Anlagen.

7.2.1 Zweizylindersteuerungen mit elektrischen Ventilen

Sollen in einer Hydraulikanlage zwei oder mehr Zylinder zum Einsatz kommen, können damit verschiedene Forderungen verbunden sein, die sich mit unterschiedlichen Schaltungen realisieren lassen:

- Folgeschaltungen
- Gleichlaufschaltungen
- Serienschaltungen
- Parallelschaltungen

Abb. 7.19 zeigt einen Schaltplan für eine Zweizylinderschaltung und es handelt sich um eine Folgeschaltung mit Endschaltern und Magnetventilen. Dabei werden die Endschalter von den Kolbenstangen wegabhängig betätigt (die Elektrik ist nicht dargestellt):

1. Start: Spule Y1 bestromt, Wegeventil 1 nach links, Kolben von Zylinder 1 nach rechts
2. Endschalter 2 betätigt: Spule Y1 stromlos, Spule Y3 bestromt, Wegeventil 2 nach links, Kolben von Zylinder 2 nach rechts
3. Endschalter 4 betätigt: Spule Y3 stromlos, Spule Y2 bestromt, Wegeventil 1 nach rechts, Kolben von Zylinder 1 nach links
4. Endschalter 1 betätigt: Spule Y2 stromlos, Spule Y4 bestromt, Wegeventil 2 nach rechts, Kolben von Zylinder 2 nach links
5. Endschalter 3 betätigt: Spule Y4 stromlos, Spule Y1 bestromt, Wegeventil 1 nach links, Kolben von Zylinder 1 nach rechts (weiter mit Schritt 2).

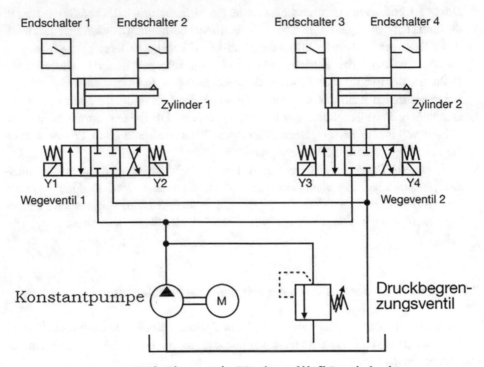

Abb. 7.19 Schaltplan einer Zweizylinderschaltung

7.2.2   Zweizylindersteuerungen mit Folgeventilen

Die Folgeventile 1 und 2 sind Druckbegrenzungsventile, die sich bei einem bestimmten einstellbaren Druck öffnen, wie Abb. 7.20 zeigt. Sie schließen sich wieder, wenn der anliegende Druck abfällt. Daraus ergibt sich folgender Bewegungsablauf:

1. Wegeventil links angesteuert: Die Kolbenseite des Zylinders 1 wird beaufschlagt, der Zylinder fährt aus. Beim Anschlag des Kolbens steigt der Druck über den am Druckbegrenzungsventil eingestellten Druck.
2. Folgeventil 1 öffnet: Das Fluid strömt zur Kolbenseite des Zylinders 2, der Zylinder fährt ebenfalls aus.
3. Wegeventil rechts angesteuert, die Stangenseite des Zylinders 2 wird beaufschlagt, der Zylinder fährt ein. Beim Anschlag des Kolbens steigt der Druck über den am Druckbegrenzungsventil eingestellten Druck.
4. Folgeventil 2 öffnet: Das Fluid strömt zur Stangenseite des Zylinders 1. Der Kolben fährt ebenfalls ein.

Abb. 7.20 Schaltplan für eine
Zweizylindersteuerung mit
Folgeventilen

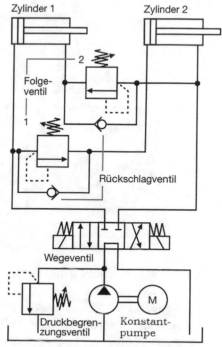

Behälter mit Hydraulikflüssigkeit

7.2.3 Serien- und Parallelschaltung von Zweizylindersteuerungen mit Folgeventilen

Die Serienschaltung wird wie bei hintereinandergeschalteten Ventilen realisiert. Dabei führt man die Rücklaufleitung nicht wie bei der Einzelschaltung in den Tank zurück, sondern zum Wegeventil des zweiten Zylinders. Abb. 7.21 zeigt eine Serienschaltung von Zweizylindersteuerungen mit Folgeventilen.

Betreibt man bei dieser Schaltung beide Zylinder gleichzeitig, so tritt eine gegenseitige Beeinflussung von Kolbenkraft und Kolbengeschwindigkeit ein. Damit ergeben sich folgende Verhältnisse: Der Systemdruck p, der auf die Kolbenfläche des Zylinders 1 wirkt, muss so groß sein, dass nicht nur die eigene Hubkraft F_1 erzeugt, sondern auch die vom Zylinder 2 erzeugte Gegenkraft F_{G1} überwunden wird. Diese Gegenkraft entsteht dadurch, dass der zum Arbeiten von Zylinder 2 erforderliche Öldruck auf die Kolbenringfläche von Zylinder 1 zurückwirkt. Die Ringfläche von Zylinder 1 verdrängt das Öl und fördert es zum Zylinder 2. Dessen Geschwindigkeit hängt also vom Rücklaufstrom des Zylinders 1 ab. Die Ausfahrgeschwindigkeit des Zylinders 1 verhält sich zu der Ausfahrgeschwindigkeit von Zylinder 2 wie die Kolbenfläche des Zylinders 2 zur Ringfläche des Zylinders 1.

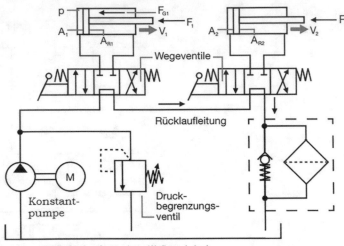

Abb. 7.21 Serienschaltung von Zweizylindersteuerungen mit Folgeventilen

Im Gegensatz zur Serienschaltung tritt bei der Parallelschaltung keine gegenseitige Beeinflussung auf, wenn alle Zylinder gleichzeitig arbeiten, wie Abb. 7.22 zeigt. Die Ölversorgung erfolgt über eine Leitungsverzweigung. Bis zu den Wegeventilen herrscht der am Druckbegrenzungsventil eingestellte Systemdruck. Bei der Parallelschaltung muss genügend Flüssigkeit zur Verfügung stehen, um den erforderlichen Systemdruck aufrechtzuerhalten, wenn die Zylinder gleichzeitig ausfahren sollen. Fördert die Pumpe zu wenig, fährt der Zylinder mit dem geringsten Arbeitswiderstand zuerst aus. Ist er in der Endlage, steigt der Druck weiter, bis er für den nächsten Zylinder ausreicht. Die Zylinder fahren also in Abhängigkeit vom erforderlichen Arbeitsdruck aus.

7.2.4 Differenzialschaltung

Der Stangenraum steht ständig unter Druck, der Kolbenraum ist mit einem Wegeventil verbunden. Man bezeichnet diese Schaltung als Differenzialschaltung, weil die an der Kolbenstange wirkende Kraft sich im Verhältnis Kolbenfläche zu Stangenfläche ausdrückt. Die Differenzialschaltung wird eingesetzt, wenn der Kolben hydraulisch eingespannt und die Pumpe möglichst klein sein soll oder eine schnelle Bewegung des Kolbens gefordert ist. Fährt der Kolben über das Wegeventil aus, wird die von der Ringfläche verdrängte Flüssigkeit vor dem Wegeventil mit dem Pumpenförderstrom vereinigt und der Kolbenseite des Zylinders wieder zugeführt. Bei dieser Schaltung ergibt sich die von der Kolbenstange ausgeübte Kraft aus dem Produkt Druck mal Stangenfläche. Abb. 7.23 zeigt den Schaltplan der Differenzialschaltung.

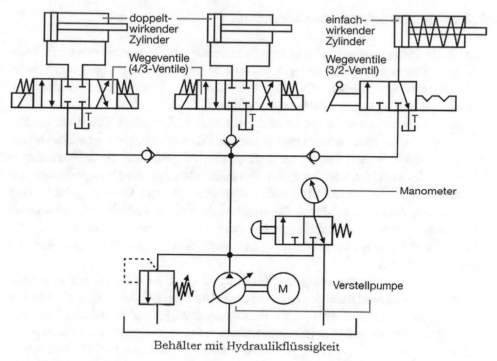

Abb. 7.22 Parallelschaltung von Zweizylindersteuerungen mit Folgeventilen

Abb. 7.23 Schaltplan der Differenzialschaltung

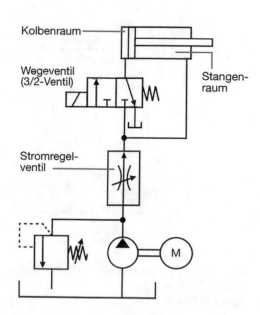

7.2.5   Geschwindigkeitssteuerungen

Zur Geschwindigkeitssteuerung setzt man Stromventile ein. Stromventile sind z. B. Drossel- oder Stromregelventile. Hier gibt es zwei Möglichkeiten, entweder eine Primärsteuerung oder eine Sekundärsteuerung. Abb. 7.24 zeigt die zwei Schaltpläne der Geschwindigkeitssteuerungen mit den beiden Varianten.

Bei der Primärsteuerung sitzt das Stromventil im Zulauf zwischen Wegeventil und Zylinder. Es steuert die zuströmende Druckflüssigkeit. Das Schaltzeichen zeigt ein Zweiwege-Stromregelventil. Parallel dazu ist ein Rückschlagventil geschaltet, das den Zulaufstrom sperrt und den Rücklaufstrom durchlässt. Es bewirkt also, dass der Flüssigkeitsstrom nur im Vorlauf, nicht aber im Rücklauf durch das Stromventil fließt. Gesteuert wird also nur eine Richtung des Kolbens. Ist auch die Steuerung der anderen Richtung erforderlich, sind zwei Stromregelventile zu installieren. Die Primärsteuerung hat den Nachteil, dass bei einem plötzlich abfallenden Arbeitswiderstand der Kolben springt. Ein Gegenhalteventil kann das verhindern.

Bei der sekundären Steuerung sitzt das Stromventil im Ablauf zwischen Wegeventil und Zylinder. Es steuert somit den Rücklaufstrom. Das Schaltzeichen zeigt ein Zweiwege-Stromregelventil. Parallel dazu ist ein Rückschlagventil geschaltet, das den Rücklaufstrom sperrt, den Vorlaufstrom jedoch durchlässt. Es bewirkt also, dass der Flüssigkeitsstrom nur im Rücklauf, nicht aber im Vorlauf durch das Stromventil fließt. Gesteuert wird also nur eine Richtung des Kolbens.

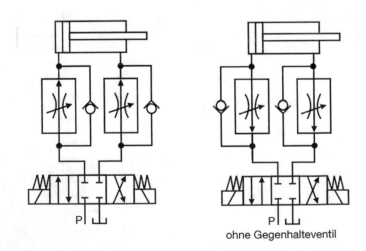

ohne Gegenhalteventil

Abb. 7.24 Schaltplan der Geschwindigkeitssteuerungen
links: Primärsteuerung
rechts: Sekundärsteuerung

7.3 SPS und elektropneumatische/ elektrohydraulische Steuerungen

Die speicherprogrammierbare Steuerung (SPS) ersetzt in nahezu allen Bereichen der industriellen Fertigung in immer stärkerem Maße die verbindungsprogrammierte Steuerung (VPS), die festverdrahtete Logik in der elektrischen Steuerungstechnik. Als Ursachen dieser Entwicklung sind einerseits die steigenden Personalkosten für die „Handverdrahtung" einer VPS und andererseits die sinkenden Kosten für elektronische Bauelemente zu nennen.

Charakteristisch sind heute zwei Gerätetypen, die kompakte Kleinsteuerung, als Ersatz für die konventionelle Schützsteuerung mit maximal 20 Schützen, und das ausbaufähige Automatisierungsgerät für die universelle Nutzung. Die Wirtschaftlichkeit für den Einsatz einer SPS gegenüber einer VPS beginnt bei sechs bis zehn Schützen.

Jedes Anwendungsgebiet in der Praxis erfordert andere Leistungsmerkmale. Maschinensteuerungen müssen schnell sein, verfahrenstechnische Anlagen müssen üblicherweise sehr viele Daten verarbeiten, andere Prozesse erfordern aus Sicherheitsgründen eine Diagnose des laufenden Prozesses. Innerhalb einer Prozessautomatisierung kann die SPS in verschiedenen Hierarchieebenen eingesetzt werden: In der Produktions- und Prozessleitebene, in der Gruppenführungsebene oder in der Einzelsteuerungs- bzw. -regelungsebene.

Abb. 7.25 zeigt die Maschinensteuerung mit SPS.

Mit einer SPS können je nach Umfang folgende Automatisierungsaufgaben wirtschaftlich ausgeführt werden:

- Steuern, Regeln und Rechnen
- Bedienen, Anzeigen, Beobachten und Protokollieren
- Kommunizieren mit anderen Automatisierungskomponenten.

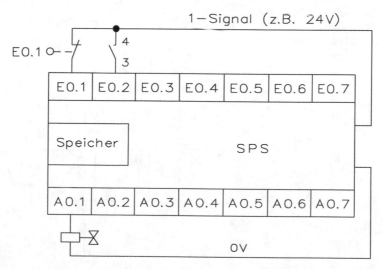

Abb. 7.25 Maschinensteuerung mit SPS

7.3.1   Ansteuerung eines Spannzylinders

Ein Tastschalter am Eingang E0.1 wird betätigt und das 4/2-Wegeventil mit Magnet wird angesteuert. Die Kolbenstange des Zylinders fährt aus und das Werkstück wird gespannt. Abb. 7.26 zeigt die Verschaltung der SPS mit dem Tastschalter und dem Zylinder.

Für die Verschaltung gilt:

S1 = E0.1 = Tastschalter für den Start
Y1 = A0.1 = 4/2-Wegeventil mit Magnet.

Wird der Tastschalter am Eingang E0.1 wieder losgelassen, wird der Magnet stromlos und das Wegeventil durch Federrückstellung in die Grundstellung umgesteuert. Die Kolbenstange des Zylinders fährt ein und das Werkstück wird entspannt. Für die Mechanik benötigt man den Lageplan des Tastschalters.

Abb. 7.27 zeigt den Plan für die Hydraulik. Das 4/2-Wegeventil wird nach dem Ausschalten von einer Feder in die Endlage gezogen. Das SPS-Programm wird in KOP, FUP und AWL ausgeführt, wie Abb. 7.28 zeigt.

Abb. 7.26 Verschaltung der SPS mit dem Tastschalter und dem Zylinder

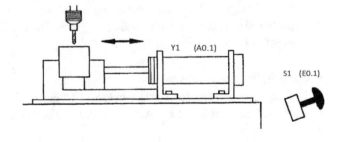

Abb. 7.27   Plan für die Hydraulik mit 4/2-Wegeventil

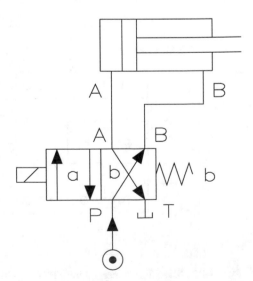

Adresse	Operation	Operand	Kommentar
000	L	E 0.1	Taster Start
001	=	A 0.1	4/2 – Wegeventil

E0.1   A0.1   E0.1 o─┤ 1 ├─o A0.1
 ─┤├──────( )─

Abb. 7.28   SPS-Programm für einen Spannzylinder in KOP, FUP und AWL

7.3.2   Ansteuerung einer Einpressvorrichtung

Nach kurzer Betätigung eines Tastschalters S1 (E0.1) erhält das Wegeventil (A0.1) Spannung und schaltet durch, die Kolbenstange des Einpresszylinders fährt aus. Abb. 7.29 zeigt den Lageplan.

Für die Verschaltung gilt:

S1 = E0.1 = Tastschalter für den Start
S2 = E0.2 = Grenztaster für Zylinder ausfahren
Y1 = A0.1 = 4/2-Wegeventil mit Magnet.

Bei Erreichen des Grenztasters S2 (E0.2) wird der Magnet (A0.1) stromlos und das Wegeventil durch Federrückstellung in die Grundstellung umgesteuert. Der Kolben des Einpresszylinders fährt ein. Es gilt der Plan für die Hydraulik mit 4/2-Wegeventil von Abb. 7.27.

Das SPS-Programm wird in KOP, FUP und AWL ausgeführt, wie Abb. 7.30 zeigt.

Abb. 7.29   Lageplan der Einpressvorrichtung mit 4/2-Wegeventil

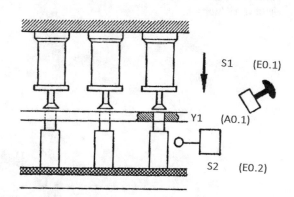

Adresse	Operation	Operand	Kommentar
000	L	E 0.1	Taster Start
001	S	E 0.1	4/2 – Wegeventil
002	L	E 0.2	Wegeventil
003	R	E 0.1	4/2 – Wegeventil
004	PE		

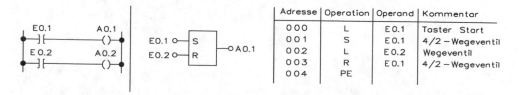

E0.1   A0.1
 ─┤├──────( )─
E 0.2   A0.2
 ─┤├──────( )─

E0.1 o─┤S ├─o A0.1
E0.2 o─┤R ├

Abb. 7.30   SPS-Programm für eine Einpressvorrichtung in KOP, FUP und AWL

7.3.3 Stanzvorrichtung

Eine Stanzvorrichtung soll nur dann arbeiten, wenn beide Tastschalter S1 und S2 (E0.1 und E0.2) kurz gemeinsam betätigt werden, d. h., man hat das Prinzip der Zweihand-steuerung. Der Wegeventilmagnet (A0.1) wird angesteuert und soll eine elektrische Selbst-haltung aufweisen. Abb. 7.31 zeigt den Lageplan für eine Stanzvorrichtung.

Für die Verschaltung gilt:

S1 = E0.1 = Tastschalter Hand 1 Start
S2 = E0.2 = Tastschalter Hand 2 Start
S3 = E0.3 = Grenztaster Stopp/zurück
Y1 = A0.1 = 4/2-Wegeventil mit Magnet.

Die Kolbenstange des Zylinders fährt aus und die Stanzvorrichtung schließt. Es gilt Lageplan für die Hydraulik von Abb. 7.27.

Nach kurzer Betätigung des Grenzschalters S3 (E0.3) wird die elektrische Selbst-haltung aufgerufen. Der Strom für den Wegeventilmagnet wird unterbrochen und das Wegeventil durch die Federrückstellung in die Grundstellung umgesteuert. Die Kolben-stange des Zylinders fährt wieder ein und die Stanzvorrichtung öffnet sich. Abb. 7.32 zeigt das SPS-Programm für eine Stanzvorrichtung in KOP, FUP und AWL.

Abb. 7.31 Lageplan für eine Stanzvorrichtung

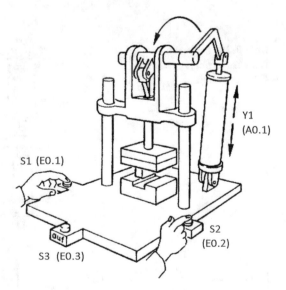

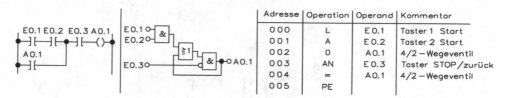

Abb. 7.32 SPS-Programm für eine Stanzvorrichtung in KOP, FUP und AWL

7.3.4 Steuerung für eine Bohrmaschine

An einer Bohrmaschine soll durch kurze Betätigung eines Handtasters S10 (E0.1) oder Fußtasters (E0.2) der 4/2-Wegeventilmagnet (A0.1) erregt werden und eine elektrische Selbsthaltung aufweisen. Abb. 7.33 zeigt den Lageplan für eine Bohrmaschine.

Für die Verschaltung gilt:

S10 = E0.1 = Tastschalter Hand Start
S11 = E0.2 = Tastschalter Fuß Start
S2 = E0.3 = Grenztaster Zylinder ausfahren
Y1 = A0.1 = 4/2-Wegeventil mit Magneten

Die Kolbenstange des Zylinders fährt aus und das Werkstück wird zugeführt.

Nach Erreichen des Grenztasters S2 (E0.3) wird die „elektrische Selbsthaltung" für den 4/2-Wegeventil-Magneten (A0.1) unterbrochen und das Wegeventil durch Federrück-stellung in die Grundstellung umgesteuert. Die Kolbenstange des Zylinders fährt wieder ein und der Zuführzylinder kehrt in die Ausgangsstellung zurück. Abb. 7.27 zeigt den Lageplan für die Hydraulik und Abb. 7.34 das SPS-Programm für eine Bohrmaschine in KOP, FUP oder AWL.

7.3.5 Steuerung für eine Honmaschine

Das Honen ist ein konkurrierendes Verfahren zum herkömmlichen Schleifen. Mit ihm lassen sich unterschiedliche Werkstoffe bearbeiten und in der Praxis sind die Werkstoffe Aluminium, Gusseisen, Stahl, Keramiken und Kunststoffe. Weiterhin ist das Verfahren sehr prozesssicher und erzeugt außerdem Funktionsflächen mit geringer Rauheit und hoher Maßhaltigkeit.

Die Kolbenstange einer Honeinheit soll nach kurzer Betätigung des Tastschalters S10 (E0.1) ausfahren (elektrische Selbsthaltung am 4/2-Wegeventilmagnet A0.1). Nach Erreichen

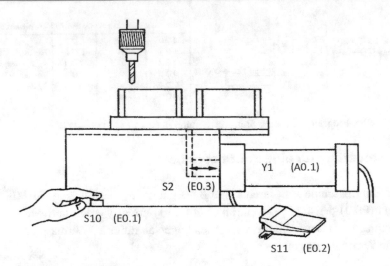

Abb. 7.33 Lageplan für eine Bohrmaschine

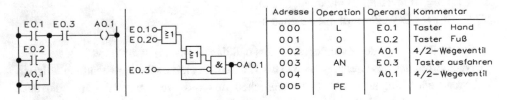

Adresse	Operation	Operand	Kommentar
000	L	E 0.1	Taster Hand
001	O	E 0.2	Taster Fuß
002	O	A 0.1	4/2−Wegeventil
003	AN	E 0.3	Taster ausfahren
004	=	A 0.1	4/2−Wegeventil
005	PE		

Abb. 7.34 SPS-Programm für eine Bohrmaschine in KOP, FUP oder AWL

des Grenztasters S2 (E0.3) soll eine Zeitverzögerung für den Rückhub von $t = 3$ s (T0) aktiviert werden. Abb. 7.35 zeigt den Lageplan für eine Honmaschine.

Für die Verschaltung gilt:

S10 = E0.1 = Tastschalter Hand Start
S11 = E0.2 = Tastschalter Stopp/zurückfahren
S2 = E0.3 = Grenztaster Zylinder ausfahren
Y1 = A0.1 = 4/2-Wegeventil mit Magnet
Zeit = T 0 = Zeitverzögerung einfahren.

Nach Ablauf der eingestellten Zeit soll die Selbsthaltung des Magnetausgangs (A0.1) unterbrochen und das 4/2-Wegeventil durch die Federrückstellung umgesteuert werden. Die Kolbenstange des Zylinders fährt ein und die Honeinheit kehrt in die Grundstellung zurück.

Abb. 7.35 Lageplan für eine Honmaschine

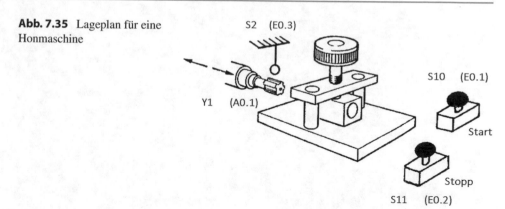

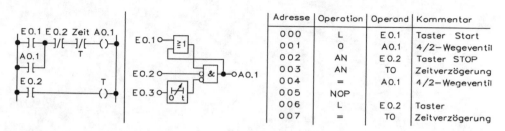

Adresse	Operation	Operand	Kommentar
0 0 0	L	E 0.1	Taster Start
0 0 1	O	A 0.1	4/2-Wegeventil
0 0 2	AN	E 0.2	Taster STOP
0 0 3	AN	T0	Zeitverzögerung
0 0 4	=	A 0.1	4/2-Wegeventil
0 0 5	NOP		
0 0 6	L	E 0.2	Taster
0 0 7	=	T0	Zeitverzögerung

Abb. 7.36 SPS-Programm für eine Honmaschine in KOP, FUP oder AWL

Ebenso ist ein „STOP-Zurück" über Tastschalter (E0.2) ohne Zeitverzögerung im Betrieb vorzusehen. Abb. 7.27 zeigt den Lageplan für die Hydraulik.

Abb. 7.36 zeigt das SPS-Programm für eine Honmaschine in KOP, FUP oder AWL.

Weiterführende Literatur

Behrendt, Ch.: Automatisierungstechnik mit der SIMATIC S5 und S7, Europa, Haan-Gruiten

Behrendt, Ch.: Speicherprogrammierbare Steuerungen – Aufgaben mit Lösungen, Europa, Haan-Gruiten

Behrendt, Ch.: Steuerungstechnik mit speicherprogrammierten Steuerungen SPS, Europa, Haan-Gruiten

Bernstein, H.: Soft-SPS für PC und IPC, VDE, Berlin

Bernstein, H.: SPS-Werkbuch, Franzis, München

G. Adolph, H. Nagel, M. Rompeltien: Elektrotechnische Schaltungen und ihre Funktion, Stam, Köln

Grötsch, E., Seubert, L.: Speicherprogrammierte Steuerungen – Band 2, Oldenbourg, München

H. Bernstein: Elektrotechnik/Elektronik für Maschinenbauer, Springer, Wiesbaden

H. Bernstein: Formelsammlung, Springer, Wiesbaden

H. Bernstein: PC-Labor für Leistungselektronik und elektrische Antriebstechnik, Franzis, Haar/München

H. Bernstein: Sicherheits- und Antriebstechnik, Springer, Wiesbaden

Kaftan, J.: SPS-Grundkurs 1, Vogel, Würzburg

Kaftan, J.: SPS-Grundkurs 2, Vogel, Würzburg

Krätzig: Speicherprogrammierbare Steuerungen, Hanser, München Wien

Meister Ludwig: Datenblätter und praktische Hinweise, www.ludwigmeister.de

Merz, R.: Der Weg zur SPS-Fachkraft – Teil 1, Pflaum, München

Merz, R.: Der Weg zur SPS-Fachkraft – Teil 2, Pflaum, München

Schaltungsbuch, Automatisieren und Energie verteilen, Moeller, Bonn

SEW-EURODRIVE, Praxis der Antriebstechnik Band 1 bis Band 12, Bruchsal

von der Heide, V./Hölken, F.-J.: Arbeitsbuch Steuerungstechnik Metall, Dümmler, Bonn

von der Heide, V./Hölken, F.-J.: Arbeitsbuch Steuerungstechnik Metall – Lösungen, Dümmler, Bonn

Wellenreuther, G./Zastrow, D.: Lösungsbuch Steuerungstechnik mit SPS, Vieweg, Wiesbaden

Wellenreuther, G./Zastrow, D.: Lösungsbuch, Speicherprogrammierte Steuerungen SPS, Vieweg, Wiesbaden

Wellenreuther, G./Zastrow, D.: Speicherprogrammierte Steuerungen SPS, Vieweg, Wiesbaden

Wellenreuther, G./Zastrow, D.: Steuerungstechnik mit SPS, Vieweg, Wiesbaden

Wellers, H.: Automatisierungstechnik mit SPS – Arbeitsbuch, Cornelsen

Wellers, H.: SPS-Programmierung nach IEC 1131-3, Cornelsen, Berlin

Wissenswertes über Frequenzumrichter, Danfoss, Offenbach

© Springer Fachmedien Wiesbaden GmbH, ein Teil von Springer Nature 2022   487
H. Bernstein, *Elektropneumatische und elektrohydraulische Bauelemente in der Mechatronik*, https://doi.org/10.1007/978-3-658-34445-0

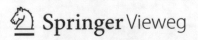

Printed in the United States
by Baker & Taylor Publisher Services